Helmut Leutenbauer

Das praktische Handbuch für den Mathematikunterricht in der Hauptschule Band 1

Helmut Leutenbauer

Das praktische Handbuch für den Mathematikunterricht in der Hauptschule

Band 1

Rechnen mit Zahlen und Größen

Sachrechnen

Verlag Ludwig Auer Donauwörth

Gedruckt auf umweltbewußt gefertigtem, chlorfrei gebleichtem
und alterungsbeständigem Papier.

3. Auflage. 1994

Zeichnungen: Werner Kraus, Niederschönenfeld, und Erich Utsch, Augsburg
Gesamtherstellung: Ludwig Auer GmbH, Donauwörth
ISBN 3-403-0**1273**-5

Inhaltsverzeichnis

Vorwort

Der Mathematikunterricht der Hauptschule wurde in den letzten Jahren grundlegend reformiert. Viele Lehrkräfte sind durch die curricularen Lehrpläne verunsichert, zumal ihnen das didaktische Gesamtkonzept dieser „neuen Hauptschulmathematik“, die auf der „modernen Mathematik der Grundschule“ aufbaut, meist nur konturenhaft bekannt ist, da die Begleitbände zu den Schulbüchern meist nur Kurzerklärungen für das im Augenblick relevante Kapitel enthalten. Manche Praktiker resignieren angesichts der für sie neuartigen Materie und gestalten ihren Unterricht nach den traditionellen Methoden.
Im Bewußtsein dieser Problematik sollte dieses Buch nicht nur Studierenden und Lehramtsanwärtern durch den starken Praxisbezug, durch viele, leicht transferierbare Übungsbeispiele und durch detaillierte Anweisungen für deren Einsatz die Unterrichtsarbeit erleichtern, sondern auch gerade praxiserfahrenen Lehrkräften Informationen in die Hand geben, was sich seit ihrer Ausbildung inhaltlich geändert hat und wie diese Änderungen unter Einbeziehung der herkömmlichen Unterrichtsverfahren methodisch zu berücksichtigen sind.
Daher nehmen neben den Übungen zur Vertiefung der Grundrechenarten die strukturiert und lernzielorientiert dargelegten Einführungen aller für den Mathematikunterricht der Hauptschule relevanten Bereiche und deren operative Übung einen breiten Raum ein. Ein Hauptanliegen des Autors ist es, das Leistungsdefizit im Sachrechnen abzubauen. Die Analyse der Fehlerursachen, darauf abgestimmte allgemeine Übungen und das Aufzeigen spezifischer Lösungsstrategien für die Hauptthemenbereiche enthalten unmittelbar in die Praxis umsetzbare Hilfen und Vorschläge für die operative Behandlung und Aufarbeitung von Sachaufgaben.
Dieses Buch ist für den täglichen Gebrauch konzipiert. Daher erfolgte kein jahrgangsmäßiger, sondern ein thematischer Aufbau. Rückgriffe und Wiederholungen lassen sich ebenso wie über das momentane Lernziel hinausreichende Übungen ohne langes Suchen in den Unterricht einplanen. Die Überschriften der Unterkapitel signalisieren die Zielsetzung aller hierin aufgeführten Übungen.
Um zu gewährleisten, daß in jedem Kapitel jede dafür geeignete Übung auch erwähnt wird, mußten die beim durchgehenden Lesen störenden Wiederholungen von Übungsformen und Darstellungsvarianten in Kauf genommen werden.
Innerhalb einer Gruppe sind die Übungen nach dem Prinzip „Vom Leichten zum Schweren“ angeordnet. Dies möge dem Lehrer die Auswahl erleichtern, die er je nach Alter und Leistungsvermögen seiner Klasse bzw. seines Kurses selbst zu treffen hat.
Dieses Handbuch enthält keine Hinweise auf den Geometrieunterricht. Da dieser zweite Pfeiler der Hauptschulmathematik im Unterricht meist isoliert vom hier dargestellten Komplex (Rechnen mit Zahlen und Größen; Sachrechnen) behandelt wird, soll dieser große, eigenständige Bereich auch in einem eigenen, zweiten Band zusammenfassend erörtert werden.
An dieser Stelle sei noch besonders Herrn Professor Dr. Josef Lauter für die kritische Durchsicht des Manuskripts und für seine wertvollen thematischen und praktischen Anregungen gedankt.

Helmut Leutenbauer

A) Kennzeichen und Grundsätze effektiver Übungen im Mathematikunterricht der Hauptschule

Jede Tätigkeit mit dem Ziel, vorhandene Fähigkeiten zu wecken und zu fördern oder erworbene Fertigkeiten zu festigen, zu mechanisieren und auszuweiten, kann als Übung bezeichnet werden. Im Bedeutungsfeld des Begriffes „Üben“ findet man in der Fachliteratur je nach Zielsetzung auch die Bezeichnungen Einprägen, Wiederholen, Festigen, Sichern, Vertiefen, Transferieren, Anwenden und Einsichtigmachen.

Obwohl die Vielzahl der Begriffe die Bedeutung dieser Schülerselbsttätigkeit vor Augen führt, scheuen sich viele Lehrer, im Mathematikunterricht Sequenzen mit intensiver Übungsarbeit einzuplanen. Mit viel Zeitaufwand und Elan werden vortreffliche Einführungsstunden vorbereitet, die schnell zur angestrebten Endform der Operation führen, die dann durch die permanente Reproduktion beim Lösen von Sachaufgaben verinnerlicht werden sollte.

Viele Hauptschüler sind bei diesem Vorgehen total überfordert, weil sie nicht so schnell abstrahieren können. Nur ein vielfältiges Übungsangebot auf jeder Stufe des Lernprozesses, das dazu beiträgt, die Zusammenhänge und die Gesetzmäßigkeiten zu verdeutlichen, bietet die Gewähr, daß ein Verfahren wirklich verstanden, daß eine Regel oder ein Begriff verinnerlicht wird.

1. Der didaktische Ort für Übungen innerhalb des mathematischen Lernprozesses

Seit Piaget und vor allem Aebli kennt man die einzelnen Stufen der Denkentwicklung, kann man genauere Aussagen über den Verlauf eines mathematischen Lernprozesses machen. So unterscheidet Aebli drei Stufen, die bei der Verinnerlichung einer mathematischen Operation durchlaufen werden müssen:

- Konkrete Stufe: Die Schüler arbeiten soweit wie möglich mit konkretem Material.
- Figurale Stufe: Die Zeichnung ersetzt die konkrete Tätigkeit.
- Symbolische Stufe: Es erfolgt die Darstellung durch Ziffern und Operationszeichen.

Diese Dreiteilung findet sich in ähnlicher Form auch bei dem Psychologen Bruner, der verschiedene „Darstellungsebenen" unterscheidet:

- enaktive Ebene: Handlung
- ikonische Ebene: Bild
- symbolische Ebene: Sprache und mathematische Zeichen.

Nach Bruner kommt der Übung der Übergänge von der enaktiven zur symbolischen Darstellungsebene (entspricht der Abstraktion) und auch der in der entgegengesetzten Richtung (entspricht der Konkretisierung) erhöhte Bedeutung zu.
Diesen Erkenntnissen wird man gerecht, wenn man die heute übliche Stufung des mathematischen Lernprozesses beachtet:

- Einführung
- operative Durcharbeitung
- operative Übung
- automatisierende Übung
- sachrechnerische Anwendung.

1.1 Einführung

Bei der Einführung einer neuen mathematischen Operation sind den Schülern die neuen Begriffe verständlich zu machen durch konkretes oder zumindest zeichnerisches Handeln. Kann ein praktischer Bezug zum Alltag hergestellt werden, so sind die Schüler leichter zu motivieren.
Beim Thema Prozentrechnen ist als Ziel der Einführung das Verständnis folgender Begriffe anzustreben:

- Prozent: anderer Name für einen Bruchoperator mit dem Nenner 100.
- 1 Prozent $= \frac{1}{100}$.
- Prozent: Der Name stammt aus dem Italienischen: pro cento bedeutet „von Hundert".
- Erkenntnis: Prozentrechnen ist somit ein Teil des Bruchrechnens.

1.2 Operative Durcharbeitung

Auf der Stufe der operativen Durcharbeitung sollte der Schüler Einsicht in die Sinn- und Beziehungszusammenhänge gewinnen. Durch zeichnerische Darstellungen, Gegenüberstellungen, durch Vergleiche u. ä. werden Verbindungen zu bekannten Stoffen hergestellt, werden neue Begriffe in bereits gelernte Operationen eingebettet.

Beim Prozentrechnen erfolgt der Vergleich mit dem Bruchrechnen.

Bruchrechnen Ganzes	Prozentrechnen Grundwert	$\Longleftrightarrow$ $\Longleftrightarrow$	(Hundertstelbruch) (Ganzes)
↓	↓		↓
Bruchoperator	Prozentoperator	$\Longleftrightarrow$	(Hundertsteloperator)
↓	↓		↓
Bruchteil	Prozentwert	$\Longleftrightarrow$	(Bruchteil)

Beispiele unterrichtlicher Arbeit:

- In zwei Streifendiagrammen werden $\frac{20}{100}$ und 20% eingezeichnet und verglichen.
- Hundertstelbrüche werden in Prozentangaben umgewandelt und umgekehrt:
  $\frac{13}{100} = 13\%$
  $34\% = \frac{34}{100}$
- Umwandlung von Brüchen, deren Nenner auf 100 erweitert werden kann, in Prozentangaben:
  $\frac{1}{10} = 10\%$
  $\frac{3}{25} = 12\%$
  $\frac{1}{4} = 25\%$
- Es werden Sachaufgaben mit drei Größen vorgegeben, bei denen die Schüler nichts berechnen, sondern nur Grundwert, Prozentsatz (Zähler des Prozentoperators) und Prozentwert bestimmen müssen:
  Klaus gibt 30% seiner Ersparnisse für ein Mofa aus, das 828 DM kostet. Er hatte 2760 DM auf seinem Konto.
- Bei Sachaufgaben mit zwei genannten Größen ist ebenfalls nur zu bestimmen, welche Angabe fehlt, was zu errechnen ist:
  - 43% der 127 Neuntkläßler (gerundet) nahmen am qualifizierenden Abschluß teil.
  - Der Baupreis eines Einfamilienhauses betrug vor 5 Jahren ca. 200 000 DM. Heute sind hierfür 80 000 DM mehr anzusetzen.

1.3 Operative Übung

1.3.1 Begriffsabgrenzung

Der Begriff der operativen Übung wird heute im weiteren Sinne überall dort verwendet, wo es um die Schulung der Sinne und des beweglichen Denkens geht. Dies kann schon bei der Einführung in ein neues Sachgebiet, beim täglichen Kopfrechnen, bei der Lösung von Sachaufgaben, ja selbst bei Fertigkeitsübungen erfolgen, die eine gewisse Kombinationsfähigkeit verlangen.
Formen operativen Übens im weiteren Sinne sind demnach als Unterrichtsprinzip in jeder Mathematikstunde zu verwirklichen.
Unter operativer Übung im engeren Sinne versteht man eine Stufe im mathematischen Lernprozeß, auf der das flexible Denken hinsichtlich der zu erlernenden Operation gefördert wird. Durch vielfältige Übungen, die bestehende Beziehungen und Gesetzmäßigkeiten verdeutlichen, wird gleichzeitig schon das sichere Umgehen mit Begriffen und Operationen erreicht, ohne daß der Schüler in ein normiertes Verfahren gepreßt wird.
Doch welche Fähigkeiten, Kenntnisse oder Techniken sind anzustreben?

1.3.2 Lernziele für den Mathematikunterricht der Hauptschule

H. Winter ist das Verdienst zuzuschreiben, für den Mathematikunterricht der Hauptschule einen Katalog von Lernzielen erstellt zu haben, die nicht rein fachspezifisch orientiert sind, sondern allgemeine Haltungen, Fähigkeiten und geistige Grundtechniken beschreiben.

1.3.2.1 Argumentationsfähigkeit

Hört man dieses Lernziel, so denkt man unwillkürlich zunächst an den Deutschunterricht. Bei näherer Betrachtung erkennt man aber den engen Zusammenhang mit der Mathematik, denn richtiges Argumentieren setzt voraus, daß man eigene und fremde Aussagen auf ihre Richtigkeit überprüft, sie in Worte faßt und begründet bzw. in Frage stellt, daß man richtige Schlüsse zieht, sich an Regeln und Vereinbarungen hält, daß man bei Unklarheiten nachfragt und auf den Grund der Dinge geht.
Im Mathematikunterricht sind z. B. die Schüler dem Lernziel entsprechend anzuhalten, ihr Vorgehen zu begründen und dessen Richtigkeit analog ihrem Können zu beweisen durch:

- konkreten Nachvollzug
- Ausführen der Gegenrechnung
- zeichnerische Erklärung
- Analogiebildung
- Anwendung der Rechengesetze
- Kommentieren, also verbale Erläuterung der auftretenden Zahlen und Operationszeichen oder des Lösungsweges.

Die hier aufgeführten „Argumentationsweisen“ (Winter 1972, S. 72) erheben keinen Anspruch auf Vollständigkeit, sondern sollen nur das breite Spektrum dieses Lernzieles hinsichtlich der mathematischen Tätigkeitsmerkmale verdeutlichen.

1.3.2.2 Sich kreativ verhalten

Lange Zeit war der Mathematikunterricht der Hauptschule von einer weitgehend normierten Anwendung bestimmter Rechenoperationen im Rahmen des Sachrechnens beherrscht. Heute steht die Förderung des konstruktiv-kombinatorischen Denkens, des heuristischen Denkens und des hypothetischen Denkens im Mittelpunkt. Diese mathematische Kreativität kann gefördert werden durch:

- Erkennen und Formulieren von Gesetzmäßigkeiten
- selbständiges Erstellen von Lösungswegen
- systematisches Variieren: Von mehreren zusammengehörigen Größen wird jeweils eine abgeändert.
- Entdecken und Formulieren von Fragestellungen: Was könnte mit den vorgegebenen Zahlen alles berechnet werden?
- Finden analoger Aufgaben.

1.3.2.3 Mathematisieren

Viele Schüler haben z. B. beim Sachrechnen Schwierigkeiten, weil es ihnen nicht gelingt, den in der Alltagssprache dargestellten Sachverhalt in die mathematische Fachsprache zu „übersetzen“, ihn in den entsprechenden mathematischen Sprechweisen wiederzugeben.

Dieses Mathematisieren kann aber geübt werden durch:

- Erkennen bzw. Hervorheben der mathematisch relevanten Daten,

- Wahl einer geeigneten Darstellung dieser Daten: Reihung, Tabelle, Diagramm u. a.
- Formulieren von mathematisch orientierten Fragen:
  Welche Aussagen sind aus dem Zahlenmaterial direkt zu entnehmen?
  Welche zusätzlichen Informationen sind – nach Ausführung mathematischer Operationen – noch enthalten?
- Darstellung der Sachsituation durch konkrete Skizze oder durch ein Schema,
- Zuordnung der entsprechenden mathematischen Operation einer im Text getroffenen Aussage,
- Suchen und Beschreiben von verwandten Situationen: Bei welchen Aufgaben haben wir es mit derselben mathematischen Struktur zu tun?

Die bisher genannten Lernziele lassen sich besonders gut in „offenen Rechensituationen" verwirklichen, bei denen durch eine vage Formulierung den Schülern viele Fragestellungen und somit auch Lösungswege ermöglicht werden.
Neben der Entwicklung dieser allgemeinmenschlichen Fähigkeiten und Haltungen nennt Winter als weitere Lernziele geistige Grundtechniken, die zwar spezifisch im Mathematikunterricht gefördert werden können, aber auch für den Alltag relevant sind. Er geht von folgender These aus: „Die im Mathematikunterricht zu pflegenden allgemeinen intellektuellen Fertigkeiten sind zwar fachspezifisch akzentuiert, sind jedoch nichts anderes als ‚hochstilisierte' Tätigkeiten der alltäglichen Denkpraxis" (Winter 1972, S. 79).

1.3.2.4 Klassifizieren

Beim Klassifizieren bilden wir abstrakte Oberbegriffe, die die gemeinsamen Merkmale der entstehenden Klassen beschreiben.

Zu üben ist

- das Sortieren von Objekten nach einer Vorschrift:
  - Kennzeichne alle Primzahlen zwischen . . .!
  - Schreibe zwischen . . . und . . . alle geraden Zahlen mit rot und alle ungeraden Zahlen mit blau heraus!
  - Umfahre die Terme, deren Wert größer als 140 ist!
- das Sortieren von Objekten unter Berücksichtigung mehrerer Gesichtspunkte:
  - Nenne die gemeinsamen Vielfachen von 3 und 4 zwischen . . . und . . .!
  - Kennzeichne die Terme, deren Wert zwischen . . . und . . . liegt!
- das Finden der Klassifikationsmerkmale, wenn einige Elemente der Klasse vorgegeben sind:
  - 2, 3, 5, 7, 11 → Primzahlen
  - $3 \cdot 4$; $36 : 3$; $17 - 5$; $2 \cdot 6$; → Terme mit dem Wert 12
- das Benennen der Elemente:
  - Teilermenge der Zahl . . . bestimmen
  - Vierecke zeichnen, bei denen zwei gegenüberliegende Seiten parallel sind.

1.3.2.5 Ordnen

Stehen beim Klassifizieren Objektgruppen mit gemeinsamen Merkmalen im Vordergrund, so kommt es beim Ordnen auf die Unterscheidung der einzelnen Elemente an.

- Man kann nach einer Vorschrift ordnen:
  - Zahlen oder Terme nach ihrem Wert
  - Zahlen nach dem Wert ihrer Ziffer auf der . . .-stelle
  - Zahlen nach ihrer Teilbarkeit

- Man kann Ordnungsvorschriften zu einer vorgegebenen Ordnung suchen:
  - 2, 3, 5, 7, 11, 13 → Primzahlen aufsteigend geordnet
  - 347914; 319744; 97443; 79344 → Zahlen abfallend geordnet
- Man kann die Schüler eine Ordnung nach einer selbstgewählten Vorschrift vornehmen lassen.

1.3.2.6 Analogisieren

Einen Großteil unseres Wissens gewinnen wir dadurch, daß wir die in einem Bereich gewonnenen Einsichten auf andere Bereiche transferieren. Bei diesen Zuordnungen machen wir uns analoge Strukturen in den verschiedenen Bereichen zunutze.

Die Schüler lernen zu analogisieren durch

- das Erstellen von Zuordnungen nach einer Vorschrift:
  - Eine Gleichung kann als Zuordnung interpretiert werden, weil je nach Vorschrift der Summe, der Differenz, dem Produkt oder dem Quotienten zweier Zahlen eine dritte Zahl – der jeweilige Wert – zugeordnet wird.
  - Jede natürliche Zahl und jeder endliche Bruch läßt sich bei einem entsprechenden Maßstab einem Punkt auf dem Zahlenstrahl zuordnen.
  - Beim Sachrechnen finden sich häufig Zuordnungen der Art Menge – Preis, Stückzahl – Gewicht, Zeit – Arbeitslohn usw.
    Diese Art von Zuordnung läßt sich in Funktionen präzisieren.
- das Transferieren von Einsichten:
  - Erkennen gemeinsamer Grundstrukturen, z. B. zwischen Bruchrechnen und Prozentrechnen.
  - Übertragen gelernter Einsichten: Für die Addition von Brüchen wurde die Gültigkeit der additiven Rechengesetze nachgewiesen. Die hierbei gewonnenen Erkenntnisse werden ohne neuerlichen Beweis auf die Subtraktion transferiert.
  - Anwenden der gelernten Rechenverfahren.

1.3.2.7 Generalisieren und Konkretisieren

Der Mensch macht zunächst nur punktuelle Erfahrungen. Je häufiger diese in immer wieder analoger Form auftreten, desto schneller verallgemeinert er diese speziellen Erfahrungen und wird sie sich in der Folgezeit in ähnlichen Situationen wieder ins Gedächtnis rufen und sich entsprechend verhalten.
Der Vorgang der Verallgemeinerung entspricht mathematisch dem Prozeß der Generalisation, die Umkehrung daraus dem der Konkretisation. Zur Verwirklichung dieses Lernzieles ist den Schülern Gelegenheit zu bieten, bei vorgegebenen Daten gemeinsame Eigenschaften oder Merkmale zu erkennen, dadurch eine allgemeine Gesetzmäßigkeit zu finden oder abzuleiten und diese Regel wieder zu konkretisieren, also in einer entsprechenden Situation konkret anzuwenden.

Beispiele:

- 54, 72, 108, 36, 144: Diese Zahlen sind teilbar durch 9. Die Quersumme beträgt jeweils 9. Also ist 207 oder 603 ebenfalls durch 9 teilbar, weil deren Quersumme auch 9 beträgt.
- Erkennen des Operationsschrittes bei Zahlenfolgen und deren Fortsetzung.
- Erkennen, daß die additiven und die multiplikativen Rechengesetze auch für das Bruchrechnen gelten.

1.3.2.8 Formalisieren

Die zunehmende Technisierung und Bürokratisierung bringt es mit sich, daß auch im Alltag immer mehr Symbole oder Zeichen dominieren. So verzichtet heute kein größerer Betrieb, keine Behörde mehr auf Datenverarbeitung, bei der der einzelne als Nummer geführt wird, bei der für alle zu speichernden Vorgänge ein ausgetüfteltes Codierungssystem existiert. Aus dieser Sicht könnte man jede Zahl, jedes Operationszeichen, jede Maßangabe als einen „code" bezeichnen.
Die Fertigkeit der Schüler, diese „Zeichensprache" zu entschlüsseln und auch anzuwenden, ist zu schulen. Dieses formale Denken kann gefördert werden durch:

- Erstellen von Tabellen und Diagrammen,
- Interpretieren von Tabellen und Diagrammen unter Verwendung der mathematischen Fachsprache,
- Übertragen von einer Darstellungsform in eine andere,
- Erkennen und Verwenden der mathematischen Symbole,
- Einsetzen der Operationszeichen entsprechend den Regeln,
- Anfertigen von grafischen Darstellungen,
- übersichtliche, saubere, klare Anordnung bei der schriftlichen Fixierung einer Operation.

1.4 Automatisierende Übung

Seit der Einführung der Rechenstäbe und der elektronischen Taschenrechner im Mathematikunterricht der Hauptschule herrscht vielerorts der Irrglaube vor, auf Rechenfertigkeitsübungen weitgehend verzichten zu können, zumal im Sinne des operativen Denkens eine Fixierung der Schüler auf einen – selbst nur klassenintern – normierten Rechenweg nicht anzustreben ist.
Wenn auch das „Einpauken" bestimmter Lösungsverfahren weitgehend der Vergangenheit angehört, so hätte eine Eliminierung dieser Lernstufe weitreichende Folgen für den Lernerfolg.

- Trotz intensiver operativer Übung kann in einigen Bereichen auf eine Automatisierung nicht verzichtet werden:
  - Gleichnamigmachen von Brüchen
  - Addition/Subtraktion von Brüchen
  - Umwandeln von Brüchen in gemischte Zahlen oder in Dezimalbrüche
  - Kehrwertbildung
  - Überschlagsrechnen (Beherrschen der Grundrechenarten)
  - Umwandlungen
  - Zeichnen von Diagrammen (Umgang mit Lineal, Zirkel, Geodreieck).
- Rechenstab und Taschenrechner erleichtern nur die reine Rechenarbeit. Die richtige Verknüpfung der Ausgangsgrößen bleibt nach wie vor zu automatisieren:
  - Beherrschen der verschiedenen Lösungsansätze zum Errechnen von Grundwert, Prozentwert oder Prozentsatz
  - Lesen von Diagrammen
  - Übertragen errechneter Werte in eine Abbildung
  - Umgang mit Tabellen und Schaubildern
  - Handhabung von Rechenstab und Taschenrechner.

Als Ziel der automatisierenden Übung nennt H. Roth: „Alles Üben, das Automatisierung herbeiführen soll, hat den Sinn der Entlastung durch blindes Geläufigwerden untergeordneter Funktionen, um das bewußte Aufmerken und die bewußte Denktätigkeit für die wichtigsten Leistungen im Gesamtablauf freizusetzen“ (Roth 1966, S. 272).

1.5 Sachrechnerische Anwendung

Lange Zeit wurde der Mathematikunterricht der Hauptschule als „anwendungslastig“ bezeichnet, weil eingeführte Operationen durch die immer wiederkehrende Anwendung in Sachaufgaben eingeschliffen und verinnerlicht werden sollten.
Heute steht nicht mehr die reine Anwendbarkeit der Rechenverfahren im Mittelpunkt, sondern – wie unter 1.3.2 (Seite 16ff.) ausführlich dargestellt – der Erwerb allgemeinmenschlicher Haltungen und Fähigkeiten und die Förderung kognitiver Grundtechniken. Durch die Vorgabe von Listen, Tabellen, Diagrammen – zunächst ohne konkrete Fragestellung – werden die Schüler zum Durchdenken des Komplexes animiert. Zur Lösung der aufgeworfenen Fragen müssen dann die erlernten Rechenverfahren eingesetzt werden.

Beispiel:

Den Schülern wird eine Übersicht vorgelegt, die für einen Gemeinde- oder Schulbezirk für den Zeitraum der letzten 5 Jahre jeweils folgende Angaben enthält:

a) Zahl der Hauptschüler mit qualifizierendem Abschluß
b) Zahl der Hauptschüler ohne qualifizierenden Abschluß
c) Zahl der gleichaltrigen Schüler in Realschulen des Bereiches
d) Zahl der gleichaltrigen Schüler in Gymnasien des Bereiches.

Folgende Aufstellung soll verdeutlichen, welche Operationen bzw. grafische Darstellungen mit diesem Zahlenmaterial möglich sind:

Frage	Tätigkeit
– Die Zahlen innerhalb einer Gruppe werden jeweils betrachtet:	
● Wie entwickelten sich jeweils die Schülerzahlen in den letzten 5 Jahren?	Kurvendiagramm zeichnen senkrechtes oder waagrechtes Säulendiagramm zeichnen Festlegen einer geeigneten Maßeinheit
● Wie groß war die jährliche Abnahme bzw. der jährliche Zuwachs innerhalb einer Gruppe?	Subtraktion Darstellen der Zu- oder Abnahme in Kurven- oder Säulendiagrammen Festlegen einer Maßeinheit
● Wie hoch war die prozentuale Zu- bzw. Abnahme innerhalb einer Gruppe von Jahr zu Jahr?	Prozentsatz berechnen Subtraktion Darstellung siehe oben
● Wie viele Schüler durchliefen im dargestellten Zeitraum insgesamt die jeweilige Schulart?	Addition Säulendiagramm zeichnen
– Die Zahlen der Gruppen a und b werden gleichzeitig betrachtet:	
● Wie viele Schüler verließen jedes Jahr die Hauptschule?	Addition Kurven- oder Säulendiagramm zeichnen
● Wieviel Prozent der Hauptschüler unterzogen sich in jedem Jahr der Abschlußprüfung?	Prozentsatz berechnen Darstellung im Prozentstreifen für jedes Jahr

	zweiteiliges Kurven- oder Säulendiagramm zum Aufzeigen des Verlaufes der prozentualen Aufteilung anlegen

– Die Zahlen aller Gruppen werden gleichzeitig berücksichtigt:

● Vergleich der gleichaltrigen Schüler in jedem Jahrgang	Addition Kurven- oder Säulendiagramm zeichnen
● prozentuale Verteilung der Schüler eines Jahrganges auf die einzelnen Schularten für jedes Jahr	Addition Prozentsatz berechnen; Darstellung im Prozentstreifen oder Prozentkreis
● absolute und prozentuale Gegenüberstellung der Schülerzahlen Hauptschule – Realschule/Gymnasium	Addition Subtraktion Darstellung im zweiteiligen Kurven- oder Säulendiagramm.

Die Aufstellung enthält noch viele mathematische Fragen, wenn man alle punktuellen Vergleiche (Hauptschule – Gymnasium, Hauptschule – Realschule, Realschule – Gymnasium, erstes und letztes Jahr des Erfassungszeitraumes bei jeder Schulart . . .) miterfaßt.
Im dargestellten Beispiel liegt der Schwerpunkt der Übungsarbeit auf der Übertragung der Zahlen in ein Diagramm, auf dem Errechnen des Prozentsatzes und der Darstellung von prozentualen Verteilungen. Sind an Stelle der absoluten Zahlen Prozentangaben genannt, so ubt man dementsprechend intensiv die Berechnung des Prozentwertes oder des Grundwertes.

2. Planung und Durchführung effektiver Übungssequenzen

Viele – vor allem jüngere Lehrkräfte, die im Rahmen ihrer Ausbildung meist nur Einführungsstunden sehen – erachten die Übung als ein Anhängsel, dem keine große Bedeutung beizumessen ist. Doch gerade Übungsstunden sind intensiv vorzubereiten und zu planen, da ja auf der Stufe der operativen Durcharbeitung und Übung die grundlegenden Erkenntnisse und Zusammenhänge artikuliert werden. Der Erfolg einer Unterrichtssequenz hängt weitgehend von der Effektivität der Übungen ab.
Brunnhuber definiert Effektivität der Unterrichtsgestaltung: „Alle steuerbaren Bedingungen eines Lernprozesses werden so wirksam vom Lehrer beeinflußt bzw. angeordnet, daß das neue Verhalten möglichst schnell, sicher und dauerhaft erworben wird, damit es sich in ähnlichen Situationen bewähren kann“ (Brunnhuber 1971, S. 14).

Als Kriterien eines effektiven Mathematikunterrichts gelten:

2.1 Stoffliche Voraussetzungen

Bereits beim Konzipieren des Lehrplans fällt eine Vorentscheidung über Gelingen oder Nichtgelingen einer Lernsequenz. Glückt dem Lehrplanverfasser die in sich logische Abfolge der Lernschritte nicht, so treten bei der unterrichtlichen Verwirklichung oft enorme Verständnisschwierigkeiten auf, die durch Rückgriffe, Wiederholung der Einführung und ähnliche Maßnahmen behoben werden müssen. Dies zu vermeiden hilft eine klare Strukturierung des Stoffes.

2.1.1 Prinzip der Strukturierung

Nach dem Prinzip der Strukturierung soll bei jedem neuen Begriff, bei jedem neuen Symbol, bei jeder neuen Operation die kognitive Struktur herausgestellt werden, sollen Zusammenhänge durchschaubar gemacht, sollen Querverbindungen zu bereits Bekanntem hergestellt werden. Der zu behandelnde Stoff ist seiner Struktur entsprechend anzuordnen, sein logischer Aufbau ist zu beachten.

Die folgenden Fragen können als Anhaltspunkte beim Vorgehen dienen:
- Wie hängen die Elemente des Lehrgutes untereinander zusammen? (Vor der Einführung der Addition von Brüchen muß z. B. das Gleichnamigmachen behandelt sein.)
- Welche Einzelbegriffe oder Regeln muß der Schüler lernen? (Bruch, Nenner, Zähler, Erweitern, Kürzen . . .)
- Welches sind die wesentlichen Elemente für den zu lernenden Begriff? (Prozentrechnen: Grundwert, Prozentsatz, Prozentwert)
- Kann das Unterrichtsergebnis in strukturierter Form festgehalten werden? (nach Brunnhuber 1971, S. 34.)

Der Strukturierungsprozeß wird in Gang gesetzt und gefördert durch:
- Anknüpfen an Lernerfahrungen
- Vorgeben von Lernsituationen, die die Schüler vor Probleme stellen
- Hypothesenbildung: Die Schüler nennen Möglichkeiten der Lösung
- Bewußtmachen der gewählten Lösungsstrategie durch Nachbesprechung und verbale Beschreibung und Begründung des Lösungsweges
- Geduld: Die Schüler brauchen Zeit, um sich mit dem Problem auseinanderzusetzen und dessen Lösung zu formulieren.

2.1.2 Prinzip der Zielorientierung

Je klarer die Zielvorstellungen eines Lehrers für eine Unterrichtsstunde sind, desto zufriedener wird er das Klassenzimmer verlassen. Die Formulierungen in den amtlichen Lehrplänen helfen nur selten, da man sich hier auf die Angabe von Richt- und Grobzielen beschränkt. In den zugelassenen Unterrichtswerken erfolgen die Lernzielangaben meist in differenzierterer Form, doch sind selbst diese für eine einzelne Stunde noch zu vage.
Es ist Aufgabe des Lehrers oder eines Teams, den Stoff in Feinziele zu zerlegen.

Beispiele:

Thema: „Zeichnerische Darstellung von Brüchen"

- Kenntnisse:
  Ein Ganzes (Kreis, Quadrat, Rechteck ...) kann in mehrere gleich große Teile zerlegt werden.
  Je mehr Teile entstehen, desto kleiner wird der einzelne Teil.
- Fertigkeit:
  Zeichnerische Zerlegung eines Kreises, Quadrates oder Streifens in gleich große Teile durch Falten und Abmessen.

Thema: „Einführung des Begriffes Bruch"

- Kenntnisse:
  Der Bruchstrich ist ein Zeichen für die Unterteilung *eines* Ganzen.
  Die Zahl unter dem Bruchstrich heißt Nenner.
  Der Nenner gibt an, in wieviel Teile das Ganze zerlegt wird.
  Die Zahl auf dem Bruchstrich heißt Zähler.
  Der Zähler sagt uns, wie viele dieser Teile gemeint sind.
- Fertigkeiten:
  Zeichnerische Darstellung des Nenners (ein Teil des Ganzen wird hervorgehoben).
  Notieren einfacher Brüche ($\frac{1}{2}$; $\frac{1}{4}$; $\frac{1}{5}$ ...)
  Zeichnerische Darstellung einfacher Brüche ($\frac{1}{2}$, $\frac{1}{3}$, $\frac{1}{5}$, ...) bei Kreis, Quadrat oder Streifen.

Diese Aufgliederung des Grobzieles „Einführung des Bruches durch zeichnerische Darstellung" veranschaulicht, welche gedanklichen und zeichnerischen Leistungen hier von einem Schüler verlangt werden, wie schnell Überforderungen – sei es auch aufgrund mangelnder Beherrschung der Zeichengeräte – zustande kommen, wie selbst bei einem einfach erscheinenden Thema der Unterrichtserfolg durch zu vage Lernzielbeschreibungen in Frage gestellt ist.
Daher bemühte sich der Autor im praktischen Teil dieses Buches um möglichst detaillierte Feinzielformulierungen, die die tägliche Unterrichtsvorbereitung erleichtern helfen sollen.

2.2 Allgemeine organisatorische Voraussetzungen

Strukturierung und Lernzielorientierung sind Prinzipien, die sich auf den Unterrichtsstoff beziehen. Doch auch für die Planung einer Stundeneinheit gelten einige Grundsätze.

2.2.1 Planung einer Unterrichtsstunde

2.2.1.1 „Warming up"

Diese Eröffnungsphase des Unterrichtes wird häufig auch als Kopfrechnen, vorbereitende Übung, tägliche Fertigkeitsübung, Zehnminutenrechnen u. ä. bezeichnet. Detaillierte Anmerkungen zu dieser Übungsform finden Sie unter 2.4, Seite 33 f.

2.2.1.2 Problemstellung

Diese Stufe, in der besonders das heuristische Denken angesprochen wird, soll die Schüler motivieren. Durch Zeichnungen, ansprechende, die Schüler sachlich interessierende Sachaufgaben, durch Plakate oder zum Thema hinführende Spiele soll die Fragehaltung des Kindes geweckt werden. Beispiele finden Sie beim Abschnitt Motivierung unter 2.3.1, Seite 28 f.

2.2.1.3 Zielangabe

Die bei der Problemstellung gefundenen Fragen sind auf das Lernziel der Stunde einzuengen. Die Ausgangssituation ist demnach so zu wählen, daß sich das gewünschte Problem – die Kernfrage der Stunde – ohne Kunstgriff des Lehrers herauskristallisiert.

2.2.1.4 Hypothesenbildung

Dieser Stufe kommt vorrangige Bedeutung zu, weil nun die Schüler ihr bisheriges Wissen einbringen, Lösungswege selbst vorschlagen und auf ihre Durchführbarkeit überprüfen sollen.

2.2.1.5 Problemlösung

Die Vorschläge der Schüler werden anschließend fixiert und ausgewertet, die vermutete Gesetzmäßigkeit z. B. anhand mehrerer analoger Aufgaben kontrolliert und die vom Lehrer für diese Stunde intendierte Form der Operation oder Darstellung festgelegt.

2.2.1.6 Lösungssicherung

- Galt es, Begriffe zu erarbeiten, so müssen diese von den Schülern mit eigenen Worten in Beispielen erklärt werden.
- Bei Sachaufgaben wird der Lösungsweg verbalisiert.
- Analoge Aufgaben werden in der erarbeiteten Weise schriftlich oder zeichnerisch selbständig dargestellt oder gelöst.
- Der erlernte Rechenweg wird bei analogen Operationen nachvollzogen.

2.2.2 Beherrschung der Arbeitstechniken

Als eine Hauptbelastung im Unterricht nennen Lehrkräfte übereinstimmend Störungen durch die Schüler und die daraus resultierende Unruhe.

Als vermeidbare Gründe gelten:

- Die Schüler wissen nicht, was sie tun sollen.
- Die Schüler wissen nicht, wie sie die Aufgabe ausführen müssen, ob z. B. nur Ergebnisse notiert werden müssen oder ob die Lösung nach einem bestimmten Verfahren erfolgen soll usw.
- Die Schüler können mit dem zur Verfügung gestellten Arbeitsmaterial (Tabelle, Schema, Prozentkreis . . .) nicht umgehen.
- Die Schüler verstehen die Aufgabe nicht.

Als geeignete Gegenmaßnahmen sind zu nennen:

2.2.2.1 Nur Verstandenes selbständig üben lassen

- Ein Schüler, der die Gleichsetzung der Kreisfläche mit dem Grundwert nicht verstanden hat, wird nie Prozentangaben im Prozentkreis einzeichnen können.

Hier müssen zuvor operative Übungen einsetzen, die die wesentlichen Zusammenhänge verdeutlichen.

100% ≙ 360° ≙ ganzer Kreisfläche
1% ≙ 3,6°
8% ≙ 3,6° · 8 = 28,8°, rund 29°.

2.2.2.2 Neue Arbeitstechniken systematisch einführen und üben

- Kann ein Schüler eine Übersicht nicht lesen, wird er auch nicht deren Angaben in mathematische Operationen umsetzen können. Das Decodieren von Tabellen, Diagrammen . . . setzt eine Technik voraus, die in eigenen Stunden zu üben und in Abständen stets zu wiederholen ist.
- Beim Zeichnen von Säulen-, Streifen- oder Kreisdiagrammen sind sowohl kognitive wie zeichnerische Leistungen zu erbringen, die jeweils für sich zu trainieren sind:
  - Festlegen einer geeigneten Bezugsgröße bei Säulendiagrammen,
  - Umrechnen der Zahlen (1000 m ≙ 1 cm; 1% ≙ 3,6°; 1% ≙ 1 mm; . . .),
  - Anlegen des Diagramms: richtige Wahl der Einteilung auf beiden Achsen, Größe des Kreises, des Quadrates . . .,
  - zeichnerische Genauigkeit beim Eintrag der Werte: richtiger Umgang mit Lineal, Zirkel, Winkelmesser, Geodreieck.

Unnötige Rückfragen – und damit auch Unruhe – lassen sich vermeiden, wenn man den Radius des Prozentkreises, die Höhe und die Länge des Prozentstreifens, die Seitenlänge des Prozentquadrates, den Maßstab bei Funktionen und ähnliche, häufig wiederkehrende Grundgrößen stets gleichbleibend wählt und diese Angaben auf einer Seitentafel fixiert.

2.2.2.3 Klare Anweisungen geben

Aus jeder Arbeitsanweisung muß eindeutig hervorgehen,

- welche Aufgabe verlangt wird,
  wie die Aufgabe zu lösen ist (freie Wahl des Lösungsweges oder eine bestimmte Form der Darstellung),
- was die Schüler zu notieren haben (ganze Rechnung, nur Teilergebnisse, nur Endergebnisse, alle Nebenrechnungen usw.) und
- wo die Notation erfolgen soll (welches Heft, Block, Arbeitsblatt, Folie . . .).

Bei mündlichen Übungen ist der Ablauf genau zu regeln. Hinweise hierzu erfolgen unter 2.2.3.1.

2.2.2.4 Das akustische Verstehen sicherstellen

Viele Schüler überhören oft wesentliche Teile des Arbeitsauftrages, weil sie nicht aufpassen bzw. sofort bei den ersten Worten ihrer Aktivität freien Lauf lassen und mit dem Arbeiten beginnen.

Gegenmaßnahmen:

- Mehrere Schüler müssen die Arbeitsanweisung mit ihren eigenen Worten wiederholen.
- Mit dem Schreiben wird erst begonnen, wenn die Lehrkraft das Zeichen hierfür gibt.
- Das benötigte Arbeitsmaterial (Zeichengeräte, Hefte . . .) wird stets zu Beginn der Stunde auf die Bank geräumt. Damit läßt sich das teilweise langandauernde Herumkramen in der Tasche oder unter der Bank während der eigentlichen Stillarbeit vermeiden.

2.2.3 Wahl der geeigneten Arbeitsform

Je nach Überschaubarkeit und Schwierigkeitsgrad werden die Aufgaben durch reines Kopfrechnen mit oder ohne Ergebnisnotation, halbschriftliche oder schriftliche Rechenverfahren gelöst.

2.2.3.1 Mündliches Rechnen

Beim Kopfrechnen ist eine klare Organisation und eine gute Arbeitsmoral der Schüler unerläßliche Voraussetzung.
Äußere, vom Lehrer zu beeinflussende Faktoren tragen wesentlich zum Gelingen bei:

- Die Ergebnisse werden nicht reingerufen, sondern nur auf Meldung und Aufruf genannt!
- Mehrere Schüler dürfen nacheinander ihre Lösung sagen, selbst wenn das als erstes aufgerufene Kind das richtige Ergebnis bekanntgab. Vor allem in leistungsschwächeren Klassen oder Gruppen empfiehlt sich diese Form der Erfolgsbestätigung für mehrere Schüler.
- Es kommt nicht immer der dran, der sich als erster meldet. Den schwächeren Schülern wird mehr Überlegungszeit eingeräumt.
- Mit der Klasse ist ein optisches Zeichen (z. B. erhobene Hand schütteln) vereinbart, wenn ein Kind mit einem genannten Ergebnis nicht einverstanden ist.
- Man bemüht sich um eine ruhige Arbeitsatmosphäre, um allen die volle Konzentration zu ermöglichen.
- Bei Reihenübungen ist der Ablauf genau zu regeln, wer in jeder Bank/Reihe/Gruppe beginnt, in welcher Reihenfolge die Bänke und Gruppen durchlaufen werden.
  Beispiel: Innerhalb einer Gruppe wird stets rechts vorne begonnen und dann im Uhrzeigersinn weiter vorgegangen.
- Klare Arbeitsanweisungen geben (siehe 2.2.2.3)!
- Auf die Einhaltung der gewünschten sprachlichen Form achten! Kurze, prägnante Sprachmuster vorgeben!
  Sind die Schüler an solche „Sprechschablonen“ gewöhnt, werden sie sich auch im sonstigen Unterricht nicht damit begnügen, nur einzelne Worte oder Begriffe als Antwort zu geben.
- Genügend Arbeitsmaterial bereitstellen!

2.2.3.2 Halbschriftliches Rechnen

Beim halbschriftlichen Rechnen erfolgt keine umfassende, detaillierte Fixierung der Lösung, sondern die Schüler notieren sich nur Teilschritte oder deren Ergebnisse. Diese Entlastung des Gedächtnisses ist bei Aufgaben komplexerer Struktur unerläßlich.

2.2.3.3 Schriftliches Rechnen

Bei den schriftlichen Rechenverfahren im Bereich der Grundrechenarten handelt es sich nach Oehl um ein Rechnen mit Stellenwerten, wobei die Zahlen in ihre dekadischen Elemente aufgelöst werden.
Es empfiehlt sich, in Abweichung von der oben genannten Definition klassenintern den Begriff „schriftliches Rechnen“ dann zu gebrauchen, wenn die ausführliche Fixierung des Lösungsweges mit Ansatz und Notation auch der Nebenrechnungen gewünscht wird.

2.2.4 Wechsel der Sozialformen

Die Wahl der Sozialform hängt in starkem Maße vom Übungsschwerpunkt und von der Art der Übung ab. Sie ist deshalb bereits bei der Planung zu berücksichtigen.

2.2.4.1 Arbeit mit der ganzen Klasse

Der Frontalunterricht hat seine Berechtigung

- in der Anfangsphase einer Stunde bei der Problemstellung,
- bei der Problemlösung, wenn es gilt, die Gesetzmäßigkeiten herauszuarbeiten,
- bei der ersten Besprechung von Sachaufgaben, also vor Abkoppelung der Leistungsgruppe und
- bei manchen Formen des mündlichen Rechnens.

2.2.4.2 Alleinarbeit

Die Forderung nach Individualisierung des Unterrichts gilt seit der Reformpädagogik, denn nur die Allein- oder Eigenarbeit, auch Selbst- oder Eigentätigkeit genannt, erlaubt es dem einzelnen, entsprechend seinem Können und Arbeitstempo vorzugehen.
Um die notwendige Arbeitsruhe zu gewährleisten, ist nötig, daß:

- die Arbeitstechnik von allen sicher beherrscht wird,
- die Aufgabe klar formuliert ist,
- für schnellere Rechner Zusatzaufgaben bereitgestellt sind oder daß nach Schwierigkeit differenziert wurde und
- die Form der Eigenkontrolle eingeübt wurde.

2.2.4.3 Partnerarbeit

Die Partnerarbeit gilt als Vorstufe der Gruppenarbeit, auf der das wichtige „Miteinander" eingeübt wird.
Doch auch in Klassen mit gut funktionierender Teamarbeit ist die Zweiergruppe dort von didaktischer Bedeutung, wo die Aufgabenstellung so eng gefaßt ist, daß der einzelne in der Gruppe nicht zur Geltung käme.

Beispiele:

- Formulieren der Zielangabe
- Isolieren von Zahlenmaterial aus einer Übersicht
- Formulieren von Antworten
- Vergleich von Resultaten.

2.2.4.4 Gruppenarbeit

Die Gruppe als Lerneinheit spielt besonders in den Sachfächern eine große Rolle, wo neue Lerninhalte im arbeitsteiligen Verfahren erarbeitet werden.
Doch auch im Mathematikunterricht gibt es Situationen, in denen Teamarbeit sinnvoll ist.

Beispiele:

- Notieren aller Informationen, die eine Übersicht direkt enthält,
- Notieren aller Informationen, die mit dem Zahlenmaterial errechnet werden können,
- Fragen erarbeiten, die sich aus einer Problemstellung ergeben,
- Finden und Notieren von Lösungswegen auf der Stufe der Hypothesenbildung,
- Vergleich verschiedener Lösungswege,
- Verwendung und Einsatz von Arbeitsmaterialien.
- Selbständiges, gruppeninternes mündliches Rechnen: Mit vorgegebenem Zahlenmaterial (Buch, Arbeitsblatt) werden reihum innerhalb der Gruppe vorgeschriebene Operationen (Zahlzerlegungen, Umwandlungen, Erweitern, ...) ausgeführt. Bei dieser Form des Zehnminutenrechnens wird jedes Kind unmittelbar angesprochen und arbeitet intensiver mit.

Unruhe innerhalb der Gruppen läßt sich teilweise vermeiden, wenn klar festgelegt ist, wer innerhalb des Teams in Zweifelsfällen die Entscheidung trifft, ob nur einer schreibt oder ob alle die Ergebnisse notieren, und wenn die Arbeitstechniken (siehe 2.2.2, S. 24 f.) eingeschliffen sind.

2.3 Kriterien einer erfolgversprechenden Unterrichtsstunde

Neben den unter 2.2 genannten allgemeinen Voraussetzungen sind bei der Planung einer jeden Unterrichtseinheit weitere, individuell nach Thema verschiedene Prinzipien zu beachten.

2.3.1 Wahl einer geeigneten Problemstellung

Manche Kinder sind von ihrer Persönlichkeit her bereits so vormotiviert (allgemeine Leistungsmotivation, Wertschätzung mathematischer Tätigkeiten, Streben nach sozialer Anerkennung), daß es nur eines geringen Anstoßes bedarf, um sie für einen neuen Lerngegenstand zu interessieren.
Doch bei den meisten Hauptschülern hängt es weitgehend von der augenblicklichen Situation ab, ob und in welchem Umfang sie sich ansprechen lassen. Die Wahl einer geeigneten Problemstellung kann so oft schon über Erfolg oder Mißerfolg einer Stunde entscheiden.
Schüler lassen sich intrinsisch (primär oder sachbezogen) motivieren:

2.3.1.1 Interessante Thematik

Die neueren Schulbücher bemühen sich immer mehr, dem Alter der Schüler entsprechende Sachverhalte anzubieten.
Erfahren die Schüler inhaltlich etwas Neues, so lassen sie sich leichter motivieren.

Beispiele:

- Vergleich der Preise verschiedener Händler für ein Rennrad oder Mofa unter Berücksichtigung von Ratenzuschlag, Barzahlungsrabatt . . .,
- Höhe der Abzüge beim ersten „selbstverdienten Geld“,
- Vergleich der Verdienstchancen in den verschiedenen Berufen,
- Prozentualer Vergleich der Mitglieder der einzelnen Abteilungen des örtlichen Sportvereins.

2.3.1.2 Angemessener Schwierigkeitsgrad der Aufgaben

Nach Heckhausen haben Aufgaben mit mittlerem Schwierigkeitsgrad, bei denen Erfolgs- und Mißerfolgsausgang ungefähr gleich wahrscheinlich ist, den höchsten Motivierungswert. Es „üben Aufgaben nur innerhalb einer mittleren Schwierigkeitszone einen Anreiz aus und motivieren die Schüler intrinsisch; nicht dagegen das zu Leichte oder das zu Schwere“ (Heckhausen, zitiert nach Brunnhuber 1971, S. 24).
Der Schwierigkeitsgrad der Aufgaben kann heute aufgrund der Niveaudifferenzierung eher auf das Leistungsvermögen des einzelnen abgestimmt werden.

2.3.1.3 Neuigkeitsgehalt des Stoffes

Den Schülern ist stets bewußt zu machen, daß sie nicht nur inhaltlich (siehe 2.3.1.1), sondern auch mathematisch etwas Neues lernen. Dies muß präzise in der Zielangabe zum Ausdruck kommen.

2.3.1.4 Herausstellen des Zukunftsbezuges

Schüler, die wissen, weshalb sie etwas Neues lernen, wozu sie es im täglichen Leben verwenden können, welche Bedeutung der Lerngegenstand für den angestrebten Beruf hat, werden stärker angesprochen, sind leichter zu motivieren.

2.3.1.5 Reizvolle Gestaltung der Ausgangssituation

Problemstellungen, die die Neugierde oder die gestalterische Freude wecken, üben einen Reiz aus, dem sich selbst Lernunwillige nicht entziehen können.

Beispiele:

- Den Schülern wird das Gelosia-Schema (siehe Teil B, 2.3.3.4, Seite 111) als eine andere Art der schriftlichen Multiplikation vorgestellt;
- Rätsel- und Tüftelaufgaben;
- Rechenspiele, deren Lösung durch ein bestimmtes Verfahren erleichtert wird.
- Soll die zeichnerische Darstellung von Bruchzahlen eingeführt werden, gewährt man den Schülern zu Beginn der Einheit eine Phase eigenen kreativen Gestaltens. Mehrere Kreise oder Quadrate vorgeschriebener Größe sollten möglichst vielfältig in gleich große Teile zerlegt werden, die verschiedenfarbig zu gestalten sind.

2.3.1.6 Anbahnen einer langfristigen Motivation

„Erfolgreich bewältigte Situationen prägen sich am besten ein und bieten den stärksten Antrieb für das Lernen“ (Engelmayer 1960, S. 92). Den Schülern ist also möglichst oft ein Erfolgserlebnis zu vermitteln. Dies ermutigt sie, sich auch schwereren Aufgaben zu stellen. Der Autor machte in seinen eigenen Klassen schon mehrmals die Erfahrung, daß Schüler die „Lieblingsfächer“ des Lehrers auch zu ihren eigenen machten und so in diesen Bereichen bereitwilliger lernten. Der Schluß liegt nahe, daß demnach die Einstellung der Lehrkraft zum Fach von nicht zu unterschätzender Bedeutung ist.

Die Gründe hierfür lassen sich nur vermuten:

Das größere Fachwissen

- Die Struktur des Stoffes ist einem selbst klarer und kann dementsprechend bei der Planung besser berücksichtigt werden.
- Zusammenhänge können durchschaubar aufgezeigt werden.
- Schwierigkeiten im Lernprozeß sind dem Lehrer aus eigener Erfahrung eher bewußt.
- Eigenes Detailwissen gibt Sicherheit, auch bei unerwarteten Zwischenfragen.

- Man bildet sich selbst eher fort, erfährt von neuen didaktischen Konzepten und nimmt Anregungen und Impulse für den eigenen Unterricht mit.
- Man engagiert sich in den bevorzugten Fächern meist mehr, und die Schüler spüren dies.

2.3.2 Einbau vielfältiger Eigenaktivitäten

„Es zeigt sich, daß dort am besten gelernt wird, wo das Selbsttundürfen und das Selbsttunmüssen in eigener Verantwortung alles Lernen bestimmt“ (Engelmayer 1960, S. 88).

2.3.2.1 Eigentätigkeiten auf der Stufe der Problemstellung

Je nach Problemstellung und Art der Sachaufgabe können Eigenaktivitäten der Schüler miteingeplant werden:

- Lesen der Aufgabe oder der Übersicht
- Erklären der Begriffe durch Beschreibung, Beispiele, Skizzen . . .

- Interpretieren der Zahlen
- Beschreiben einer Zeichnung
- Formulieren der zeichnerisch gestellten Aufgabe
- Formulieren der Zielangabe.

2.3.2.2 Eigenaktivitäten bei der Lösungsfindung

- Hypothesen bilden und formulieren
- eigene Lösungswege suchen und notieren
- Runden der Zahlen; Überschlagen der Rechnung
- Ausrechnen der Aufgabe
- Lösungsweg in Form einer Operatorkette oder eines Lösungsdiagrammes darstellen
- zeichnerische Darstellung der Lösung (Prozentkreis, Funktionsdarstellung)
- Übertragen in eine andere Darstellungsform
- Formulieren von Regeln und Gesetzmäßigkeiten.

2.3.2.3 Aktivitäten auf der Stufe der Sicherung

- Verbalisieren des Rechenweges
- Erklären des eigenen Vorgehens
- Kommentieren des Ergebnisses
- selbständiges Anwenden des Gelernten.

Weitere Eigenaktivitäten ergeben sich beim Einsatz der verschiedenen Sozialformen (siehe unter 2.2.4, Seite 27). Auf die Gefahr eines Überziehens des Aktivitätsprinzipes muß hingewiesen werden. Gerade bei Hauptschülern soll der Wechsel der Tätigkeit nicht zu schnell erfolgen, da manche Schüler eine gewisse „Anlaufzeit" brauchen, bis sie aktiv werden können.

2.3.3 Differenzierende Maßnahmen

Trotz des Kurssystems kann häufig innerhalb einer Niveaugruppe auf eine zusätzliche Differenzierung nicht verzichtet werden.

2.3.3.1 Quantitative Differenzierung

Bei der quantitativen Differenzierung wird lediglich zusätzliches Übungsmaterial für die schnelleren Rechner bereitgestellt. Bei Sachaufgaben werden z. B. am Ende der für alle verbindlichen Aufgabe mehrere Zahlen oder Größen in Klammern angegeben. Der Schüler entscheidet dann selbst, wie er diese Angaben sinnvoll mit denen der ursprünglichen Aufgabe verknüpfen kann.

Beispiel:

„Eine Radrundfahrt führt in 23 Etappen über 4554 km.

a) Wie lang ist eine Etappe im Durchschnitt?
b) Die ersten vier Etappen sind länger als die meisten anderen, nämlich 230 km, 216 km, 234 km und 226 km. Berechne die durchschnittliche Länge der restlichen Etappen" (Zahl und Form 5, S. 69).

Durch die Angaben 38 km/h und 9.30 Uhr könnten für die ersten Etappen zusätzlich die tägliche Fahrzeit und der Ankunftszeitpunkt errechnet werden.

2.3.3.2 Qualitative Differenzierung

Sinnvoller als eine stets mengenmäßige Differenzierung vorzunehmen, ist eine nach dem Schwierigkeitsgrad. Unabhängig von der Sitzordnung werden zwei, besser drei Leistungsgruppen gebildet, die unterschiedlich schwere Aufgaben bearbeiten. Die Einteilung ist nicht starr. Es bleibt der Lehrkraft überlassen, ob z. B. nach jeder Mathematikklassenarbeit eine Neugruppierung vorgenommen wird oder ob die Einteilung völlig flexibel gehandhabt wird, d. h. die Schüler wählen aus dem Aufgabenangebot solche aus, die sie sich zutrauen. Der fließende Übergang bei der zuletzt genannten Form gewährt dem einzelnen einen größeren Spielraum, erschwert der Lehrkraft aber den Überblick. Voraussetzung ist aber stets, daß der Übungsstoff für alle Kinder gleich ist. Es ist nicht zulässig, daß z. B. von der leistungsschwächsten Gruppe einfache Rechenfertigkeitsübungen verlangt werden, während die Leistungsstärkeren ein Gebiet operativ durcharbeiten.

Beispiel zum Thema: Bestimmen der Teilermenge

Gruppe C: Kreuze in der Tabelle alle Felder an, für die die Vorschrift gilt!
Gruppe B: Errechne jeweils den Wert des Quotienten und trage ihn im entsprechenden Feld ein!
Gruppe A: Kreuze die Lösungen an und übertrage die Tabelle in ein Pfeildiagramm!

Tabelle:

Abb. 1: ↗ „. . . ist Teiler von . . .“

↗	8	12	15	20	21	40	45	48	49
4	×	×		×		×		×	
7					×				×
5			3	4		8	9		
8	1					5		6	
12									
15									
20									

Zeilen 4 und 7: Lösungsbeispiel: Gruppe C und A

Zeilen 5 und 8: Gruppe B

Pfeildiagramm für Gruppe A:

Relationsvorschrift: „. . . ist Teiler von . . .“

Abb. 2:

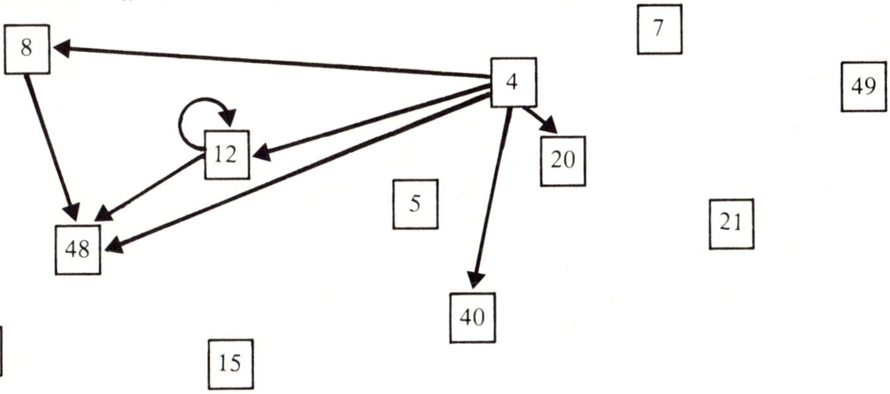

2.3.4 Kontrollverfahren

Je stärker im Unterricht differenziert wird, desto schwieriger gestaltet sich die Kontrolle. Oehl unterscheidet zwischen Fremdkontrolle und Selbstkontrolle.

2.3.4.1 Selbstkontrolle

Darunter sind nur jene Verfahren zu verstehen, durch die das Kind die Richtigkeit der ausgeführten Operation ohne Dazutun eines Außenstehenden kontrolliert.

- Addition: Die Summanden werden in der Gegenrichtung addiert, um zu verhindern, daß der einmal gemachte Fehler sich wiederholt.
- Subtraktion: Man führt zur Kontrolle die Umkehroperation aus, also:
  Wert der Differenz + Subtrahend = Minuend.
- Multiplikation: Entsprechend dem Vorgehen bei der Addition werden die Faktoren vertauscht. Ist ein Faktor einstellig, so ist auch die halbschriftliche Form der Multiplikation angebracht.
- Division: Es wird wiederum die Umkehroperation ausgeführt, also:
  Wert des Quotienten mal Divisor = Dividend.

2.3.4.2 Fremdkontrolle

Jede andersgeartete Form der Kontrolle bezeichnet Oehl als Fremdkontrolle. Soll die Überprüfung der Resultate im Klassenverband erfolgen, gibt es diverse Möglichkeiten für Eigenaktivitäten der Schüler.

- Reihum liest jeweils ein Schüler ein oder mehrere Ergebnisse vor.
- Die Resultate werden von den schnelleren Schülern an der verdeckten Tafel notiert.
- Auf einer vorbereiteten Folie sind die Lösungen vermerkt.
- Die Ergebnisse werden z. B. auf der Rückseite von Rechenkarten angegeben.

2.3.4.3 Eigenkontrolle

All jene Verfahren, bei denen der Schüler in Eigenverantwortung unter möglichst geringer Mitwirkung der Lehrkraft seine Ergebnisse überprüft, obwohl diese nicht direkt vorgegeben sind, sollen – in Abgrenzung zur eigentlichen Selbstkontrolle – als Eigenkontrolle bezeichnet werden.

- Summenbildung: Sind mehrere Lösungen zu vergleichen, so wird deren Summe vorgegeben. Stimmt diese nicht überein, so muß der Schüler seinen Fehler durch Formen der Selbstkontrolle allein finden.
- Differenzbildung: Sind nur zwei Resultate zu überprüfen, so wird deren Differenz genannt.
- Vermischte Lösungen: Am Ende eines Arbeitsblattes sind alle Einzelresultate durcheinander notiert.
- Multiplikatorenkontrolle: Bei einigen der schnellsten Rechner nimmt die Lehrkraft die Kontrolle selbst vor. Diese Schüler sind dann Anlaufpunkt für ihre Mitschüler. Gemeinsam werden die Resultate verglichen. Um Hudelei und Oberflächlichkeit der Leistungsstärkeren zu verhindern, werden diese als Korrektoren erst dann eingesetzt, wenn sie alles richtig gerechnet haben. Bei Fehlern werden sie zurückgeschickt und müssen diese selbst suchen.
- Quersumme: Die Quersumme einer Zahl errechnet sich durch die Addition der einzelnen Ziffern dieser Zahl.
  Quersumme von 14 387: 1 + 4 + 3 + 8 + 7 = 23

Wird zur Kontrolle nur die Quersumme des Resultates angegeben, so ist damit aber noch nicht gewährleistet, daß auch das Ergebnis stimmt.
- Teilbarkeitskontrolle: Den Schülern wird gesagt, daß das Resultat eine durch . . . teilbare Zahl ist. Sie müssen dann die entsprechende Kontrolldivision ausführen. Sind die Teilbarkeitsregeln (siehe unter B-2.4.3.2, S. 119f.) eingeführt, genügt es, wenn die Schüler damit die Teilbarkeit einer Zahl überprüfen.

Werden mehrere der vorgeschlagenen Kontrollverfahren eingeführt, so empfiehlt es sich, Zeichen zu vereinbaren, die dem Schüler eindeutig sagen, welche Art der Überprüfung er vorzunehmen hat:

Kontrollverfahren	Zeichen
Summenbildung	⟨Su . . .⟩
Differenzbildung	⟨Diff . . .⟩
Quersumme	⟨Qu . . .⟩
Teilbarkeitskontrolle	⟨Tb . . .⟩

Werden mehrere Kontrollverfahren gleichzeitig gewünscht, so ist deren Reihenfolge zu vermerken.

Beispiel: ⟨Qu: 18; Tb: 8; 5⟩

Bedeutung: Die Quersumme des Resultates beträgt 18. Das Ergebnis ist sowohl durch 8 als auch durch 5 teilbar.

Selbstverständlich lassen sich die genannten Kontrollverfahren auch bei Sachaufgaben einsetzen. Für leistungsschwächere Gruppen empfiehlt es sich, bei weiterzuverwendenden Zwischenresultaten eine der vorgeschlagenen Kontrollen einzubauen.

Vorteile:

- Bei Rechenfehlern brauchen die Schüler nur die seit der letzten Kontrolle ausgeführten Rechnungen zu überprüfen.
- Bei mehrgliedrigen Aufgaben erleben die Schüler zwischenzeitlich einen Erfolg (z. B. richtige Quersumme ihres Zwischenergebnisses) und arbeiten lieber weiter.
- Im ersten Moment unüberschaubare Aufgaben werden dadurch strukturiert und so für die Schüler leichter überschaubar.

2.4 Zehnminutenrechnen

Diese meist zu Beginn einer Unterrichtsstunde durchgeführte Übung wird in der Literatur u. a. als warming up, Kopfrechnen, vorbereitende Übung, tägliche Fertigkeitsübung bezeichnet.

2.4.1 Das didaktische Ziel des Zehnminutenrechnens

- Die warming-up-Phase zu Beginn einer Mathematikstunde führt die Kinder schnell zu einer konzentrierten Aufmerksamkeit und Mitarbeit.
- Die permanente Wiederholung momentan nicht aktueller Themen bietet sich für das Kopfrechnen ebenso an, wie vorbereitende Übungen, die dazu beitragen, die Schüler unbemerkt auf das Thema der Stunde einzustimmen.
- Durch die langsame Steigerung des Schwierigkeitsgrades wird gewährleistet, daß die meisten Aufgaben von einem Großteil der Schüler gelöst werden können. Dieses Erfolgserlebnis motiviert für die Stunde.

2.4.2 Schwerpunkte der täglichen Kurzübung

Diese meist mündlich mit eventueller Notation der Ergebnisse durchgeführte Übung soll nur einen Schwerpunkt aufweisen:

- Steigerung der Rechenfertigkeit und -sicherheit
- Schulung des Zahlengedächtnisses
- Wiederholung bekannter Rechenoperationen
- stetige Verbesserung der Rechentechnik
- individuelle Steigerung der Leistung, in bezug auf Sicherheit, Schnelligkeit, Richtigkeit und Umfang.

2.4.3 Übungsformen

Die meisten der im Teil B genannten Übungen können bei entsprechender Geläufigkeit auch in dieser Phase eingesetzt werden. Wir unterscheiden:

- Übungen zum Zahlenverständnis:
  Zahlzerlegungen
  Zahlenfolgen
  benachbarte Zahlen
- Festigung der Grundrechenarten unter besonderer Berücksichtigung von Rechenvorteilen
- Umwandlungen
  - bei Größen
    in eine Maßeinheit, in mehrere Maßeinheiten oder in Kommaschreibweise
  - bei Brüchen:
    unechte Brüche – gemischte Zahlen
    Brüche – Dezimalbrüche
    Dezimalbrüche – Prozentangaben
- Errechnen von
  - leicht durchschaubaren Brüchen: $\frac{1}{2}$, $\frac{1}{4}$, $\frac{1}{5}$, $\frac{1}{10}$ von ...
  - Ganzen: $\frac{1}{2}$ entspricht 12; $\frac{2}{2} = \square$; $\frac{1}{3}$ entspricht 9; $\frac{3}{3} = \square$;
  - Prozentwerten:
    3% von 400 = ?
    9% von 1200 = ?
  - Grundwerten:
    5% entspricht 15 DM
    13% entspricht 260 kg
    8% entspricht 72 cm
- Einfache Schlußrechnungen:
  - 1 Liter Benzin kostet 1,40 DM.
    Es werden getankt ...
  - 2 Arbeiter benötigen 6 Stunden.
    Wie lange brauchen 1, 3, 4, 6 Arbeiter?

B) Strukturierte Übungssequenzen

Die curricularen Lehrpläne für den Mathematikunterricht der Hauptschule sind spiralig konzipiert. Ein Sachbereich – z. B. das Prozentrechnen – wird nicht in einem Schuljahr als Ganzes durchgezogen, sondern es erstreckt sich dessen Behandlung über zwei, teilweise sogar über drei Jahre.
Da einerseits ein Wiederaufgreifen zurückliegender Teilbereiche oftmals unerläßlich ist und andererseits manche Lehrkräfte in leistungsstarken Klassen im Stoff vorausgreifen wollen, wurde bei der Anordnung die thematische Zusammenfassung gewählt.

0. Darstellungsvarianten

Der Stoff der Hauptschule beinhaltet vor allem in der fünften Jahrgangsstufe eine umfangreiche Wiederholung des dekadischen Aufbaus unseres Zahlensystems und der Grundrechenarten.
Da die entsprechenden Übungen für diese Bereiche bereits detailliert beschrieben und nach Lernzielen gegliedert in dem, diesem Werk vorausgehenden Grundschulbuch* erfaßt sind, werden hier die einzelnen Varianten überwiegend aufgezählt bzw. es erfolgt ein Verweis auf analoge Übungen mit Bruchzahlen oder Dezimalbrüchen. Um aber zu verhindern, daß manche dieser vorgeschlagenen Übungen ohne jeden Bezug bleiben, soll hier an jeweils einem Beispiel die im Grundschulbuch begonnene und im folgenden fortgesetzte Terminologie für einzelne Übungsvarianten erläutert werden.

– Tabelle:

Diese auch als Matrix bezeichnete Variante eignet sich zur Darstellung aller tabellarisch erfaßbarer Aufgaben wie Zahlzerlegungen, Eintrag benachbarter Zahlen, Zahlenfolgen, . . .

Abb. 3:

Zahl							
49 627			4 ZT	9 T	6 H	2 Z	7 E
217 836		200 000	10 000	7000	800	30 ·	6
5 873 194	5 · 1 000 000	8 · 100 000	7 · 10 000	3 · 1000	1 · 100	9 · 10	4
8 342 897	$8 \cdot 10^6$	$3 \cdot 10^5$	$4 \cdot 10^4$	$2 \cdot 10^3$	$8 \cdot 10^2$	$9 \cdot 10^1$	7

– Stellenwerttafel:

Eine Sonderform der Tabelle stellt die Stellenwerttafel, auch Stellenwertordner genannt, dar. Hierauf wird bei Einführungen besonders häufig zurückgegriffen.
Im Beispiel wird eine erweiterte Form vorgestellt, bei der in der rechten Spalte im Rahmen der Differenzierung zusätzliche Eintragungen vorgenommen werden können.

Abb. 4:

Stellenwerttafel								Zahl	
ZM	M	HT	ZT	T	H	Z	E		
			8	2	3	1	4	82 314	80 000+2000+300+10 + 4
									zweihundertdreiundvierzigtausendsiebzehn
	8	0	3	7	2	4	6		+ = 8 040 000
								98 723 497	Vorgänger: 98 723 496 Nachfolger 98 723 498
		3	8	7	9	4	6		387 946 · 2 =

* Helmut Leutenbauer: Das praktische Übungsbuch für den Mathematikunterricht in der Grundschule. Donauwörth 1980.

– Sterndarstellung:

Die im Mittelkreis notierte Zahl wird zerlegt oder dient als eines von zwei Gliedern einer Rechenoperation. Bei dieser Variante wird in einem Zwischenfeld auf jedem Strahl der zweite Operand und an den Sternspitzen der jeweilige Wert der Operation vermerkt.

Abb. 5:

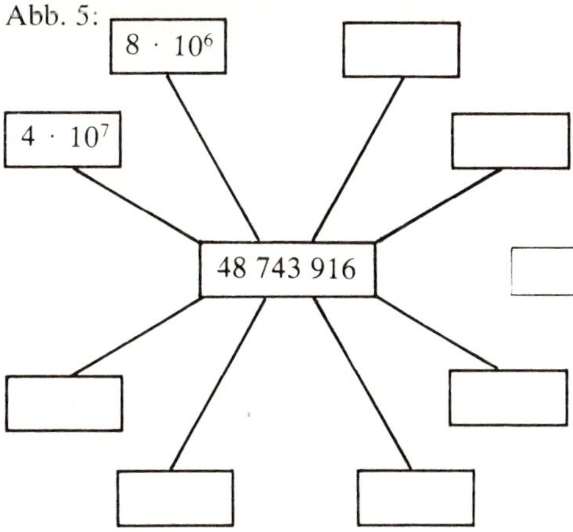

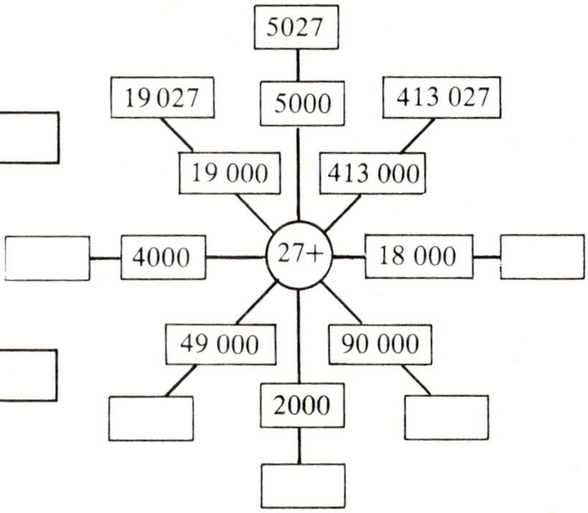

– Zielscheibe:

Bei der Zielscheibe sind zwei Ordnungskriterien zu beachten:

a) Acht Balken mit je fünf Feldern,
b) fünf Kreisringe mit je acht Feldern.

Je nach Aufgabenart erfolgen die Eintragungen innerhalb eines Balkens oder innerhalb eines Kreisringes.

Abb. 6:

a) Bei gleichbleibendem Operationsschritt innerhalb eines Balkens sind die fehlenden Zahlen einzutragen.

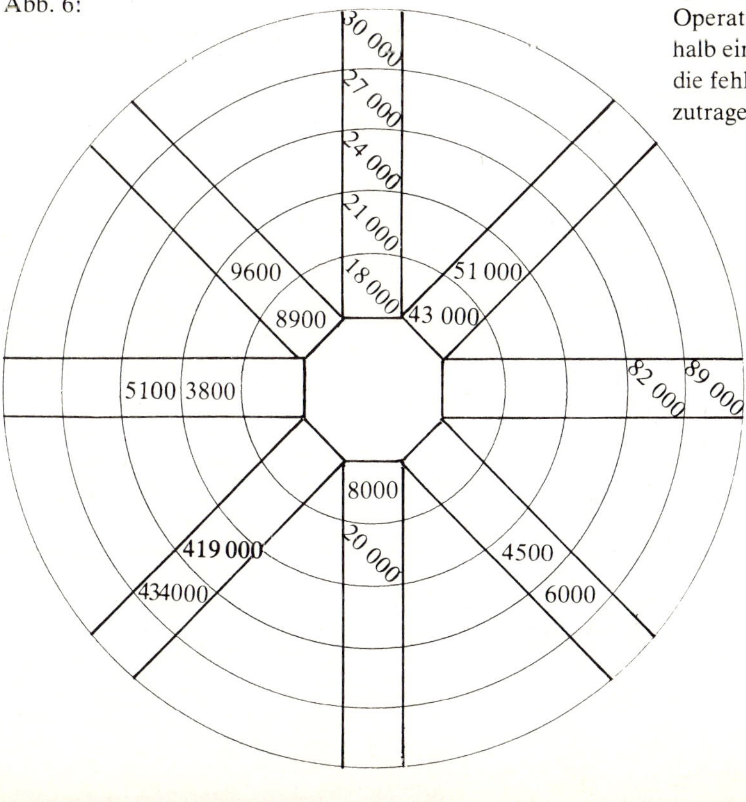

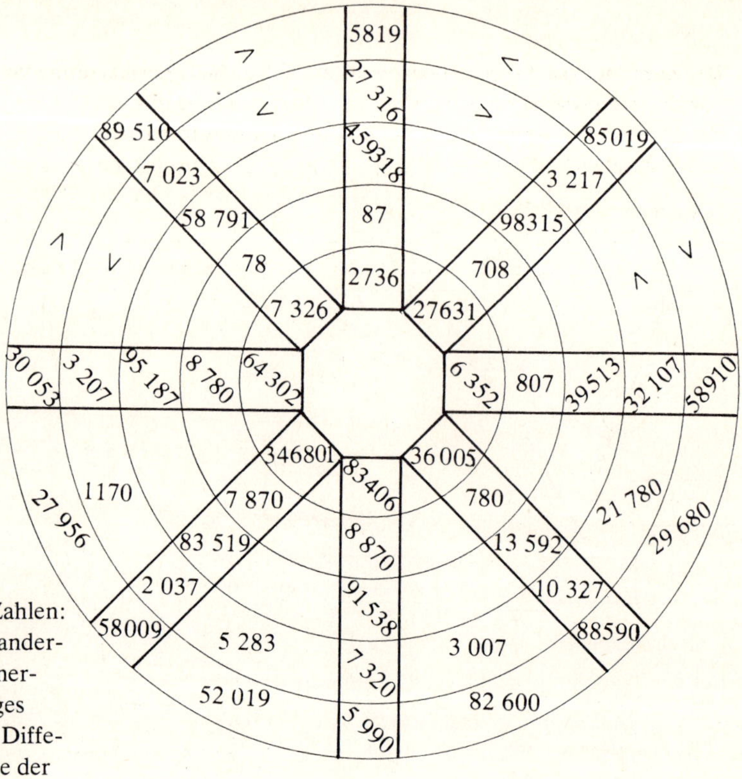

b) Vergleich von Zahlen: Jeweils zwei aufeinanderfolgende Zahlen innerhalb eines Kreisringes werden verglichen. Differenzierung: Anstelle der Relationszeichen wird die Differenz eingetragen (hier im unteren Teil).

– Propeller:

Diese Übungsvariante kann bei „viergliedrigen" Aufgaben (Nachbarzahlen, Zerlegungen, Umwandlungen . . .) eingesetzt werden. Im Mittelfeld steht die Ausgangszahl, in den vier Flügeln werden z. B. vier benachbarte Zahlen notiert.

Abb. 7:

Aufgabe:

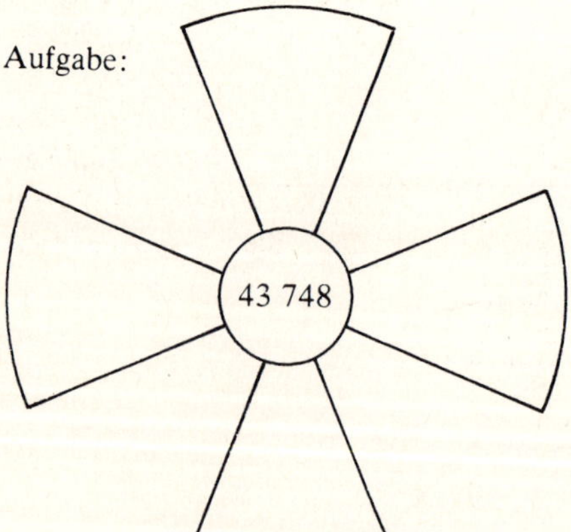

Lösung:

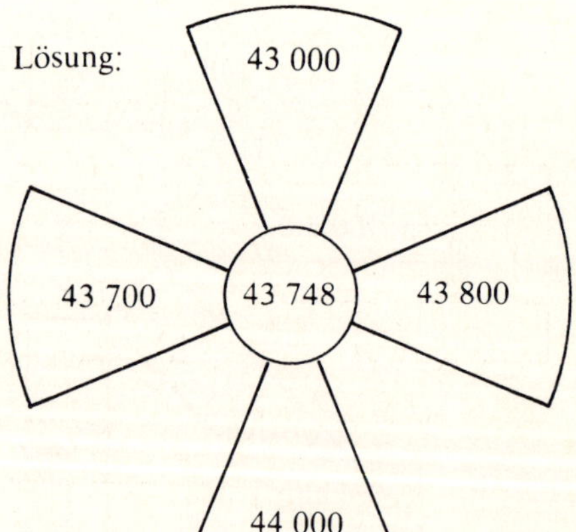

– Rechen-T:

Bei Zuordnungsaufgaben (benachbarte Zahl suchen, Umwandlung von Größen, Ergänzen auf den nächsthöheren Stellenwert, . . .) empfiehlt sich diese Darstellungsvariante besonders, bei der die verbundenen Felder einander entsprechen. Der Kreis im Verbindungspfeil ist für zusätzliche Eintragungen (Relationszeichen, Ergänzungszahl, . . .) vorgesehen.

Abb. 8:

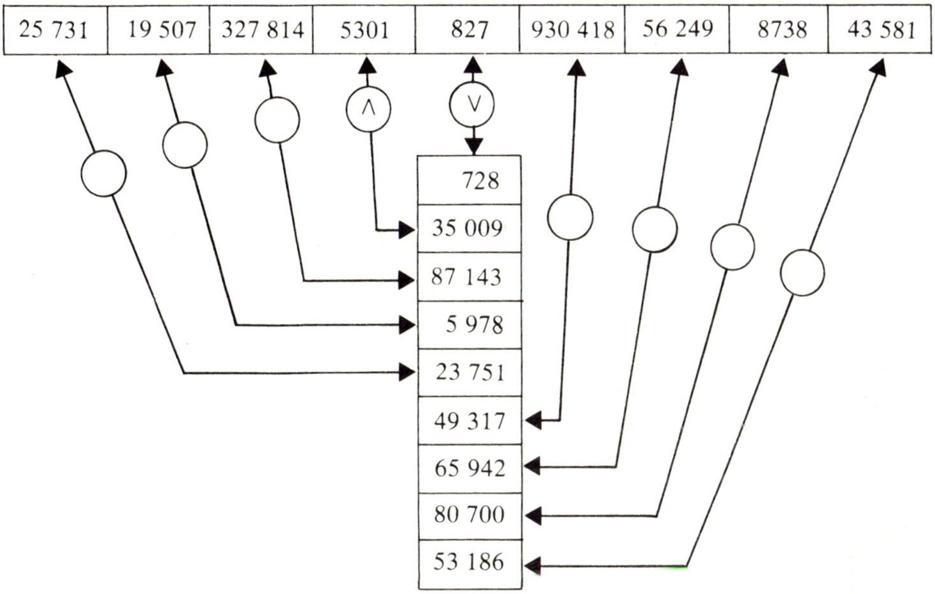

– Zuordnungspyramide:

Die Aufgabenstellung entspricht der beim Rechen-T. Die obere Pyramide ist mit dem Querbalken, die untere mit dem Pfosten zu vergleichen. Diese Variante ist aber erheblich schwieriger, da das achsensymmetrisch entsprechende Feld nicht unmittelbar zugeordnet ist.

Abb. 9:

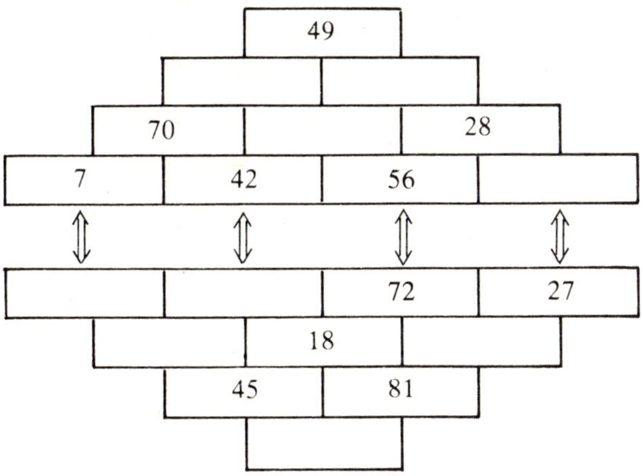

Die achsensymmetrisch entsprechenden Felder weisen denselben Multiplikanden auf. Innerhalb eines Pyramidenteils ist der Multiplikator stets gleichbleibend (im Beispiel: oben 7 und unten 9).

– Pfeildiagramm:

Das Pfeildiagramm eignet sich für jede Art von Ordnungsrelationen.

Abb. 10:

Relationsvorschrift: „. . . ist kleiner als . . .“

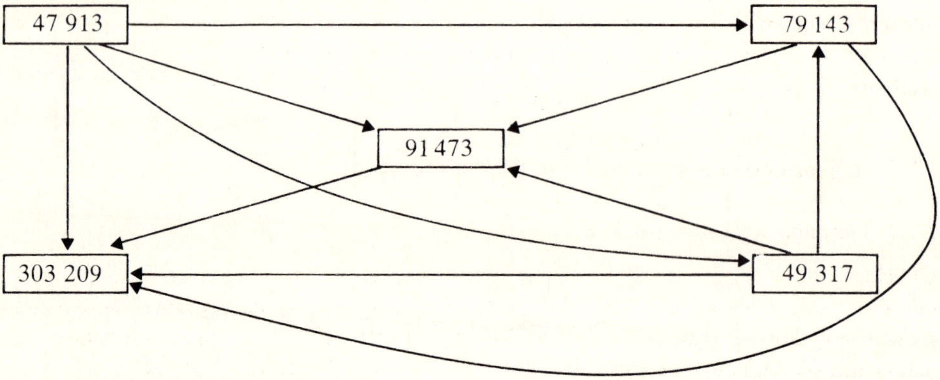

Jedes Pfeildiagramm kann zur Vereinfachung bzw. Erschwerung abgeändert werden:

- Änderung der Struktur: Je mehr Zahlen, desto schwieriger.
- Änderung der Vorschrift:
  „. . . ist größer (kleiner) als . . .“
  „. . . ist um 257 größer (kleiner) als . . .“
  „. . . ist kleiner als die Hälfte von . . .“
  „. . . hat die um 1 größere Zehntausenderzahl . . .“
  „. . . hat eine halb so große HT-Zahl wie . . .“
- Schaubild ergänzen:
  Zahlen eintragen bei vorgegebenen Pfeilen (siehe Abb. 42, S. 57).
  Bei vorgegebener Relationsvorschrift fehlende Zahlen und Pfeile ergänzen.
  Bei halbfertigem Schaubild Relationsvorschrift erkennen und Diagramm vollenden.
- Übertragung: Das Pfeildiagramm wird in eine andere Darstellungsform (Tabelle, Rechentreppe, . . .) übertragen.

– Rechentreppe:

Als Darstellungsvariante für fortlaufende Zahlanordnungen (Ordnen von Zahlen, Nachbarzahlen, Zahlenfolgen . . .) eignet sich die Rechentreppe.

Abb. 11:

Aufgabe: Bilde zu 64 · 57 und 67 · 54 jeweils die Nachbaraufgaben und ordne!

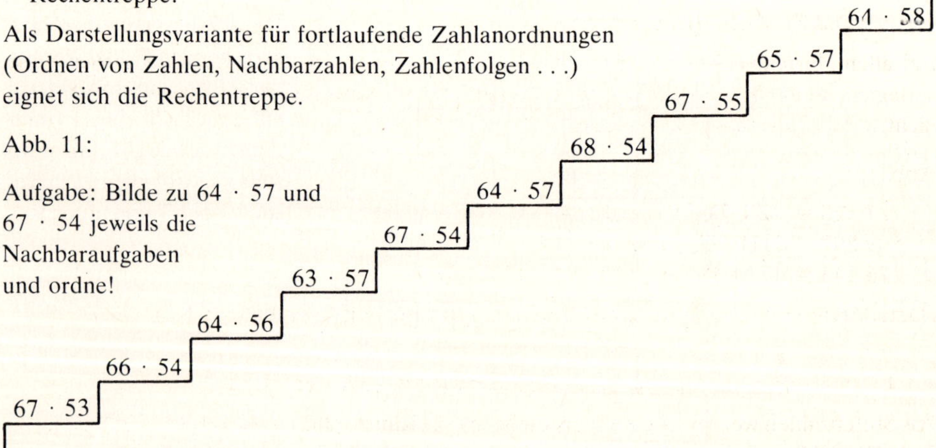

1. Aufbau unseres Zahlensystems

Der Mathematikunterricht der Volksschule ist determiniert durch eine sinnvolle Verquikkung von Zahlen bzw. Symbolen und Operationszeichen. Die Kenntnis der Bedeutung einer Zahl, also ihrer Mächtigkeit, ihrer Stellung innerhalb der Folge der natürlichen Zahlen und die der Operationszeichen gilt als eine Grundvoraussetzung. Die in diesem Kapitel aufgeführten Übungen befassen sich schwerpunktsmäßig mit der Zahl an sich, deren Stellung innerhalb des Zahlensystems und mit der Förderung des Verständnisses dessen dekadischen Aufbaus.

1.1 Stellung einer Zahl innerhalb unseres Zahlensystems

1.1.1 Variation der Zahlenvorgabe

Üblicherweise begegnen uns Zahlen in der Ziffernschreibweise. Durch andere Notationsarten, durch die Umwandlung von einer Schreibweise in eine andere, werden die Schüler gezwungen, sich mit der Zahl an sich, sich mit der Bedeutung der einzelnen Ziffern zu befassen. Das Aufbauprinzip größerer Zahlen wird dadurch leichter verständlich.

1.1.1.1 Zahlen in Worten schreiben

Werden große Zahlen in Worten geschrieben, erkennen die Schüler schnell, daß innerhalb einer Dreiergruppe (Hunderter, Tausender, Millionen, . . .) stets gilt, daß beim Lesen die Einer vor den Zehnern genannt werden. Läßt man die einzelnen Dreiergruppen verschiedenfarbig schreiben, so erkennen die Kinder schnell, welche Ziffern zusammenhängend zu lesen sind. Sie sind dann eher bereit, bei der Ziffernschreibweise zwischen den Dreiergruppen größere Abstände einzuhalten, wodurch die Zahldarstellung überschaubarer wird.

Beispiele:

Abb. 12:

428 334 = vierhundertachtundzwanzigtausend – dreihundertvierunddreißig
28 927 652 = achtundzwanzig Millionen – neunhundertsiebenundzwanzigtausend-
sechshundertzweiundfünfzig

1.1.1.2 Das Zerlegen von Zahlen in Stellenwerte

Bei allen Normalverfahren der Grundrechenarten werden die Zahlen in ihre Stellenwerte zerlegt. Bei der Notation einer Zahl in Stellenwertschreibweise werden diese untereinander nicht durch Pluszeichen verbunden.

Abb. 13:

27 348 = 2ZT 7T 3H 4Z 8E
509 892 = 5HT 9T 8H 9Z 2E
13 276 543 = 1ZM 3M 2HT 7ZT 6T 5H 4Z 3E

(Detaillierte Hinweise auf weitere Darstellungsformen erfolgen unter 1.1.2).

1.1.1.3 Das Zerlegen von Zahlen in Vielfache der Stufenzahlen

Als Stufenzahlen werden alle Zehnerpotenzen bezeichnet, also 10, 100, 1000, 10 000, ... Jede Zahl läßt sich in Vielfache dieser Stufenzahlen zerlegen.

Abb. 14:

$$43\,618 = 40\,000 + 3000 + 600 + 10 + 8$$
$$768\,513 = 700\,000 + 60\,000 + 8000 + 500 + 10 + 3$$
$$3\,982\,573 = 3\,000\,000 + 900\,000 + 80\,000 + 2000 + 500 + 70 + 3$$

1.1.1.4 Das Zerlegen von Zahlen unter besonderer Hervorhebung der Stufenzahlen

Bei dieser Form der Zerlegung werden die einzelnen Summanden der Stufenzahlzerlegung als ein Produkt aus einstelligem Multiplikanden und der entsprechenden Stufenzahl notiert.

Abb. 15:

$$43\,618 = 4 \cdot 10\,000 + 3 \cdot 1000 + 6 \cdot 100 + 1 \cdot 10 + 8$$
$$768\,513 = 7 \cdot 100\,000 + 6 \cdot 10\,000 + 8 \cdot 1000 + 5 \cdot 100 + 1 \cdot 10 + 3$$
$$3\,982\,573 = 3 \cdot 1\,000\,000 + 9 \cdot 100\,000 + 8 \cdot 10\,000 + 2 \cdot 1000 + 5 \cdot 100 + 7 \cdot 10 + 3$$

1.1.1.5 Das Notieren von Zahlen in Potenzschreibweise

Der Übergang zur Potenzschreibweise wird den Schülern keine große Schwierigkeit bereiten, wenn die unter 1.1.1.4 vorgeschlagene Darstellungsform bekannt ist. Anstelle der Stufenzahlen werden jetzt die betreffenden Zehnerpotenzen ($10 = 10^1$; $100 = 10^2$; $1000 = 10^3$; ...) geschrieben.

Abb. 16:

$$43\,618 = 4 \cdot 10^4 + 3 \cdot 10^3 + 6 \cdot 10^2 + 1 \cdot 10^1 + 8$$
$$768\,513 = 7 \cdot 10^5 + 6 \cdot 10^4 + 8 \cdot 10^3 + 5 \cdot 10^2 + 1 \cdot 10^1 + 3$$
$$3\,982\,573 = 3 \cdot 10^6 + 9 \cdot 10^5 + 8 \cdot 10^4 + 2 \cdot 10^3 + 5 \cdot 10^2 + 7 \cdot 10^1 + 3$$

1.1.2 Variation der Darstellung bei Zahlzerlegungen

Neben der Zahlzerlegung in Gleichungsform gibt es diverse weitere Möglichkeiten. Die nachfolgenden Vorschläge können bei jeder der unter 1.1.1.2–1.1.1.5 genannten Zerlegungsarten eingesetzt werden. In den Beispielen wird jedoch meist nur eine Möglichkeit aufgezeigt.

1.1.2.1 Tabelle/Stellenwerttafel

Werden Zahlen in ihre Stellenwerte zerlegt, so erfolgt der Eintrag in einer Stellenwerttafel.

Abb. 17:

Zahl	HM	ZM	M	HT	ZT	T	H	Z	E
54 762					5	4	7	6	2
983 704									
8 073 456									
53 873 912									

Entsprechend kann auch jede andere Zerlegung tabellarisch vorgenommen werden (siehe Abb. 3, S. 36).

1.1.2.2 Sterndarstellung

Je nach Ziffernzahl werden Strahlen vorgegeben. Die zu zerlegende Zahl wird in der Mitte vermerkt (siehe Abb. 5, S. 37).

1.1.2.3 Strahlendarstellung

Soll mit der zerlegten Zahl weitergearbeitet werden (z. B. Umwandlung in eine andere Zerlegung, Ergänzen auf die nächste Stufenzahl, . . .), so empfiehlt sich die Strahlendarstellung.

Abb. 18:

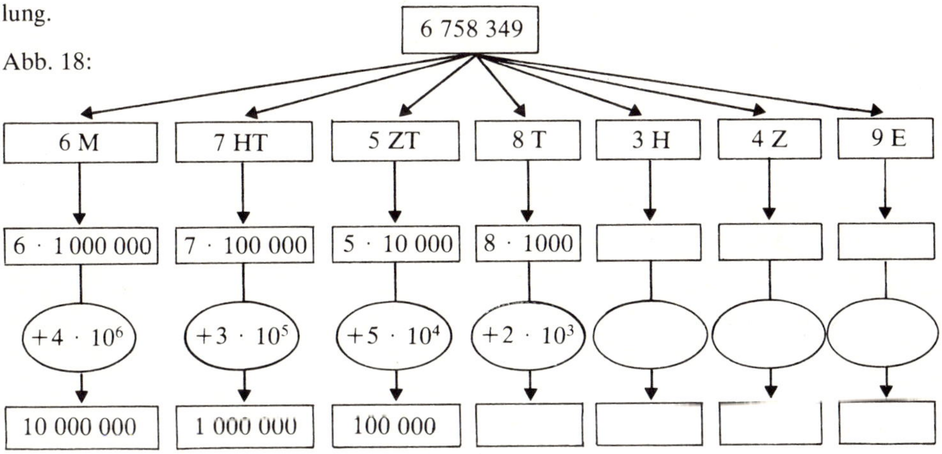

1.1.2.4 Zielscheibe

Fünf Zahlen, die jedoch nicht mehr als sieben Ziffern haben dürfen, werden in einem Balken notiert. Im Uhrzeigersinn erfolgt dann innerhalb eines Kreisringes jeweils die Zerlegung.

1.1.3 Variation der Aufgabenstellung

Durch eine Änderung der Aufgabenstellung können die Schüler neu motiviert werden:

- Variation bei der Zahlenvorgabe: siehe 1.1.1, S. 41 f.
- Variation bei der Darstellung der Zerlegung: siehe 1.1.2, S. 42
- Die ungeordnete Vorgabe der zerlegten Zahlen bedeutet ebenso eine Erschwerung wie die Verquickung der verschiedenen Notationsformen. Auch hier kann in der Darstellung variiert werden:

- Gleichungsdarstellung: $4 \cdot 10^5 + 8 \cdot 10^6 + 5 \cdot 10^3 + 7 + 2 \cdot 10^2 = \ldots$
- Strahlendarstellung
- Zielscheibe

Beispiel: Zahlenvorgabe erfolgt ungeordnet und mit verschiedenen Notationsformen als Sterndarstellung.

Abb. 19:

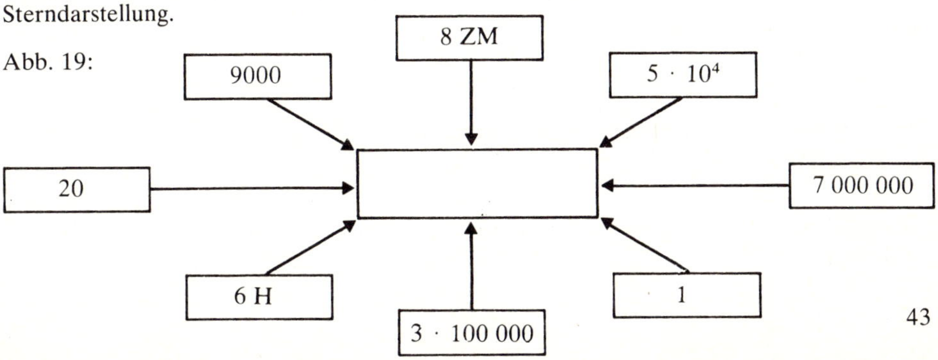

1.1.4 Zeichnerische Darstellung von Zahlen

Große Zahlen konkret oder zeichnerisch in Originalgröße darzustellen ist praktisch nicht möglich. Nur durch eine Zuordnung Symbol – Stufenzahl bzw. durch eine maßstabsgerechte Verkleinerung lassen sich höhere Zahlen zumindest etwas veranschaulichen.

1.1.4.1 Darstellung der Million durch Längenvergleich

Im Schulbuch „Zahl und Form 4“ (Donauwörth 1976) wurde eine Möglichkeit gefunden, anschaulich eine Million darzustellen. Der Schüler kann sich durch den gewählten Vergleich 1 Million Zentimeter leichter vorstellen.

Abb. 20: (aus: Zahl und Form 4, Seite 18)

Wir rechnen bis zur Million

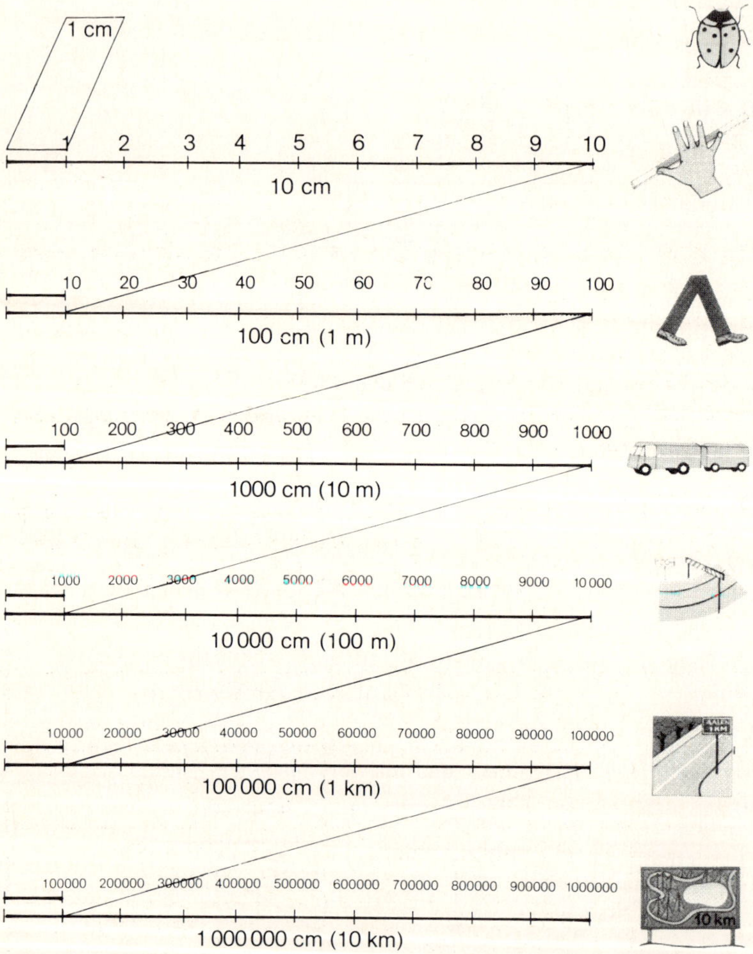

1 · 10 = 10	1 000 · 10 = 10 000
10 · 10 = 100	10 000 · 10 = 100 000
100 · 10 = 1000	100 000 · 10 = 1 000 000

1.1.4.2 Gezeichnete Zahlen

Oehl schlägt als Symbole für die einzelnen Stufenzahlen folgende Zeichen vor:

Einer:	Punkte	2	⟹
Zehner:	senkrechte Balken	20	⟹
Hunderter:	Kästchen	200	⟹
Tausender:	Streifen	2000	⟹

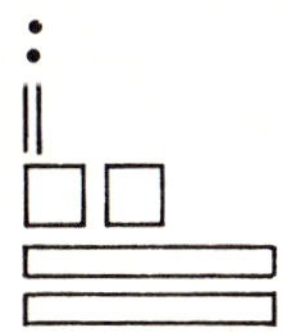

Unter Verwendung dieser Zeichen lassen sich zumindest alle Zahlen bis 10 000 zeichnerisch abbilden.

Abb. 21:

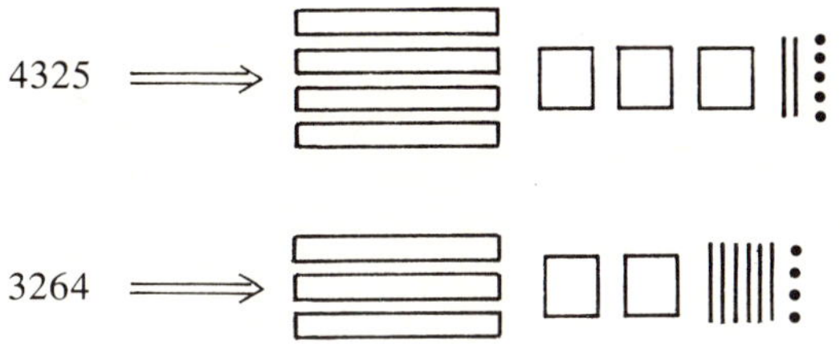

1.1.4.3 Das Zahlenband

Bei einem zehn Meter langen und ca. 20 cm breiten Streifen werden folgende Markierungen eingezeichnet:

Durchgehend rote Striche bei 1, 2, 3 . . . 9, 10 m
- Durchgehend rote Doppellinie bei 5 m
- Halbhohe grüne Striche bei 0,5; 1,5; 2,5; . . . 8,5 und 9,5 m
- Kleine, schwarze Striche nach jeweils 10 cm, sofern keine andere Markierung vorher schon an dieser Stelle erfolgte.

Dieses Zahlenband läßt sich nun variabel für verschiedene Zahlenbereiche einsetzen, je nachdem, welchen Vergleichsmaßstab man verwendet. An den roten bzw. grünen Strichen werden dazu Zahlenkärtchen (15 cm lang, 10 cm hoch) angeheftet.

Abb. 22:

Zahlenraum Vergleichsmaßstab	Diese Zahlen sind anzuheften bei den roten Strichen	 grünen Strichen
bis 1000 1 cm ≙ 1 cm	100, 200, 300,. . . 900, 1000	50, 150, 250, . . . 850, 950
bis 10 000 1 cm ≙ 10 cm	1000, 2000, 3000, . . 9000, 10 000	500, 1500, 2500, . . . 8500, 9500
bis 100 000 10 cm ≙ 1 m	10 000, 20 000, . . . 90 000, 100 000	5000, 15 000, 25 000, . . . 85 000, 95 000
bis 1 000 000 1 cm ≙ 10 m	100 000, 200 000, . . . 900 000, 1 000 000	50 000, 150 000, . . . 850 000, 950 000

Dieses Zahlenband wird im Klassenzimmer aufgehängt. Zahlen bis zur Million können selbst von leistungsschwächeren Schülern mit einer Ungenauigkeit von maximal ± 5000 gezeigt werden, da durch die kleinen, schwarzen Striche auch die einzelnen Zehntausender markiert sind.
Leistungsstärkere Schüler werden sogar in der Lage sein, die Abweichung auf maximal ± 1000 zu reduzieren, da sie in Gedanken die 10 cm Abstände noch weiter unterteilen und so ziemlich genau die Lage jeder Zahl auf dem Zahlenband bestimmen können.

1.1.4.4 Die Darstellung großer Zahlen durch Abbildungen

Je nach Art einer grafischen Darstellung werden für die Abbildung großer Zahlen unterschiedliche Symbole gewählt. Beispiele und genauere Hinweise erfolgen im Kapitel „Grafische Darstellungen" unter 7.2.2, S. 343 ff.

1.1.5 Das Runden von Zahlen

Dem Runden von Zahlen kommt beim schriftlichen Multiplizieren und Dividieren, vor allem aber beim Rechnen mit dem Rechenstab eine wesentliche Rolle zu.

1.1.5.1 Wann wird gerundet?

Große Zahlen werden dann gerundet, wenn eine genaue Angabe zu nennen nicht möglich oder praktisch völlig belanglos ist. Gerundete Zahlen vermitteln einen Überblick und lassen sich leichter merken.

Beispiele:

- Die Einwohnerzahl großer Städte, von Staaten oder Erdteilen
- Höhen von Bergen, Flußlängen, Flächen von Ländern
- Geldbeträge (Bruttosozialprodukt eines Landes, Steueraufkommen, Umsatz großer Firmen, Import, Export . . .)
- Besucherzahlen bei Großveranstaltungen wie Bundesligaspiele, Messen, Kundgebungen, Demonstrationen . . . Spiel auf Kassette aufnehmen -> Zuschauerzahl => gerundeter Wert
- Entfernungen zwischen Ländern und Kontinenten
- Entfernungen im Weltall . . .

1.1.5.2 Rundungsregeln

- Wir runden ab der Stelle, die nicht mehr interessiert. Von der größten vorkommenden Zahl hängt es ab, bei welcher Stelle mit dem Runden begonnen wird. Während z. B. beim Vergleich von Millionenstädten ein Runden auf glatte Hunderttausender genügt, muß beim Vergleich von Kleinstädten auf Tausender gerundet werden.
- Ist die erste zu rundende Ziffer 1, 2, 3 oder 4, so wird abgerundet, bei 5, 6, 7, 8 und 9 wird aufgerundet.

Abb. 23:

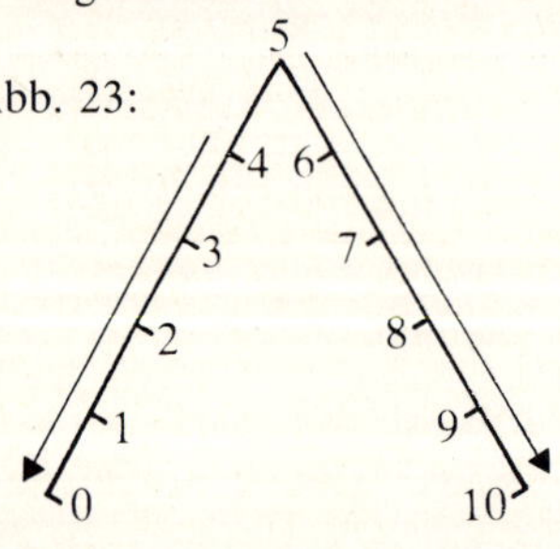

Am Zahlenstrahl läßt sich veranschaulichen, wie in den einzelnen Bereichen gerundet wird.

Abb. 24:

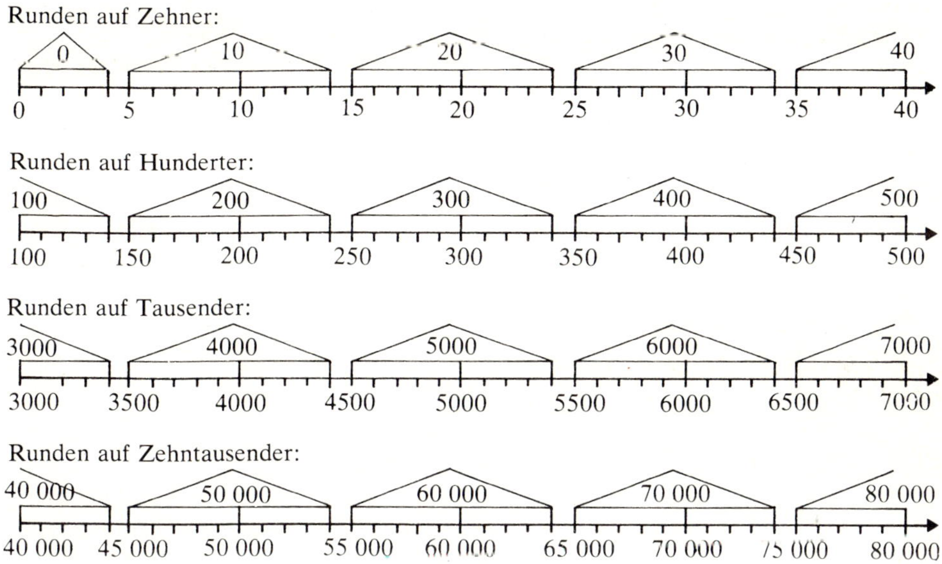

– Jede Zahl darf nur einmal gerundet werden.

1.1.5.3 Darstellungsvarianten für das Runden an sich

Soll das Runden unabhängig vom Sachverhalt geübt werden, sollen also mehrere Zahlen jeweils für sich gerundet werden, so empfiehlt sich:

– Tabelle:

Abb. 25:

Die Zahl wird gerundet auf	543 727	9 821 903	44 992	894 593	2 873 576	735 041	801 998
Zehner	543 730	9 821 900					
Hunderter	543 700						
Tausender	544 000						
Zehntausender	540 000						

– Propeller:

Im Mittelfeld steht die zu rundende Zahl, in jedem Flügel wird auf einen anderen Stellenwert gerundet.

Abb. 26:

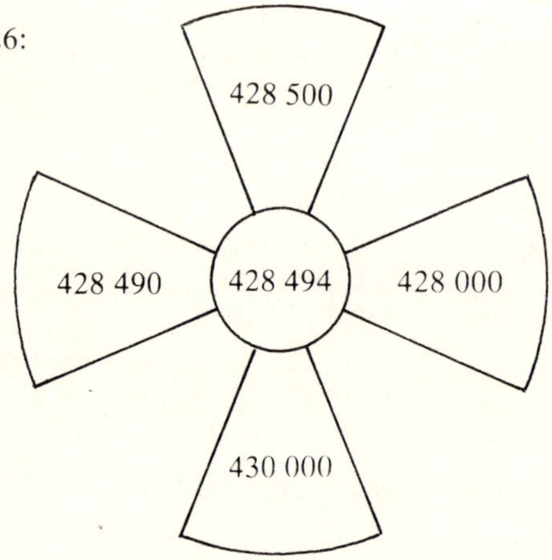

– Stern:

Die Sterndarstellung stellt eine Variante zum Propeller dar, bei der an jeder Sternspitze anders gerundet wird.

– Zielscheibe:

Im innersten Kreisring stehen die acht zu rundenden Zahlen. Nach außen zu wird jeweils auf den Zehner, Hunderter, Tausender und Zehntausender gerundet. Die Schüler sind darauf aufmerksam zu machen, daß bei jeder erneuten Rundung immer wieder von der *Ausgangszahl* auszugehen ist.

Abb. 27:

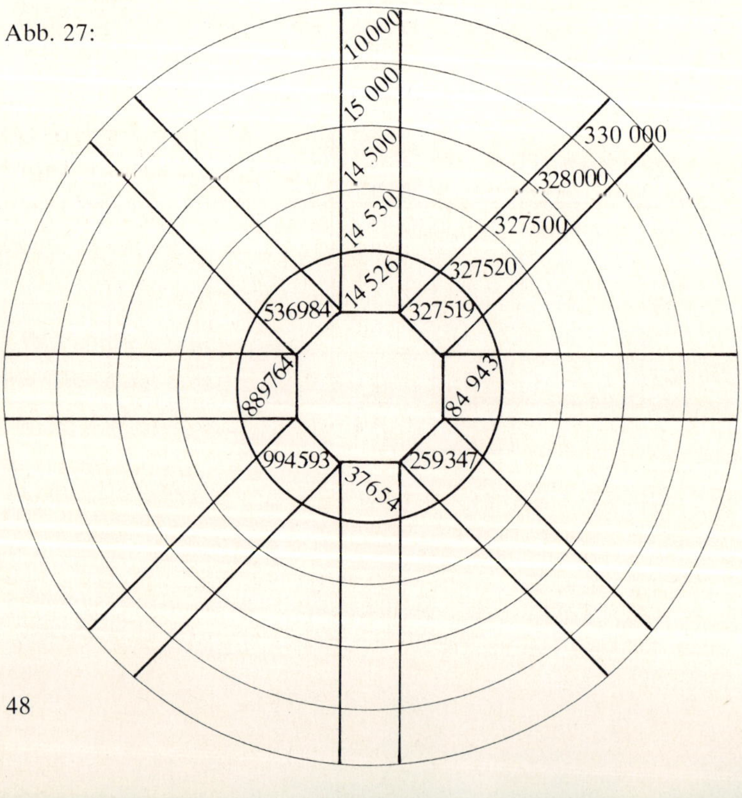

1.1.5.4 Darstellungsvarianten für sinnvolles Runden

Unter 1.1.5.3 wurden Vorschläge unterbreitet, wie das Runden an sich zu üben ist. Im täglichen Leben oder beim überschlagenden Rechnen wird jedoch nicht vorgeschrieben, ab welcher Stelle zu runden ist. Der Schüler hat dies selbst zu entscheiden.
Unter dem Motto „Runde sinnvoll!" werden deshalb verschiedene Größen vorgegeben, die sinnvoll zu runden sind.

Beispiele (aus: Zahl und Form 5, Seite 7):

a) Entfernungen auf der Erde: Stuttgart – München 216 km; Berlin – Kairo 2917 km; Berlin – Rio de Janeiro 9924 km; Berlin – Tokio 8997 km, Tokio – New York 10954 km
b) Durchmesser Mond: 3476 km; Durchmesser Erde: 12757 km; Durchmesser Sonne: 1 390 600 km
c) 9,95 DM; 0,49 DM; 19,80 DM; 1995,75 DM; 31 003,25 DM.

Weitere Übungsmöglichkeiten:

– Rechen-T:

Im Querbalken werden die zu rundenden Größen genannt. Die Schüler müssen entscheiden, ab welcher Stelle sie runden und die gerundete Zahl im entsprechenden Feld des Pfostens eintragen.

Abb. 28:

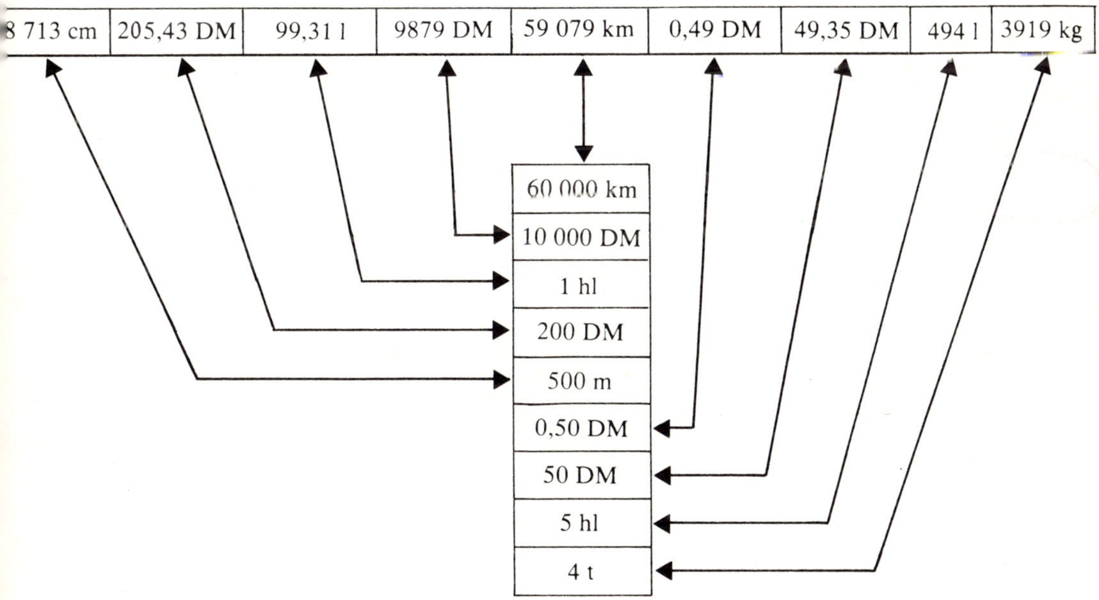

– Zuordnungspyramide:

Die Aufgabe entspricht der beim Rechen-T. Die zu rundenden Zahlen werden im oberen Teil vorgegeben, die gerundeten Zahlen sind im achsensymmetrisch entsprechenden Feld einzutragen.

Abb. 29:

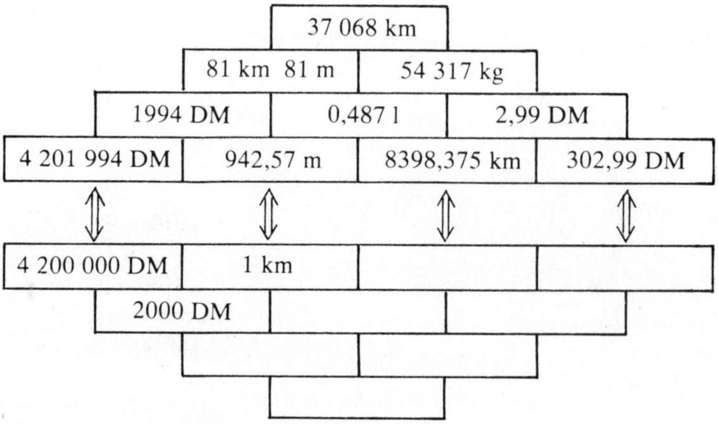

1.1.6 Das überschlagende Rechnen

Dem überschlagenden Rechnen, das fälschlicherweise oft als Schätzen bezeichnet wird, kommt in mehrfacher Hinsicht große Bedeutung zu.

1.1.6.1 Bedeutung des überschlagenden Rechnens

Beim Multiplizieren kann durch eine vorweggenommene Überschlagsrechnung der Zahlenbereich des Produktwertes eingeschränkt werden, kann die Anzahl der Stellen des Resultates ermittelt werden. Stellenwertfehler lassen sich somit vermeiden.

Beispiele:

Abb. 30:

423 · 57	Ü: 400 · 60 = 24 000	tatsächlicher	24 111
387 · 281	Ü: 400 · 300 = 120 000	Produktwert:	108 747
564 · 349	Ü: 600 · 300 = 180 000		196 836

Bei der Division spielt das Rechnen mit gerundeten Zahlen in zweifacher Hinsicht eine Rolle:

a) bei der Ermittlung der Wertziffern und
b) bei der Begrenzung des Zahlenbereiches, in dem der Wert des Quotienten liegen muß.

Beim Rechnen mit dem Rechenstab ist die sichere Beherrschung des überschlagenden Multiplizierens und Dividierens unbedingte Voraussetzung, da der Rechenstab nur die Ziffernfolge des Resultates, nicht aber dessen Stellenzahl angibt.

1.1.6.2 Das überschlagende Multiplizieren

Das überschlagende Multiplizieren fällt den Schülern leichter. Voraussetzung dazu ist allerdings die sichere Beherrschung der Zehner- und Hunderter-Einmaleinsreihen.

Bei einer Vorübung ordnen die Schüler ein Produkt ein, indem sie eine obere und eine untere Grenze bestimmen, wozu der zweistellige Faktor auf die beiden benachbarten Zehner gerundet wird. Die Schüler kennzeichnen den Überschlag, der näher am tatsächlichen Produktwert liegt.

Abb. 31:

untere Grenze	Produkt	obere Grenze	
8 · 50	8 · 57	8 · 60	→ 400 < 456 < 480
9 · 30	9 · 34	9 · 40	→ 270 < 306 < 360
	5 · 69		
	3 · 26		

Die Schüler erkennen dadurch, daß der Überschlag sowohl größer als auch kleiner als der tatsächliche Produktwert sein kann.

Sind beide Faktoren zwei- oder mehrstellige Zahlen, wird das Überschlagen schwieriger, da durch das zweimalige Runden bei einem starren Befolgen der Rundungsregeln teilweise große Abweichungen gegenüber dem exakten Produktwert auftreten können.

Abb. 32:

Aufgabe		gerundete Aufgabe	Überschlag	genauer Produktwert	Abweichung
47 · 59		50 · 60	3000	2773	− 227
31 · 49		30 · 50	1500	1519	+ 19
52 · 68		50 · 70	3500	3536	+ 36
36 · 45		40 · 50	2000	1620	− 380
	oder	40 · 40	1600	1620	+ 20

Am letzten Beispiel läßt sich gut herausarbeiten, daß der Überschlag genauer werden kann, wenn man gegen die Rundungsregeln verstößt, denn bei 40 · 50 wird zweimal stark aufgerundet, während bei 40 · 40 jeweils einmal um etwa den gleichen Wert auf- bzw. abgerundet wird.

1.1.6.3 Das überschlagende Dividieren

Soll durch den Überschlag das ungefähre Endergebnis ermittelt werden, so kann die zuletzt aufgezeigte Übung analog eingesetzt werden.

Doch auch im Rahmen der schriftlichen Division sind die Wertziffern durch Überschlag zu ermitteln.

Eine Übung, ohne Verbindung zum eigentlichen Teilen, soll den Blick der Schüler schulen, wie oft der Divisor in einer Zahl enthalten ist.

Abb. 33:

a	b	Überschlag:			Kontrollen:	
		a : b = [c]	→ [c] · b = (d)	→ (d) + b = e	a > d	a < e
84	32	80 : 30 = 2	2 · 32 = 64	64 + 32 = 96	84 > 64	84 < 96
173	48	170 : 50 = 3	3 · 48 = 144	144 + 48 = 192	173 > 144	173 < 192
176	43					
257	68					
498	72					
622	57					

Nur wenn zutrifft, daß a > d und a < e, dann wurde richtig überschlagen. Ist d > a, so wurde die Wertziffer zu hoch gewählt. Die Wertziffer ist zu niedrig, wenn e < a ist.

1.1.7 Zahlen selbst bilden

Den Kindern wird die Bedeutung des Stellenwertes einer Ziffer schnell bewußt, wenn sie Zahlen selbst bilden müssen.

1.1.7.1 Ziffern vertauschen

Diese Aufgabe eignet sich vorzüglich als Wettspiel in der Gruppe. Sieger ist jeweils, wer die meisten Zahlen findet.
Aus drei (4, 5, 6 . . .) Ziffern sind möglichst viele drei-(4-, 5-, 6-)stellige Zahlen zu bilden. Es ist zu vereinbaren, ob jede Ziffer in jeder Zahl
- nur einmal
- zweimal
- oder mehrmals vorkommen darf.

Abb. 34:

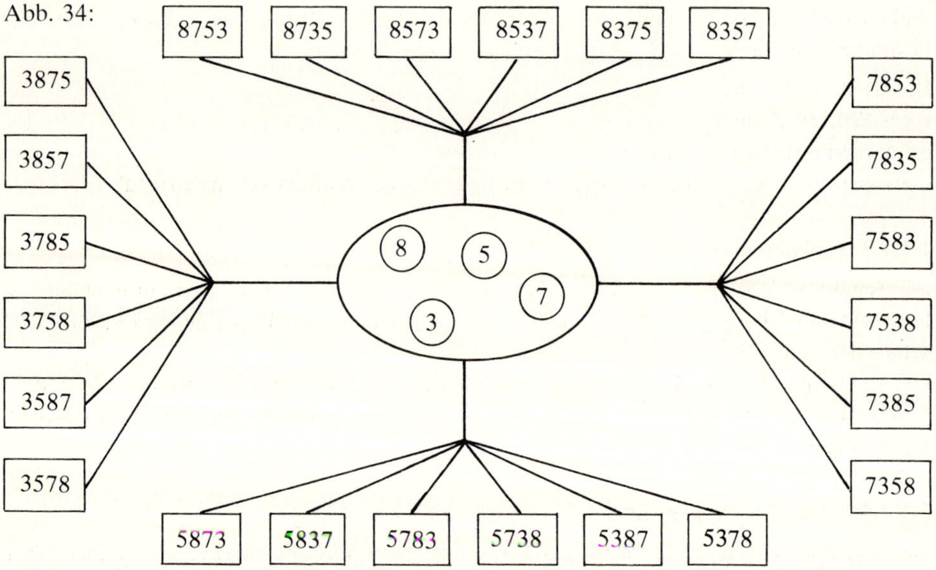

1.1.7.2 Suchen der größt- und kleinstmöglichen Zahl

Durch Vertauschen der Ziffernfolge soll die größt- und kleinstmögliche Zahl, bestehend aus den Ziffern einer Ausgangszahl, gesucht werden. Die Leistungsgruppe trägt in einer weiteren Spalte jeweils die Differenz der beiden gefundenen Zahlen ein.

Abb. 35:

Ausgangszahl	größte Zahl	kleinste Zahl	Differenz
75 386	87 653	35 678	51 975
497 423	974 432		
503 681			

1.1.8 Würfelspiele

Die hier aufgeführten Würfelspiele dienen nicht der Steigerung der Rechenfertigkeit, sondern der Förderung des Zahlenverständnisses. Den Schülern wird spielerisch wiederum die Bedeutung des Stellenwertes einer Ziffer bewußt gemacht.
Würfelspiele sind ihrem Charakter nach Gesellschaftsspiele und sollten deshalb in einer Gruppe durchgeführt werden.
Grundsätzlich gilt, daß die gewürfelten Augenzahlen als Ziffer einer Zahl verwendet werden. Spannender wird das Spiel, wenn bei einigen Würfeln die Felder 1, 2, 3 und 4 überklebt und dafür 7, 8, 9 und 0 Augen aufgezeichnet werden.

1.1.8.1 Zahlen bilden

Die Schüler würfeln mit vier (fünf, sechs) Würfeln gleichzeitig. Gewinner einer Spielrunde ist jeweils das Kind mit der höchsten (kleinsten) Zahl.

1.1.8.2 Stellenwertspiel

Stehen mehrere verschiedene Würfel (Größe, Farbe) zur Verfügung, so wird jedem ein bestimmter Stellenwert zugeordnet.

Blauer Würfel: Einer
roter Würfel: Zehner
grüner Würfel: Hunderter usw.
Gewinner einer Spielrunde ist wieder das Kind mit der größten (kleinsten) Zahl.

1.1.8.3 Spekulieren

Die Schüler sollen z. B. sechsstellige Zahlen bilden. Sie würfeln mit einem Würfel mehrmals hintereinander. Nach jedem Wurf bestimmen sie, auf welche Stelle die gewürfelte Ziffer zu setzen ist.
Die so erzielte Zahl wird der maximal zu erreichenden Zahl gegenübergestellt. Die Differenz wird errechnet. Sieger wird das Kind mit der geringsten Differenz, weil es am besten „spekulierte", seine Ziffern also optimal setzte.

1.1.8.4 Verdecktes Spekulieren

Der Unterschied zum vorherigen Spiel besteht darin, daß die Schüler *vor* jedem Wurf entscheiden müssen, welchem Stellenwert sie die gewürfelte Ziffer zuordnen. Der Rundensieger wird ebenfalls über die Differenz aus gesetzter und maximal zu bildender Zahl ermittelt.

1.1.8.5 Würfeljagen

Es wird wieder mit drei, vier . . . Würfeln gleichzeitig gespielt. Wer eine höhere Zahl als sein Vorgänger bilden kann, erhält einen Punkt. Ist seine Zahl niedriger, so erhält der Vorgänger den Punkt.

1.1.8.6 Verdecktes Würfeln

Jedes der genannten Spiele läßt sich variieren, wenn es mit der verdeckten Augenzahl durchgeführt wird.
Bei einem Vorausspiel notieren sich die Schüler nebeneinander jeweils die nach oben zeigende und die verdeckte Zahl. Sie werden rasch erkennen, daß die Summe zweier

gegenüberliegender Felder stets 7 ergibt. So können die Kinder im Spiel durch eine einfache Rechnung (7 – gewürfelte Zahl) schnell die verdeckte Augenzahl ermitteln.

1.1.8.7 Würfelrechnungen

Die durch Würfeln erzielten Zahlen lassen sich vielfältig zu Rechnungen in Wettkampfform verknüpfen. Detaillierte Hinweise erfolgen unter 2.8.2, S. 160 ff.

1.2 Vergleich von Zahlen

Durch Vergleich zweier oder mehrerer Zahlen lernen die Schüler, eine Zahl auf einem gedachten Zahlenstrahl einzuordnen. Je weiter rechts eine Zahl auf diesem Strahl zu finden ist, desto größer ist sie.

1.2.1 Vergleich zweier Zahlen

1.2.1.1 Einsetzen von Relationszeichen

Bei vorgegebenen Zahlenpaaren ist das zutreffende Relationszeichen (>; <; =) einzusetzen.

Abb. 36:

54 247 > 45 742
893 852 < 983 258
747 545 > 747 454

1.2.1.2 Pfeildiagramm

Zwischen mehreren Zahlen, die zur Erschwerung ähnliche Ziffernfolgen aufweisen, sind nach Vorschrift die Relationspfeile einzuzeichnen (siehe Abb. 10, S. 40).

1.2.1.3 Das „richtig-falsch-Spiel“

Den Schülern werden Ungleichungen genannt (23 457 > 32 754; 367 895 > 123 998; 247 742 < 28 000; . . .). Sie notieren jeweils „r“ für richtige und „f“ für falsche.

1.2.1.4 Rechen-T

Alle Felder sind mit Zahlen gefüllt. Im Kreis des Verbindungsstriches wird das Relationszeichen eingetragen (siehe Abb. 8, S. 39).

1.2.1.5 Zielscheibe

Alle Felder der Zielscheibe sind mit Zahlen besetzt. Die Schüler vergleichen jeweils zwei aufeinanderfolgende Zahlen innerhalb eines Kreisringes und tragen das entsprechende Relationszeichen ein (siehe Abb. 6, S. 38).

1.2.2 Ordnen von Zahlen

Beim Vergleich von Zahlen wird die Stellung zweier Zahlen zueinander betrachtet, beim Ordnen müssen mehrere beachtet werden.

1.2.2.1 Zahlenreihe

Als einfachste Form der Lösungsnotation bietet sich die Reihe an, bei der die Zahlen auf- oder absteigend nebeneinander notiert werden.

Abb. 37:

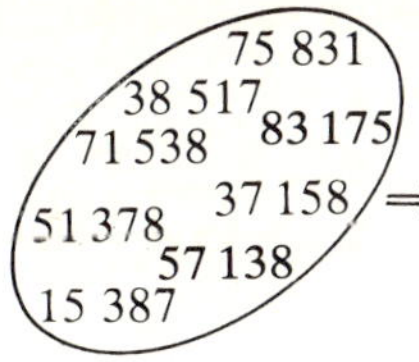

⇒ { 15 387; 37 158; 38 517; 51 378; 57 138; 71 538; 75 831; 83 175 }

1.2.2.2 Zahlen auffädeln

Die verstreut auf einem Blatt notierten Zahlen sind „aufzufädeln", also nach der Größe geordnet mit Strichen zu verbinden.

Abb. 38:

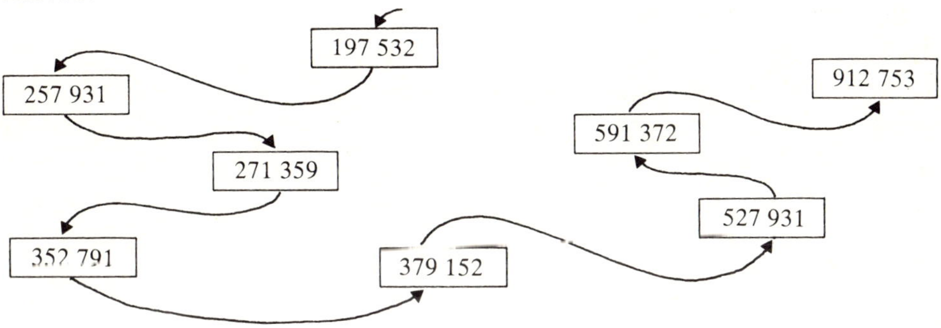

1.2.2.3 Rechentreppe

Die z. B. in einer Zahlenschleife genannten Zahlen sind von unten nach oben aufsteigend geordnet auf der Rechentreppe einzutragen (siehe Abb. 11, S. 40).

1.2.2.4 Zielscheibe

In bis zu acht Zahlenkreisen werden jeweils 5 Zahlen vorgegeben, die dann jeweils geordnet auf einem Balken von innen nach außen aufsteigend notiert werden (siehe Abb. 366, S. 222).
Variante: 5 Kreise mit je 8 Zahlen sind zu ordnen. Der Anfangsbalken wird markiert, im Uhrzeigersinn erfolgt auf einem Kreisring jeweils die Lösung.

1.3 Einordnung einer Zahl in unser Zahlensystem

1.3.1 Benachbarte Zahlen

Als benachbarte Zahlen einer Zahl a gelten Vorgänger (a – 1) und Nachfolger (a + 1), der letzte/nächste glatte Zehner, Hunderter, Tausender . . .
Durch das Bestimmen dieser Nachbarzahlen lernt das Kind, auch hohe Zahlen sicher einzuordnen.

1.3.1.1 Analogiebildung

Leistungsschwächeren Schülern ist immer wieder vor Augen zu führen, daß innerhalb eines Tausenders bei der Zahlbildung stets gleiche Gesetzmäßigkeiten gelten.

Abb. 39:

Vorgänger von 827 ist 826.
Vorgänger von 3827 ist 3826.
Vorgänger von 24 827 ist 24 826.
Vorgänger von 356 827 ist 356 826.
Vorgänger von 1 247 827 ist . . .

Die Einführung und Festigung dieser Erkenntnis erfolgt durch Analogiebildungen. Ausgehend von einer Zahl unter 1000 suchen die Kinder die benachbarten Zahlen. Auf Hunderter-, Zehner- und Einerstelle unverändert wird die Zahl auf 4, 5, 6, . . . Stellen ausgebaut und die analoge Operation vollzogen.

Abb. 40:

letzter Hunderter	letzter Zehner	Vorgänger	Zahl	Nachfolger	nächster Zehner	nächster Hunderter
200	270	272	273	274	280	300
		3 272	3 273	3 274		
			43 273			
			543 273			
			1 543 273			

Variation der Darstellung mit der Zielscheibe:

Auf einem Balken werden die fünf Ausgangszahlen vermerkt. Im Uhrzeigersinn werden Nachfolger, nächster Zehner, nächster Hunderter, gegen den Uhrzeigersinn Vorgänger, letzter Zehner und letzter Hunderter eingetragen. Ein Balken bleibt frei.

1.3.1.2 Ungleichungskette

Die benachbarten Zahlen werden nebeneinander notiert und durch Relationszeichen voneinander getrennt. Beim Festlegen der als erstes zu bestimmenden Nachbarzahl kann variiert werden.

Abb. 41: Ausgangszahl

243 500 < 243 560 < 243 566 < [243 567] < 243 568 < 243 570 < 243 600
500 000 < 580 000 < 583 000 < [583 238] < 584 000 < 590 000 < 600 000
820 000 < 827 000 < 827 400 < [827 415] < 827 500 < 828 000 < 830 000

1.3.1.3 Rechentreppe

Auf der 5. Stufe wird die Ausgangszahl notiert. Nach oben aufsteigend, nach unten rückwärtsschreitend werden die nächsten/letzten H, T, ZT und HT eingetragen.

1.3.1.4 Tabelle

Zu einer vorgegebenen Zahl werden nach links bzw. nach rechts die benachbarten E, Z, H, T, ZT, HT je nach Spaltenzahl eingetragen.

Darstellung siehe Abb. 40.

1.3.1.5 Zielscheibe

Ausgehend von den in einem hervorgehobenen Balken notierten Zahlen werden innerhalb eines Kreisringes die gewünschten benachbarten Zahlen eingetragen.

1.3.1.6 Pfeildiagramm

Relationsvorschrift: „. . . ist der nächste glatte Tausender von . . .“
Aufgabe: Vollende das Schaubild! Setze die folgenden Zahlen ein und suche die fehlenden!

Abb. 42:

Setze ein: 748 526; 873 514; 24 005; 49 837; 24 903; 49 752; 24 713;

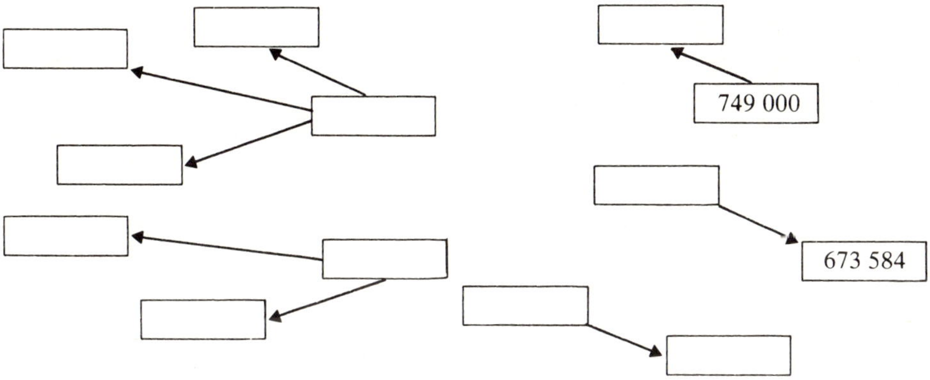

1.3.2 Zahlenfolgen

1.3.2.1 Varianten der Aufgabenstellung

- Die ersten drei Zahlen einer Zahlenfolge sind gegeben. Die Schüler errechnen den Operationsschritt und notieren die folgenden Zahlen.
- Werden die letzten drei Glieder einer Folge genannt, so sind die Lösungszahlen durch die inverse Operation zu errechnen.
- Die Ausgangszahlen befinden sich in der Mitte der Folge.
- Eine Zahl der Folge und der Operationsschritt sind genannt.

1.3.2.2 Lösungsvariationen

- Die einfache Reihe: Leerfelder bestimmen die Anzahl der zu suchenden Zahlen.
- Schlange: Die Leerfelder werden schlangenförmig angeordnet.

Abb. 43:

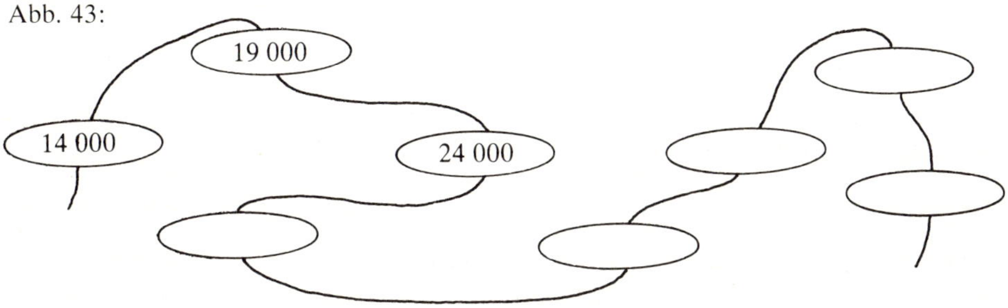

– Rechentreppe:

Auf zwei aufeinanderfolgenden Stufen werden die Zahlen vorgegeben, so daß der Operationsschritt errechnet werden kann.

– Tabelle:

In der ersten Spalte wird der Operationsschritt vorgegeben. Der Pfeil zeigt den Verlauf der Operation an. Wird die Endzahl oder eine Mittelzahl genannt, so muß die inverse Operation ausgeführt werden.

Abb. 44:

Operationsschritt	→				
– 13 000	136 000				
– 42 500				49 000	6 500
+ 7800			26 000		
– 12 000				18 000	
+ 35 000		38 500			

– Zielscheibe:

Auf jedem Balken werden zwei aufeinanderfolgende Zahlen eingetragen. Die restlichen drei sind zu berechnen (siehe Abb. 6, S. 37).
Variante: Die Zahlen einer Folge werden auf den Kreisringen notiert.

1.4 Rechnen mit Zehnerpotenzen

Unser Zahlensystem ist durch seinen dekadischen Aufbau determiniert. Alle unsere Maße – eine Ausnahme sind auch die in sich unregelmäßigen Zeitmaße – sind dekadisch aufgebaut. Der Schritt von Stufe zu Stufe bzw. von Einheit zu Einheit erfolgt durch die Multiplikation mit 10 bzw. mit Zehnerpotenzen ($100 = 10^2$; $1000 = 10^3$; ...).
Diese inneren Zusammenhänge und die daraus resultierenden Rechenvorteile sind immer wieder herauszustellen.

1.4.1 Multiplikation/Division mit Zehnerpotenzen

Sollten die Schüler noch Schwierigkeiten bei der Multiplikation oder Division von Zehnerpotenzen ($\cdot 10$; $\cdot 100$; $\cdot 1000$ bzw. $:10$; $:100$; $:1000$) haben, so sind entsprechende Übungen nochmals aufzugreifen.*
Darstellungen, denen operative Zusammenhänge zugrunde liegen, haben aber auch in der Hauptschule durchaus ihren Platz.

* siehe Grundschulbuch, S. 80 ff.

– Operatorengeflecht:

Abb. 45:

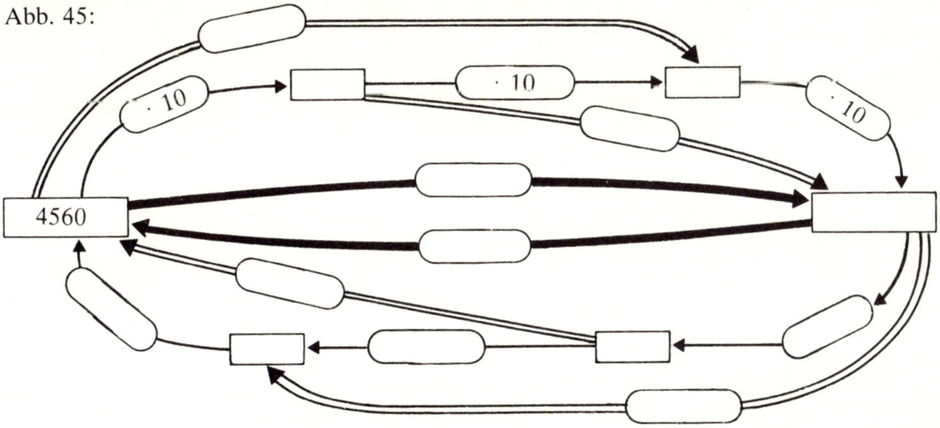

Die Schüler füllen das Geflecht selbständig aus, erfassen sämtliche Verkürzungsmöglichkeiten ((· 10)–(· 10)→= (· 100); (: 10)–(: 10)–(: 10)→=(: 1000)) und notieren sich die reversiblen Aufgaben (45 600 · 10 = 456 000; 456 000 : 10 = 45 600).

– Propeller:

Die in der Mitte stehende Zehnerpotenzzahl ist durch die Verknüpfung anderer Zehnerpotenzen darzustellen.

Abb. 46:

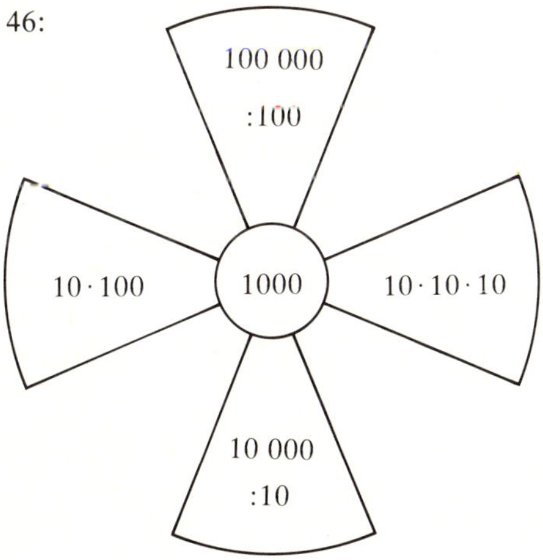

1.4.2 Addition/Subtraktion von Zehnerpotenzen und deren Vielfache

1.4.2.1 Kennzeichnung des Aufgabentyps

Durch Reihenbildungen lernen die Schüler die enorme Bedeutung des Stellenwertes einer Ziffer kennen.

Abb. 47:

Beispiele:

800 000		
200 000	+	1, 10, 100, 1000, 10 000, 100 000
500 000	−	2, 20, 200, 2000, 20 000, 200 000
700 000		4, 40, 400, 4000, 40 000, 400 000

oder:
Vermindere die Zahlen 700 000, 900 000, 600 000 und 1 000 000 jeweils um: 6, 60, 600, 6000, 60 000, 600 000.

In Gleichungsform notiert:

800 000 ± 1 =	700 000 − 6 =
800 000 ± 10 =	700 000 − 60 =
800 000 ± 100 =	700 000 − 600 =
. . .	

1.4.2.2 Darstellungsvarianten

– Strahlendarstellung:

Abb. 48:

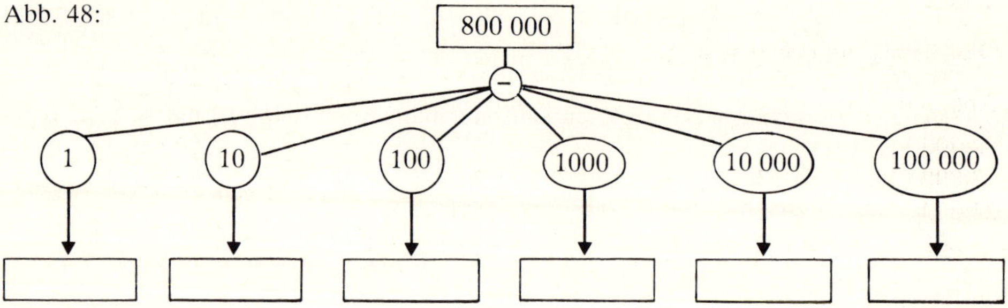

– Zielscheibe:

In einem gekennzeichneten Balken steht der für jeden Kreisring gemeinsame erste Summand/Minuend. Bei jedem Balken wird außerhalb die zu addierende bzw. zu subtrahierende Zahl angegeben. Die Resultate werden in den Balken eingetragen.

– Rechentreppe:

Auf der untersten Stufe wird die mehrstellige Ausgangszahl vermerkt, unter jeder Stufe der damit zu verknüpfende zweite Operand. Der Wert wird auf der Stufe eingetragen. Wird die Ausgangszahl in der Mitte oder am oberen Ende der Treppe angegeben, so müssen die Schüler die inverse Operation ausführen.

– Tabelle:

Senkrecht werden die ersten Summanden bzw. die Minuenden, waagrecht die zweiten Summanden bzw. die Subtrahenden vorgegeben. Der jeweilige Wert wird im Kreuzungsfeld vermerkt (siehe Abb. 404, S. 238).

– Kombinierte Additions-/Subtraktionstabelle:

Bei dieser Variante stehen die Ausgangszahlen in der Mitte, so daß zweierlei Operationen ausgeführt werden können.

Abb. 49:

−1000	−100	−10	−1	Zahl	+1	+10	+100	+1000
		399 990	399 999	400 000	400 001	400 010		
					600 001			
699 000						700 010		
				640 000				
					280 001			

1.4.3 Analogiebildung

1.4.3.1 Kennzeichnung

Als Ziel dieser Übungsreihen wird angestrebt, daß die Schüler erkennen: Innerhalb eines Tausenders, Zehntausenders, Hunderttausenders gelten stets die gleichen Gesetzmäßigkeiten.

Darstellung in Gleichungsform:

Abb. 50:

2 000		3	2 000 ± 3 =	2000 ± 7 =
3 000	±	7	3 000 ± 3 =	3000 ± 7 =
24 000		12	24 000 ± 3 =	...
35 000		83	35 000 ± 3 =	

1.4.3.2 Darstellungsvarianten

– Sterndarstellung:

Im Mittelkreis steht die ein-, zwei- oder dreistellige Zahl, im Zwischenfeld der Strahlen jeweils der glatte Tausender, Zehntausender, ... An den Spitzen wird der Wert der Summe/Differenz notiert.

– Tabelle:

Werden bei der Tabelle die Vielfachen der Zehnerpotenzen senkrecht vorgegeben und der weitere Summand bzw. der Subtrahend in der ersten Zeile, so läßt sich die Analogie gut erkennen, weil die entsprechenden Ergebnisse (gleiche Endziffern) untereinander stehen.

– Zielscheibe:

In einem gekennzeichneten Balken werden die glatten Tausender (Zehntausender, Hunderttausender) vorgegeben. Außerhalb der weiteren Balken wird der weitere Summand bzw. der Subtrahend vermerkt.
Die Ergebnisse werden auf dem Kreisring eingetragen, wobei immer von der Tausenderzahl (ZT-Zahl, HT-Zahl) ausgegangen wird.

2. Übungen zur Wiederholung und Vertiefung der Grundrechenarten

Die Grundrechenarten stellen die Basis für jedes Rechnen dar. Ihre sichere Beherrschung muß als primäres Ziel des Mathematikunterrichts angesehen werden. Eine permanente Wiederholung unter Herausstellung der operativen Zusammenhänge ist deshalb unerläßlich.

2.1 Rechengesetze

Die Rechengesetze sind den Schülern immer wieder anhand einiger auszuwählender Übungen ins Gedächtnis zu rufen. Bei der grafischen Darstellung wird die Streifenform gewählt, weil die für die Kinder am leichtesten zu zeichnen ist.
Weitere Darstellungsvarianten und Übungen mit Zahlen findet man in „Das praktische Übungsbuch für den Mathematikunterricht in der Grundschule“ (Leutenbauer H., Donauwörth 1980).

2.1.1 Additive Rechengesetze

2.1.1.1 Kommutativgesetz der Addition

Das Kommutativ- oder Vertauschungsgesetz der Addition sagt aus, daß die Reihenfolge der Summanden keinen Einfluß auf den Wert der Summe hat.

$5 + 9 = 9 + 5$
$a + b = b + a$

Zeichnerische Darstellung:

Abb. 51:

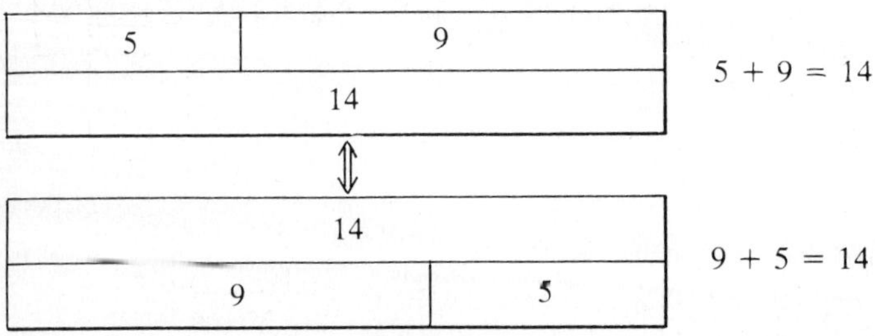

2.1.1.2 Assoziativgesetz der Addition

Das Assoziativ- oder Verbindungsgesetz der Addition sagt aus, daß der Wert der Summe gleich bleibt, wenn die Summanden in anderer Reihenfolge als vorgegeben verknüpft werden.

$(8 + 7) + 13 = 8 + (7 + 13)$
$15 \quad + 13 = 8 + \quad 20$
$(a + b) + c = a + (b + c)$

– Zeichnerische Darstellung:

Abb. 52:

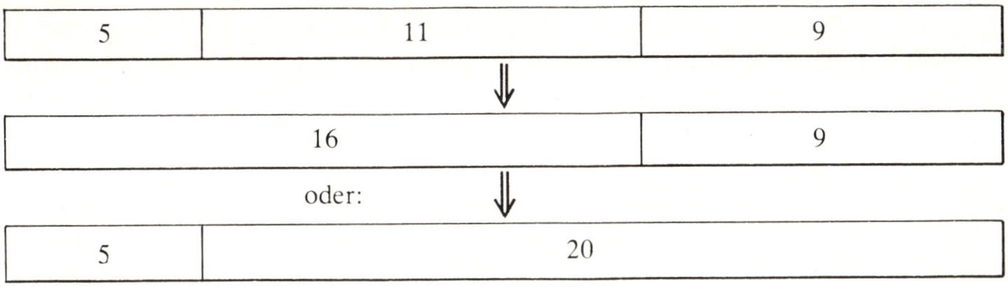

– Baumdiagramm:

Durch Gegenüberstellung der zwei Lösungsmöglichkeiten bei der Addition dreier Zahlen in zwei Baumdiagrammen erkennen die Schüler die Vorteile des Assoziativgesetzes.

Abb. 53:

Aufgabe: 3427 + 8887 + 1113 =

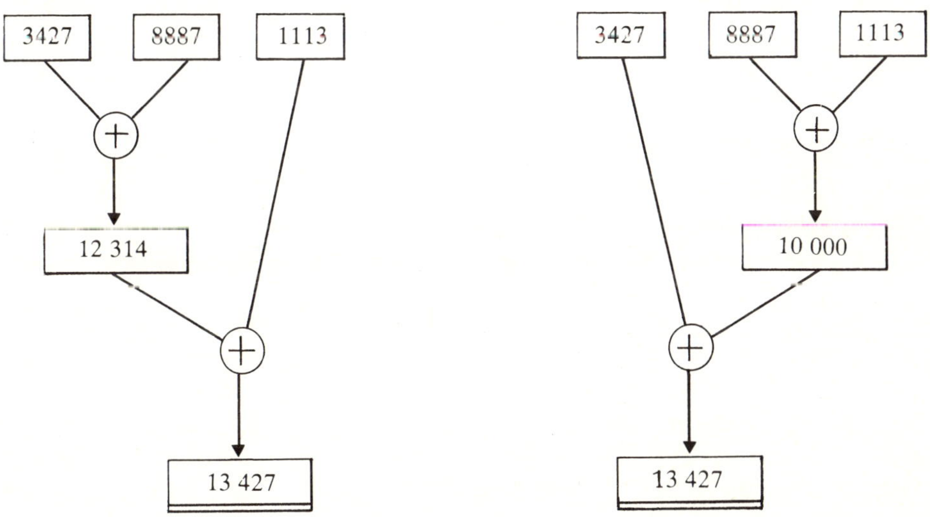

Durch die Anwendung des Verbindungsgesetzes läßt sich die Aufgabe im Kopf lösen, weil der Wert der Zwischensumme ein glatter Tausender ist.

2.1.1.3 Rechenvorteile erkennen

Durch die Verquickung des Assoziativ- mit dem Kommutativgesetz lassen sich Kettenrechnungen häufig stark vereinfachen. Im Rahmen des Zehnminutenrechnens ist der Blick der Schüler für solche Möglichkeiten zu schulen.

– Additionskette:

Jeweils zwei der im Kreis genannten Zahlen sind so zusammenzufassen, daß ihr Summenwert einen glatten Zehner ergibt.

Abb. 54:

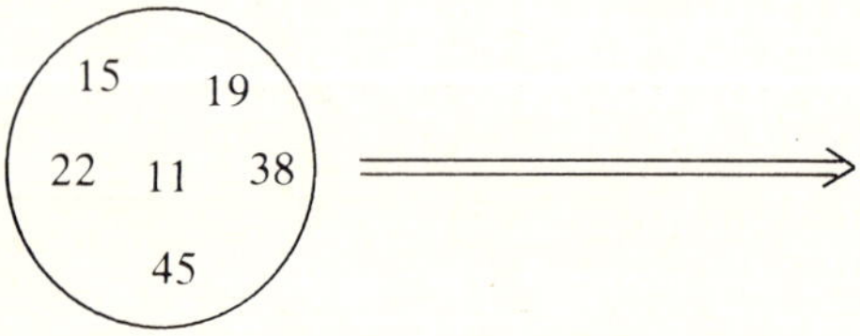

$$\underbrace{(19 + 11)}_{30} + \underbrace{(15 + 45)}_{60} + \underbrace{(38 + 22)}_{60} = 150$$

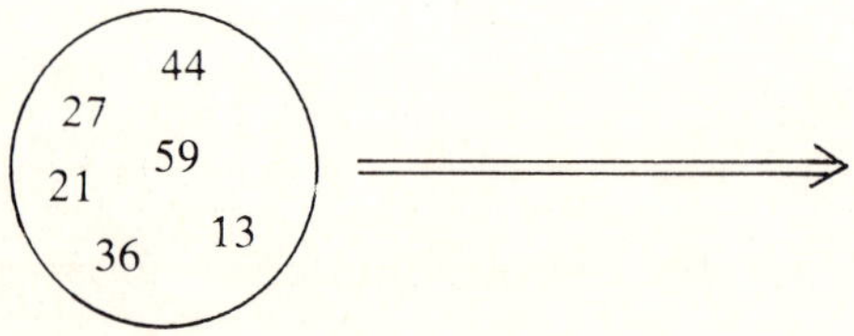

$$\underbrace{(44 + 36)}_{80} + \underbrace{(27 + 13)}_{40} + \underbrace{(59 + 21)}_{80} = 200$$

– Subtraktionsketten:

Sind mehrere Zahlen nacheinander zu subtrahieren, so gibt es zwei Möglichkeiten der Vereinfachung:

- Einer der Subtrahenden endet auf die gleiche Endziffer wie der Minuend:

Abb. 55:

$148 - 27 - 38 = 148 - 38 - 27 = 110 - 27 = 83$
$257 - 84 - 67 = 257 - 67 - 84 = 190 - 84 = 106$

- Zwei oder mehrere Subtrahenden lassen sich so addieren, daß der Wert dieser Summe ein glatter Zehner ist.

Abb. 56:

$257 - 22 - 45 - 38 = 257 - (38 + 22) - 45 = 257 - 60 - 45 = 197 - 45 = 152$
$462 - 21 - 67 - 49 - 25 = 462 - (49 + 21) - 67 - 25 =$
$= 462 - 70 - 67 - 25 = 392 - 67 - 25 = 300.$

– Kombinierte Additions-/Subtraktionsketten:

- Die Addition oder Subtraktion wird zuerst ausgeführt, bei der das Zwischenergebnis eine glatte Zehnerzahl ist.

Abb. 57:

$135 - 49 + 25 - 13 = 135 + 25 - 49 - 13 = 160 - 49 - 13 = 98;$
$867 + 48 + 16 - 57 = 867 - 57 + 48 + 16 = 810 + 48 + 16 = 874;$
$346 - 42 + 38 - 18 + 52 = 346 + (38 - 18) + (52 - 42) =$
$= 346 + 20 + 10 = 346 + 30 = 376;$

- Bei der letzten Aufgabe wurde zusätzlich von der allgemeineren Umgruppierung Gebrauch gemacht: Der Operationsschritt wird so stark wie möglich vereinfacht.

Abb. 58:

$267 + 56 - 28 = 267 + 28 = 295;$
$458 + 58 - 20 = 458 + 38 = 496;$
$752 + 36 - 42 = 752 - 6 = 746.$

2.1.2 Additive Ausgleichsgesetze

2.1.2.1 Ausgleichsgesetz der Addition

Wenn man zu einem Summanden eine Zahl addiert und diese gleichzeitig vom anderen Summanden subtrahiert, so bleibt der Wert der Summe gleich.

Abb. 59:

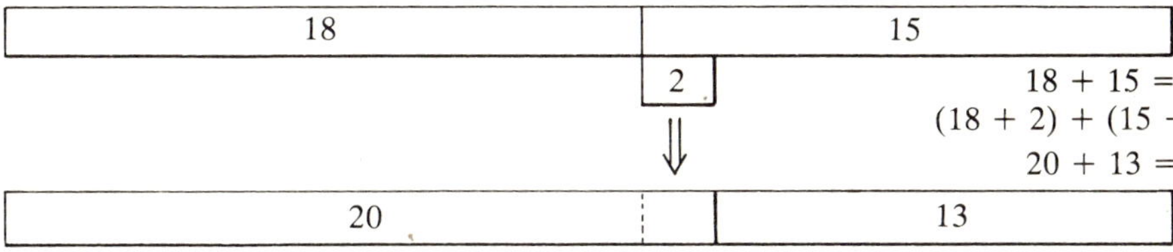

$18 + 15 =$
$(18 + 2) + (15 - 2) =$
$20 + 13 = 33$

2.1.2.2 Ausgleichsgesetz der Subtraktion

Wenn Minuend und Subtrahend um denselben Wert vergrößert oder verkleinert werden, so ändert sich der Wert der Differenz nicht.

Abb. 60:

– Vergrößerung:

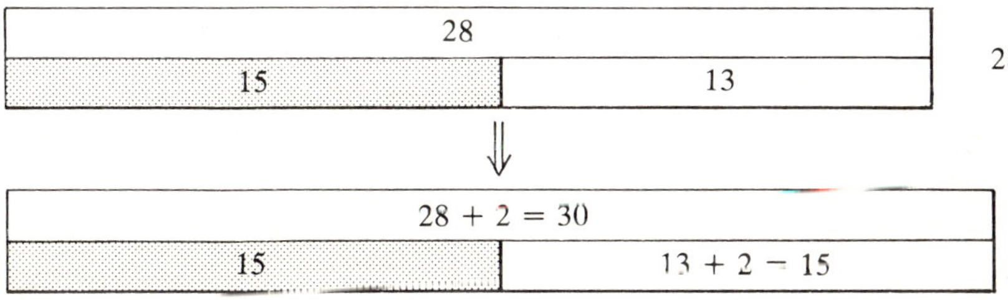

$28 - 13 =$

$(28 + 2) - (13 + 2) =$
$30 - 15 = 15$

Verkleinerung:

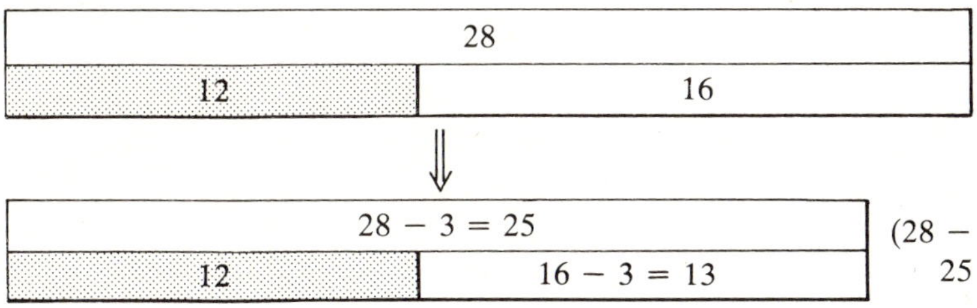

$28 - 16 =$

$(28 - 3) - (16 - 3) =$
$25 - 13 = 12$

2.1.2.3 Suchen gleichwertiger Terme

Das Erstellen gleichwertiger Terme unter Berücksichtigung der Ausgleichsgesetze fördert den Blick für mathematische Zusammenhänge.

– Platzhalteraufgaben/Gleichungen:

Durch Platzhalteraufgaben (Gleichungen mit einer Variablen) kann die Art und der Umfang der Veränderung genau bestimmt werden. Schwächere Schüler sind um die damit verbundene Erleichterung froh.

Abb. 61:

$43 + 18 = \square + 20$	$83 - 47 = 80 - \square$
$43 + 18 = \square + 15$	$83 - 47 = 85 - \square$
$43 + 18 = 40 + x$	$83 - 47 = x - 45$
$43 + 18 = 45 + y$	$83 - 47 = y - 50$

– Propeller:

In jedem Flügel ist die Ausgangsaufgabe anders zu notieren, wobei jeweils ein Summand ein glatter Zehner oder eine Fünferzahl sein muß.

Abb. 62: Aufgabe: Lösung:

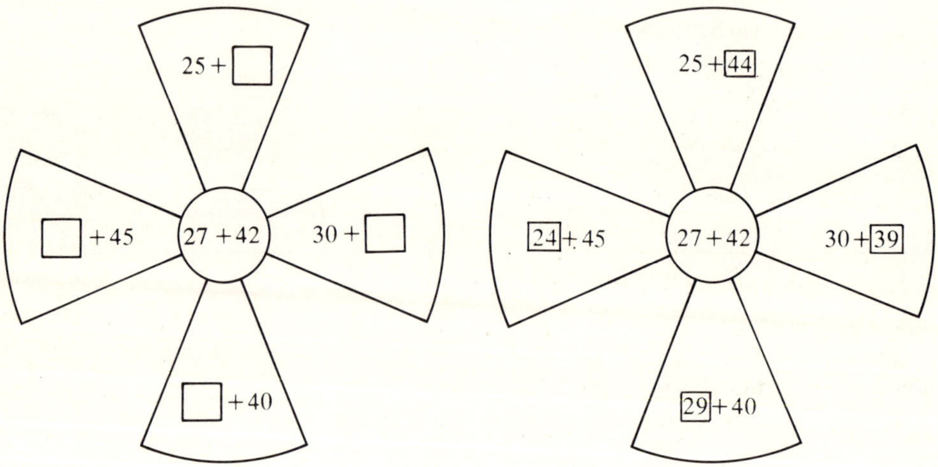

2.1.2.4 Wir suchen den vorteilhaftesten Lösungsweg

Das Finden und Ausnützen von Rechenvorteilen ist als permanentes Ziel des Mathematikunterrichts stets zu üben.

Bei der Aufgabe 387 – 142 = ergeben sich mehrere Möglichkeiten des Ausgleichs:

– Minuend => glatter Zehner:
  - Beide Zahlen werden um 3 vergrößert: 390 – 145 =
  - Beide Zahlen werden um 7 verringert: 380 – 135 =

– Subtrahend => glatter Zehner:
  - Beide Zahlen werden um 2 verringert: 385 – 140 =
  - Beide Zahlen werden um 8 vergrößert: 395 – 150 =

Die Schüler sind anzuhalten, mehrmals alle vier Änderungen zu notieren und diejenigen einzukreisen, deren Lösung ihnen am leichtesten fällt. Nur so trainiert sich ihr Blick für eine sinnvolle Anwendung der Ausgleichsgesetze, wie sie in den folgenden Beispielen dargeboten wird.

Abb. 63:

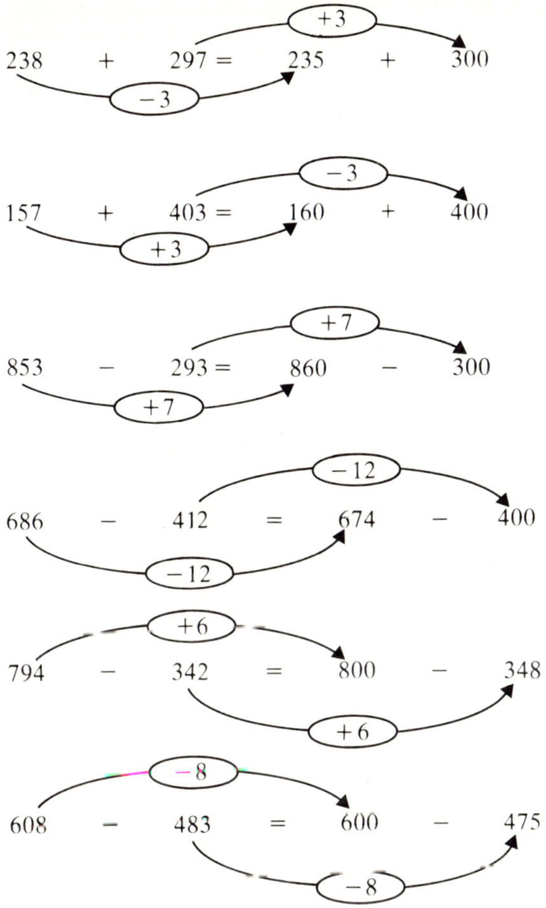

Der Pfeil oberhalb der Aufgabe zeigt jeweils an, welche Veränderung zuerst vorzunehmen ist.

2.1.3 Multiplikative Rechengesetze

2.1.3.1 Kommutativgesetz der Multiplikation

– Inhalt des Kommutativgesetzes:

Das Kommutativ- oder Vertauschungsgesetz der Multiplikation sagt aus, daß die Reihenfolge der Faktoren vertauscht werden kann, wobei der Wert des Produktes gleich bleibt.

$3 \cdot 5 = 5 \cdot 3$
$a \cdot b = b \cdot a$

Der praktische Vorteil des Kommutativgesetzes liegt darin, daß z. B. bei der schriftlichen Multiplikation der kleinere Faktor stets als Multiplikator betrachtet werden kann.

$27 \cdot 8769 = 8769 \cdot 27$

– Zeichnerische Darstellung:

Die Darstellung mit Würfelreihen bzw. Würfeltürmen veranschaulicht die Gleichwertigkeit der Tauschaufgaben.

Abb. 64:

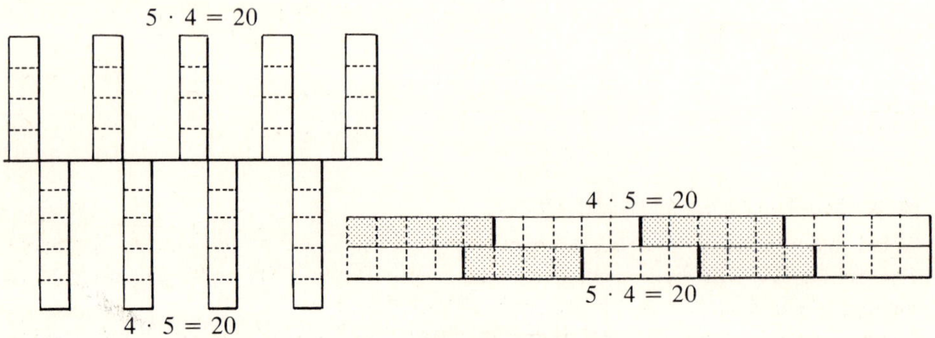

– Übungen unter Berücksichtigung der jeweiligen Umkehroperationen:

Das Bilden der Tauschaufgaben an sich bereitet den Schülern keinerlei Schwierigkeiten. Deshalb wurden bei den folgenden Übungen auch stets die beiden inversen Operationen mit berücksichtigt.

Operation	inverse Operationen
7 · 9 = 63	63 : 9 = 7
	63 : 7 = 9

- Platzhalteraufgaben:

Aufgabe: Bilde zu den Produkten im Kreis jeweils zwei Umkehraufgaben!

Abb. 65:

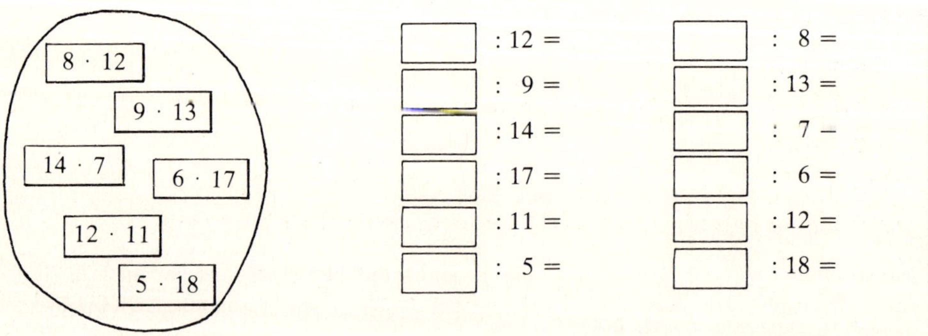

- Strichverbindungen:

Aufgabe: Einander entsprechende Terme (Produkt – dazu passende inverse Operationen) sind mit Strichen zu verbinden.

Abb. 66:

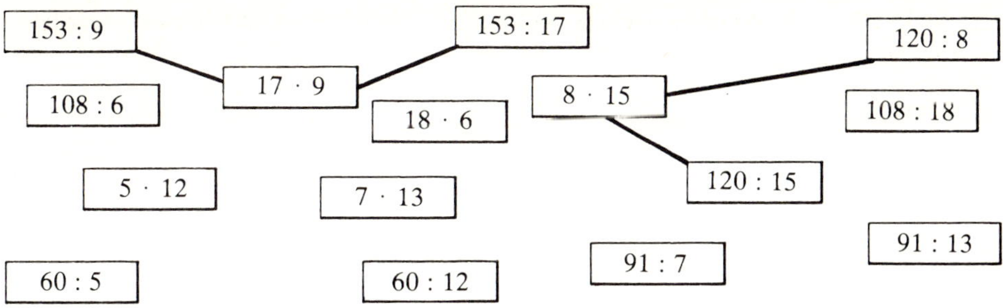

● Rechen-T und Zuordnungspyramide:

In einem der beiden zusammengehörigen Felder wird ein Quotient (z. B. 153 : 17) genannt. Die Schüler berechnen das entsprechende inverse Produkt (17 · 9) und notieren im analogen Feld den zweiten, dazu passenden Quotienten (153:9).
Beim Rechen-T kann zur Erleichterung im Feld des Verbindungsstriches das Produkt (17 · 9) genannt werden.

2.1.3.2 Assoziativgesetz der Multiplikation

– Inhalt des Assoziativgesetzes:

Das Assoziativ- oder Verbindungsgesetz der Multiplikation sagt aus, daß der Wert des Produktes gleich bleibt, wenn die Faktoren in anderer Reihenfolge als vorgegeben verknüpft werden.

$(3 \cdot 6) \cdot 5 = 3 \cdot (6 \cdot 5)$
$(a \cdot b) \cdot c = a \cdot (b \cdot c)$

Für die Division gilt: Sind mehrere Teilungen hintereinander vorzunehmen, so hat die Reihenfolge der Divisoren keinen Einfluß auf den Wert des Quotienten.

$1944 : 6 : 3 : 2 = 1944 : 2 : 3 : 6$
$(84\,000 : 12) : 1000 = (84\,000 : 1000) : 12$

– Zeichnerische Darstellung:

Die Aufgabe $2 \cdot 3 \cdot 4$ läßt sich auf zweierlei Art lösen:

$(2 \cdot 3) \cdot 4 =$
$2 \cdot (3 \cdot 4) =$

Die Würfeldarstellung veranschaulicht präzise das unterschiedliche Vorgehen.

Abb. 67:

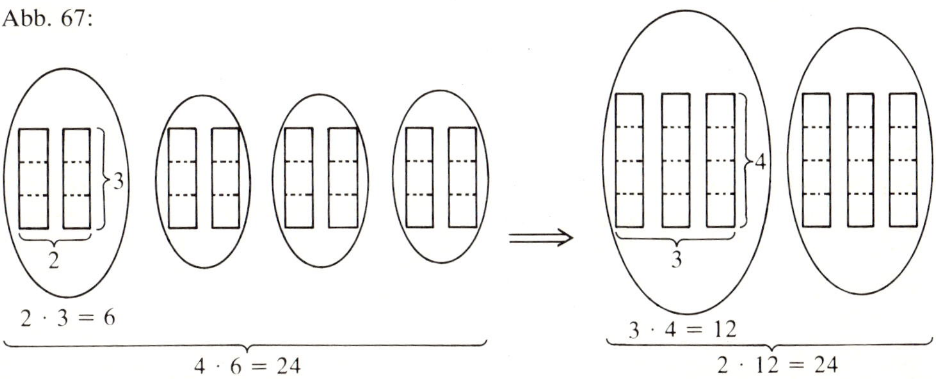

– Baumdiagramm:

Das Assoziativgesetz wird bei der Anwendung meist mit dem Kommutativgesetz verquickt, da oft zur Erzielung eines Rechenvorteiles zusätzlich auch die Reihenfolge der Faktoren vertauscht werden muß. Um dies zu verdeutlichen, werden den Schülern drei Baumdiagramme und drei Zahlen vorgegeben, die so in die Ausgangsfelder des Diagramms einzutragen sind, daß jeweils eine andere Verknüpfung entsteht.

Abb. 68:

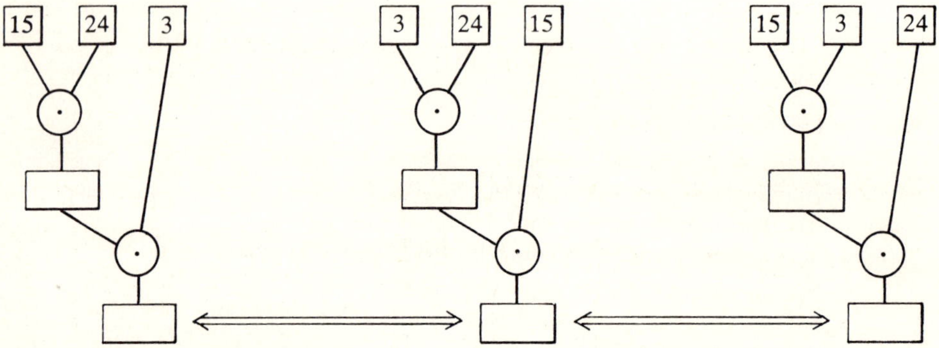

2.1.3.3 Distributivgesetz der Multiplikation

– Inhalt des Distributivgesetzes:

Wird ein Faktor additiv zerlegt, und werden beide Summanden mit dem zweiten Faktor multipliziert, so ist nach dem Distributiv- oder Verteilungsgesetz der Multiplikation die Summe der beiden Teilmultiplikationen gleich dem Produkt der beiden Faktoren.

$7 \cdot 5 = (4 + 3) \cdot 5 = 4 \cdot 5 + 3 \cdot 5$
$(a + b) \cdot c = a \cdot c + b \cdot c$

Entsprechend gilt für die Division:

$78 : 6 = (42 + 36) : 6 = 42 : 6 + 36 : 6 = 7 + 6 = 13$
$(a + b) : c = a : c + b : c$

Ohne Distributivgesetz wären halbschriftliche Rechenverfahren, die in der Hauptschule vor allem beim Kopfrechnen von Bedeutung sind, nicht möglich:

$135 \cdot 6 = (100+30+5) \cdot 6 = 100 \cdot 6 + 30 \cdot 6 + 5 \cdot 6 = 600 + 180 + 30 = 810$
$435 : 3 = (300+120+15) : 3 = 300 : 3 + 120 : 3 + 15 : 3 = 100 + 40 + 5 = 145$

– Zeichnerische Darstellung:

Durch zeichnerische Gegenüberstellung der Lösungen mit und ohne additive Zerlegung eines Faktors wird den Schülern die Gleichheit der Produktwerte bewußt.

Abb. 69:

Würfelreihen: $3 \cdot (5 + 4)$

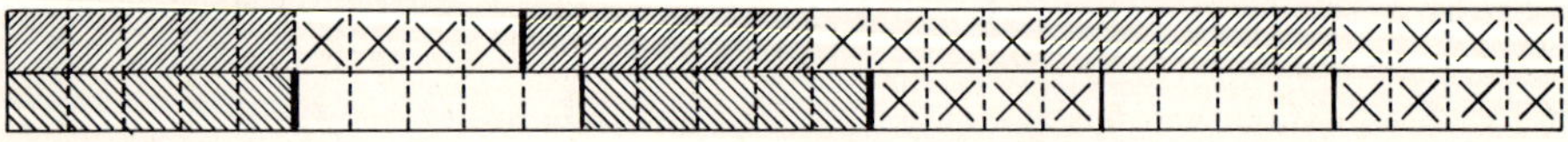

$3 \cdot 5 \quad + \quad 3 \cdot 4$

Streifendarstellung:

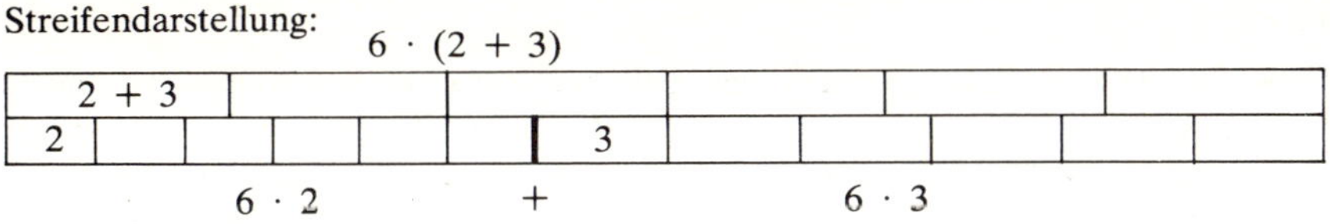

– Veranschaulichung durch Baumdiagramme:

Terme mit Klammern lassen sich vorzüglich mit Baumdiagrammen wegen der eindeutigen Kennzeichnung der zuerst vorzunehmenden Verknüpfungen übersichtlich darstellen.

Abb. 70: (aus Zahl und Form 5, S. 52)

Zwei Rechenbäume zeigen die Verteilungsregel :

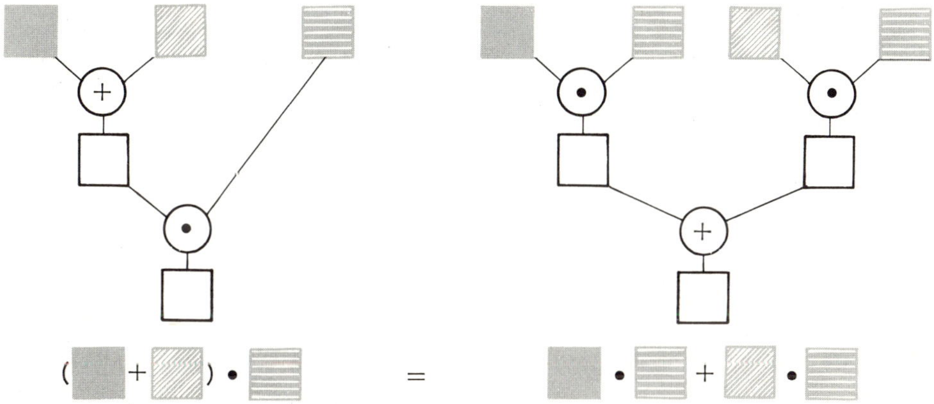

Die Verteilungsregel kann auf zweierlei Arten beim Rechnen behilflich sein:

„Ausmultiplizieren"	23 · 8 =	(20 + 3) · 8 = 20 · 8 + 3 · 8	
„Ausklammern"		7 · 9 + 13 · 9 = (7 + 13) · 9	= 20 · 9

– Übung vielfältiger Zerlegungen:

Von der additiven Zerlegung eines Faktors bzw. des Dividenden macht man, sobald die Normalverfahren beherrscht werden, meist nur noch beim Kopfrechnen Gebrauch. Dabei sollte man sich aber im Sinne der operativen Übung nicht nur auf die Stellenwertzerlegung beschränken. Es gilt, immer wieder neue Lösungen zu suchen, wobei man auch die Zerlegung in eine Subtraktionsaufgabe nicht außer acht lassen sollte.

Beispiele:

$8 \cdot 18 = 8 \cdot (20 - 2) =$

$12 \cdot 96 = 12 \cdot (100 - 4) =$

$968 : 8 = (1000 - 32) : 8 =$

$2544 : 12 = (2400 + 144) : 12 =$

– Darstellungsvarianten:

- Propeller: In der Propellermitte steht der Ausgangsterm. In den vier Flügeln notieren sich die Schüler viererlei Lösungsmöglichkeiten.
- Stern: Die Zahl der Strahlen schreibt vor, wie oft ein Faktor/der Dividend additiv zu zerlegen ist.
- Differenzierung: Für jeden Flügel bzw. Strahl wird eine andere additive Zerlegung vorgeschrieben ($16 = 10 + 6 = 8 + 8 = 20 - 4 = 9 + 7$). Bei Divisionen kann für jeden Flügel bzw. Strahl ein anderer Divisor diktiert werden (84 : 4; 84 : 2; 84 : 7; . . .).
- Kreuz: Die Aufgabenstellung erfolgt analog zu der beim Stern:

Abb. 71:

			( ):4			
(90+54):9	(72+72):9	(81+63):9	144	( ):8		
			( ):6			
			( ):6			
			( ):6			

2.1.4 Multiplikative Ausgleichsgesetze

2.1.4.1 Inhalt der Ausgleichsgesetze

– Ausgleichsgesetz der Multiplikation:

Werden bei einem Produkt die Faktoren gegenläufig verändert, so bleibt der Wert des Produktes gleich.

$$\begin{aligned} 5 \cdot 12 &= (5 \cdot 2) \cdot (12 : 2) \\ 60 &= 10 \cdot 6 \\ a \cdot b &= (a \cdot x) \cdot (b : x) \\ a \cdot b &= (a : x) \cdot (b \cdot x) \end{aligned}$$

– Ausgleichsgesetz der Division:

Der Wert eines Quotienten bleibt gleich, wenn Dividend und Divisor gleichlaufend verändert werden, wenn also beide mit der gleichen Zahl vervielfacht bzw. durch sie geteilt werden.

$$\begin{aligned} 42 : 14 &= (42 : 2) : (14 : 2) \\ 3 &= 21 : 7 \\ a : b &= (a : x) : (b : x) \\ 8 : 4 &= (8 \cdot 6) : (4 \cdot 6) \\ 2 &= 48 : 24 \\ a : b &= (a \cdot x) : (b \cdot x) \end{aligned}$$

2.1.4.2 Beispiele für die praktische Anwendbarkeit

Praktisch angewandt werden die Ausgleichsgesetze bei multiplikativen Operationen mit Dezimalbrüchen und zur Vereinfachung von Operationen.

Abb. 72:

a) $822 \cdot 0{,}3 = (822 : 10) \cdot \underbrace{(0{,}3 \cdot 10)}$

$822 \cdot 0{,}3 = 822 \cdot 3 : 10$

b) $438 : 0{,}6 = \underbrace{(438 \cdot 10)} : \underbrace{(0{,}6 \cdot 10)}$

$438 \cdot 0{,}6 = 4380 : 6$

c) $425 : 25 = \underbrace{(425 \cdot 4)} : \underbrace{(25 \cdot 4)}$

$425 : 25 = 1700 : 100 = 17$

d) $848 \cdot 5 = \underbrace{(848 : 2)} \cdot \underbrace{(5 \cdot 2)}$

$848 \cdot 5 = 424 \cdot 10$

2.1.4.3 Darstellung des Zusammenhangs im Pfeildiagramm

Bei den zu vergleichenden Termen werden die multiplikativ analog veränderten Glieder hervorgehoben und miteinander verglichen.

Abb. 73:

Relationsvorschrift: „. . . hat den gleichen Wert wie . . .“
Zusatzaufgabe: Stelle fest, wie sich die gekennzeichneten Zahlen jeweils verändert haben!

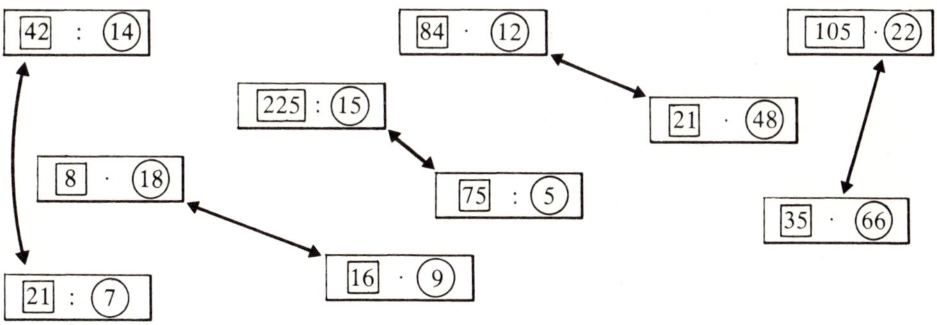

2.1.4.4 Russische Multiplikation als Anwendungsbeispiel:

Bei dieser Art der Multiplikation wird ein Faktor stets halbiert bei gleichzeitiger Verdoppelung des anderen. Ist die Halbierung nicht möglich (ungerade Endziffer bei einer Zahl a), so wird a–1 halbiert und als Ausgleich der a entsprechende Faktor am Schluß dazuaddiert.

Abb. 74:

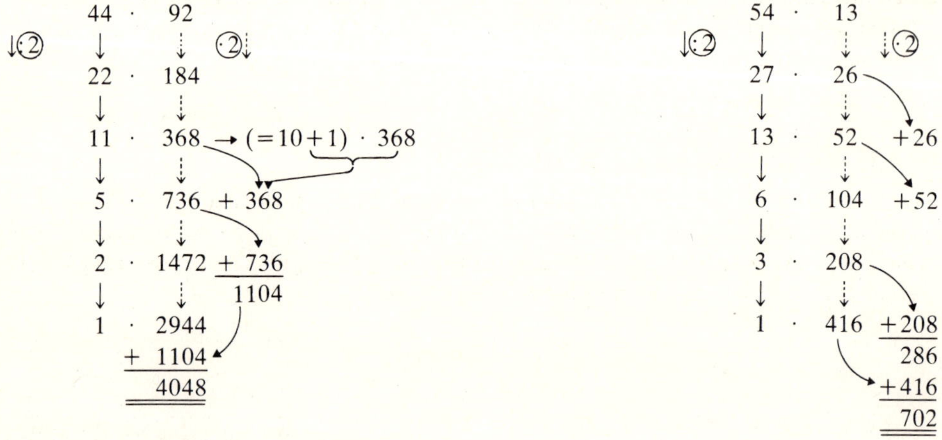

2.1.5 Das Lösen mehrgliedriger Terme

Jeder Rechenausdruck, also auch schon eine einzelne Größe oder Zahl wird als Term bezeichnet.

Bei der Lösung mehrgliedriger Terme sind folgende Grundregeln zu beachten:

2.1.5.1 Punkt vor Strich

Den Schülern werden drei Rechenbäume mit jeweils vier gleichen Zahlen und drei Operationszeichen vorgegeben, deren Stellung festgelegt ist, aber nicht deren Reihenfolge.

Abb. 75:

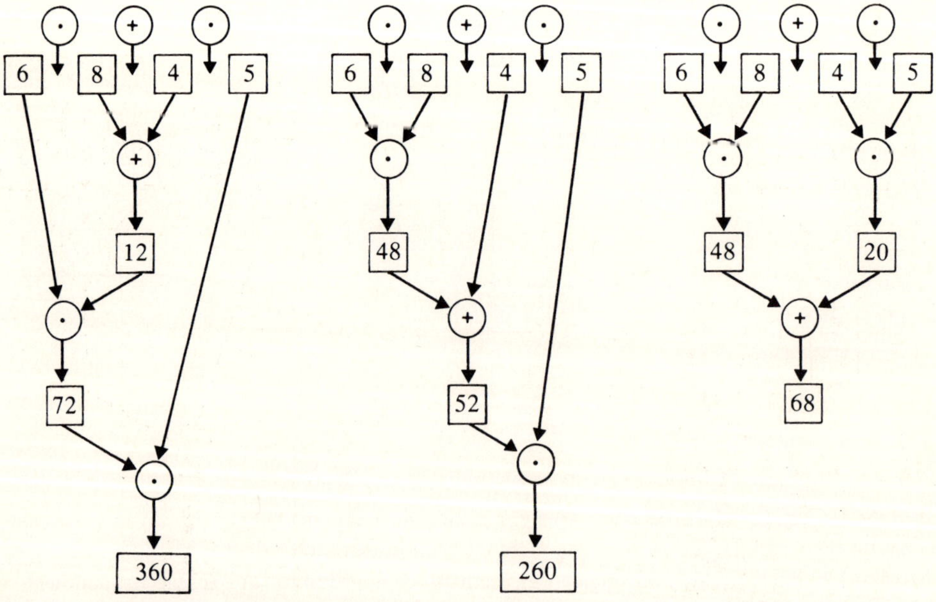

Durch Notation der unterschiedlichen Lösungen in Gleichungsform und deren Vergleich sehen die Schüler die Notwendigkeit einer allgemeingültigen Vereinbarung schnell ein: „Zuerst werden Punktrechnungen (Multiplikationen und Divisionen) und dann erst Strichrechnungen (Additionen und Subtraktionen) ausgeführt".

Kurz: Punkt vor Strich!!!

2.1.5.2 Wir rechnen von links nach rechts

Entsprechend 2.1.5.1 werden den Schülern – getrennt für die multiplikativen und additiven Rechenoperationen – zwei Rechenbäume vorgegeben, bei denen zwar die Reihenfolge der Zahlen und der sie verbindenden Operationszeichen festgelegt, aber die Reihenfolge der Verknüpfung von den Schülern selbst vorzunehmen ist.

Abb. 76:

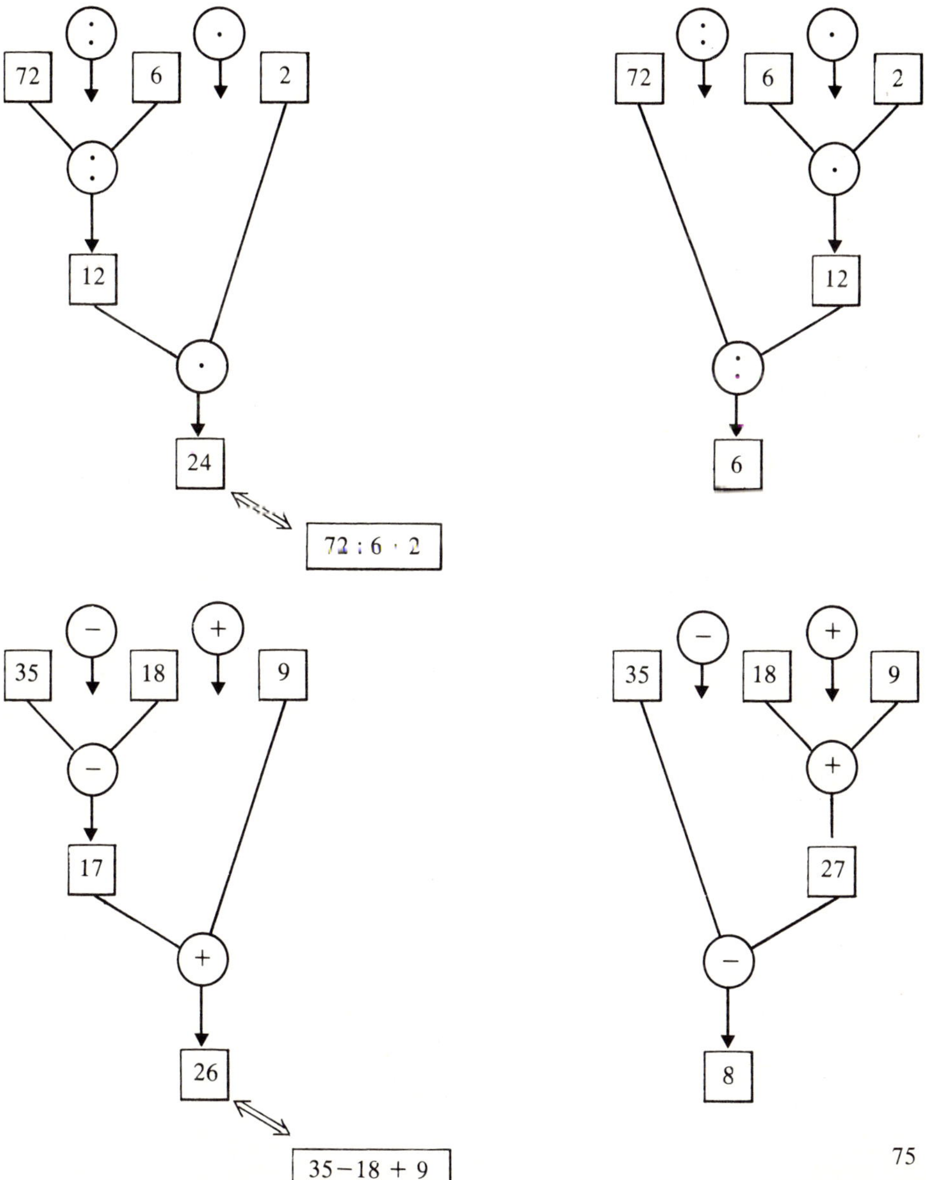

Aufgrund der unterschiedlichen Lösungswege ist zu vereinbaren: Die Zahlen werden in der Reihenfolge verknüpft, wie sie nacheinander angeschrieben sind.

Kurz: Man rechnet von links nach rechts!!!

$72 : 6 \cdot 2 =$	$35 - 18 + 9 =$
$12 \cdot 2 = 24$	$17 + 9 = 26$

2.1.5.3 Teilterme in Klammern sind zuerst zu lösen

Den Schülern wird ein Rechenbaum mit vier Zahlen vorgegeben. Die Zahlen sollen sie so verknüpfen, daß das Endresultat möglichst klein wird, wobei innerhalb eines Baumdiagramms nur Strich- bzw. Punktrechnungen durchzuführen sind.

Abb. 77:

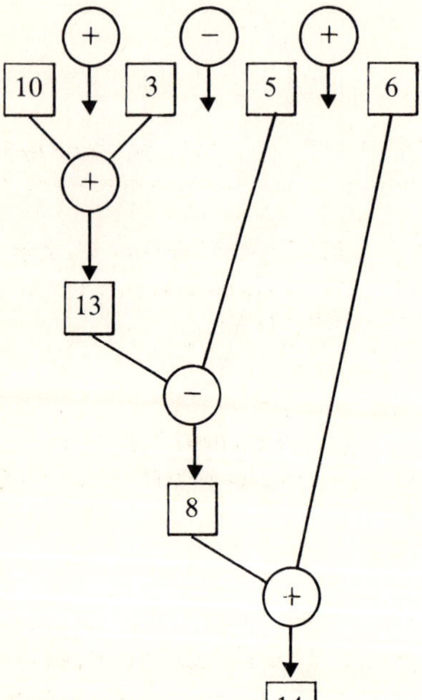

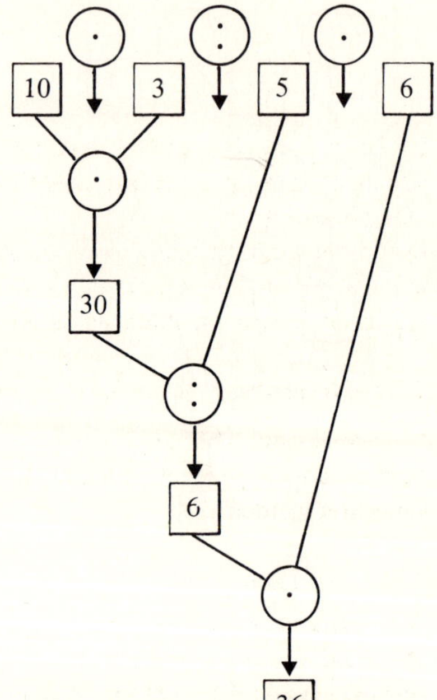

aber:

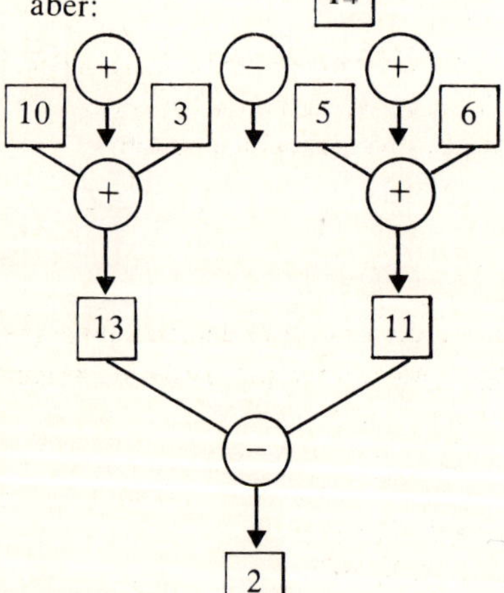

aber:

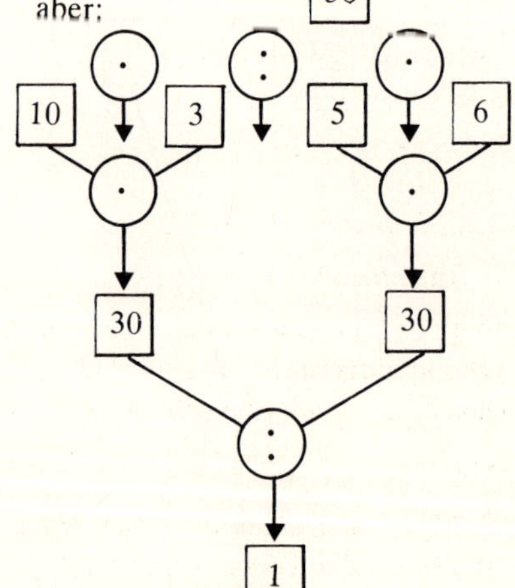

Bei der Übertragung der gefundenen Lösungen in Gleichungsform bemerken die Schüler schnell, daß sie mit den bisher gelernten Regeln manchmal allein nicht auskommen. Ein weiteres Zeichen ist einzuführen, um Operationen zu kennzeichnen, die zuerst auszuführen sind: *Die Klammer!!*

Kurz: Teilterme in Klammern werden zuerst gelöst!!!

Abb. 78:

$10 + 3 - 5 + 6 =$		$10 \cdot 3 : 5 \cdot 6 =$
$13 - 5 + 6 =$		$30 : 5 \cdot 6 =$
$8 + 6 = 14$		$6 \cdot 6 = 36$
↓	aber:	↓
$(10+3) - (5+6) =$		$(10 \cdot 3) : (5 \cdot 6) =$
$13 - 11 = 2$		$30 : 30 = 1$

2.2 Gleichungslehre

Im Rahmen der Reform der Hauptschule wurde auch die Algebra im Sinne einer *bewußten* Durcharbeitung des grundlegenden Bereiches Gleichungen in den Mathematikunterricht miteinbezogen.
Die in der Grundschule gewonnenen Erkenntnisse (Regeln für die Verknüpfung von Zahlen, Darstellungsweisen dieser Verknüpfungen, ...) sollen in der Hauptschule unter algebraischen Gesichtspunkten systematisiert, erweitert und vertieft werden.

2.2.1 Mengentheoretische Grundlegung

Die Schüler sind seit dem Beginn ihrer Schulzeit an den Umgang mit Mengen und Mengenbezeichnungen gewöhnt. Auf eine detaillierte Grundlegung dieser Begriffe soll deshalb hier verzichtet werden.

2.2.1.1 Mengenbegriff

Der mathematische Mengenbegriff unterscheidet sich vom Mengenbegriff der Umgangssprache (eine Menge Schnee, eine Menge Kauflustiger, ...) darin, daß die *Elemente* (Personen, Objekte, Zahlen, Punkte, ...), die zu einer mathematischen Menge gehören, bekannt sind bzw. genau bestimmt werden können.
Im Mathematikunterricht spielen die *Zahlenmengen* und die *Punktmengen* (Geometrie) eine herausragende Rolle. Daher erfolgt im weiteren Verlauf die Einschränkung auf Zahlenmengen. Auf Punktmengen wird im Band 2 (Geometrie) intensiv eingegangen.

2.2.1.2 Mengendarstellungen

– Aufzählende Schreibweise:

In einer Mengenklammer (geschweifter Klammer) werden die Elemente der Zahlenmenge einzeln aufgeführt. Dies ist aber nur möglich bei Mengen mit einer überschaubaren Mächtigkeit, mit einer überschaubaren Anzahl von Elementen.

Abb. 79:

a) Menge der ungeraden Zahlen bis 10: $\{1, 3, 5, 7, 9\}$
b) Menge der Teiler von 16: $\{1, 2, 4, 8, 16\}$
c) Menge der Ziffern der Zahl 4317: $\{1, 3, 4, 7\}$

– Venndiagramm (Euler-Diagramm):

Im Innern einer Mengenschleife werden die Elemente einzeln aufgezählt.

Abb. 80:

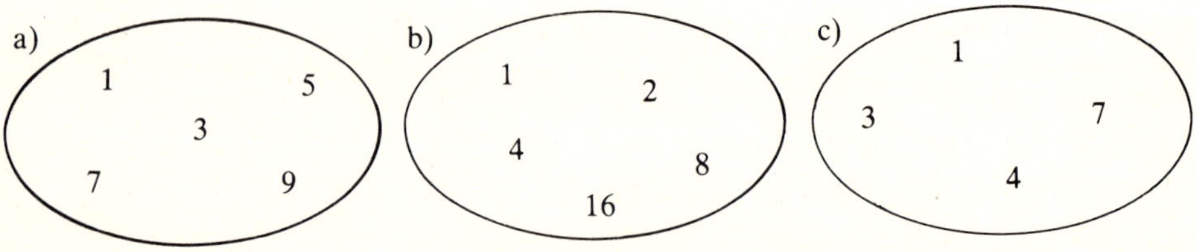

– Beschreibende Form:

Sind Mengen mit einer sehr großen bzw. unendlichen Zahl von Elementen (z. B. Vielfachenmengen) anzugeben, so eignet sich hierfür die beschreibende Form, bei der die allen Elementen gemeinsame Eigenschaft, die mengenbildende Eigenschaft, genannt wird.

Abb. 81:

a) „. . . ist Vielfaches von 5."
b) „. . . ist durch 4 teilbar."
c) „. . . hat auf der Zehnerstelle die Ziffer 6."

Zur Notation einer solchen Menge verwendet man eine Variable.

Abb. 82:

geschrieben:	a) { x / x ist Vielfaches von 5}		
gelesen:	Die Menge aller x,	für die gilt:	x ist Vielfaches von 5.
	b) { y / y ist durch 4 teilbar}		
	c) { z / z hat auf der Zehnerstelle die Ziffer 6}.		

Auf diese Darstellung wird in Mathematikbüchern weitgehend verzichtet. Hier wird die ausführliche Beschreibung beibehalten oder man bedient sich der abkürzenden Schreibweise.

– Abkürzende Schreibweise:

Zahlenmengen werden durch große Druckbuchstaben abgekürzt.

Abb. 83:

V: Vielfachenmenge (V_7: Menge aller Vielfachen von 7)
T: Teilermenge (T_{21}: Menge aller Teiler von 21)
G: Grundmenge
L: Lösungsmenge.

Die abkürzende Schreibweise gewinnt bei Standard-Zahlenmengen große Bedeutung. Sie werden zusätzlich mit einem Doppelstrich markiert.

Abb. 84:

Menge der natürlichen Zahlen*:	$\mathbb{N} = \{ 1, 2, 3, 4, 5 \ldots \}$
Menge der natürlichen Zahlen einschließlich Null*:	$\mathbb{N}_o = \{ 0, 1, 2, 3, 4, 5 \ldots \}$
Menge der positiven Bruchzahlen:	$\mathbb{Q}^+ = \{ \frac{1}{2}, \frac{1}{3}, \frac{2}{3}, \frac{1}{4} \ldots \}$
Menge der positiven Bruchzahlen einschließlich Null:	$\mathbb{Q}_o{}^+ = \{ 0, \frac{1}{2}, \frac{1}{3}, \frac{2}{3} \ldots \}$

2.2.1.3 Mengenzugehörigkeit

Um die Zugehörigkeit einer einzelnen Zahl zu einer bestimmten Menge auszudrücken, wird das Zeichen $\in$ verwandt.
Es wird als „. . . ist Element von . . ." oder als „. . . gehört zu . . ." gelesen.
Das durchgestrichene Zeichen ($\notin$) verneint diese Aussage.

Abb. 85:

Schreibweise	Bedeutung
$3 \in \mathbb{N}$	3 ist Element der Menge der natürlichen Zahlen 3 gehört zu IN.
$24 \in V_8$	24 gehört zur Vielfachenmenge von 8. 24 ist Element von V_8.
$\frac{1}{2} \notin \mathbb{N}$	$\frac{1}{2}$ ist nicht Element der Menge der natürlichen Zahlen. $\frac{1}{2}$ gehört nicht zu IN.
$3 \notin T_{32}$	3 gehört nicht zur Teilermenge von 32. 3 ist nicht Element von T_{32}.

2.2.1.4 Mengenbeziehungen

– Grundmenge:

Häufig ist es nötig, die Menge der zur Lösung einer Aufgabe zur Verfügung stehenden Zahlen einzugrenzen. Eine solche klar umrissene Zahlenmenge wird als Grundmenge bezeichnet und mit G abgekürzt.

Abb. 86:

Aufgabe:	Lösung:
a) Bestimme die Menge aller Vielfachen von 7 bei G = {0–100}!	$V_7 = \{7, 14, 21, \ldots 91, 98\}$
b) Suche die Menge aller Vielfachen von 3 bei G = {20–50}!	$V_3 = \{21, 24, 27, \ldots 45, 48\}$

– Teilmenge:

Innerhalb einer Grundmenge können wiederum mehrere Zahlen unter einem anderen Gesichtspunkt zusammengefaßt werden. Sie stellen dann eine Teilmenge dar.

---

* Neuerdings werden nach DIN (aber noch nicht im Unterricht) auch folgende Zeichen benützt:
$\mathbb{N} = \{0, 1, 2, 3, 4 \ldots\}$
$\mathbb{N}^* = \{1, 2, 3, 4, 5 \ldots\}$

Abb. 87:

$G = \{ 0\text{–}50 \}$.
$V_6 = \{ 6, 12, 18, 24, 30, 36, 42, 48 \}$
$V_{12} = \{ 12, 24, 36, 48 \}$

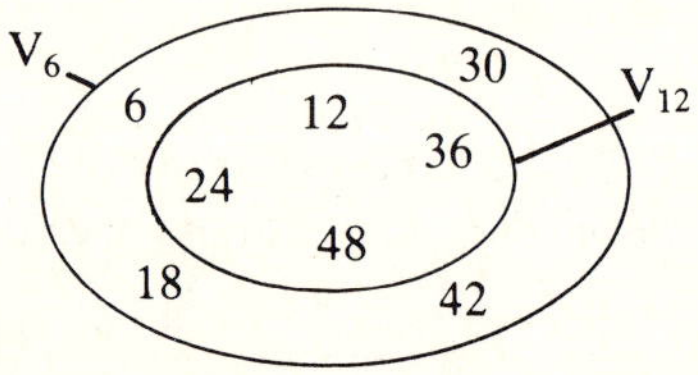

Wir schreiben: $V_{12} \subset V_6$
Wir lesen: V_{12} ist Teilmenge von V_6.

Es gilt: V_{12} ist Teilmenge von V_6, da jedes Element von V_{12} auch Element von V_6 ist. V_{12} liegt bei einer Darstellung im Venndiagramm in V_6.

Bei einer Verneinung der Teilmengeneigenschaft wird das Zeichen durchgestrichen ($\not\subset$).

$V_3 \not\subset V_5$ (V_3 ist keine Teilmenge von V_5)

– Schnittmenge:

Besitzen zwei Mengen A und B gemeinsame Elemente, so bilden diese die Schnittmenge von A und B.

Abb. 88:

A = Menge der Vielfachen von 3 bei $G = \{1\text{–}30\}$.
B = Menge der ungeraden Zahlen zwischen 0 und 20.

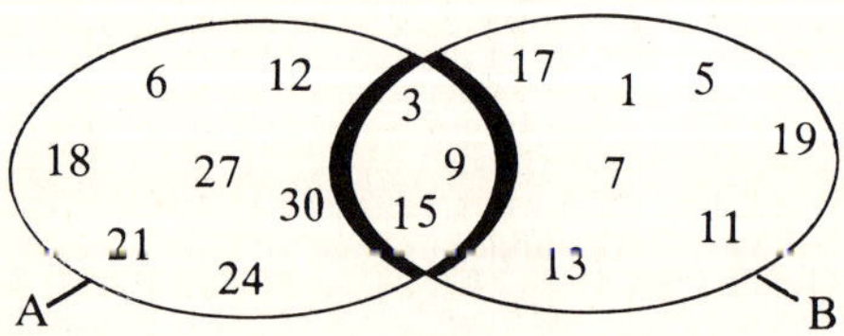

Schreibweise: $A \cap B = \{ 3, 9, 15 \}$
Gelesen: A geschnitten mit B = { 3, 9, 15 }

Schnittmengen werden u. a. bei der Berechnung gemeinsamer Teiler und Vielfachen gebildet.

– Leere Menge:

Weist eine Menge kein Element auf, so bezeichnet man sie als leere Menge.

Schreibweise: { } Leere Mengenklammer oder
$\emptyset$ durchgestrichene Null.

V_8 bei G = Menge aller ungeraden Zahlen ist eine leere Menge, da kein Vielfaches von 8 eine ungerade Zahl sein kann.

– Lösungsmenge:

Bei Ungleichungen können für die Variable oft mehrere richtige Lösungen eingesetzt werden. Diese werden zu einer Lösungsmenge zusammengefaßt (siehe Abb. 99, S. 84).

Die folgenden Mengen spielen vor allem im Anfangsunterricht eine große Rolle. Um die Vollständigkeit zu wahren, seien sie auch hier erwähnt.

– Vereinigungsmenge:

Die Vereinigungsmenge umfaßt alle Elemente der zwei oder mehr zu betrachtenden Mengen. Die Elemente der Schnittmenge werden bei der aufzählenden Schreibweise nur einmal erwähnt.

Abb. 89:

Menge A und B: wie bei Abb. 88.

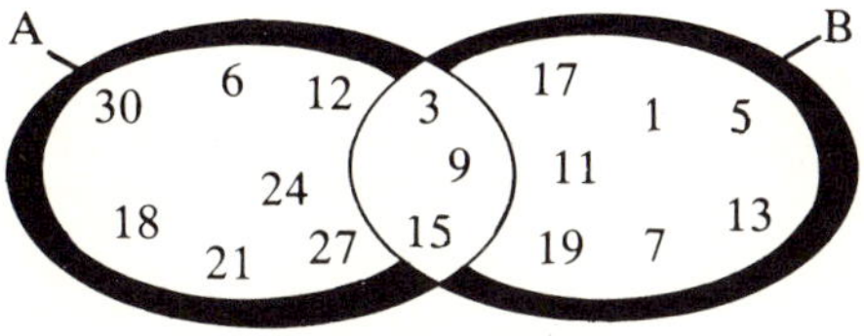

Schreibweise: A ∪ B = { 1, 3, 5, 6, 7, 9, 11, 12, 13, 15, 18, 19, 21, 27, 30 }
Gelesen: A vereinigt mit B = { 1, 3, 5, 6 . . . 27, 30 }

– Differenzmenge:

Ausgehend von einer Vereinigungsmenge wird eine der beiden Mengen vollständig, also einschließlich der Elemente einer Schnittmenge abgekapselt.

Abb. 90:

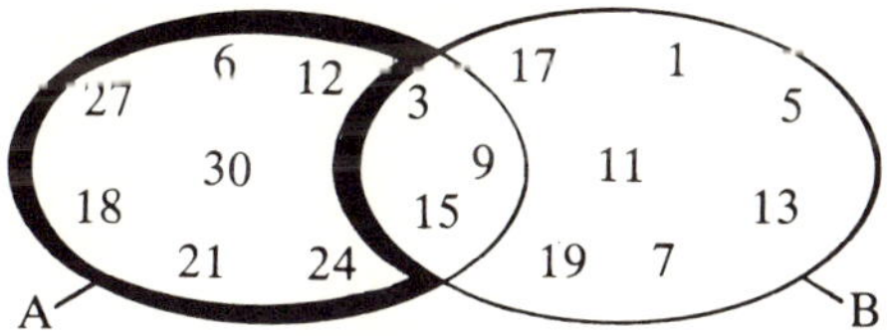

Schreibweise: A/B = { 6, 12, 18, 21, 24, 27, 30 }
Gelesen: A ohne B = {6, 12, 18, 21, 24, 27, 30}

– Restmenge:

Die Differenzmenge wird als Restmenge bezeichnet, wenn eine Teilmenge weggenommen wird.

Abb. 91:

V_6/V_{12} = { 6, 18, 30, 42 }

– Ergänzungsmenge:

Wird im letzten Beispiel von V_{12} ausgegangen und V_6 als Grundmenge betrachtet, so würden die Zahlen 6, 18, 30 und 42 die Ergänzungsmenge zu V_{12} darstellen.

2.2.1.5 Übungsvorschläge für das Bilden von Mengen und für deren Verknüpfung

Bei den folgenden, allgemein gehaltenen Vorschlägen ist meist die Angabe einer Grundmenge nötig. Sie ist so zu wählen, daß die Anzahl der Elemente, also die Mächtigkeit der Menge überschaubar bleibt. Im Sinne einer operativen Durchdringung ist es angebracht und sinnvoll, die Grundmenge zu variieren (siehe Abb. 183, S. 125).

Abb. 92:

Aufgabe: Bilde die Menge der

- Vielfachen der Zahl 7
- Teiler der Zahl 96
- natürlichen Zahlen zwischen 14 997 und 15 009
- geraden (ungeraden) Zahlen zwischen 19 970 und 20 064
- durch 3 und 4 teilbaren Zahlen
- Primzahlen bis 30
- Zahlen mit einer um 2 kleineren Zehnerziffer als die Einerziffer (824).

2.2.2 *Aussagen und Aussageformen*

2.2.2.1 Aussagen

Ein Satz, der inhaltlich *eindeutig* wahr oder falsch ist, wird als Aussage bezeichnet.

Abb. 93:

Beispiele für Aussagen:

- Heute wird im Fernsehen ein Fußballspiel übertragen.
- Der Chiemsee wird als „das bayerische Meer“ bezeichnet.
- Sauerstoff ist eine chemische Verbindung.
- Die Geschwindigkeit wird in kp gemessen.
- Ein Schaltjahr hat 366 Tage.

Keine Aussagen sind:

- Langsam ist bunter als vornehm. (Unsinniger Inhalt).
- Frankfurt ist die schönste Stadt Deutschlands. (Subjektives Empfinden).
- Die Alpen sind ein Gebirge in Deutschland. (Satz ist weder wahr noch falsch, da nur ein Teil der Alpen in Deutschland liegt).

2.2.2.2 Mathematische Aussagen

Bei mathematischen Ausdrücken läßt sich schnell feststellen, ob eine Aussage vorliegt, und ob diese wahr oder falsch ist.

Abb. 94:

Keine Aussagen sind:	24 + 9	Aussagen sind:	24 ist ein Vielfaches von 3 (w)
	13 ist meine Lieblingszahl		19 kann man durch 4 teilen (f)
			47 ist eine gerade Zahl (f)
			18 hat 6 Teiler (w)

Auch Gleichungen und Ungleichungen, bei denen nur Zahlen und Rechenzeichen auftreten, werden als Aussagen bezeichnet.

Abb. 95:

Gleichungen	Ungleichungen
$45 + 15 = 60$ (w)	$25 + 17 < 48$ (w)
$97 - 18 = 79$ (w)	$29 - 12 > 18$ (f)
$1027 + 43 = 1050$ (f)	$528 : 4 < 133$ (w)
$578 : 25 = 63$ (f)	$82 \cdot 19 < 1407$ (f)

2.2.2.3 Variable als Kennzeichen von Aussageformen

In der Regel haben die Schüler nicht mit Gleichungen der genannten Form zu tun, sondern mit solchen, bei denen ein Operand bzw. der Wert erst errechnet werden muß. Diese gesuchte Zahl wird durch eine Leerstelle (□, △), auch Platzhalter oder Variable genannt, gekennzeichnet. In der Hauptschule vollzieht sich dann der Übergang zur algebraischen Schreibweise, bei der Platzhalter mit den letzten Buchstaben des Alphabets bezeichnet werden.

Abb. 96:

$8 \cdot \square = 96$	$8 \cdot x = 96$
$144 : \triangle = 18$	$144 : y - 18$
$84 \pm 32 = \square$	$84 \pm 32 = z$
□ ist ein Vielfaches von 17	x ist ein Vielfaches von 17.

Diese Rechenausdrücke stellen keine Aussagen dar, da ihre Richtigkeit durch das Vorhandensein einer Variablen nicht geklärt werden kann. Darstellungen dieser Art, die nach Ersetzen der Variablen (Leerstelle, Platzhalter) eine Aussage bilden, nennt man *Aussageformen.*

Abb. 97:

Aussageform	Aussage	Lösung der Aussageform
$8 \cdot x = 96$	$8 \cdot 12 = 96$ (w)	12
$144 : y = 18$	$144 : 12 = 18$ (f)	8
$82 + 32 = z$	$82 + 32 = 114$ (w)	114
x ist Vielfaches von 17	52 ist Vielfaches von 17 (f)	z. B. 51

Bei Ungleichungen gestaltet sich die Lösung etwas schwieriger, da verschiedene Zahlen zu einer wahren Aussage führen. Deshalb ist hier die Angabe einer Lösungsmenge erforderlich, deren Elemente alle Zahlen darstellen, die die Aussageform in eine wahre Aussage überführen.

Abb. 98:

G = INo

$19 + x < 25$	$x = \{0, 1, 2, 3, 4, 5\}$
$84 - y > 72$	$y = \{0, 1, 2, 3 \ldots 10, 11\}$
$4 \cdot z < 25$	$z = \{0, 1, 2, 3, 4, 5, 6\}$
$x : 8 < 9$	$x = \{0, 8, 16, 24, \ldots 56, 64\}$

Die Lösungsmenge hängt aber auch von der Grundmenge ab.

Abb. 99: (aus Zahl und Form 5, S. 15)

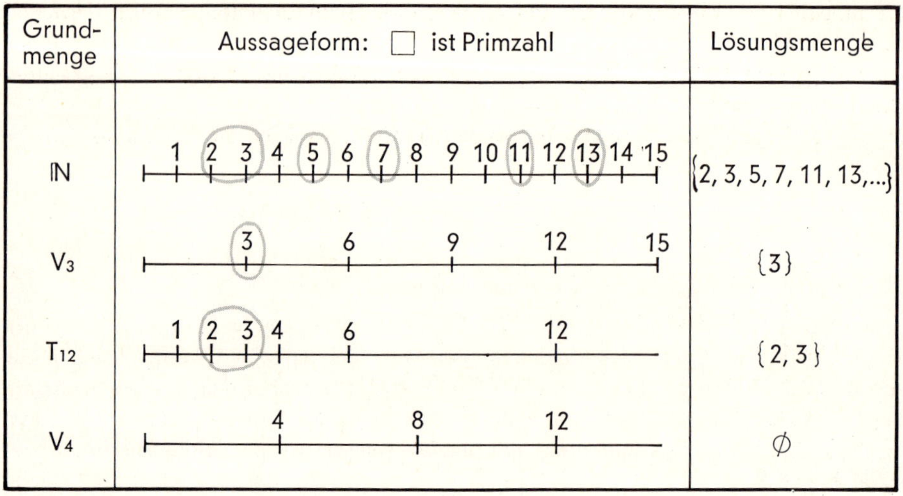

2.2.2.4 Varianten der Gleichungsdarstellung

Als gleichwertige Darstellungen zur Gleichung gelten:

– Operatordarstellung (siehe 3.2.1, S. 169 ff.)

Abb. 100:

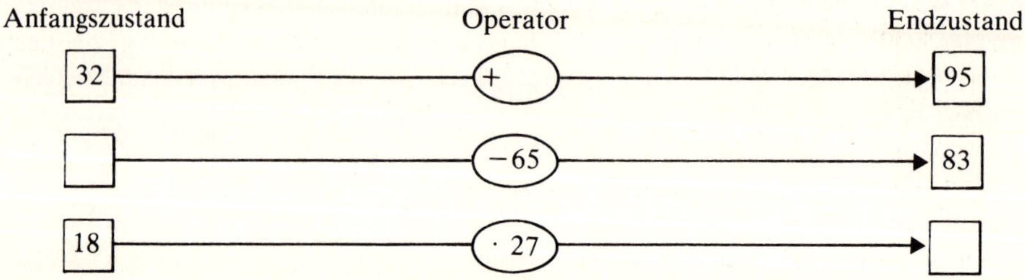

– Rechenbaum:

Abb. 101:

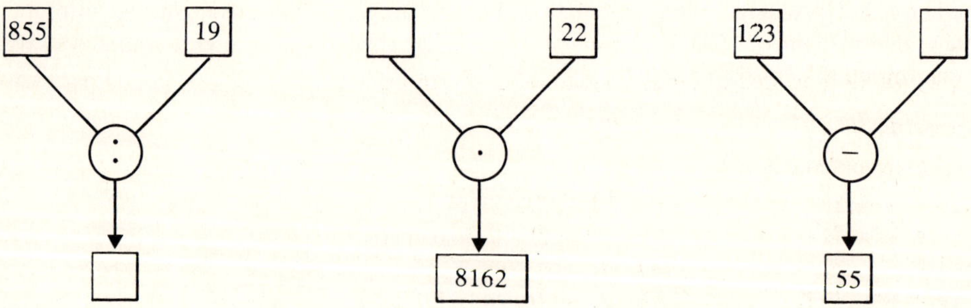

2.2.2.5 Stufung im Schwierigkeitsgrad von Gleichungen

Gleichungen bzw. Aussageformen sind je nach ihrer Struktur unterschiedlich schwer zu lösen.
In der folgenden Übersicht stehen die Anfangsbuchstaben des Alphabets für gegebene Zahlen und x steht für die gesuchte Variable.
Als Grundmenge wird $\mathbb{N}_0$ bzw. bei Divisionen $\mathbb{N}$ (oder auch eine Teilmenge davon) vereinbart.

Abb. 102:

Typ 1: Wert gesucht

$a + b = x$	$a \cdot b = x$
$a - b = x$	$a : b = x$

Typ 2: Operand gesucht

$a + x = b$	$x + a = b$
$a - x = b$	$x - a = b$
$a \cdot x = b$	$x \cdot a = b$
$a : x = b$	$x : a = b$

Erschwerung: b ist ein Term, dessen Wert erst errechnet werden muß.

Typ 3: Gesuchter Operand ist ein Vielfaches

$a \pm b \cdot x = c$	$b \cdot x \pm a = c$
$a \cdot bx = c$	$bx \cdot a = c$
$a : bx = c$	$bx : a = c$

Erschwerung: c ist ein Term, dessen Wert erst errechnet werden muß.

Typ 4: Wert gesucht bei zusammengesetzten Termen

$(a + b) \cdot (c \pm d) = x$

$(a : b) - (c \cdot d) = x$

$(a \cdot b) : (c \pm d) = x$

$a + (b - c \cdot d) \cdot e = x$

Typ 5: Gesuchter Wert ist Bestandteil des Terms

$ax \cdot (b - c) = d$

$a \cdot b - (c - x) = d$

$(a + b) : (x + c) = d$

Erschwerung: d ist ein Term, dessen Wert erst errechnet werden muß.

Typ 6: Gleichungen mit zwei Variablen kommen in der Hauptschule meist nur bei Denksportaufgaben vor, die auch durch Überlegung gelöst werden können (siehe 8.4.7.2, S. 400).

2.2.2.6 Stufung im Schwierigkeitsgrad bei Ungleichungen

Abb. 103:

1. Schwierigkeitsgrad:

$a \pm x < b;$	$a \pm x > b;$
$x \pm a < b;$	$x \pm a > b;$
$a \cdot x < b;$	$a \cdot x > b;$
$x \cdot a < b;$	$x \cdot a > b;$
$a : x < b;$	$a : x > b;$
$x : a < b;$	$x : a > b;$

2. Schwierigkeitsgrad:

$a \pm x \leqq b;$	$a \pm x \geqq b;$
$x \pm a \leqq b;$	$x \pm a \geqq b;$
$a \cdot x \leqq b;$	$x \cdot a \geqq b;$

3. Schwierigkeitsgrad:

$a \pm x < b + c;$	$a \pm x > b - c;$
$a \cdot x < b \cdot c;$	$a \pm x > b : c;$

4. Schwierigkeitsgrad:

$a \pm x \leqq b + c;$	$a \pm x \geqq b - c;$
$a \cdot x \leqq b \cdot c;$	$a \cdot x \geqq b : c;$

5. Schwierigkeitsgrad:

$a \pm b\,x < c;$	$a\,x \pm b > c;$
$(a + b) \cdot (x + c) < d;$	$(a \cdot b) - (x \cdot c) > d;$

2.2.3 Gebrauch von Fachtermini

Bei Gleichungen des ersten Typs ($a \pm b = c$; $a \cdot b = c$; $a : b = c$) treten drei Zahlen bzw. Größen auf, von denen zwei (a und b), die *Operanden,* nach einer bestimmten Vorschrift verknüpft werden. Die dritte Zahl oder Größe nennt den Wert dieser Verknüpfung.
Ein in den Lehrplänen stets gefordertes Lernziel ist, die Schüler zu einer korrekten Bezeichnung solcher Rechenausdrücke bzw. der dabei auftretenden Zahlen anzuhalten.

Abb. 104:

Addition:
$$\underbrace{\underset{\text{Summand}}{43} \quad \underset{\text{plus}}{+} \quad \underset{\text{Summand}}{22}}_{\text{Summe}} \quad \underset{\text{gleich}}{=} \quad \underset{\text{Wert der Summe}}{65}$$

Subtraktion:
$$\underbrace{\underset{\text{Minuend}}{95} \quad \underset{\text{minus}}{-} \quad \underset{\text{Subtrahend}}{48}}_{\text{Differenz}} \quad \underset{\text{gleich}}{=} \quad \underset{\text{Wert der Differenz}}{47}$$

Multiplikation:
$$\underbrace{\underset{\text{Multiplikand}}{9} \quad \underset{\text{mal}}{\cdot} \quad \underset{\text{Multiplikator}}{12}}_{\text{Produkt}} \quad \underset{\text{gleich}}{=} \quad \underset{\text{Wert des Produkts}}{108}$$

oder allgemein:
$$\underbrace{\underset{\text{Faktor}}{9} \quad \underset{\text{mal}}{\cdot} \quad \underset{\text{Faktor}}{12}}_{\text{Produkt}} \quad \underset{\text{gleich}}{=} \quad \underset{\text{Wert des Produktes}}{108}$$

Division:
$$\underbrace{\underset{\text{Dividend}}{153} \quad \underset{\substack{\text{dividiert durch}\\ \text{(geteilt durch)}}}{:} \quad \underset{\text{Divisor}}{17}}_{\text{Quotient}} \quad \underset{\text{gleich}}{=} \quad \underset{\substack{\text{Wert des}\\ \text{Quotienten}}}{9}$$

Summe, Differenz, Produkt und Quotient stellen für sich weder eine Aussage noch eine Aussageform dar. Solche Ausdrücke werden als *Term* bezeichnet.
Ein Term kann auch nur eine einzelne Zahl sein. Meist handelt es sich aber um eine Zusammenstellung von Variablen, Zahlen, Klammern und Verknüpfungszeichen.
Zusammengesetzte Terme bekommen ihren Namen von der zuletzt durchgeführten Verknüpfung. Der Wert des Terms ist die durch ihn dargestellte Zahl.

Abb. 105: (aus Zahl und Form 5, S. 33)

Term	Berechnung des Terms	Wert	Art des Terms
(27 + 44) + (26 — 5)	71 + 21	92	Summe
(24 + 83) — (36 — 25)	107 — 11	96	Differenz

Ein Term, der durch eine Zahl (8 : 4 + 5 = 7) ersetzt werden kann, in dem also keine Variablen vorkommen, wird bei genauer Unterscheidung auch als *Zahlenterm* bezeichnet.

2.2.4 Das Lösen von Gleichungen mit Variablen durch Probieren

Für die Lösung von Aussageformen ist die Beherrschung der unter 2.1.1.–2.1.5 (S. 62 ff.) genannten Rechengesetze und -regeln unbedingte Voraussetzung.

2.2.4.1 Erarbeitung grundlegender Aussagen für IN bzw. INo

Die Schüler sind seit jeher gewohnt, Gleichungen zu lösen. Dabei gehen sie stillschweigend von Voraussetzungen und Grundkenntnissen aus, die im Rahmen der Algebra aber auch verbalisiert und systematisiert werden sollten.
Bei Verständnisschwierigkeiten können zeichnerische Hilfen (siehe bei den betreffenden Kapiteln unter 2.3) herangezogen werden.

- Werden zwei Zahlen aus IN addiert, so ist der Wert der Summe stets größer als der der beiden Summanden.
  $a + b > a$ $\quad\quad$ $5 + 8 > 5$
  $a + b > b$ $\quad\quad$ $5 + 8 > 8$
- Bei einer Addition (Subtraktion) mit 0 ist der Wert mit dem zweiten Operanden identisch.
  $a + 0 = a$ $\quad\quad$ $13 + 0 = 13$
  $b - 0 = b$ $\quad\quad$ $25 - 0 = 25$
- Werden zwei Zahlen aus INo addiert, so ist der Wert der Summe stets größer oder gleich Null.
  $a + b \geqq 0$ $\quad\quad$ $0 + 0 = 0$
  $3 + 8 > 0$

– Bei einer Multiplikation (Division) mit 1 ändert sich der Wert nicht.

$a \cdot 1 = a$ $\qquad$ $12 \cdot 1 = 12$

$b : 1 = b$ $\qquad$ $14 : 1 = 14$

– Bei einer Multiplikation mit Null ergibt sich als Produktwert ebenfalls Null.

$a \cdot 0 = 0$ $\qquad$ $413 \cdot 0 = 0$

Diese Regel läßt sich erklären, wenn die Multiplikation als verkürzte Addition aufgefaßt wird, bei der der Multiplikator die Anzahl der Summanden nennt (siehe Abb. 150, S. 109). Im Hinblick auf die Division sollte aber auch die Erklärung mit dem Operator erfolgen.

Abb. 106:

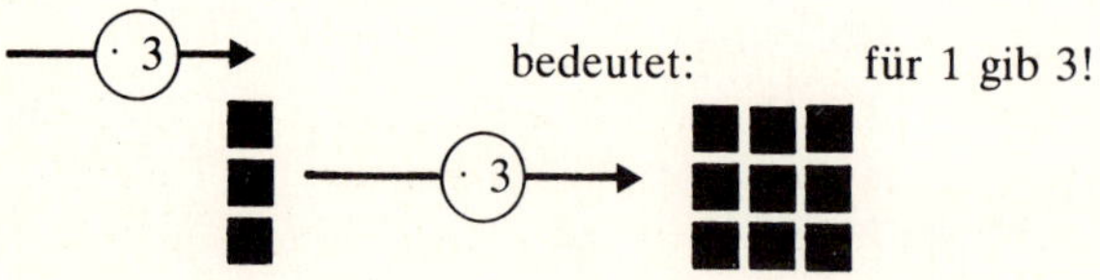

Der Operator —(· 0)→ bedeutet demnach: für 1 gib 0!

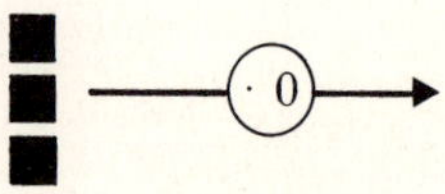

– Wird die Division als Umkehrung zur Multiplikation betrachtet, so wird den Schülern auch einsichtig, weshalb Divisionen durch Null verboten sind, denn dann müßte der Operator (:0)→ die Wirkung von (·0)→ aufheben.

Es müßte gelten:

Abb. 107:

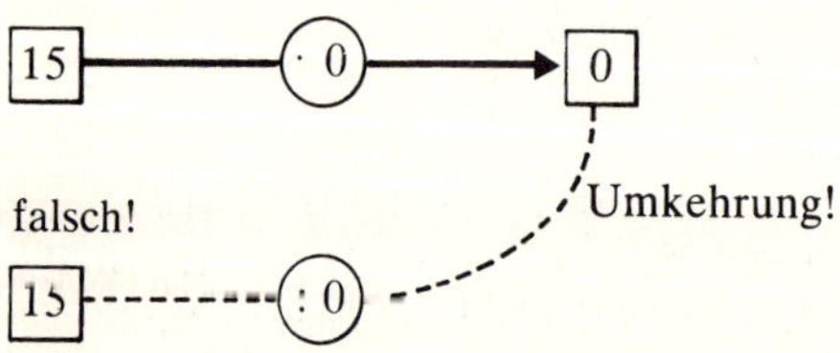

Erkenntnis: Durch 0 kann man nicht dividieren.

– Je größer der Multiplikator, desto größer der Produktwert bei gleichem Multiplikanden.

$a \cdot 4 > a \cdot 3$ $\qquad$ $9 \cdot 4 > 9 \cdot 3$

$\qquad$ $36 > 27$

– Dividiert man eine Zahl durch sich selbst, so erhält man 1 als Wert.

$a : a = 1$ $\qquad$ $35 : 35 = 1$

– Alle Rechengesetze (siehe 2.1, S. 62 ff.) sind ebenfalls allgemeingültige Aussagen, d. h. sie haben Gültigkeit unabhängig von den eingesetzten Zahlen.

2.2.4.2 Die Waage als Modell einer Gleichung

Die Waage (Balken- oder Tafelwaage) gilt als Darstellung einer Gleichung, da hier bei gleichen Gewichten auf beiden Seiten ebenfalls ein Gleichgewicht vorliegt. Ebenso kann

man sagen, daß bei Vorliegen eines Gleichgewichts auf beiden Waagschalen dasselbe Gewicht liegt, unabhängig von der Art der Gewichtsstücke.
Eine Waage soll daher als Veranschaulichung und Erklärungshilfe bei der Behandlung von Gleichungen stets präsent sein, damit die Lösungswege auch konkret dargestellt werden konnen.

2.2.4.3 Lösen von Aussageformen durch Überlegen und Probieren

Schüler sind zu Beginn der Hauptschule meist in der Lage, Gleichungen des Typs 1, 2 und teilweise auch 3 bzw. Ungleichungen mit Ausnahme des letzten Schwierigkeitsgrades selbständig zu lösen. Voraussetzung ist allerdings, daß die Zahlen überschaubar sind, daß einzelne Rechenschritte im Kopf gerechnet werden können.
Falls eine direkte Berechnung des Platzhalters (Typ 1) nicht möglich ist, so setzen sie für die Variable eine Zahl ein und überprüfen, ob die so entstandene Aussage wahr oder falsch ist. Bei falschen Aussagen wird die Variable so lange verändert, bis eine wahre Aussage vorliegt.

Abb. 108: (aus Zahl und Form 7, S. 40)

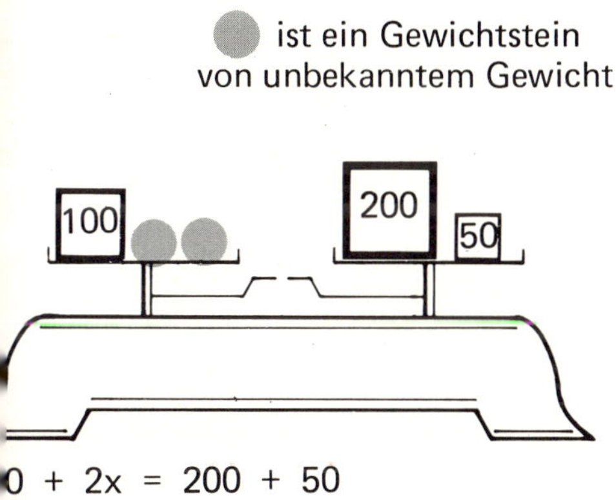

Stein wird ersetzt durch	Gewicht links		rechts
50 g	200 g	<	250 g
50 g + 50 g	300 g	>	250 g
50 g + 20 g	240 g	<	250 g
50 g + 20 g + 10 g	260 g	>	250 g
50 g + 20 g + 5 g	250 g	=	250 g

Leistungsstärkere Schüler greifen bei Ungleichungen von sich aus zu der Hilfe, daß sie die beiden Seiten gleich setzen, die Variable wie bei einer Gleichung errechnen und dann je nach Relationszeichen festsetzen, welche Werte für den Platzhalter zugelassen sind.

Abb. 109:

$35 + 7x < 78$

Annahme:

$35 + \boxed{7x} = 78$

⇓

43

⇓

$7x < 43$

⇓

$x = \{0, 1, 2, 3, 4, 5, 6\}$

$5x - 12 < 68 - 34$

$\boxed{5x} - 12 = 34$

⇓

46

⇓

$5x < 46$

⇓

$x = \{0, 1, 2, \ldots, 8, 9\}$

2.2.5 Lösen von Gleichungen durch Ersetzen äquivalenter Terme

2.2.5.1 Errechnen von Zahlentermen

Die Lösung von Zahlentermen, bei denen keine Variablen vorliegen, bereitet den Schülern bei Einhaltung der Regel „Punkt vor Strich“ und der „Klammerregel“ keine große Schwierigkeit.
In Termen werden so nacheinander Teilterme durch den entsprechenden Wert ersetzt. Rechenbäume veranschaulichen dieses schrittweise Ersetzen von Teiltermen.

Abb. 110:

Rechenbaum

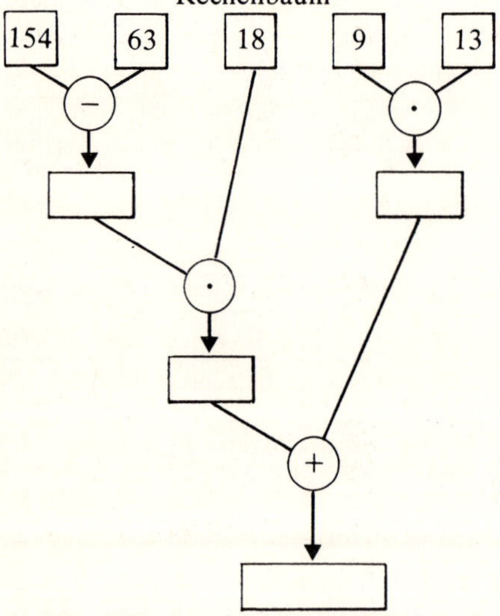

Gleichungsdarstellung

$$(154 - 63) \cdot 18 + (9 \cdot 137) = x$$

Klammer vor Punkt

$$91 \cdot 18 + 117 = x$$

Punkt vor Strich

$$1638 + 117 = x$$

$$1755 = x$$

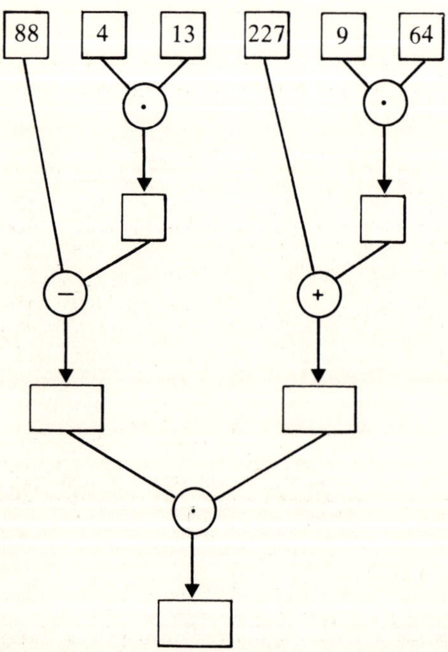

$$(88 - 4 \cdot 13) \cdot (227 + 9 \cdot 64) = y$$

Punkt vor Strich

$$(88 - 52) \cdot (227 + 576) = y$$

Klammer vor Punkt

$$36 \cdot 803 = y$$

$$28\,908 = y$$

2.2.5.2 Darstellung mit dem Waagemodell

Eine der mathematischen Möglichkeiten zum Lösen von Gleichungen mit Variablen ist das äquivalente Ersetzen von Teiltermen, d. h. das gleichwertige Umformen beider Seiten einer Gleichung.
Das Waagemodell eignet sich zur Veranschaulichung dieser Operation vorzüglich. In der folgenden Darstellung wird das Zeichen ■ für den zu errechnenden Gewichtsstein, die Variable, gebraucht.

Abb. 111:

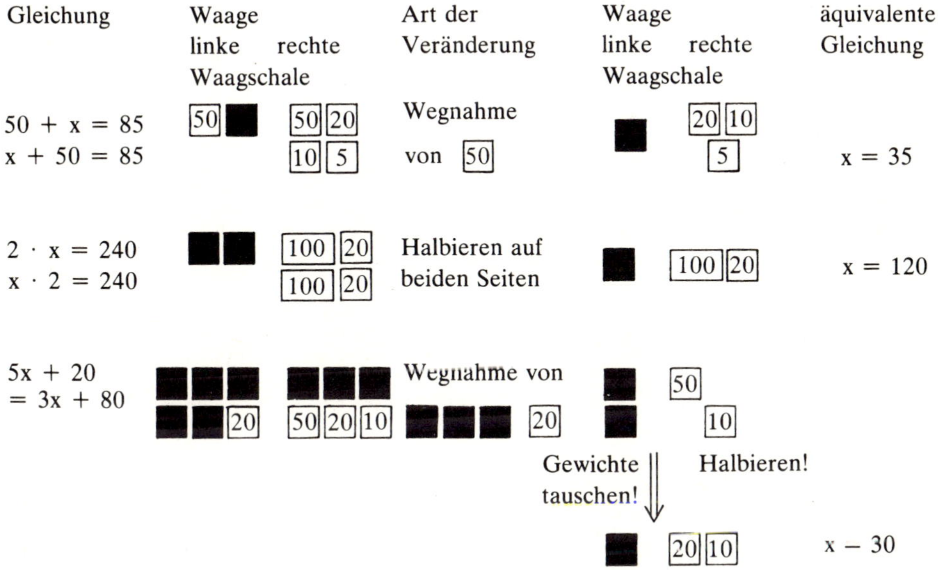

2.2.5.3 Darstellung auf der Zahlengerade

Auf einer Zahlengeraden (zur besseren Veranschaulichung wählt man anfangs zwei parallel verlaufende) werden die zwei Terme einer Gleichung jeweils für sich eingezeichnet.

Abb. 112:

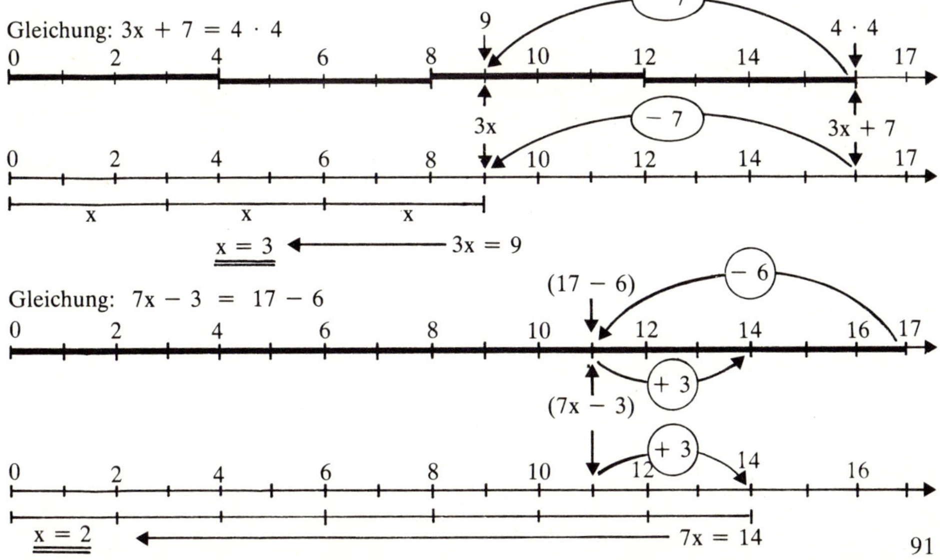

2.2.5.4 Erstellen allgemeingültiger Gleichungen durch Anwenden der Rechengesetze

Die für den Bereich der Aussagen erarbeitete Gültigkeit der Rechengesetze sind auch für Aussageformen nachzuweisen.
Die Wertgleichheit der beiden Seiten wird durch das Belegen der Variablen mit verschiedenen Zahlen bewiesen.
Den Schülern werden mehrere Gleichungen, die die Rechengesetze augenscheinlich berücksichtigen, vorgelegt. Die linke und die rechte Seite werden getrennt errechnet.

Abb. 113:

Wert für

Gleichung	x = 2		x = 7		x = 48		x = 419	
	links	rechts	links	rechts	links	rechts	links	rechts
5x + 8x = 13x	26	26	91	91	624	624	5447	5447
19x + 3x = 3x + 19x	44	44	154	154	1056	1056	9218	9218
14x − 6x = 8x	16	16						
15x − 7x = 3x + 5x	16	16						
3 · 8x = 8x · 3	48	48						
3 · 8x = 3x · 8	48	48						
(3x + 7x) + 5x = 3x + (7x + 5x)	30	30						
(6 · 9x) · 3 = 6 · (9x · 3)	324	324						
8 · (7x − 4) = 56x − 32	80	80						
x · (18 − 5) = 18x − 5x	26	26						
8(x + 3) = 12 (x + 2) − 4x	40	40						

Durch Übungen dieser Art erkennen die Schüler, daß manche Gleichungen allgemeingültig sind, daß sie für jede Zahl aus IN eine wahre Aussage darstellen.
Daraus läßt sich folgern, daß einander so entsprechende Terme ohne Auswirkung auf die Lösungsmenge einer Gleichung ausgetauscht werden können.

Übungsvariante:

– Pfeildiagramm:

Die Schüler sollen die Wertgleichheit zweier Terme durch Einsetzen beliebiger Zahlen aus IN errechnen.
Relationsvorschrift: „. . . hat den gleichen Wert wie . . .“

Abb. 114:

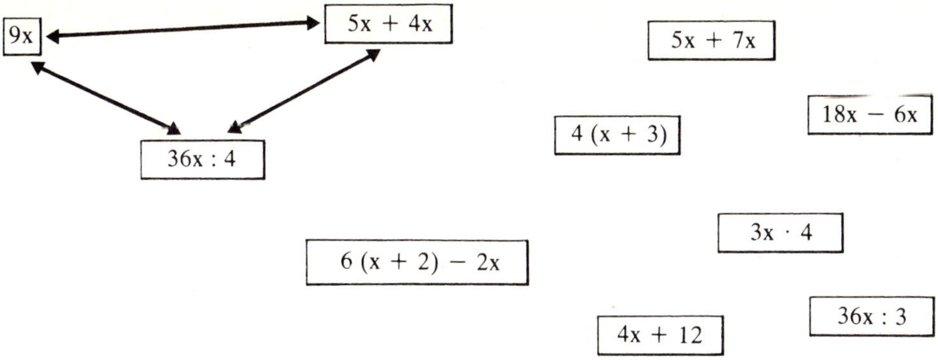

2.2.5.5 Bilden allgemeingültiger Gleichungen

Den Schülern wird einer der beiden Terme vollständig vorgegeben, der zweite muß so ergänzt werden, daß eine allgemeingültige Aussage entsteht.

Abb. 115:

$9x + 7x = 20x - \square$

$5x \cdot 6 = 3x \cdot \square$

$4 \cdot (x + 3) = \square + 12$

$18x : 3 = 3 \cdot \square$

Darstellungsvarianten:

- Strichverbindungen einzeichnen (siehe Abb. 392, S. 233)
- Rechen-T (siehe Abb. 393, S. 233)
- Zuordnungspyramide (siehe Abb. 441, S. 253)

2.2.5.6 Einsetzen äquivalenter Terme

Gleichungen komplexerer Art werden durch das äquivalente Ersetzen von Teiltermen vereinfacht.

Abb. 116:

$$
\begin{aligned}
(35 + x) - 28 &= 2\,(x + 2); \\
35 + x - 28 &= 2x + 4; \\
35 - 28 + x &= 2x + 4; \\
7 + x &= 2x + 4 \\
3 + (4 + x) &= x + (x + 4); \\
3 &= x;
\end{aligned}
$$

Probe!!

$$
\begin{aligned}
4\,(x + 8) - 14 &= 3\,(x - 3) + (52 - 5 \cdot 4) \\
4x + 32 - 14 &= 3x - 9 + (52 - 20) \\
4x + 18 &= 3x - 9 + 32 \\
4x + 18 &= 3x + 23 \\
x + (3x + 18) &= (3x + 18) + 5 \\
x &= 5;
\end{aligned}
$$

Probe!!

2.2.6 Lösen von Gleichungen durch Umkehroperationen

2.2.6.1 Operatordarstellung

Ist der Platzhalter Teil einer Differenz bzw. eines Quotienten, so läßt sich die Lösung dieser Gleichung mit dem Waagemodell nicht erklären.

Da sich eine mathematische Operation durch den inversen Operator (gleiche Operatorzahl, konträres Operationszeichen) wieder rückgängig machen läßt (siehe 3.2.2.3, S. 172), wählt man zur Darstellung dieses Zusammenhangs die Operatorform, mit der sich die Umkehroperation optimal veranschaulichen läßt.

Abb. 117:

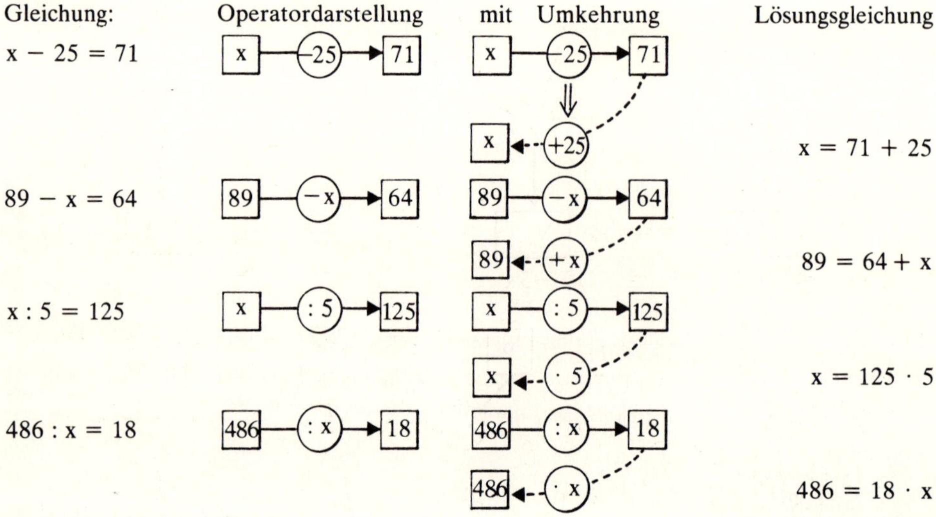

Die so entstandenen Gleichungen lassen sich mit dem unter 2.2.5 genannten Verfahren (Ersetzen äquivalenter Teilterme) lösen.

2.2.6.2 Darstellung mit dem Rechenbaum

Die Notwendigkeit einer Umkehroperation wird auch bei einer Darstellung mit dem Rechenbaum augenscheinlich, der optimal dann eingesetzt werden kann, wenn zuvor Teilterme zu errechnen sind.

Abb. 118:

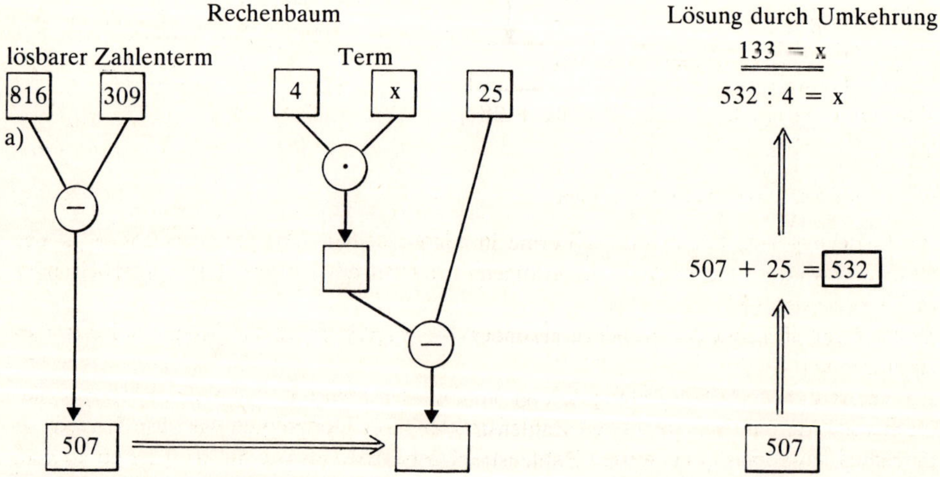

Gleichung: 816 − 309 = 4 · x − 25

b)

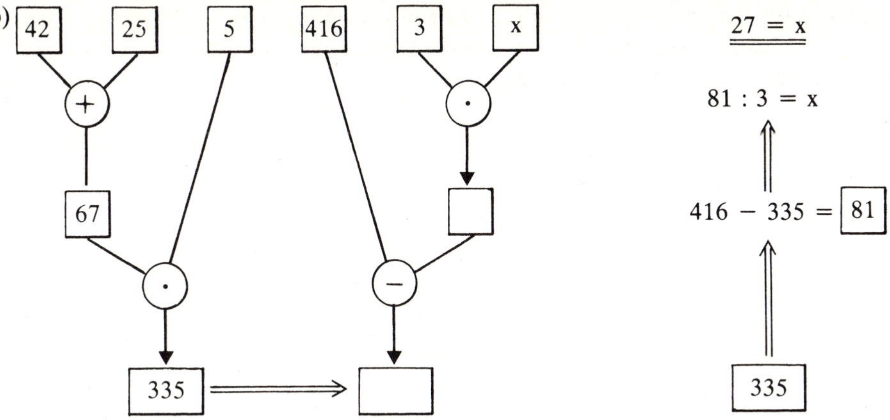

Gleichung: $(42 + 25) \cdot 5 = 416 - 3x$

c)

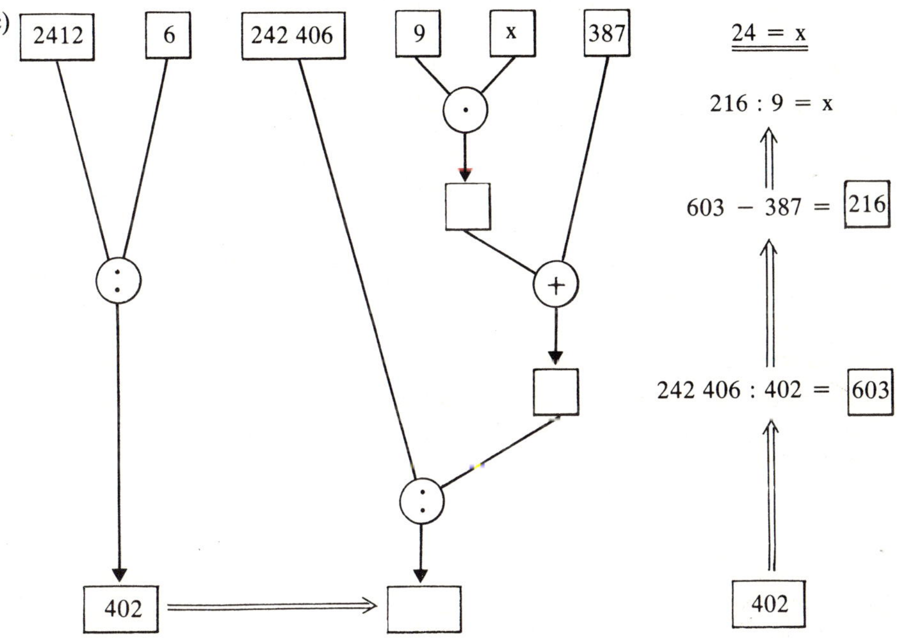

Gleichung: $2412 : 6 = 242\,406 : (9x + 387)$

2.2.7 Auflösung von Klammertermen

Bei Gleichungen treten häufig Teilterme in Klammern auf. Bei deren Auflösung ist der Vorzeichenwechsel zu beachten, der erfolgen muß, wenn der Klammerterm subtrahiert oder dividiert werden soll.

Es empfiehlt sich, mit den Schülern gesondert die Regeln für das Auflösen von Klammern zu erarbeiten.

Die Erklärung und Begründung erfolgt konkret zeichnerisch durch das Eintragen der Rechenschritte auf zwei parallelen Zahlenstrahlen. Der Doppelpfeil wird dabei zuletzt so eingetragen, daß auf dem zweiten Zahlenstrahl derselbe Wert wie auf dem ersten erreicht wird.

Bei der zeichnerischen Darstellung werden folgende Werte und Zeichen eingesetzt:

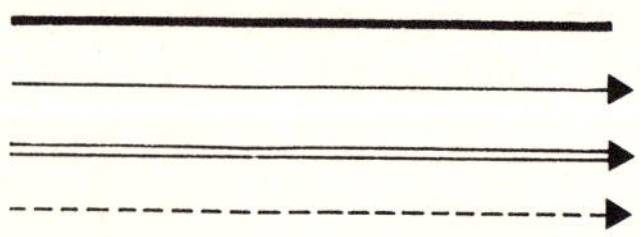

a = 12 (verdickte Grundlinie)
b = 6
c = 3
( )

2.2.7.1 Addition des Klammerterms

Abb. 119:

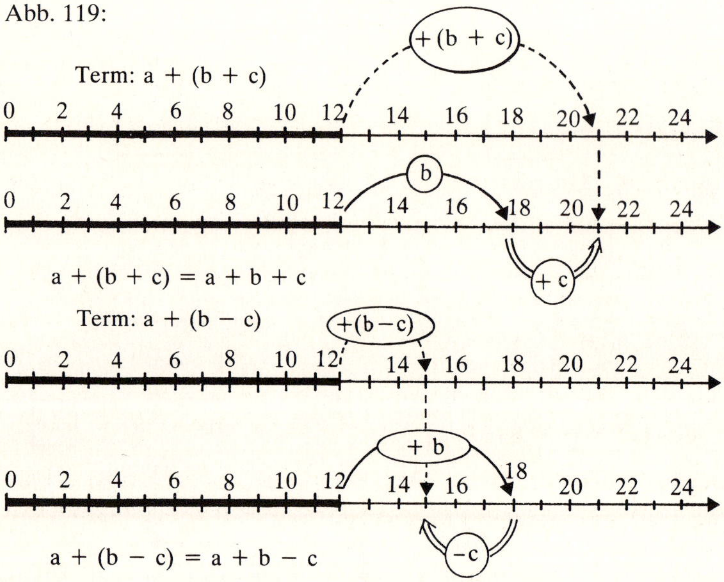

Term: a + (b + c)

a + (b + c) = x
12 + (6 + 3) = 21

a + b [+ c] = 21

a + (b + c) = a + b + c

Term: a + (b − c)

a + (b − c) = x
12 + (6 − 3) = 15

a + b [− c] = 15

a + (b − c) = a + b − c

2.2.7.2 Multiplikation des Klammerterms

Nach dem Distributiv- bzw. Assoziativgesetz der Multiplikation gelten folgende Gesetzmäßigkeiten:

Abb. 120:

$a \cdot (b + c) = ab + ac$	$12 \cdot (6 + 3) = 12 \cdot 6 + 12 \cdot 3$
$a \cdot (b - c) = ab - ac$	$12 \cdot (6 - 3) = 12 \cdot 6 - 12 \cdot 3$
$a \cdot (b \cdot c) = a \cdot b \cdot c$	$12 \cdot (6 \cdot 3) = 12 \cdot 6 \cdot 3$
$a \cdot (b : c) = a \cdot b : c$	$12 \cdot (6 : 3) = 12 \cdot 6 : 3$

2.2.7.3 Subtraktion des Klammerterms

Abb. 121:

Term: a − (b + c)

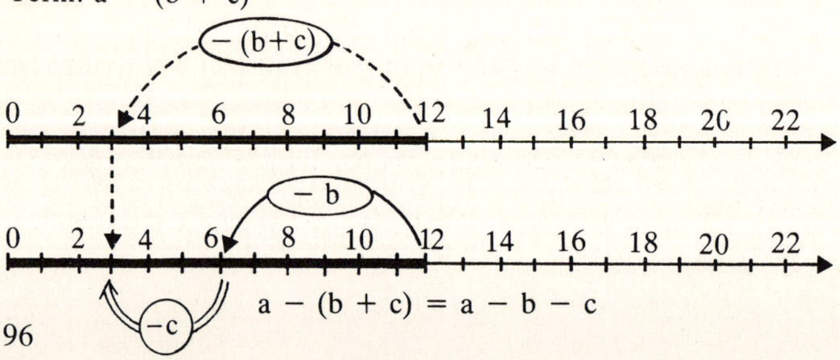

a − (b + c) = x
12 − (6 + 3) = 3

a − b [− c] = 3
Vorzeichenwechsel bei c!

a − (b + c) = a − b − c

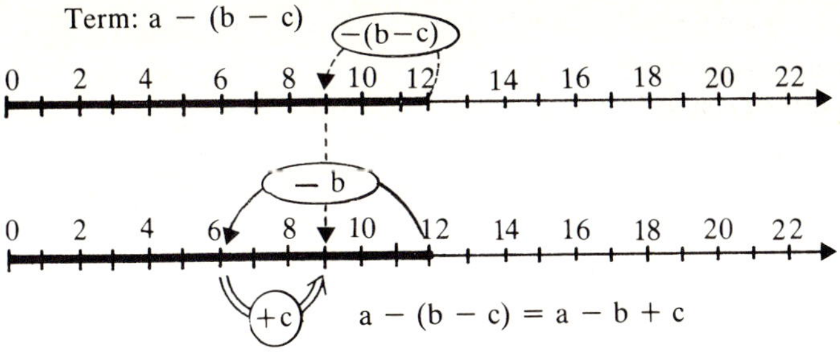

$a - (b - c) = x$
$12 - (6 - 3) = 9$

$a - b \boxed{+ c} = 9$
Vorzeichenwechsel bei c!

2.2.7.4 Division des Klammerterms

Additive Klammerterme wie a: (b+c) oder a: (b−c) dürfen nicht verändert werden. Hier muß die Ausrechnung erfolgen.
Klammerterme multiplikativer Art treten erst ab dem 8. Schuljahr auf. Da zu diesem Zeitpunkt das Rechnen mit Bruchzahlen bereits behandelt ist, verstehen die Schüler eine Erklärung durch Umformen des Terms besser als jede Zeichnung.

Abb. 122:

$a : (b \cdot c) = \frac{a}{b \cdot c} = \frac{a}{b} \cdot \frac{1}{c} = a : b : c$ (Vorzeichenwechsel bei c!)

$a : (b : c) = a : \frac{b}{c} = a \cdot \frac{c}{b} = \frac{a}{b} \cdot c = a : b \cdot c$ (Vorzeichenwechsel bei c!)

2.2.8 Lösen einer Gleichung in Einzelschritten

Schwierigere Gleichungen, bei denen der Platzhalter z. B. mehrmals auftritt, lassen sich nur durch das Ersetzen äquivalenter Terme bzw. nur durch das Ausführen von Umkehroperationen noch nicht lösen. Hier ist eine Kombination beider Wege angebracht.

Beispiele:

a) $25x - (18 \cdot 12) = 13 \cdot (x + 32) - 4872 : 87$
b) $3216 - (14 \cdot 27 - 4x) = (15 \cdot 15 - 31) + 13 \cdot (x + 184)$

2.2.8.1 Vereinfachen der beiden Terme

Zunächst sind auf beiden Seiten die Terme möglichst stark zu vereinfachen. Klammern werden aufgelöst, Teilterme soweit möglich errechnet.

Abb. 123:

a) $25x - (18 \cdot 12) = 13 \cdot (x + 32) - 4872 : 87$
$25x - 216 = 13x + 13 \cdot 32 - 56$
$25x - 216 = 13x + 416 - 56$
$25x - 216 = 13x + 360$

b) $3216 - (14 \cdot 27 - 4x) = (15 \cdot 15 - 31) + 13 \cdot (x + 184)$
$3216 - (378 - 4x) = (225 - 31) + 13x + 13 \cdot 184$
$3216 - 378 + 4x = 194 + 13x + 2392$ (Vorzeichenwechsel!!)
$2838 + 4x = 194 + 2392 + 13x$
$2838 + 4x = 2586 + 13x$

Um Leichtsinnsfehler zu vermeiden, sind die Schüler anzuhalten, auf jeder Seite jeweils nur eine Veränderung vorzunehmen.

2.2.8.2 Äquivalente Umformung der Gleichung

Links und rechts werden die Terme so verändert, daß gleiche Teilterme entstehen und daß auf einer Seite die Variable eliminiert werden kann.

Abb. 124:

a) $25x - 216 = 13x + 360$
$13x + 12x - 216 = 13x + 360$

b) $2838 + 4x = 2586 + 13x$
$252 + (2586 + 4x) = (2586 + 4x) + 9x$

2.2.8.3 Subtraktion des gleichen Termteils

Der auf beiden Seiten gleiche Teilterm wird subtrahiert, die Gleichung wird äquivalent umgeformt.

Abb. 125:

a) $13x + 12x - 216 = 13x + 360$ Subtraktion von 13x!
$12x - 216 = 360$

b) $252 + (2586 + 4x) = (2586 + 4x) + 9x$ Subtraktion der Klammer!
$252 = 9x$

2.2.8.4 Ausführen der Umkehroperation

Steht die Variable (bzw. ein Vielfaches davon) noch nicht für sich allein, so kann sie durch eine Umkehroperation isoliert werden. Diese Maßnahme ist nur im Beispiel a nötig.

Abb. 126:

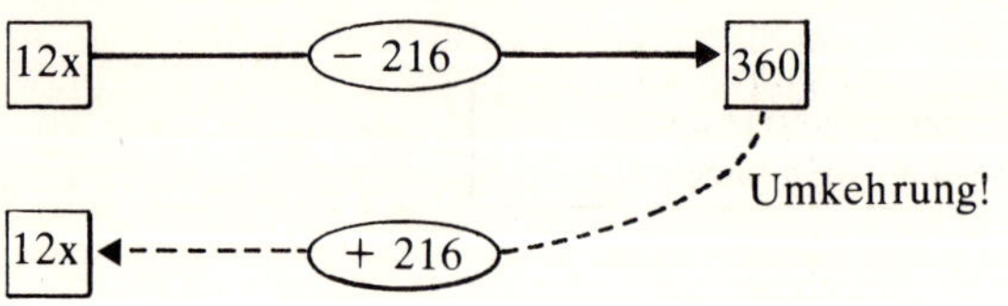

$12x - 216 = 360$

⇓ Umkehrung

$12x = 360 + 216$
$12x = 576$

2.2.8.5 Division durch das Vielfache der Variablen

Auf beiden Seiten wird durch das Vielfache der Variablen dividiert.

Abb. 127:

a) $12x = 576$
$12x : 12 = 576 : 12$
$x = 48$

b) $252 = 9x$
$252 : 9 = 9x : 9$
$28 = x$

2.2.8.6 Probe durch Einsetzen

Die Probe erfolgt durch Einsetzen des Wertes der Variablen in die *ursprüngliche,* nicht vereinfachte Gleichung. Beide Seiten werden getrennt errechnet.

Abb. 128:

a) linke Seite: $25x - (18 \cdot 12) = 25 \cdot 48 - 216 = 1200 - 216 = 984;$
rechte Seite: $13 \cdot (x + 32) - 4872 : 87 = 13 \cdot (48 + 32) - 56 =$
$= 13 \cdot 80 - 56 = 1040 - 56 = 984;$

b) linke Seite: $3216 - (14 \cdot 27 - 4x) = 3216 - (378 - 4 \cdot 28) =$
$= 3216 - (378 - 112) = 3216 - 266 = 2950;$

rechte Seite: $(15 \cdot 15 - 31) + 13 \cdot (x + 184) = (225 - 31) + 13 \cdot (28 + 184) =$
$= 194 + 13 \cdot 212 = 194 + 2756 = 2950;$

2.2.8.7 Das Lösen von Gleichungen im Ablaufdiagramm

Wurden einige Gleichungen ausführlich gelöst, so kann gemeinsam ein Ablaufdiagramm erstellt werden. Die folgende Darstellung wurde bewußt ausführlich gehalten. Je nach Leistungsstand der Klasse können Punkte zusammengefaßt werden.

Abb. 129:

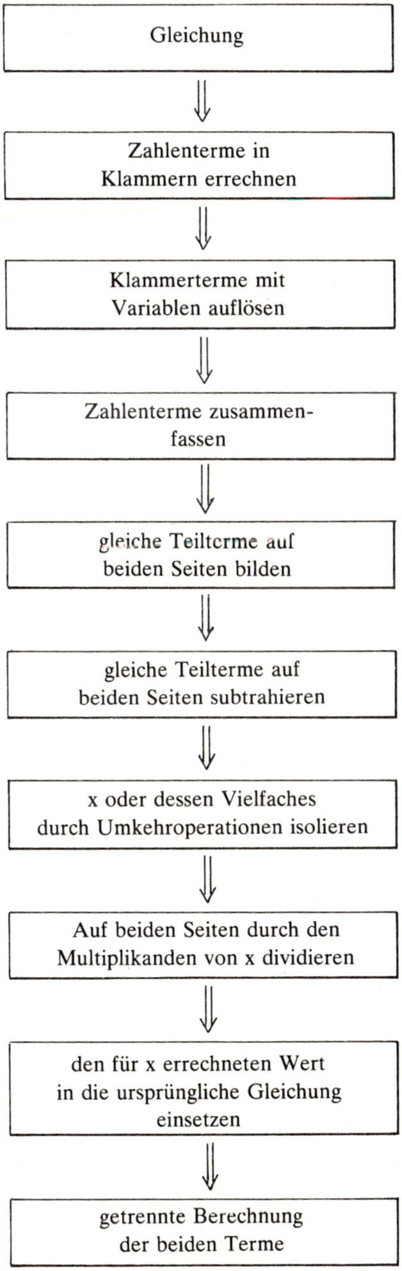

2.2.8.8 Verkürzte Darstellung der schrittweisen Umformung

Bei der schriftlichen Fixierung der schrittweisen Umformung wird nach dem Vereinfachen, dem Zusammenfassen der Teilterme, der jeweils nächste Operationsschritt hinter der betreffenden Gleichung vermerkt. Um Mißverständnisse durch eine ungenaue Anordnung zu vermeiden, werden Gleichung und Art der Umformung durch einen Strich getrennt.

Abb. 130:

	Äquivalente Gleichung	Umformung
a)	$25x - 216 = 13x + 360$	/ $-13x$
	$25x - 13x - 216 = 13x - 13x + 360$	
	$12x - 216 = 360$	/ $+ 216$
	$12x - 216 + 216 = 360 + 216$	
	$12x = 576$	/ $: 12$
	$12x : 12 = 576 : 12$	
	$x = 48$	Probe!!
b)	$2838 + 4x = 2586 + 13x$	/ $- 4x$
	$2838 + 4x - 4x = 2586 + 13x - 4x$	
	$2838 = 2586 + 9x$	/ $- 2586$
	$2838 - 2586 = 2586 - 2586 + 9x$	
	$252 = 9x$	/ $: 9$
	$252 : 9 = 9x : 9$	
	$28 = x$	Probe!!

Bei dieser Darstellung bedeutet ein Minus- oder Dividiertzeichen vor der Variablen keine Schwierigkeit.

Abb. 131:

	Äquivalente Gleichung	Umformung
c)	$4895 - 17x = 5x + 2761$	/ $+ 17x$
	$4895 - 17x + 17x = 5x + 17x + 2761$	
	$4895 = 22x + 2761$	/ $- 2761$
	$4895 - 2761 = 22x + 2761 - 2761$	
	$2134 = 22x$	/ $: 22$
	$2134 : 22 = 22x : 22$	
	$97 = x$	Probe!!
d)	$863 - 1218 : 3x = 834$	/ $+ (1218 : 3x)$
	$863 - (1218 : 3x) + (1218 : 3x) = 834 + (1218 : 3x)$	
	$863 = 834 + 1218 : 3x$	/ $- 834$
	$863 - 834 = 834 - 834 + 1218 : 3x$	
	$29 = 1218 : 3x$	/ $\cdot 3x$
	$29 \cdot 3x = 1218 : 3x \cdot 3x$	
	$87x = 1218$	/ $: 87$
	$87x : 87 = 1218 : 87$	
	$x = 14$	Probe!!

2.2.8.9 Lösen von Ungleichungen

Das aufgezeigte Lösungsverfahren für Gleichungen kann analog auch bei Ungleichungen angewandt werden. Da in der Hauptschule nur im Bereich der nichtnegativen Zahlen gerechnet wird, verliert eine Aussage bzw. Aussageform bei äquivalenter Termumformung ihre Richtigkeit nicht.

2.2.8.10 Lösen von Gleichungen mit Bruchzahlen und Dezimalbrüchen

Da sich bei Gleichungen (Ungleichungen) mit Bruchzahlen und Dezimalbrüchen nur die Zahlfaktoren ($\frac{1}{4}$x; $\frac{3}{11}$y; 0,724x; 47,03y; . . .) ändern, können die für den Bereich der natürlichen Zahlen erarbeiteten Erkenntnisse analog angewandt werden. Werden im Rahmen der Behandlung der Gleichungen auch solche mit Bruchzahlen und Dezimalbrüchen miteinbezogen, so ist dies für die Schüler selbstverständlich.

2.2.8.11 Lösen von zwei Gleichungen mit zweierlei Variablen

In Rechenrätseln (siehe 8.4.7, S. 398 ff.) treten teilweise zwei verschiedene Variablen auf. Ist die Aufgabe durch kombinierendes Probieren nicht zu lösen, so wird in einer Gleichung eine der Variablen mit Hilfe des zweiten Platzhalters „berechnet“. Diese „Lösung“ wird nun für die „errechnete“ Variable in die zweite Gleichung eingesetzt.

Abb. 132:

Gegeben:
$$15x + 8y = 76$$
$$x + y = 6$$

Lösung:
$$x + y = 6 \;/\; -x$$
$$x - x + y = 6 - x$$
$$y = 6 - x$$

Wir setzen in die zweite Gleichung ein:

$$15x + 8y = 76$$
$$15x + 8 \cdot (6 - x) = 76$$
$$15x + 48 - 8x = 76$$
$$15x - 8x + 48 = 76$$
$$7x + 48 = 76 \;/ -48$$
$$7x + 48 - 48 = 76 \; -48$$
$$7x = 28 \;/:7$$
$$7x :7 = 28 : 7$$
$$x = 4;$$

Wir setzen x = 4 in der ersten Gleichung ein:

$$x + y = 6$$
$$4 + y = 6$$
$$\underline{y = 2}$$

Probe durch Einsetzen:

$$15 \cdot 4 + 8 \cdot 2 = 60 + 16 = 76$$
$$4 + 2 = 6$$

Aufgaben mit zwei Variablen sind systematisch meist nur im Leistungskurs zu bearbeiten, da der einzuschlagende Lösungsweg von der Struktur der Gleichungen in starkem Maße abhängig ist. Diese zu erkennen, bereitet schwächeren Schülern erhebliche Schwierigkeiten.

2.2.9 Übertragen von Termen in eine andere Darstellungsform

Im Mathematikunterricht begegnen uns Aussagen und Aussageformen meist in der symbolischen Form der Gleichung.

Das Verständnis für die mathematischen Zusammenhänge wird größer, wenn die Schüler Terme auch in einer anderen Darstellungsform notieren bzw. so vorgegebene in die symbolische übertragen müssen.

2.2.9.1 Operatordarstellung und Rechenbaum

Unter 2.2.2.4 (S. 84) wurde bereits auf die Operatordarstellung und den Rechenbaum als Varianten der Gleichungsdarstellung hingewiesen. Die Übertragung von der einen in die andere Form ist immer wieder zu üben. Die Operatordarstellung ist bei Termen mit Klammern nur bedingt geeignet.

Abb. 133:

Gleichung: $84 \cdot 7 - 235 + 511 = (2346 + 132) : 14 + 687$

Operatordarstellung:

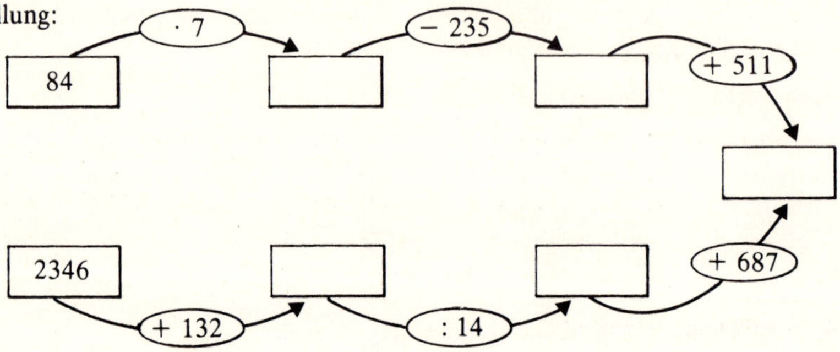

Rechenbaum:

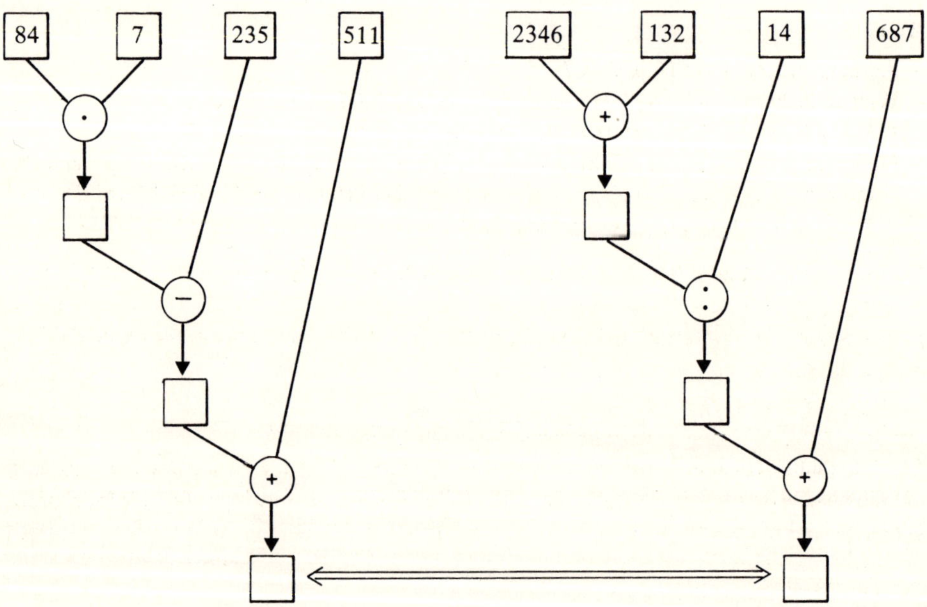

Gleichung: $(23 \cdot 56) - (432 : 24) = 4380 : 12 + (467 + 438)$

Rechenbaum:

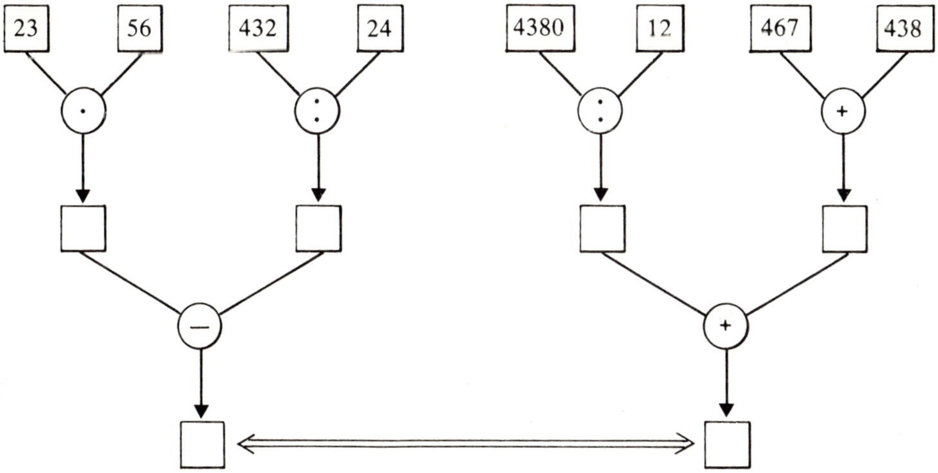

2.2.9.2 Verbale Form

Bei der verbalen Darstellung wird der Term beschrieben.

Beispiele:

Abb. 134:

- Addiere die Zahlen 516 und 327!
- Welche Zahl muß ich von 3216 subtrahieren, um 2005 zu erhalten?
- Das 5fache einer Zahl entspricht der Summe der Zahlen 812 und 333.
- Dividiere das Produkt der Zahlen 54 und 427 durch die Summe der Zahlen 11 und 7!
- Addiere zur Differenz der Zahlen 485 und 347 das Produkt der Zahlen 14 und 36 und dividiere dann durch den 24. Teil von 144!

Der Schwierigkeitsgrad solcher Aufgaben läßt sich durch das Hinzufügen weiterer Teilterme beliebig steigern.
Hinweise auf das Vorgehen zum Auflösen solcher Zahlenrätsel finden Sie unter 8.4.7.3, S. 401 f.

2.2.9.3 Umsetzen einer Sachaufgabe in Gleichungsform

Das Ansinnen, komplexe Sachverhalte in einer einzigen Gleichung auszudrücken, wird den Großteil der Hauptschüler überfordern. Sie zerlegen die Aufgabe in mehrere Einzelterme (siehe 8.2.4.1, S. 361).

2.2.9.4 Formeln als Gleichungen

Beim Rechnen mit physikalischen Maßeinheiten und auch in der Geometrie bei der Flächen- und Körperberechnung begegnet man häufig Formeln, die in Form einer Gleichung notiert sind.

Abb. 135:

$$\text{Widerstand} = \frac{\text{Spannung}}{\text{Stromstärke}}$$

$$\text{Dichte} = \frac{\text{Masse}}{\text{Volumen}}$$

Leistung = Spannung · Stromstärke

Arbeit = Kraft · Weg

$V_Z = G \cdot h$

$F_\triangle = \frac{g \cdot h}{2}$

Schüler sind nun vor die Aufgabe gestellt, diese Formelgleichung äquivalent so umzuformen, daß die gesuchte Größe für sich isoliert steht.
Am Vorgehen ändert sich nichts.

Abb. 136:

Beispiel: $F_\triangle = \frac{g \cdot h}{2}$

Gegeben: F, h

$F = \frac{g \cdot h}{2} \; / \cdot 2$

$2 \cdot F = \frac{g \cdot h}{2} \cdot 2$

$2F = g \cdot h \; / :h$

$2F : h = g \cdot h : h$

$\frac{2F}{h} = g$

2.3 Wiederholung der Grundrechenarten

Die Einführung der schriftlichen Rechenverfahren von Addition, Subtraktion, Multiplikation und Division gehört seit jeher zu den zentralen Aufgaben des Mathematikunterrichts der Grundschule. Deshalb wird an dieser Stelle nur noch eine Möglichkeit der Darstellung aufgezeigt*.

2.3.1 Addition

2.3.1.1 Streifendarstellung der Addition

Das Aneinanderreihen zweier oder mehrerer Summanden läßt sich optimal durch Streifen veranschaulichen.

Abb. 137:

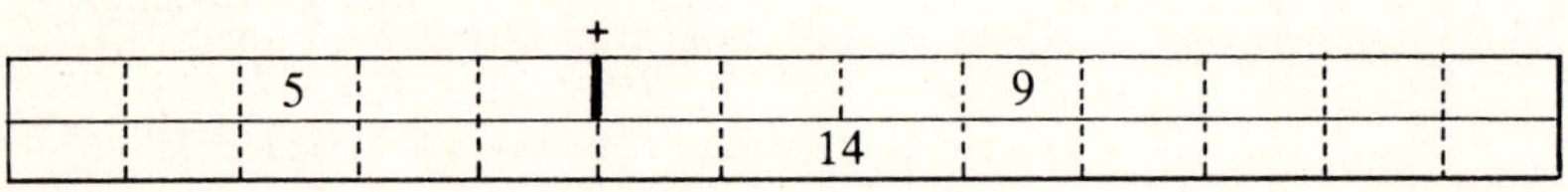

5 + 9 = 14

2.3.1.2 Addition am Zahlenstrahl

Auf dem unendlichen Zahlenstrahl entspricht die Addition einem Vorwärtsschreiten. Dies kommt durch den Pfeil zum Ausdruck.

* Detaillierte Hinweise auf die einzelnen Stufen der Einführung bzw. Abstraktion der schriftlichen Rechenoperationen sind nachzulesen in: Leutenbauer, H.: „Das praktische Übungsbuch für den Mathematikunterricht in der Grundschule". Donauwörth 1980.

Abb. 138:

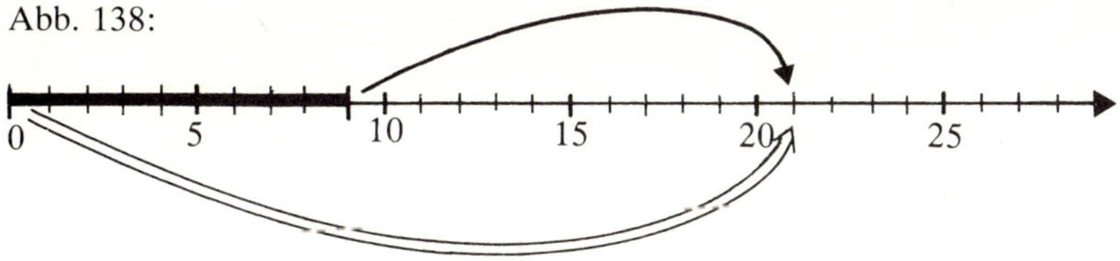

9 + 12 = 21

2.3.1.3 Normalverfahren der schriftlichen Addition

Zur Wiederholung erfolgt die Addition zunächst innerhalb der Stellenwerttafel. Bei der Übertragung auf die übliche Schreibweise werden Schriftbild und Wort parallel betrachtet.

Abb. 139: (aus Zahl und Form 5, S. 30)

So berechnet man die Einnahmen des 1. Quartals in der Fleischwarenabteilung!

ZT	T	H	Z	E	
	8	3	7	5	Januar
	7	7	4	9	Februar
	8	1	8	5	März
2	1	2	1		
	(2) 4	(1) 3	(2) 0	(1) 9	
2	4	3	0	9	Gesamteinnahmen 24309 DM

vereinfachte Darstellung:

Rechnung	Erklärung			
		sprich ausführlich oder kurz	schreibe	übertrage
8375	E	5 + 9 = 14, 14 + 5 = 19 oder 5, 14, 19	9	1
+7749	Z	1 + 8 = 9, 9 + 4 = 13, 13 + 7 = 20 oder 1, 9, 13, 20	0	2
+8185 2 1 2 1	H	2 + 1 = 3, 3 + 7 = 10, 10 + 3 = 13 oder 2, 3, 10, 13	3	1
24309	T	1 + 8 = 9, 9 + 7 = 16, 16 + 8 = 24 oder 1, 9, 16, 24	4	2
	ZT	2	2	

2.3.2 Subtraktion

2.3.2.1 Zeichnerische Darstellung der Subtraktion

Die Subtraktion gilt als Umkehroperation zur Addition. Im Bereich des konkreten Handelns entspricht sie so dem Wegnehmen. Bei der Streifendarstellung ist demnach der Subtrahend am rechten Ende des Minuenden anzusetzen.

Abb. 140:

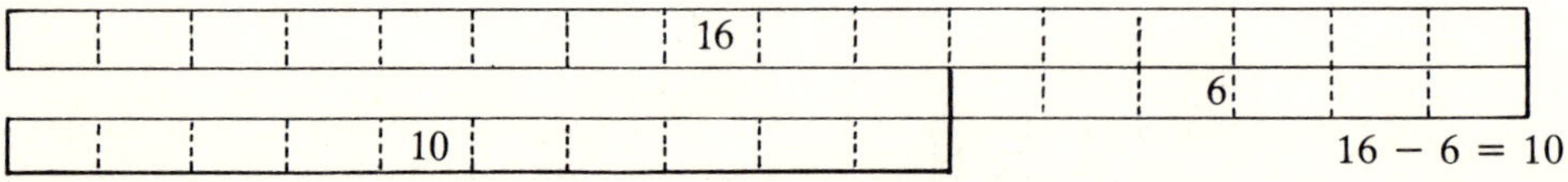

Beim Zahlenstrahl entspricht die Subtraktion einem Rückwärtsschreiten.

Abb. 141:

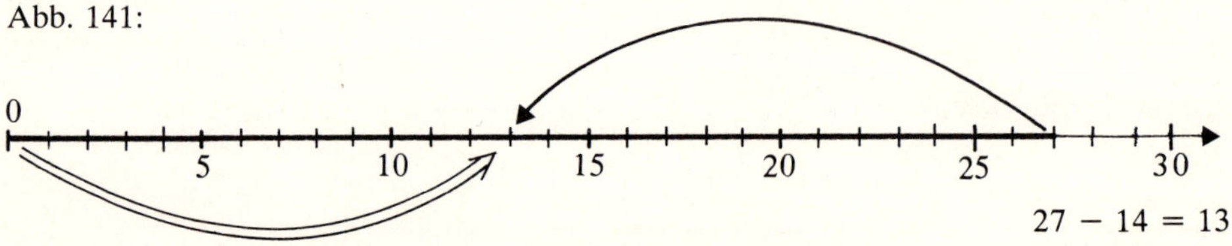

2.3.2.2 Das Ergänzen als eigenständige Operation

Die Operation des Subtrahierens beschränkt sich nicht nur auf das Abziehen im Sinne des Wegnehmens, sondern erstreckt sich auch auf das Ergänzen, bei dem der Operationsschritt gesucht ist.

Abb. 142:

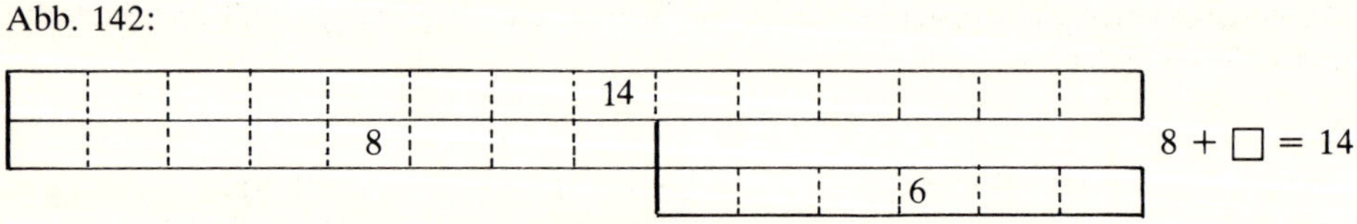

Am Zahlenstrahl wird die Unterscheidung zum Abziehen besonders deutlich, da das Ergänzen – wie die Addition – einem Vorwärtsschreiten entspricht.

Abb. 143:

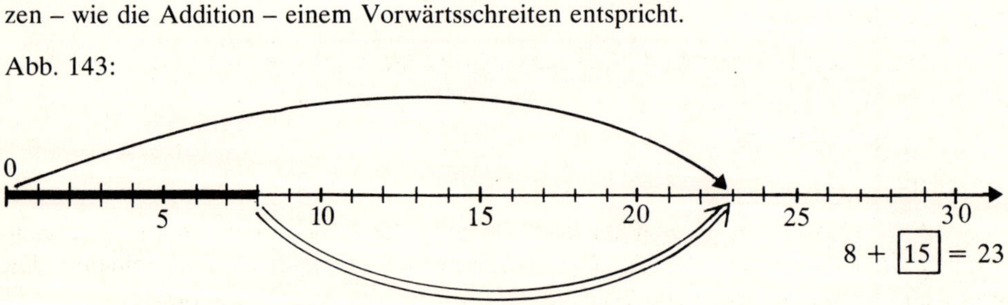

Der Beziehungszusammenhang zwischen den drei Operationen Addieren, Abziehen und Ergänzen wird bei folgendem Schema klar:

Abb. 144:

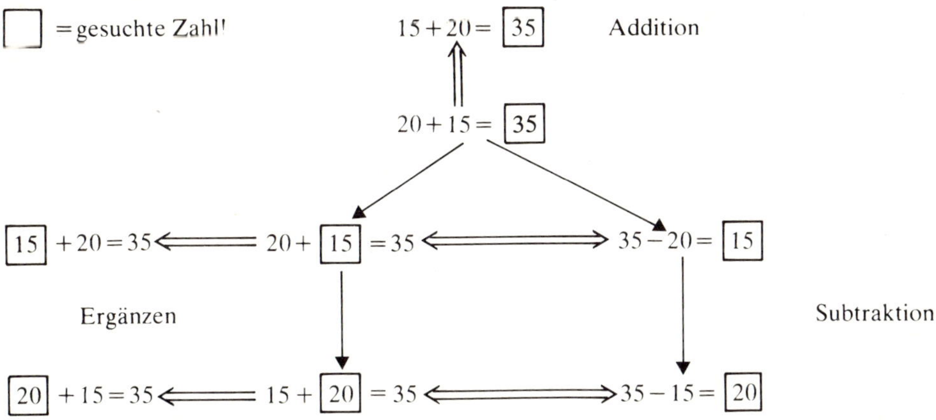

Die unterschiedliche Bewegungsrichtung der Operationen und die konträren Rechenzeichen erschweren den Schülern das Verständnis für diesen inneren Zusammenhang zwischen Abziehen und Ergänzen. Es gilt also, die Austauschbarkeit der Rechenverfahren durch Gegenüberstellung und Vergleich transparent zu machen.

2.3.2.3 Übungen zur Förderung dieser Erkenntnis

– Mit Zahlenpaaren Aufgaben bilden:

Mit vorgegebenen Zahlenpaaren müssen die Schüler eine Ergänzungs- und eine Subtraktionsaufgabe bilden.

Abb. 145:

(54; 57);	(71; 3);	(66; 50);	(87; 91)
54 + □ = 57;	3 + □ = 71;	50 + □ = 66;	87 + □ = 91;
57 − 54 = □;	71 − 3 = □;	66 − 50 = □;	91 − 87 = □;

Die Schüler rahmen jeweils die Aufgabe ein, deren Lösung ihnen leichter erscheint. Sie begründen ihre Wahl.

Erkenntnis: Die Rechenart wird im allgemeinen bevorzugt, bei der der Operationsschritt kleiner ist.

Beispiel: 54 + □ = 57 aber 71 − 6 = □

– Tabelle:

Die Tabelle wird so angelegt, daß die Zahl der ersten Zeile gleich der Summe der Zahlen aus der zweiten und dritten Zeile ist. Den Schülern wird freigestellt, ob sie subtrahieren oder ergänzen. In einer 4. Zeile vermerken sie die gewählte Operationsart (e oder s).

– Zuordnungspyramide:

Im oberen Teil der Pyramide wird eine Aufgabe stets als Ergänzung (z. B. 24 + □ = 57) notiert, unten im entsprechenden Feld als Subtraktion (57 − 24 = □). Die Umwandlung der einen Rechenart in die andere muß so in beide Richtungen vollzogen werden. Zusätzlich soll jedes Kind seinen jeweils bevorzugten Lösungsweg einrahmen. Bei der Besprechung ist die Wahl zu begründen.

2.3.2.4 Schriftliche Subtraktion

Heute ist für alle Schularten verbindlich die Ergänzungsmethode bei der schriftlichen Subtraktion vorgeschrieben, bei der grundsätzlich von jeder Ziffer des Subtrahenden auf die entsprechende Ziffer des Minuenden ergänzt wird. Ist diese kleiner, ist also ein Übergang erforderlich, so wird dieser unter Zuhilfenahme der Ausgleichsgesetze (siehe unter 2.1.2.2, S. 65) vollzogen. In Gedanken wird hierbei die betreffende Stellenwertziffer des Minuenden um 10 (100; 1000; . . .) erhöht. Diese Erhöhung entspricht dem Wert 1 beim nächsthöheren Stellenwert, um den die betreffende Ziffer beim Subtrahenden zum Ausgleich vergrößert wird.

Durch eine Wiederholung der Ausgleichsgesetze in Form von Platzhalteraufgaben (Gleichungen mit einer Variablen) erkennen die Schüler rasch diese inneren Zusammenhänge wieder.

Abb. 146:

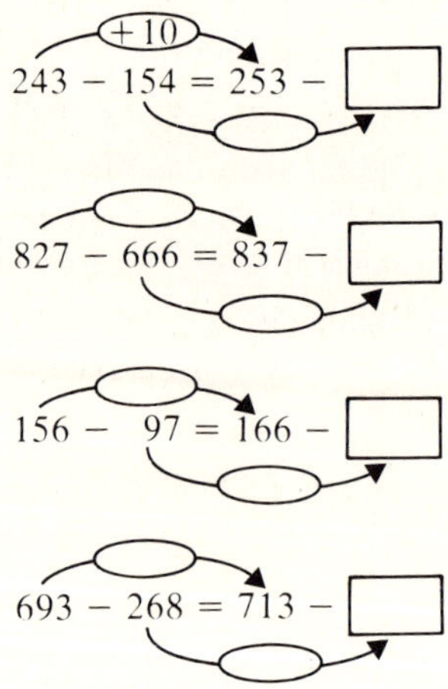

Folgende Darstellung verdeutlicht die Anwendung der Ausgleichsgesetze innerhalb der Subtraktion:

Abb. 147:

	H	Z	E			H	Z	E			H	Z	E
	8	6	3	⟹		8	6	10 + 3	⟹		8	6	13
−	4	3	7		−	4	3+1	7		−	4	4	7
											4	2	6

Auch bei der Subtraktion greifen wir auf die Darstellung in der Stellenwerttafel zurück.

Abb. 148: (aus Zahl und Form 5, S. 31)

Beispiel: Kilometerstand am Anfang des Jahres 9878 — am Ende des Jahres 24396

	ZT	T	H	Z	E
Minuend	2	4	3	9	6
Subtrahend		9	8	7	8
(Wert der Differenz)	1	4	5	1	8

Bei der Endform der schriftlichen Subtraktion ist darauf zu achten, daß die Ergänzungszahl besonders betont wird.

Abb. 149:

Wir schreiben:

$$\begin{array}{r} 743 \\ -\ 568 \\ {\scriptstyle 1\,1} \\ \hline \underline{\underline{175}} \end{array}$$

Wir sprechen:

8 + (5) = 13 → 5 an; 1 gemerkt
1 + 6 = 7; + (7) = 14; → 7 an; 1 gemerkt
1 + 5 = 6; + (1) = 7; → 1 an.

2.3.3 *Multiplikation*

2.3.3.1 Die Multiplikation als verkürzte Addition

Meist wird die Multiplikation als die Verkürzung einer Addition mehrerer gleichwertiger Summanden eingeführt.
Bei der zeichnerischen Darstellung kann die Mächtigkeit der einzelnen Summanden durch Würfel markiert werden. Die Summanden selbst werden als Reihe oder als Feld angeordnet.

Abb. 150:

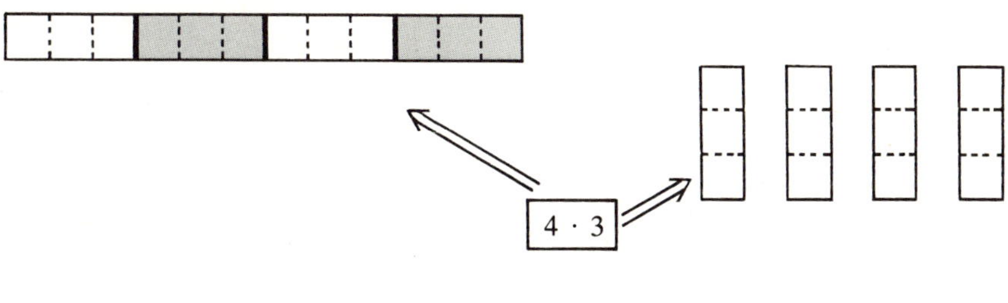

2.3.3.2 Einführung der Multiplikation als Produktmenge

Als Produktmenge oder als kartesisches Produkt zweier Mengen bezeichnet man die Menge der Paare, die entsteht, wenn jedes Element der einen Menge mit jedem Element der zweiten Menge verknüpft wird.
Beispiel:
Jedes von drei Mädchen (Anna, Claudia, Doris) soll jedem von vier Jungen (Fritz, Hans, Klaus, Theo) die Hand reichen. Wir zählen, wieviel Paare gebildet werden können. Die möglichen Kombinationen werden mit den Anfangsbuchstaben notiert.

Abb. 151:

A – F	C – F	D – F
A – H	C – H	D – H
A – K	C – K	D – K
A – T	C – T	D – T

Die Produktmenge enthält als Lösung die Aufzählung dieser 12 Paare.

2.3.3.3 Schriftliche Multiplikation

Um schwache Schüler mit dem Gedanken der stellenwertbezogenen Multiplikation der einzelnen Ziffern (wieder) vertraut zu machen, empfiehlt sich folgende Darstellung zuerst außerhalb, dann innerhalb der Stellenwerttafel:

Abb. 152:

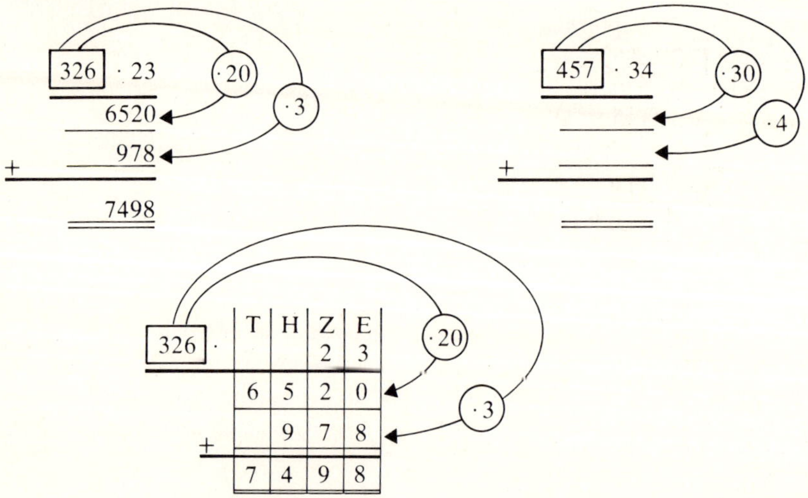

Durch das Weglassen der Pfeile und dann auch der Stellenwertbezeichnungen kommt man zum angestrebten Normalverfahren.

Abb. 153:

```
  873 · 45
----------
   34920
+   4365
----------
   39285
```

Bei der Multiplikation mit der Zehner-, Hunderter-, . . .-zahl sollen die Schüler zunächst noch die Nullen auf der Einer-, Zehner-, . . . -stelle notieren.

2.3.3.4 Sonderform der schriftlichen Multiplikation

Durch das Besprechen anderer Multiplikationsformen wird das Verständnis der Schüler für das Normalverfahren und die damit verbundene Erleichterung gefördert.

Abb. 154: (aus Zahl und Form 5, S. 60)

Beispiel: $38 \cdot 52 = 1976$

$\cdot$	$3 \cdot 10$	8
$5 \cdot 10$	$15 \cdot 100$	$40 \cdot 10$
2	$6 \cdot 10$	16

Mit der Multiplikationstafel kannst du das **Gelosia-Schema** verstehen, mit dem Inder und Araber häufig rechnen.

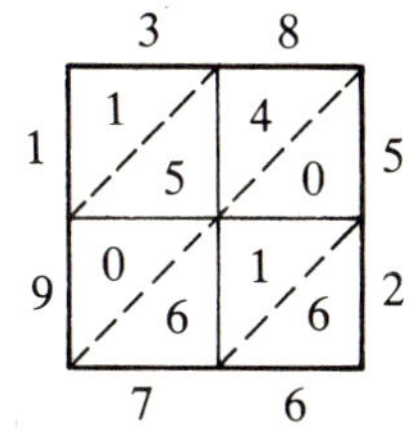

Lösung: Die Werte der „Teilprodukte" ($3 \cdot 5$; $8 \cdot 5$; $3 \cdot 2$; $8 \cdot 2$) werden jeweils im Kreuzungsfeld versetzt notiert. Durch „schräge" Addition werden die Ziffern des Ergebnisses ermittelt.

Abb. 155: (aus Zahl und Form 5, Lehrerband S. 72)

Berechnung der Stellen des Ergebnisses durch „schräge" Addition.

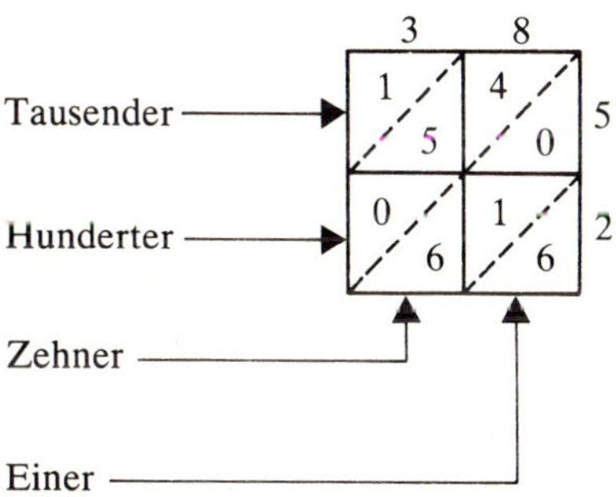

Weitere Beispiele:

Abb. 156: (aus Zahl und Form 5, Lehrerband, S. 72)

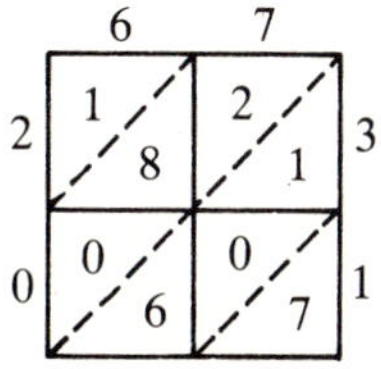

$67 \cdot 31 =$ **2077**;

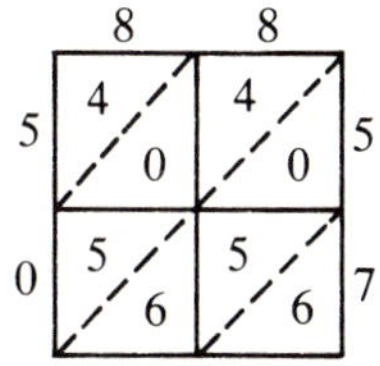

$88 \cdot 57 =$ **5016**;

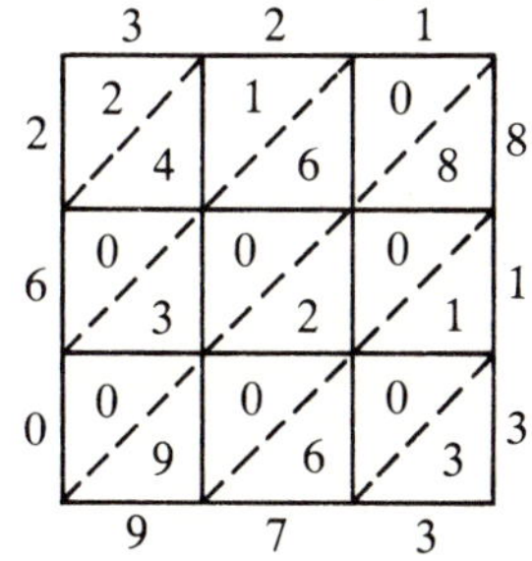

$321 \cdot 813 =$ **260 973**

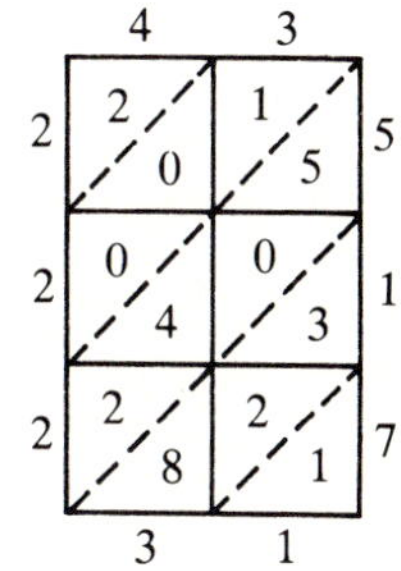

$43 \cdot 517 =$ **22231**

2.3.4 Division

Zu jeder Multiplikation lassen sich zweierlei Umkehraufgaben erstellen, die einerseits dem Vorgang des Messens oder Einteilens, andererseits dem des Teilens oder Verteilens entsprechen.

2.3.4.1 Unterscheidung Messen – Teilen

Im Mengenbild ist beim Messen die Mächtigkeit der zu bildenden Teilmengen gegeben und die mögliche Anzahl solcher Teilmengen gesucht.
Beim Teilen oder Verteilen ist im Mengenbild die Zahl der Teilmengen gegeben und deren Mächtigkeit gesucht.
Bei der schriftlichen Darstellung wird heute auf unterschiedliche Zeichen für Messen und Teilen verzichtet. In älteren Werken findet man aber bei Divisionen im Sinne des Messens noch folgende Rechenzeichen:

6 t in 24 t = 4 mal
24 t ÷ 6 t = 4 mal
24 t ⁝ 6 t = 4 mal
(die beiden letzten Zeilen:) gelesen: 24 t gemessen mit 6 t =

Den Schülern ist die unterschiedliche Bedeutung des Divisionszeichens immer wieder bewußt zu machen. Zeichnerische Darstellungen erleichtern das Verständnis.

2.3.4.2 Zeichnerische Gegenüberstellung Messen – Teilen

Unter dem Motto „Eine Aufgabe – zwei Lösungen" zeichnen die Schüler zu einer arithmetisch gleichen Aufgabe die Lösung für die Division im Sinne des Messens und des Teilens.*

Abb. 157:

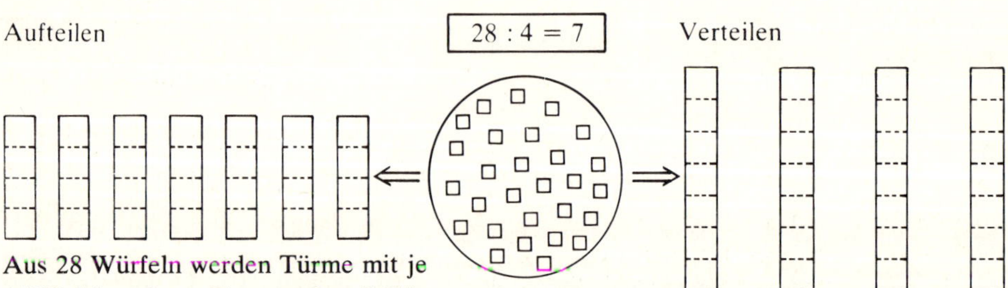

Aus 28 Würfeln werden Türme mit je 4 Würfeln gebaut. Es entstehen 7 Türme.

Aus 28 Würfeln werden vier gleich hohe Türme erbaut. Ein Turm besteht aus 7 Würfeln.

2.3.4.3 Die schriftliche Division mit einstelligem Divisor

Die schriftliche Division gilt als die schwierigste Operation der vier Grundrechenarten. Obwohl auch sie bereits in der Grundschule eingeführt wird, stellt man bei schwachen Hauptschülern oft noch in höheren Klassen erhebliche Lücken sowohl beim Verständnis als auch bei der Technik dieses Verfahrens fest.
Da aber das Automatisieren einer nichtverstandenen Operation wenig sinnvoll ist, wird hier ausnahmsweise noch einmal das ausführliche Vorgehen bei der Einführung der schriftlichen Division aufgezeigt.

* Weitere zeichnerische Darstellungen: siehe Grundschulbuch S. 197 f.

Das Grundprinzip der Division läßt sich mit Hilfe von zwei Stellenwertordnern schnell erarbeiten.

Abb. 158:

Wir schreiben:

H	Z	E	
9	3	6	(: 4) =
			(: 4) = 2 H
−8			= 4 · 2 H
1	3		(: 4) = 3 Z
−1	2		= 4 · 3 Z
	1	6	(:4) = 4 E
	−1	6	= 4 · 4 E
	0	0	

H	Z	E
2	3	4

Wir sprechen:

9 H : 4 = 2 H; 2 H an

2 H · 4 = 8 H; 8 H + *1 H* = 9 H; 1 H an

3 Z runter; 13 Z : 4 = 3 Z; 3 Z an.

3 Z · 4 = 12 Z; 12 Z + 1 Z = 13 Z; 1 Z an

6 E runter; 16 E : 4 = 4 E; 4 E an

4 E · 4 = 16 E; 16 E + 0 = 16 E; O an.

Grundsätzlich soll bei jeder Division die Umkehroperation als Probe gefordert werden.
Probe: 234 · 4

2.3.4.4 Die schriftliche Division mit mehrstelligem Divisor im Stellenwertschema

Analog zum Vorgehen mit einstelligem Divisor wird bei jeder Ziffer des Dividenden überprüft, wie oft der Divisor darin enthalten ist. Ist eine Teilung nicht möglich, wird bei der betreffenden Stelle des Quotientenwertes eine Null vermerkt. Die Wertziffer wird durch eine Überschlagsrechnung ermittelt (siehe 1.1.6.3, S. 51).

Abb. 159:

ZT	T	H	Z	E	Wir rechnen
7	1	3	3	8	: 53 =
7	↓	↓	↓	↓	→ 7ZT : 50 = 0 →
−0					← 0ZT = 53 · OZT ←
7	1				→ 70 T : 50 = 1 T →
−5	3				← 53 T = 53 · 1 T ←
1	8	3			→ 180 H : 50 = 3H →
−1	5	9			← 159H = 53 · 3H ←
	2	4	3		→ 240Z : 50 = 4Z →
−	2	1	2		← 212Z = 53 · 4Z ←
		3	1	8	→ 320E : 50 = 6E →
	−	3	1	8	← 318E = 53 · 6E ←
		0	0	0	

Wir schreiben

ZT	T	H	Z	E
0	1	3	4	6

Grundsätzlich muß bei der schriftlichen Division bei jedem Stellenwert folgende Reihenfolge eingehalten werden:

Abb. 160:

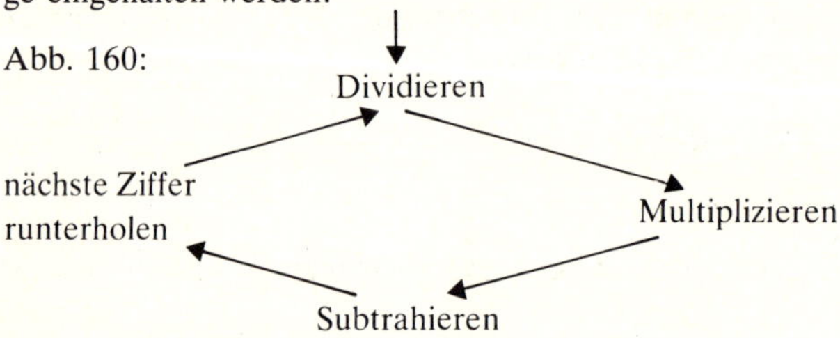

2.3.4.5 Normalverfahren der schriftlichen Division

Werden die Stellenwertspalten bzw. die Stellenwertnamen weggelassen, so hat man die angestrebte Schreibweise der schriftlichen Division erreicht. Um ein Vergessen einer Ziffer beim Ergebnis zu verhindern, sollen sich schwache Schüler vor der Ausrechnung so viele Punkte beim Quotientenwert anzeichnen, wie der Dividend Stellen hat.
Durch Bögen wird angedeutet, wieviel Ziffern bei der ersten Teilung zusammengefaßt sind.

Abb. 161:

```
 246 951 : 69 = 003 579
−207
  39 9
 −34 5
   5 45          Probe: 3 579 · 69
  −4 83
     621
    −621
     000
```

2.3.4.6 Die Division mit Rest

Das Teilen mit Rest beinhaltet methodisch keine Schwierigkeiten, da der Rest von allein anfällt.
Auf die mathematische richtige Schreibweise des Restes beim Quotientenwert ist zu achten.

Abb. 162:

```
  3879 : 4 = 0969 + (3 : 4) = 969 + 3 : 4
− 36
   27
 − 24
    39
  − 36
     3
```

Bei der Probe ist zu beachten, daß die Schüler den Rest zum Produktwert addieren.

Abb. 163:

```
3879 : 4 = 0969 + 3 : 4        Probe: 969 · 4 + 3

                                       3876
                                     +    3

                                       3879
```

2.4 Operative Übungen mit natürlichen Zahlen

Als operative Übungen sind all jene Formen anzusprechen, die das Verständnis für die inneren Zusammenhänge von Verknüpfungen fördern.

2.4.1 Zerlegung einer Zahl in ihre Primfaktoren

2.4.1.1 Definitionen

- Zahlen, die nur durch 1 und durch sich selbst teilbar sind, nennt man *Primzahlen.* 1 selbst gilt nicht als Primzahl.
- Wird eine Zahl so lange multiplikativ zerlegt, bis alle Faktoren Primzahlen sind, so bezeichnet man diese als *Primfaktoren.*
- Der Vorgang selbst wird *Primfaktorenzerlegung* genannt.

2.4.1.2 Zerlegung in Gleichungsform

Abb. 164:

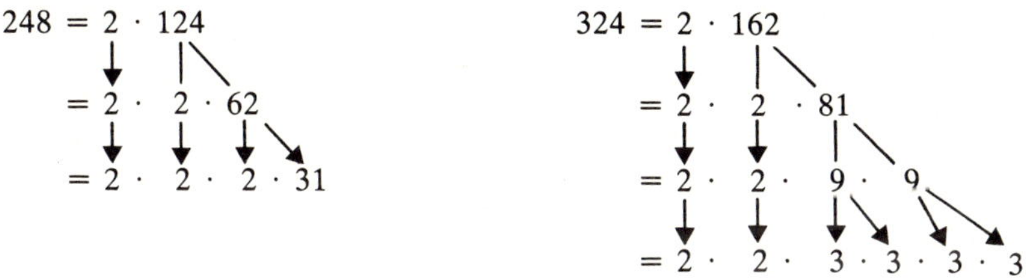

2.4.1.3 Zerlegung im Baumdiagramm

Abb. 165:

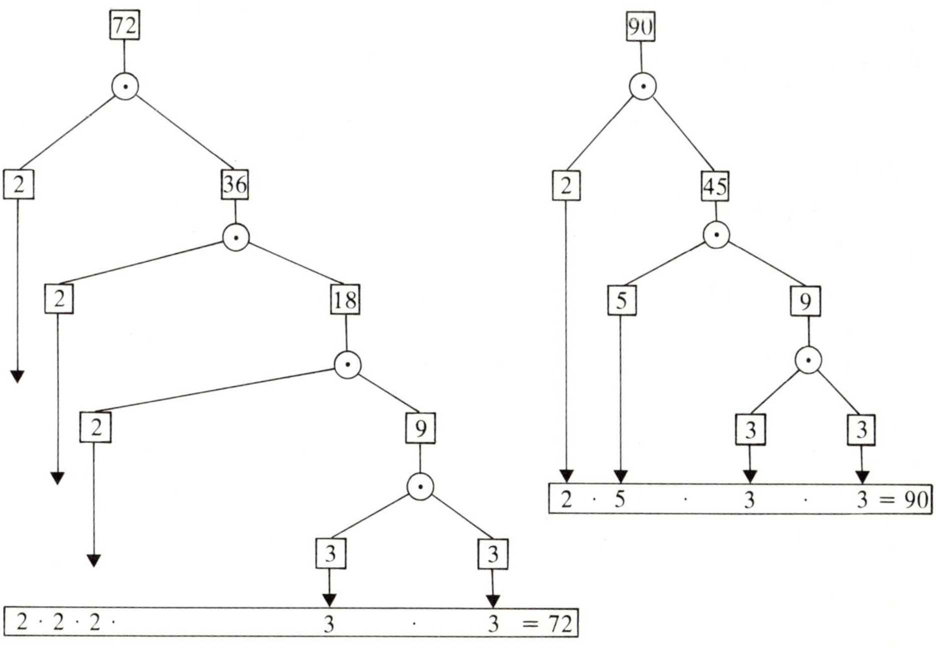

2.4.1.4 Darstellung der Primfaktorenzerlegung im Ablaufdiagramm

Abb. 166: (aus Zahl und Form 7, S. 19)

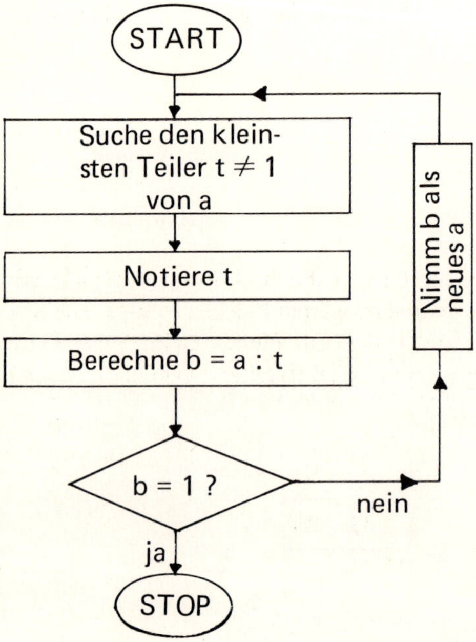

2.4.1.5 Das Sieb des Eratosthenes

Abb. 167: (aus Zahl und Form 7, S. 20):

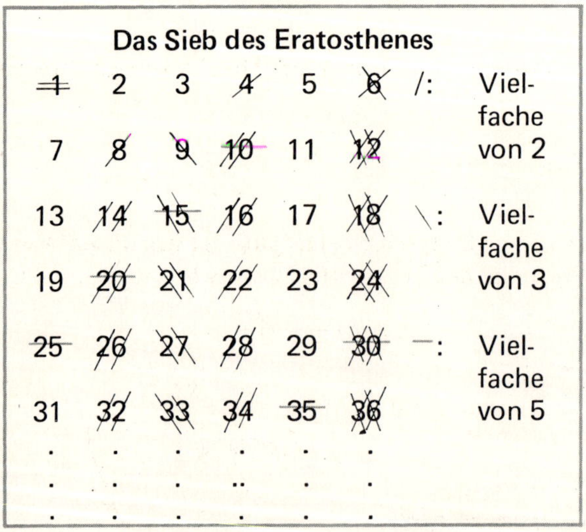

2.4.2 Nachbaraufgaben

2.4.2.1 Kennzeichnung

Als Nachbaraufgaben bezeichnet man alle Produkte, bei denen jeweils ein Faktor um 1 vergrößert oder verringert wird.

Nachbaraufgaben von 23 · 47 sind: 22 · 47
24 · 47
23 · 46
23 · 48

2.4.2.2 Bilden von Nachbaraufgaben

– Im Pfeildiagramm werden die Zusammenhänge leichter durchschaubar, wenn oberhalb des Ausgangsterms die Produkte mit dem jeweils verringerten Faktor und unterhalb jene mit dem jeweils vergrößerten Faktor angegeben werden. Die Pfeile sind beidseitig einzuzeichnen, da die Relationsvorschrift stets auch in umgekehrter Richtung gilt.

Abb. 168:

Relationsvorschrift: „. . . ist Nachbaraufgabe von . . ."

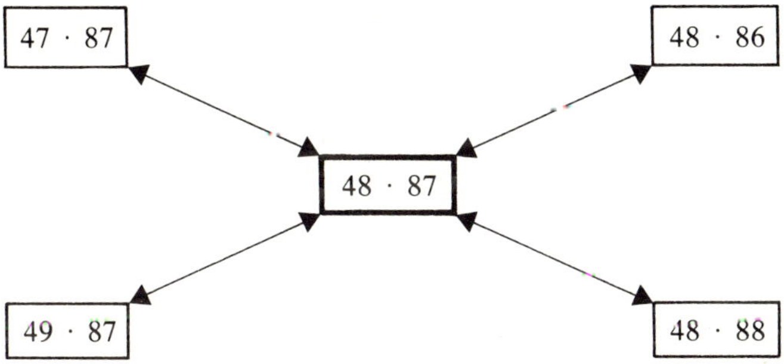

– Propeller:

In jedem Flügel ist eine andere Nachbaraufgabe zu dem in der Mitte stehenden Term zu notieren.

2.4.2.3 Rechnen mit Nachbaraufgaben

– Pfeildiagramm:

Die Schüler müssen zu einem Term (13 · 64) alle Nachbaraufgaben suchen, deren Werte berechnen und das entsprechende Pfeildiagramm für die Relationsvorschrift „. . . ist größer als . . ." zeichnen.

Lösung:

Abb. 169:

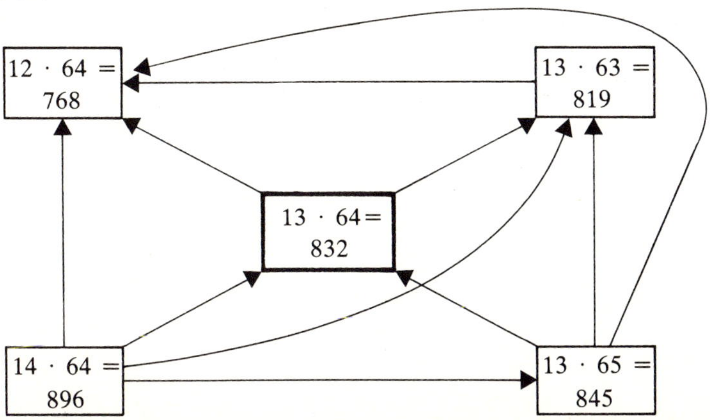

– Erschwerung:

Mehrere Nachbaraufgaben und das Pfeildiagramm sind vorgegeben. Die Schüler müssen die fehlenden Terme bzw. deren Werte einsetzen. Im Beispiel erfolgt eine zusätzliche Komplizierung, da 35 · 88 die Nachbaraufgabe von zweierlei Termen ist.

Abb. 170:

Relationsvorschrift: „. . . ist Nachbaraufgabe von . . .“

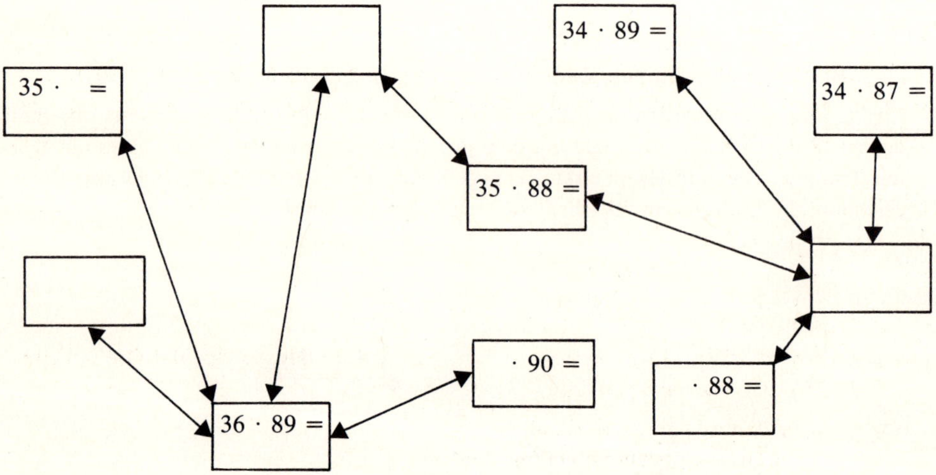

2.4.3 Teilermenge und gemeinsame Teiler

2.4.3.1 Definitionen

– Teilermenge:

Als Teilermenge einer Zahl a bezeichnet man die Menge der Zahlen, durch die sich die Zahl a ohne Rest teilen läßt. Die Teilermenge wird abgekürzt mit „T“. Als Fußnote wird die Zahl a vermerkt.

Abb. 171:

12 : 1 = 12
12 : 2 = 6
12 : 3 = 4
12 : 4 = 3
12 : 6 = 2
12 : 12 = 1

T_{12}

T_{12} = Teilermenge von 12 = Menge der Teiler von 12 = {1, 2, 3, 4, 6, 12}

Jede Teilermenge weist mindestens zwei Elemente auf, weil jede Zahl durch 1 und durch sich selbst teilbar ist. (Ausnahme T_1).

– Gemeinsame Teiler:

Besitzt sowohl eine Zahl a als auch eine Zahl b denselben Teiler, so wird dieser als „gemeinsamer Teiler" bezeichnet. Die Zahl 1 ist somit immer ein gemeinsamer Teiler.

Beispiel:

$T_{12} = \{1, 2, 3, 4, \ \ 6, 12\}$
$T_{28} = \{1, 2, 4, 7, 14, 28\}$
Die gemeinsamen Teiler von 12 und 28 sind also 1, 2 und 4.

– Der größte gemeinsame Teiler (ggT):

Eine besondere Bedeutung kommt dem „größten gemeinsamen Teiler" zu, weil er beim Schlußrechnen den Bezugspunkt bildet. Auch beim Bruchrechnen wird zum Kürzen auf den ggT zurückgegriffen.

$T_{12} = \{1, 2, 3, 4, 6, 12\}$
$T_{30} = \{1, 2, 3, 5, 6, 10, 15, 30\}$
gemeinsame Teiler: 1, 2, 3, 6
ggT = 6.

Beispiel für die Anwendung des ggT:

Aufgabe: Das Bekleidungsgeschäft Schön bekommt 12 Hosen für 400 DM geliefert. Nach einer Woche bestellt es 30 Hosen nach.

Lösung: 12 Hosen kosten 400 DM.
6 Hosen kosten die Hälfte: 200 DM.
30 Hosen kosten das Fünffache: 1000 DM.

2.4.3.2 Die Teilbarkeit einer Zahl

Den Schülern sind auch im Hinblick auf das Kürzen beim Bruchrechnen Verfahren an die Hand zu geben, wie sie schnell die Teiler einer Zahl ermitteln können.

Abb. 172:

Eine Zahl ist teilbar

durch	wenn
2:	letzte Ziffer gerade oder eine Null ist;
3:	Quersumme durch 3 teilbar ist;
4:	die durch die letzten beiden Ziffern gebildete Zahl durch 4 teilbar ist oder die Zahl auf 00 endet;
5:	die Endziffer 5 oder 0 ist;
6:	die Quersumme durch 3 teilbar und die Endziffer gerade ist;
8:	die von den letzten drei Ziffern gebildete Zahl durch 8 teilbar ist;
9:	die Quersumme durch 9 teilbar ist;
10:	die Endziffer eine 0 ist;
12:	die Quersumme durch 3 und die durch die letzten beiden Ziffern gebildete Zahl durch 4 teilbar ist;
15:	die Quersumme durch 3 teilbar und die Endziffer eine 5 oder 0 ist;
18:	die Quersumme durch 9 teilbar und die Endziffer gerade ist;
20:	die Endziffer eine 0 und die Ziffer auf der Zehnerstelle gerade ist;
24:	die Quersumme durch 3 und die durch die letzten drei Ziffern gebildete Zahl durch 8 teilbar ist;

25: die durch die letzten beiden Ziffern gebildete Zahl durch 25 teilbar ist, also alle Zahlen mit den Endziffern 00; 25; 50; 75;
50: die Endziffer eine 0 und die Ziffer auf der Zehnerstelle eine 5 oder eine 0 ist;
100: die Zahl auf . . . 00 endet;
200: die Zahl auf. . 00 endet und die Ziffer auf der Hunderterstelle gerade ist;
500: die Zahl auf . . 00 endet und die Ziffer auf der Hunderterstelle eine 5 oder eine 0 ist.

2.4.3.3 Übungen zur Teilermenge

Wird eine Zahl multiplikativ zerlegt, so fallen dabei zwangsläufig die Elemente der Teilermenge dieser Zahl an.

Die Notation der Teilermenge erfolgt als

– Lösungsmenge:

$T_{48} = \{1, 2, 3, 4, 6, 8, 12, 16, 24, 48\}$

– Ankreuztabelle:

Die Tabelle wird von links nach rechts gelesen. Der Pfeil bedeutet: „. . . ist Teiler von . . .“

Abb. 173:

↗	12	15	16	18	20	24	30	32	36	40	45	48	60
2	×		×	×	×	×	×	×	×	×		×	×
3	×	×											
4													
5													
6													
8													
9													
12													

– Tabelle mit Lösungsangabe:

Diese Form der Teilertabelle eignet sich vorzüglich zur Differenzierung. Die leistungsschwächeren Kinder kennzeichnen die Teilbarkeit durch einen Kreis, die leistungsstärkeren berechnen den Wert des Quotienten und tragen ihn zusätzlich im Kreis ein.

Abb. 174:

„. . . ist teilbar durch . . .“

↗	2	3	4	5	6	8	9	12	20
30	(15)	(10)		◯	◯				
45		◯							
60	◯								
80									
90									
120									
144									
160									

– Pfeildiagramm:

Relationsvorschrift: „. . . ist Teiler von . . .“

Abb. 175:

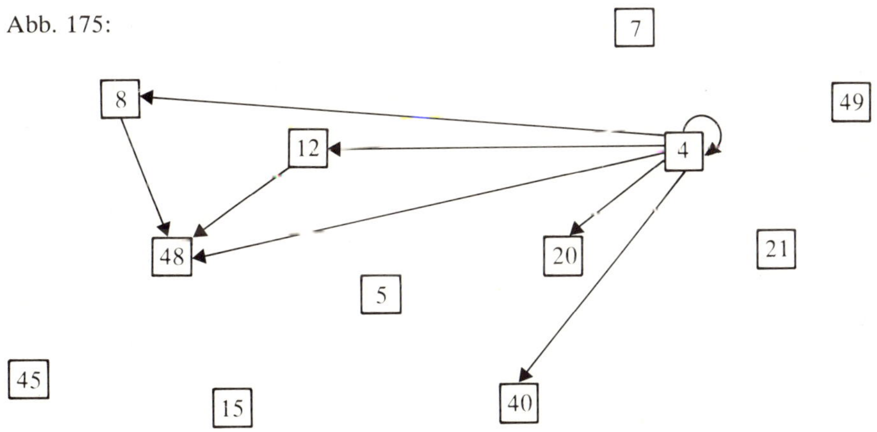

– Stern:

Will man als Hilfe einen Hinweis auf die Mächtigkeit der Teilermenge geben, so kann die Sterndarstellung gewählt werden. An jedem Strahl ist ein Teiler der Mittelzahl zu notieren.

– Zielscheibe:

Bei jedem Balken wird außerhalb die zu teilende Zahl genannt. Die Schüler suchen 5 Teiler. Als Erschwerung sind 1 und die Zahl selbst beim Eintrag nicht zugelassen.

2.4.3.4 Bestimmen der Teilermenge über die Zerlegung in die Primfaktoren

Wird eine Zahl in ihre Primfaktoren zerlegt (siehe 2.4.1, S. 115), so sind diese und die Werte all ihrer Produkte Teiler dieser Zahl.

Abb. 176:

$$90 = \textcircled{1} \cdot 2 \cdot 3 \cdot 3 \cdot 5$$
$$= 1 \cdot \textcircled{2} \cdot 3 \cdot 3 \cdot 5$$
$$= 1 \cdot 2 \cdot \textcircled{3} \cdot 3 \cdot 5$$
$$= 1 \cdot 2 \cdot 3 \cdot 3 \cdot \textcircled{5}$$

$$90 = (2 \cdot 3) \cdot 3 \cdot 5 = \boxed{6} \cdot 3 \cdot 5$$
$$= \textcircled{2} \cdot 3 \cdot 3 \cdot \textcircled{5} = 3 \cdot 3 \cdot \boxed{10}$$
$$= 2 \cdot (3 \cdot 3) \cdot 5 = 2 \cdot \boxed{9} \cdot 5$$
$$= 2 \cdot 3 \cdot (3 \cdot 5) = 2 \cdot 3 \cdot \boxed{15}$$

$$90 = (2 \cdot 3 \cdot 3) \cdot 5 = \boxed{18} \cdot 5$$
$$= (2 \cdot 3) \cdot 3 \cdot \textcircled{5} = \boxed{30} \cdot 3$$
$$= 2 \cdot (3 \cdot 3 \cdot 5) = \boxed{45} \cdot 2$$
$$= (2 \cdot 3 \cdot 3 \cdot 5) = \boxed{90} \cdot 1$$

Bedeutung der Zeichen:
- ○ Primfaktor
- ⬭ Produkt von Primfaktoren
- □ Produktwert der zusammengefaßten Primfaktoren.

$T_{90} = \{1, 2, 3, 5, 6, 9, 10, 15, 18, 30, 45, 90\}$

2.4.3.5 Die Teilermenge ist vorgegeben

a) Eine vollständige Teilermenge wird angeschrieben. Die Schüler müssen den Dividenden suchen.
b) Die Zahl a der Teilermenge von a wird nicht mitgenannt.
c) Einige Elemente der Teilermenge werden nur vorgegeben. Die Schüler müssen 3 Zahlen suchen, zu deren Teilermenge die Vorgabe gehört.

Abb. 177:

a) $K = \{1, 2, 3, 6, 9, 18\}$	$K = T_{18}$
b) $L = \{1, 2, 3, 4, 6, 8, 12\}$	$L = T_{24}$
c) $M = \{2, 3, 5\}$	$M = T_{30}; T_{60}; T_{90};$
$N = \{1, 5, 8\}$	$N = T_{40}; T_{80}; T_{120};$

2.4.3.6 Die Darstellung gemeinsamer Teiler im Venndiagramm

Die Schüler bilden zwei oder mehrere Teilermengen und tragen diese in ein Venndiagramm ein. Die Schnittmenge entspricht der Menge der gemeinsamen Teiler. Der ggT ist dabei leicht erkennbar.

Abb. 178:

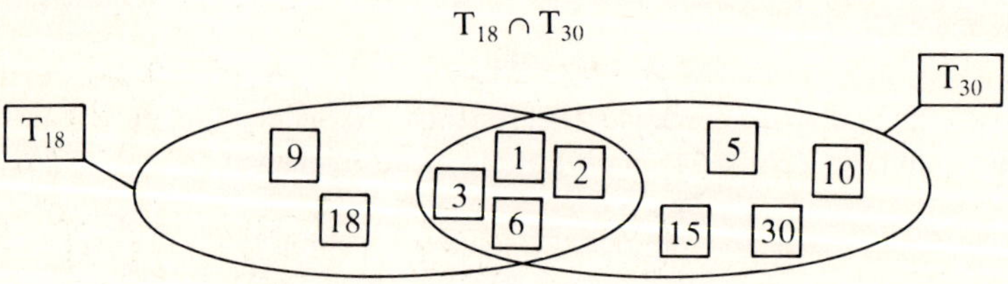

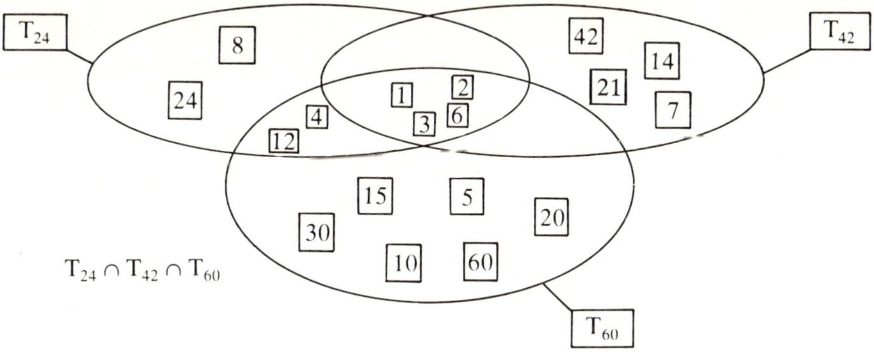

– Variante:

Das fertige Venndiagramm ist vorgegeben. Die Schüler müssen es interpretieren und die Dividenden suchen.

2.4.3.7 Erstellen von Teilmengenbeziehungen zwischen Teilermengen

Abb. 179: (aus Zahl und Form 4, S. 56)

4. Setze die Zeichen ⊂, ⊄ richtig ein. Beginne jeweils mit den in senkrechter Richtung gegebenen Teilermengen! Was fällt dir auf?

$T_{20} = \{1, 2, 4, 5, 10, 20\}$

$T_{10} = \{1, 2, 5, 10\}$

$T_5 = \{1, 5\}$

$T_4 = \{1, 2, 4\}$

$T_2 = \{1, 2\}$

↗	T_{20}	T_{10}	T_5	T_4	T_2
T_{20}	⊂	⊄			
T_{10}	⊂				
T_5					
T_4					
T_2					

2.4.3.8 Operatorschema

Die Teiler einer Zahl lassen sich auch in einem Operatorschema darstellen. Bei dieser Form der Darstellung können zusätzlich multiplikative Zusammenhänge, die zwischen den Teilern bestehen, eingetragen werden.

Abb. 180: (aus Zahl und Form 7, S. 19)

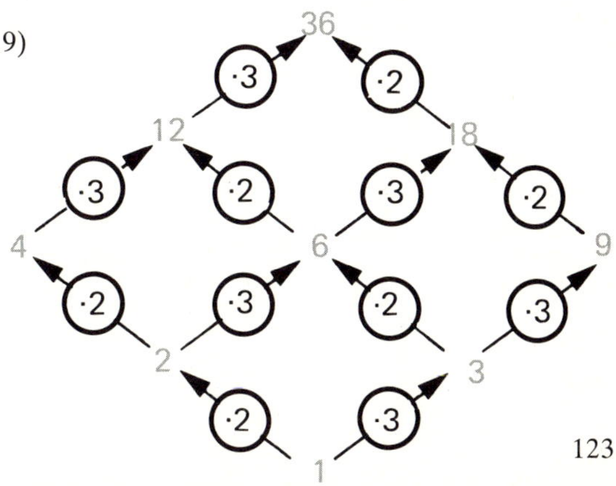

2.4.4 *Vielfachenmenge und gemeinsame Vielfache*

2.4.4.1 Definitionen

– Vielfachenmenge:

Die Menge aller Zahlen, die Vielfache der Grundzahl a sind, wird als Vielfachenmenge bezeichnet. Die Grundzahl a wird beim Symbol der Vielfachenmenge (V) als Fußnote angegeben.
V_{13} = Vielfachenmenge von 13 = Menge aller Vielfachen von 13.

Im Gegensatz zur Teilermenge, deren Mächtigkeit klar erfaßt werden kann, gibt es bei der Vielfachenmenge unendlich viele Elemente, da ja jede Zahl erneut vervielfacht werden kann. Die Angabe einer Grundmenge ist deshalb erforderlich.

Die Grundzahl a ist auch Element der Vielfachenmenge, da gilt: $a = 1 \cdot a$.

- Gemeinsame Vielfache: Wie zwei Zahlen mindestens einen gemeinsamen Teiler – die Zahl 1 – besitzen, so gibt es auch gemeinsame Vielfache, deren Menge aber ebenso unendlich ist wie die Menge der Vielfachen einer Zahl. Das Produkt der beiden Grundzahlen und dessen Vielfache gehören auf alle Fälle dazu.
- Das kleinste gemeinsame Vielfache (kgV): Analog der Bedeutung des ggT kommt auch dem „kleinsten gemeinsamen Vielfachen" eine Sonderrolle zu. Diese wird deutlich, wenn z. B. beim Bruchrechnen Brüche mit unterschiedlichen Nennern addiert oder subtrahiert werden sollten und deshalb auf einen gemeinsamen Nenner zu bringen sind. Der kleinste Hauptnenner ist stets das kgV.

Abb. 181: G = 0–100

$V_6 = \{6, 12, 18, 24, 30, \textcircled{36}, \ldots, 90, 96\}$

$V_{12} = \{12, 24, \textcircled{36}, 48, 60, 72, 84, 96\}$

$V_{18} = \{18, \textcircled{36}, 54, 72, 90\}$

kgV = 36

$\frac{5}{6} + \frac{7}{12} + \frac{13}{18} = \frac{30}{36} + \frac{21}{36} + \frac{26}{36}$

2.4.4.2 Darstellungsvarianten von Vielfachenmengen

– Zielscheibe:

Auf dem innersten Kreisring werden die jeweiligen Grundzahlen für jeden Balken angeschrieben. Die Schüler notieren in den restlichen vier Feldern die Vielfachen. Es muß darauf geachtet werden, daß der Bereich der Grundmenge nicht überschritten wird.

– Vielfachentabelle:

Analog zur Teilertabelle können die Vielfachen angekreuzt oder durch Kreise markiert werden. Bei der zweiten Form tragen die Leistungsstärkeren im jeweiligen Kreis den Wert des Quotienten ein.

Abb. 182: ... gehört zur Vielfachenmenge ...

↗	V_2	V_3	V_4	V_5	V_6	V_9	V_{12}	V_{15}
4	×		×					
6	×	×			×			
8								
12								
15								
24								
45								
60								

... ist Vielfaches von ...

↗	2	3	4	5	6	8	9	12
12	(6)	(4)	○		○			○
15		○						
18	○							
20								
24								
30								
36								
60								

– Stern:

Die Anzahl der Strahlen bestimmt die Mächtigkeit der Vielfachenmenge. Die Grundzahl wird in der Sternmitte vermerkt.
Variante: Bei jedem Strahl wird eine andere Grundmenge vorgegeben.

Abb. 183:

G_1 = 1 – 10
G_2 = 20 – 25
G_3 = 11 – 19
G_4 = 30 – 37
G_5 = 60 – 70
G_6 = 44 – 50
G_7 = 35 – 40
G_8 – 80 – 90

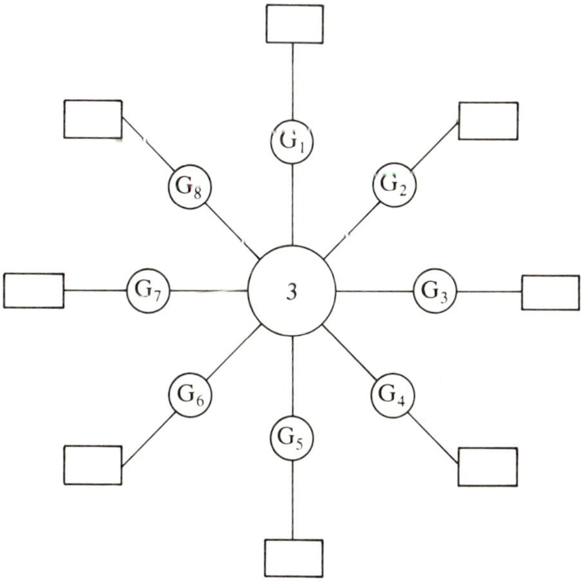

2.4.4.3 Die Grundzahl ist gesucht

Anhand einiger Elemente der Vielfachenmenge müssen die Schüler die Grundzahl bestimmen.

Durch Variieren der Vorgabe kann die Aufgabe erschwert werden.

a) Die vorgegebenen Elemente sind aufeinanderfolgende Einmaleinszahlen.
b) 1x1-Zahlen sind ungeordnet angeschrieben.
c) Die Vielfachen sind größer als das Zehnfache der Grundzahl, aber noch geordnet.

d) Wie bei c, aber ungeordnete Reihenfolge.
e) Die Zahlen sind ungeordnet und beliebig gewählt.

Abb. 184: a) $\{18, 24, 30, 36, 42\} = V_{\square}$
b) $\{49, 14, 35, 28\} = V_{\square}$
c) $\{44, 48, 52, 56\} = V_{\square}$

d)
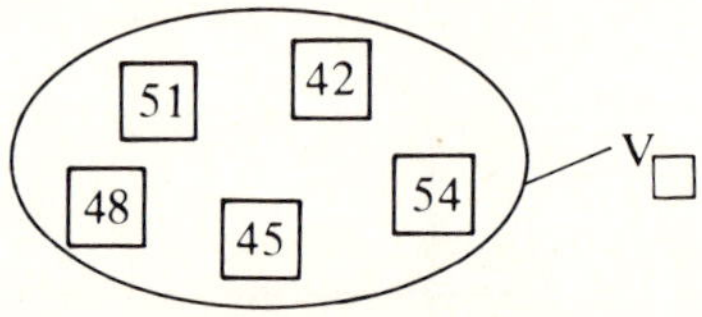

e)
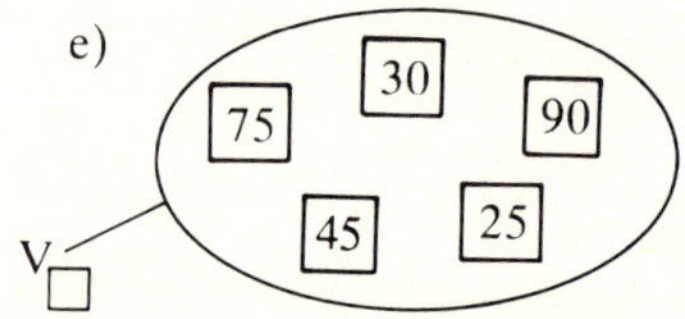

2.4.4.4 Das Finden gemeinsamer Vielfachen

– Venndiagramm:

Zwei oder drei Vielfachenmengen werden in ein Venndiagramm eingetragen. Die Schnittmenge entspricht der Menge der gemeinsamen Vielfachen.

Abb. 185:
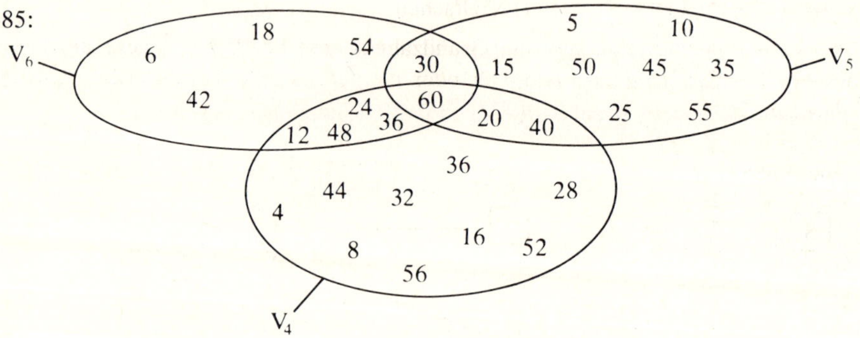

– Eintrag im Hunderterquadrat:

Höchstens drei Grundzahlen werden auf einem Hunderterquadrat (oder ähnlichem Schema) verschieden markiert. Die Vielfachen dieser Grundzahlen werden entsprechend gekennzeichnet. Die gemeinsamen Vielfachen erkennt man sogleich an der Doppel- bzw. Dreifachmarkierung.

Abb. 186: V_4 V_7 V_8

1	2	3	4	5	6	7	8	9	10
11	12	13	14	15	16	17	18	19	20
21	22	23	24	25	26	27	28	29	30
31	32	33	34	35	36	37	38	39	40
41	42	43	44	45	46	47	48	49	50
51	52	53	54	55	56	57	58	59	60
61	62	63	64	65	66	67	68	69	70
71	72	73	74	75	76	77	78	79	80
81	82	83	84	85	86	87	88	89	90
91	92	93	94	95	96	97	98	99	100

2.4.4.5 Das Finden des kgV

Das kgV mehrerer Zahlen findet sich am schnellsten über die Primfaktorenzerlegung (siehe 2.4.1, S. 115) der jeweiligen Grundzahlen.

Abb. 187:

Gesucht: kgV von 15 und 24

$$15 = 3 \cdot 5$$
$$24 = 3 \cdot \quad 2 \cdot 2 \cdot 2$$
$$kgV = 3 \cdot 5 \cdot 2 \cdot 2 \cdot 2 = 120$$

Gesucht: kgV von 36 und 56

$$36 = 3 \cdot 3 \cdot 2 \cdot 2$$
$$56 = \quad 2 \cdot 2 \cdot 2 \cdot 7$$
$$kgV = 3 \cdot 3 \cdot 2 \cdot 2 \cdot 2 \cdot 7 = 504$$

Bei der Berechnung des kgV werden die Primfaktoren, die bei jeder der Grundzahlen auftreten, nur einmal berücksichtigt.

2.4.4.6 Das Suchen gemeinsamer Vielfachen

In einem Pfeildiagramm sind die Grundzahlen und die Pfeile vorgegeben. Die Schüler müssen aus der Verquickung zweier oder mehrerer Pfeile die Vielfachen erkennen und einsetzen.

Abb. 188:

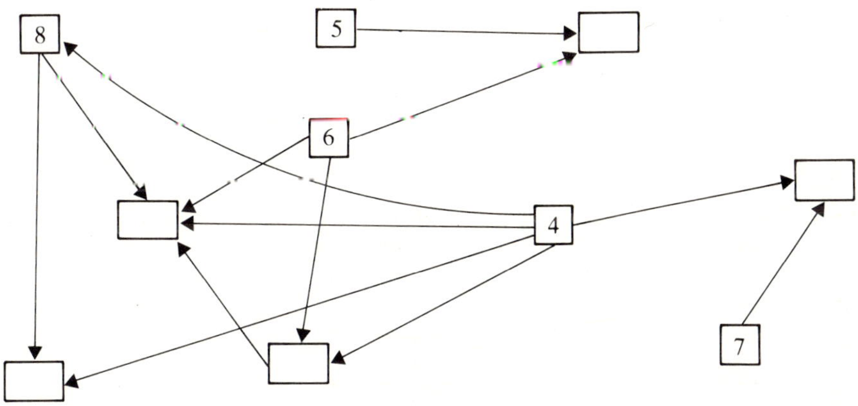

2.4.4.7 Das Suchen der Grundzahlen

Mindestens zwei Vielfachenmengen sind vorgegeben, wobei die eine auch eine Teilmenge der anderen sein darf. Die Schüler müssen die Grundzahlen suchen und die Mengenzugehörigkeit einzelner Elemente feststellen.

Abb. 189: (aus Zahl und Form 4, S. 55)

1.

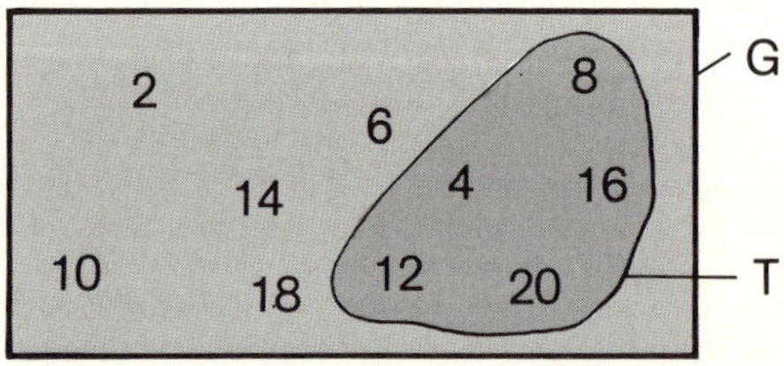

a) Von welcher Zahl stellt die Grundmenge G eine Vielfachenmenge dar?

b) Schreibe die Elemente der Menge G in Klammernschreibweise!

c) Von welcher Zahl stellt die Teilmenge T eine Vielfachenmenge dar?
d) Schreibe die Elemente von T in Klammernschreibweise!

Wir sagen: $T \subset G$ Warum?

2. Setze die richtigen Zeichen für die Mengenzugehörigkeit ($\in$, $\notin$)!

12 ◯ G	18 ◯ G	5 ◯ T	14 ◯ T	4 ◯ T
12 ◯ T	10 ◯ G	6 ◯ T	18 ◯ G	16 ◯ T
7 ◯ T	10 ◯ T	9 ◯ G	4 ◯ G	16 ◯ G
7 ◯ G	8 ◯ T	6 ◯ G	18 ◯ T	2 ◯ G

2.5 Der Einsatz des Taschenrechners im Unterricht

2.5.1 Bedeutung des Taschenrechners im Schulalltag

Um die Zulassung elektronischer Taschenrechner im Mathematikunterricht der Hauptschule gab es vielerorts kontroverse Diskussionen über Sinn und Nutzen dieser Maßnahme. Heute wird die Richtigkeit dieser Entscheidung nicht mehr bestritten.
Aufgrund der immensen Verbilligung dieser Geräte kann man davon ausgehen, daß heute die überwiegende Zahl aller Hauptschüler (einschließlich der fünften und sechsten Jahrgangsstufe) über Taschenrechner verfügen und diese bei Hausaufgaben auch einsetzen.
Taschenrechner entlasten den Schüler von zeitraubenden Ausrechnungen und zeigen bei richtiger Eingabe das absolut richtige Ergebnis an. Der Hauptschüler muß sich – wie es auch später in den meisten Berufen der Fall ist – nicht mehr mit unnötigen, rein mechanischen, durch Flüchtigkeitsfehler schnell falschen Rechnungen aufhalten, sondern kann sich völlig auf das eigentlich mathematisch relevante Problem (z. B. Lösungsansatz bei einer Sachaufgabe) konzentrieren.

Die größte Gefahr des Taschenrechners geht vom „Absolutheitsanspruch des Ergebnisses" aus, da viele Schüler glauben, jeder angezeigte Wert *muß* richtig sein. Deshalb muß gerade beim Einsatz dieses Hilfsmittels darauf hingearbeitet werden, daß die Schüler das angezeigte Resultat kritisch betrachten, daß sie bereit sind, die Richtigkeit der errechneten Werte auch in Frage zu stellen. Dies wird erreicht, wenn vor jeder Ausrechnung die betreffende Überschlagsrechnung (siehe 1.1.6, S. 50 f.) vorgenommen wird.
Erstellt man bei Sachaufgaben z. B. den Lösungsweg in Gleichungsform, so kann neben jedem Rechenschritt der betreffende Überschlag vermerkt werden.

2.5.2 *Schwerpunkte der Arbeit mit Taschenrechnern*

2.5.2.1 Übungen zur Beherrschung des Geräts

Viele zusätzliche Funktionstasten (Speicher-, Prozent-, Wurzel-, Kehrwertautomatik u. ä.) erweitern die Einsatzmöglichkeiten des elektronischen Taschenrechners.
Die richtige Handhabung dieser Funktionstasten ist ebenso wie das Ausführen der Grundrechenarten systematisch mit zunächst leicht nachzukontrollierenden Aufgabenreihen einzuüben.
Auf die konkrete Handhabung der verschiedenen Gerätetypen wird hier nicht eingegangen, da diese in den Bedienungsanleitungen nachgelesen werden kann. Hier finden sich auch Übungsbeispiele.

2.5.2.2 Vertiefende Übung des Überschlagsrechnens

Dem Überschlagsrechnen kommt eine erhöhte Bedeutung zu, da dies oft die einzige Möglichkeit ist, die Richtigkeit des Resultates zu überprüfen.
Als Hauptfehler beim Überschlagsrechnen sind Stellenwertfehler zu registrieren. Im Rahmen des Zehnminutenrechnens sollten daher immer wieder Übungen, die auf die Sicherung des dekadischen Verständnisses abzielen (siehe 1.4, S. 58 ff.) eingeplant werden.

2.5.2.3 Training der richtigen Eingabe

Die Stellenwertübungen eignen sich auch, den Schüler mit dem Taschenrechner vertraut zu machen, da jede Anhäufung von Nullen durch die fehlende Durchgliederung großer Zahlen im Anzeigefeld des Rechners eine besondere Fehlerquelle darstellt.
Die Diskrepanz zwischen Sprech- und Schreibweise von Zahlen (Zehner werden beim Sprechen vor den Einern genannt) ist auch bei der Eingabe zu berücksichtigen.

2.5.2.4 Rechnungen mit Dezimalbrüchen

Beim Taschenrechner übernimmt ein Punkt die Funktion des Kommas bei Dezimalbrüchen und Größen. Die Fließkommaautomatik, bei dem sich das „Komma" automatisch dem Ergebnis anpaßt, läßt stets an der richtigen Stelle den Dezimalpunkt aufleuchten. Nullen hinter dem Komma werden nicht angezeigt.
Dieses „Hüpfen des Kommas" ist den Schülern an geeigneten Beispielen zu demonstrieren (23,764 + 34,036 = 57,8).
Um Tippfehler bei der Eingabe sofort zu erkennen, sind die Schüler anzuhalten, angezeigtes Endresultat und Überschlag zu vergleichen. Gerade beim Rechnen mit Dezimalbrüchen kann man die Notwendigkeit und Bedeutung der Überschlagsrechnung verdeutlichen.

2.5.2.5 Selbstkontrolle

Neben dem Vergleich mit dem Überschlag sind die Formen der Selbstkontrolle (siehe Teil A – 2.3.4.1, S. 32) einzutrainieren. Die Einsicht der Gefahr eines „Tippfehlers" und der geringe Zeitbedarf dieser Kontrolle tragen wesentlich dazu bei, die Bereitschaft zur Durchführung dieser Maßnahme auch bei den Schülern zu wecken, die dies bisher konsequent ablehnten.

2.5.2.6 Einsatz bei mechanischen Aufgaben

Automatisierende Übungen verlieren an Bedeutung, sobald mit dem Taschenrechner gearbeitet wird. Deshalb dominieren bei den Übungsvorschlägen für das Rechnen mit natürlichen Zahlen solche, bei denen zugleich das kombinatorische Denken gefördert wird bzw. bei denen zur Lösung viele Einzelaufgaben berechnet werden müssen, bei denen der Taschenrechner also eine wirkliche Zeitersparnis bedeutet.
Eine ausführliche Darstellung automatisierender Übungen für den Bereich der natürlichen Zahlen kann im Grundschulbuch nachgelesen werden.

2.5.2.7 Einsatz bei Sachaufgaben

Beim Sachrechnen sind die Vorteile des Taschenrechners besonders augenscheinlich, da er die Schüler von zeitraubenden, rein mechanischen Ausrechnungen befreit. Auf den richtigen Einsatz der vorhandenen Funktionstasten (Konstantenautomatik, Merkspeicher, ...) ist besonders Wert zu legen.

2.5.2.8 Taschenrechnerspezifische Aufgaben

Neben der Funktion des Taschenrechners als Rechenhilfsmittel (bei Aufgaben mit sehr großem Rechenaufwand) soll der Rechner auch als ‚methodisches Hilfsmittel" eingesetzt werden, wobei seine spezifischen Eigenschaften (Konstante, Speicher) ausgenützt und entsprechende Vorgehensweisen bewußt gemacht werden.

Als solche sind zu nennen:

„– durch mehrere Rechnungen zu allgemeinen Vermutungen kommen
– Herantasten an die Lösung durch systematisches Probieren
– Anwendung der Iterationsverfahren" (Müller 1981, S. 22).

Neben dem Einsatz beim Sachrechnen sollen demnach auch folgende Aufgabentypen von Zeit zu Zeit in den Mittelpunkt des Unterrichts gestellt werden:

„1. Aufgaben zum Kennenlernen der Möglichkeiten und Grenzen des Taschenrechners
2. Aufgaben, die mit dem Taschenrechner gelöst werden und deren Ergebnisse Vermutungen für Regeln provozieren" (Müller 1981, S. 22).

Da bei diesem Spezialthema die einzelnen Übungen nur wie vorgegeben ausgeführt werden können und so kaum eine Transfermöglichkeit besteht, wird hier auf Beispiele verzichtet. Der interessierte Leser möge z. B. auf den zitierten Zeitschriftenartikel* zurückgreifen.

2.5.3 Für Taschenrechner geeignete automatisierende Übungen

Diese Übungen eignen sich insbesondere zur Einübung der Grundrechenarten, da jede Operation für sich eingegeben werden muß. Schüler werden durch Aufgaben dieser Art, die selbstverständlich auch herkömmlich gelöst werden können, mit ihrem Gerät vertraut.

* Müller, K. P.: „Beispiele für einen effektiven Einsatz von Taschenrechnern". In: Mathematische Unterrichtspraxis, 2. Jahrgang, Heft 1, S. 21–28, Donauwörth 1981.

Durch die vielfältige Variation der Aufgabenstellung und der Darstellung läßt sich eine „Übersättigung durch Übung“ (Roth) vermeiden.

2.5.3.1 Einzeloperationen sind vorgegeben

- Operatordarstellung (siehe Abb. 402, S. 237)
- Spalten-/Zeilendarstellung (siehe Abb. 403, S. 237)
- Rechentafel (siehe Abb. 404, S. 238)
- Verknüpfungstabelle (siehe Abb. 448, S. 256)
- Platzhalteraufgaben
- Rechenrad (siehe Abb. 405, S. 238)
- Zielscheibe: In einem markierten Balken stehen die für jede Rechenoperation innerhalb eines Kreisringes gleichen Ausgangszahlen. Bei jedem Balken wird außerhalb der hier vorzunehmende Operationsschritt vermerkt.
  Sind Divisionen vorgesehen, so sind als Ausgangszahlen gemeinsame Vielfache der Divisoren zu wählen.
- Zahlentafel (siehe Abb. 406, S. 239)
- Variante: Die nebeneinander angeordneten Zahlen der verschiedenen Spalten sind beliebig additiv oder multiplikativ zu verknüpfen.

  Abb. 190:

a	b	c	d	e	f
8	24	307	1246	22 417	112 339
7	37	894	3719	48 913	839 027
4	98	635	8427	59 728	783 546
3	62	726	5315	80 001	700 403

  Beispiele der Verknüpfung:

(a · b) + c	d : a
(d · b) − e	f : (a · d)
f + e	f − (e : b)

- Zahlenstreifen (siehe Abb. 407, S. 239)
- Zahlenkreis (siehe Abb. 408, S. 239).

2.5.3.2 Kettenrechnungen

Bei Kettenrechnungen mit Divisionen ist auf die Teilbarkeit des vorherigen Zwischenresultates zu achten. Diese ist gewährleistet, wenn zuvor eine Multiplikation mit einem Vielfachen des Divisors angesetzt wird. Sind zwischen der Multiplikation und der Division additive Operationen geplant, so müssen diese Summanden bzw. Subtrahenden ebenfalls Vielfache dieses nachfolgenden Divisors sein.

Beispiel:

Abb. 191:

. . .	· 27	+ 45	− 99	: 9	. . .	
. . .	· 68	− 187	+ 357	− 1751	: 17	. . .
	(4 · 17)	(11 · 17)	(21 · 17)	(103 · 17)		

Bei Beachtung dieses Grundsatzes werden alle Divisionen ohne Rest aufgehen.

– Zielscheibe:

In einem markierten Balken werden die Ausgangszahlen vermerkt. Von Balken zu Balken wird außerhalb der jeweilige Operationsschritt vorgeschrieben (siehe Abb. 450, S. 258).

– Additionstreppe:

Den Schülern werden die Anzahl der Additionen und die Ausgangsaufgabe genannt. Addiert werden jeweils der zweite Summand und der Summenwert der vorherigen Rechnung.

Abb. 192:

9 + 7 = 16
7 + 16 = 23
16 + 23 = 39
23 + 39 = 62
39 + 62 = 101
62 + 101 = 163
101 + 163 = ...

– Rechenzapfen:

Beim „Zapfen" sind die Operationszahlen Glieder einer Zahlenfolge. Das erste Glied wird zur Ausgangszahl addiert (mit ihr multipliziert), der Summen-(Produkt-)wert mit der zweiten Zahl der Folge verknüpft. Dieser Wert wird wieder zur nächsten Zahl addiert (mit ihr multipliziert) usw.
War jede Zahl der Folge einmal Summand bzw. Multiplikator, wird nun *in derselben Reihenfolge* nacheinander subtrahiert bzw. dividiert.
Das Endresultat ist stets identisch mit der Ausgangszahl. Durch Übungen dieser Art können die Schüler sich selbst kontrollieren, ob sie ihren Taschenrechner richtig bedienen können.

Additionszapfen:

Abb. 193:

Operationszahlen: Alle ungeraden Zahlen zwischen 15 und 35.
Ausgangszahl: 49

49 + 15 = 64; 64 + 17 = 81; 81 + 19 = 100; 100 + 21 = 121; ...
256 + 33 = 289; 289 + 35 = 324;
324 − 15 = 309; 309 − 17 = 292; 292 − 19 = 273; 273 − 21 = 252; ...
117 − 33 = 84; 84 − 35 = 49.

Multiplikationszapfen:

Abb. 194:

Operationszahlen: Einmaleinszahlen von 7 zwischen 21 und 42.
Ausgangszahl: 6

6 · 21 = 126; 126 · 28 = 3528; 3528 · 35 = 123 480; 123 480 · 42 = 5 186 160;
5 186 160 : 21 = 246 960; 246 960 : 28 = 8820; 8820 : 35 = 252; 252 : 42 = 6;

– Ewige Kette:

Kennzeichen der „Ewigen Kette" ist, daß unabhängig von der Ausgangs- und von der Operationszahl das Endresultat stets gleich der Ausgangszahl ist.

- Kreisform: Die stets gleichbleibende Operationszahl steht in der Mitte (14). Die Operationszeichen sind bei jedem Rechenschritt angegeben, die Ausgangszahl ist im oberen Kästchen vermerkt.

Abb. 195:

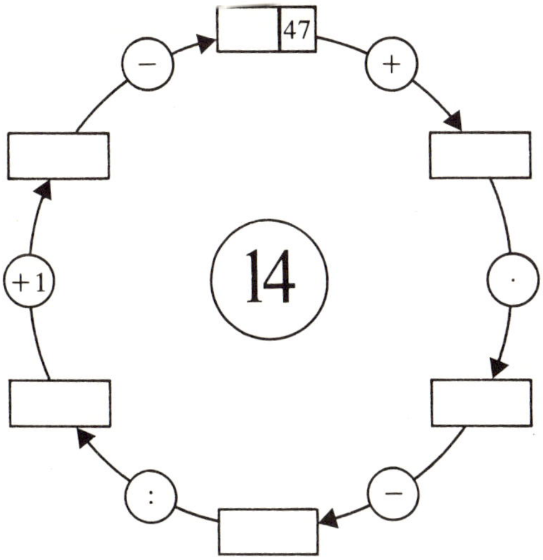

Ausgangszahl: 47

Operationszahl: 14

Lösung:

47 + 14 = 61

61 · 14 = 854

854 − 14 = 840

840 : 14 = 60

60 + 1 = 61

61 − 14 = 47

- Kurzform: Den Schülern werden nur die auszuführenden Operationen vorgegeben.

+	·	−	:	+1	−

Grenzzahl überschreiten (siehe Abb. 411, S. 241)

– Rechengitter:

Bei einem Rechengitter können waagrecht und senkrecht zwei verschiedene Operationen ausgeführt werden.
Sind Divisionsoperationen gefordert, so ist zu beachten: Sind n Divisionen durch a geplant, so muß die Ausgangszahl mindestens $a^{(n+1)}$ bzw. ein Vielfaches davon sein.

– Beispiel:

Im Zwölferfeld werden waagrecht 3 Divisionen vorgesehen. Es muß die vierte Potenz des Divisors errechnet werden.
Divisor: 4 Ausgangszahl: 4 · 4 · 4 · 4 = 256 (· 2, 3, 4, . . .)
Finden in beiden Richtungen Divisionen statt, so muß z. B. im Zwölferfeld die dritte Potenz des kleinsten gemeinsamen Vielfachen (siehe 2.4.4.5, S. 127) errechnet werden.
waagrechter Divisor: 4
senkrechter Divisor: 3
kgV: 12
Ausgangszahl: 12 · 12 · 12 = 1728 (· 2, 3, 4, . . .)

Abb. 196:

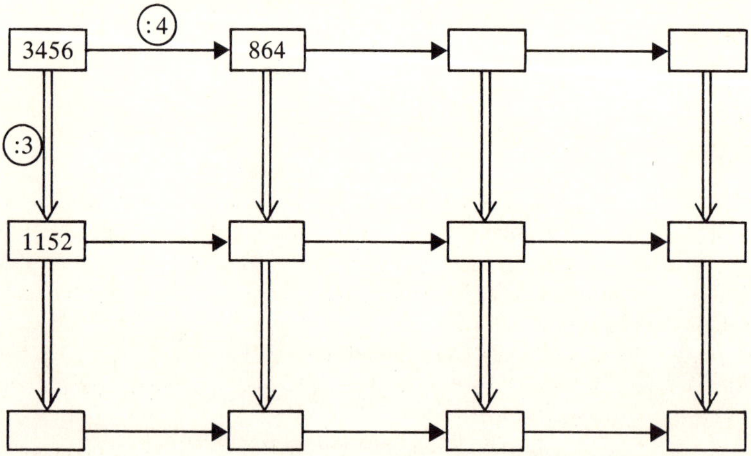

– Rundenrennen:

Die vorgeschriebenen Operationen werden in Pfeilrichtung mehrmals ausgeführt. Die Startzahl, die Anzahl der Runden und das Leerfeld für das Endresultat sind in der Kreismitte anzuordnen.
Es ist zu beachten, daß alle Operatorzahlen Vielfache der Divisionsoperatorzahl sind.

Abb. 197:

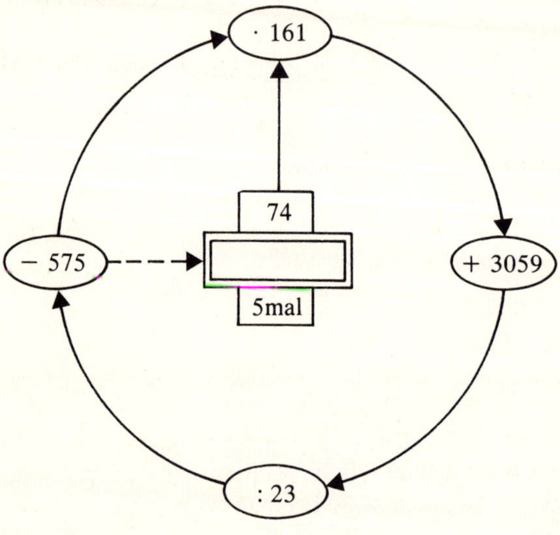

1. Runde:
74 · 161 = 11 914
11914 + 3059 = 14 973
14 973 : 23 = 651
651 – 575 = 76

2. Runde:
76 · 161 = 12236
12236 + 3059
...

2.5.3.3 Vergleich von Termen

Beim Vergleich von Rechenausdrücken sind zwei Aufgaben gleichzeitig zu erfüllen: Die Terme sind zu errechnen und deren Werte untereinander zu vergleichen. Wird der Taschenrechner eingesetzt, so ist auf den sinnvollen Einsatz der Speicherautomatik zu achten.

– Gleichungsform:

Abb. 198:

24 · 48 ◯ 89 934 : 78
57 672 – 8 357 ◯ 34 615 + 14 968
42 913 – 24 715 ◯ 34 · 582

– Darstellungsvarianten:

- Rechentreppe: Die Terme sind so zu ordnen, daß der mit dem kleinsten Wert unten und der mit dem größten Wert auf der obersten Stufe steht. (siehe Abb. 11, S. 40).
- Zielscheibe
  a) Bei jedem Balken werden außerhalb 5 Terme vorgegeben, deren Werte aufsteigend von innen nach außen zu ordnen sind.
  b) Alle Felder der Zielscheibe sind mit Rechenausdrücken besetzt. Die Schüler vergleichen jeweils zwei aufeinanderfolgende Terme innerhalb eines Kreisringes und tragen das betreffende Relationszeichen ein.
  Differenzierung: An Stelle der Relationszeichen kann auch der Differenzwert notiert werden. Reste bei Quotienten bleiben unberücksichtigt (siehe Abb. 6, S. 38).
- Pfeildiagramm (siehe Abb. 10, S. 40).

2.6 Übungen zur Förderung des logischen Denkens

Mathematische Probleme lassen sich durch Ausprobieren der verschiedenen Möglichkeiten oder durch den strategisch richtigen Einsatz mathematischer Gesetzmäßigkeiten lösen. Neben der Anwendung der Rechengesetze gilt es hier besonders die Reversibilität mathematischer Operationen zu beachten.
Den Blick hierfür zu schärfen und die Förderung des kombinatorischen Denkens sind Ziel der in diesem Kapitel genannten Übungen.

2.6.1 Übungen zur Reversibilität mathematischer Operationen

2.6.1.1 Erstellen gleichwertiger Terme

– Gleichungsform:

Abb. 199:

457 + 875 = 386 + □
5987 – 3486 = □ – 5497
413 · 52 = x · 13
y : 24 = 6984 : 8

– Strichverbindungen (siehe Abb. 392, S. 233)
– Rechen-T (siehe Abb. 393, S. 233)
– Zuordnungspyramide (siehe Abb. 441, S. 253).

2.6.1.2 Fehlende Zahlen ergänzen

In einem Zahlenrechteck sind die Freifelder so zu besetzen, daß sich bei waagrechter und senkrechter Addition der angegebene Summenwert ergibt.
Bei der Erstellung der Rechtecke wird der umgekehrte Weg gewählt. Alle Felder werden mit Zahlen besetzt, deren waagrechter und senkrechter Summenwert ermittelt und anschließend in jeder Zeile oder Spalte eine Zahl wieder weggestrichen.

Erschwerung: Die Zahlenvorgabe wird auf ein Minimum reduziert. Zur Lösung mancher Aufgaben wird das Resultat anderer Rechnungen benötigt.

Abb. 200:

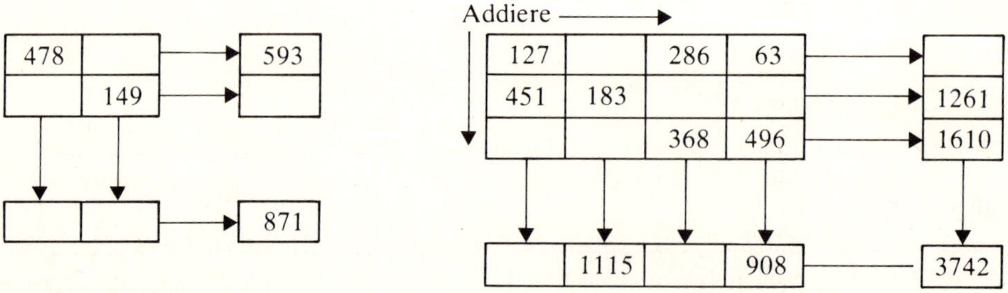

Bei H. Maier (Maier 1976, S. 134) findet sich noch folgende Variation:

Abb. 201:

				3637
2069	324	419	2812	3555
	128	113	1214	
	712	879	4341	
1987				

Die Zahlen im dickumrandeten Feld werden von links nach rechts (auch diagonal), von oben nach unten addiert und in der entgegengesetzten Richtung jeweils subtrahiert. Die in der rechten Spalte bzw. letzten Zeile genannten Zahlen bilden die Minuenden. Die Resultate werden auf der Verlängerung im Feld außerhalb eingetragen.

324 + 419 + 2812 = 3555	2812 − 419 − 324 = 2069
324 + 113 + 4341 =	2812 − 113 − 712 = 1987
324 + 128 + 712 =	4341 − 1214 − 2812 =
712 + 113 + 2812 = 3637	4341 − 113 − 324 =

– Weitere Variante: Operationen mit zusammengehörigen Zahlenfeldern

Aufgabe: Fülle die leeren Kästchen!

Abb. 202:

Rechne so: 281 − 87 = ☐ → 281 − 87 = [194]
☐ − 532 = 764 → [1296] − 532 = 764

281	☐	935
2873		
	815	3961

⊖

87	532	
	603	428
813	129	983

⊜

[194]	764	278
1454	2873	64
908		

Kontrolle: Addiere zuerst die 9 Zahlen jedes Kastens! Ziehe die zweite Summe von der ersten Summe ab und vergleiche mit der 3. Summe!

2.6.1.3 Additive Rechenpyramide

Abb. 203:

Aufgabe:

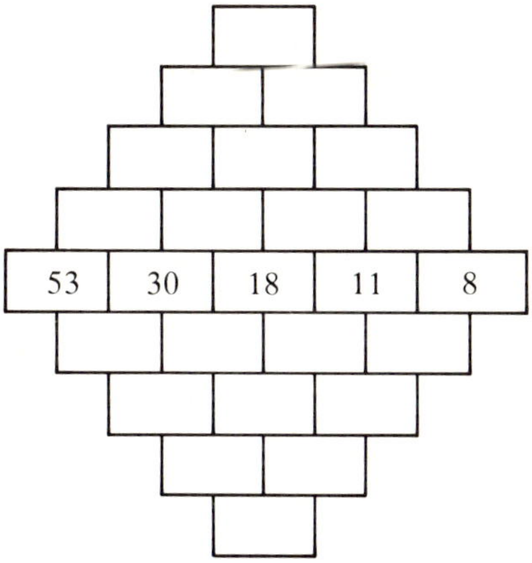

Lösung:

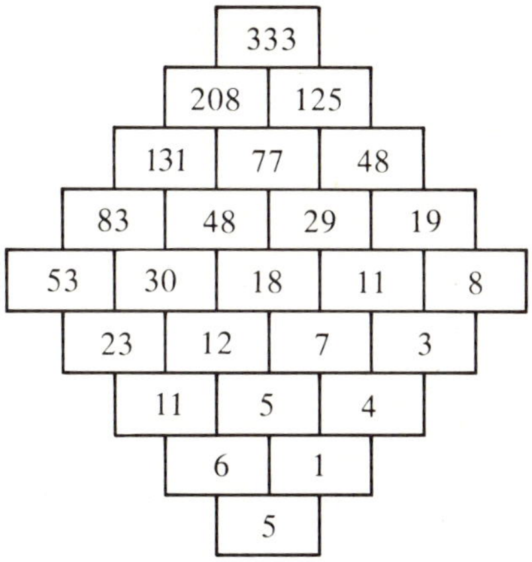

Jeweils zwei nebeneinanderliegende Zahlen sind zu addieren bzw. zu subtrahieren. Der Wert der Summe wird im darüberliegenden Feld, der Wert der Differenz im darunterliegenden Feld eingetragen.

Erschwerung: Es werden nicht die Zahlen in der Mittelzeile vorgegeben, sondern auf einer Diagonalen. Im Sinne der operativen Übung wird diese Form vor allem für leistungsstärkere Schüler eine Herausforderung sein.

Abb. 204:

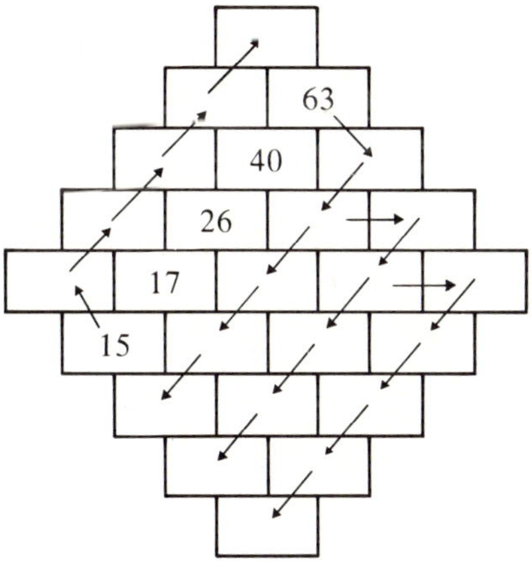

Ansatzpunkte für die Lösung:

□ − 17 = 15   63 − 40 = 23

Um sicherzugehen, daß im Subtraktionsteil der Minuend stets links vom Subtrahenden steht, wird die Pyramide von unten nach oben aufgebaut.

a) Man notiert im untersten Einzelfeld eine beliebige Ausgangszahl, z. B. 7.
b) Links darüber wird eine mindestens doppelt so große Zahl eingesetzt, z. B. 15.
c) Das dazugehörige rechte Feld dieser Zeile ist zu errechnen: 15 − □ = 7; □ = 8.
d) Links oberhalb wird wieder eine mindestens doppelt so große Zahl wie 15 eingetragen. Die Zeile wird entsprechend c fertiggestellt.

e) Bis zur Mittelzeile wird analog vorgegangen. Nur bei einer Verdoppelung der Zeilenanfangszahlen ist absolut sichergestellt, daß bei zwei nebeneinanderliegenden Zahlen die linke stets den größeren Wert aufweist.

2.6.1.4 Multiplikative Rechenpyramide

Analog zur additiven Pyramide werden nach oben die Produktwerte, nach unten die Quotientenwerte eingetragen.
Eine Kombination der Multiplikations- mit der Divisionspyramide ist nicht sinnvoll, da dann die Produktwerte unüberschaubar werden.

– Multiplikationspyramide

In der Grundleiste werden einstellige Zahlen eingesetzt, wobei die beiden größeren in die äußeren Felder kommen.

Abb. 205:

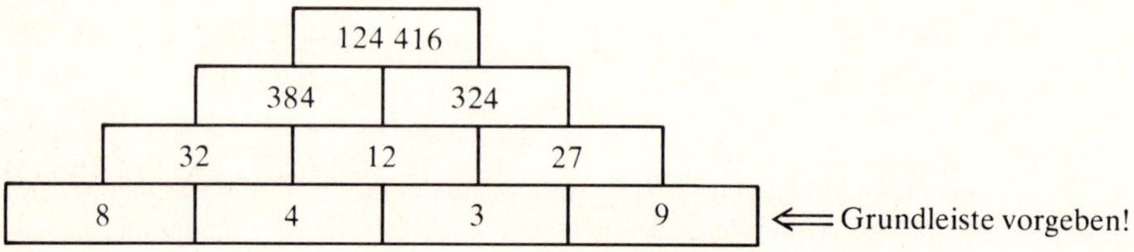

– Divisionspyramide

Abb. 206:

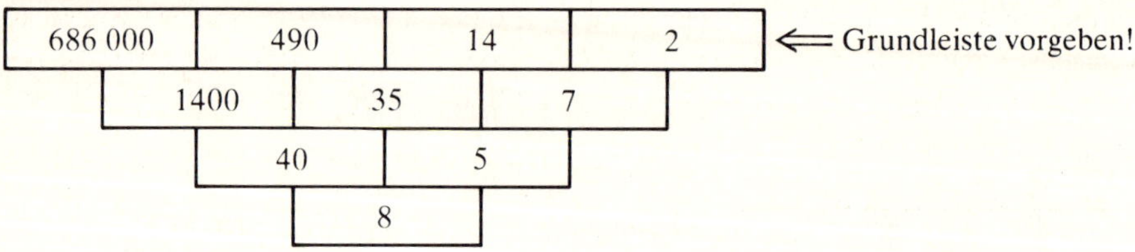

Der Pyramidenaufbau erfolgt von unten nach oben, in jeder Zeile von rechts nach links. Im jeweils rechten Feld wird eine beliebige Zahl eingesetzt. Durch Multiplikation mit dem darunterliegenden Quotientenwert wird der zweite Faktor ermittelt.

Abb. 207:

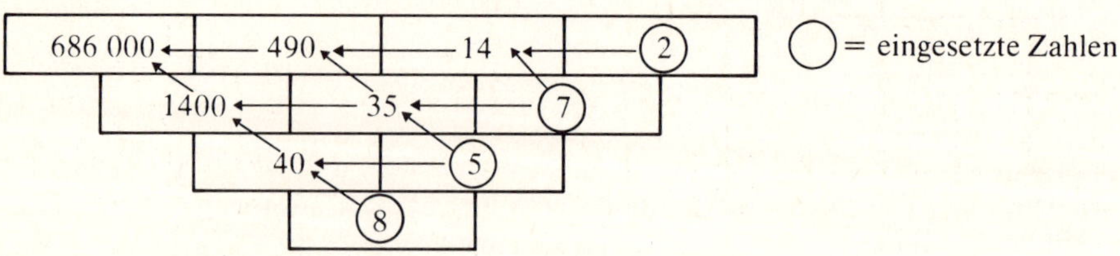

2.6.1.5 Relationsketten

Eine Relationskette mit mehreren Zahlenfeldern wird vorbereitet. Eine quantitative Differenzierung ist möglich, wenn jedes Feld mehrmals unterteilt wird, weil dann die Relationskette für jedes Zahlenfeld durchlaufen werden kann.

Erschwerung: Die Ausgangszahl steht in der Mitte oder am Ende der Kette.
Im Beispiel erfolgt eine Dreiteilung des Feldes. Für die Kette des jeweils ersten Feldes erfolgt die Lösung. Bei der Kette des jeweils zweiten bzw. dritten Feldes nur noch die Aufgabenstellung.
Relationsvorschrift: „. . . ist um 12 größer . . .“

Abb. 208:

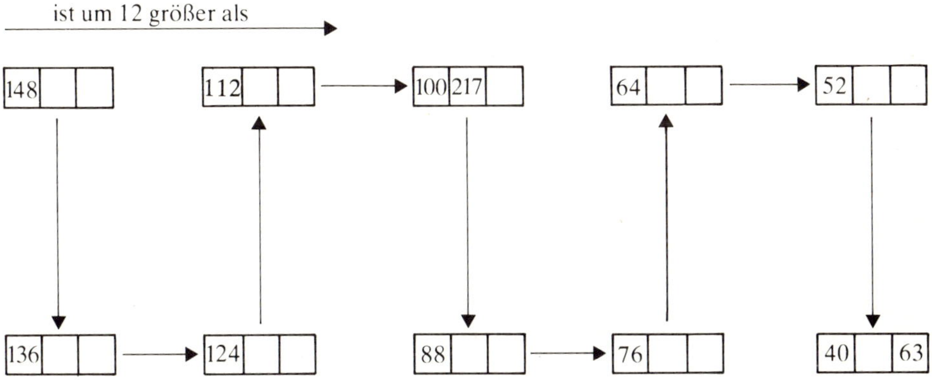

2.6.1.6 Kreuzzahlenrätsel

Waagrecht werden die Rechenausdrücke, deren Werte analog einem Kreuzworträtsel bei den entsprechenden Kennzahlen einzutragen sind, genannt. Die Aufgaben für die senkrechten Kennzahlen müssen die Schüler mit Hilfe der Werte und der jeweiligen Angaben selbst finden.

Abb. 209:

Waagrecht:
1) 106 808 : 13
4) $2 \cdot 3 \cdot 4 \cdot 15 : 8$
6) 7^2
8) $914 \cdot 9$
9) 42 677 − 42093
10) 24 198 : 37
12) 1905 − (1245 + 586)
13) $56\,586 \cdot 12 : 72$
16) 3257 + 2897
19) $\sqrt{144}$
20) $16\,873 \cdot 12$

Senkrecht:
1) $7 \cdot \boxed{12}$
2) $99\,846 : \boxed{54}$
3) $\square - 6528$
4) $9^2 - \square$
5) $\square \cdot 12$
7) $24 \cdot \square$
9) $\square + 286$
11) $\square : 46$
14) $999 - \square$
15) $7 \cdot \square$
17) $100\,000 : \square$
18) $\square : 95$

Beim Erstellen des Kreuzzahlenrätsels werden zunächst Zahlen und Trennungsstriche beliebig eingetragen und nachträglich dann die betreffenden Aufgaben gesucht. Dabei ist es sinnvoll und praktisch, von den Resultaten (den eingetragenen Zahlen) auszugehen und durch die jeweils inversen Operationen die zur Aufgabenstellung benötigten Terme zu ermitteln.

2.6.2 *Übungen zur Förderung des kombinatorischen Denkens*

2.6.2.1 Additive Zerlegungen

Jede Zahl läßt sich in eine Summe oder in eine Differenz zerlegen. Um die Anzahl der möglichen Lösungen einzuschränken, sind Regeln vorzugeben, nach denen zerlegt werden muß.

Beispiele:

- Zerlege 947 so in eine Summe, daß die Differenz der beiden Summanden größer als 50, aber kleiner als 60 ist!

Abb. 210:

947 = 499 + 448
 = 500 + 447
 = 501 + 446
 = 502 + 445
 = 503 + 444

- Zerlege 485 in eine Differenz, deren Subtrahend kleiner als 100 ist! Beim Subtrahend muß die Ziffer auf der Zehnerstelle stets um 2 größer sein als die auf der Einerstelle.

Abb. 211:

485 = 505 − 20
 = 516 − 31
 = 527 − 42
 = 538 − 53
 = 549 − 64
 = 560 − 75
 = 571 − 86
 = 582 − 97

Als Darstellungsvarianten können Kreuz und Stern eingesetzt werden (siehe Abb. 71, S. 72 und Abb. 5, S. 37).

- Als Vorübung für Verteilungsaufgaben im Sachrechnen (siehe 8.4.4, S. 385 ff.) empfiehlt sich folgende Zerlegungsart:
- Zerlege die Zahlen 68, 344, 536 und 896 so, daß ein Summand stets den dreifachen Wert des zweiten Summanden aufweist!

Abb. 212:

68 = 17 + 51
344 = 86 + 258
536 = 134 + 402
896 = 224 + 672

2.6.2.2 Verquickung multiplikativer Terme

Bei den folgenden Aufgaben müssen die Schüler stets vom Vielfachen einer Grundzahl (z. B. 48) auf diese Grundzahl (8) schließen, um in einem weiteren Gedankenschritt das entsprechende Vielfache (54) einer anderen Grundzahl (9) zu errechnen. Die beiden Vielfachen sind also durch einen gemeinsamen Multiplikanden (im Beispiel 6) gekennzeichnet.

– Rechen-T:

Im Pfosten und im Balken stehen jeweils die Vielfachen einer Grundzahl. Von den beiden einander entsprechenden Feldern ist nur eines besetzt. Durch einen Schluß auf den – für beide Felder gleichen – Multiplikanden läßt sich der Wert des zweiten Feldes ermitteln. Der gemeinsame Multiplikand kann zur Erleichterung im Kreis des Verbindungsstriches eingetragen werden.

Abb. 213:

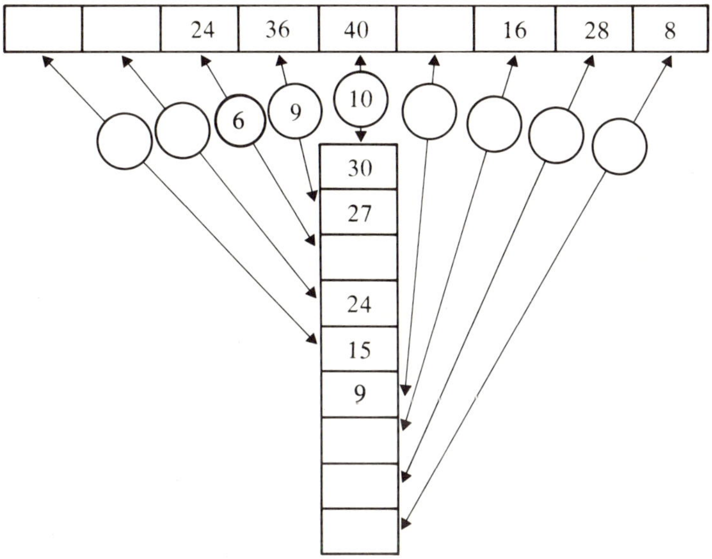

– Zuordnungspyramide:

Der obere bzw. der untere Pyramidenteil entspricht dem Pfosten bzw. dem Balken beim Rechen T. Die Aufgabenstellung erfolgt analog. Diese Form der Darstellung stellt eine Erschwerung dar, da die einander entsprechenden Felder nicht so eindeutig zu erkennen sind und der gemeinsame Multiplikand nirgends vermerkt werden kann.

– Vielfachenturm:

Bei dieser Darstellung sind die Vielfachen der beiden Grundzahlen zeilenweise angeordnet. Für leistungsstarke Schüler kann im Rahmen der Differenzierung ein Turm errichtet werden, wenn man weitere Stockwerke (Zeilen) anfügt. In jedem dieser Stockwerke genügt die Angabe eines Vielfachen, um daraus die gewünschte Reihe erkennen zu können.

– Zielscheibe:

Jeder Balken beinhaltet die Vielfachen einer Grundzahl. Innerhalb eines Kreisringes ist der Multiplikand immer gleich, so daß wiederum von einem Vielfachen auf alle anderen dieses Kreisringes geschlossen werden kann.

2.6.2.3 Fehlende Ziffern ergänzen

Bei einer schriftlichen Addition, Subtraktion oder Multiplikation werden einige Ziffern weggestrichen, die durch Kombination wieder ergänzt werden können. Die Aufgabenstellung kann erschwert werden, wenn bei der Addition oder Subtraktion Übergänge zu berücksichtigen sind.

Abb. 214:

4.3	5.3	19.	.29
+ 52.	− 27.	+ 4.5	− 5.3
.37	.22	.68	18.

53 · .4	.4 · 3.	4. · 9.
3180	2820	4.3.
. . 2	.46	37.
3392	36. .	.606

2.6.2.4 Suchen des größten und kleinsten Produktes

Bei jedem Faktor eines Produkts sind die Ziffern so umzustellen, daß bei der Multiplikation der beiden neu entstandenen Zahlen der Produktwert möglichst groß bzw. klein wird.

Abb. 215:

Ausgangsprodukt:	453 · 287 = 130 011
größtes Produkt:	543 · 872 = 473 496
kleinstes Produkt:	345 · 278 = 95 910

Spannender wird die Aufgabe als Wettspiel, wenn sechs einzelne Ziffern beliebig zu zwei- bis vierstelligen Zahlen zusammengefaßt werden dürfen. Es gewinnt das Kind mit der größten Differenz zweier Produktwerte. Jede Ziffer darf in jeder Rechnung nur einmal eingesetzt werden.

Abb. 216:

Arbeitszahlen: 3, 4, 5, 6, 7, 8

gr. Pr.:	876 · 543 =	475 668	oder:	87 · 6543 =	569 241	oder:	83 · 7654 =	635 282
kl. Pr.:	− 345 · 678 =	− 233 910		− 34 · 5678 =	− 193 052		− 357 · 468 =	− 167 076
Differenz:		241 758			376 189			468 206

2.6.2.5 Rechenvorteile finden

Im Rahmen der Behandlung der Ausgleichsgesetze (siehe unter 2.1.2, S. 65) wurden die Schüler angehalten, den vorteilhaftesten Rechenweg zu suchen, Rechenvorteile auszunützen.

Diese Übung, die sich besonders für das Zehnminutenrechnen eignet, zielt darauf ab, daß sich die Schüler der verschiedenen Wege bewußt werden. Die Lösung erfolgt im Kopf.

Abb. 217:

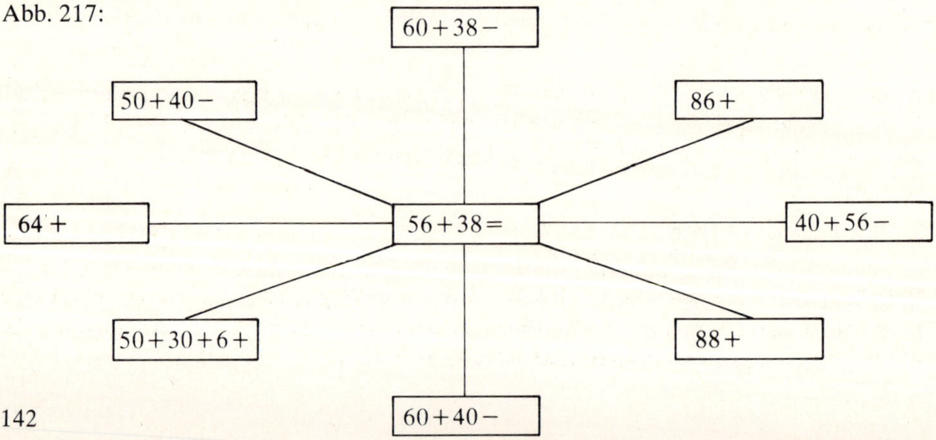

2.6.2.6 Zuordnungspyramide

Zu den im oberen Pyramidenteil vorgegebenen Termen sind Rechenausdrücke mit demselben Wert zu suchen. Im entsprechenden Feld der unteren Pyramide wird nur das Operationszeichen genannt. Außerhalb werden die einzusetzenden Zahlen als Hilfe angeboten.

Abb. 218:

Aufgabe: Setze die folgenden Zahlen so ein, daß in den sich entsprechenden Feldern gleichwertige Terme entstehen: 3, 6; 8; 8; 9; 12; 12; 17; 20; 23; 24; 27; 32; 35; 38; 41; 42; 60; 94; 108

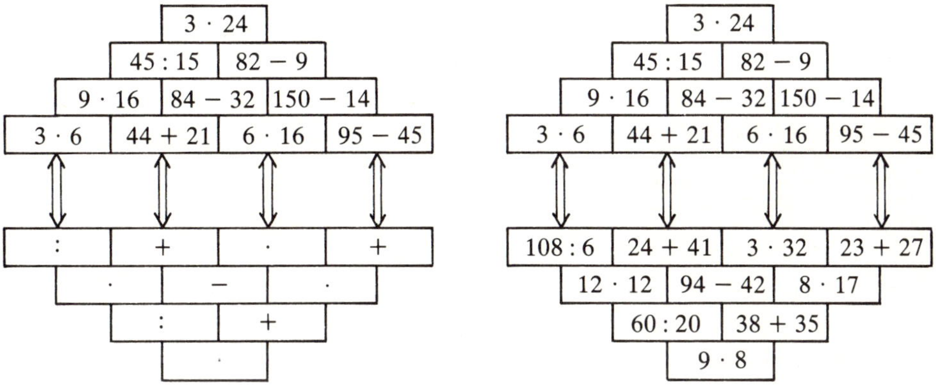

2.6.2.7 Schießbude (aus Maier 1976, S. 131)

Abb. 219:

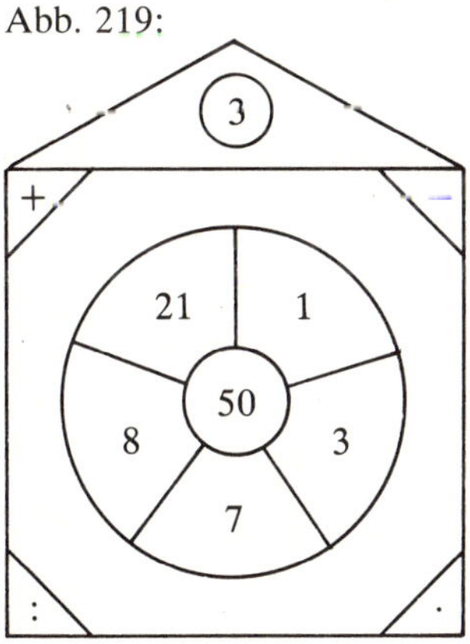

Im Dach der Schießbude steht die Anzahl der erlaubten Rechenoperationen, mit denen die Zielzahl in der Kreismitte erreicht werden muß. Mit jeder Zahl darf nur einmal „geschossen" werden. In den Ecken sind die erlaubten Rechenoperationen angegeben.

Lösung: $3 \cdot 7 = 21$
$21 + 21 = 42$
$42 + 8 = 50$

Beim Erstellen einer Schießbude wird der umgekehrte Weg gegangen. Man notiert sich eine Rechnungsfolge mit drei oder vier Rechenschritten. Das Endresultat wird Zielzahl, die verschiedenen Operationszahlen werden im Kreis notiert.

2.6.2.8 Die Schwalben fliegen lassen (nach Schlagbauer 1978)

Die vier Rechenoperationen plus, mal, minus und geteilt müssen mit sechs vorgegebenen Zahlen ausgeführt werden. Eine Operation, die jedes Kind selbst wählen darf, muß ein weiteres Mal angewandt werden. Jede Zahl darf nur einmal eingesetzt werden. Ihre Reihenfolge und die der Operationen spielt keine Rolle. Es wird jeweils mit dem Ergebnis weitergerechnet.

Ziel:

Die Schüler sollen ein möglichst hohes Endergebnis erreichen. Mehrere Versuche sind zulässig.

Abb. 220:

Arbeitszahlen: 2, 3, 4, 5, 6, 7

Lösungsmöglichkeiten:

4 : 2 = 2	oder: 6 : 2 = 3	oder: 7 − 3 = 4
2 + 5 = 7	· 4 = 12	: 2 = 2
− 3 = 4	− 3 = 9	· 6 = 12
· 7 = 28	+ 5 = 14	+ 4 = 16
· 6 = 168	· 7 = 98	· 5 = 80

2.6.2.9 Wer entdeckt den Zaunkönig? (nach Schlagbauer 1978)

Diese Übung ist das genaue Gegenstück zu „Die Schwalben fliegen lassen". Hier ist das Ziel ein möglichst kleines Ergebnis. Die Regeln sind gleich.

Abb. 221:

Arbeitszahlen: 2, 3, 4, 5, 6, 7

Lösungsmöglichkeiten:

6 · 7 = 42	oder: 6 · 7 = 42	oder: 3 · 5 = 15
− 2 = 40	: 2 = 21	− 7 = 8
: 5 = 8	: 3 = 7	+ 4 = 12
+ 4 = 12	+ 4 = 11	: 6 = 2
: 3 = 4	− 5 = 6	− 2 = 0

2.6.2.10 Zahlenfelder

a) Bei Zahlenfeldern ist in jedem Feld auch ein Operationszeichen mitangegeben:

Abb. 222:

(2) →

+ 8	· 6	+ 5	− 2	: 3	− 7	+ 9
· 8	− 12	: 4	+ 7	· 2	− 3	+ 18
+ 19	− 4	· 2	− 9	+ 13	· 3	− 16
· 9	− 15	: 3	+ 4	· 7	− 18	+ 5
− 8	+ 6	− 17	− 5	· 4	: 2	+ 6
+ 13	− 6	· 6	: 2	+ 19	− 14	· 3
· 4	: 2	· 6	: 3	+ 14	− 8	+ 5

→ ( )

Aufgaben:

- Jede Operation einer Zeile oder Spalte wird mit einer außerhalb genannten Zahl ausgeführt.
- Im Zahlenfeld ist ein Weg eingezeichnet. Die dadurch markierten Operationen sind in der eingezeichneten Reihenfolge auszuführen. Es wird jeweils mit dem Resultat der vorherigen Rechnung weitergearbeitet.
- Die Schüler sollen bei freier Wahl des Weges eine Zielzahl erreichen.

b) Im Zahlenfeld wechseln sich wie bei einem Schachbrett Zahlen und Operationszeichen ab.

Abb. 223: (aus Maier 1976, S. 133)

Welcher Weg führt von der obersten zur untersten Reihe, so daß das Endergebnis der durchwanderten Felder 10 ergibt? Du kannst beliebig zwischen senkrechtem und waagrechtem Fortschreiten wählen (nicht diagonal!). Es gibt mehrere Lösungsmöglichkeiten. Kennzeichne die Quadrate, durch die dein Weg führt!

Beispiel:

5	+	5	·	2	+
·	4	+	3	–	6
2	:	3	+	9	:
+	8	:	2	·	6
4	–	3	+	2	–
+	2	·	8	:	3

2.6.2.11 Operationszeichendreieck

Mit Hilfe von vorgeschriebenen Arbeitszahlen ist eine Zielzahl zu erreichen. Die Reihenfolge der Operationen ist festgelegt (siehe Abb. 443, S. 253).

2.6.2.12 Rechenring

Jeweils zwei von 10 Arbeitszahlen sind so zu verknüpfen, daß das Ergebnis stets wieder eine dieser Arbeitszahlen ist. Mit diesem Wert wird weitergerechnet (siehe Abb. 444, S. 254).

2.6.2.13 Rechenhaus

In den drei „Stockwerken" eines Hauses sind die Arbeitszahlen vorgegeben, die so zu verknüpfen sind, daß bei der Addition, Subtraktion, Multiplikation oder Division von zwei Zahlen der oberen Stockwerke sich als Wert stets eine Zahl aus dem Keller ergibt. Jede Zahl darf nur einmal verwendet werden (siehe Abb. 394, S. 234).

2.6.2.14 Summandenkette

Eine Kette aus mehreren Summanden (Subtrahenden) ist so zu verändern bzw. zu bilden, daß sich ein vorgegebener Wert ergibt. Wird die Kette selbst erstellt, so sind die einzusetzenden Zahlen zur Auswahl vorzugeben (siehe Abb. 395, S. 234).

2.6.2.15 Zielrechnen

Die in einem Zahlenkreis genannten Zahlen sind in der vorgeschriebenen Reihenfolge bei freier Wahl des Rechenzeichens nacheinander zu verknüpfen. Die in der Mitte notierte Zahl ist mit möglichst wenig Rechenschritten zu erreichen. Begonnen wird mit der oben stehenden Zahl.

Abb. 224:

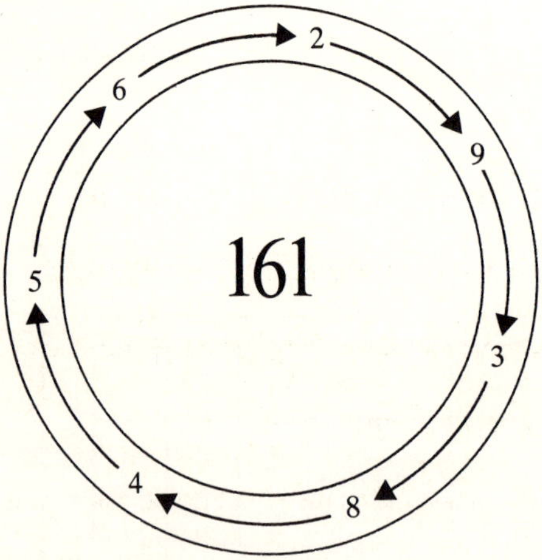

Lösungsmöglichkeiten:

$2 \cdot 9 = 18$
$18 \cdot 3 = 54$
$54 \cdot 8 = 432$
$432 : 4 = 108$
$108 \cdot 5 = 540$
$540 : 6 = 90$
$90 \cdot 2 = 180$
$180 - 9 = 171$
$171 - 3 = 168$
$168 - 8 = 160$
$160 - 4 = 156$
$156 + 5 = \underline{\underline{161}}$

$2 \cdot 9 = 18$
$18 + 3 = 21$
$21 \cdot 8 = 168$
$168 + 4 = 172$
$172 - 5 = 167$
$167 - 6 = \underline{\underline{161}}$

$2 + 9 = 11$
$11 \cdot 3 = 33$
$33 + 8 = 41$
$41 \cdot 4 = 164$
$164 + 5 = 169$
$169 - 6 = 163$
$163 - 2 = \underline{\underline{161}}$

2.6.3 Zahlenfolgen

2.6.3.1 Begriffsbestimmungen

Zahlenfolgen sind eine besondere Form der Kettenrechnung, bei der die Operationsschritte immer gleichbleibend sind.

– Arithmetische Zahlenfolgen sind durch eine gleichmäßige Vergrößerung (bei gleichbleibendem Plus- oder Maloperator) oder Verminderung (bei gleichbleibendem Minus- oder Geteiltoperator) gekennzeichnet.

Beispiele:

Abb. 225:

Operationsschritt bei a: (+ 37)
b: (· 4)
c: (− 958)
d: (: 3)

a) 547, 584, 621, 658, 695, 732
b) 19, 76, 304, 1216, 4864, 19 456
c) 8703, 7745, 6787, 5829, 4871, 3913
d) 5589, 1863, 621, 207, 69, 23

– Bei wechselnden Zahlenfolgen werden zweierlei Operationsschritte eingesetzt, die sich abwechseln.

Abb. 226:

Operationsschritte bei a: (· 7) (− 257)
b: (+ 24) (: 3)

a) 113, 791, 534, 3738, 3481, 24 367
b) 984, 1008, 336, 360, 120, 144

2.6.3.2 Variation der Aufgabenstellung

Der Schwierigkeitsgrad von Zahlenfolgen hängt entscheidend von der Vorgabe ab. Je schwieriger die Art der Aufgabe gewählt wird, desto überschaubarer und einfacher müssen die Zahlen sein.

Wir unterscheiden nach

- Art: Arithmetische oder wechselnde Zahlenfolge
- Umfang:
  a) Die Gesamtzahl der Elemente der Zahlenfolge ist vorgeschrieben durch Leerfelder, Anzahl der Treppenstufen, ...
  b) Die Anzahl der zu findenden Zahlen ist klar umrissen: Ergänze jeweils die nächsten fünf Zahlen!
  c) Eine Grenzzahl ist zu über- oder unterschreiten: Setze die Folge so lange fort, bis du 550 überschritten hast!
- Stellung der Ausgangszahl bei gegebenem Operationsschritt:
  a) am Anfang
  b) am Ende: Die einzelnen Elemente der Folge müssen durch die Umkehroperation zum genannten Operationsschritt errechnet werden.
  c) innerhalb der Folge: Es muß sowohl die gegebene Operation als auch die dazugehörige Umkehroperation ausgeführt werden.
- Stellung der Ausgangszahlen bei gesuchtem Operationsschritt:
  a) am Anfang
  b) am Ende
  c) innerhalb der Folge.

  Bei arithmetischen Zahlenfolgen sind mindestens drei, bei wechselnden mindestens 5 aufeinanderfolgende Elemente vorzugeben. Die Schüler sind darauf hinzuweisen, daß auch bei wechselnden Reihen eine Gesetzmäßigkeit vorliegen muß.

Abb. 227:

Beispiele für die Regel bei arithmetischen Folgen:

+ 12	+ 13	+ 14	+ 15	+ 16	+ 17 ...	
· 2	· 3	· 4	· 5	· 6 ...		
−4	−104	−204	−304	−404 − ...		
: 2	: 4	: 8	: 16 ...			

Beispiele für die Regel bei wechselnden Folgen:

+ 2	· 2	+ 3	· 3	+ 4	· 4	+ 5 ...
+ 12	−14	+ 16	−18	+ 20	−22 ...	
· 6	: 3	· 12	: 6	· 24	: 12	· 48 ...

2.6.3.3 Variation der Notation

- Einfache Folge: Setze die Folge fort, bis du ... überschritten hast!
- Zahlenschlange: Die Zahl der Leerfelder schreibt die Anzahl der zu errechnenden Glieder vor (siehe Abb. 43, S. 57).
- Tabelle (siehe Abb. 44, S. 58).
- Zielscheibe: Auf jedem Balken werden zwei aufeinanderfolgende Zahlen eingetragen. Die restlichen drei sind zu errechnen. Der Operationsschritt bleibt innerhalb eines Balkens gleich (siehe Abb. 6, S. 37).

Variante: Die Zahlen einer Folge stehen jeweils auf einem Kreisring.

– Rechentreppe: Durch die Vorgabe zweier aufeinanderfolgender Zahlen können die restlichen Glieder einer arithmetischen Folge bestimmt werden.

2.6.4 Magische Quadrate

2.6.4.1 Kennzeichen der magischen Quadrate

Allen Zauberquadraten ist gemein, daß sich sowohl bei der Addition der Zahlen jeder Zeile als auch bei der Addition jeder Spalte der gleiche Summenwert ergibt. Selbst beim Addieren der Zahlen der Diagonalfelder kommt dieser Wert heraus.
Das Viererquadrat weist zusätzlich die Besonderheit auf, daß auch bei der Addition der Zahlen der vier Eckquadrate und des Mittelquadrates dieser Summenwert auftritt.

Abb. 228:
Dreierquadrat

5	12	7
10	8	6
9	4	11

3	13	8	16
18	6	11	5
15	9	14	2
4	12	7	17

13	26	9	22	5
6	14	27	10	18
19	7	15	23	11
12	20	3	16	24
25	8	21	4	17

Addition der Zeilen:

5 + 12 + 7 = 24	3 + 13 + 8 + 16 = 40	13 + 26 + 9 + 22 + 5 = 75
10 + 8 + 6 = 24	18 + 6 + 11 + 5 = 40	6 + 14 + 27 + 10 + 18 = 75
9 + 4 + 11 = 24	15 + 9 + 14 + 2 = 40	19 + 7 + 15 + 23 + 11 = 75
	4 + 12 + 7 + 17 = 40	12 + 20 + 3 + 16 + 24 = 75
		25 + 8 + 21 + 4 + 17 = 75

Addition der Spalten:

5 + 10 + 9 = 24	3 + 18 + 15 + 4 = 40	13 + 6 + 19 + 12 + 25 = 75
12 + 8 + 4 = 24	13 + 6 + 9 + 12 = 40	26 + 14 + 7 + 20 + 8 = 75
7 + 6 + 11 – 24	8 + 11 + 14 + 7 = 40	9 + 27 + 15 + 3 + 21 = 75
	16 + 5 + 2 + 17 = 40	22 + 10 + 23 + 16 + 4 = 75
		5 + 18 + 11 + 24 + 17 – 75

Addition der Diagonalen:

5 + 8 + 11 = 24	3 + 6 + 14 + 17 = 40	13 + 14 + 15 + 16 + 17 = 75
7 + 8 + 9 = 24	16 + 11 + 9 + 4 = 40	5 + 10 + 15 + 20 + 25 = 75

Beim Viererquadrat:

Addition der Eckquadrate:

3 + 13 + 18 + 6 = 40
8 + 16 + 11 + 5 = 40
15 + 9 + 4 + 12 = 40
14 + 2 + 7 + 17 = 40

Addition des Mittelquadrates:

6 + 11 + 9 + 14 = 40

2.6.4.2 Stufung im Schwierigkeitsgrad

Grundsätzlich ist der Summenwert vorzugeben, wenn nicht zu seiner Berechnung alle Zahlen in einer Zeile, Spalte oder Diagonale genannt sind. Der Schwierigkeitsgrad der Aufgabe hängt von der Anzahl der noch einzutragenden Zahlen und von deren Größe ab.

- In jeder Zeile bzw. Spalte fehlt nur eine Zahl.
- Die Vorgabe der Zahlen wird auf ein Minimum reduziert, d. h. manche Felder lassen sich erst besetzen, wenn zuvor schon andere Zahlen errechnet wurden.

Abb. 229:

5		
	8	
6		11

3	13		16
18	6	11	
4			17

13			22	5
	14	27	10	
	7		23	11
12			16	
25	8		4	17

- Nur die Mittelzahl (beim Dreier- bzw. Fünferquadrat) ist genannt. Bei dieser und der folgenden Variante sind die einzusetzenden Zahlen anzugeben.
- Die Position keiner Zahl ist bekannt.

Bei den beiden zuletzt genannten Formen empfiehlt es sich, wenn sich die Schüler das Grundfeld aufzeichnen, Kärtchen in der entsprechenden Größe zuzuschneiden und darauf jeweils eine der einzusetzenden Zahlen einzutragen.
So können die Schüler die Kärtchen beliebig verschieben und ohne viel Schreibarbeit alle möglichen Anordnungen ausprobieren. In analoger Weise könnte auch im Werken ein Spiel „Zauberquadrat" aus Holz angefertigt werden.

2.6.4.3 Das Erstellen von magischen Quadraten

Um die Anwendbarkeit dieser Übungsform mit stets geänderten Zahlen zu gewährleisten, wird die allgemeine Formel zur Berechnung der einzusetzenden Zahlen genannt. Grundsätzlich gilt zu berücksichtigen, daß es neben der aufgezeigten Form zahlreiche, ebenfalls richtige Varianten der Zahlanordnung gibt, die durch Drehung bzw. Vertauschung der Zeilen und Spalten entstehen.

Dreierquadrat:

Abb. 230:

Ausgangszahl a: $a > 4$

Summenwert: 3a

$a - 3$	$a + 4$	$a - 1$
$a + 2$	a	$a - 2$
$a + 1$	$a - 4$	$a + 3$

Beispiel: $a = 9$

$3 \cdot 9 = 27$

6	13	8
11	9	7
10	5	12

Viererquadrat:

Abb. 231:

Ausgangszahl a: a > 8

Summenwert: 4a

a − 7	a + 3	a − 2	a + 6
a + 8	a − 4	a + 1	a − 5
a + 5	a − 1	a + 4	a − 8
a − 6	a + 2	a − 3	a + 7

Beispiel: a = 12

4 · 12 = 48

5	15	10	18
20	8	13	7
17	11	16	4
6	14	9	19

Fünferquadrat:

Abb. 232:

Ausgangszahl a: a > 12

Summenwert: 5a

a − 2	a +11	a − 6	a + 7	a −10
a − 9	a − 1	a +12	a − 5	a + 3
a + 4	a − 8	a	a + 8	a − 4
a − 3	a + 5	a −12	a + 1	a + 9
a +10	a − 7	a + 6	a −11	a + 2

Beispiel: a = 20

5 · 20 = 100

18	31	14	27	10
11	19	32	15	23
24	12	20	28	16
17	25	8	21	29
30	13	26	9	22

2.6.4.4 Die Ableitung neuer Quadrate

Hat man ein Quadrat erstellt, so lassen sich davon beliebig viele, weitere Quadrate ableiten.

- Jede Zahl wird mit 2, 3, 4 . . . vervielfacht. Als Summenwert ergibt sich ebenfalls das Zwei-, Drei- Vier . . .fache des ursprünglichen.
- Jede Zahl wird additiv um b vergrößert. Der Summenwert erhöht sich dementsprechend beim Dreierquadrat um 3b, beim Viererquadrat um 4b und beim Fünferquadrat um 5b.

Beispiele:

Das Ausgangsquadrat ist jeweils das in Abb. 228 aufgezeigte.

Dreierquadrat:

Abb. 233:

Ausgangszahl: 4 · 9 = 36

Summenwert: 4 · 27 = 108

24	52	32
44	36	28
40	20	48

9 + 7 = 16

27 + (3 · 7) = 48

13	20	15
18	16	14
17	12	19

Viererquadrat:

Abb. 234:

Ausgangszahl: 5 · 12 = 60 | 12 + 43 = 55
Summenwert: 5 · 48 = 240 | 48 + (4 · 43) = 220

25	75	50	90
100	40	65	35
85	55	80	20
30	70	45	95

48	58	53	61
63	51	56	50
60	54	59	47
49	57	52	62

Fünferquadrat:

Abb. 235:

Ausgangszahl: 6 · 20 = 120 | 20 + 17 = 37
Summenwert: 6 · 100 = 600 | 100 + (5 · 17) = 185

108	186	84	162	60
66	114	192	90	138
144	72	120	168	96
102	150	48	126	174
180	78	156	54	132

35	48	31	44	27
28	36	49	32	40
41	29	37	45	33
34	42	25	38	46
47	30	43	26	39

2.7 Größen

Als Größen bezeichnet man alle Angaben, die aus einer Maßzahl und einer Maßeinheit bestehen.

Abb. 236:

Maß-zahl	Maß-einheit
18	mm
29	l
317	Pf
43 589	kg
41 248	m^2

2.7.1 Gebräuchliche Maßeinheiten und ihre Abkürzungen

Die folgende Aufstellung enthält nur die Grundmaßeinheiten. Zusammengesetzte Einheiten (Geschwindigkeit u. ä.) und solche aus dem physikalischen Bereich (Arbeit, Leistung, Stromstärke . . .) werden nicht erfaßt.
Da in den verschiedenen, lernmittelfrei zugelassenen Schulbüchern unterschiedliche Abkürzungen zu finden sind, werden alle angegeben, die Normmaße eingekreist.

Abb. 237:

2.7.1.1 Geld

Deutsche Mark – DM
Pfennig – Pf

2.7.1.2 Längen

Millimeter – mm
Zentimeter – cm
Dezimeter – dm
Meter – m
Kilometer – km

2.7.1.3 Massen (Gewichte)

Gramm – g
Kilogramm – kg
Doppelzentner – dz
Tonne – ⓣ; to

2.7.1.4 Flächen

Quadratmillimeter – mm^2
Quadratzentimeter – cm^2
Quadratdezimeter – dm^2
Quadratmeter – m^2
Ar – a
Hektar – ha
Quadratkilometer – km^2

2.7.1.5 Hohlmaße

Milliliter – ml
Liter – l
Hektoliter – hl

2.7.1.6 Volumina

Kubikmillimeter – m^3
Kubikzentimeter – cm^3
Kubikdezimeter – dm^3
Kubikmeter – m^3

2.7.1.7 Zeitspannen

Sekunde – Sek.; sec; (s)
Minute – Min.; (min)
Stunde – Std.; (h)
Tag – Tg.; (d)
Woche – Wo.; Wch.
Monat – Mon.; Mn.
Jahr – Jh.; a.

2.7.2 Umrechnungen

Da mit Ausnahme der Zeitmaße alle Einheiten dekadisch aufgebaut sind, gilt es, dies bei Umrechnungen zu berücksichtigen.
Zusammenstellungen erleichtern den Schülern das Verständnis.

Abb. 238:

2.7.2.1 Zehnteilige Maße

10 mm = 1 cm
10 cm = 1 dm
10 dm = 1 m

2.7.2.2 Hundertteilige Maße

100 mm^2	=	1 cm^2	100 Pf	=	1 DM
100 cm^2	=	1 dm^2	100 l	=	1 hl
100 dm^2	=	1 m^2	100 kg	=	1 dz
100 m^2	=	1 a			
100 a	=	1 ha			
100 ha	=	1 km^2			

2.7.2.3 Tausendteilige Maße

1000 mm^3	=	1 cm^3	1000 m	=	1 km
1000 cm^3	=	1 dm^3	1000 g	=	1 kg
1000 dm^3	=	1 m^3	1000 kg	=	1 t
			1000 ml	=	1 l

2.7.2.4 Operatordarstellung

Zur Verdeutlichung der operativen Zusammenhänge zwischen den einzelnen Maßeinheiten bzw. den Maßzahlen eignen sich Operatordarstellungen.

Abb. 239:

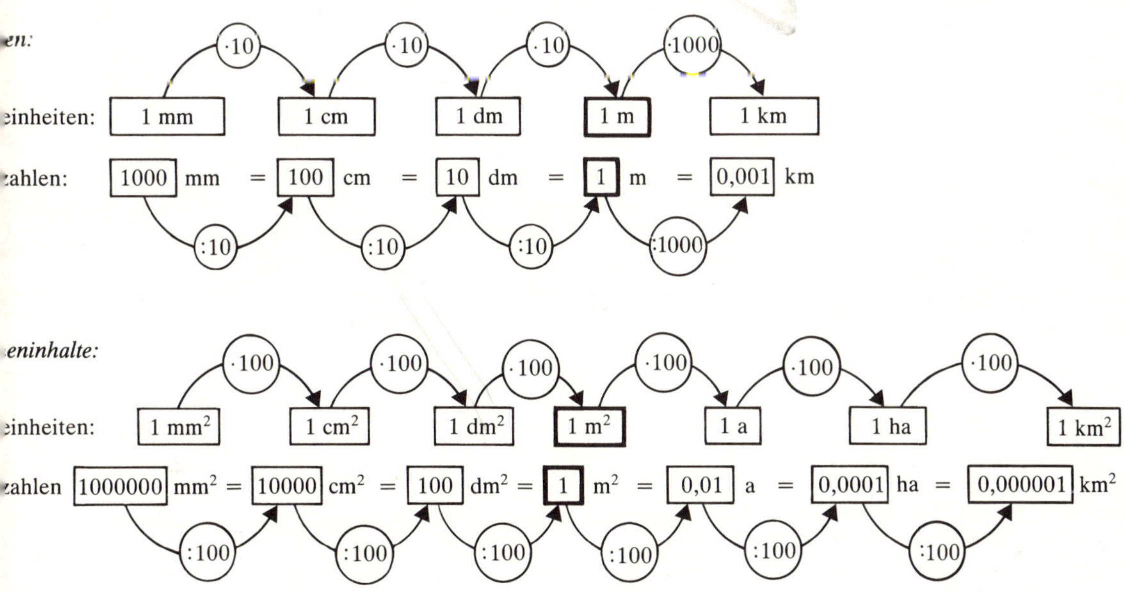

Rauminhalte:

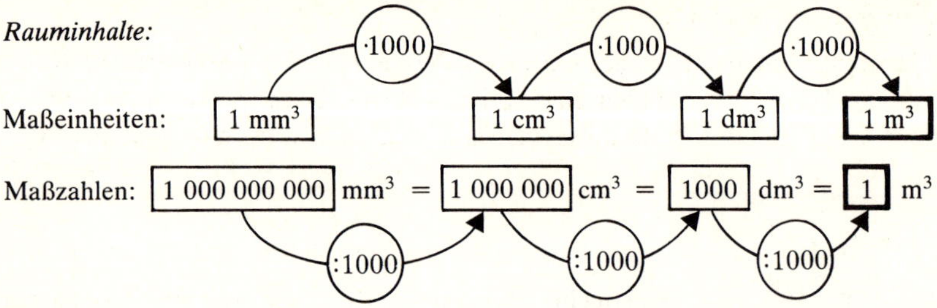

Massen:

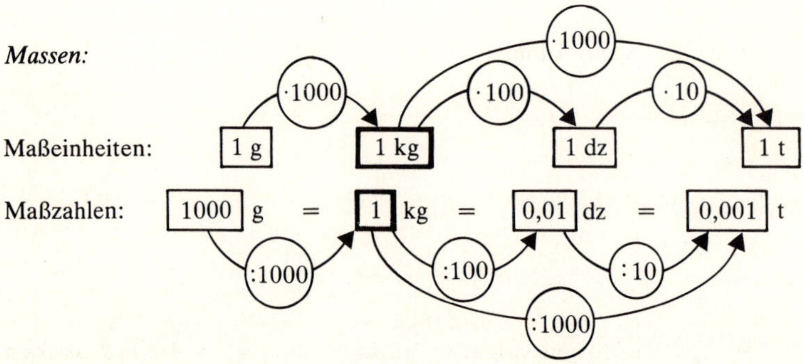

Zeitspannen:

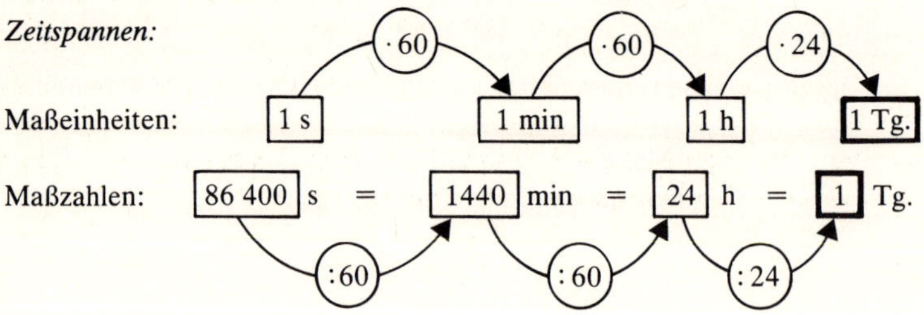

2.7.3 Schreibweise von Größen

Bei der Notation von Größen gibt es dreierlei Möglichkeiten.

Abb. 240:

- Alleinige Verwendung der kleineren Maßeinheit:
  427 Pf; 1835 kg 3247 l 9457 m²
- Verwendung von zwei Maßeinheiten:
  4 DM 27 Pf; 1 t 835 kg; 32 hl 47 l; 94 a 57 m²
- Dezimalschreibweise:
  4,27 DM; 1,835 t; 32,47 hl; 94,57 a.

Die Umwandlung von einer Schreibweise in eine andere ist zu üben und permanent zu wiederholen.
Neben der Gleichungsform bieten sich folgende Variationsmöglichkeiten an:

- Tabelle:

Die Größen weisen spaltenweise den gleichen Wert auf. Innerhalb einer Zeile ist stets eine Notationsart beizubehalten (analog Abb. 465, S. 264).

– Rechen-T/Zuordnungspyramide:

Innerhalb des Pfostens (Balkens bzw. der einzelnen Pyramidenteile) wird stets eine Notationsart beibehalten. Im entsprechenden zugeordneten (achsensymmetrischen) Feld wird dieselbe Größe in einer anderen Notationsart aufgeschrieben (analog Abb. 466 und 467, S. 264 f.).

2.7.4 Rechnen mit Größen

Größen spielen vor allem im Sachrechnen eine überragende Rolle. Zur Vorbereitung darauf sind auch isolierte Übungen anzusetzen.

2.7.4.1 Ergänzen auf die nächste ganze Einheit

– Gleichungsdarstellung

Abb. 241:

425 cm + □ cm = 5 m
8,37 hl + □ hl = 9 hl
8 m 13 cm + □ cm = 9 m

– Rechen-T

Die Ausgangsgrößen werden im Pfosten vorgegeben, die nächste ganze Einheit wird im Querbalken vermerkt. Die Ergänzungszahl kann im Feld des Verbindungsstriches notiert werden.

2.7.4.2 Vergleich von Größen

Durch die Verwendung verschiedener Maßeinheiten wird der Vergleich erschwert, weil zur Bestimmung des Relationszeichens zuvor umgewandelt werden muß.

Darstellungsvarianten:

– Gleichungsform:

Abb. 242:

4,130 kg > 4120 g
4,31 kg ○ 4301 g
4013 g ○ 4,031 kg

– Rechen-T:

Querbalken und Pfosten sind mit Größen ähnlicher Ziffernfolge besetzt. Im Feld des Verbindungsstriches wird das Relationszeichen eingetragen.

– Zielscheibe:

Alle Felder sind mit Größen besetzt. Innerhalb eines Kreisringes sind vergleichbare anzugeben. Die Schüler notieren die Relationszeichen zwischen den Balken (siehe Abb. 6, S. 38).

– Pfeildiagramm (siehe Abb. 10, S. 40).

2.7.4.3 Addition/Subtraktion von Größen

Sind Größen unterschiedlicher Benennung additiv zu verknüpfen, so müssen sie vorher umgewandelt werden, damit alle die gleiche Maßeinheit aufweisen.

2.7.5 Seltene und ausländische Maße

Fremde Währungen und Maßeinheiten interessieren die Schüler ebenso wie solche aus dem technischen Bereich oder nicht mehr übliche. Durch die Einbeziehung solcher Maße eröffnen sich nicht nur beim Sachrechnen (siehe 8.3.2.3, S. 370) unzählige Aufgabenmöglichkeiten.

Die folgende Aufstellung erhebt keinen Anspruch auf Vollständigkeit. Sie kann und soll nach den regionalen Besonderheiten individuell abgeändert werden.

Da manche Maße früher in den verschiedenen Ländern z. T. erheblich voneinander abwichen, beziehen sich die Umrechnungswerte bei diesen Maßen einheitlich auf ein Land (Bayern).

2.7.5.1 Seltene und nicht mehr gebräuchliche deutsche Maßeinheiten

Abb. 243:

– Stückzahlen:

1 Dutzend = 12 Stück
1 Schock = 60 Stück
1 Gros = 144 Stück

– Längen:

1 Elle = 0,833 m
1 Fuß = 0,2918 m
1 Zoll = $\frac{1}{12}$ Fuß = 2,43 cm
1 Rute = 10 Fuß = 2,918 m

1 geografische Meile = ca. 7500 m
1 deutsche Seemeile = 1852 m
1 Lichtsekunde = rd. 300 000 km
1 Lichtjahr = 9,463 Billionen km

– Hohlmaße und Volumina:

1 Metze = 37,06 l
1 Scheffel = 222,36 l

1 Raummeter = 1 m^3
1 Ster = 1 m^3 (Sondermaß für 1 m lange Holzstämme)

1 Registertonne = 2,832 m^3
(Bruttoregistertonne BRT dient zur Messung des gesamten Schiffsraums, Nettoregistertonne NRT zur Messung des Schiffsladeraums).

– Flächen:

1 Tagwerk = 1 Morgen = 34,07 a (heute wird 1 Morgen mit 25 a angesetzt)
1 Acker = 2 Morgen

– Gewichte:

1 Pfund (Pfd.) = 500 g
1 Zentner (Ztr.) = 100 Pfd. = 50 kg
1 Doppelzentner (dz) = 200 Pfd. = 100 kg
1 Gran = 0,06 g (Apothekergewicht)
1 Unze = ca. 30 g (Apothekergewicht)

2.7.5.2 Fremde Währungen

Vielen Schülern bereitet das Umrechnen fremder Währungen kaum Schwierigkeiten. Bei der Erstellung der Wechselkurse sind die Urlaubserfahrungen der Schüler miteinzubeziehen.

Abb. 244:

Land:	Währung	Abkürzung	Kurs	Umrechnung (rein rechnerisch)
Belgien	belg. Franc (100 Centimes)	bfrs	100 bfrs = 6,23 DM	1 DM = 16,05 bfrs
Dänemark	Krone (100 Öre)	dkr	100 dkr = 32,56 DM	1 DM = 3,07 dkr
Frankreich	franz. Franc (100 Centimes)	FF	100 FF = 43,29 DM	1 DM = 2,31 FF
Griechenland	Drachme (100 Lepta)	Dr	100 Dr = 4,20 DM	1 DM = 23,81 Dr
Großbritannien	Pfund Sterling (100 New Pence)	£	1 £ = 4,81 DM	1 DM = 0,21 £
Italien	Lira	Lit	1000 Lit = 2,11 DM	1 DM = 474 Lit
Jugoslawien	jugosl. Dinar (100 Para)	Din	100 Din = 6,50 DM	1 DM = 15,38 Din
Niederlande	holländische Gulden 6100 Cents)	hfl	100 hfl = 92,09 DM	1 DM = 1,09 hfl
Norwegen	norweg. Krone (100 Öre)	nkr	100 nkr = 38,54 DM	1 DM = 2,59 nkr
Österreich	Schilling (100 Groschen)	öS	100 öS = 14,15 DM	1 DM = 7,07 öS
Schweden	1 Krone (100 Öre)	skr	100 skr = 45,14 DM	1 DM = 2,22 skr
Schweiz	1 Franken (Franc) (100 Rappen)	sfrs	100 sfrs = 110,40 DM	1 DM = 0,91 sfrs
Spanien	Peseta (100 Centimos)	Pta	100 Pta = 2,49 DM	1 DM = 40,16 Pta
USA	US-Dollar (100 Cents)	$	1 $ = 2,00 DM	1 DM = 0,50 $

(Stand: 15. Januar 1981)

2.7.5.3 Umrechnungsübungen

Bei der Umrechnung fremder Währungen ist besonders das überschlagende Rechnen (siehe 1.1.6, S. 50) zu üben, da dem im Ausland eine überragende Bedeutung zukommt.

(öS $\Longrightarrow$ (: 7) ; Lit $\Longrightarrow$ (:100 · 2))

Zur genauen Berechnung empfiehlt sich das Operatorschema, das optimal die wechselseitigen Zusammenhänge verdeutlicht.

Abb. 245:

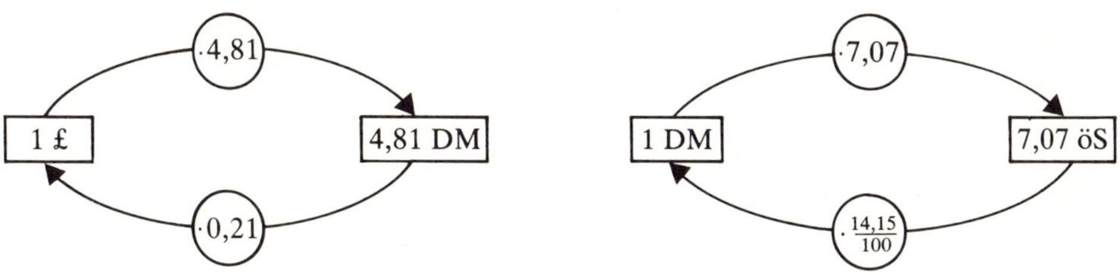

2.7.5.4 Ausländische Maße

Abb. 246:

– Längen:

USA, Großbritannien:	1 Inch = 2,54 cm	1 Mile = 1609,3 m
	1 Foot = 30,43 cm	1 englische Seemeile = 1855 m
	1 Yard = 3 Feet = 0,914 m	
Spanien:	1 Palmo = 20,9 cm	1 Legua = 5555,25 m
	1 Vara = 83,59 cm	
UdSSR:	1 Arschin = 0,7112 m	1 Werst = 1066,8 m
Japan:	1 Sun = 3,033 cm	1 Jo = 3,033 m
China:	1 Tsin = 3,58 cm	1 Tschang = 3,58 m
	1 Tschi = 35,8 cm	

– Hohlmaße:

USA, Großbritannien:	1 Gallon = 3,785 l	1 Barrel = 163,56 l
Spanien:	1 Cantara = 16 l	1 Caluz = 666 l
UdSSR:	1 Kruschka = 1,23 l	1 Botschka = 492 l
Japan:	1 Koku = 180,39 l	

– Gewichte:

USA, Großbritannien:	1 Pound = 454 g	1 Unce = 28,35 g
Spanien:	1 Libra = 460,1 g	1 Quintal = 46,01 kg
UdSSR:	1 russ. Pfund = 409,5 g	1 Berkowitz = 163,8 kg
Japan:	1 Momme = 3,75 g	1 Komme = 3,75 kg
China:	1 Tael = 0,038 kg	1 Pikul = 60,479 kg
	1 Yin = 1,2 kg	
antike Gewichte:	1 Drachme = 4,4 g	1 Talent = 26,3 kg

2.8 Rechenspiele

Spielerische Elemente lockern den Unterricht auf und tragen unbemerkt zur Schulung der Rechenfertigkeit und des operativen Denkens bei.

2.8.1 Partner- und Gruppenspiele

2.8.1.1 Zahlenfußball

Spieler A und B erhalten als „Tore“ jeweils eine Zahl, die jedoch keine Einmaleinszahl sein sollte. Im Spielfeld sind die Arbeitszahlen notiert, die ausschließlich verwendet werden dürfen. Alle vier Grundrechenarten sind erlaubt.
Spieler A beginnt mit der Verknüpfung zweier Arbeitszahlen, Spieler B muß mit dessen Resultat weiterrechnen. So wird abwechselnd immer mit dem Ergebnis des Gegners weitergearbeitet, bis ein Spieler ein „Tor schießt“, d. h. die Torzahl seines Gegners als Ergebnis erhält. Eigentore sind möglich.

Abb. 247:

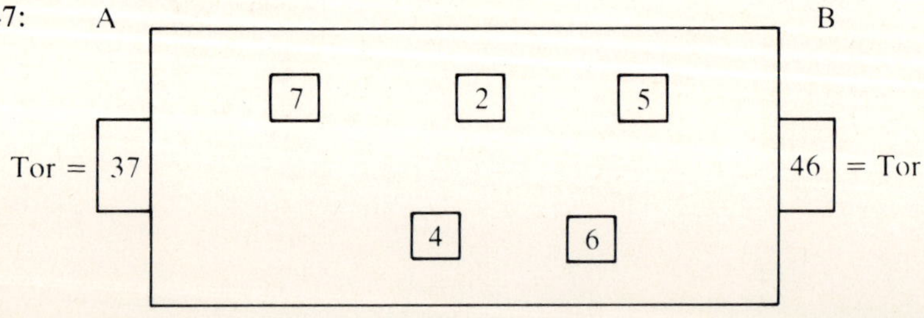

Spieler A: Tor 37
4 · 7 = 28
56 − 7 = 49
43 + 4 = 47
41 + 5 = 46 TOR!!!!
1:0 für A!

Spieler B: Tor 46
28 · 2 = 56
49 − 6 = 43
47 − 6 = 41

Bei diesem Spiel muß jeder andauernd konzentriert mitrechnen, weil er die Aufgabe des Gegners kontrollieren und eventuell dessen nächste, mögliche Aufgabe auch gleich berücksichtigen muß.
Variante: Nur das Produkt von 1 × 1-Aufgaben darf zum Ergebnis des Gegners addiert bzw. subtrahiert werden. Multiplikationen mit 1 sind verboten.

Abb. 248:

Spieler A: Tor 37
6 · 6 = 36
40 + (3 · 3) = 49

Spieler B: Tor 43
36 + (2 · 2) = 40
49 − (3 · 4) = 37 TOR!!!
1:0 für B!

2.8.1.2 Felder belegen

Bei diesem Spiel verwenden die Schüler zwei Hunderterfelder parallel zur Aufgaben- und zur Ergebniskennzeichnung. In dem einen Schema markieren beide Schüler abwechselnd jeweils die Zahlen, die sie zur Aufgabenbildung benötigen, im anderen das Ergebnis mit verschiedenen Zeichen. In jedem Schema darf jede Zahl nur einmal angestrichen werden. Sieger ist, wer die letzte Aufgabe bilden kann.

Abb. 249:

Aufgabenfeld

1	2	3	4	5	6	7	8	9	10
11	12	13	14	15	16	17	18	19	20
21	22	23	24	25	26	27	28	29	30
31	32	33	34	35	36	37	38	39	40
41	42	43	44	45	46	47	48	49	50
51	52	53	54	55	56	57	58	59	60
61	62	63	64	65	66	67	68	69	70
71	72	73	74	75	76	77	78	79	80
81	82	83	84	85	86	87	88	89	90
91	92	93	94	95	96	97	98	99	100

Ergebnisfeld

1	2	3	4	5	6	7	8	9	10
11	12	13	14	15	16	17	18	19	20
21	22	23	24	25	26	27	28	29	30
31	32	33	34	35	36	37	38	39	40
41	42	43	44	45	46	47	48	49	50
51	52	53	54	55	56	57	58	59	60
61	62	63	64	65	66	67	68	69	70
71	72	73	74	75	76	77	78	79	80
81	82	83	84	85	86	87	88	89	90
91	92	93	94	95	96	97	98	99	100

Schüler A (Symbol:X)
10 + 20 = 30
8 · 7 = 56
1 · 77 = 77
. . .

Schüler B (Symbol: ◯)
100 : 50 = 2
99 − 14 = 85
6 · 12 = 72
. . .

2.8.1.3 Bass-Spiel

Dieses Spiel eignet sich vorzüglich zur Wiederholung und Sicherung von Einmaleinsreihen. Reihum wird fortlaufend gezählt. Soll das 1×1 mit 7 geübt werden, so muß an Stelle der Siebenereinmaleinszahlen (7, 14, 21, . . .) „Bass" gesagt werden. Das nächste Kind zählt mit der darauffolgenden Zahl weiter.
Nennt ein Kind eine falsche Zahl (z. B. Die 1×1-Zahl statt Bass), so muß es sich in der Gruppe hinten anordnen. Sieger ist, wer zuletzt vorne sitzt.
Variante: Bei zwei Fehlern scheidet man aus.
Erschwerung: Auch bei allen Zahlen, die die Ziffer 7 enthalten (7, 17 . . .) muß Bass gesagt werden.

Abb. 250:

1 – 2 – 3 – 4 – 5 – 6 – Bass – 8 – 9 – 10 – 11 – 12 – 13 – Bass – 15 – 16 – Bass – 18 – 19 – 20 – Bass – 22 – . . .

In leistungsstarken Gruppen kann vereinbart werden, daß bei den 1×1-Zahlen zweier Reihen und den Zahlen mit den entsprechenden Ziffern „Bass" gesagt wird.

Abb. 251:

Bass mit 6 und 7
1 – 2 – 3 – 4 – 5 – Bass – Bass – 8 – 9 – 10 – 11 – Bass – 13 – Bass – 15 – Bass – Bass – Bass – 19 – 20 – Bass – 22 – . . .

2.8.2 Würfelspiele

Unter 1.1.8 (S. 53) wurden bereits Vorschläge für Würfelspiele unterbreitet, wobei aber der Schwerpunkt auf der Stellung der Ziffer innerhalb einer Zahl, auf dem Bilden von Zahlen lag.
Mit den so gebildeten Zahlen kann vielfältig in Wettkampfform gerechnet werden. Vom Zahlenraum hängt es ab, wieviel Würfel gleichzeitig benützt werden, wieviel Stellen die einzelnen Zahlen haben sollen.
Die Spiele werden spannender, wenn bei manchen Würfeln die Augen 1, 2, 3 und 4 überklebt werden und man dafür 7, 8, 9 und 0 aufzeichnet.

2.8.2.1 Punktevergabe

Nach jeder Spielrunde werden die Punkte vergeben:
- Nur der erste erhält einen Punkt.
- Der erste erhält drei Punkte, der zweite einen.
- Jeder Spieler erhält Punkte. Je nach Spielerzahl wird gestaffelt: 6 – 5 – 4 – 3 – 2 – 1 Punkte.

2.8.2.2 Siegerermittlung

Je nach Art der Aufgabe wird der Sieger ermittelt.
- Bei Endlosspielen ist Sieger, wer bei Spielabbruch (bzw. nach der vorher festgesetzten Zeit) die meisten Punkte besitzt.
- Bei Additions- oder Subtraktionsketten wird Sieger, wer zuerst die Zielzahl überschreitet bzw. Null erreicht oder
- wer nach der vereinbarten Rundenzahl die höchste Gesamtsumme aufweist.

2.8.2.3 Additive Würfelrechnungen

- Jeder Schüler würfelt mit mehreren Würfeln einmal. Er bildet die größte und die kleinste Zahl. Die größte/kleinste Summe oder Differenz dieser beiden Zahlen ist siegbringend.
- Die in den einzelnen Runden gewürfelten größten/kleinsten Zahlen werden addiert.
- Die Schüler benützen nur einen Würfel, mit dem sie mehrmals hintereinander würfeln. Vor jedem Wurf müssen sie bereits festlegen, auf welche Stelle die gewürfelte Augenzahl gesetzt wird. Die so erzielte Zahl wird der maximal zu erreichenden Zahl gegenübergestellt. Die Differenz wird errechnet. Sieger ist das Kind mit dem geringsten Unterschied.
- Jede Augenzahl wird einem beliebigen, vorher für alle verbindlich vereinbarten Wert zugeordnet. Die Schüler addieren die ihren gewürfelten Punkten entsprechenden Werte. Rundensieger wird das Kind mit der höchsten Summe.

Abb. 252:

1 bedeutet 400 000	4 bedeutet 300
2 bedeutet 80 000	5 bedeutet 90
3 bedeutet 7 000	6 bedeutet 6

Würfelt ein Kind mit 5 Würfeln z. B. zweimal die 2 und dreimal die 3, so erreicht es die Punktezahl:

$$\begin{array}{r} 2 \cdot 80\,000 \\ +\,3 \cdot 7\,000 \end{array} \qquad \begin{array}{r} 160\,000 \\ +\;\;21\,000 \\ \hline 181\,000. \end{array}$$

- Die Schüler würfeln mit mehreren Würfeln jeweils einmal. Die Rundenzahl wird vereinbart.

Abb. 253:

1. Runde: größte Zahl
2. Runde: kleinste Zahl subtrahieren
3. Runde: größte Zahl addieren
4. Runde: kleinste Zahl subtrahieren
5. Runde: größte Zahl addieren

. . .

Sieger wird das Kind mit dem größten Endergebnis.

2.8.2.4 Multiplikative Würfelrechnungen

Will man die Multiplikation zweistelliger Zahlen üben, so wird mit vier Würfeln gespielt, von denen jeweils zwei als eine Einheit betrachtet werden, mit deren Summe bzw. Produkt die Rechnungen ausgeführt werden.
Bei den Zahlenbeispielen wird zur leichteren Überschaubarkeit die Rechnung nur mit zwei Würfeln erklärt. Es wird davon ausgegangen, daß mit dem ersten (roten) Würfel eine drei und mit dem zweiten (grünen) Würfel eine 5 erzielt wurde.

Abb. 254:

- Die Würfelzahlen werden miteinander multipliziert: $3 \cdot 5 = 15$
- Die Summe (Differenz) der beiden Würfelzahlen wird mit der kleineren/größeren Zahl vervielfacht: $(3+5) \cdot 3 = 45$ oder: $(5-3) \cdot 5 = 10$
- Vom Produkt der beiden Würfelzahlen ist deren Summe abzuziehen:
  $(5 \cdot 3) - (5 + 3) = 15-8 = 7$

- Die Summe und die Differenz der beiden Würfelzahlen sind miteinander zu multiplizieren: $(5+3) \cdot (5-3) = 16$
- Die jeweils verdoppelten Würfelzahlen werden miteinander multipliziert: $(3 \cdot 2) \cdot (5 \cdot 2) = 60$
- Die Würfelzahl des roten Würfels zählt immer doppelt: $(2 \cdot 3) \cdot 5 = 30$
- Die Summe wird mit der Punktezahl des grünen Würfels vervielfacht: $(5+3) \cdot 5 = 40$
- Die Schüler bilden mit den beiden geworfenen Augenzahlen eine zweistellige Zahl und addieren/subtrahieren deren Punktwert:

  $53 + (3 \cdot 5) = 68$ oder: $35 + (3 \cdot 5) = 50$

  $53 - (3 \cdot 5) = 38$ oder: $35 - (3 \cdot 5) = 20$
- Der Produktwert dreier Würfel wird in jeder Runde mit einer vorher festgelegten Zahl additiv verknüpft.

Variante: Die Würfel werden gleichzeitig zur Zahlbildung herangezogen

Abb. 255:

		Variante:
1. Runde:	$582 + (3 \cdot 5 \cdot 4) = 642$	$543 + (3 \cdot 5 \cdot 4) = 603$
2. Runde:	$1487 - (2 \cdot 6 \cdot 6) = 1415$	$662 - (2 \cdot 6 \cdot 6) = 590$
3. Runde:	$809 + (4 \cdot 3 \cdot 3) =$	$433 + (4 \cdot 3 \cdot 3) =$
4. Runde: . . .		
. . .		
10. Runde:	+ ________	
	Summe: ________	

- Spekulieren:

Die Kinder schreiben untereinander die Zahlen von 1–10 an und setzen dahinter das Malzeichen.
Die mit zwei (drei) Würfeln geworfene Zahl wird sofort bei 1 beginnend dahinter gesetzt und das so entstandene Produkt ausgerechnet.
Sieger wird, wer die größte Summe der 10 Produktwerte hat.
Variante: Die Schüler dürfen ihre Würfelzahl „setzen", aus den noch freien Multiplikanden auswählen. Nachträgliche Änderungen sind nicht erlaubt. Die Schüler erkennen schnell, daß sie ihre Siegchancen erhöhen, wenn sie hohe Würfe hinter hohe Zahlen und kleine Würfe hinter die niedrigen Zahlen setzen.

- Zielwürfeln:

Die beim ersten Wurf gewürfelten Zahlen werden miteinander multipliziert. In den weiteren Runden wird das Ergebnis jeweils mit dem Produkt der beiden gewürfelten Zahlen vervielfacht.

Abb. 256:

Zielzahl: 500 000

	gewürfelte Augen A	Rechnung A	gewürfelte Augen B	Rechnung B
1. Wurf:	3 und 4	$3 \cdot 4 = 12$	1 und 6	$1 \cdot 6 = 6$
2. Wurf:	2 und 5	$12 \cdot 10 = 120$	3 und 6	$6 \cdot 18 = 108$
3. Wurf:	4 und 6	$120 \cdot 24 = 2880$	2 und 3	$108 \cdot 6 = 648$
4. Wurf:	. . .			

– Würfelfußball

Bei diesem Partnerspiel werden jeweils die beiden geworfenen Zahlen miteinander multipliziert. Der Produktwert wird auf glatte Zehner gerundet (Endziffer 0–4 wird abgerundet, bei Endziffer 5–9 wird aufgerundet). Die gerundete Zehnerziffer entspricht der Anzahl der Tore.

Abb. 257:

	Spieler A	Spieler B	Torstand A:B
1. Wurf:	4 und 6	3 und 4	
Produktwert:	$4 \cdot 6 = 24$	$3 \cdot 4 = 12$	
gerundet:	$24 \approx 20$	$12 \approx 10$	
Tore:	2	1	2:1
2. Wurf:	3 und 9	6 und 9	
Produktwert:	$3 \cdot 9 = 27$	$6 \cdot 9 = 54$	
gerundet:	$27 \approx 30$	$54 \approx 50$	
Tore:	3	5	5:6
3. Wurf:	5 und 5	1 und 3	
Produktwert:	$5 \cdot 5 = 25$	$1 \cdot 3 = 3$	
gerundet:	$25 \approx 30$	$3 \approx 0$	
Tore:	3	0	8:6

. . .

3. Einführung der Bruchzahlen

3.1 Das Bruchrechnen – ein Problem im Mathematikunterricht der Hauptschule

Untersuchungen an Haupt- und Realschulen belegen immer wieder, daß das Bruchrechnen zu den mathematischen Bereichen gehört, die am wenigsten verstanden werden. Die Gründe hierfür liegen sowohl an der komplizierten mathematischen Struktur des Bruchzahlbegriffes als auch am methodisch einseitig ausgerichteten Unterricht.

3.1.1 Mehrschichtigkeit des Begriffes Bruch

Im Begriff „Bruch" spiegeln sich mehrere Aspekte wider, die auch ihren Niederschlag in der Didaktik gefunden haben.

3.1.1.1 Die Bruchzahl als Funktion

Diese Auffassung der Bruchzahl orientiert sich am konkret vollziehbaren Vorgang, bei dem ein „Ganzes" – z. B. ein Stab – in mehrere, gleich große Teile „gebrochen" wird. Jeder einzelne dieser Bruchteile wird entsprechend der dabei entstandenen Anzahl als die Hälfte von ..., ein Drittel von ..., ein Viertel von ... bzw. als $\frac{1}{2}$, $\frac{1}{3}$, $\frac{1}{4}$ von ... bezeichnet.

	Teil		Bruchzahl	Ganzes
15 cm in 5 gleich große Teile „gebrochen" => 3 cm :	3 cm	=	$\frac{1}{5}$ von	15 cm
100 l auf 20 Gefäße gleichmäßig verteilt => 5 l :	5 l	=	$\frac{1}{20}$ von	100 l
1000 m in vier gleich lange Abschnitte unterteilt => 250 m:	250 m	=	$\frac{1}{4}$ von	1000 m.

Die Ableitung von Bruchzahlen mit anderen Zählern als 1 erfolgt entweder durch die additive bzw. multiplikative Verknüpfung der Bruchteile ($\frac{1}{5} + \frac{1}{5} + \frac{1}{5} = \frac{3}{5}$; $5 \cdot \frac{1}{7} = \frac{5}{7}$) oder durch die Teilung mehrerer Ganzen ($3 : 5 = \frac{3}{5}$; $5 : 7 = \frac{5}{7}$). Vor allem beim zweiten Weg wird die Sichtweise deutlich, Bruchzahlen als eine andere Schreibweise für Quotienten zu betrachten.

Wird bei der Einführung einseitig die Funktionsauffassung bevorzugt, so sind folgende Punkte zu beachten, die das Verständnis des Bruchzahlbegriffes erschweren können:

- Anders als bei den natürlichen Zahlen wird durch die Bruchzahl an sich noch nichts über die Größe des Bruchteils ausgesagt. Erst durch Nennung des Bezugsganzen sind hierüber Aussagen möglich.
- Bei einer gleich großen Ausgangseinheit wird der einzelne Bruchteil kleiner, je größer der Nenner wird. Bei Bruchzahlen mit verschiedenen Nennern ist kein Vergleich möglich.
- Die Erklärung der Multiplikation bzw. Division von Brüchen ist nur schwer möglich.

3.1.1.2 Die Bruchzahl als Operator

Ein Bruch kann auch als eine Handlungsanweisung, als ein Operator aufgefaßt werden, der entsteht, wenn eine Operatorkette aus genau einem Multiplikations- und einem Divisionsoperator verkürzt wird, deren Operatorzahlen teilerfremd sind.

„Es ist offensichtlich nicht möglich, für den Multiplikationsoperator (·3) und den Divisionsoperator (:4) einen Ersatzoperator zu finden. Wir fassen daher diese Verkettung als einen neuen eigenständigen Operator, Bruchoperator genannt, auf" (Griesel 1973, S. 98).

Abb. 258:

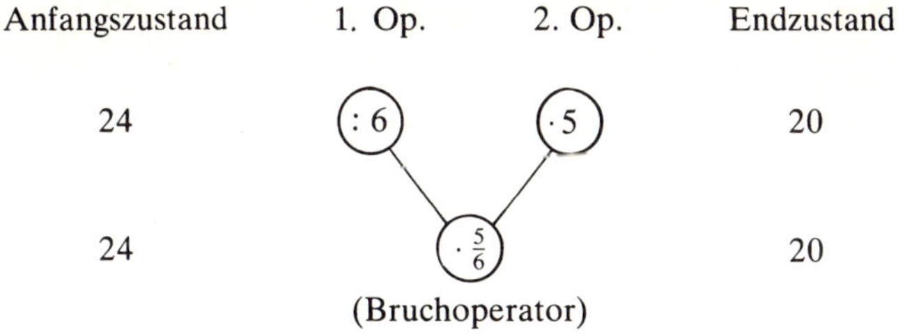

Die Operatorzahl des Multiplikationsoperators wird dabei zum Zähler, die des Divisionsoperators zum Nenner.
Im Gegensatz zur oben dargelegten Funktionsauffassung drückt hier der Bruch keinen Zustand aus, sondern schreibt die Art der vorzunehmenden Veränderung des Anfangszustandes vor.
Der große Vorteil der Operatorauffassung kommt bei den multiplikativen Operationen mit Bruchzahlen zum Tragen, die sich als längere Operatorketten leichtverständlich darstellen lassen. Selbst die Erklärung der Division durch Bruchzahlen fällt mit Hilfe des Umkehroperators nicht schwer.
So einfach sich die multiplikativen Operationen darlegen lassen, so schwierig gestaltet sich die Erklärung der additiven Verknüpfungen, vor allem bei ungleichnamigen Brüchen. Hauptschülern wird dieser Vorgang mit der Operatorauffassung allein nicht plausibel zu machen sein.

3.1.1.3 Die Bruchzahl als Verhältnisangabe

Aus der zuerst genannten Auffassung, wonach die Bruchteile nicht für sich allein, sondern stets mit dem Ganzen zusammen betrachtet werden müssen, läßt sich ableiten: „Jede Bruchzahl gibt ein Verhältnis an, das zwischen der Größe eines Ganzen und eines Teiles dieses Ganzen besteht. Wer ein Viertel einer Schokoladentafel abbricht, hat einen Bruchteil, der mit der ganzen Tafel in einem Größenverhältnis von 1 zu 4 steht. Drei Viertel Meter stellen eine Länge dar, die zur Länge des ganzen Meters im Verhältnis 3:4 steht. Brüche können daher auch als Verhältnisangaben betrachtet werden" (Maier 1972, S. 110).
Dieser Aspekt des Bruchbegriffs erweist sich als dienlich, wenn die Gleichheit von Brüchen zu erarbeiten ist, da der Bruch dann als Quotient geschrieben werden kann, für den die multiplikativen Ausgleichsgesetze (siehe 2.1.4, S. 72) Gültigkeit haben. Werden Dividend und Divisor mit derselben Zahl multipliziert oder beide durch dieselbe Zahl dividiert, so ändert sich der Wert des Quotienten nicht.

Abb. 259:

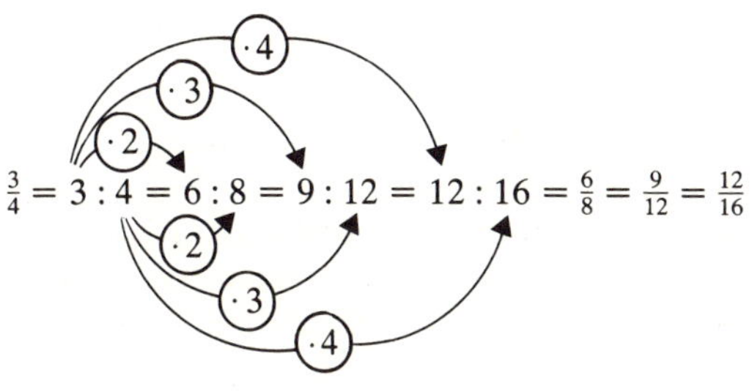

„Wenn in der Schule mehr über Verhältnisse und weniger über Brüche geredet würde, dann würden die Schüler besser verstehen, daß mehrere Brüche dasselbe Verhältnis darstellen können“ (Dienes 1978, S. 526).
Aber auch bei dieser Auffassung des Bruchzahlbegriffes können die additiven Operationen kaum verständlich eingeführt werden, so daß sich auch dieser Aspekt nicht als alleiniger Ansatzpunkt für das Bruchzahlverständnis eignet.

3.1.1.4 Bruchzahlen als neue Art von Zahlen

Werden Bruchzahlen zusammen mit natürlichen Zahlen auf einem Zahlenstrahl eingetragen, so macht die umfangreiche Zunahme der Eintragungen deutlich, daß diese rationalen Zahlen den Zahlenraum erweitern.

Diese Erweiterung ist notwendig, um

- bei Messungen, die „nicht aufgehen“, die Maßreste in Bruchteile der Maßeinheit anzugeben. Es entfällt somit das Verwenden zweier Maßeinheiten, z. B. m und cm oder t und kg.
- sicherzustellen, daß jede Division zweier natürlicher Zahlen aufgeht, auch wenn der Dividend kein Vielfaches des Divisors ist.

Diese „neuen Zahlen“ werden nun so gebildet, daß der Quotientenwert als „geordnetes Paar ganzer Zahlen“ (Maier) in Form einer Bruchzahl angeschrieben wird.

Abb. 260:

$$13 : 19 = \frac{13}{19}$$

$$25 : 32 = \frac{25}{32}$$

3.1.2 Ursachenanalyse der Verständnisschwierigkeiten bei der Einführung des Bruchzahlbegriffes

- Die unterschiedlichen Sichtweisen des Bruchzahlbegriffes erschweren das Verständnis, zumal in Mathematik nicht voll ausgebildeten Lehrkräften diese Unterscheidung selbst nicht bewußt ist. In die unterrichtliche Behandlung fließen jedoch Teile jeder Auffassung mit ein, obwohl bei den Schülern hierzu die jeweiligen Grundlagen fehlen.
- Die lernpsychologischen Erkenntnisse der einzelnen Stufen der Abstrahierung (siehe S. 14 ff.) werden außer acht gelassen. Es werden bereits Bruchoperationen gefordert, obwohl der Bruchzahlbegriff noch nicht verinnerlicht wurde. „Das Bruchzahlverständnis läßt sich beim Schüler aber nicht durch Erklärung erreichen. Allein eine Vielzahl operativer Akte verhilft dem Schüler zur Einsicht, zur Gewinnung klarer Vorstellungen“ (Weiser 1975, S. 55).
- Die Stufe des konkreten Handelns wird häufig übersprungen bzw. nur durch den Lehrer demonstriert, so daß die Grundlage jeglicher Anschauung fehlt. Die Schüler sind handelnd mit dem neuen Bereich vertraut zu machen.
- Auch auf der figuralen Stufe begnügt man sich mit einigen wenigen Falt- und Zeichenübungen. Häufig wird nur eine Veranschaulichungshilfe (Torte als Kreis, Schokolade als Rechteck) gewählt, an der die Entstehung der Bruchteile aufgezeigt wird. Man übersieht dabei die Gefahr, daß sich die Kinder vom konkreten Bruchteil nicht loslösen können, daß sich der Prozeß der Verinnerlichung nicht vollzieht. Die Schüler identifizieren dann Brüche wie $\frac{1}{2}$ oder $\frac{1}{4}$ stets mit dem Halb- oder Viertelkreis.

- Für den Bruchbegriff gibt es kein allumfassendes Anschauungsmodell, das zur Erklärung aller Operationen herangezogen werden kann.
- Bei der Einführung der Bruchzahl ging man lange Zeit ähnlich vor wie bei der der natürlichen Zahlen. Man übersah dabei, daß die Bruchzahl ein abstraktes Gebilde ist, zu dessen Gewinnung mindestens zwei Operationsschritte (Unterteilen des Ganzen und additive/multiplikative Vergrößerung des Stammbruches bzw. Zusammenfassung eines Multiplikations- und eines Divisionsoperators) nötig sind. Ein Transfer der bei der Erarbeitung der natürlichen Zahlen gewonnenen Erkenntnisse auf die rationalen Zahlen ist somit nicht möglich.
- Das Beherrschen der Regeln für die Verknüpfung von Brüchen wurde lange Zeit als Ziel der unterrichtlichen Arbeit angestrebt. Es erwies sich als Trugschluß, daß Schüler, die rein formal mit Brüchen rechnen können, auch die Struktur und die bestehenden Zusammenhänge erkannt haben.
- Die Schüler werden durch die Vielzahl der auf sie einströmenden neuen Begriffe verwirrt, zumal sie einige davon mit anderem Sinn schon kennen. Beim Sachrechnen bedeutet z. B. „Erweitern" einen Zuwachs und „Kürzen" eine Verminderung. Beim Bruchrechnen ändert sich dagegen der Wert des Bruches nicht, obwohl Zähler und Nenner ebenfalls größer bzw. kleiner werden.

3.1.3 Konsequenzen für den Unterricht

Aus der aufgezeigten Problematik sachlicher und didaktischer Art bei der Einführung des Bruchzahlbegriffes ergeben sich zwingende Konsequenzen für den Unterricht.

- Die verschiedenen Aspekte des Bruchzahlbegriffes sind dem Schüler bewußt zu machen, d. h. vor einem Operieren mit Brüchen muß der Vorgang der Bruchherstellung, der Bruchunterscheidung, der Bruchfindung und Bruchbenennung im operativen Sinne ausführlich geübt werden.
  Die Abstraktionsstufen sind zu beachten. Auf die konkrete Handlung des „Brechens" darf nicht verzichtet werden. Den Bruch als Operator erfahren die Schüler so als Handlungsanweisung.
- Vielfältige zeichnerische Anschauungsmodelle kontinuierlicher (regelmäßiger), diskontinuierlicher und strukturierter Art bilden die Grundlage jeglicher Abstraktion.
- Bei der Funktionsauffassung ist stets der Bezug zum Ganzen, zur Einheit zu berücksichtigen.
- Die Verbalisierung der Vorgänge durch die Schüler erhält zentrale Bedeutung. Der Gebrauch von Fachtermini wird auf ein Minimum beschränkt. Sind sie notwendig, so werden sie ebenfalls handelnd erarbeitet.
- Der Unterrichtsstoff ist möglichst stark zu strukturieren, so daß in kleinsten Lernschritten vorgegangen werden kann.
- Die Sachzusammenhänge sind operativ zu erarbeiten. „An die Stelle einzelner, isolierter Aufgaben treten Übungsfelder bzw. kombinierte Übungsaufgaben, die das Wiedererkennen mathematischer Strukturen nicht eingleisig, sondern flexibel üben und somit dem Einschleifen einer bestimmten Denkbahn gegensteuern. Diese operativ-variative Behandlung beinhaltet die wiederholte Durcharbeitung unter Variation der Fragestellung, der Situation, der Daten, der Denkmodelle und Darstellungsformen. Dabei kommt es darauf an, mehrere Variationen nebeneinander und in einer überblickbaren Zeitspanne zu bewältigen" (Krippner 1978, S. 460).

3.1.4 Wichtige Begriffe

Da in manchen der lernmittelfrei zugelassenen Schulbüchern nach wie vor viele Fachtermini verwendet werden, erscheint es notwendig, diese zusammenfassend darzulegen.

Bruchzahl/Bruch: „Eine Bruchzahl ist ein abstrakter Begriff. Ihn zu erläutern ist Ziel der Bruchrechnung. Jede Bruchzahl hat verschiedene Namen, die man in Form eines Bruches aufschreibt (analog dazu: die Namen für natürliche Zahlen werden in Form von Ziffernfolgen notiert) . . . Im Unterricht ist es meist möglich, die Begriffe Bruch und Bruchzahl synonym zu verwenden“ (Zahl und Form 5, Lehrerhandbuch S. 124).

Der *Bruchoperator* ist eine mögliche Veranschaulichung einer Bruchzahl, die dem Maschinenmodell entspricht.

Die *Einheit* ist eine willkürliche Größe bzw. Zahl, auf die der Bruchoperator angewendet wird. Im Maschinenmodell entspricht die Einheit der Eingabe, dem Anfangszustand.

Der *Bruchteil* ist eine weitere Größe bzw. Zahl, die durch die Anwendung des Bruchoperators auf die Einheit entsteht. Der Bruchteil entspricht der Ausgabe, dem Endzustand beim Maschinenmodell.

Der *Nenner* entspricht beim Operatormodell dem Divisionsoperator. Bei der Funktionsauffassung gibt er an, in wieviel Teile die Einheit (das Ganze) unterteilt wurde.

Der *Zähler* entspricht beim Operatormodell dem Multiplikationsoperator, bei der Funktionsauffassung der Anzahl der Bruchteile.

Als *Stammbruch* bezeichnet man jeden Bruch mit dem Zähler 1:
$\frac{1}{2}; \frac{1}{3}; \frac{1}{4}; \frac{1}{5}; \frac{1}{6}; \frac{1}{7}; \frac{1}{8}; \ldots$

Der *Standardbruch* ist ein nicht mehr kürzbarer Bruch:
$\frac{2}{3}; \frac{4}{7}; \frac{5}{8}; \frac{9}{11};$

Zu einer *Bruchfamilie* gehören alle Brüche mit gleichem Nenner:
$\frac{1}{5}; \frac{2}{5}; \frac{3}{5}; \frac{4}{5}; \frac{5}{5}; \frac{6}{5}; \frac{7}{5}; \ldots$

Beim *echten Bruch* ist der Zähler kleiner als der Nenner: $\frac{3}{5}; \frac{5}{6}; \frac{7}{9};$

Beim *unechten Bruch* ist der Zähler größer als der Nenner: $\frac{7}{3}; \frac{11}{5}; \frac{25}{12};$

Eine *gemischte Zahl* entsteht, wenn ein unechter Bruch in die entsprechenden Ganzen und den verbleibenden Bruchteil umgewandelt wird: $\frac{3}{2} = 1\frac{1}{2}; \frac{15}{4} = 3\frac{3}{4}; \frac{28}{5} = 5\frac{3}{5};$

Als *Zehnerbruch* wird jeder Bruch mit einer Zehnerpotenz als Nenner bezeichnet:
$\frac{\ }{10}; \frac{\ }{100}; \frac{\ }{1000}$

Wirkungsgleiche Bruchoperatoren/„Wertgleiche“ Brüche: Verschiedene Bruchoperatoren, die bei der Anwendung auf ein und dieselbe, jedoch beliebig zu wählende Zahl dieselbe Veränderung bewirken, nennen wir wirkungsgleich: $\frac{3}{4} = \frac{6}{8} = \frac{9}{12}; \frac{1}{5} = \frac{2}{10} = \frac{3}{15} = \frac{4}{20}$

Eine Äquivalenzklasse einer Bruchzahl besteht aus allen Brüchen, die diese Bruchzahl bezeichnen. Eine Äquivalenzklasse enthält demnach alle Brüche, die durch die Erweiterung eines Standardbruches entstehen.

Als *Erweitern* bezeichnet man den Vorgang, bei dem Zähler und Nenner eines Bruches mit derselben Zahl vervielfacht werden. Es entsteht zwar ein anderer Bruch, der aber ebenfalls dieselbe Bruchzahl bezeichnet.

Beim *Kürzen* werden Zähler und Nenner durch dieselbe Zahl dividiert.

Gleichnamige Brüche besitzen denselben Nenner.

Ungleichnamige Brüche gehören nicht zur selben Bruchfamilie, ihre Nenner sind verschieden.

3.2 Vorbereitende Übungen zur Einführung des Bruchoperators

Um eine Identifizierung von bestimmten Bruchteilen mit der geometrischen Form des Anschauungsmodells ($\frac{1}{2}$ Torte; $\frac{1}{4}$ Kreis; $\frac{1}{2}$ Rechteck) zu vermeiden, soll der Operatoraspekt des Bruchbegriffes vor der Funktionsauffassung berücksichtigt werden. Die Kinder lernen dadurch den Bruch als die Verquickung zweier bekannter Operatoren kennen, für die eine neue Schreibform eingeführt wird.

Da das Rechnen mit Operatoren erst im Zuge der Reform des Mathematikunterrichts in der Volksschule Einzug hielt und so nicht gewährleistet ist, daß alle Schüler mit Operationen dieser Art vertraut sind, empfiehlt sich ein Vorkurs mit ganzzahligen Operatoren, der gegebenenfalls auch schon im Rahmen der Wiederholung der Grundrechenarten eingeplant werden kann, da in den curricularen Lehrplänen zur Einführung des Bruchbegriffes nur verhältnismäßig wenig Zeit zur Verfügung steht.

3.2.1 Einführung des Operators

3.2.1.1 Der Operatoraspekt bei natürlichen Zahlen

Bei jeder natürlichen Zahl ist u. a. auch der Operatoraspekt zu beachten. „Hier bezeichnen Zahlen die Vielfachheit eines Vorgangs und beantworten die Frage: ‚Wie oft?' Die entsprechenden Zahlwörter sind die Zahladverbien einmal, zweimal . . . Beispiel: Wieviel mal kann ich 3 m Schnur von 15 m Schnur abschneiden? Der Operatoraspekt ist nicht auf natürliche Zahlen beschränkt. Auch Bruchzahlen lassen sich als Operatoren deuten: ‚Das dreieinhalbfache des Lohnes usw.'" (Lauter 1979, S. 30).

3.2.1.2 Der Operator als Handlungsanweisung

Im Schulalltag wird jeder Operator als eine Vorschrift aufgefaßt, nach der ein Zustand – sei es eine Zahl oder eine Größe – in einen anderen übergeführt wird. Jeder Operator setzt sich aus einem Operationszeichen und einer Operatorzahl zusammen.

Abb. 261:

Anfangszustand	Operator: Operations-zeichen	Operator: Operator-zahl	Endzustand
18	+	9	27
35	–	12	23
4	·	8	32
54	:	9	6

3.2.1.3 Die Einführung des Begriffes Operator

Bei der Einführung des Begriffes Operator kann am Maschinenmodell der Grundschule angeknüpft werden, bei dem in einer Additions-, Subtraktions-, Multiplikations- oder Divisionsmaschine Zahlen verändert werden. Da es manchmal notwendig sein wird, die Vorstellung des Maschinenmodells wieder wachzurufen, sei hier kurz die entsprechende Darstellung der Multiplikationsmaschine aufgezeigt.

Abb. 262:

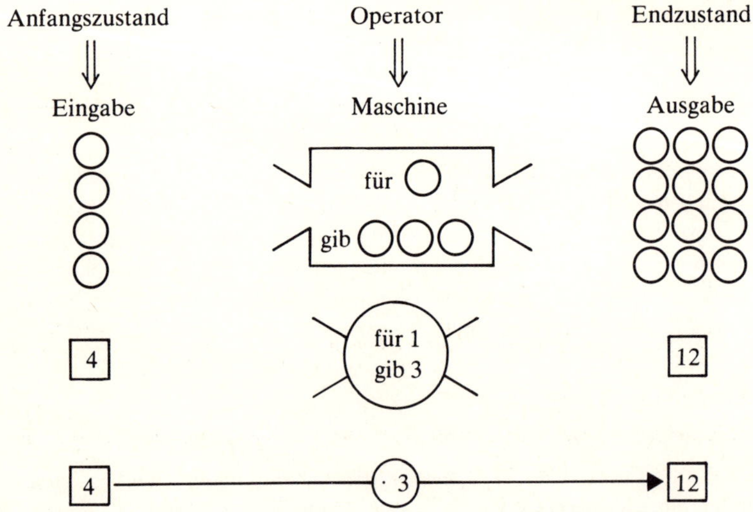

Da für das Bruchrechnen nur Multiplikations- und Divisionsoperatoren von Bedeutung sind, werden in den weiteren Ausführungen die additiven Operatoren außer acht gelassen.

3.2.1.4 Variation der Aufgabenstellung

Im Sinne der operativen Übung ist eine stets gleichbleibende Aufgabenstellung zu vermeiden.

Wir unterscheiden bei Operatorrechnungen drei Grundaufgaben:

a) Endzustand (Ausgabe) gesucht
b) Anfangszustand (Eingabe) gesucht
c) Operator gesucht.

Beispiele:

Abb. 263:

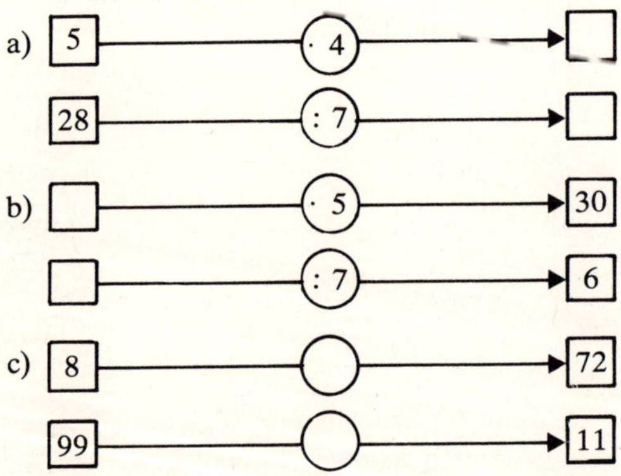

Bei einem gleichbleibenden Operator läßt sich die Darstellung vereinfachen.

Abb. 264:

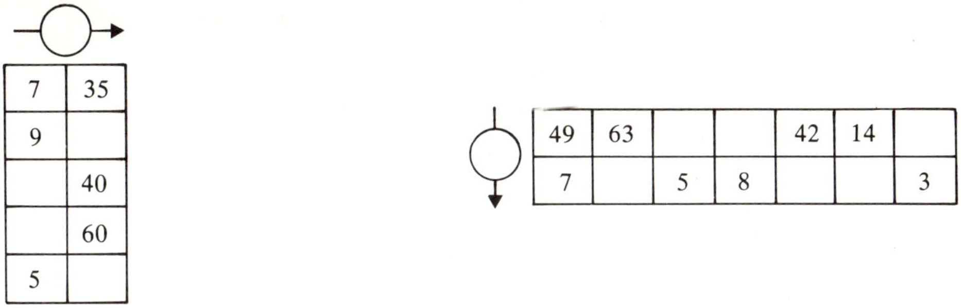

3.2.2 Reine Multiplikations- oder Divisionsoperatorketten

3.2.2.1 Das Erstellen von Operatorketten

Folgen mehrere Multiplikations- oder Divisionsoperatoren nacheinander, so läßt sich die Aufgabe in Form einer Operatorkette notieren.

Abb. 265:

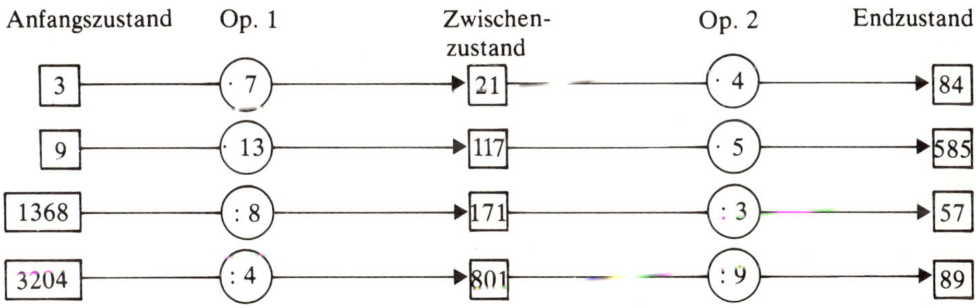

3.2.2.2 Die Vertauschbarkeit der Operatoren

Die Gültigkeit der multiplikativen Rechengesetze ist auch hier zu belegen. Wird die Reihenfolge der Operatoren bei gleichbleibendem Anfangszustand vertauscht, so erkennen die Schüler rasch, daß dies weder bei der Multiplikation noch bei der Division einen Einfluß auf den Endzustand hat. Zur Festigung dieser Erkenntnis sind Aufgabenreihen zu stellen, wo möglichst viele Anordnungsmöglichkeiten der Operatoren zu finden sind.

Abb. 266:

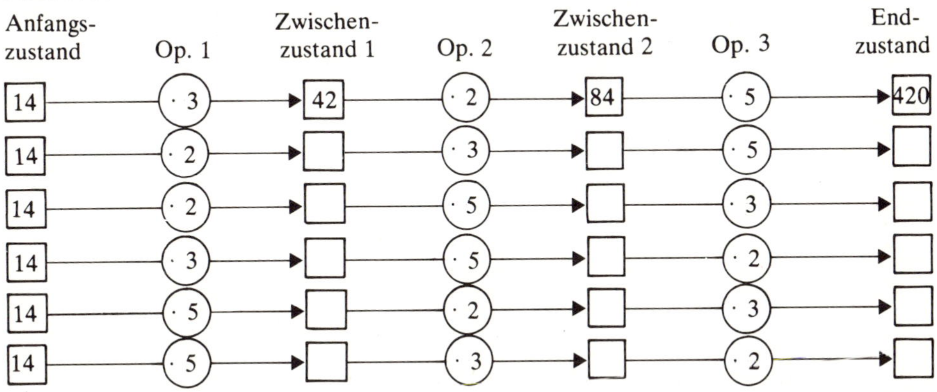

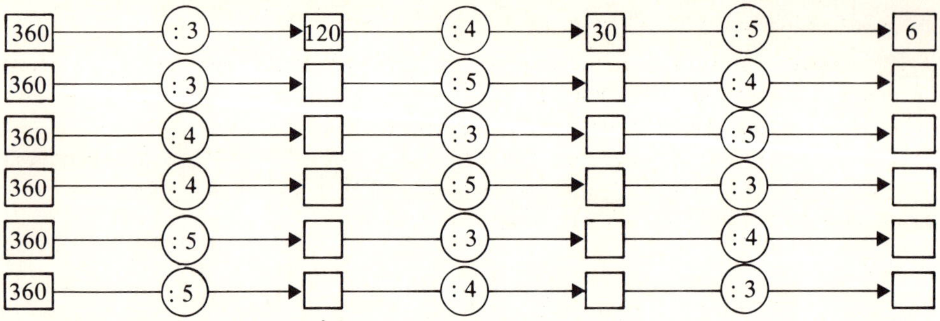

3.2.2.3 Inverse Operatoren

Operatoren mit gleicher Operatorzahl, aber konträren Operationszeichen gelten zueinander als invers, d. h. sie heben sich in der Wirkung auf.

Abb. 267:

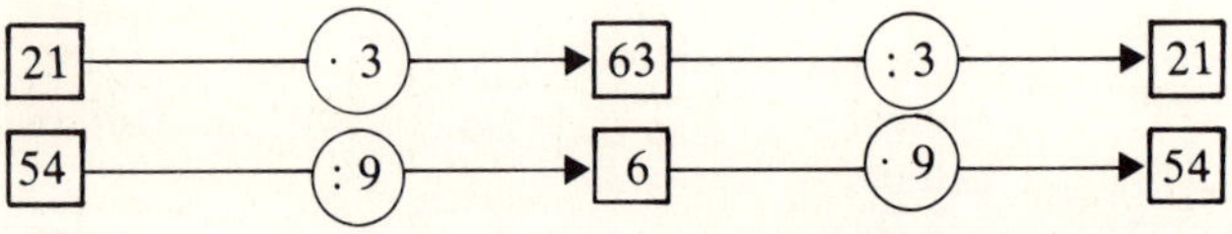

Jeder Multiplikationsoperator wird zu einem Divisionsoperator, wenn man die Richtung der Operation umkehrt.
Ist z. B. der Endzustand und der Operator gegeben, so sind die Schüler gezwungen, zur Lösung die entsprechende inverse Operation auszuführen.

Abb. 268:

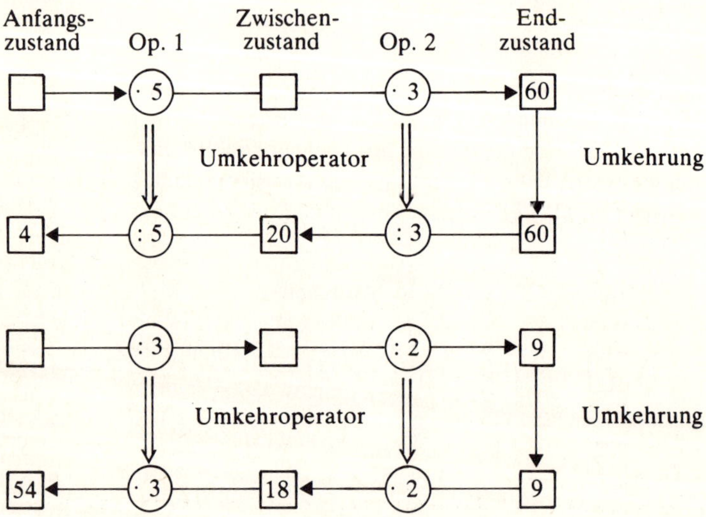

3.2.2.4 Das Verkürzen von Operatorketten

Das Verkürzen von reinen Multiplikations- bzw. Divisionsoperatorketten ist den Kindern schon aus der Grundschule bekannt unter der Aufgabenstellung: „Ersetze die zwei Malmaschinen (Geteiltmaschinen) durch eine einzige, wertgleiche Maschine!"
Werden leicht überschaubare Zahlen gewählt, so erkennen selbst schwächere Schüler, daß jede Operatorkette durch einen einzigen Operator ersetzt werden kann, dessen Operatorzahl gleich dem Produkt der einzelnen Operatorzahlen ist.

Abb. 269:

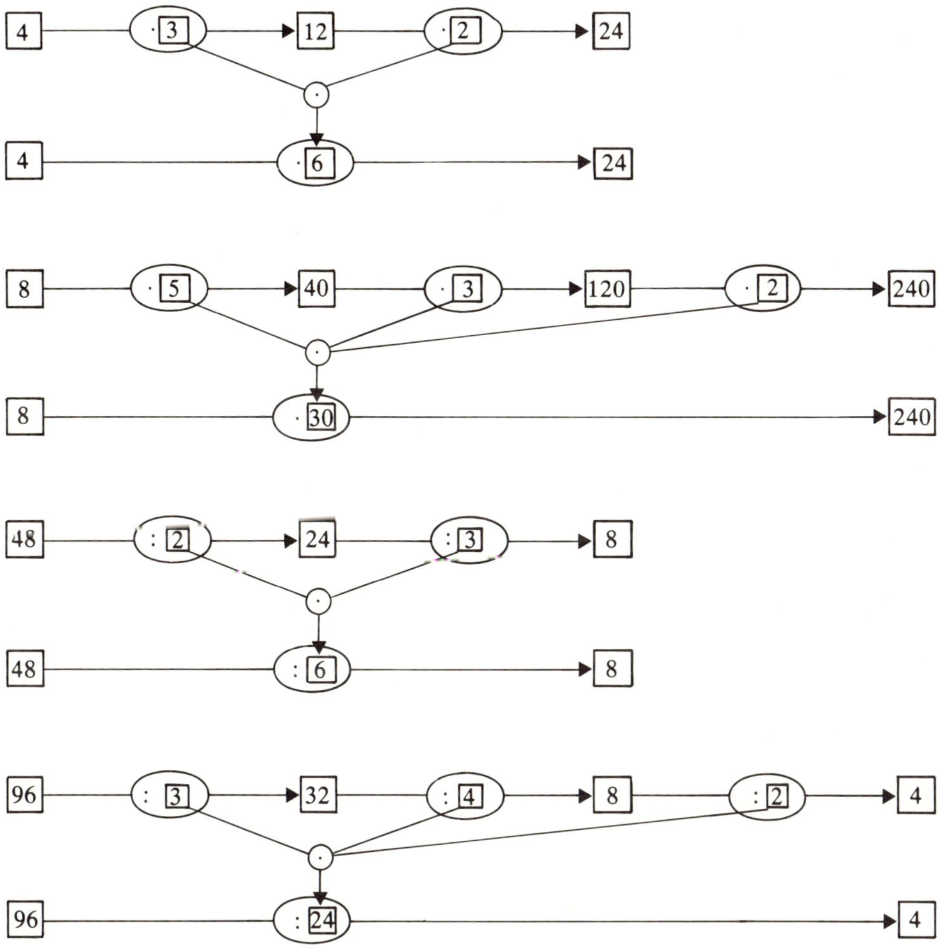

3.2.3 Kombinierte Multiplikations- und Divisionsoperatorketten mit verwandten Operatorzahlen

3.2.3.1 Das Erstellen von Operatorketten mit verwandten Operatorzahlen

Bei dieser unmittelbaren Vorübung zum Bruchoperator ist auf verwandte Operatorzahlen zu achten, d. h. daß z. B. die Operatorzahl des Multiplikationsoperators ein Teiler von der des Divisionsoperators ist bzw. umgekehrt. So ist sichergestellt, daß bei der Verkürzung der Kette die Ersatzoperatorzahl eine natürliche Zahl ist.

Abb. 270:

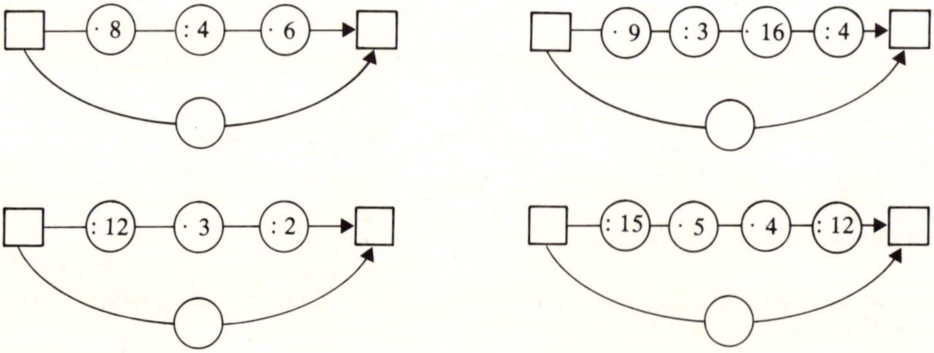

3.2.3.2 Die Verkürzung kombinierter Operatorketten

Der Ersatzoperator wird durch den multiplikativen Vergleich von Anfangs- und Endzustand gefunden.
Um die Gesetzmäßigkeiten bei der Errechnung dieses Ersatzoperators herausarbeiten zu können, werden zwei- und mehrgliedrige Operatorketten durch einen Operator ersetzt. Ist dieser Ersatzoperator gefunden, so wird seine Richtigkeit durch Einsetzen verschiedener Anfangszustände und getrennter Ausrechnung überprüft.

Abb. 271:

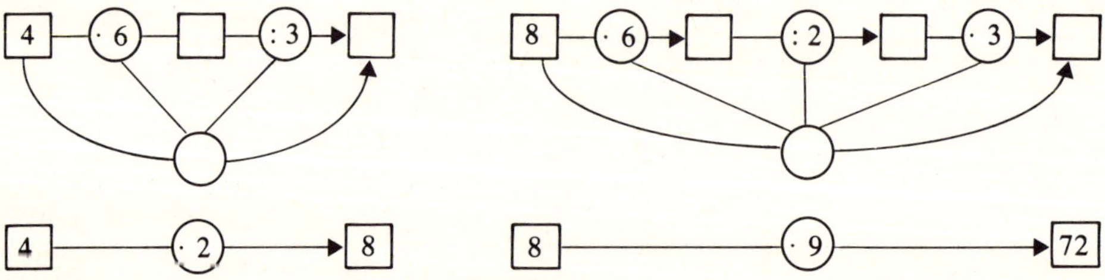

Gib jeweils ein und kontrolliere! 9, 13, 27 ...

3.2.3.3 Die Berechnung des Ersatzoperators

Folgende Gesetzmäßigkeiten sind durch Übungsreihen zu erarbeiten:

- Inverse Operatoren heben sich in der Wirkung auf und können deshalb weggestrichen werden.
- Das Operationszeichen des Ersatzoperators ist gleich dem bei der größeren Operatorzahl.
- Die Ersatzoperatorzahl errechnet sich durch die Division der größeren Operatorzahl durch die kleinere.
- Bei zwei oder mehreren Multiplikations- bzw. Divisionsoperatoren gelten die genannten Regeln für die Produktwerte aller Multiplikations- bzw. aller Divisionsoperatorzahlen.
- Die Reihenfolge der Operatoren innerhalb einer Kette kann vertauscht werden.

Die Übungsreihen sind so anzulegen, daß innerhalb einer Sequenz die Gültigkeit der erkannten Gesetzmäßigkeit möglichst vielseitig belegt wird.

Beispiele:

Abb. 272:

– Der das Operationszeichen bestimmende Operator wird bei einer zweigliedrigen Kette zuerst genannt.

	Einzeloperatoren:	Ersatzoperator
● Mult.op. ist Vielfaches des Div.op.:	—(· 8)—(: 4)→	—(· 2)→
● Div.op. ist Vielfaches des Mult.op.:	—(: 15)—(· 3)→	—(: 5)→

– Der das Operationszeichen bestimmende Operator wird bei einer zweigliedrigen Kette zuletzt genannt.

● Mult.op. ist Vielfaches des Div.op.:	—(: 3)—(· 6)→	—(· 2)→
● Div.op. ist Vielfaches des Mult.op.:	—(· 4)—(: 12)→	—(: 3)→

– Bei einer dreigliedrigen Operatorkette sind zwei der Operatorzahlen verwandt. Sie besitzen konträre Operationszeichen.

● 2 Mult. op.; 1 Mult. op. ist Vielfaches des Div. op.:

	—(· 6)—(: 3)—(· 5)→	—(· 10)→
● Reihenfolge der Op. wird geändert:		
	—(· 6)—(· 5)—(: 3)→	—(· 10)→
	—(· 5)—(· 6)—(: 3)→	—(· 10)→
	—(· 5)—(: 3)—(· 6)→	—(· 10)→
	—(: 3)—(· 6)—(· 5)→	—(· 10)→
	—(: 3)—(· 5)—(· 6)→	—(· 10)→
● 2 Div.op.; 1 Div.op. ist Vielfaches des Mult.op.:		
	—(: 8)—(· 2)—(: 3)→	—(: 12)→
● geänderte Reihenfolge: s. o.		

– Bei einer dreigliedrigen Kette ist das Produkt der zwei Operatorzahlen mit gleichem Vorzeichen ein Teiler der dritten Operatorzahl.

● 2 Mult.op.; 1 Div.op.:	—(· 3)—(· 8)—(: 6)→	—(· 4)→
● geänderte Reihenfolge: s. o.		
● 2 Div.op.; 1 Mult.op.:	—(: 3)—(: 6)—(· 9)→	—(: 2)→
● geänderte Reihenfolge: s. o.		

– Bei einer dreigliedrigen Kette ist das Produkt der zwei Operatorzahlen mit gleichem Vorzeichen ein Vielfaches der dritten Operatorzahl.

- 2 Mult.op.; 1 Div.op.:
- geänderte Reihenfolge: s. o.
- 2 Div.op.; 1 Mult.op.:
- geänderte Reihenfolge: s. o.

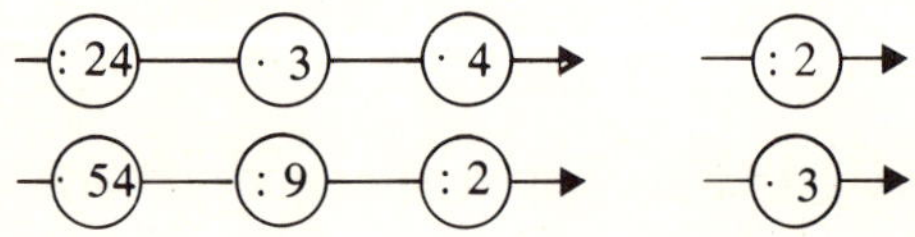

– Für vier- und mehrgliedrige Operatorketten ist stichpunktartig die Richtigkeit dieser Regeln analog zu überprüfen.

3.2.4 Operative Aufgabenstellung mit Operatorketten

Das Verkürzen von Operatorketten stellt eine unabdingbare Voraussetzung für das Erkennen und Bilden von Bruchoperatoren dar. Man sollte sich aber nicht mit dem Aufgabentyp „Endzustand gesucht“ zufriedengeben.

3.2.4.1 Der Anfangszustand ist zu errechnen

Wird der Endzustand und die Operatorkette vorgegeben, so müssen die Schüler die inversen Operationen ausführen, um den Anfangszustand errechnen zu können.

Abb. 273:

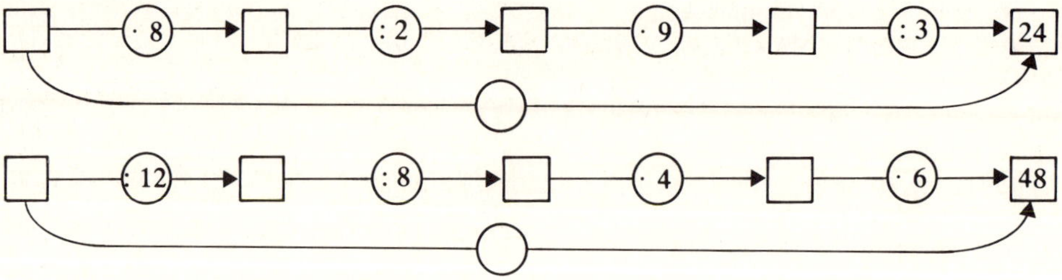

3.2.4.2 Operatorgitter

Bei einem rechteckigen Gitter mit 12, 15, 16, 18 oder 20 Feldern wird vereinbart, daß der Operator stets von links nach rechts bzw. von oben nach unten einzuzeichnen ist. Alle waagrechten Operatoren sind gleich, ebenso alle senkrechten. Bereits mit 3 Angaben (drei benachbarte Zahlen; 2 benachbarte Zahlen und ein Operator) läßt sich das Feld vollenden.

Abb. 274:

Aufgabe:

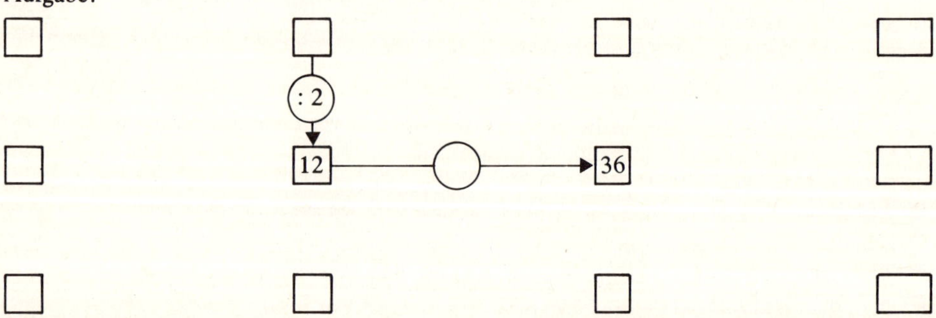

Lösung:

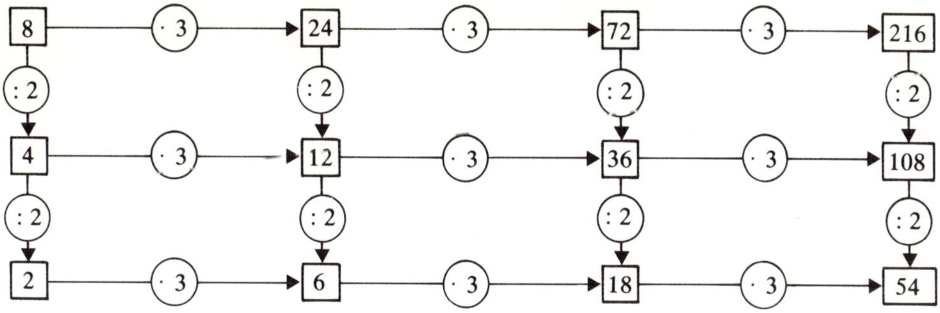

Je nach Leistungsstand der Klasse können auch noch Querverbindungen eingezeichnet werden, für die der Ersatzoperator zu errechnen ist. Hinweise zur Erstellung solcher Gitter finden Sie bei Abb. 196, S. 133 f.

3.2.4.3 Variables Operatorgitter

Die Aufgabe läßt sich abwandeln, wenn zwischen zwei benachbarten Feldern der Operator individuell festgesetzt wird und Querverbindungen eingezeichnet werden.

Abb. 275:

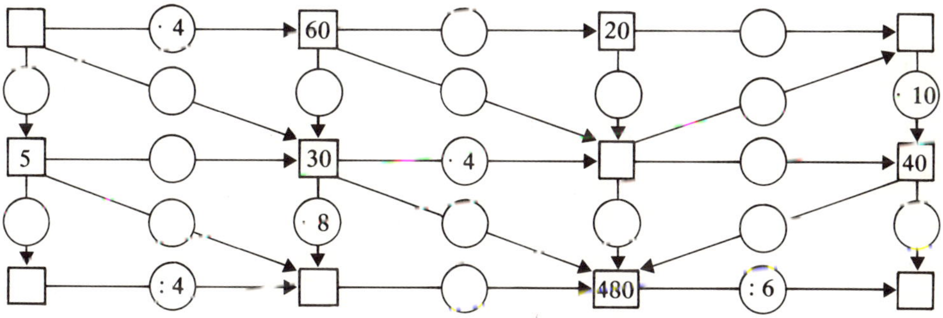

3.2.4.4 Darstellen einer Operatorkette im Baumdiagramm

Die Übertragung einer Operatorkette in ein Baumdiagramm (bzw. auch die Umkehrung) stellt erhöhte Anforderungen an die Schüler.

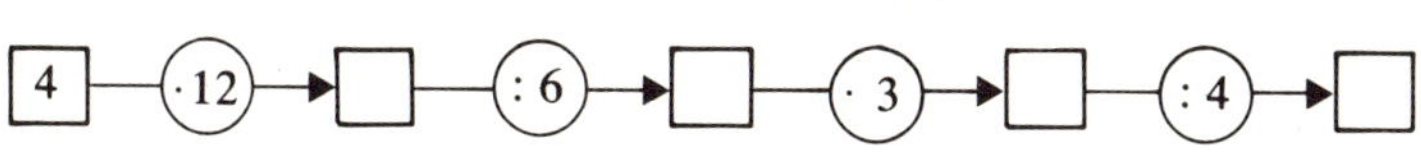

Lösungsmöglichkeiten:

Abb. 276:

Einfache Form:

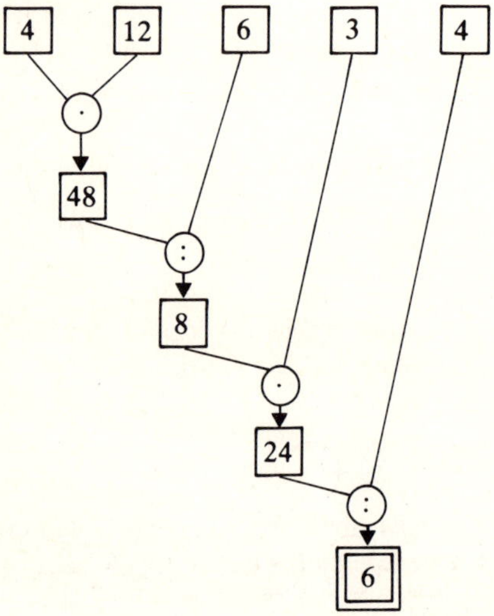

Berücksichtigung von Verkürzungen:

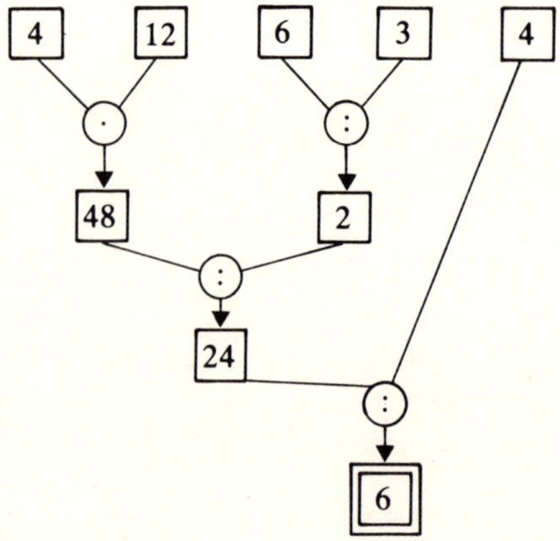

Kurzform:

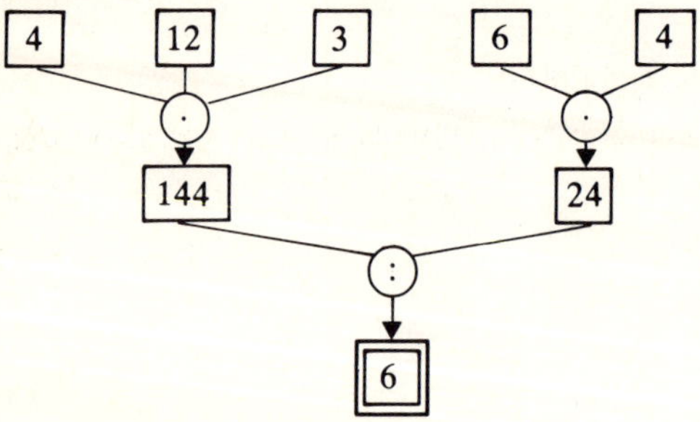

3.2.4.5 Tabelle

Soll die Wirkung eines gleichen Multiplikations- oder Divisionsoperators auf mehrere Zahlen überprüft werden, empfiehlt sich die Tabelle.

Abb. 277:

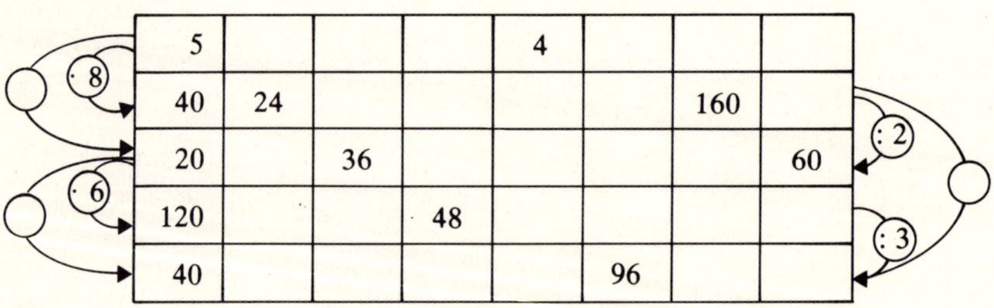

5				4			
40	24					160	
20		36					60
120			48				
40					96		

3.2.4.6 Operatorketten bilden

Den Schülern wird der Ersatzoperator vorgegeben, der durch eine Operatorkette ersetzt werden muß, wobei für die Operatoren Regeln vorgeschrieben werden können.

Vorgeschrieben wird

- Gesamtzahl der Operatoren
- Anzahl der Multiplikationsoperatoren bei beliebiger oder festgesetzter Gesamtzahl
- Anzahl der Divisionsoperatoren
- Multiplikations- und Divisionsoperatoren müssen wechseln; Zahl der Operatoren festgelegt;
- Kette soll möglichst lang werden.

Abb. 278:

Aufgabe: Ersetze den Operator (· 24)!

- **Einzeloperatoren:** —(· 3)—(· 6)—(: 9)—(· 4)—(· 9)—(: 2)—(: 3)—(· 2)→
- **3 Mult.op.; 8 Op. insgesamt:** —(· 18)—(: 3)—(· 16)—(: 4)—(: 3)—(· 12)—(: 2)—(: 2)→
- **wechselnd, 6 insgesamt:** —(· 6)—(: 3)—(· 8)—(: 4)—(· 12)—(: 2)→

3.2.4.7 Zeichnerische Darstellungen von Operatorketten

Der konkrete bzw. zeichnerische Vollzug der Handlungsanweisung wird vor allem den Leistungsschwächeren das Verständnis erleichtern.

- Zeichnerischer Vollzug der Operatoranweisung

Abb. 279:

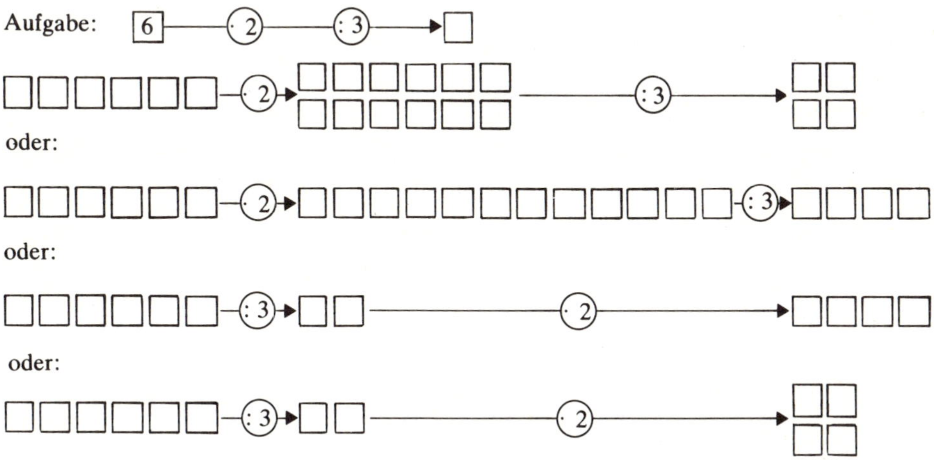

– Aus einer Zeichnung die Operatoren erkennen

Abb. 280:

Aufgabe: Vollende die Zeichnung!
Bestimme die Bedeutung der Pfeile!

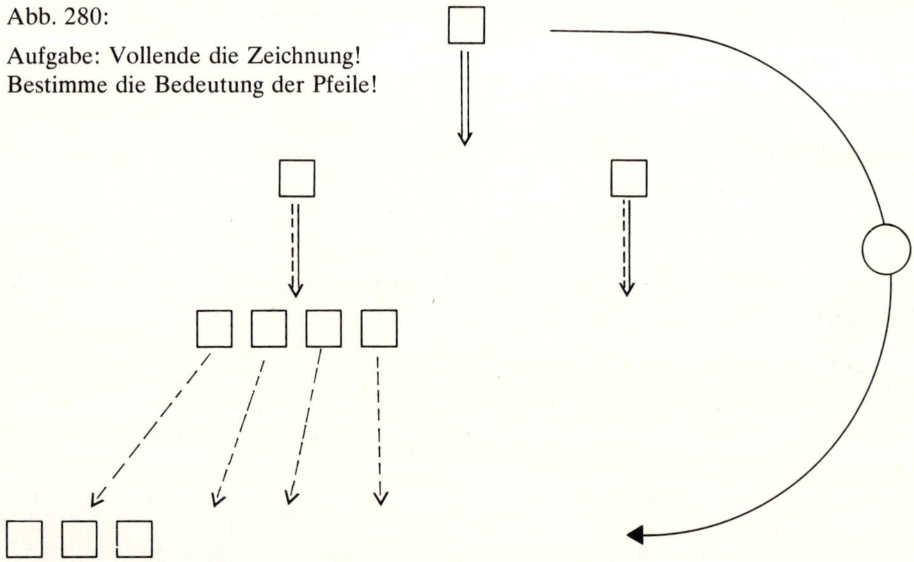

Bedeutung der Pfeile:

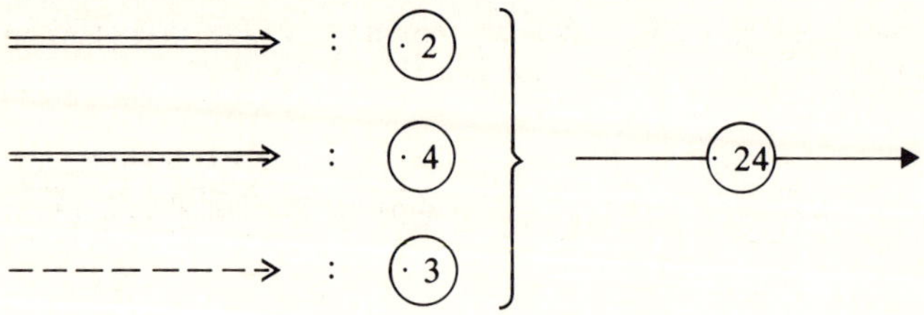

– Zahlenstrahl:

Auf dem oberen Zahlenstrahl wird der Anfangszustand (hier 6), auf dem unteren der Endzustand (hier 4) vermerkt. Auf dem dazwischenliegenden Strahl muß ein ganzzahliger Zwischenzustand (hier 1,2 oder 12) erreicht werden.
Durch Einfügen weiterer Strahlen (Zwischenzustände) läßt sich die Aufgabe erweitern.

Abb. 281:

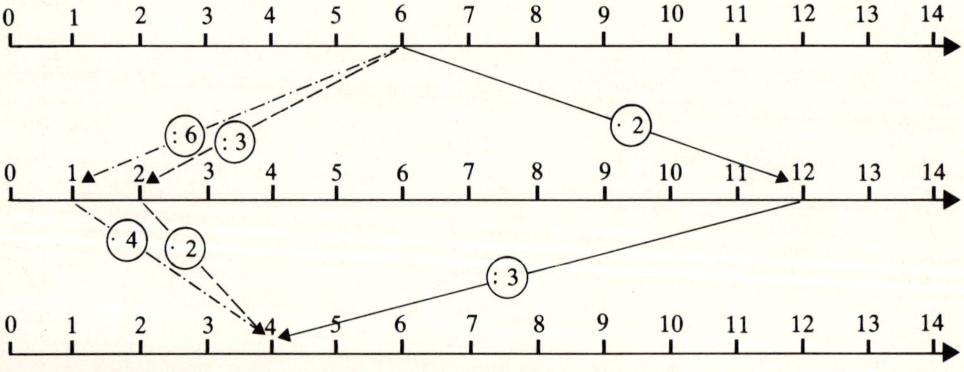

3.3 Bruchzahlen als Bruchoperatoren

Bei der Einführung des Bruchoperators ist stets ein ganzzahliger Anfangs- und Endzustand anzustreben.

3.3.1 Einführung des Bruchoperators

Der Bruchoperator soll als zwingende Notwendigkeit im Rahmen der Verkettung von Multiplikations- und Divisionsoperatoren anfallen.

3.3.1.1 Die Notwendigkeit einer neuen Schreibfigur

Die Schüler müssen Ketten verkürzen, für die es keinen ganzzahligen Ersatzoperator gibt. Die Eingaben sind so zu wählen, daß die Endzustände ganzzahlig sind.

Abb. 282:

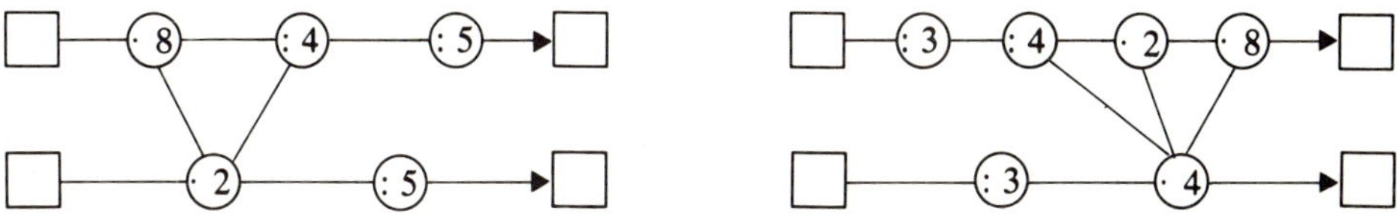

Die beiden nicht mehr verkürzbaren Operatoren werden zu einem neuen, eigenständigen Ersatzoperator – dem *Bruchoperator* – zusammengefaßt, bei dessen Schreibfigur die Divisionsoperatorzahl unter die Multiplikationsoperatorzahl geschrieben wird. Die beiden Operatorzahlen werden durch einen Querstrich voneinander getrennt, als Operationszeichen wird der Malpunkt vereinbart.

Abb. 283:

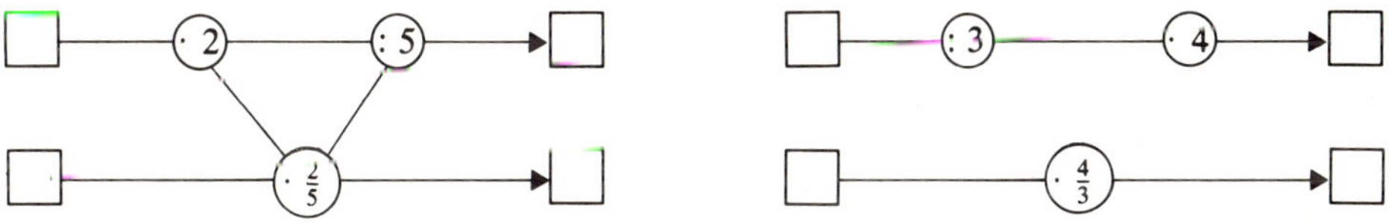

3.3.1.2 Die Vertauschbarkeit der Reihenfolge der Operatoren

Es ist empirisch der Nachweis zu erbringen, daß die Reihenfolge der Operatoren bei gleicher Eingabe keinen Einfluß auf die Ausgabe, den Endzustand hat.

Abb. 284:

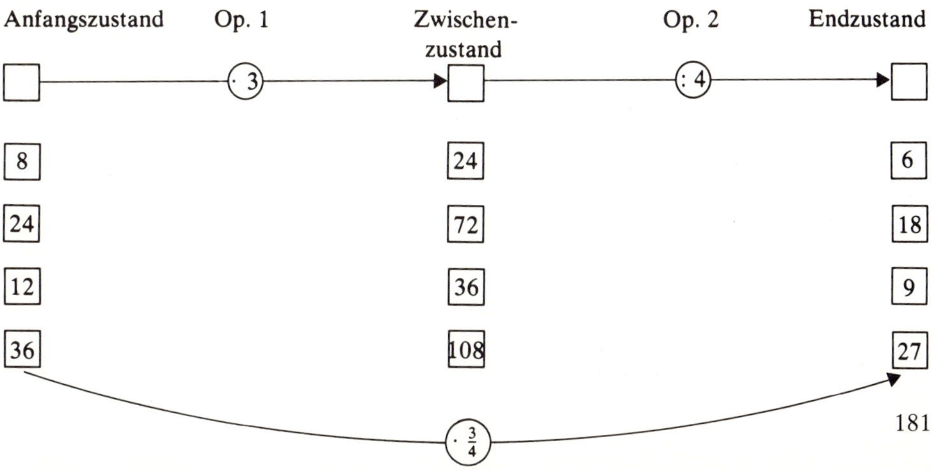

Die Reihenfolge der Operatoren wird vertauscht.

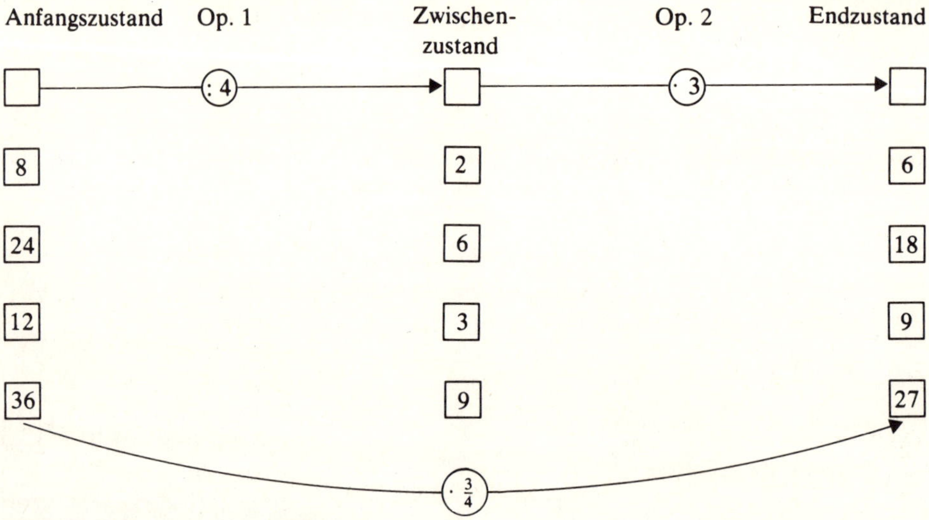

3.3.1.3 Zeichnerische Darstellung

Bei der zeichnerischen Darstellung soll anfangs noch auf Formen mit der Einheit 1 (*ein* Rechteck, *ein* Quadrat . . .) verzichtet werden, um ein unbewußtes, vorzeitiges Abgleiten in die Bruchteilauffassung zu vermeiden. Die Wirkung des Bruchoperators beim Anfangszustand 1 wird in Kapitel 3.4.3 (S. 200 ff.) ausführlich erläutert.
Die sich durch die Vertauschbarkeit der Operatoren ergebenden zwei Lösungswege sind auch zeichnerisch zu berücksichtigen. Grundsätzlich ist zu jeder Zeichnung die Aufgabe auch in Operatorschreibweise zu notieren.

– Darstellung mit Steckwürfeln:

Abb. 285:

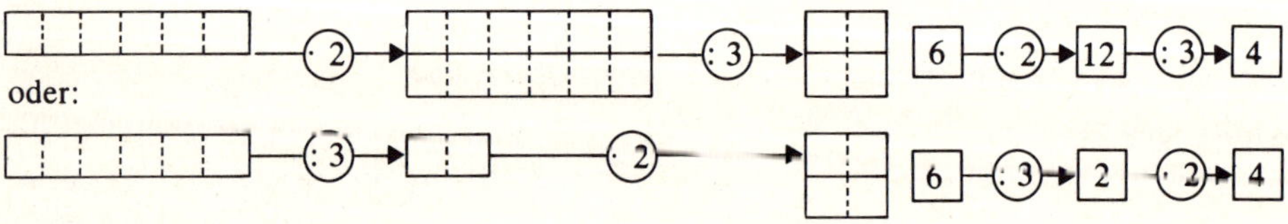

– Darstellung mit Plättchen:

Abb. 286:

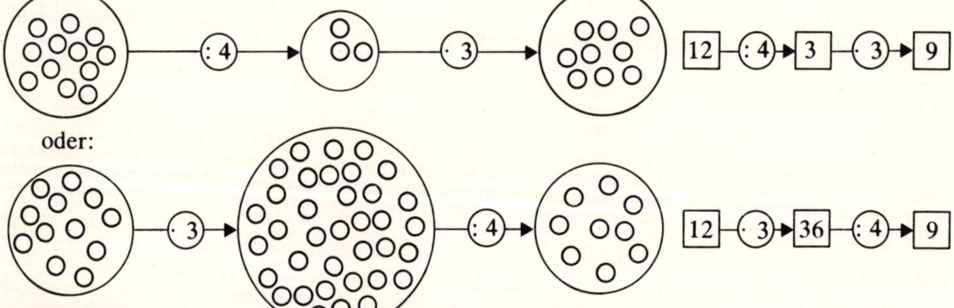

– Darstellung durch Strichverbindungen:

Abb. 287:

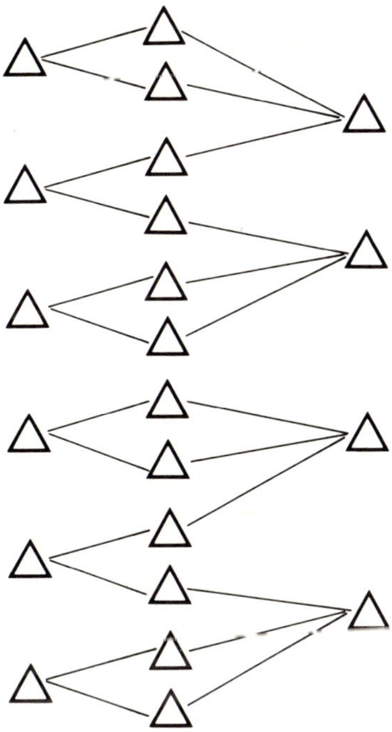

oder:

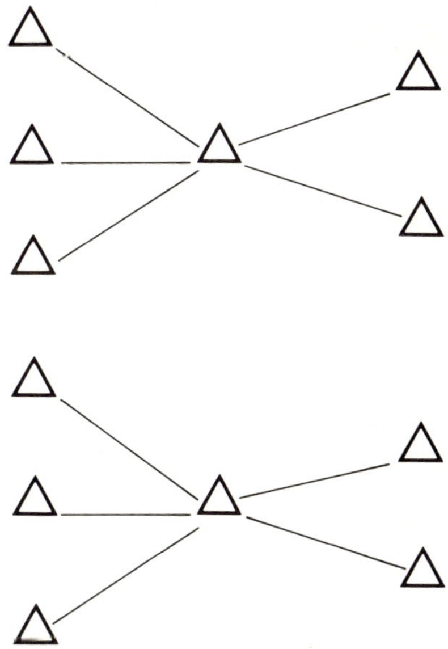

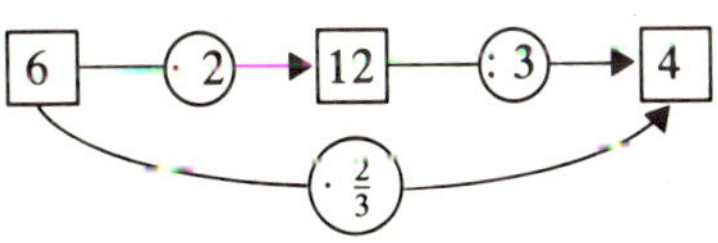

oder:

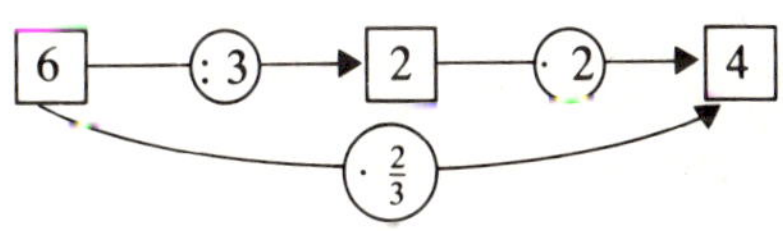

– Darstellung am Zahlenstrahl:

Die zuerst ausgeführte Operation wird oberhalb eingezeichnet.

Abb. 288:

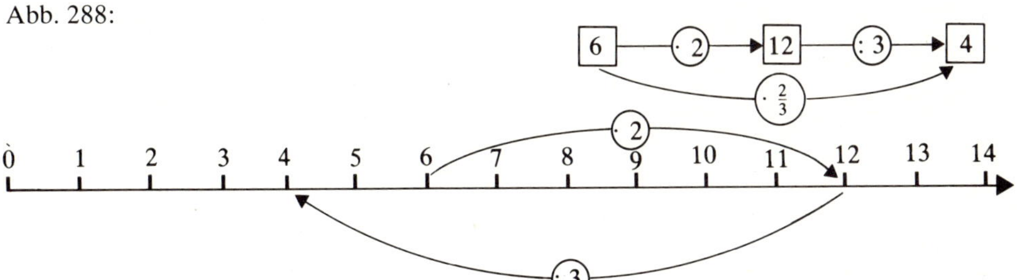

oder:

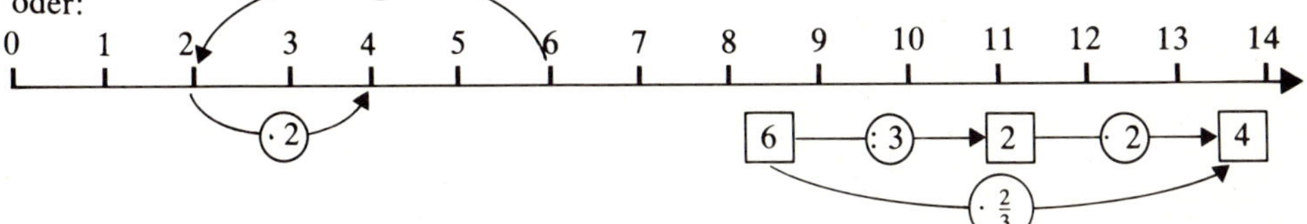

3.3.1.4 Berechnung des Anfangszustandes durch den Gegenoperator

Ist der Endzustand und der Bruchoperator gegeben, so läßt sich der Anfangszustand nur durch die Bildung des Gegenoperators, der dem Umkehroperator beim ganzzahligen Operator entspricht, errechnen.

Aufgabe:

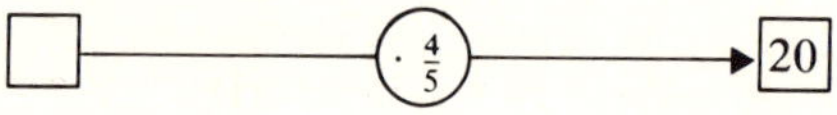

Lösungsweg:

Abb. 289:

– Auflösen des Bruchoperators zu einer Operatorkette mit Zwischenzustand.

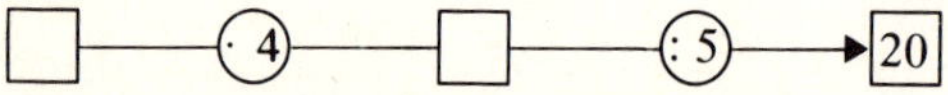

– Errechnen von Zwischen- und Anfangszustand durch die inversen Operatoren.

Umkehrung

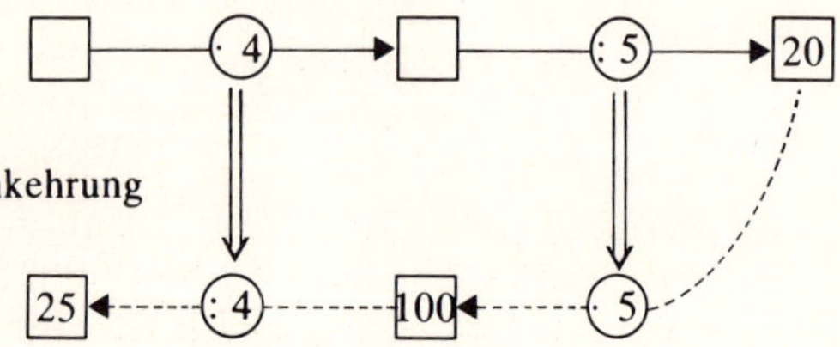

– Bilden des Ersatzoperators.

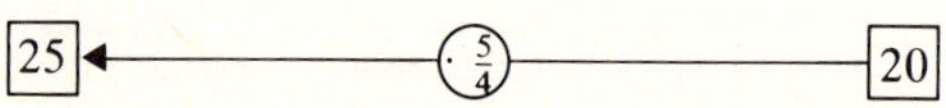

– Gegenüberstellung und Vergleich.

Aufgabe:

Lösung:

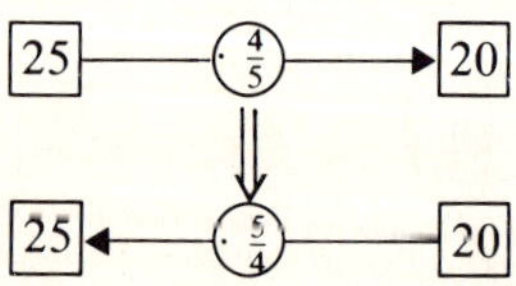

– Verkettung eines Bruchoperators mit seinem Gegenoperator.

Abb. 290:

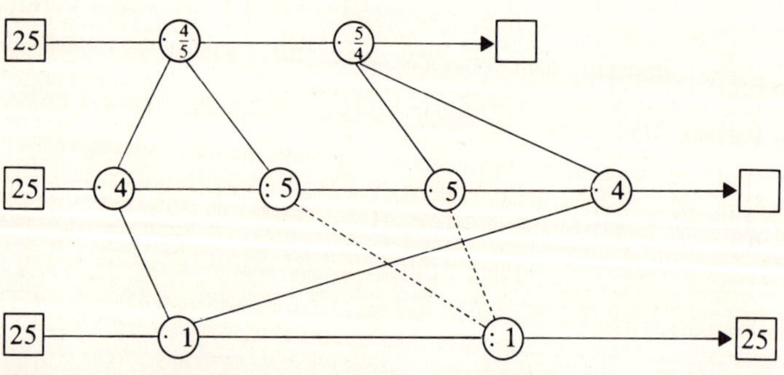

Wir erkennen: Bruchoperator und Gegenoperator sind zueinander invers. Sie heben sich in der Wirkung auf.

3.3.2 Das Berechnen des Bruchoperators

3.3.2.1 Erkennen gemeinsamer Teiler

Um aus Eingabe und Ausgabe den Bruchoperator errechnen zu können, müssen die Kinder mindestens einen gemeinsamen Teiler der beiden Zahlen erkennen. Unter 2.4.3 (S. 120 ff.) wurden detailliert Übungen zum Finden der Teilermenge vorgeschlagen.
- Ankreuztabelle (Abb. 173, 174)
- Pfeildiagramm (Abb. 175)
- Stern
- Zielscheibe
- Venndiagramm (Abb. 178).

3.3.2.2 Die schrittweise Errechnung des Bruchoperators

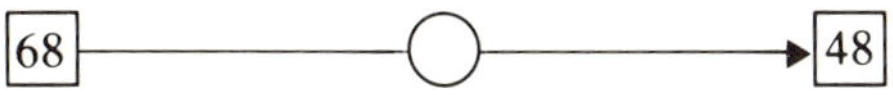

Lösung:

- Suchen eines gemeinsamen Teilers (Zwischenzustand). Da es auf dieser Stufe des Lernprozesses auf das Verständnis des Bruchzahlbegriffes ankommt, genügt es, wenn die Schüler eine mögliche Lösung finden. Es gilt, eine Zahl als Zwischenzustand zu finden, die sowohl Teiler von 68 als auch von 48 ist, die sowohl Endzustand einer Operation mit der Eingabe 68 als auch Eingabe einer Operation mit dem Endzustand 48 sein kann. Diese Forderung erfüllen alle gemeinsamen Teiler.

Darstellung aller gemeinsamen Teiler im Venndiagramm:

Abb. 291:

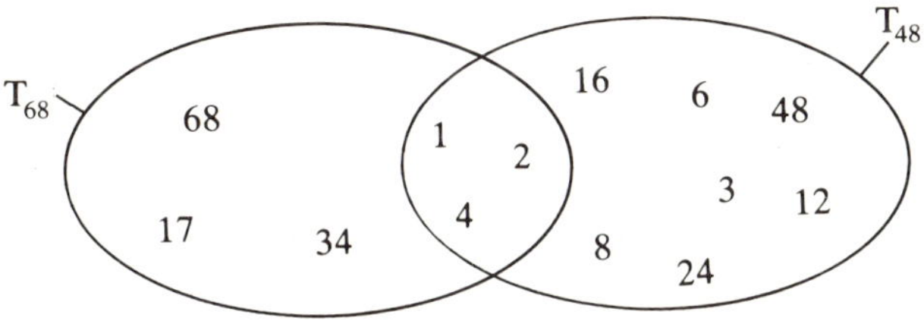

- Verwenden der gemeinsamen Teiler als Quotientenwerte:

Abb. 292:

Teiler 1:	68 : □ = 1
	48 : □ = 1
Teiler 2:	68 : □ = 2
	48 : □ = 2
Teiler 4:	68 : □ = 4
	48 : □ = 4

– Darstellung als Operatorkette mit jeweils einem der Teiler als Zwischenzustand:

Abb. 293:

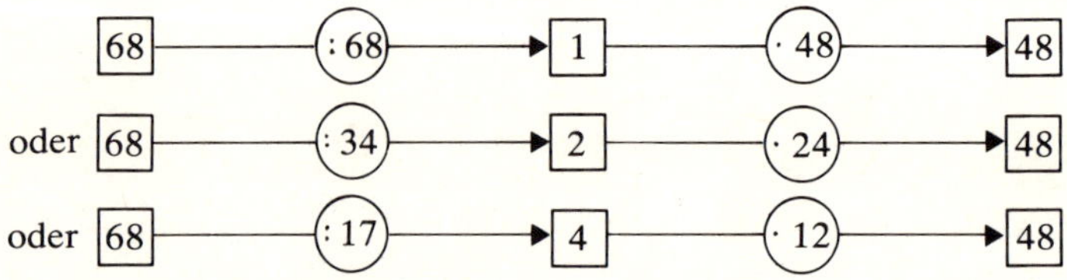

– Verkürzen der Operatorkette

Abb. 294:

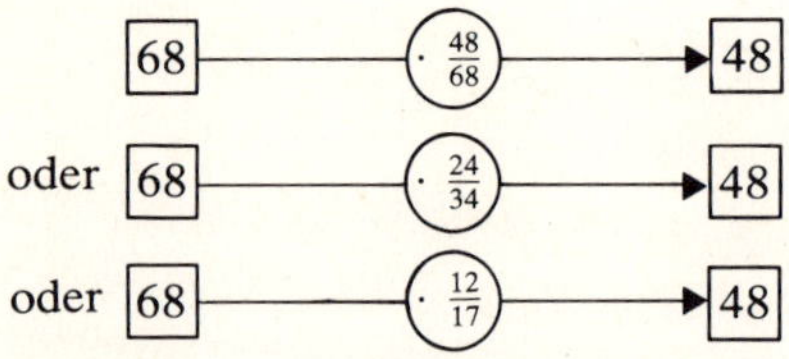

Beim Vergleich mehrerer entsprechender Rechnungen werden die Schüler schnell erkennen, daß bei einem Zwischenzustand 1 die Eingabe zum Divisionsoperator und die Ausgabe zum Multiplikationsoperator wird. Implizit wird bei Aufgaben dieser Art auch schon der Themenkreis „Äquivalenzklassen" angesprochen. Wird z. B. bei der Kontrolle seitens der Schüler die Frage nach der Wirkungsgleichheit von Bruchoperatoren aufgeworfen, so kann ohne weiteres die entsprechende Übungseinheit (siehe 3.5, S. 209 ff.) vorgezogen werden.

3.3.3 Variable Aufgabenstellung

Lange Übungsreihen mit gleicher Aufgabenstruktur sind uneffektiv und langweilen die Schüler. Ein Wechsel der Aufgabenart und Darstellung motiviert nicht nur die Schüler, sondern fördert auch das Verständnis für mathematische Zusammenhänge.

- Eine Operatorkette ist zu verkürzen (siehe 3.2.2.4, S. 173)
- Der Endzustand ist gesucht (siehe 3.2.2.2, S. 171)
- Der Anfangszustand ist gesucht (siehe 3.3.1.4, S. 184)
- Der Bruchoperator ist zu errechnen (siehe 3.3.2, S. 185 ff.)
- Der Bruchoperator ist zu einer Operatorkette zu verlängern (s. 3.2.4.6, S. 179)
- Eine Baumdiagrammdarstellung ist in eine Operatordarstellung umzusetzen.

Abb. 295:

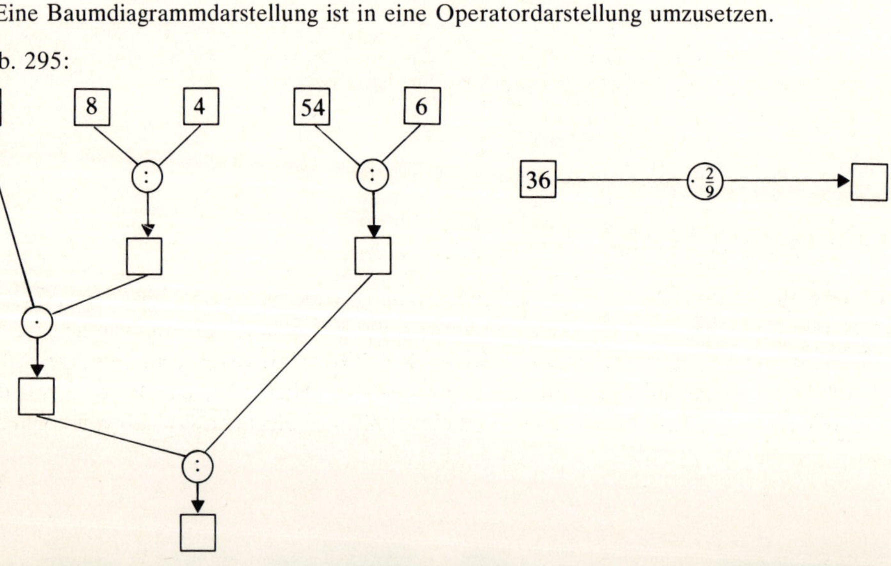

– Operatordiagramm (siehe auch 3.2.4.2, S. 176 und 3.2.4.3, S. 177)

Abb. 296: (aus Zahl und Form 5, S. 116)

Ergänze das Diagramm

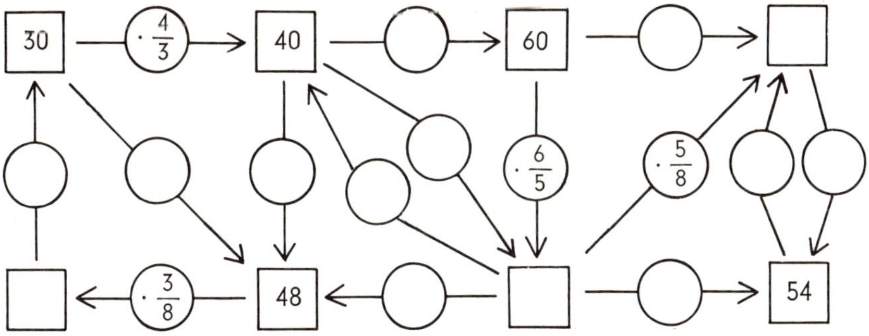

– Zahlenrätsel als Operatorketten darstellen.
„Halbiere das Dreifache von 6!“

Abb. 297:

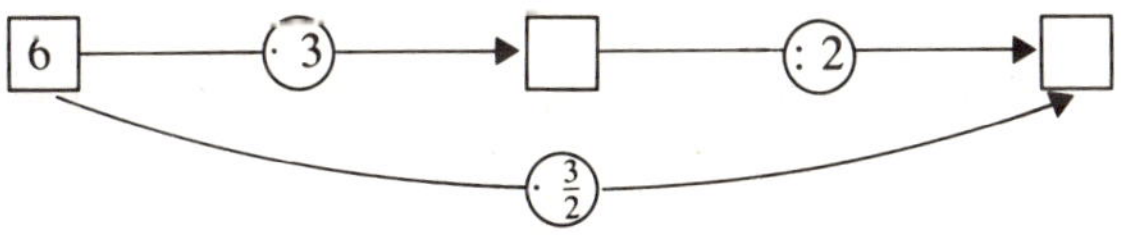

„Eine gedachte Zahl wird zuerst durch 4 geteilt und anschließend verdreifacht. Ich erhalte 12.“

Abb. 298:

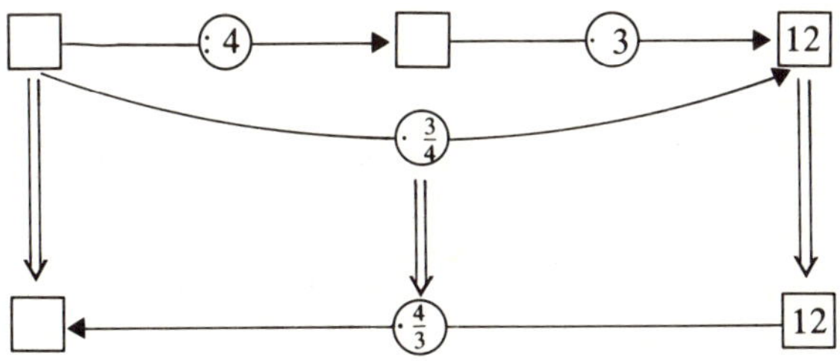

3.4 Der Bruch als Schreibfigur für eine rationale Zahl

Vorweg muß auf die Gefahr hingewiesen werden, daß Schüler bei stets gleichem Anschauungsmodell bestimmte Bruchteile mit der entsprechenden geometrischen Figur gleichsetzen. Wird z. B. der Kreis als alleiniges Objekt zur Kennzeichnung der Bruchteile eingesetzt, so identifizieren die Schüler den Bruch $\frac{1}{2}$ stets mit dem Halbkreis, den Bruch $\frac{1}{4}$ mit dem Viertelkreis usw. Eine Abstraktion kann dadurch nicht erfolgen. Deshalb ist von Anfang an

– auch im Sinne einer operativen Durcharbeitung – auf eine große, von der Formengestalt unterschiedliche Anschauungsbasis größter Wert zu legen. Vor der Darlegung der eigentlichen Einführung erfolgen deshalb Vorschläge für geeignete Darstellungsmodelle, bei denen zur leichteren Orientierung die üblichen Faltlinien (Schneidelinien) markiert sind.
Wird bei der Erarbeitung von Rechteck oder vom Kreis gesprochen, so eignet sich diese Fläche besonders zur Einführung. Jede so gezeichnete – oder besser noch konkret vollzogene – Operation muß aber auf andere Modelle transferiert werden, auch wenn kein eigener Hinweis mehr erfolgt.

3.4.1 Das Bilden von Bruchteilen bei Körpern

3.4.1.1 Konkretes Teilen von Körpern

– Die Erarbeitung der Funktionsauffassung einer Bruchzahl bietet optimale Möglichkeiten für eine sinnvolle Schülerselbsttätigkeit.

– Das „gerechte Teilen" von unregelmäßigen Körpern

Die Kinder sollen Äpfel, Birnen, Kartoffeln, Gummibären . . . gerecht in zwei, drei, vier . . . Teile zerschneiden. Sie werden dabei schnell die Problematik erkennen, daß unregelmäßig geformte Körper gerecht kaum geteilt werden können.

– Das Bilden von Bruchteilen bei symmetrischen Körpern

Anknüpfend an den Werk- bzw. Handarbeitsunterricht ist ein Draht bzw. Stoffband in 2, 4, 8 . . . gleich lange Teile zu zerschneiden. Die Schüler müssen die Aufgabe (evtl. mit einem Faden als Ersatz) konkret ohne Zuhilfenahme eines Lineals oder Meterstabes lösen. Das Vorgehen ist zu verbalisieren.
Beispiel: „Ich lege die beiden Enden des Bandes bündig aufeinander, straffe das Doppelband und schneide es an der Faltstelle durch. Ich erhalte zwei gleich lange Bänder."
Bruchteile von mit Steckwürfeln zusammengesteckten Quadern oder Würfeln lassen sich durch unterschiedliche Farbenwahl konkretisieren. Zylinder, Kugel, Pyramide, Kegel usw. lassen sich aus Knetmasse formen und anschließend zerschneiden. Auch hier sind sowohl der Vorgang als auch die entstandenen Bruchteile zu beschreiben, wobei das Ganze als Einheit mitgenannt wird (die Hälfte einer Kugel, der 4. Teil einer Pyramide, ein halber Zylinder, . . .).

3.4.1.2 Geeignete Körper zur Bruchteildarstellung

Abb. 299:

Würfel:

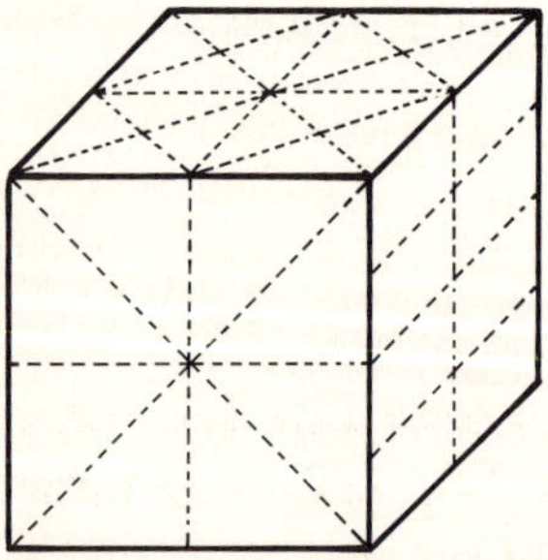

Quader:

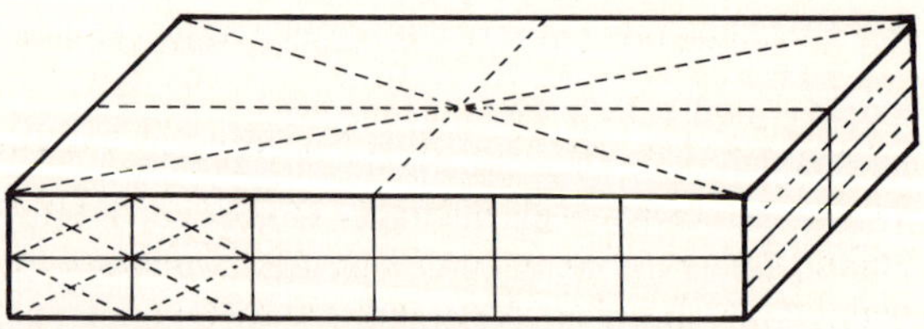

Gerade Prismen mit regelmäßigen Grundflächen:

a) Grundfläche gleichseitiges Dreieck

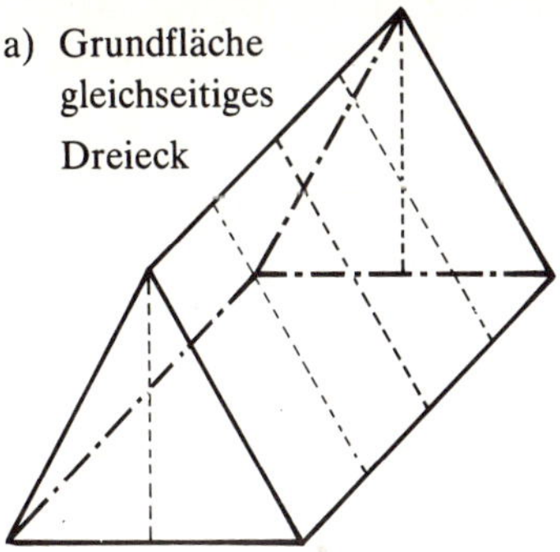

b) Grundfläche: Sechseck

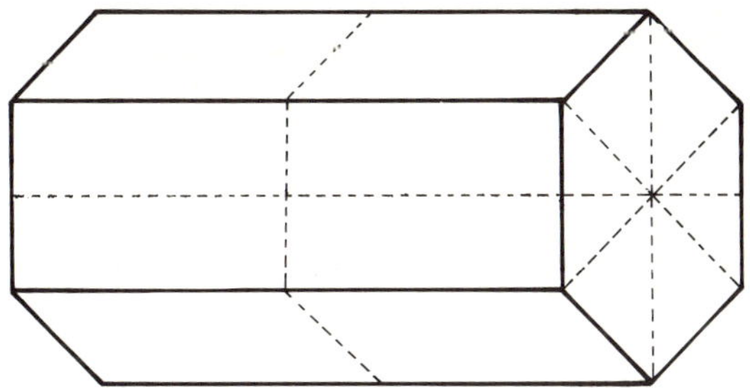

Kugel:

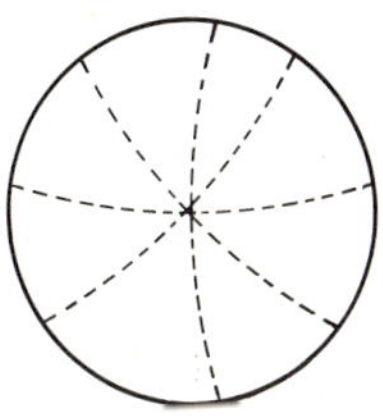

Zylinder:

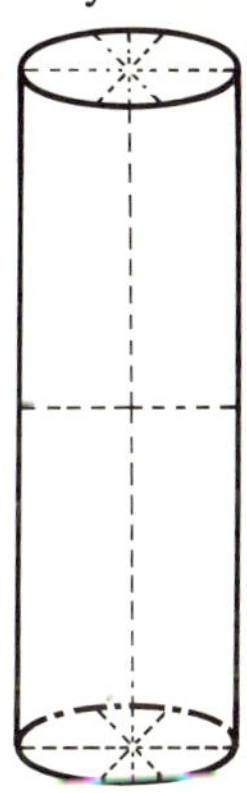

Kegel:

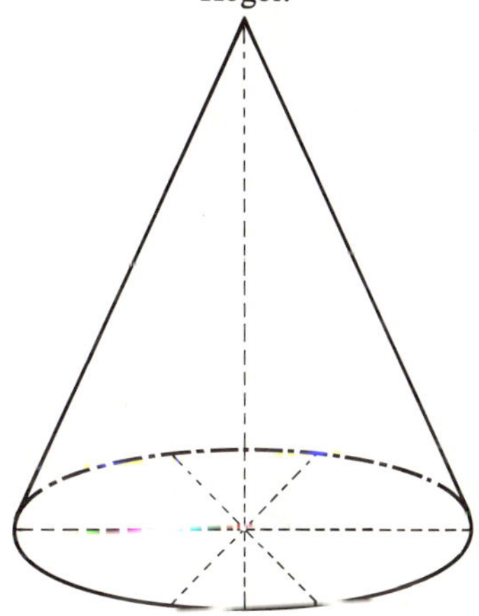

Pyramide:

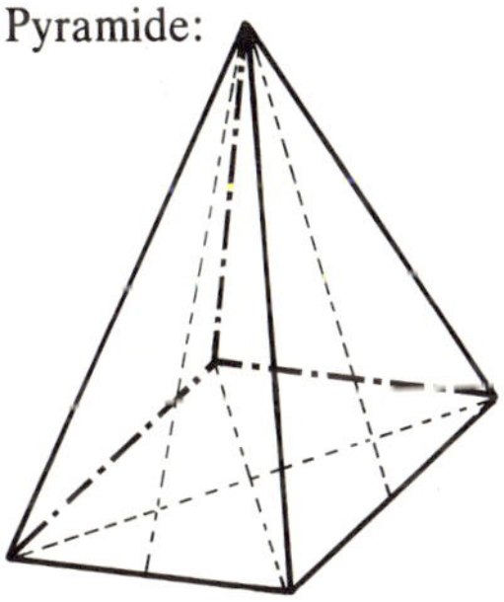

3.4.2 Zeichnerische Darstellung von Bruchteilen

3.4.2.1 Phase des kreativen Gestaltens

Die Schüler erhalten verschiedene Flächenformen mit dem Auftrag, diese in gleich große Teilflächen zu unterteilen, die verschiedenfarbig zu gestalten sind.
Beim Vergleich der „Muster“ lassen sich bereits erste Erkenntnisse anbahnen:

- Dieselbe Fläche läßt sich verschieden oft unterteilen.
- Dieselbe Fläche läßt sich auf verschiedene Weise unterteilen.
- Je öfter ich unterteile, desto kleiner werden die Teile.

3.4.2.2 Das Erarbeiten der Stammbrüche durch zeichnerische Unterteilung

Nach einer Phase des Faltens (z. B. DIN AO Format auf Postkartengröße durch Falten verkleinern) werden bei den folgenden Übungen die Maße der Ausgangsflächen vorgegeben, um vergleichbare Resultate zu erhalten.

Aufgabe: Eine Schokolade mit 24 Stückchen soll an 2, 3, 4, 6 und 8 Kinder verteilt werden. Wie muß die Schokolade gebrochen werden? Zeichne die Unterteilungen ein und kennzeichne den Bruchteil farbig, den ein Kind jeweils bekommt!

Abb. 300:

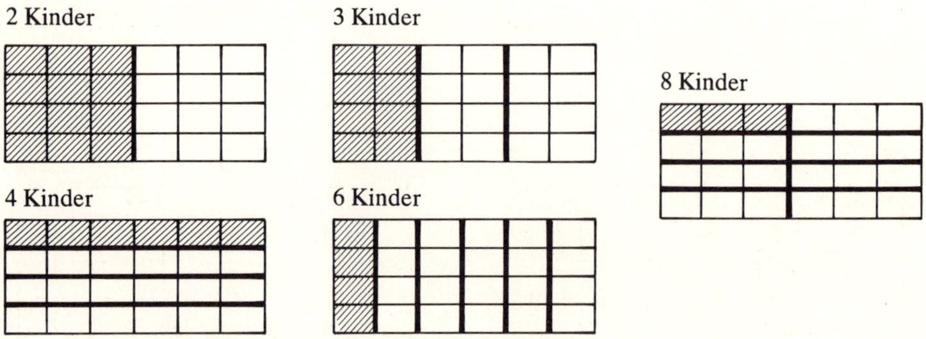

Die Kinder beschreiben, wieviel jedes Kind von der *ganzen Schokolade* bekommt, nicht, wieviel Rippchen jedes erhält.
„Bei 2 Kindern erhält jedes die Hälfte der Schokolade.
Bei drei Kindern erhält jedes den 3. Teil der Schokolade.
Bei vier Kindern . . ."
Die Schüler sind aufzufordern, eine geeignete Schreibfigur für den farbig gekennzeichneten Bruchteil zu finden, bei der deutlich zum Ausdruck kommen muß, in wie viele Teile die Schokolade gebrochen wurde. Die Lösung „$\frac{1}{2}$ Schokolade" werden auch leistungsschwächere Schüler nennen, da die Schreibfigur $\frac{1}{2}$ und deren Bedeutung als bekannt vorausgesetzt werden kann.
Bei der Analyse dieser vom Bruchoperator her bekannten Schreibfigur stellen wir fest, daß sie aus vier Symbolen besteht:
Querstrich, eine 1 auf dem Strich, eine 2 unter dem Strich und der Benennung, die die Einheit (das Ganze) angibt.
Es genügt auf dieser Stufe, wenn die Schüler erkennen, daß die 2 angibt, in wieviel Teile das Ganze unterteilt wurde. Hierfür wird die Bezeichnung *Nenner* vereinbart.
Tabellarisch werden nun die zeichnerisch erarbeiteten Stammbrüche erfaßt, wobei die richtigen Bezeichnungen miteingeführt werden.

Abb. 301:

Teil:	Schreibfigur:	Bezeichnung:
die halbe Tafel Schokolade	$\frac{1}{2}$ Tafel Sch.	die Hälfte (von) der Sch.
der 3. Teil d. Tafel Sch.	$\frac{1}{3}$ Tafel Sch.	ein Drittel . . .
der 4. Teil d. Tafel Sch.	$\frac{1}{4}$ Tafel Sch.	ein Viertel . . .
der 6. Teil d. Tafel Sch.	$\frac{1}{6}$ Tafel Sch.	

3.4.2.3 Anschauungsmodelle

Bereits auf dieser Stufe soll die gewonnene Erkenntnis auf andere Anschauungsmodelle übertragen werden, indem auch hier Bruchteile mit dem Zähler 1 zu markieren sind. Neben den unter 3.4.1.2 (S. 188 f.) genannten Körpern bieten sich u. a. folgende Flächen an:

Abb. 302:

Kreis:

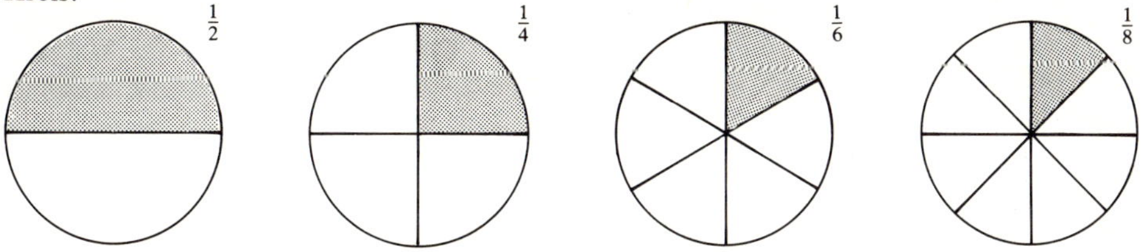

Quadrat:

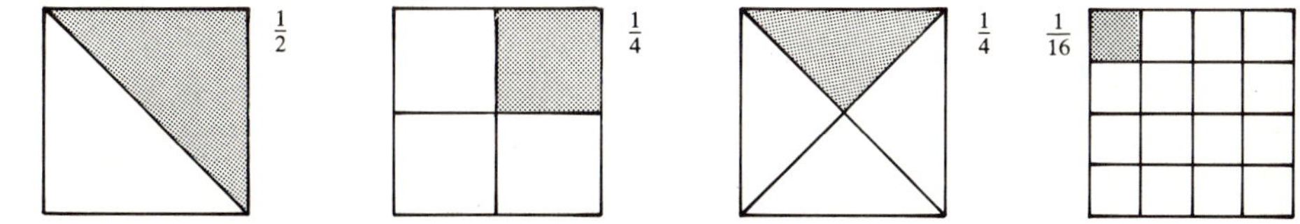

Rechteck:

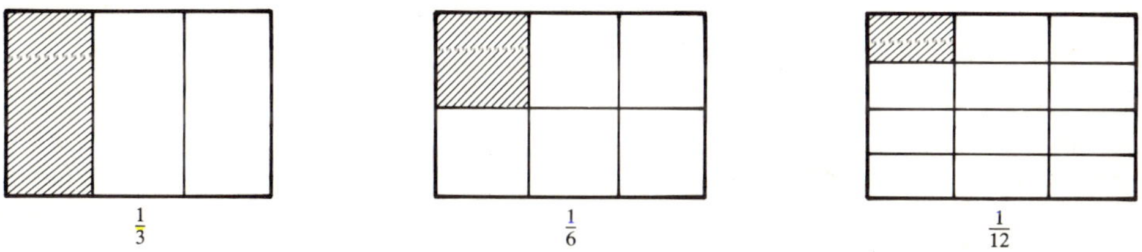

Sechseck:

Parallelogramm:

Kreisring:

gleichseitiges, gleichschenkliges Dreieck:

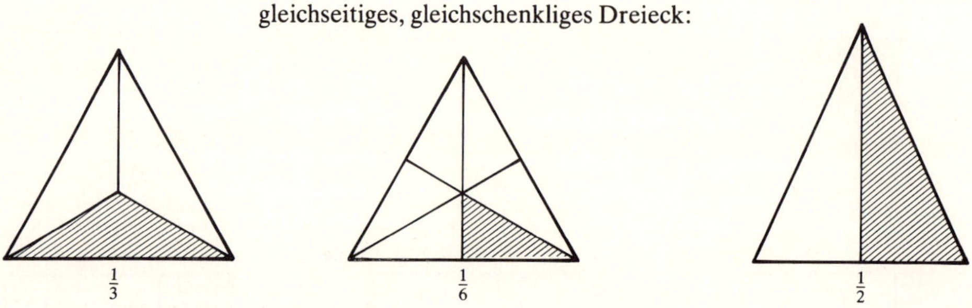

Bei vielen der genannten Flächen läßt sich ein Bruchteil verschieden darstellen. Diese Variationsmöglichkeiten gilt es, in den Unterricht miteinzubeziehen.

Beispiel: Darstellung des Bruchteils $\frac{1}{8}$ beim Quadrat

Abb. 303:

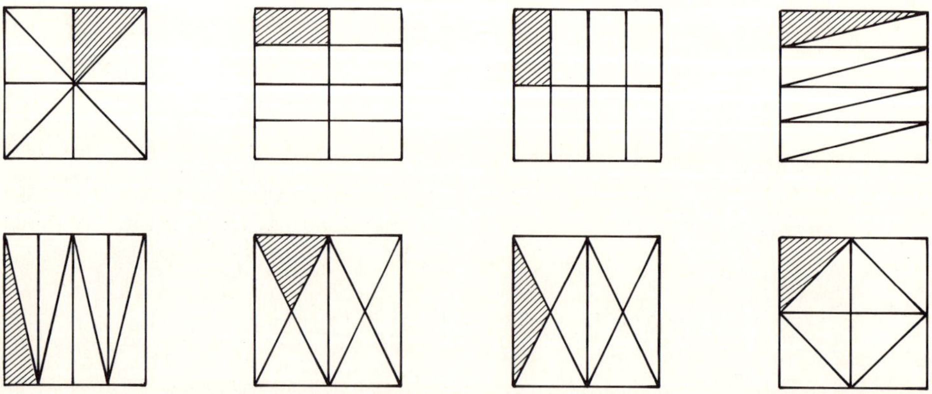

3.4.2.4 Bruchzahlenstrahl

Der Bruchzahlenstrahl läßt sich sowohl durch die längenmäßige Unterteilung einer willkürlich festgelegten Einheit 1 einführen als auch durch die Anwendung von Bruchoperatoren auf eine Eingabe 1. Obwohl sich dieses Verfahren besonders zur Konkretisierung des Zusammenhangs zwischen Bruchoperator und Bruchteil eignet (siehe 3.4.3, S. 200 ff.), soll es bereits hier erwähnt werden, um die zwei Wege der Einführung dieses enorm vielseitigen Anschauungsmodells zusammenhängend darzustellen.

Abb. 304:

a) Einführung mit Operatoren (aus Zahl und Form 6, S. 12):

Multiplikationsoperatoren vervielfachen Strecken:

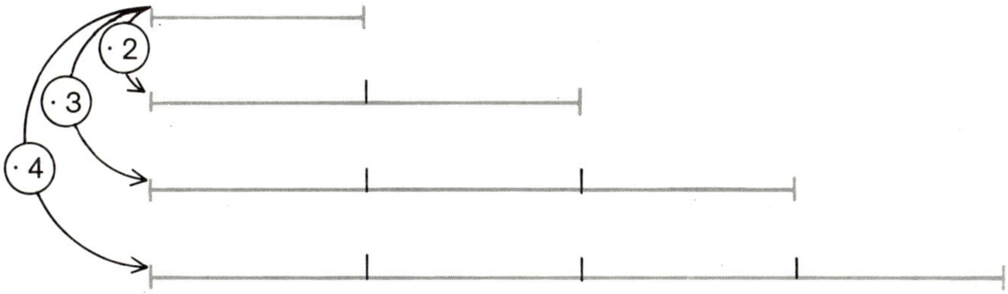

Auf dem Zahlenstrahl sieht das so aus:

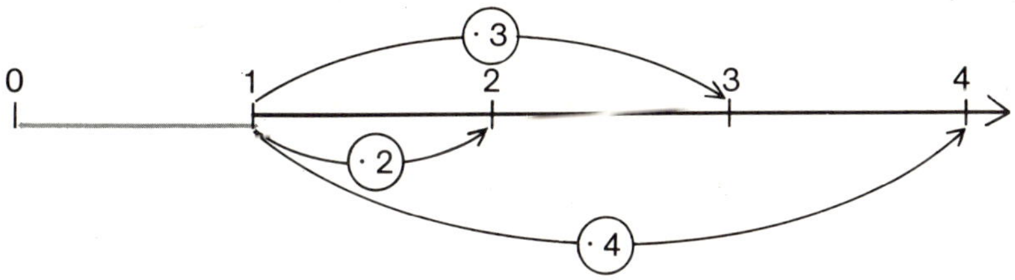

Auch Bruchoperatoren können die Länge von Strecken verändern:

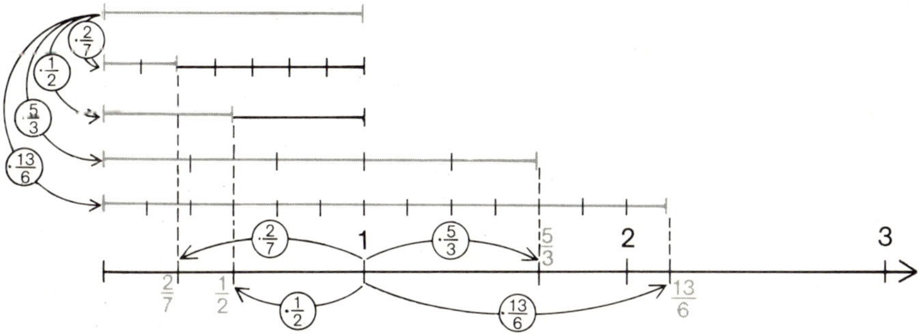

b) Einführung durch Unterteilung einer willkürlichen Länge als Einheit 1:

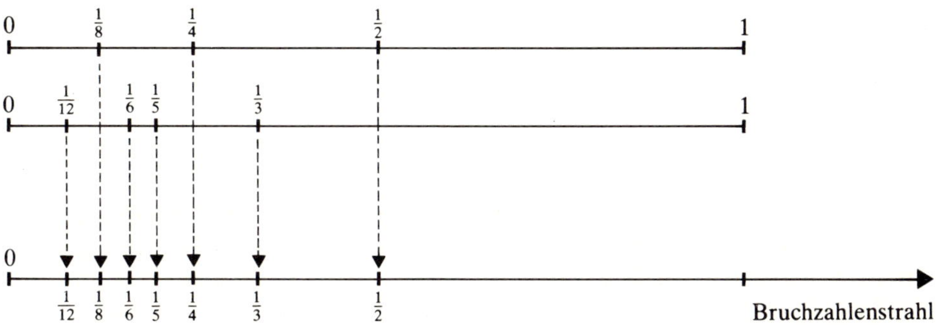

Werden mehrere Stammbrüche gleichzeitig eingetragen, so erkennen die Schüler schnell, daß die Vergrößerung des Nenners bei gleichbleibendem Zähler eine Verkleinerung des Wertes nach sich zieht.

3.4.2.5 Darstellung von Brüchen an strukturierten Einheiten

Als strukturierte Einheiten gelten alle unterteilbaren Größen mit der Maßzahl 1.

Bei Dezimetern z. B. ist diese Unterteilung durch die Zentimeter und Millimeter den Schülern selbstverständlich. Bruchteile von Hohlmaßen lassen sich durch die Skalierung bei Meßbechern veranschaulichen. Bruchteile von Stunden lassen sich durch die Einteilung des Ziffernblattes deutlich bestimmen.
Da bei Geldbeträgen unter 1 DM im Alltag nicht von Bruchteilen gesprochen wird, bedeutet das Erfassen von Markbruchteilen eine Wirklichkeitsfremde, so daß darauf verzichtet werden sollte.

3.4.2.6 Übungen mit strukturierten Einheiten

– Bruchgrößen in die kleinere Einheit umrechnen:

Abb. 305:

$\frac{1}{5}$ m = □ cm;	$\frac{1}{2}$ Std. = □ Min.
$\frac{1}{50}$ km = □ m;	$\frac{1}{4}$ Jahr = □ Mon.
$\frac{1}{2}$ t = □ kg;	

– Umrechnen in eine Bruchgröße mit der nächstgrößeren Einheit:

Abb. 306:

20 g = $\frac{1}{50}$ kg	4 Std. = □ Tag
25 l = □ hl	200 m^2 = □ a
5 Min. = □ Std.	25 cm = □ m

– Darstellungsvarianten:
  - Rechen-T: siehe Abb. 466, S. 264
  - Zuordnungspyramide: siehe Abb. 467, S. 265.

– Rechenrätsel:
  - Wieviel Minuten sind die Hälfte einer halben Stunde?
  - Wieviel ist $\frac{1}{20}$ von $\frac{1}{5}$ eines Meters?
  - Wieviel ist das Doppelte von $\frac{1}{4}$ eines hl?

3.4.2.7 Darstellung von Brüchen mit diskontinuierlichen Einheiten

Das Bruchteilverständnis gilt erst dann als verinnerlicht, wenn eine beliebige Menge als Einheit erfaßt wird, und der Schüler davon einen Bruchteil angeben kann.

– Einheit: Menge der Luftballons

Abb. 307:

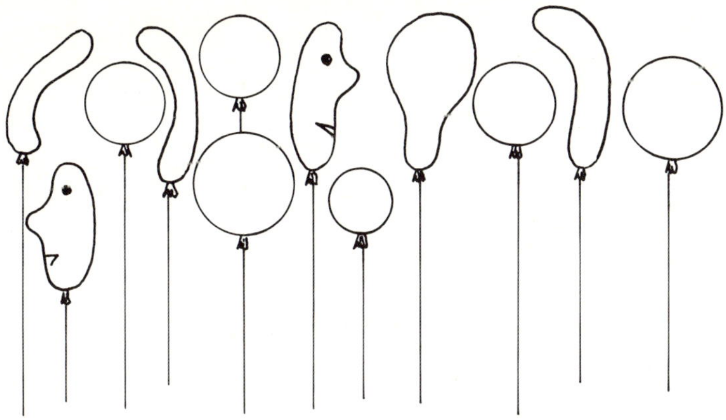

Aufgabe: Welcher Teil der Luftballons hat eine Bananen-, Kopf-, Kugel- oder Birnenform?

Einheit: Menge der Murmeln, Spielplättchen

Abb. 308:

Aufgabe: Petra verliert $\frac{1}{3}$ ihrer Murmeln an Margit und $\frac{1}{4}$ an Susi.

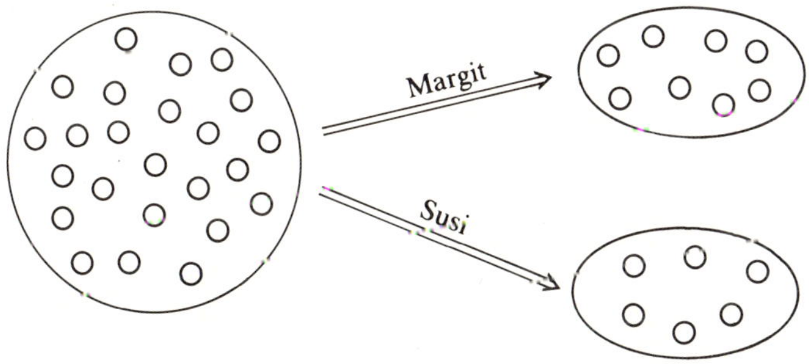

Einheit: Menge der Steckwürfel oder der ausgeschnittenen Quadrate.

Abb. 309:

Aufgabe: Hans Eßner baut jeweils mit $\frac{1}{3}$ seiner Steckwürfel die Anfangsbuchstaben seines Namens. Baue nach!

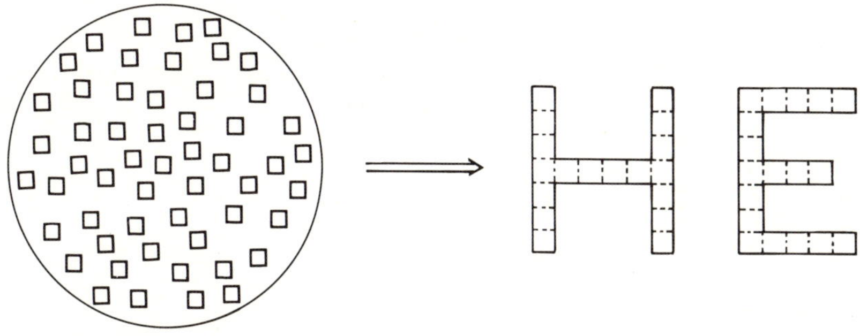

3.4.2.8 Die Einheit ist gesucht

Bei allen zeichnerischen Übungen soll auch die Umkehrung nicht vergessen werden: Der Bruchteil ist gegeben, die Einheit ist zu suchen.

– Die Form der Einheit bleibt unberücksichtigt.

Abb. 310:

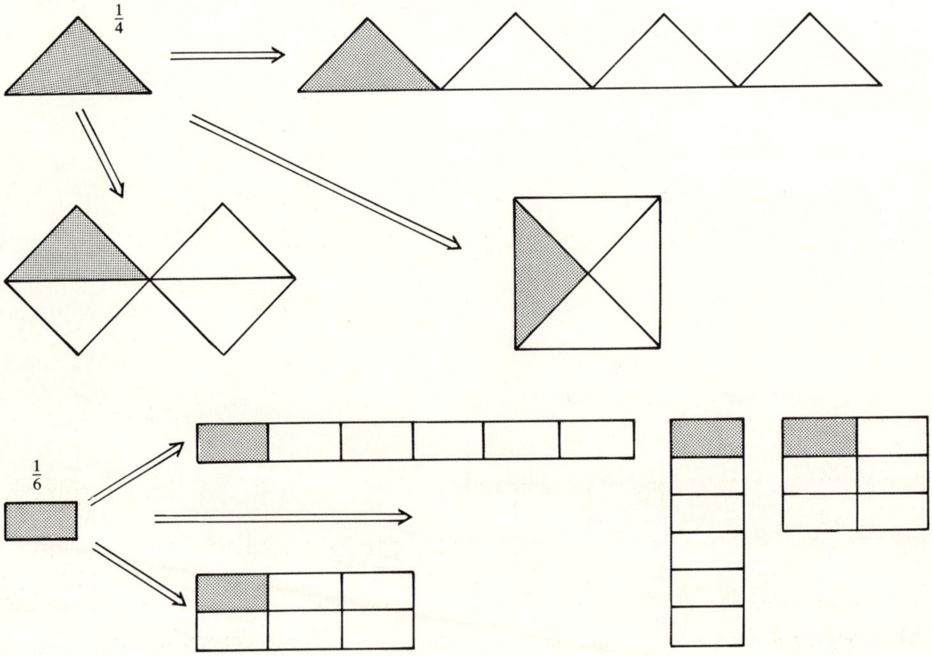

– Bruchteile sind zu einer Einheit mit vorgeschriebener Form zusammenzufügen.

Den Schülern wird die Arbeit erleichtert, wenn anstelle allgemeiner Angaben z. B. R für Rechteck, K für Kreis, Qu für Quadrat usw. verwendet werden.

Abb. 311:

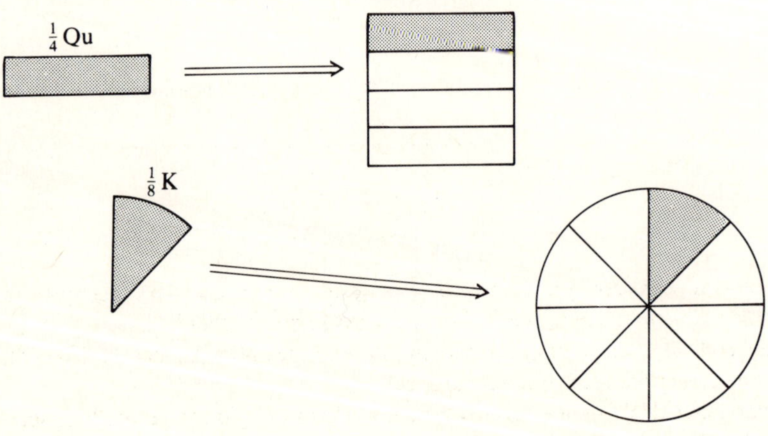

3.4.2.9 Die Bruchzahl als Verhältnisangabe

Obwohl dieser Aspekt des Bruchzahlbegriffes erst beim Verhältnisrechnen (siehe 8.4.3, S. 383 ff.) umfassend betrachtet wird, soll er hier nicht unberücksichtigt bleiben. Beim Bruch als Verhältnisangabe beschränkt man sich sinnvollerweise auf die Stammbrüche, da nur hier ein leicht durchschaubarer Zusammenhang multiplikativer Art zwischen Einheit und Bruchteil besteht.

Den Schülern werden mehrere Kreise, Rechtecke, Quadrate ... unterschiedlicher Größe, aber jeweils gleicher Unterteilung vorgelegt. Sie müssen in den Modellen jeweils denselben Bruch einzeichnen.

Abb. 312:

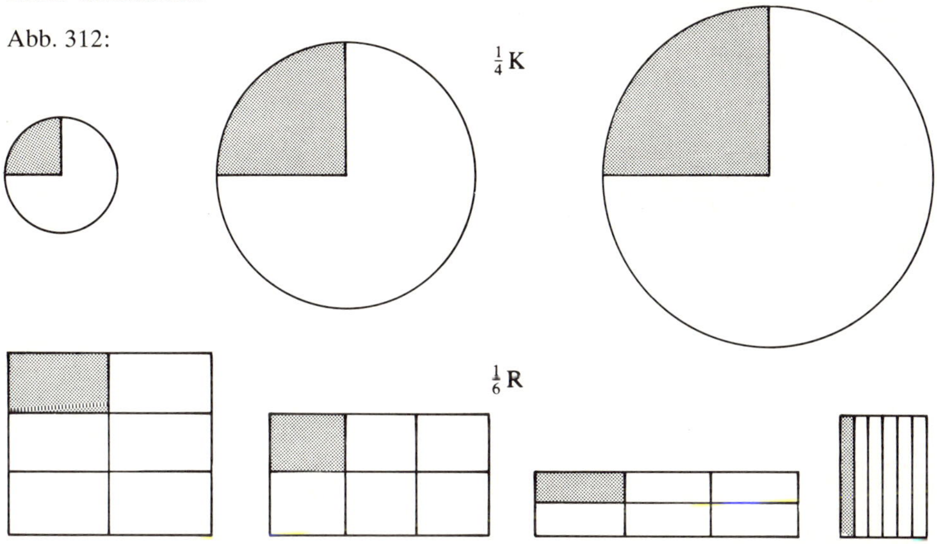

Als spontane Reaktion weisen die Schüler auf die unterschiedliche Größe derselben Bruchteile hin. Es ist zu erarbeiten, daß ein Bruch noch nichts über die tatsächliche Größe der Bruchteile aussagt, sondern nur etwas über das Verhältnis Bruchteil – Ganzes angibt, also um wieviel das Ganze größer ist.

Durch Längenvergleiche läßt sich der Bruch als Verhältnisangabe grafisch darstellen.

Abb. 313: (aus Zahl und Form 6, S. 6)

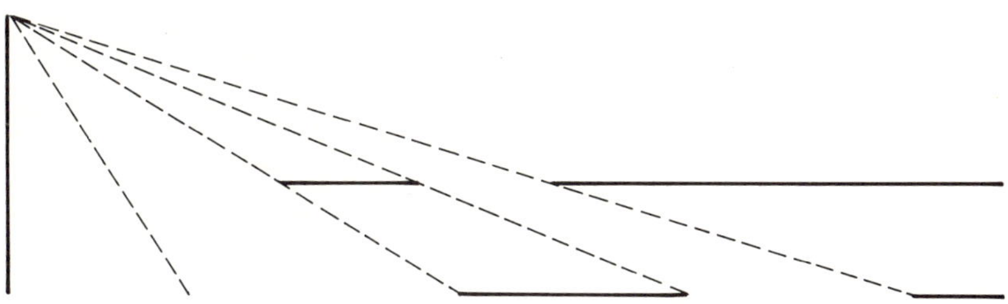

a) Miß die Länge von einander entsprechenden Strecken auf den beiden Halbgeraden in der Abb. 313! In welchem Verhältnis stehen die Längen zueinander?
b) Trage auf den Halbgeraden je eine Strecke ein, deren Längen im Verhältnis 2:3 (4:7, 6:5) stehen. Suche weitere solche Streckenpaare!
c) Die beiden parallelen Halbgeraden sollen Zahlenstrahlen mit gleicher Einteilung sein. Markiere auf den Zahlenstrahlen jeweils einen Punkt für die Zahlen 1, 2, 3, $\frac{2}{3}$, $\frac{3}{2}$, $\frac{4}{7}$, $\frac{7}{4}$, $\frac{6}{5}$, $\frac{5}{6}$!

3.4.2.10 Vielfache der Stammbrüche

Das Erkennen und Einzeichnen von Vielfachen der Stammbrüche bereitet den Schülern bei vorgegebener Einheit keine Schwierigkeiten.

Aufgabenbeispiele:

- Ein Ozeandampfer überquert den Atlantik in 5 Tagen. Zeichne ein, welche Strecke er nach 3 Tagen zurückgelegt hat, wenn du für die Gesamtstrecke 20 cm ansetzt!
- Von einem Kuchen mit 12 Stücken wurden 7 bereits gegessen. Zeichne ein, wieviel noch übrig ist! Bestimme den Bruchteil!
- Bei einer quadratischen Terrasse ist die schraffierte Fläche bereits neu gepflastert. Welcher Teil fehlt noch?

Abb. 314:

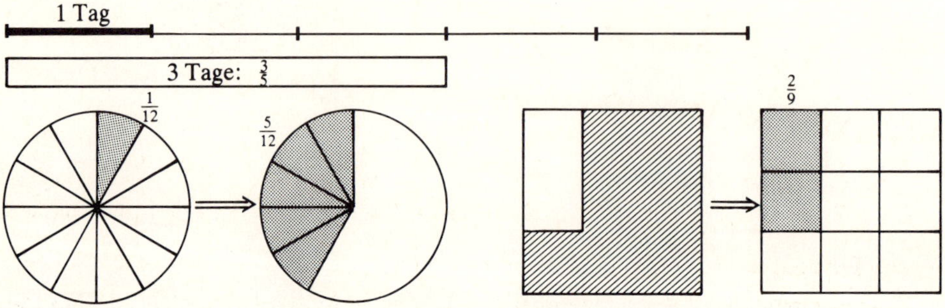

Die Schüler erkennen sofort, daß die Zahl auf dem Bruchstrich die Anzahl der Teile nennt. In einer Zusammenschau werden nun alle neuen Begriffe erfaßt:

- $\frac{5}{12}$ ist eine Schreibfigur für eine Bruchzahl.
- Sie besteht aus:
  Bruchstrich → $\frac{5}{12}$ ← Zähler ← Nenner und wird Fünf-Zwölftel gesprochen.
- Der Zähler nennt die Anzahl der Teile, die den Bruchteil bilden.
- Der Nenner nennt die Anzahl der Teile, in die die Einheit unterteilt wird.

3.4.2.11 Übungen zur zeichnerischen Darstellung von Brüchen

- Bruchteile erkennen

Abb. 315: (aus Zahl und Form 5, S. 118)

Gib jeweils an, welcher Bruchteil des Kuchens in der Abb. 315 durch das gefärbte bzw. das ungefärbte Teilgebiet dargestellt wird!

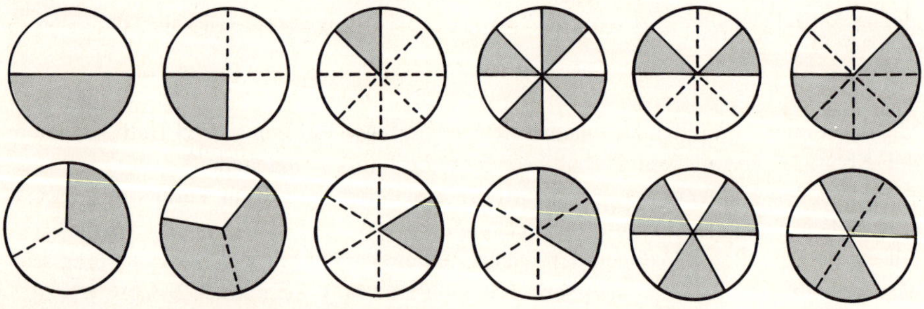

– Brüche bestimmen lassen:

Die Einheit wird in Brüche mit verschiedenen Nennern unterteilt. Die Schüler müssen die Brüche bestimmen.

Abb. 316:

Aufgabe: Bestimme die Brüche!

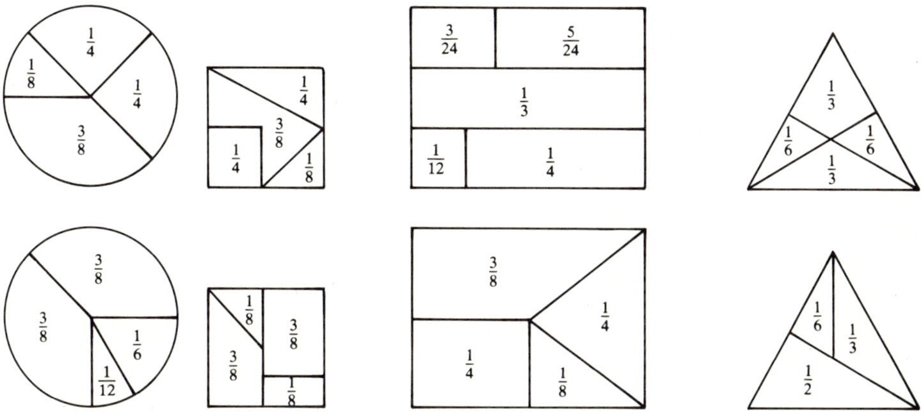

– Das Bezugsganze in verschiedene Bruchteile zerlegen.

Aufgabenbeispiel: Zerlege das Rechteck (4 cm lang, 3 cm breit) so, daß Brüche mit den Nennern 3, 6, 12, 24 (2, 4, 8, 16) eingezeichnet sind!

Abb. 317:

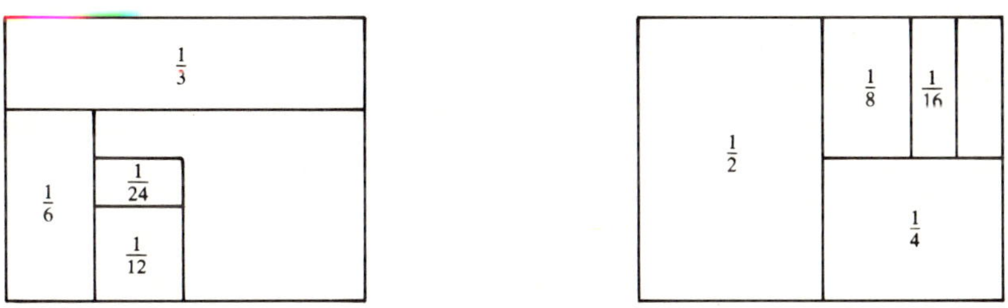

– Einzeichnen der Brüche auf dem Bruchzahlenstrahl.
– Ablesen von auf dem Bruchzahlenstrahl eingezeichneten Brüchen.

Abb. 318:

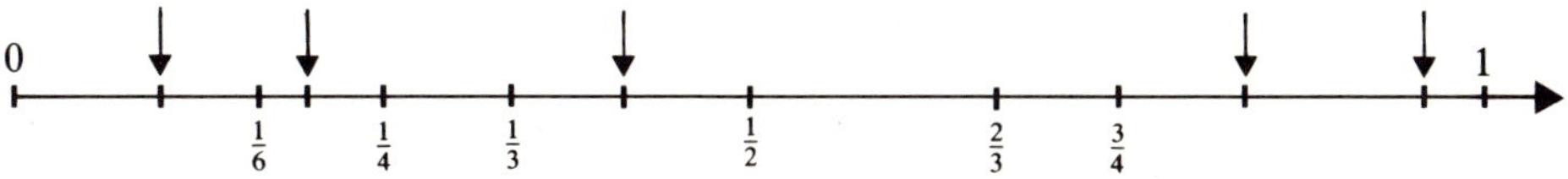

– Übertragen einer zeichnerischen Darstellung

Abb. 319: (aus Zahl und Form: 6, S. 15)

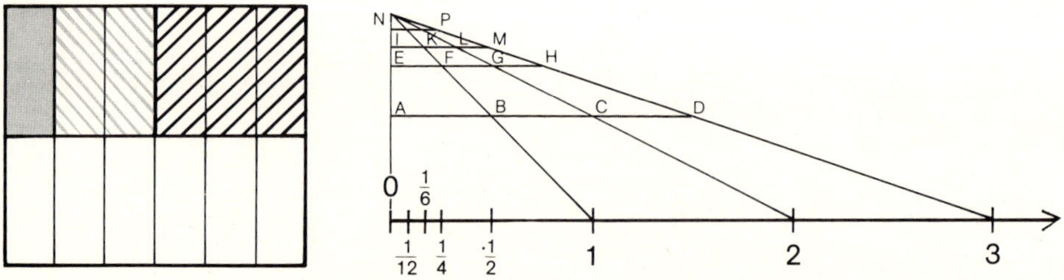

In der Abb. links sind Bruchteile der Rechtecksfläche verschieden gefärbt.

a) Welche Brüche findest du?

b) Dieselben Brüche sind in der Abb. rechts durch (grün gezeichnete) Strecken dargestellt. Miß und vergleiche der Länge nach!

Anmerkung zur rechten Abbildung:

Die Entfernung zwischen 0 und 1 auf der Rechtsachse ist gleich der Entfernung von 0 bis zum Ausgangspunkt der Strahlen. Diese Strecke wird in Brüche unterteilt (N = $\frac{1}{12}$; J = $\frac{1}{6}$; E = $\frac{1}{4}$; A = $\frac{1}{2}$). Durch diese Markierungen werden Parallelen zur Rechtsachse gezogen. Wird von den Schnittpunkten der Parallelen mit den Strahlen zum Punkt 1 (2, 3 . . .) jeweils die senkrechte Koordinate eingezeichnet, so werden die betreffenden Brüche (das Zweifache, Dreifache . . . davon) auf die Rechtsachse projiziert.

Die zeichnerische Darstellung von Sonderformen (Zähler = Nenner; Zähler > Nenner) erfolgt auch bereits an dieser Stelle.
Auch die beim herkömmlichen Bruchrechnen als unecht bezeichneten Brüche lassen sich und sollen zeichnerisch dargestellt werden. Hierzu eignet sich vor allem das Rechteck, der Bruchzahlenstrahl, bedingt auch das Quadrat und das Sechseck. Die systematische Erarbeitung dieser Brüche erfolgt unter 3.4.3.4 und 3.4.3.5, S. 205 f.

3.4.3 Erarbeitung des Zusammenhangs zwischen Bruchoperator und Bruchteil

Um zu verhindern, daß der Bruchoperator und der Bruch als Schreibfigur eines Bruchteils als voneinander unabhängig betrachtet werden, gilt es, frühzeitig den Zusammenhang herauszustellen.

3.4.3.1 Der Bruchoperator wirkt auf die Einheitsgröße

Durch eine Folge von Aufgaben, die in Form einer Handlungsanweisung formuliert sind, sollen die Kinder erkennen, daß bei der Eingabe 1 der Endzustand gleich der Bruchoperatorzahl ist.
Daraus ist zu schließen: Bei Anwendung eines Bruchoperators auf die Zahl 1 erhält man einen Bruch mit gleicher Schreibfigur. Bruchteilbildung und Bruchoperator sind daher als gleichwertig und austauschbar anzusehen.

Beispiele:

– Kuchenmodell:

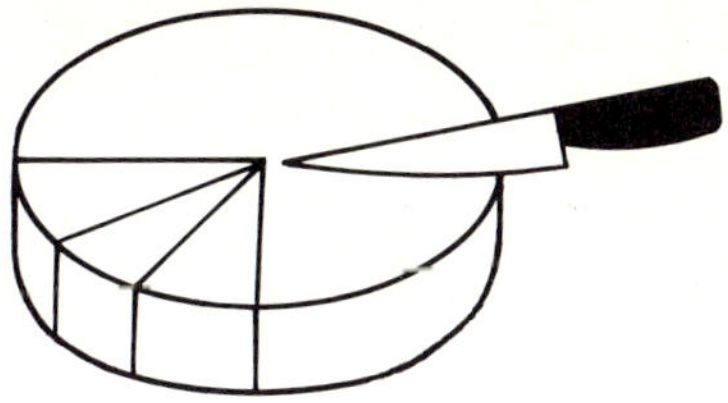

Abb. 320: (aus Zahl und Form 5, S. 118)

Einige Bruchteile kannst du dir sehr gut an einem Kuchen veranschaulichen:

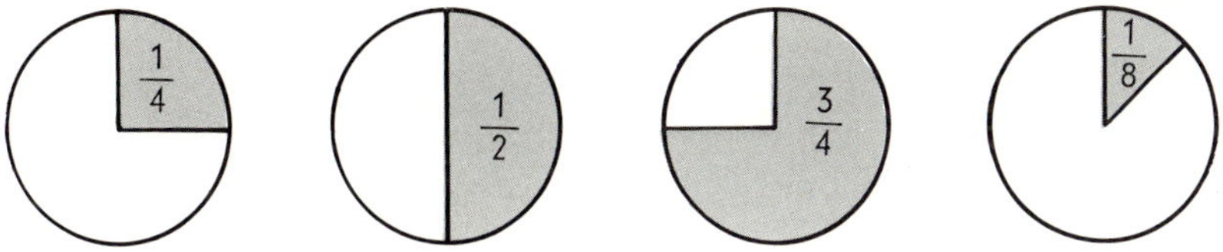

Die Einheit ist immer ein ganzer Kuchen. Das Aufteilen eines Kuchens entspricht der Wirkung eines Bruchoperators:

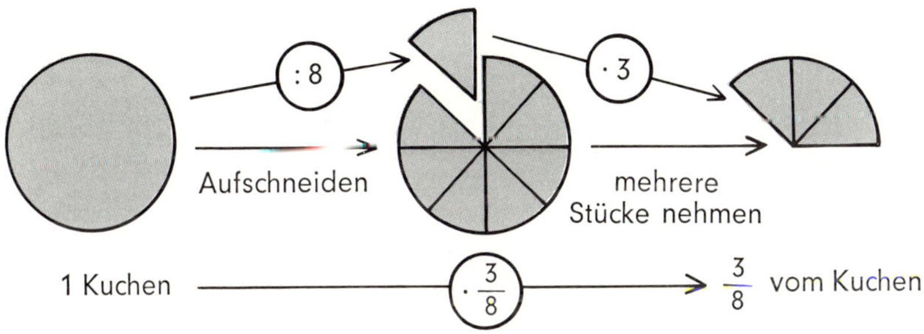

– Bruchzahlenstrahl: siehe Abb. 304, S. 193

– Längen:

Ein Baumstamm ist in 8 gleich lange Teile zu zersägen. 5 Teile werden sofort in die Schreinerei gebracht.

Abb. 321:

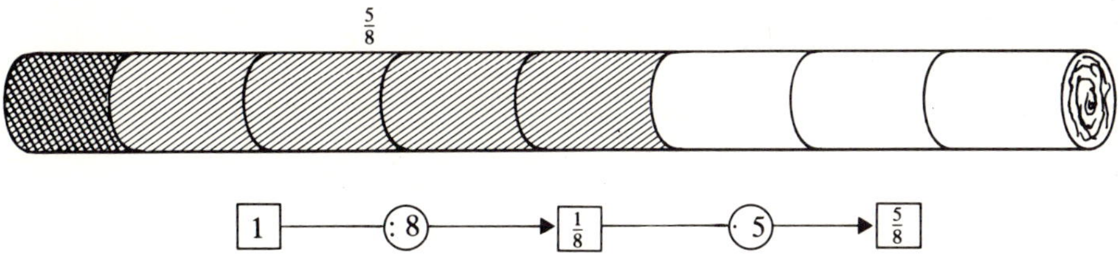

– Flächen:

Ein rechteckiges Grundstück wird parzelliert. Ein Käufer erwirbt für ein Geschäftshaus 5 der 16 Parzellen.

Abb. 322:

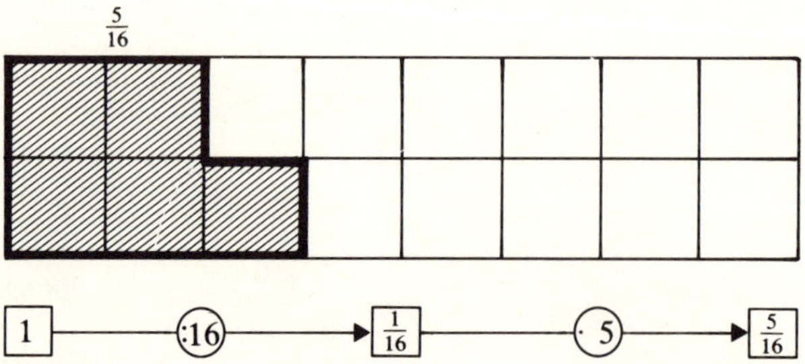

– Strukturierte Einheiten:

Abb. 323:

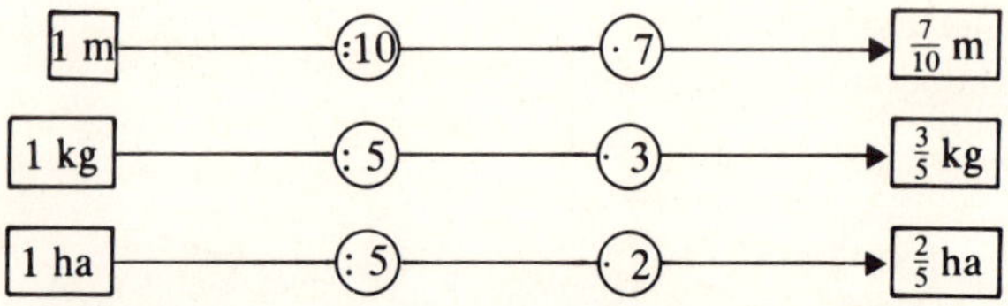

Erkenntnis: Wirkt ein Bruchoperator auf eine Einheitsgröße, dann erhält man eine Größe mit dem betreffenden Bruch als Maßzahl. Wird also die Bruchoperatorzahl für sich betrachtet, so tritt sie uns in Form eines Bruches gegenüber. Bruch und Bruchoperator sind demnach nicht nur ihrer Schreibfigur nach als gleich anzusehen, sondern auch in ihrer mathematischen Bedeutung.

3.4.3.2 Verallgemeinerung der Erkenntnis

Die in 3.4.3.1 erarbeitete Erkenntnis der Austauschbarkeit von Bruchoperator und Bruchteilbildung ist auch allgemein nachzuweisen.

Aufgabe: Die Eltern bringen ihren 3 Kindern eine Tafel Schokolade mit 24 Rippchen mit, die sie gerecht teilen sollen. Klaus nimmt für sich und seinen Bruder den Anteil und gibt den Rest seiner Schwester

Abb. 324:

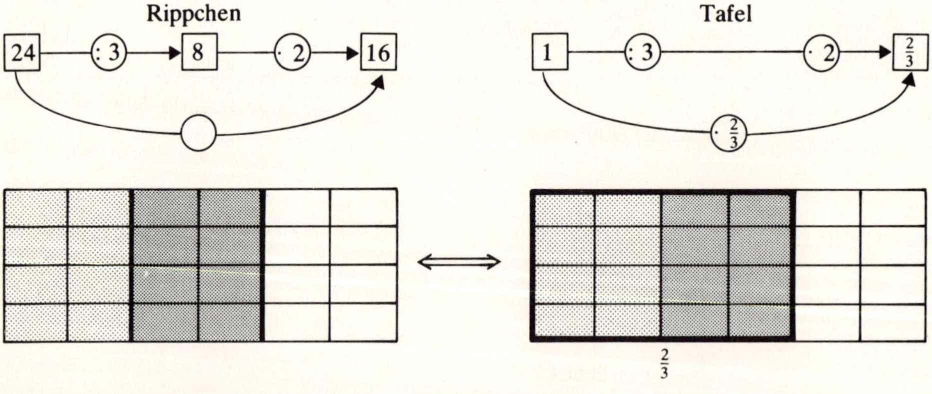

Wir erkennen: Nehmen wir den Anfangszustand als Bezugsganzes, so entspricht der betreffende Bruchteil genau der Zahl, die wir bei Anwendung des entsprechenden Bruchoperators auf diese Eingabe erhalten.
Die Richtigkeit dieser Vermutung ist nur durch die zeichnerische Lösung analoger Aufgaben bei variierenden Darstellungsmodellen nachzuweisen.

– Kuchenmodell:

Bei einer Geburtstagsparty bleiben von 2 Kuchen mit insgesamt 24 Stücken $\frac{5}{12}$ übrig.

Abb. 325:

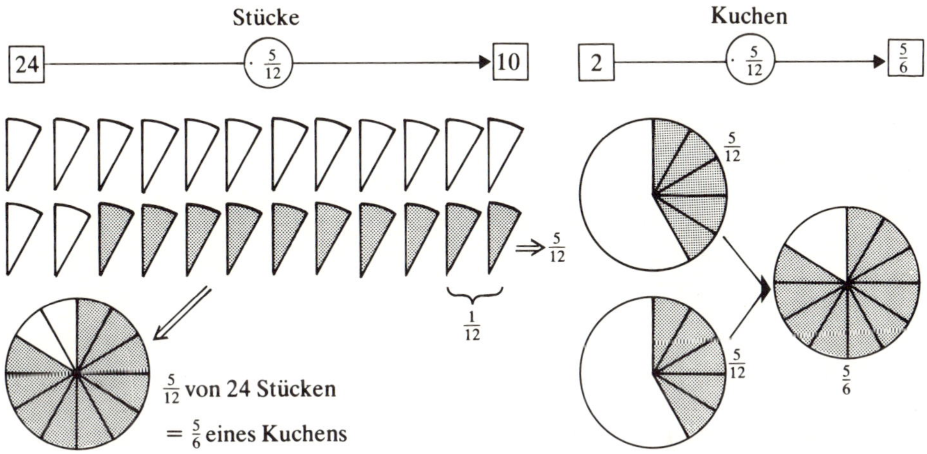

– Längenmodell:

Für ein Regal werden 10 Bretter von jeweils 3 m Länge zugeschnitten. $\frac{2}{15}$ davon sind jeweils Verschnitt. Wieviel mußte weggeworfen werden?

Abb. 326:

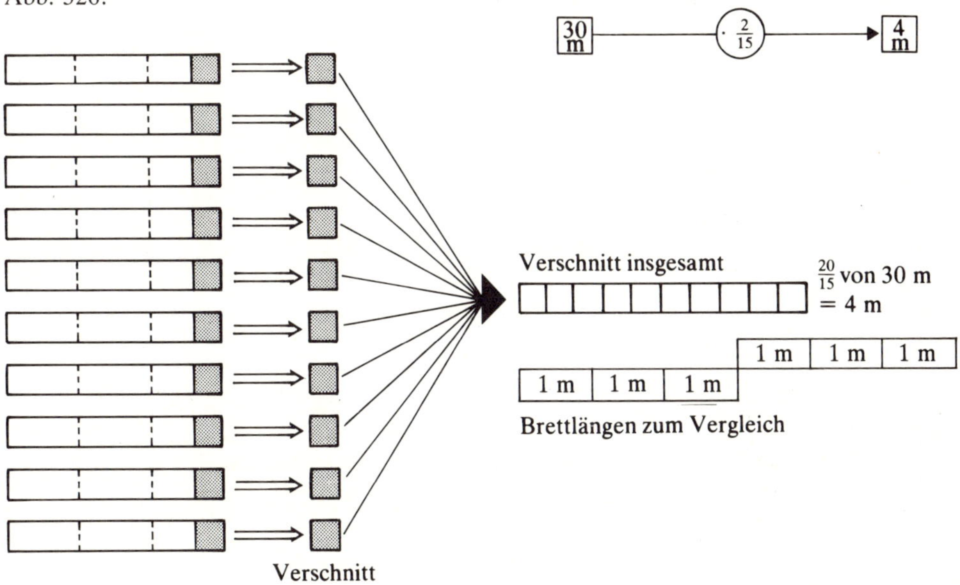

3.4.3.3 Der Bruch als Quotient

Jeder Bruch stellt auch einen Quotienten in anderer Schreibform dar. Sind Dividend (Zähler) und Divisor (Nenner) teilerfremd, so stellt der Bruch zugleich auch den Quotientenwert dar.
Die Einführungsaufgabe ist so zu notieren, daß bei einer ursprünglich zweigliedrigen Operatorkette der Zwischenzustand ganzzahlig ist, also auch als Eingabe betrachtet werden kann.

Aufgabe: 7 Freunde wollen den Inhalt von 3 Flaschen Cola gerecht verteilen. Wieviel erhält jeder?

Konkretisierung des Vorgangs durch zeichnerische Darstellung:

Abb. 327:

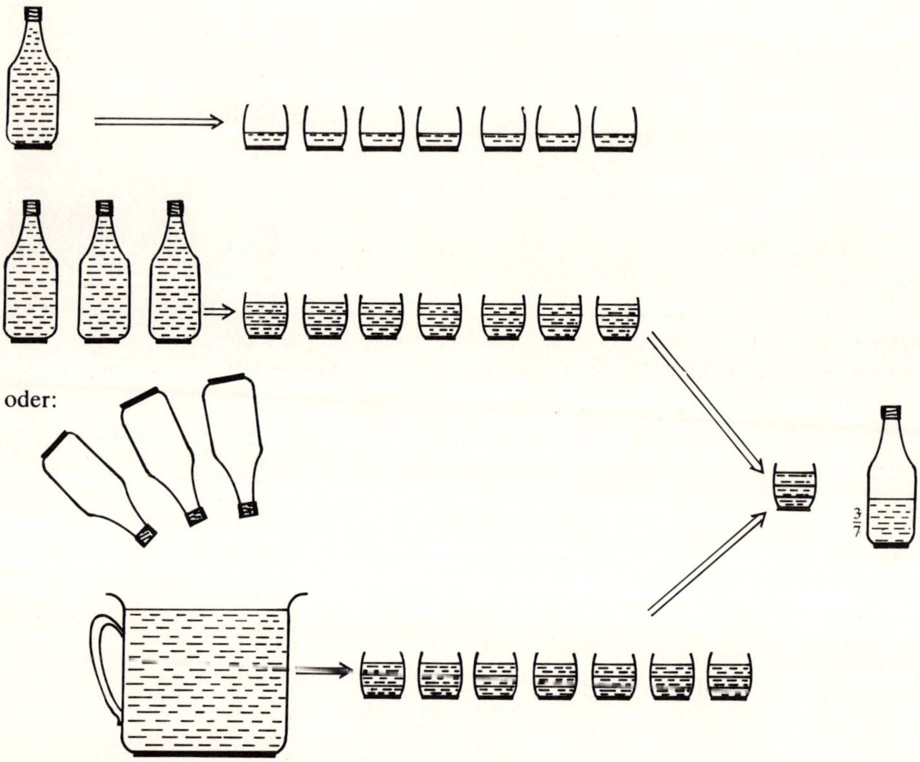

Lösung: Wir gehen von einer Flasche aus:

Abb. 328:

Wir vertauschen die Operatoren:

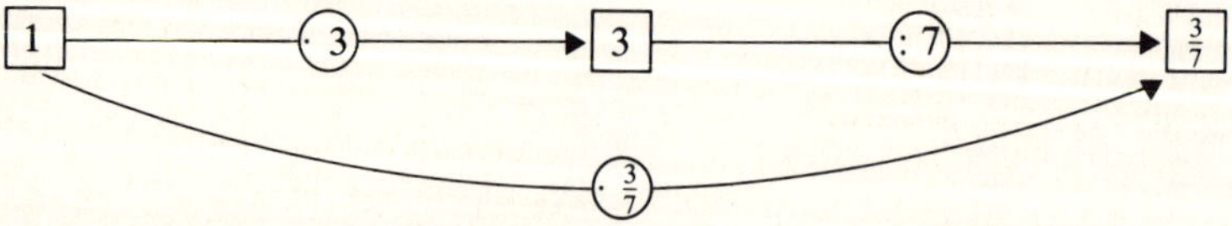

Zum Vergleich wählen wir die Gesamtmenge als Anfangszustand:

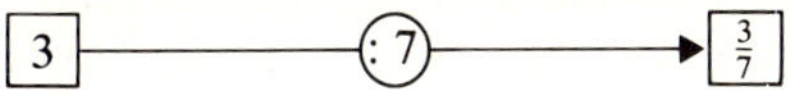

Wir übertragen in die Gleichungsform:

$3 : 7 = \frac{3}{7}$

Wir erkennen: Der Bruchstrich entspricht dem Divisionszeichen, der Zähler dem Dividenden und der Nenner dem Divisor. Jeder Quotient kann demnach als Bruch geschrieben werden.

3.4.3.4 Brüche, die natürliche Zahlen darstellen

Jede natürliche Zahl läßt sich als Bruch schreiben. Brüche dieser Art werden auch als Scheinbrüche bezeichnet.

Abb. 329:

$1 = \frac{2}{2} = \frac{3}{3} = \frac{4}{4} = \ldots$

$3 = \frac{3}{1} = \frac{6}{2} = \frac{9}{3} = \frac{12}{4} = \frac{27}{9} = \ldots$

Wird der Bruch hier als Quotient angesehen, so erleichtert dies den Schülern das Verständnis.

Die Umwandlung von natürlichen Zahlen in Brüche und umgekehrt trägt auch zur Verinnerlichung des Bruchzahlbegriffes bei, da die Kontinuität am Bruchzahlenstrahl ($\frac{3}{5}$; $\frac{4}{5}$; $\frac{5}{5}$; $\frac{6}{5}$; $\frac{7}{5}$) gewahrt bleibt und der Bezug zum Operatorrechnen deutlich wird (Operator und Gegenoperator heben sich in der Wirkung auf).

Auf die zeichnerische Darstellung soll auch bei diesen selbstverständlich erscheinenden Bruchzahlen nicht verzichtet werden.

Abb. 330:

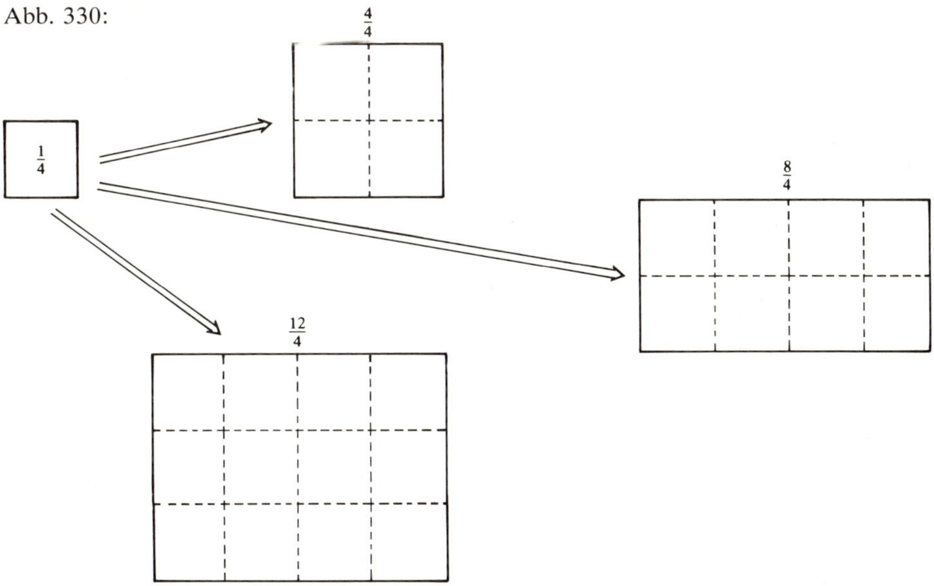

3.4.3.5 Unechte Brüche – gemischte Zahlen

Der Begriff „unechter Bruch“ wurde zu einer Zeit geprägt, als der Operatoraspekt des Bruchbegriffes im Volksschulunterricht noch unbekannt war. Wenn auch in modernen Schulbüchern auf diesen Begriff verzichtet wird, so soll auf derartige Brüche dennoch eingegangen werden, ohne ihnen allerdings eine Sonderrolle zuzuschreiben, da sich sonst bei den Schülern der Eindruck verfestigt, nur zwischen 0 und 1 gibt es Bruchteile, nur zwischen 0 und 1 findet eine Erweiterung des Zahlenraumes statt.
Durch Brüche wie $\frac{11}{5} = 2\frac{1}{5}$, $\frac{55}{6} = 9\frac{1}{6}$, $\frac{112}{13} = 9\frac{5}{13}$ usw. erkennen die Schüler, daß zwischen zwei natürlichen Zahlen ebenso beliebig viele Zahlen angesetzt werden können wie zwischen 0 und 1. Die Erarbeitung der Brüche erfolgt anhand der zeichnerischen Darstellung. Sie werden auch als gemischte Zahlen geschrieben.

Abb. 331:

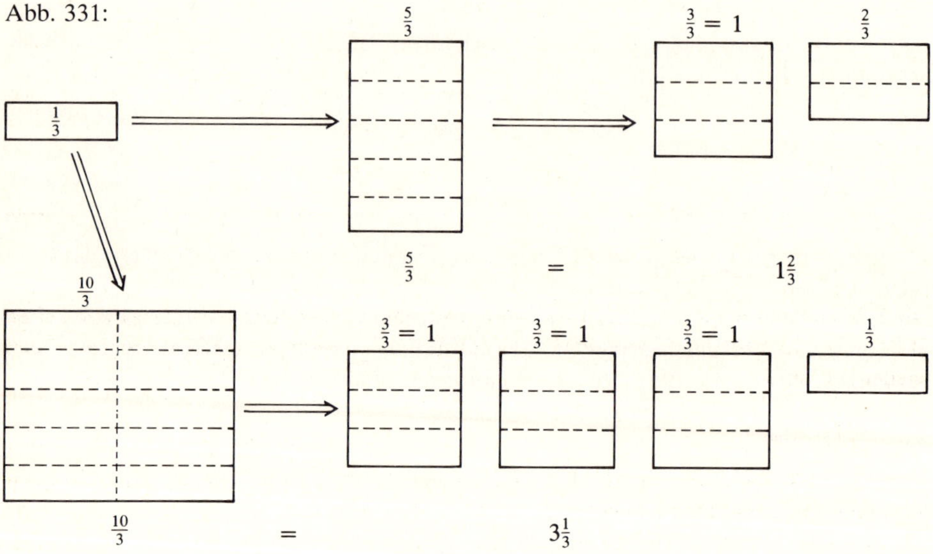

Bei Umwandlungsübungen unechte Brüche – gemischte Zahlen bieten sich neben der Gleichungsform noch folgende Variationsmöglichkeiten an:

- Tabelle (siehe Abb. 465, S. 264)
- Rechen-T (siehe Abb. 466, S. 264)
- Zuordnungspyramide (siehe Abb. 467, S. 265).

3.4.4 Offene und spielerische Übungsformen beim Bilden von Brüchen

Bisher wurden Brüche diktiert, geschrieben oder zeichnerisch dargestellt. In diesem Abschnitt sollen Möglichkeiten gezeigt werden, wie die Schüler selbständig Brüche bilden können.
Vor allem beim Vergleich von Brüchen (siehe 3.6, S. 218 ff.) und bei den additiven und multiplikativen Operationen mit Brüchen (siehe 4.1 und 4.2, S. 223 ff.) sollen offene Formen der Bruchzahldarbietung bevorzugt werden.

3.4.4.1 Der wiederholt einsetzbare Bruchzahlenstrahl

Die Kennzeichnung von Bruchzahlen auf dem Bruchzahlenstrahl verdeutlicht den Schülern immer wieder deren Position innerhalb der rationalen Zahlen.

Wertvolle Arbeitszeit gewinnt man durch einen Bruchzahlenstrahl, der stets präsent ist und nicht immer neu gezeichnet werden muß. Die Schüler erhalten ein Arbeitsblatt mit 3 untereinanderliegenden Bruchzahlenstrahlen, bei denen die Einheit jeweils 12 cm lang ist. Auf dem ersten Strahl werden alle Brüche mit Vielfachen von 2 als Nenner eingetragen, auf dem zweiten solche mit Vielfachen von 3 als Nenner und auf dem dritten alle Brüche mit Vielfachen von 5 bzw. 7 als Nenner. Die markanten Brüche werden besonders hervorgehoben.

Abb. 332: (im Maßstab 1: 2 verkleinert)

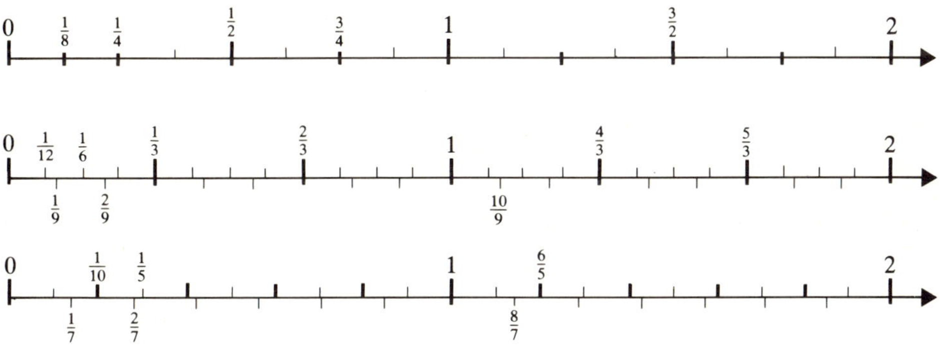

Die Schüler stecken dieses Arbeitsblatt in eine Sichthülle und können so mit wasserlöslichen Stiften ihre Eintragungen vornehmen und nach der Kontrolle mit einem feuchten Tuch wieder löschen.

3.4.4.2 Tabelle

In einer Matrix werden waagrecht die Zähler und senkrecht die Nenner vorgegeben. Im Kreuzungsfeld notieren die Schüler die entstehenden Brüche.
Erschwerung: Unechte Brüche sind in gemischte Zahlen zu verwandeln.

Abb. 333:

Zähler / Nenner	2	8	3	6	4	9	7	5
3	$\frac{2}{3}$	$\frac{8}{3}=2\frac{2}{3}$	$\frac{3}{3}=1$					
7	$\frac{2}{7}$	$\frac{8}{7}=1\frac{1}{7}$						
5								
9								
4								

3.4.4.3 Zahlenstreifen

Die in zwei Zahlenstreifen einander gegenüberstehenden Zahlen sind zu Brüchen zu verbinden.

a) Die Zahlen im linken Streifen bilden jeweils den Nenner (Zähler).
b) Mit den beiden Zahlen sind zweierlei Brüche zu bilden.
c) Jede Zahl des einen Streifens ist mit jeder Zahl des zweiten Streifens zu einem Bruch zu verknüpfen.

Abb. 334:

		a)	b)	c
7	2	$\frac{2}{7}$	$\frac{2}{7}; \frac{7}{2}$	$\frac{7}{2}; \frac{7}{9}; \frac{7}{6}; \frac{7}{8}; \frac{7}{10};$
5	9	$\frac{9}{5}$	$\frac{5}{9}; \frac{9}{5}$	$\frac{5}{2}; \frac{5}{9}; \frac{5}{6}; \frac{5}{8}; \frac{5}{10};$
4	6	$\frac{6}{4}$	$\frac{4}{6}; \frac{6}{4}$	$\frac{4}{2}; \frac{4}{9}; \frac{4}{6}; \frac{4}{8}; \frac{4}{10};$
3	8	$\frac{8}{3}$	$\frac{3}{8}; \frac{8}{3}$	$\frac{3}{2}; \frac{3}{9}; \frac{3}{6}; \frac{3}{8}; \frac{3}{10};$
8	10	$\frac{10}{8}$	$\frac{8}{10}; \frac{10}{8}$	$\frac{8}{2}; \frac{8}{9}; \frac{8}{6}; \frac{8}{8}; \frac{8}{10}$

3.4.4.4 Die meisten Brüche suchen

Aufgabe: Bilde mit den Zahlen 3, 4, 7 und 9 möglichst viele Brüche! Eine Zahl darf bei einem Bruch (nicht) zweimal auftreten.

Abb. 335:

Lösung: $\frac{3}{4}; \frac{3}{7}; \frac{3}{9}; (\frac{3}{3});$ $\frac{4}{3}; \frac{4}{7}; \frac{4}{9}; (\frac{4}{4});$
$\frac{7}{3}; \frac{7}{4}; \frac{7}{9}; (\frac{7}{7});$ $\frac{9}{3}; \frac{9}{4}; \frac{9}{7}; (\frac{9}{9});$

3.4.4.5 Bruchfamilien

In der Sternmitte wird der gemeinsame Nenner notiert, im Kreis des Strahls der jeweilige Zähler. An den Sternspitzen sind die Brüche aufzuschreiben.

Abb. 336:

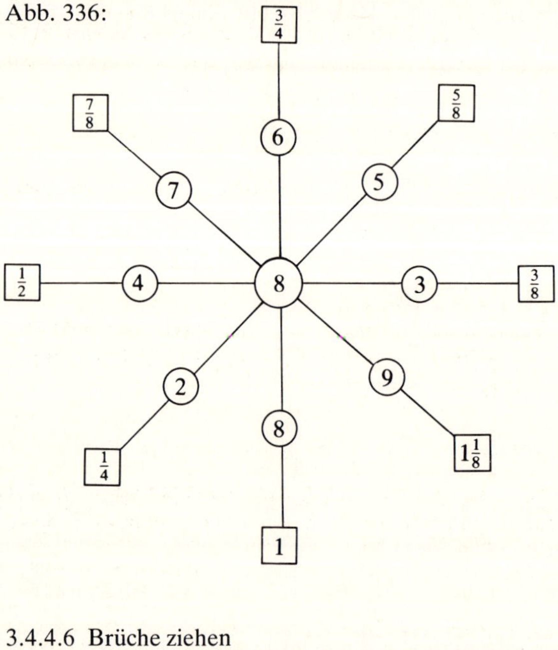

3.4.4.6 Brüche ziehen

Bei diesem Gruppenspiel liegen zwei Kartenstöße mit jeweils 9 Karten fortlaufend numeriert von 1 bis 9 verdeckt auf dem Tisch. Jedes Kind zieht aus jedem Stoß eine Karte und bildet damit einen echten Bruch. Alle Mitspieler tragen alle Brüche auf dem Zahlenstrahl ein. Rundensieger wird das Kind mit dem größten (kleinsten) Bruch.

Variante A: Jedes Kind legt die gezogenen Karten sofort wieder zurück.

Variante B: Die beiden Kartenstöße sind in der Farbe oder Form verschieden. Es wird vereinbart, aus welchem Stoß stets der Zähler bzw. der Nenner gezogen wird.

3.4.4.7 Brüche würfeln

Das Spiel entspricht der Variante A des eben Beschriebenen. An Stelle der Karten werden zwei Würfel verwendet. Mit den nach oben liegenden (verdeckten) Punktezahlen ist ein Bruch zu bilden.
Stehen Würfel verschiedener Farbe oder Größe zur Verfügung, kann auch die Variante B gespielt werden.

3.4.4.8 Brüche kreiseln

Die Schüler bauen sich zwei Zahlenkreisel. Bei einem regelmäßigen Achteck wird durch die Mitte ein Zahnstocher gesteckt und mit der Fläche starr verbunden. In die 8 Felder werden die Zahlen von 2–9 geschrieben.

Abb. 337:

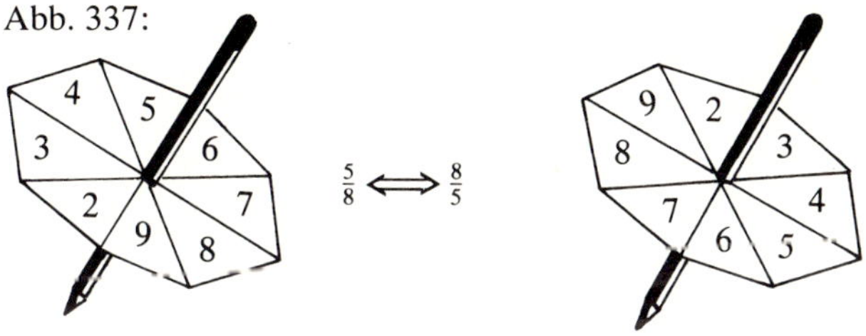

Werden diese Kreisel gedreht, so fallen sie auf eine Kante. Die im betreffenden Feld stehenden Zahlen müssen dann zur Bruchzahlbildung verwendet werden.

3.5 Gleichheit von Bruchzahlen

Wird im folgenden von Brüchen gesprochen, so sind damit grundsätzlich auch alle unechten und Scheinbrüche gemeint.

3.5.1 Erarbeitung „wertgleicher" Brüche

Das Verständnis der Wertgleichheit von Brüchen bzw. der Wirkungsgleichheit von Bruchoperatoren gehört zu den Grundvoraussetzungen des Bruchrechnens. Für die Erarbeitung dieser Grundkenntnis bieten sich verschiedene Ansatzpunkte an.

3.5.1.1 Bruchoperatoren mit gleicher Wirkung

Auf gleiche Eingaben wirken verschiedene, aber wirkungsgleiche Bruchoperatoren. Die gleichen Anfangs- und Endzustände rufen zwingend die Vermutung hervor, daß diese Bruchoperatoren gleich sein müssen.

Abb. 338:

$\longrightarrow \left(\cdot \frac{3}{4}\right) \longrightarrow$

24	18
36	27
48	36

$\longrightarrow \left(\cdot \frac{6}{8}\right) \longrightarrow$

24	18
36	27
48	36

$\longrightarrow \left(\cdot \frac{9}{12}\right) \longrightarrow$

24	18
36	27
48	36

Der Nachweis der Gleichheit erfolgt durch Auflösung der Bruchoperatoren zu Operatorketten.

Abb. 339:

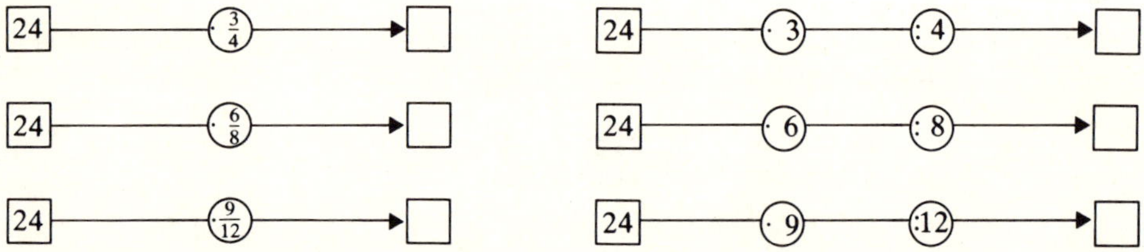

Schreibt man die jeweils zusammengehörigen Operatorketten untereinander, so erkennen die Schüler schnell die Zusammenhänge, daß die Operatorketten durch Hinzufügen zweier zueinander inverser Operatoren verlängert werden können.

Abb. 340:

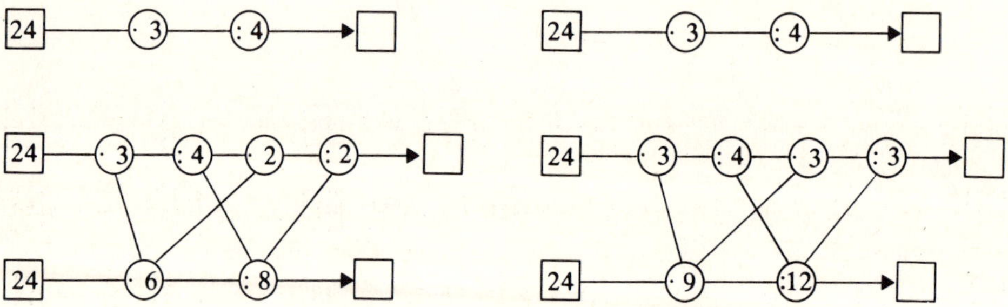

Detaillierte Hinweise und Begründungen erfolgten bereits unter 2.1.4 (S. 72 f.) und unter 3.2.2 (S. 171 f.).

Beim Operatordiagramm werden die zwischen den Bruchoperatoren bzw. den Zwischenzuständen bestehenden multiplikativen Beziehungen besonders deutlich.

Abb. 341: (aus Zahl und Form 6, S. 11)

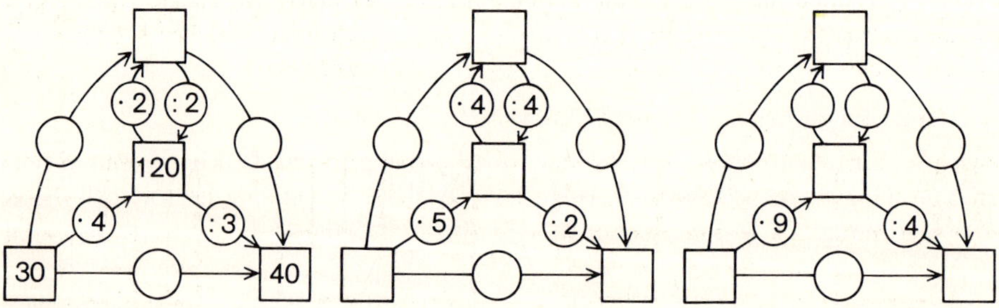

Erkläre aus dem zweiten Diagramm, daß die Ketten

—(· 5)—(: 2)→, —(· 5)—(· 4)—(: 4)—(: 2)→, —(· 20)—(: 8)→ und damit

die Bruchoperatoren —(· $\frac{5}{2}$)→ und —(· $\frac{20}{8}$)→ wirkungsgleich sind.

Fülle das dritte Diagramm auf verschiedene Weisen aus! Du kannst dann jeweils eine Erweiterung des Bruches $\frac{9}{4}$ ablesen.

3.5.1.2 Die Erarbeitung wirkungsgleicher Bruchoperatoren über die gemeinsamen Teiler zweier Zahlen

Von zwei Zahlen, die gemeinsame Teiler (siehe 2.4.3.6, S. 122) aufweisen, wird jeweils die Teilermenge gebildet.

$T_{48} = \{1, 2, 3, 4, 6, 8, 12, 16, 24, 48\}$

$T_{18} = \{1, 2, 3, 6, 9, 18\}$

Es erfolgt die Darstellung im Venndiagramm. Die gemeinsamen Teiler werden als Zwischenzustände bei der Operatordarstellung gewählt.

Abb. 342:

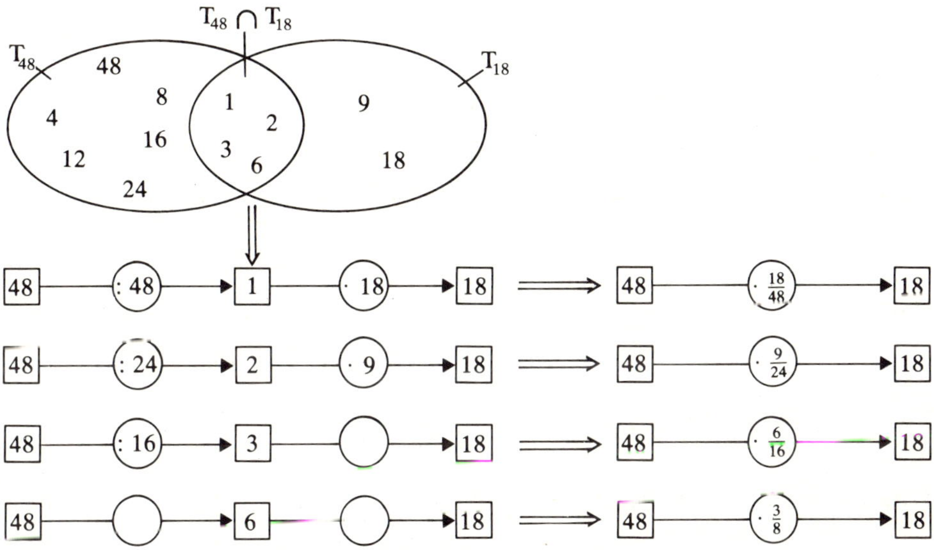

Da stets gleiche Anfangs- und Endzustände vorliegen, läßt sich die Gleichheit der vier Bruchoperatoren folgern. Der Nachweis erfolgt dann wie oben beschrieben.

3.5.1.3 Erkennen „wertgleicher" Brüche durch Bruchteilvergleich

Die Schüler erhalten die Aufgabe, die bei einem Rechteck markierte Fläche durch einen Bruch auszudrücken. Durch Kennzeichnung des Stammbruches (entsprechende Einteilung des Rechteckes) wird die Lösung in die gewünschte Bahn gelenkt.

Abb. 343:

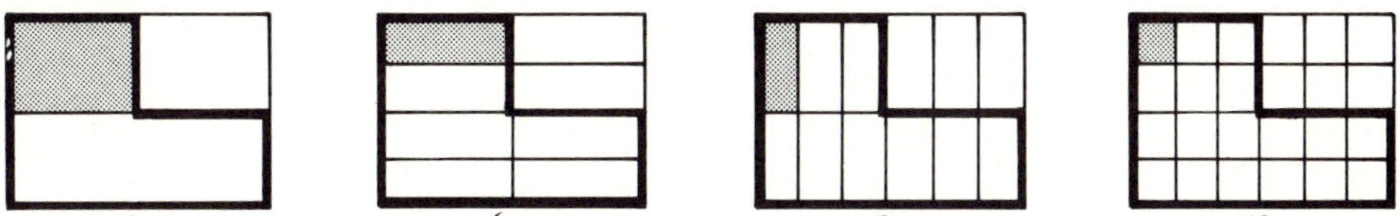

$\frac{3}{4}$ R $\frac{6}{8}$ R $\frac{9}{12}$ R $\frac{18}{24}$ R

Die Schüler erkennen, daß verschiedene Brüche denselben Bruchteil bezeichnen. Daraus läßt sich wieder auf die Gleichheit dieser Brüche schließen.

3.5.1.4 Finden der Bruchzahl durch Eintragung auf dem Bruchzahlenstrahl

Auf dem Bruchzahlenstrahl werden nun mehrere wertgleiche Brüche eingetragen. Die Schüler erkennen schnell, daß mehrere Brüche auf dem Zahlenstrahl denselben Punkt bezeichnen, diese also nur andere Schreibfiguren bzw. Namen für die betreffende Bruchzahl sind. Die Bruchzahlen werden im allgemeinen durch den *Standardbruch* ausgedrückt, also den Bruch, der nicht mehr weiter gekürzt werden kann, dessen Zähler und Nenner teilerfremd sind.

Abb. 344: (aus Zahl und Form 6, S. 13)

Zeichne den Zahlenstrahl ab und versuche, den angegebenen Punkten Brüche zuzuordnen.

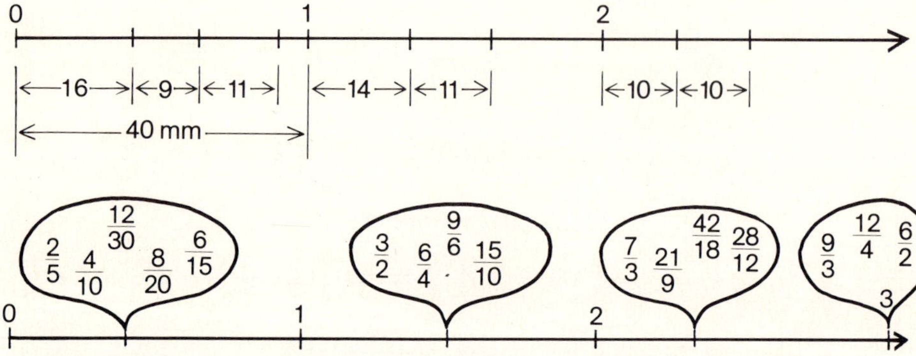

Erkläre, warum verschiedene Brüche an derselben Stelle des Zahlenstrahles eingetragen wurden. Gib weitere Brüche an, die an den angegebenen Stellen eingetragen werden können.

3.5.2 Erstellen von Äquivalenzklassen

Alle Brüche, die einer Bruchzahl zuzuordnen sind, werden als Äquivalenzklasse dieser Bruchzahl bezeichnet. Beim Erstellen solcher Äquivalenzklassen geht es weniger um die Beherrschung der Technik des Erweiterns und Kürzens, sondern um die Förderung des Verständnisses, daß alle diese Brüche die gleiche Bruchzahl bezeichnen.

3.5.2.1 Zeichnerische Übungen

Alle unter 3.4.1.2 (S. 188 f.) und unter 3.4.2 (S. 191 f.) vorgeschlagenen Anschauungsmodelle eignen sich zur Veranschaulichung der Wertgleichheit. Ein vorgegebener Bruchteil muß durch weitere Unterteilung des Ganzen verschieden dargestellt werden.

Abb. 345:

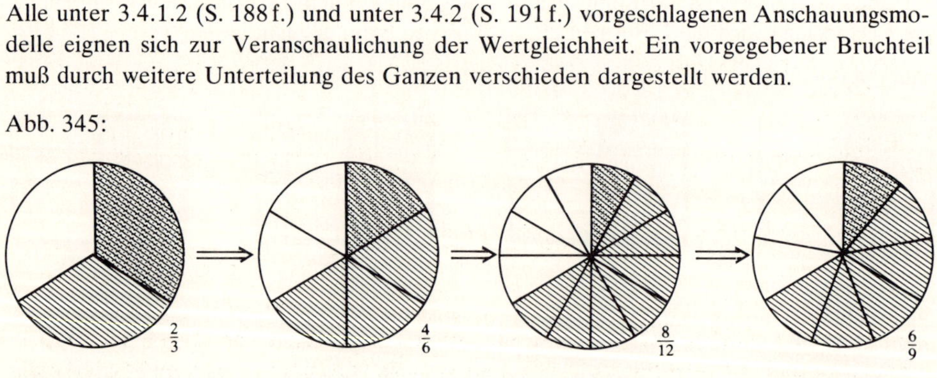

Die Aufgabenstellung kann variiert werden durch Eintragung der gewünschten Brüche auf dem Bruchzahlenstrahl.

3.5.2.2 Das Erweitern von Brüchen

Bei der Erklärung des Erweiterns und Kürzens greift man zweckmäßigerweise auf den Bruchoperator zurück. Wie unter 3.5.1.1 bereits angedeutet, wird beim Erweitern der Operatorkette ein Paar inverser Operatoren, die sich in der Wirkung aufheben, hinzugefügt.

Abb. 346:

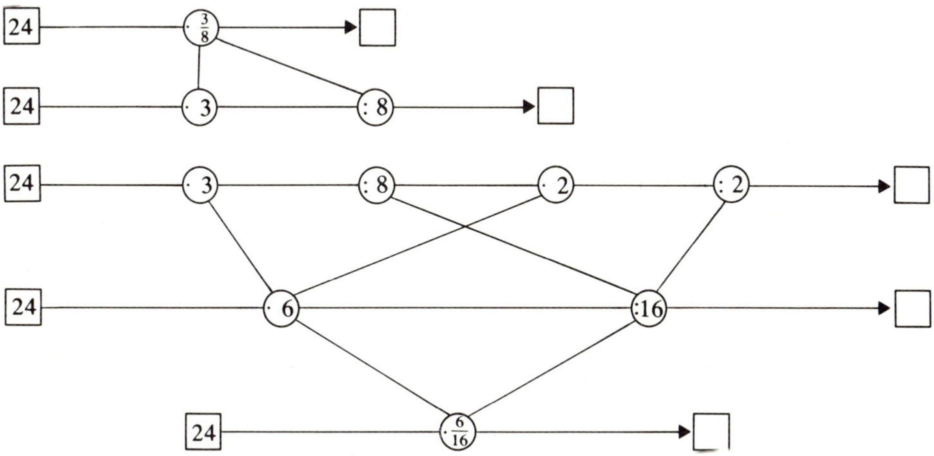

3.5.2.3 Das Kürzen von Brüchen

Beim Kürzen wird die ursprüngliche Operatorkette durch Zerlegung des Multiplikations- und des Divisionsoperators verlängert, und Paare zueinander inverser Operatoren werden weggestrichen.

Abb. 347:

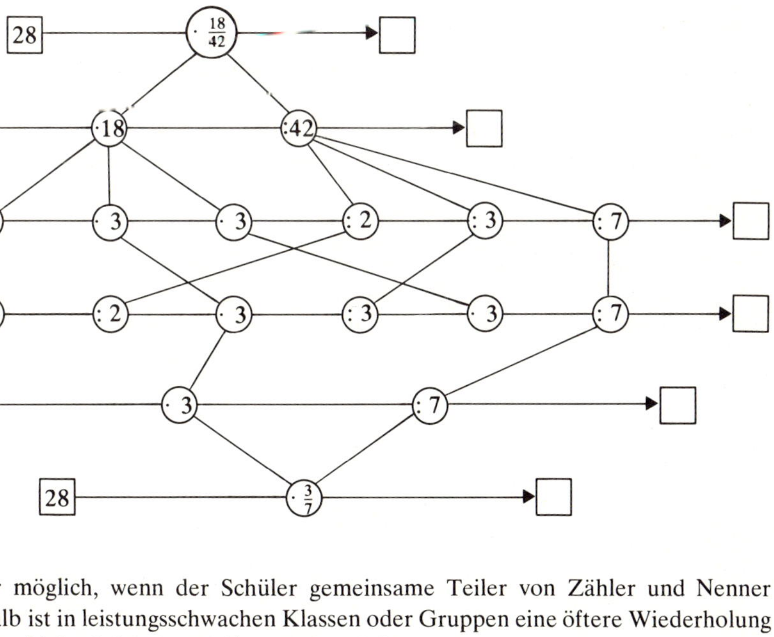

Kürzen ist nur möglich, wenn der Schüler gemeinsame Teiler von Zähler und Nenner erkennt. Deshalb ist in leistungsschwachen Klassen oder Gruppen eine öftere Wiederholung der Teilermenge (siehe 2.4.3, S. 118 f.) und das Einlernen der Regeln über die Teilbarkeit einer Zahl (siehe 2.4.3.2, S. 119) angebracht.

3.5.2.4 Die Technik des Erweiterns und Kürzens

Die bisher aufgezeigten Verfahren zum Erweitern und Kürzen eignen sich vorzüglich zur Einführung, sind aber beim Rechnen zu umständlich. Deshalb wird vereinfacht: Wir erweitern einen Bruch, indem wir Zähler und Nenner mit der gleichen Zahl multiplizieren. Wir kürzen einen Bruch, indem wir Zähler und Nenner durch die gleiche Zahl dividieren.

Abb. 348:

3.5.3 Übungsformen zum Erweitern und Kürzen von Brüchen

Durch die Variation der Darstellung und Aufgaben bleibt der rein mechanische Vorgang des Erweiterns und Kürzens für die Schüler interessant und motivierend.

3.5.3.1 Verschiedene Namen suchen

Zu einem vorgegebenen Bruch sind andere Namen derselben Bruchzahl zu suchen.
Aufgabe: Suche fünf andere Namen derselben Bruchzahl!

Abb. 349:

$$\frac{3}{8} \Longrightarrow \frac{6}{16}; \frac{9}{24}; \frac{12}{32}; \frac{15}{40}; \frac{18}{48}$$

$$\frac{2}{7} \Longrightarrow \frac{4}{14}; \frac{6}{21}; \frac{8}{28}; \frac{10}{35}; \frac{12}{42};$$

Differenzierung durch offene Aufgabenstellung:
Wähle zwischen 0 und 1 mindestens 10 Standardbrüche und suche dazu jeweils 5 andere Namen!

3.5.3.2 Brüche der gleichen Bruchzahl kennzeichnen

Brüche, die die gleiche Bruchzahl bezeichnen, werden mit gleicher Markierung hervorgehoben.

Abb. 350:

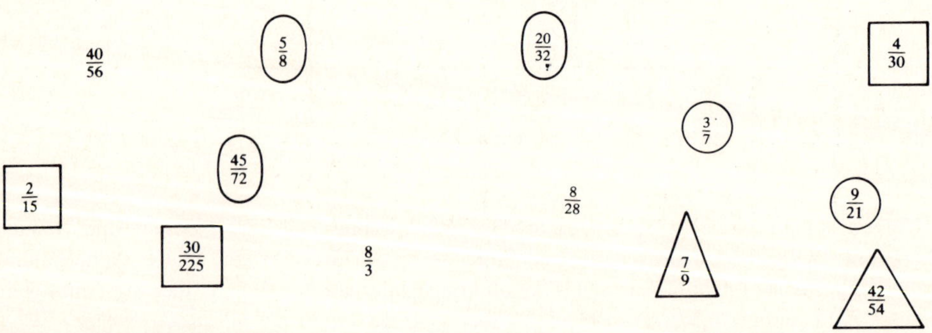

3.5.3.3 Strichzuordnungen vornehmen

Bei gleicher Aufgabenstellung sind gleichwertige Brüche durch Striche zu verbinden (siehe Abb. 392, S. 233).

3.5.3.4 Vergleich bei Größen

Größen sind in verschiedener Schreibweise gegeben. Die Schüler müssen die gleichwertigen erkennen und kennzeichnen.

Abb. 351:

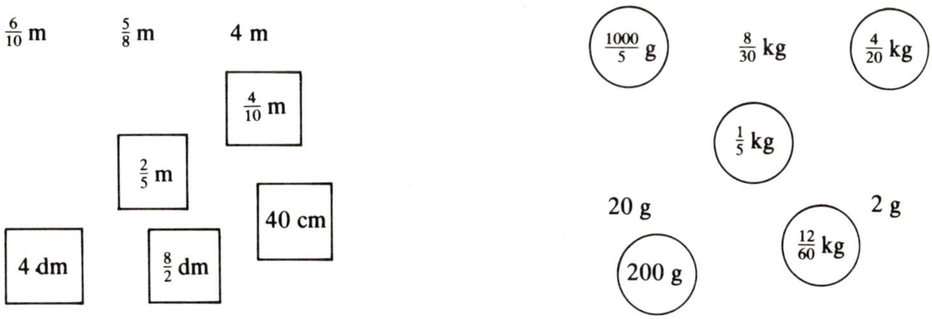

3.5.3.5 Tabelle

Bei einer Bruchzahlentabelle (siehe 3.4.4.2, S. 207) werden als Zähler und Nenner jeweils Vielfache von 2 und 3 gewählt. Die Schüler kennzeichnen in der Tabelle alle Brüche einer gleichen Bruchzahl mit derselben Markierung.

Abb. 352:

Zähler / Nenner	2	6	4	8	3	9	1
3	$\frac{2}{3}$	$\frac{6}{3}$	$\frac{4}{3}$	$\frac{8}{3}$	$\frac{3}{3}$	$\frac{9}{3}$	$\frac{1}{3}$
4	$\frac{2}{4}$	$\frac{6}{4}$	$\frac{4}{4}$	$\frac{8}{4}$	$\frac{3}{4}$	$\frac{9}{4}$	$\frac{1}{4}$
12	$\frac{2}{12}$	$\frac{6}{12}$	$\frac{4}{12}$	$\frac{8}{12}$	$\frac{3}{12}$	$\frac{9}{12}$	$\frac{1}{12}$
8							
6							
18							

3.5.3.6 Rechen-T

Im Pfosten werden die Brüche beliebig genannt, im Querbalken nur die Nenner bzw. die Zähler. Die Schüler haben einen Bruch der gleichen Bruchzahl zu bilden. Im Kreis des Verbindungsstriches zweier Felder wird die Erweiterungs- bzw. Kürzungszahl vermerkt.

Abb. 353:

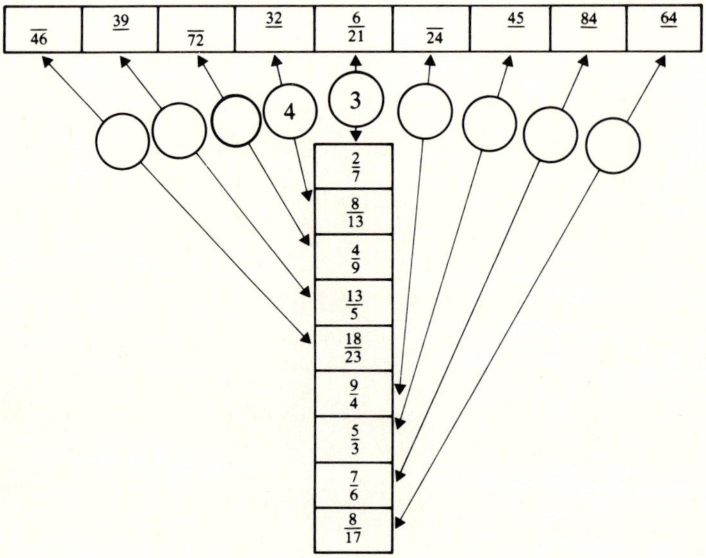

3.5.3.7 Zuordnungspyramide

Die Aufgabe entspricht der beim Rechen-T. Im achsensymmetrisch entsprechenden Feld ist ein „gleichwertiger" Bruch einzutragen.

Abb. 354:

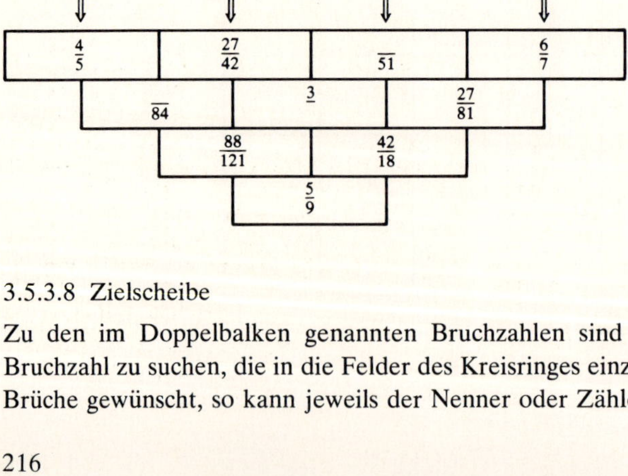

3.5.3.8 Zielscheibe

Zu den im Doppelbalken genannten Bruchzahlen sind 7 andere Brüche der gleichen Bruchzahl zu suchen, die in die Felder des Kreisringes einzutragen sind. Werden bestimmte Brüche gewünscht, so kann jeweils der Nenner oder Zähler vorgeschrieben werden.

Abb. 355:

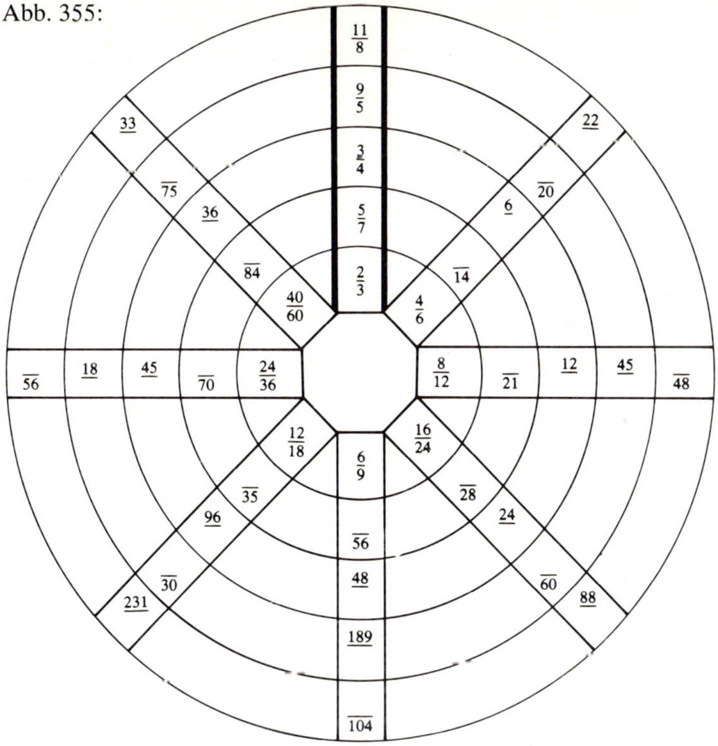

3.5.3.9 Aufspalten von Bruchoperatoren

Ein Bruchoperator wird nach Vorschrift (in Form des Schemas) in Einzeloperatoren aufgespalten, so daß ein gekürzter Operator anfällt.

Abb. 356:

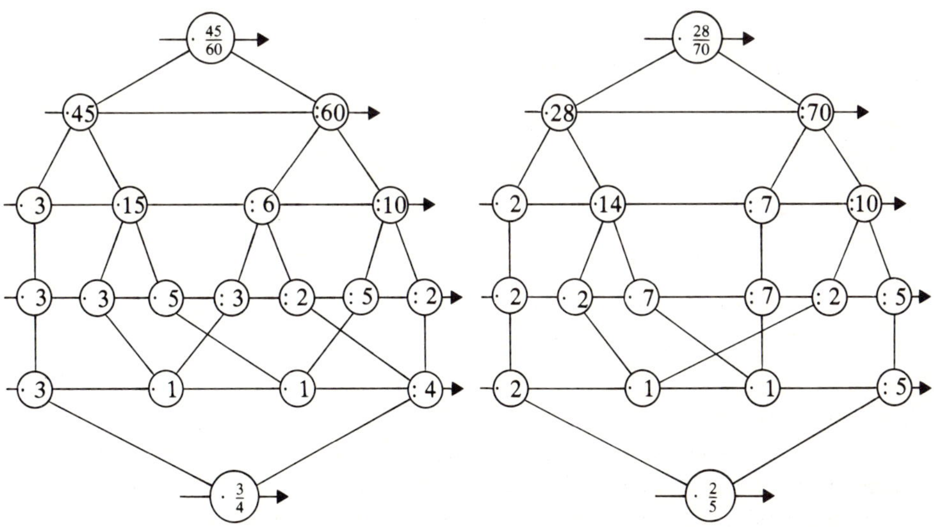

3.5.3.10 Übertragung von Bruchteilen auf andere Anschauungsmodelle mit geänderter Grundeinteilung

Aufgabe: Wähle 5 Flächen oder Körper und zeichne hier Bruchteile mit anderen Nennern ein, die aber alle die gleiche Bruchzahl bezeichnen!

Abb. 357:

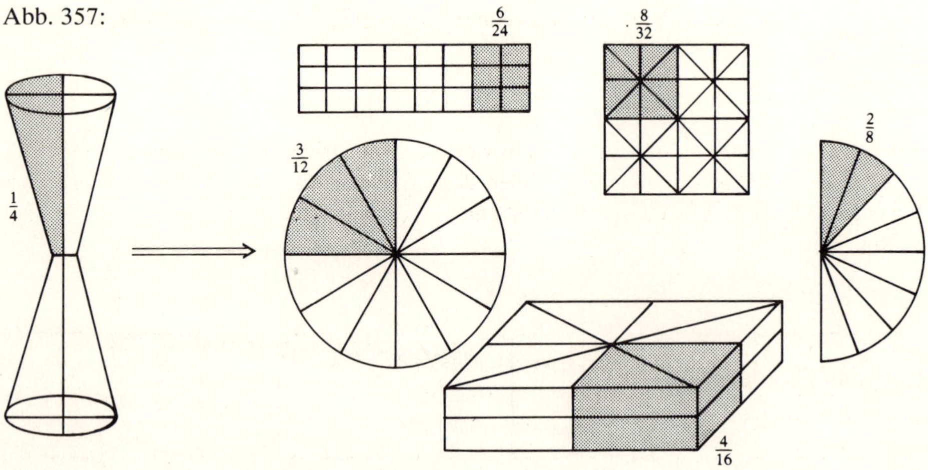

3.5.3.11 Propeller

In der Propellermitte steht der Standardbruch, in jedem Flügel ist ein „wertgleicher" Bruch zu notieren.

Abb. 358:

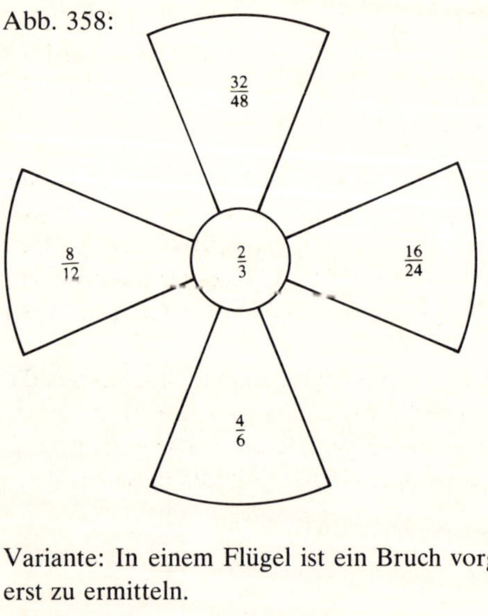

Variante: In einem Flügel ist ein Bruch vorgegeben. Der Standardbruch ist durch Kürzen erst zu ermitteln.

3.6 Vergleich von Bruchzahlen

Durch den Vergleich von Bruchzahlen werden die Schüler gezwungen, die Stellung der einzelnen Bruchzahl innerhalb der Folge der rationalen Zahlen bei gleicher Bezugsgröße zu beachten.

3.6.1 Vergleichbarkeit von Brüchen

3.6.1.1 Definition der Größer-Kleiner-Beziehung bei Bruchzahlen

Da eine eindeutige Zuordnung zwischen Bruchzahl und dem entsprechenden Punkt auf dem Bruchzahlenstrahl – analog der zwischen natürlicher Zahl und Punkt auf dem Zahlenstrahl – besteht, gilt eine Bruchzahl als größer, wenn sie auf dem Bruchzahlenstrahl weiter rechts zu finden ist.

3.6.1.2 Erarbeitung dieser Erkenntnis

Bei mehreren, gleich großen Rechtecken werden verschiedene Brüche eingezeichnet und die Größe des Bruchteils durch Abzählen der Kästchen festgestellt. Die entsprechenden Brüche werden auf dem Bruchzahlenstrahl markiert. Durch Vergleich fällt die obengenannte Regel an.

Abb. 359:

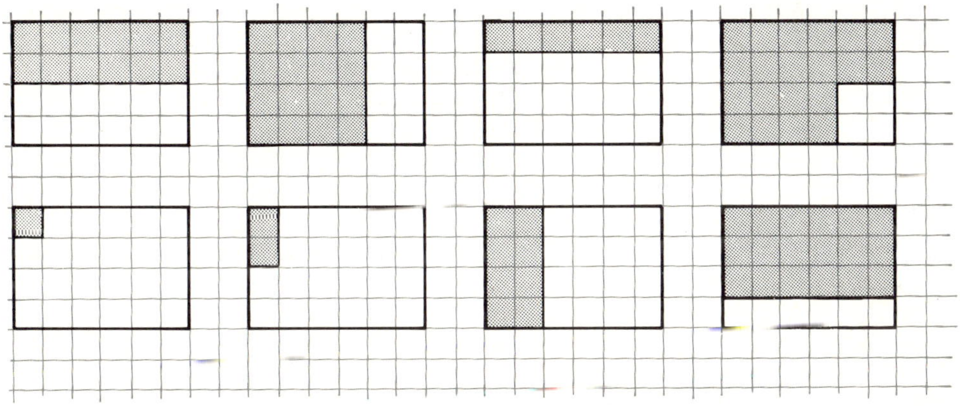

3.6.1.3 Vergleich mit dem Bruchoperator

Dieser zeichnerische Vergleich ist nur bei überschaubaren und zeichnerisch leicht darstellbaren Brüchen möglich. Sind aber z. B. $\frac{13}{35}$ und $\frac{5}{16}$ zu vergleichen, wird der zeichnerische Vergleich kaum gelingen, selbst wenn zuvor die Umwandlung zu Brüchen mit gleichen Zählern oder Nennern erfolgte. Dieses Verfahren ist aber erst bei der Addition/Subtraktion von Brüchen von Bedeutung und wird im entsprechenden Kapitel (siehe 4.1.2, S. 226 f.) ausführlich erläutert.
Beim Vergleich zweier nicht leicht überschaubarer Bruchzahlen überprüft man deshalb die Wirkung der betreffenden Bruchoperatoren auf gleiche Anfangszustände. Der Bruchoperator, der den größeren Endzustand bewirkt, ist dann der größere. Zweckmäßig wählt man als Anfangszustand einen der beiden Nenner, da so eine Operation ohne Rechnung zu lösen ist.

Abb. 360:

$35 \cdot \frac{13}{35} = \textcircled{13}$ $\qquad 16 \cdot \frac{5}{16} = \boxed{5}$

$35 \cdot \frac{5}{16} = \frac{175}{16} \approx \textcircled{11}$ oder: $\qquad 16 \cdot \frac{13}{35} = \frac{16 \cdot 13}{35} \approx \frac{200}{35} \approx \boxed{6}$

Erkenntnis: ist die größere Bruchzahl.

Wie im Beispiel zu sehen ist, reicht bei geschickter Wahl des Anfangszustands häufig eine Überschlagsrechnung zur Ermittlung der größeren Bruchzahl aus.

3.6.2 Erarbeitung grundlegender Ordnungsrelationen beim Bruchvergleich

3.6.2.1 Vergleich von Brüchen mit gleichen Nennern

Mehrere Rechtecke oder Kreise werden nach der Größe der eingezeichneten Bruchteile geordnet und der Bruch errechnet. Durch Vergleich der Bruchteile und durch Eintragung auf dem Bruchzahlenstrahl erkennen die Schüler sofort, daß bei Brüchen mit gleichen Nennern der mit dem größeren Zähler auch der größere ist.

Abb. 361:

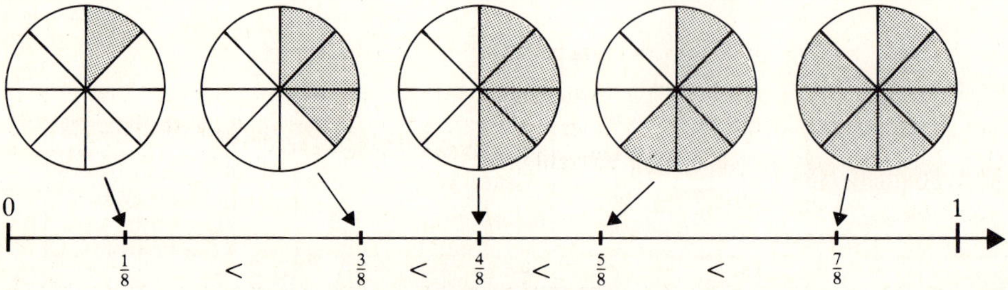

3.6.2.2 Vergleich von Brüchen mit gleichen Zählern

Die Schüler zeichnen in jeweils einem Rechteck folgende Brüche ein: $\frac{3}{3}$; $\frac{3}{4}$; $\frac{3}{6}$; $\frac{3}{8}$; $\frac{3}{12}$; $\frac{3}{24}$

Abb. 362:

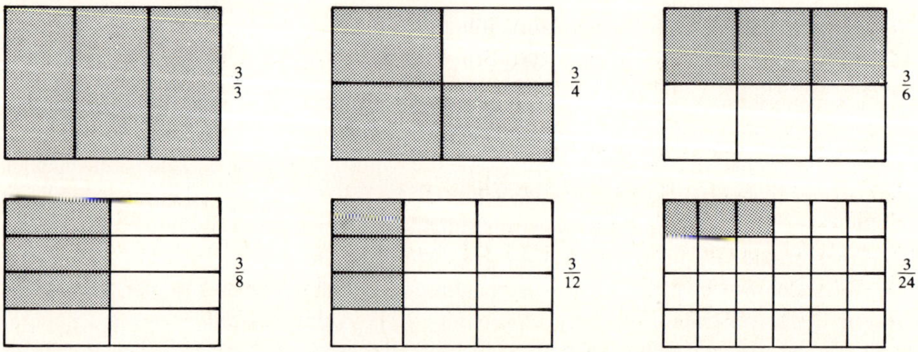

Durch Vergleich der Bruchteile erkennen die Schüler, daß bei Brüchen mit gleichen Zählern der mit dem größeren Nenner der kleinere Bruch ist.
Abschließend können noch die Beziehungszusammenhänge herausgestellt werden.

Abb. 363:

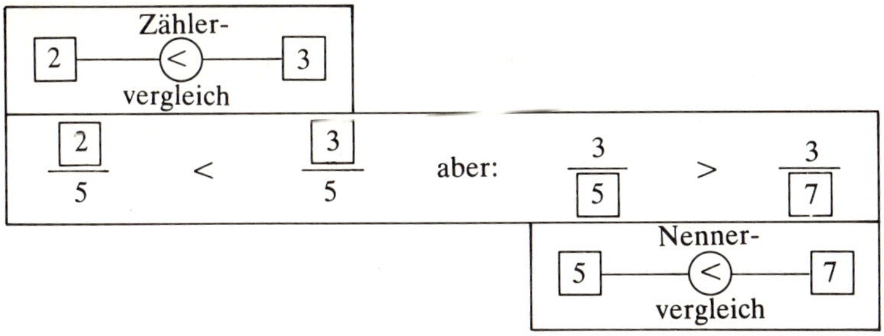

3.6.2.3 Die Größer-Kleiner-Beziehung bei Bruchzahlen ist transitiv

Werden mehrere Brüche auf dem Bruchzahlenstrahl eingetragen und dann jeweils zwei davon verglichen, so erfahren die Kinder: Ist die Bruchzahl a kleiner als die Bruchzahl b und diese wiederum kleiner als eine Bruchzahl c, so gilt auch, daß a kleiner c ist.

Abb. 364:

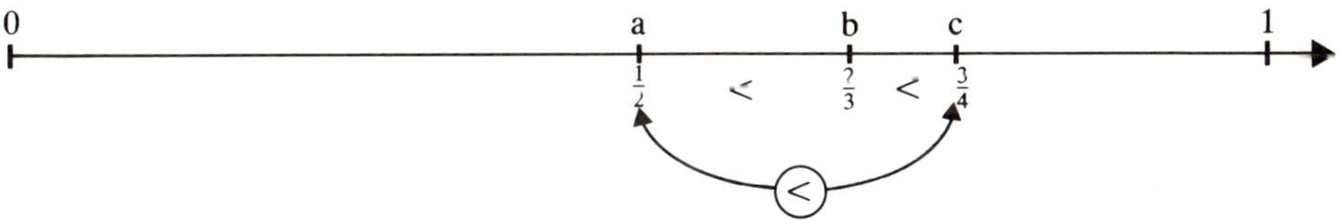

3.6.3 Übungsformen zum Vergleich und Ordnen von Bruchzahlen

Alle unter 1.2.1 und 1.2.2 (S. 54 f.) aufgeführten Übungsmöglichkeiten lassen sich analog auch beim Vergleich und Ordnen von Bruchzahlen einsetzen. Die Bruchzahlen selbst können entsprechend 3.4.4 (S. 206 ff.) gewonnen werden.

3.6.3.1 Übungsformen zum Vergleich

- Einsetzen von Relationszeichen (Abb. 36, S. 54)
- Pfeildiagramm (Abb. 10, S. 40)
- Das „Richtig-falsch“-Spiel (siehe 1.2.1.3, S. 54)
- Rechen-T (Abb. 8, S. 39)
- Zielscheibe (Abb. 6, S. 38).

3.6.3.2 Übungsformen zum Ordnen

- Bruchzahlenreihe

Abb. 365:

Ordne: $\frac{3}{5}$; $\frac{7}{6}$; $\frac{5}{9}$; $\frac{1}{2}$; $\frac{2}{7}$; $\frac{1}{4}$; $\frac{3}{8}$; $\frac{7}{9}$;

Lösung: $\frac{1}{4} < \frac{2}{7} < \frac{3}{8} < \frac{1}{2} < \frac{5}{9} < \frac{3}{5} < \frac{7}{9} < \frac{7}{6}$

- Bruchzahlen auffädeln (Abb. 38, S. 55)
- Rechentreppe (Abb. 11, S. 40)
- Zielscheibe: Die Bruchzahlen werden jeweils innerhalb eines Balkens aufsteigend von innen nach außen geordnet.

Abb. 366:

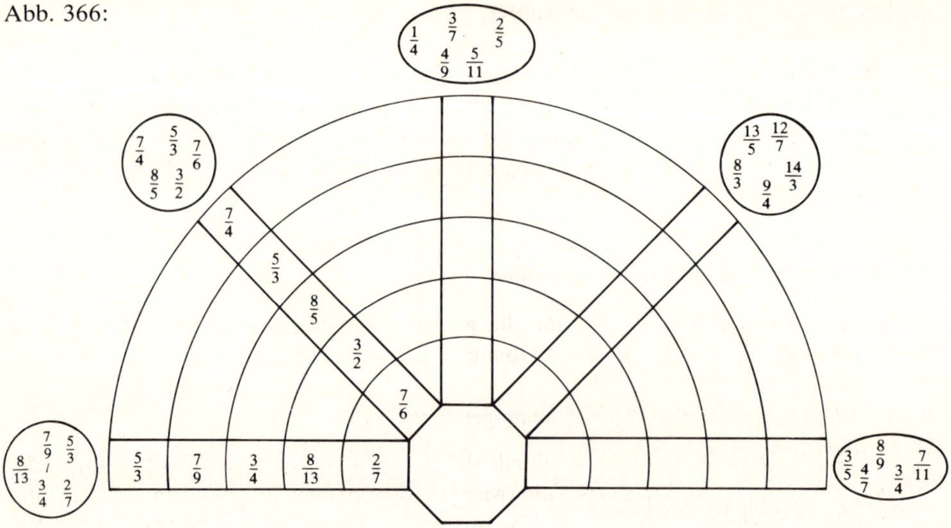

3.6.3.3 Bruchteile von Größen ordnen

Eine Erschwerung bedeutet es, wenn Bruchteile größerer Einheiten mit kleineren Einheiten zu vergleichen sind.
Aufgabe: Ordne nach der Größe! Beginne beim kleinsten Maß!

Abb. 367:

$\frac{3}{5}$ km; 700 m; 75 100 cm; $\frac{3}{4}$ km; $\frac{8}{10}$ km $\Rightarrow$ $\frac{3}{5}$ km; 700 m; $\frac{3}{4}$ km; 75 100 cm, $\frac{8}{10}$ km

43 Min.; $\frac{3}{4}$ Std.; 2520 sec; $\frac{5}{6}$ Std.; 19 Min. $\Rightarrow$ 19 Min.; 2520 sec; 43 Min.; $\frac{3}{4}$ Std. $\frac{5}{6}$ Std.

Die Aufgabenstellung kann auch zeichnerisch erfolgen.

Abb. 368:

Aufgabe: Lies die Zeitspannen ab und ordne!

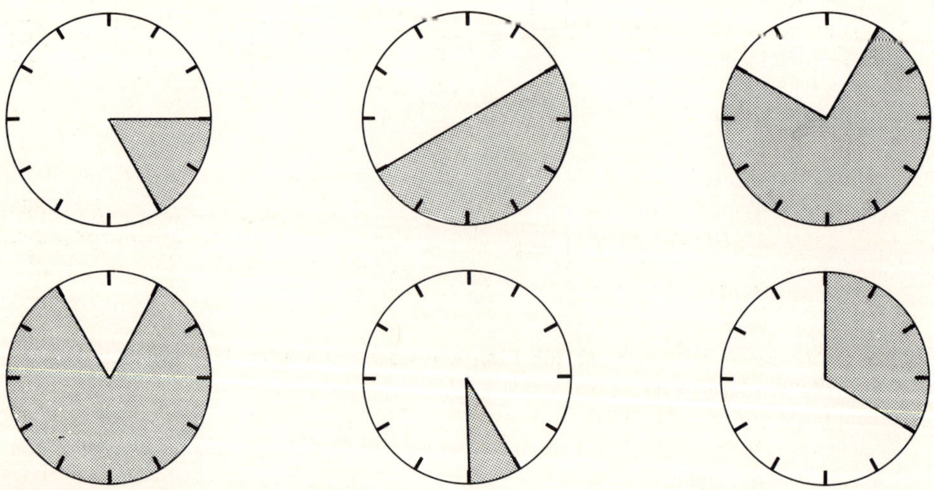

4. Rechenoperationen mit Bruchzahlen

Das Rechnen mit Bruchzahlen unterscheidet sich aufgrund der komplexen Struktur der Bruchzahlen wesentlich von dem mit natürlichen Zahlen. Die einzelnen Rechenoperationen werden deshalb wie eine neue Rechenart eingeführt. Im Sinne der operativen Übung können die additiven und multiplikativen Operationen allerdings als Einheit aufgefaßt werden.

4.1 Addition/Subtraktion von Bruchzahlen

Da für die Addition und Subtraktion die gleichen Regeln gelten, können diese beiden Operationen im Sinne der operativen Übung gleichzeitig eingeführt werden.

4.1.1 Addition/Subtraktion von gleichnamigen Bruchzahlen

Die Addition/Subtraktion läßt sich durch das Aneinanderfügen bzw. Wegnehmen oder Abtragen von Bruchteilen erklären. Überwiegend zeichnerisch unter Verwendung vielfältiger Anschauungsmodelle (siehe 3.4.1.2, S. 188 und 3.4.2.3, S. 191 f.) werden die Gesetzmäßigkeiten erarbeitet, in Gleichungsform notiert, verbalisiert und abschließend zur Merkregel abstrahiert.

4.1.1.1 Ergänzen auf die Einheit

Gezeichnete Bruchteile sind auf das Bezugsganze zu ergänzen. Die Zähler der beiden Brüche werden farbig hervorgehoben.

Abb. 369:

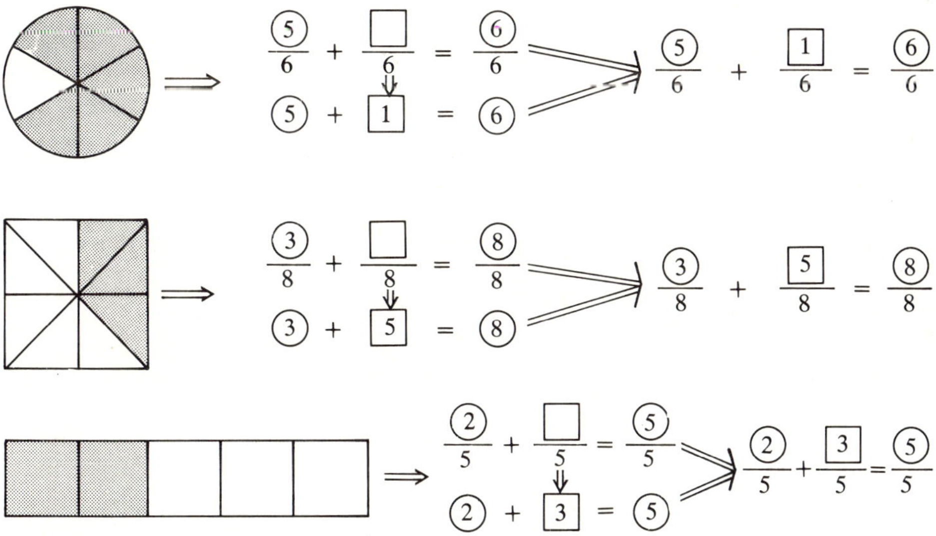

Wir erkennen: Beim Ergänzen auf die Einheit werden nur die Zähler betrachtet und wie natürliche Zahlen behandelt.

4.1.1.2 Zeichnerische Darstellung der Addition von Bruchzahlen

Verschiedene Bruchteile einer Einheit mit 24 Karos sind vorgegeben. Die Schüler sollen jeweils zwei Bruchteile aneinanderfügen und die entsprechende Additionsgleichung notieren.

Abb. 370:

Vorgabe:

Einheit:

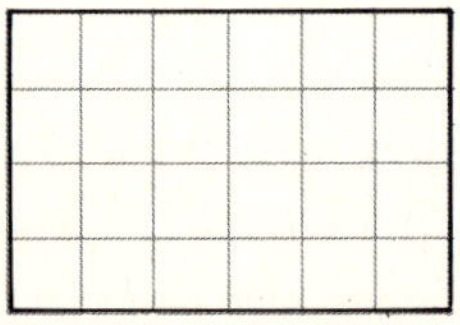

Bruchteile:

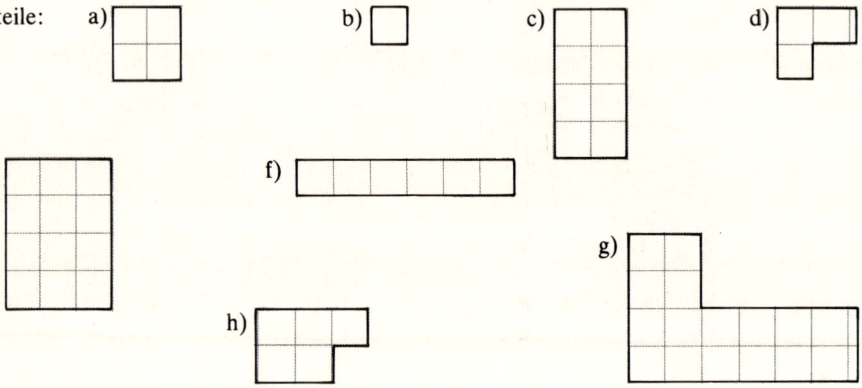

Lösungen:

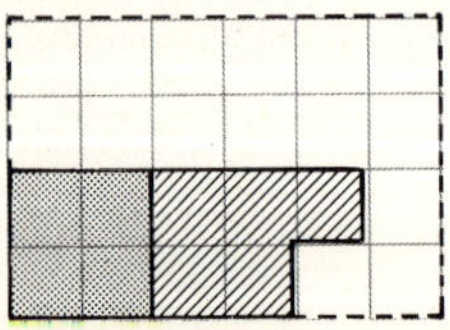

$a + h = \frac{4}{24} + \frac{5}{24} = \frac{9}{24} \xRightarrow{\text{denn}} 4 + 5 = 9$

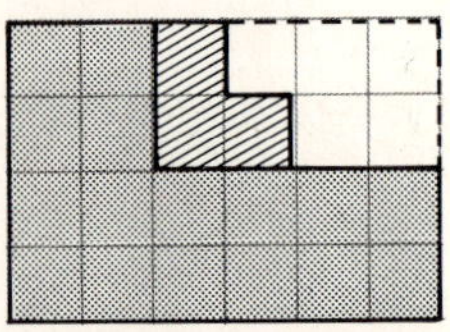

$g + d = \frac{16}{24} + \frac{3}{24} = \frac{19}{24} \xRightarrow{\text{denn}} 16 + 3 = 19$

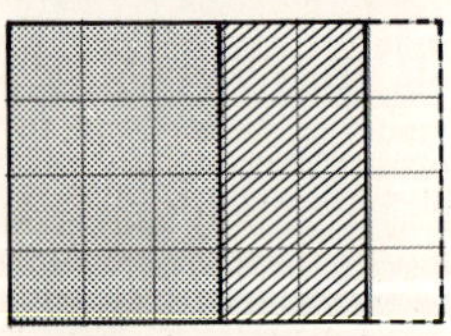

$e + c = \frac{12}{24} + \frac{8}{24} = \frac{20}{24} \xRightarrow{\text{denn}} 12 + 8 = 20$

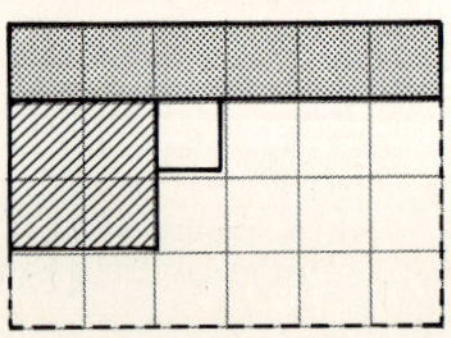

$f + a + b = \frac{6}{24} + \frac{4}{24} + \frac{1}{24} = \frac{11}{24} \xRightarrow{\text{denn}} 6 + 4 + 1 = 11$

Erkenntnis: Bei der Addition von Bruchteilen mit gleichen Nennern werden nur die Zähler addiert.

4.1.1.3 Zeichnerische Darstellung der Subtraktion von Bruchzahlen

Bei der zeichnerischen Darstellung der Subtraktion von Bruchzahlen werden Minuend und Subtrahend zunächst gesondert angegeben. Gestrichelt wird in einer weiteren Zeichnung der Subtrahend angedeutet. Zuletzt ist die Differenz als Bruchteil der gemeinsamen Einheit darzustellen.

Abb. 371:

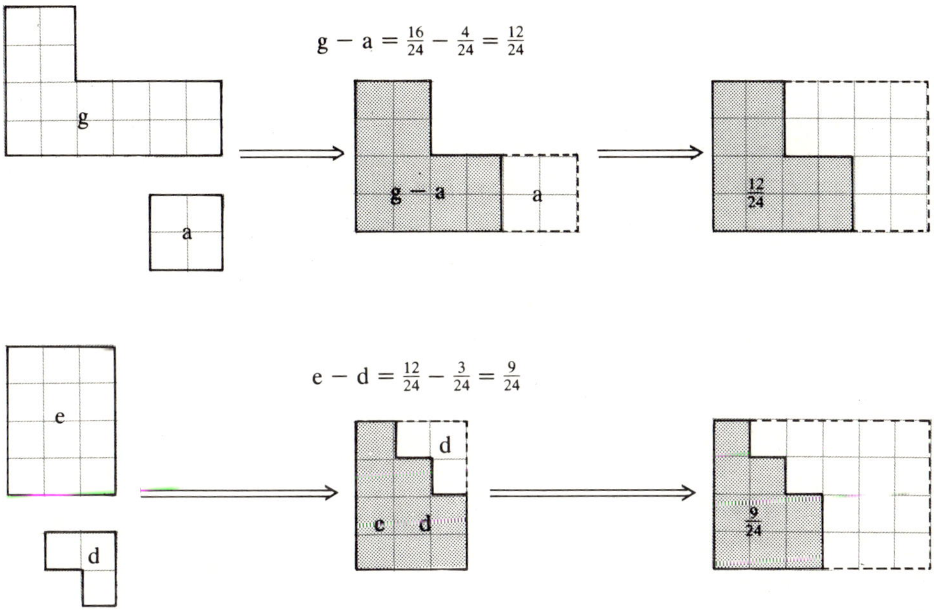

Wir erkennen: Bei der Subtraktion von Brüchen mit gleichen Nennern werden nur die Zähler subtrahiert.

4.1.1.4 Addition/Subtraktion von ganzen oder gemischten Zahlen

Grundsätzlich bedeutet die additive Verquickung von Bruchzahlen mit natürlichen Zahlen keine Erschwerung, da diese ja als Bruch mit jedem gewünschten Nenner (siehe 3.4.3.4, S. 205) geschrieben werden können.
Bei additiven Operationen mit gemischten Zahlen (siehe 3.4.3.5, S. 206) ist zu beachten, daß die Brüche gleichnamig sind.

4.1.1.5 Darstellung der Addition/Subtraktion am Bruchzahlenstrahl

Neben der Veranschaulichung an Flächen- und Körpermodellen ist die Darstellung am Zahlenstrahl unerläßlich.
Zum besseren Verständnis wird die entsprechende Darstellung der Addition/Subtraktion natürlicher Zahlen vorangestellt.

Abb. 372:

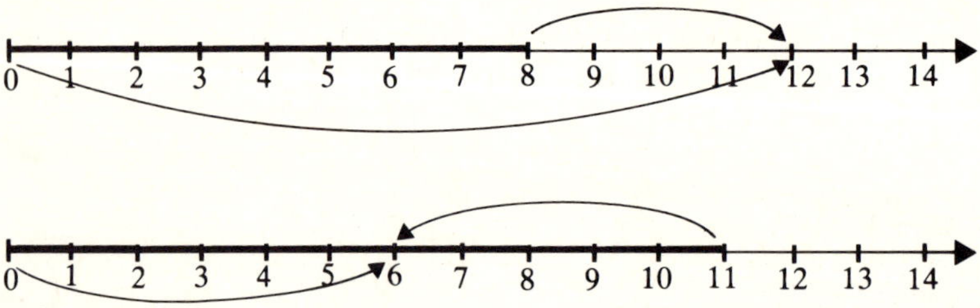

$8 + 4 = 12$

$11 - 5 = 6$

Auf dem Strahl wird jeweils der erste Summand/Minuend, oberhalb der Operationsschritt durch die zutreffende Pfeilrichtung und unterhalb der jeweilige Wert eingezeichnet. Dementsprechend erfolgt die Addition/Subtraktion am Bruchzahlenstrahl.

Abb. 373:

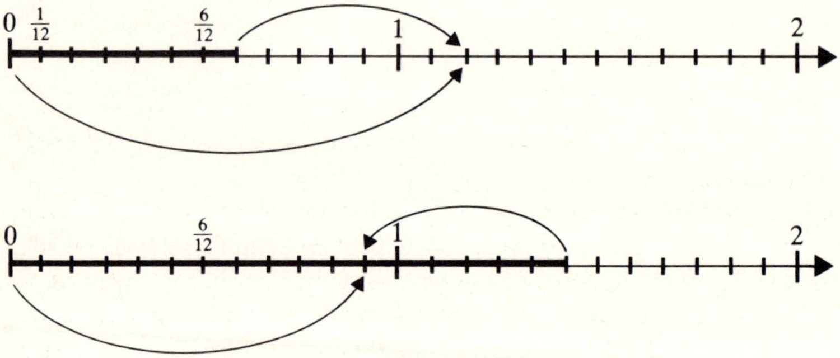

$\frac{7}{12} + \frac{7}{12} = \frac{14}{12}$

$\frac{17}{12} - \frac{6}{12} = \frac{11}{12}$

4.1.2 Addition/Subtraktion von ungleichnamigen Bruchzahlen auf konkret-anschaulicher Basis

4.1.2.1 Zeichnerische Lösung

Am Kreismodell wird als erstes die Addition zweier ungleichnamiger Brüche veranschaulicht.

Aufgabe: In einer Konditorei sind von der Erdbeertorte bereits $\frac{2}{3}$ verkauft. Ein Kunde holt noch eine Vierteltorte. Wieviel wurde insgesamt abgegeben?

Abb. 374:

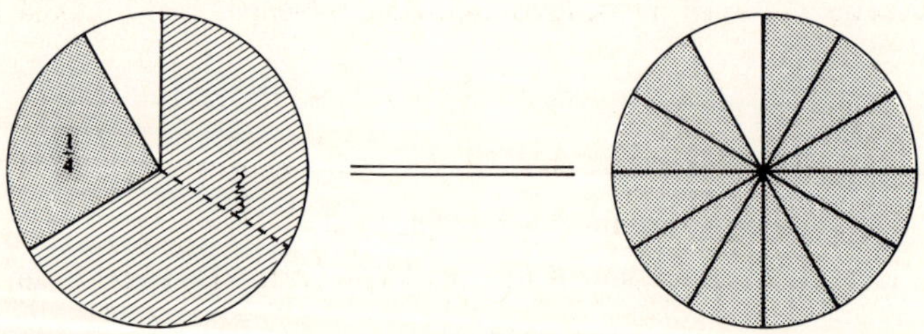

$\frac{2}{3} + \frac{1}{4} = \frac{11}{12}$

Wir erkennen: Bei der Addition ungleichnamiger Brüche dürfen wir weder die beiden Zähler allein, noch die beiden Zähler und die beiden Nenner für sich addieren. Diese Erkenntnis ist auch mit anderen Modellen zu belegen.

Beispiel für eine Subtraktion:

Aufgabe: Klaus nimmt sich $\frac{1}{3}$ einer Tafel Schokolade. Wieviel bleibt übrig, wenn Renate zuvor schon die Hälfte für sich abgebrochen hat?

Abb. 375:

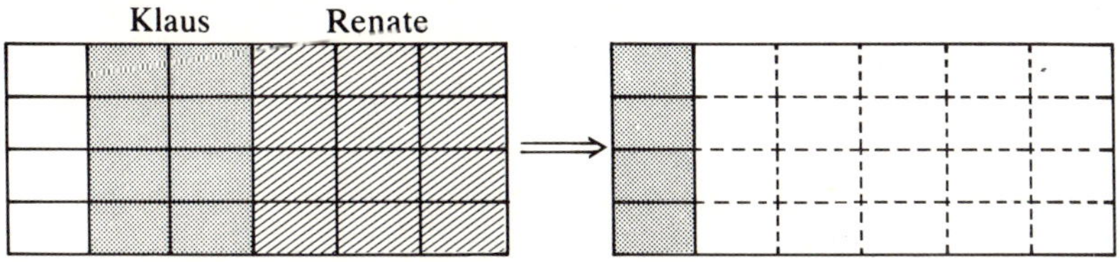

$\frac{1}{2} - \frac{1}{3} = \frac{1}{6}$

Als Erkenntnis läßt sich die obige Regel analog für die Subtraktion formulieren.
Durch mehrere Aufgaben dieser Art erkennen die Schüler, daß Flächen vor der Addition oder Subtraktion so zu unterteilen sind, daß Bruchteile mit beiden Nennern darzustellen sind.

4.1.2.2 Darstellung am Bruchzahlenstrahl

Mit Hilfe des unter 3.4.4.1 (S. 207) vorgeschlagenen „Dreier-Bruchzahlenstrahl" läßt sich die Addition veranschaulichen.
Auf den beiden oberen Strahlen werden die zwei zu addierenden Bruchzahlen, deren Nenner teilerfremd sind ($\frac{1}{4}$ und $\frac{2}{3}$), eingezeichnet. Auf dem dritten Strahl werden die Strecken aneinandergefügt ($\frac{1}{4} + \frac{2}{3} =$). Durch den Endpunkt der so entstandenen Gesamtstrecke wird eine Senkrechte gezogen, und auf einem der beiden oberen Strahlen für diese Länge die entsprechende Bruchzahl ($\frac{11}{12}$) ermittelt. Bei der Subtraktion wird die dem Subtrahenden entsprechende Strecke von der des Minuenden abgetragen.

Abb. 376:

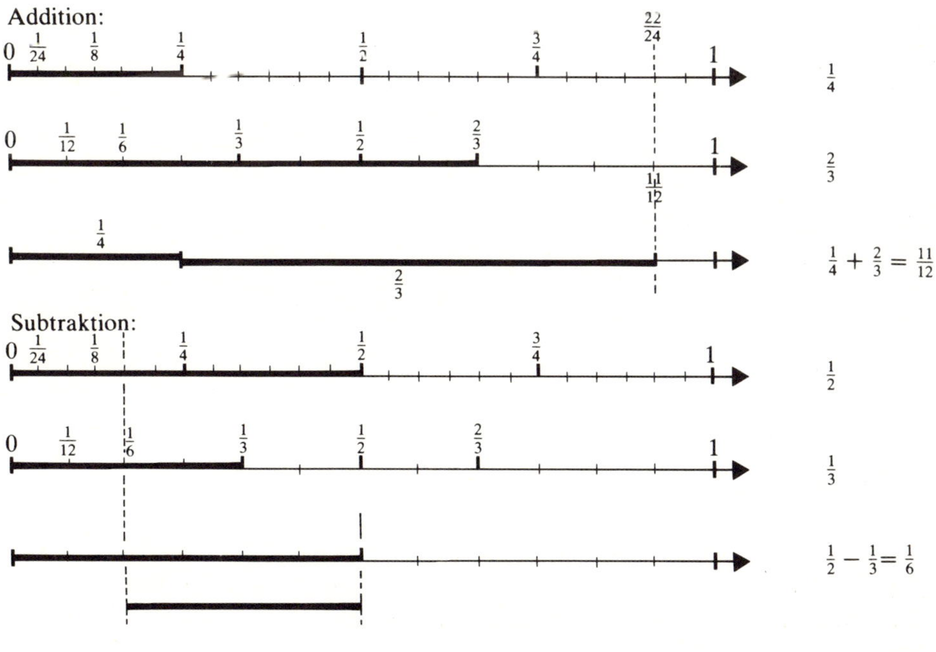

Variante der Darstellung:

Abb. 377: (aus Zahl und Form 6, S. 22)

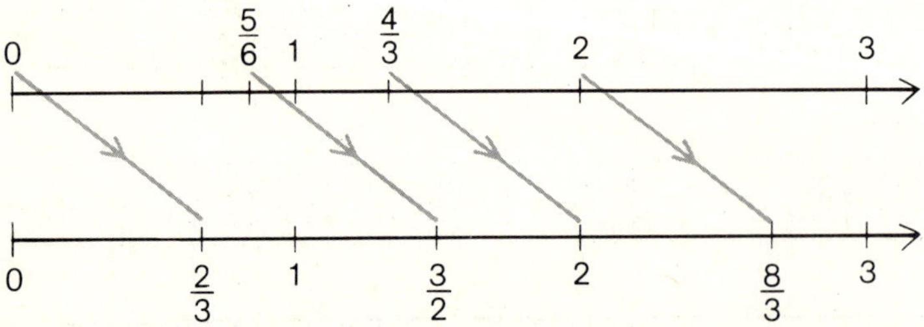

Bei dieser Form der grafischen Darstellung der Addition werden durch die parallelen Zuordnungspfeile jeder Strecke auf dem oberen Zahlenstrahl eine Strecke fester Länge (hier $\frac{2}{3}$ der Einheitsstrecke) auf dem unteren Strahl angefügt. Bei der Subtraktion ist der zu subtrahierende Bruch auf dem oberen Bruchzahlenstrahl mit dem Nullpunkt des unteren Strahls zu verbinden. Zu dieser Verbindung (z. B. $\frac{2}{3}$ mit 0 bei $-\frac{2}{3}$) sind die Parallelen zu ziehen.

Die Nachteile dieser Verfahren mit dem Bruchzahlenstrahl, daß sie nur bei Brüchen mit Nennern bis maximal $\frac{}{24}$ zu praktizieren sind, werden den Schülern bald bewußt und es sind neue Wege zu suchen.

4.1.2.3 Addition/Subtraktion nach Brucherweiterung

Die bei Abb. 375 gezeigte Form enthält bereits einen Hinweis auf den einzuschlagenden Weg. Wir suchen für die am Bruchzahlenstrahl markierten Punkte andere Namen und können die Aufgabe dann auch anders notieren.

Abb. 378:

Addition	Subtraktion
$\frac{2}{3} + \frac{1}{4}$	$\frac{1}{2} - \frac{1}{3}$
$\frac{4}{6} + \frac{2}{8}$	$\frac{2}{4} - \frac{2}{6}$
$\frac{6}{9} + \frac{3}{12}$	$\frac{3}{6} - \frac{4}{12}$
$\frac{8}{12} + \frac{4}{16}$	$\frac{4}{8} - \frac{8}{24}$

Da die untereinanderstehenden Brüche alle „wertgleich“ sind, kann jeder Bruch der ersten Spalte mit jedem der zweiten Spalte verknüpft werden, ohne daß dies einen Einfluß auf das Ergebnis hat. Die Schüler suchen sich jeweils die Brüche heraus, deren Verknüpfung am leichtesten ist.

Abb. 379:

$\frac{8}{12} + \frac{3}{12} = \frac{11}{12}$

$\frac{3}{6} - \frac{2}{6} = \frac{1}{6}$

Diese Übung kann als Vorbereitung zum formalen Erweitern angesehen werden.

Abb. 380: (aus Zahl und Form 6, S. 19)

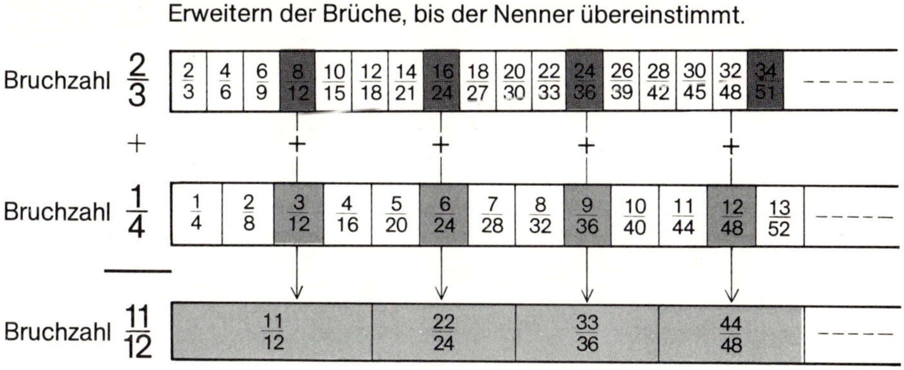

Es ist die Erkenntnis zu erarbeiten, daß die rechnerische Lösung einer Addition oder Subtraktion nur bei Brüchen mit gleichen Nennern möglich ist.

4.1.3 Berechnung des Hauptnenners

Den Schülern ist ein einfaches, leicht einsichtiges Verfahren an die Hand zu geben, den Hauptnenner zu errechnen.

4.1.3.1 Der Hauptnenner entspricht einem der beiden Nenner

Am Bruchzahlenstrahl werden Brüche addiert/subtrahiert, bei denen der eine Nenner ein Vielfaches des anderen ist. Durch das Suchen äquivalenter Aufgaben (siehe 4.1.2.3) werden die Schüler bald herausfinden, daß stets auf den größeren Nenner zu erweitern ist.

Abb. 381:

$\frac{3}{4} + \frac{5}{8} = \frac{6}{8} + \frac{5}{8} = \frac{11}{8}$

(=)

$\frac{13}{3} - \frac{5}{12} = \frac{52}{12} - \frac{5}{12} = \frac{47}{12}$

(=)

4.1.3.2 Finden des Hauptnenners über gemeinsame Vielfache

Wird von den Schülern die Addition/Subtraktion von Brüchen mit teilerfremden Nennern gefordert, so ist dies mit den bisherigen Methoden nicht zu lösen.
$\frac{5}{7} + \frac{3}{4} =$

Wir schreiben nur die Nenner auf, die bei einer Erweiterung in Frage kommen.

Abb. 382:

7 => 7, 14, 21, 28, 35, 42, 49, 56, 63, ...
4 => 4, 8, 12, 16, 20, 24, 28, 32, 36, . . .

Die Mengen der möglichen Nenner der beiden Brüche werden als Vielfachenmengen im Venndiagramm dargestellt. Die Schnittmenge nennt die gemeinsamen Vielfachen, nennt die Nenner, auf die beide Brüche erweitert werden können.

Abb. 383:

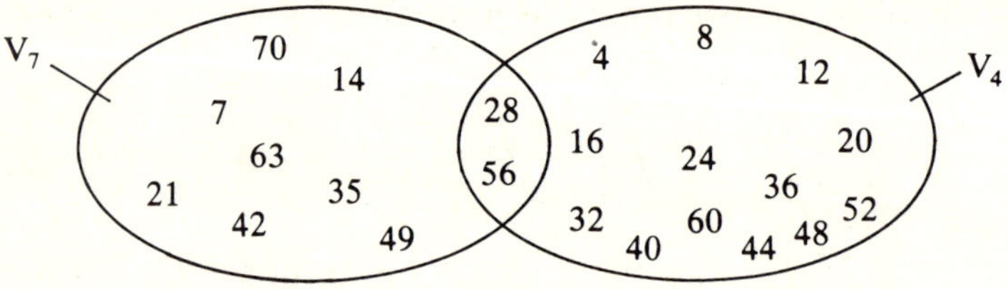

$\frac{5}{7} + \frac{3}{4} = \frac{20}{28} + \frac{21}{28} = \frac{40}{56} + \frac{42}{56} = \frac{82}{56} = \frac{41}{28} = 1\frac{13}{28}$

4.1.3.3 Die Bedeutung des kleinsten gemeinsamen Vielfachen (kgV)

Besitzen die Nenner gemeinsame Vielfache, so braucht nicht deren Produkt errechnet werden, sondern das kgV stellt dann bereits den Hauptnenner dar.
Hinweise auf das Errechnen des kgV finden Sie unter 2.4.4.5 (S. 127).

Abb. 384:

$\frac{23}{28} + \frac{33}{42} =$

$\frac{69}{84} + \frac{66}{84} = \frac{135}{84} = 1\frac{51}{84} = 1\frac{17}{28};$

$1\frac{13}{22} - 1\frac{7}{33} = \frac{35}{22} - \frac{40}{33}$

$\frac{105}{66} - \frac{80}{66} = \frac{25}{66}$

Wir berechnen das kgV von 28 und 42:

$28 = 2 \cdot 2 \cdot 7$

$42 = 2 \cdot \quad 7 \cdot 3$

$\text{kgV} = 2 \cdot 2 \cdot 7 \cdot 3 = 84$

Wir berechnen das kgV von 22 und 33:

$22 = 2 \cdot 11$

$33 = \quad 11 \cdot 3$

$\text{kgV} = 2 \cdot 11 \cdot 3 = 66$

4.1.3.4 Übungsvarianten zur Berechnung des Hauptnenners

– Propeller:

In den Flügeln sind vier verschiedene Brüche angegeben. In der Propellermitte ist der gemeinsame Hauptnenner zu notieren.

Abb. 385:

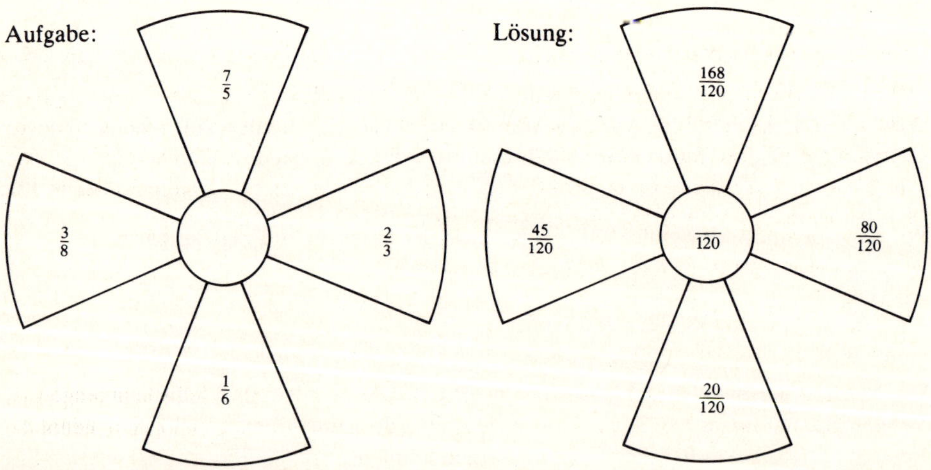

– Zielscheibe:

Auf jedem Balken werden drei oder vier Brüche vorgegeben. Auf dem Innenring ist der gemeinsame Hauptnenner zu notieren.

Abb. 386:

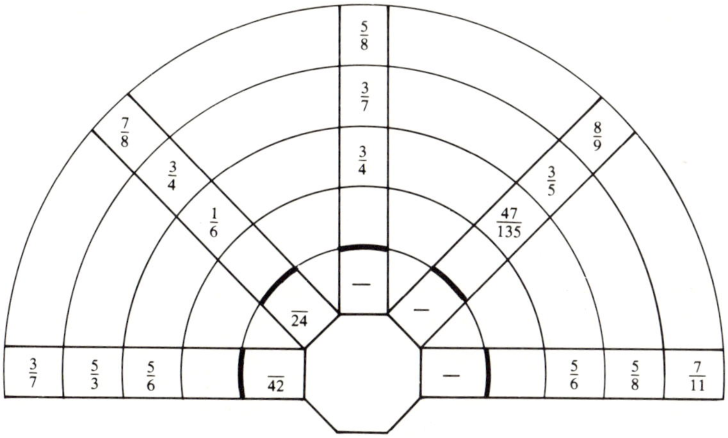

– Fehlenden Bruch ergänzen:

Die Brüche sind so zu wählen, daß der fehlende Bruch erst nach Berechnung des Hauptnenners gefunden werden kann und dann gekürzt werden muß.

Abb. 387:

$\frac{5}{12} + \square = \frac{3}{4} \Longrightarrow \frac{5}{12} + \boxed{\frac{4}{12}} = \frac{9}{12} \Longrightarrow \frac{5}{12} + \boxed{\frac{1}{3}} = \frac{3}{4}$

$\frac{5}{6} - \square = \frac{13}{21} \Longrightarrow \frac{35}{42} - \boxed{\frac{9}{42}} = \frac{26}{42} \Longrightarrow \frac{5}{6} - \boxed{\frac{3}{14}} = \frac{13}{21}$

$\square - \frac{15}{144} = \frac{29}{48} \Longrightarrow \boxed{\frac{102}{144}} - \frac{15}{144} = \frac{87}{144} \Longrightarrow \boxed{\frac{17}{24}} - \frac{15}{144} = \frac{29}{48}$

4.1.3.5 Die Gültigkeit der additiven Rechengesetze auch für das Rechnen mit Bruchzahlen

Die Transferierbarkeit der bei der Addition natürlicher Zahlen gewonnenen Rechengesetze (siehe 2.1.1, S. 62 ff.) auf die additiven Operationen mit Bruchzahlen wird arithmetisch durch Vergleich der Summenwerte bei vertauschten bzw. in anderer Reihenfolge verknüpften Summanden nachgewiesen. Bei der zeichnerischen Darstellung kann jedes der genannten Anschauungsmodelle gewählt werden.

– Kommutativgesetz der Addition:

$\frac{5}{8} + \frac{7}{9} = \frac{7}{9} + \frac{5}{8}$

Beispiel der zeichnerischen Darstellung am Bruchzahlenstrahl:

Abb. 388:

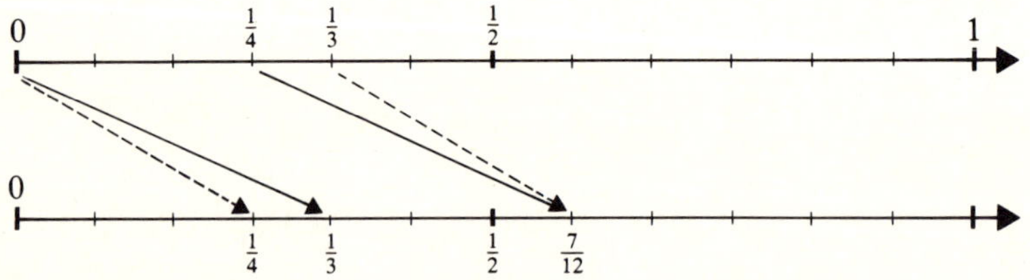

$\frac{1}{4} + \frac{1}{3} = \frac{7}{12}$

(durchgezogen)

$\frac{1}{3} + \frac{1}{4} = \frac{7}{12}$

(gestrichelt)

– Assoziativgesetz der Addition:

$(\frac{3}{8} + \frac{5}{11}) + \frac{6}{11} = \frac{3}{8} + (\frac{5}{11} + \frac{6}{11})$

Brüche mit gleichen Nennern werden als erstes miteinander verknüpft, anschließend solche, deren Nenner gemeinsame Teiler aufweisen und zuletzt jene mit teilerfremden Nennern. Vor allem das Suchen des einfachsten Lösungsweges in Verbindung mit dem Kommutativgesetz (siehe 2.1.1.3, S. 63 f.) ist zu üben.

– Das Ausgleichsgesetz der Addition bleibt bei den Operationen mit Bruchzahlen unbeachtet, da z. B. bei ungleichnamigen Brüchen vor jeder Veränderung der Hauptnenner der Brüche ermittelt werden müßte. Ein Rechenvorteil ist somit nicht zu erzielen.

4.1.4 Operative Übungen zur Addition/Subtraktion von Bruchzahlen

Die Übungen können im Schwierigkeitsgrad differenziert werden, wenn z. B. alle Brüche gleichnamig vorgegeben werden oder wenn bei der Lösung stets auf den Standardbruch zu kürzen ist bzw. unechte Brüche in gemischte Zahlen zu verwandeln sind. Bei Kettenrechnungen ist zu beachten, daß der Hauptnenner nicht zu groß wird.

4.1.4.1 Additive Zerlegung einer Bruchzahl

Die Bruchzahl ist als Summe oder Differenz anzugeben. Um die unzähligen Möglichkeiten einzuschränken, ist die Vorgabe eines Summanden bzw. des Minuenden oder Subtrahenden nötig.

Aufgabe: Zerlege $\frac{5}{8}$ in acht Summen, wobei jeweils ein Summand ein Stammbruch sein muß!

Abb. 389:

$$\frac{5}{8} = \frac{1}{2} + \frac{1}{8} = \frac{1}{3} + \frac{7}{24} = \frac{1}{4} + \frac{3}{8} = \frac{1}{5} + \frac{17}{40}$$

$$\frac{5}{8} = \frac{1}{6} + \frac{11}{24} = \frac{1}{7} + \frac{27}{56} = \frac{1}{8} + \frac{1}{2} = \frac{1}{9} + \frac{37}{72}$$

Aufgabe: Zerlege $\frac{5}{8}$ so, daß beim Minuend der Zähler stets um 1 kleiner ist als der Nenner! Beginne bei $\frac{2}{3}$!

Abb. 390:

$$\frac{5}{8} = \frac{2}{3} - \frac{1}{24} = \frac{3}{4} - \frac{1}{8} = \frac{4}{5} - \frac{7}{40}$$

$$\frac{5}{8} = \frac{5}{6} - \frac{5}{24} = \frac{6}{7} - \frac{13}{56} = \frac{7}{8} - \frac{1}{4}$$

– Varianten der Darstellung:

Kreuz (siehe Abb. 440, S. 252)
Stern (siehe Abb. 5, S. 37).

4.1.4.2 Erstellen gleichwertiger Terme

– Darstellung in Gleichungsform

Abb. 391:

$\frac{4}{8} + \frac{2}{3} = \frac{7}{12} + \square$	$\frac{5}{9} - \frac{1}{4} = \frac{5}{6} - \square$
$\square + \frac{8}{11} = \frac{3}{4} + \frac{7}{22}$	$\square - \frac{1}{6} = \frac{2}{3} - \frac{2}{9}$

– Varianten der Darstellung:

- Strichverbindungen: Zehn Terme, von denen jeweils zwei oder drei den gleichen Wert aufweisen, werden vorgegeben. Die gleichwertigen Rechenausdrücke sind zu verbinden.

Abb. 392:

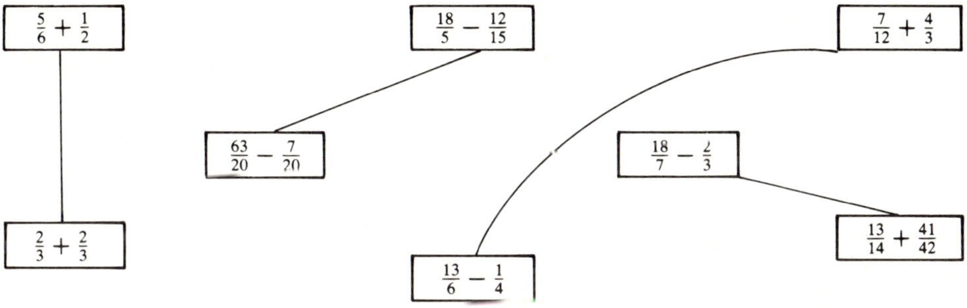

Variation der Aufgabenstellung: „Schwarzer Peter“: Zu einem der Terme gibt es keinen gleichwertigen Rechenausdruck. Dieser „Schwarze Peter“ ist zu kennzeichnen.

- Rechen-T/Zuordnungspyramide:

In den mit Strichen verbundenen Feldern (achsensymmetrisch entsprechenden Feldern) sind gleichwertige Terme zu notieren. Einer der beiden Ausdrücke ist genannt. Beim Rechen-T ist im Feld des Verbindungsstriches der Wert des Terms zu vermerken.

Abb. 393:

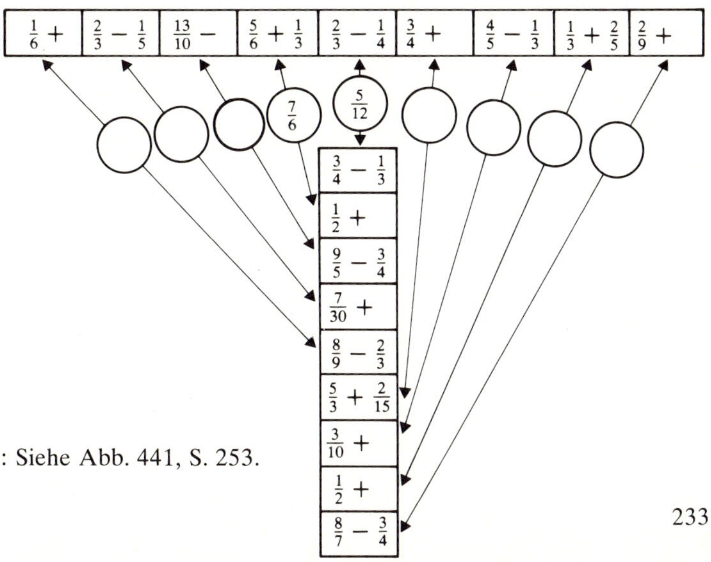

Zuordnungspyramide: Siehe Abb. 441, S. 253.

4.1.4.3 Isolieren der richtigen Rechenoperation

– Rechenhaus:

Im Dachgeschoß, Erdgeschoß und im Keller sind jeweils gleich viel Zahlen vorgegeben. Diese sind so zu wählen, daß die Summe oder die Differenz von jeweils einer Zahl aus dem Dachgeschoß und einer aus dem Erdgeschoß eine Bruchzahl aus dem Keller ergibt. Die Schüler verbinden die zusammengehörigen Bruchzahlen mit Strichen. Jede Zahl darf nur einmal verwendet werden.
Erschwerung: In zwei der drei Stockwerke werden mehr Bruchzahlen als benötigt angegeben.

Abb. 394:

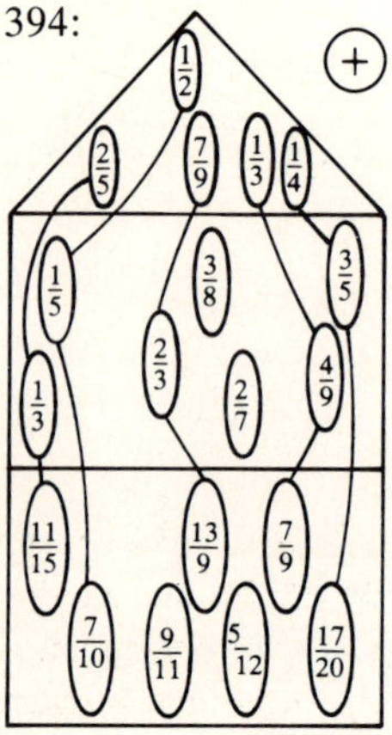

– Summandenkette:

a) Eine Summandenkette mit falschem Summenwert wird vorgegeben. Durch das Weglassen eines Summanden kann der Term berichtigt werden. Diese Bruchzahl ist zu suchen und wegzustreichen.
b) Bei der Kette fehlt eine Zahl, damit der angegebene Summenwert stimmt. Diese ist zu ergänzen.
c) Von 10 Bruchzahlen bilden 3 (4, 5, . . .) eine bestimmte Summe oder Differenz. Diese sind zu suchen.

Abb. 395:

		Lösungen
a)	$\frac{1}{2} + \frac{2}{3} + \frac{3}{4} + \frac{3}{16} + \frac{5}{24} = \frac{87}{48}$	$\frac{1}{2}$
b)	$\frac{4}{9} + \frac{5}{6} + \frac{13}{18} + \qquad = \frac{31}{12}$	$\frac{7}{12}$

c)	$\frac{1}{2}$; $\frac{1}{3}$; $\frac{2}{3}$; $\frac{1}{4}$; $\frac{3}{4}$; $\frac{3}{5}$; $\frac{5}{6}$; $\frac{2}{7}$; $\frac{1}{8}$; $\frac{5}{9}$	
	$\quad + \quad + \quad = \frac{9}{4}$	$\frac{2}{3} + \frac{3}{4} + \frac{5}{6} = \frac{9}{4}$
	$\quad + \quad + \quad + \quad = \frac{25}{14}$	$\frac{2}{7} + \frac{1}{4} + \frac{1}{2} + \frac{3}{4} = \frac{25}{14}$
	$\quad - \quad = \frac{5}{18}$	$\frac{5}{6} - \frac{5}{9} = \frac{5}{18}$
	$\quad - \quad - \quad = \frac{9}{40}$	$\frac{3}{5} - \frac{1}{8} - \frac{1}{4} = \frac{9}{40}$

4.1.4.4 Bestimmen der Lösungsmenge

Um die Mächtigkeit der Lösungsmenge einzugrenzen, wird für Nenner oder Zähler eine Grundmenge vorgegeben.

Abb. 396:

G für Nenner: G = 1 − 8

$\frac{1}{3} + x < \frac{7}{6} - \frac{1}{4} \Rightarrow x = \{\frac{1}{2}; \frac{1}{3}; \frac{1}{4}; \frac{1}{5}; \frac{2}{5}; \frac{1}{6}; \frac{1}{7}; \frac{2}{7}; \frac{3}{7}; \frac{4}{7}; \frac{1}{8}; \frac{3}{8}\}$

$\frac{5}{4} - \frac{2}{3} > y + \frac{1}{3} \Rightarrow y = \{\frac{1}{5}; \frac{1}{6}; \frac{1}{7}; \frac{1}{8}\}$

4.1.4.5 Zielrechnen

Den Schülern werden mehrere Bruchzahlen als Arbeitszahlen genannt, mit denen in möglichst wenig Rechenschritten eine Zielzahl zu erreichen ist.

Abb. 397:

Arbeitszahlen: $\frac{1}{2}; \frac{2}{5}; \frac{3}{4}; \frac{2}{3}; \frac{1}{6};$
Zielzahl: $1\frac{3}{5}$
Lösung: $1\frac{3}{5} = \frac{3}{4} + \frac{3}{4} + \frac{1}{2} - \frac{2}{5}$

4.1.4.6 Rechenpyramide

Unter 2.6.1.3 (S. 137) erfolgten ausführliche Hinweise zur Erstellung einer Rechenpyramide. Alle natürlichen Zahlen einer so gebildeten Rechenpyramide werden nun als Zähler von Bruchen bei einem allen gemeinsamen Nenner betrachtet. Als solche Hauptnenner eignen sich besonders Vielfache von 36 und 48, weil sie genügend Variations- und Kürzungsmöglichkeiten bieten.

Abb. 398:

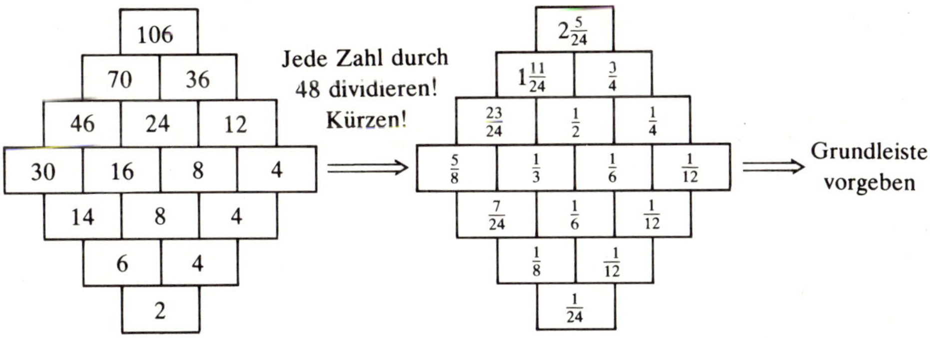

4.1.4.7 Zauberquadrate

Bei der Erstellung von Zauberquadraten mit Bruchzahlen geht man zuerst so vor, wie bei der mit natürlichen Zahlen (siehe 2.6.4.3, S. 148 f.). Anschließend wird jede dieser Zahlen durch denselben Divisor geteilt, so daß Brüche entstehen, die zu kürzen sind. Auch die ursprüngliche Summenzahl ist zu dividieren. Aufgabenstellung: siehe 2.6.4.2 S. 149.

Abb. 399:

Natürliche Zahlen:

Summenzahl: 24

5	12	7
10	8	6
9	4	11

Jede Zahl durch 3 dividieren! ⟹ Umwandeln!

Bruchzahlen

Summenzahl: $\frac{24}{3} = 8$

$1\frac{2}{3}$	4	$2\frac{1}{3}$
$3\frac{1}{3}$	$2\frac{2}{3}$	2
3	$1\frac{1}{3}$	$2\frac{2}{3}$

Summenzahl: 48

5	15	10	18
20	8	13	7
17	11	16	4
6	14	9	19

Jede Zahl durch 24 dividieren! ⟹ Kürzen bzw. auch Erweitern!

Summenzahl: $\frac{48}{24} = 2$

$\frac{5}{24}$	$\frac{5}{8}$	$\frac{5}{12}$	$\frac{3}{4}$
$\frac{5}{6}$	$\frac{1}{3}$	$\frac{13}{24}$	$\frac{7}{24}$
$\frac{34}{48}$	$\frac{11}{24}$	$\frac{2}{3}$	$\frac{1}{6}$
$\frac{1}{4}$	$\frac{7}{12}$	$\frac{3}{8}$	$\frac{19}{24}$

Summenzahl: 80

14	27	10	23	6
7	15	28	11	19
20	8	16	24	12
13	21	4	17	25
26	9	22	5	18

Jede Zahl durch 20 dividieren! ⟹ Kürzen bzw. Umwandeln!

Summenzahl: $\frac{80}{20} = 4$

$\frac{7}{10}$	$1\frac{7}{20}$	$\frac{1}{2}$	$1\frac{3}{20}$	$\frac{3}{10}$
$\frac{7}{20}$	$\frac{3}{4}$	$1\frac{2}{5}$	$\frac{11}{20}$	$\frac{19}{20}$
1	$\frac{2}{5}$	$\frac{4}{5}$	$1\frac{1}{5}$	$\frac{3}{5}$
$\frac{13}{20}$	$1\frac{1}{20}$	$\frac{1}{5}$	$\frac{17}{20}$	$1\frac{1}{4}$
$1\frac{3}{10}$	$\frac{9}{20}$	$1\frac{1}{10}$	$\frac{1}{4}$	$\frac{9}{10}$

4.1.4.8 Legen und Zeichnen von Bruchzahlzerlegungen

Die Schüler schneiden sich mehrere Bruchteile gleicher Größe (Halbe, Drittel, Viertel, ... von einem Rechteck bzw. Kreis) zurecht. Mit diesen Bausteinen legen sie 2, 3, 4 ... Ganze, $\frac{15}{4}$, ... wobei sie möglichst wenige Bausteine verwenden sollen.
Die Lösung wird als Addition notiert.
$\frac{11}{8} = \frac{1}{2} + \frac{1}{2} + \frac{1}{4} + \frac{1}{8}$

4.1.4.9 Rechengitter (siehe 2.6.1.5, S. 138 f.)

Das Rechengitter kann als eine Sonderform einer Zahlenfolge angesehen werden, weil sowohl zeilen- als auch spaltenweise stets gleiche Brüche addiert bzw. subtrahiert werden.

Abb. 400:

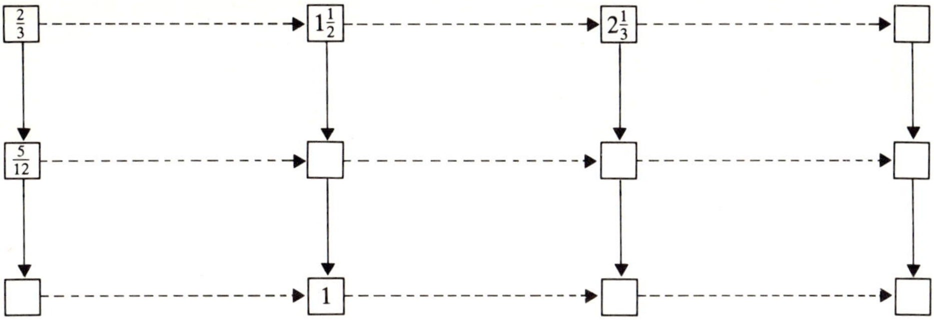

Variante: Soll diese Form der Aufgabenstellung verallgemeinert bzw. ausgedehnt werden, so werden die Kästchen und Pfeile weggelassen.

Abb. 401: (aus Zahl und Form 6, S. 40)

Setze das Zahlengitter rechts fort! Welche Zahl steht an der 4. (6., 9., 14.) Stelle in der 3. (5., 10., 13.) Zeile? Gib an, wie du rechnen kannst, ohne das ganze Zahlengitter auszufüllen.

1	$\frac{5}{3}$	$\frac{7}{3}$	3	$\frac{11}{3}$	.....
$\frac{7}{4}$	$\frac{29}{12}$	$\frac{37}{12}$	$\frac{15}{4}$	.....	
$\frac{10}{4}$	$\frac{38}{12}$	$\frac{46}{12}$	.....		
$\frac{13}{4}$	$\frac{47}{12}$	.....			
.....					

Lösung: Addition von Spalte zu Spalte: immer $\frac{2}{3}$
Addition von Zeile zu Zeile: immer $\frac{3}{4}$

4.1.5 Automatisierende Übungen zur Addition/Subtraktion von Bruchzahlen

4.1.5.1 Die Operationen sind jeweils für sich vorgegeben

– Operatordarstellung:

Abb 402:

$\longrightarrow (+\frac{3}{4}) \longrightarrow$

$\frac{1}{2}$	
	$\frac{5}{6}$
$\frac{5}{16}$	
	$\frac{5}{3}$

$\frac{1}{2} + \frac{3}{4} = \square$

$\square + \frac{3}{4} = \frac{5}{6}$

$\frac{5}{16} + \frac{3}{4} = \square$

$\square + \frac{3}{4} = \frac{5}{3}$

– Spalten-/Zeilendarstellung:

Abb. 403: **Spaltendarstellung**

	(−)	(=)
$\frac{7}{8}$	$\frac{3}{4}$	$\frac{1}{8}$
	$\frac{5}{9}$	$\frac{3}{18}$
$\frac{11}{15}$		$\frac{1}{3}$
$\frac{9}{16}$	$\frac{3}{8}$	

Zeilendarstellung

	$\frac{5}{8}$	$\frac{2}{9}$		$\frac{4}{7}$	$\frac{3}{10}$
(+)	$\frac{3}{4}$		$\frac{4}{5}$		
(=)	$\frac{11}{8}$	$\frac{2}{3}$	$\frac{3}{2}$	$\frac{11}{14}$	$\frac{1}{2}$

– Rechentafeln:

Beim Einsatz von Rechentafeln ist zu vereinbaren, ob die Aufgaben zeilenweise oder spaltenweise zu lösen sind. Dies erleichtert die Kontrolle bei quantitativer Differenzierung, wenn also manche Schüler nur einen Teil der Aufgabe lösen.

Abb. 404:

⊕	$\frac{3}{4}$	$\frac{1}{2}$	$\frac{2}{5}$	$\frac{3}{8}$
$\frac{1}{4}$	1	$\frac{3}{4}$	$\frac{13}{20}$	$\frac{5}{8}$
$\frac{2}{7}$	$\frac{29}{28}$	$\frac{11}{14}$		
$\frac{2}{3}$				
$\frac{1}{6}$				
$\frac{4}{9}$				

– Verknüpfungstabellen: siehe Abb. 448, S. 256

– Rechenrad:

a) Soll der Term von innen nach außen gelesen werden, so stellen die Zahlen im Mittelkreis und im Innenfeld des Sektors die Aufgabe dar, im äußeren Feld steht der jeweilige Wert.

b) Soll dagegen der Wert aller Terme gleich sein, so wird dieser in der Mitte vermerkt und der Rechenausdruck von außen nach innen gelesen.

Abb. 405:

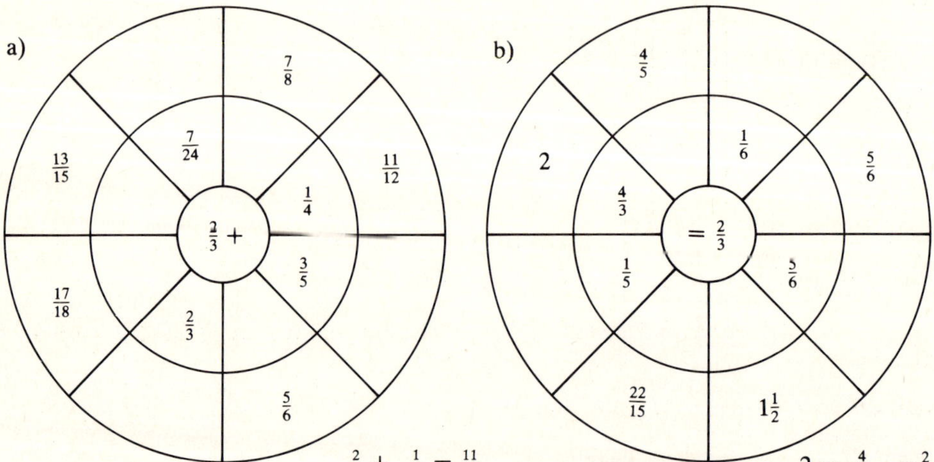

$\frac{2}{3} + \frac{1}{4} = \frac{11}{12}$

$\frac{2}{3} + \frac{3}{5} = \square$

$\frac{2}{3} + \square = \frac{5}{6}$

$2 - \frac{4}{3} = \frac{2}{3}$

$\frac{4}{5} - \square = \frac{2}{3}$

$\square - \frac{1}{6} = \frac{2}{3}$

– Zahlentafeln:

Reine Zahlentafeln bieten vielfältige, variable Übungsmöglichkeiten.

Abb. 406:

	1	2	3	4	5	6	7	8	9
a	$\frac{1}{2}$	$\frac{2}{3}$	$\frac{1}{6}$	$\frac{4}{5}$	$\frac{1}{7}$	$\frac{5}{7}$	$\frac{5}{8}$	$\frac{11}{3}$	$\frac{4}{7}$
b	$\frac{1}{3}$	$\frac{3}{4}$	$\frac{2}{5}$	$\frac{1}{8}$	$\frac{5}{6}$	$\frac{3}{5}$	$\frac{2}{9}$	$\frac{7}{4}$	$\frac{6}{7}$
c	$\frac{1}{4}$	$\frac{1}{5}$	$\frac{3}{7}$	$\frac{1}{9}$	$\frac{5}{9}$	$\frac{7}{8}$	$\frac{2}{7}$	$\frac{9}{2}$	$\frac{3}{8}$

Aufgabenbeispiele:

- Vorgabe einzelner Terme: 1a + 5b =
  8a − 3c =
- Vorgabe von Aufgabengruppen:
  Addiere jede Bruchzahl der ersten Zeile mit jeder Zahl der letzten Zeile!
  Addiere jeweils die Zahlen einer Spalte!
  Vergleiche innerhalb der Spalten die Bruchzahlen aus der zweiten mit denen der dritten Zeile!

– Zahlenstreifen:

Jede Bruchzahl des einen Zahlenstreifens wird mit jeder Zahl des anderen Streifens verknüpft.

Abb. 407:

$\frac{3}{4}$		$\frac{1}{2}$
$\frac{5}{7}$		$\frac{2}{7}$
$\frac{8}{9}$	⊖	$\frac{1}{3}$
$\frac{5}{8}$		$\frac{2}{9}$
$\frac{5}{6}$		$\frac{1}{6}$

$\frac{3}{4} - \frac{1}{2} =$ $\quad$ $\frac{5}{7} - \frac{1}{2} =$

$\frac{3}{4} - \frac{2}{7} =$ $\quad$ $\frac{5}{7} - \frac{2}{7} =$

$\frac{3}{4} - \frac{1}{3} =$ $\quad$ $\frac{5}{7} - \frac{1}{3} =$

$\frac{3}{4} - \frac{2}{9} =$ $\quad$ . . .

$\frac{3}{4} - \frac{1}{6} =$

– Zahlenkreis:

Die jeweils aufeinanderfolgenden Zahlen sind zu addieren und wenn möglich auch zu subtrahieren.

Abb. 408:

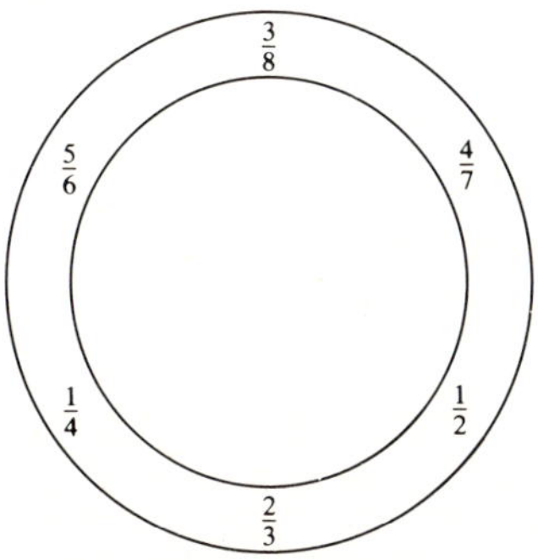

$\frac{3}{8} + \frac{4}{7} =$ $\quad$ $\frac{1}{2} + \frac{2}{3} =$ $\quad$ $\frac{1}{4} + \frac{5}{6} =$

$\frac{4}{7} + \frac{1}{2} =$ $\quad$ $\frac{2}{3} + \frac{1}{4} =$ $\quad$ $\frac{5}{6} + \frac{3}{8} =$

$\frac{4}{7} - \frac{1}{2} =$ $\quad$ $\frac{2}{3} - \frac{1}{4} =$ $\quad$ $\frac{5}{6} - \frac{3}{8} =$

4.1.5.2 Kettenrechnungen

– Zielscheibe:

Bei jedem Balken wird die zu addierende bzw. zu subtrahierende Bruchzahl angegeben. Die Eintragung der Zwischenresultate erfolgt auf dem Kreisring.
Die Bruchzahlen dürfen nicht willkürlich gewählt werden, da sonst unübersichtliche Hauptnenner gebildet werden müssen. Alle Brüche sind so auszusuchen, daß sie sich auf $\frac{}{18}$, $\frac{}{24}$, $\frac{}{36}$ oder $\frac{}{48}$ erweitern lassen. Diese Hauptnenner bieten genügend Variationsmöglichkeiten bei der Vorgabe der Bruchzahlen.

Abb. 409:

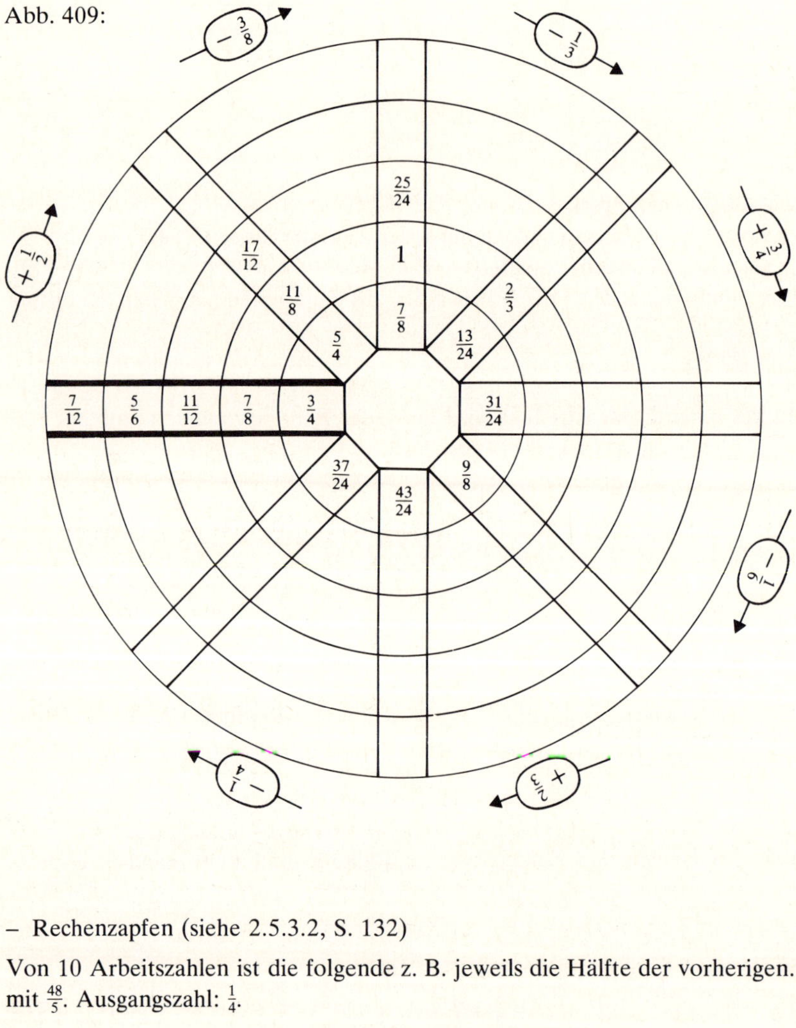

– Rechenzapfen (siehe 2.5.3.2, S. 132)

Von 10 Arbeitszahlen ist die folgende z. B. jeweils die Hälfte der vorherigen. Man beginnt mit $\frac{48}{5}$. Ausgangszahl: $\frac{1}{4}$.

Abb. 410:

$\frac{1}{4} + \frac{48}{5} = \frac{197}{20}; \frac{197}{20} + \frac{24}{5} = \frac{293}{20}; \frac{293}{20} + \frac{12}{5} = \frac{341}{20}; \frac{341}{20} + \frac{6}{5} = \frac{365}{20};$

$\frac{365}{20} + \frac{3}{5} = \frac{377}{20}; \frac{377}{20} + \frac{3}{10} = \frac{383}{20}; \frac{383}{20} + \frac{3}{20} = \frac{386}{20}; \frac{386}{20} + \frac{3}{40} = \frac{775}{40};$

$\frac{775}{40} - \frac{48}{5} = \frac{391}{40}; \frac{391}{40} - \frac{24}{5} = \frac{199}{40}; \frac{199}{40} - \frac{12}{5} = \frac{103}{40}; \frac{103}{40} - \frac{6}{5} = \frac{55}{40};$

$\frac{55}{40} - \frac{3}{5} = \frac{31}{40}; \frac{31}{40} - \frac{3}{10} = \frac{19}{40}; \frac{19}{40} - \frac{3}{20} = \frac{13}{40}; \frac{13}{40} - \frac{3}{40} = \frac{10}{40} = \frac{1}{4};$

– Grenzzahl überschreiten:

Ausgehend von der obenstehenden Bruchzahl ($\frac{3}{8}$) werden die im Zahlenkreis genannten Zahlen in der vorgegebenen Reihenfolge so lange addiert, bis die in der Mitte genannte Zielzahl überschritten ist.

Abb. 411:

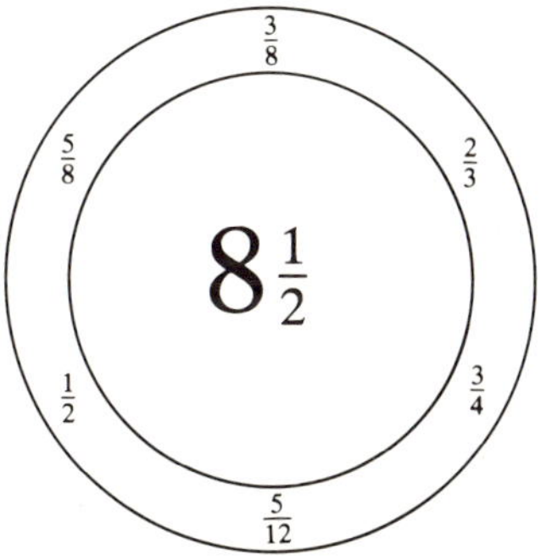

$\frac{3}{8} + \frac{2}{3} = \frac{25}{24}$

$\frac{25}{24} + \frac{3}{4} = \frac{43}{24}$

$\frac{43}{24} + \frac{5}{12} = \frac{53}{24}$

$\frac{53}{24} + \frac{1}{2} = \frac{65}{24}$;

$\frac{65}{24} + \frac{5}{8} = \frac{10}{3}$

$\frac{10}{3} + \frac{3}{8} =$

. . .

Soll eine Subtraktionskette aufgebaut werden, so ist in der Mitte der Minuend zu nennen. Es wird so lange abgezogen, bis eine Subtraktion unmöglich ist ($\frac{5}{11} - \frac{3}{4}$).

– Arbeit mit dem Zahlenband:

Abb. 412: (aus Zahl und Form 6, S. 24)

Die Summe zweier nebeneinanderstehender Zahlen in dem Zahlenband ergibt immer die nächste Zahl. Rechne nach! Setze die angefangenen Zahlenbänder entsprechend fort!

$\frac{2}{3}$	$\frac{1}{6}$	$\frac{5}{6}$	1	$\frac{11}{6}$	$\frac{17}{6}$	....

$\frac{1}{2}$	$\frac{1}{4}$	$\frac{3}{4}$	....	....

$\frac{1}{4}$	$\frac{1}{3}$	....	....

$\frac{1}{4}$	$\frac{1}{6}$	....	....

Jetzt wird von zwei nebeneinanderstehenden Zahlen immer die kleinere von der größeren subtrahiert. Die Differenz ergibt die nächste Zahl:

$\frac{1}{3}$	$\frac{1}{4}$	$\frac{1}{12}$	....	....

$\frac{2}{3}$	$\frac{1}{6}$	....	....

$\frac{1}{5}$	$\frac{1}{10}$		

4.2 Multiplikative Operationen mit Bruchzahlen

Das Verständnis der multiplikativen Operationen mit Bruchzahlen erleichtert der Bruchoperator, weil der Umgang mit Operatorketten (siehe 3.2 S. 169ff.) den Schülern schon vertraut ist. Jede Multiplikation und Division von Brüchen läßt sich als verlängerte Operatorkette darstellen, für die ein Ersatzoperator zu finden ist.

4.2.1 Multiplikation zweier Brüche durch Verkettung der zugehörigen Bruchoperatoren

4.2.1.1 Einführungsaufgabe

Eine Sachaufgabe mit folgender Struktur führt die Schüler an das Problem heran.

Aufgabe: Klaus spart für ein Flugmodell, das 385 DM kostet. Er besitzt bereits $\frac{4}{7}$ des Kaufpreises. Wieviel legten bisher seine Eltern schon dazu, wenn $\frac{3}{5}$ dieses Betrages von ihnen stammt?

Die Lösung erfolgt in Form einer Operatorkette.

Abb. 413:

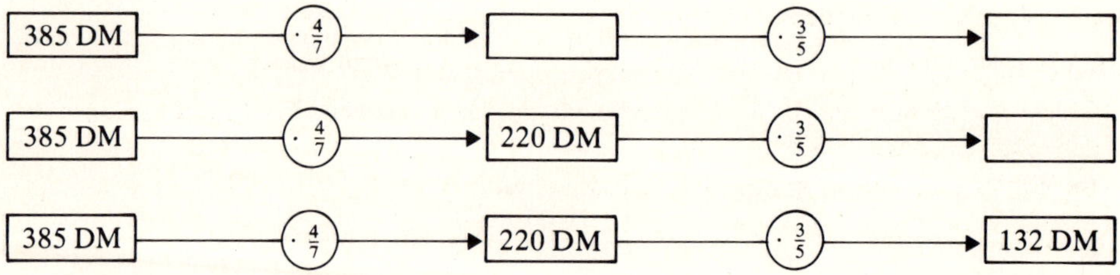

Die Schüler werden aufgefordert, für die beiden Bruchoperatoren einen Ersatzoperator zu finden. Dazu ist die Verlängerung der Kette notwendig.

Abb. 414:

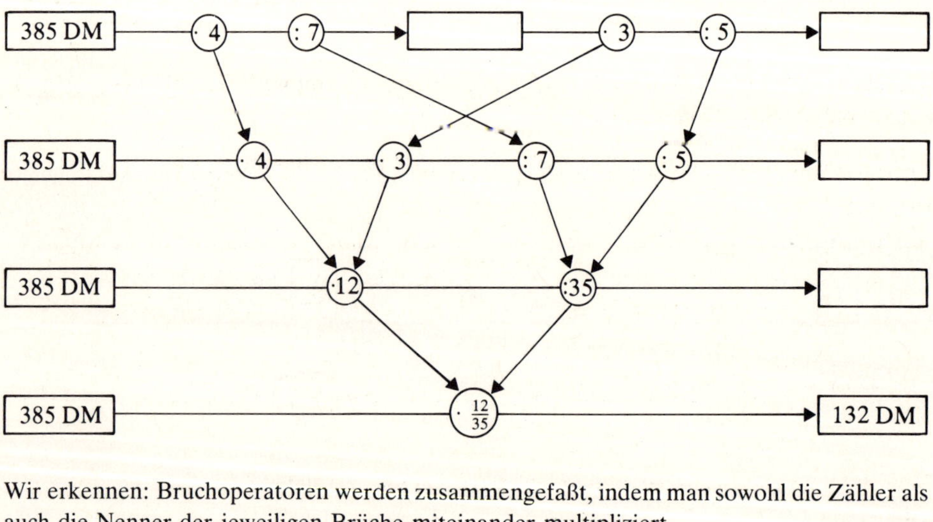

Wir erkennen: Bruchoperatoren werden zusammengefaßt, indem man sowohl die Zähler als auch die Nenner der jeweiligen Brüche miteinander multipliziert.
Diese Erkenntnis wird mehrmals nachgewiesen durch getrennte Ausrechnung mit den zwei Bruchoperatoren und dem Ersatzoperator.

Abb. 415:

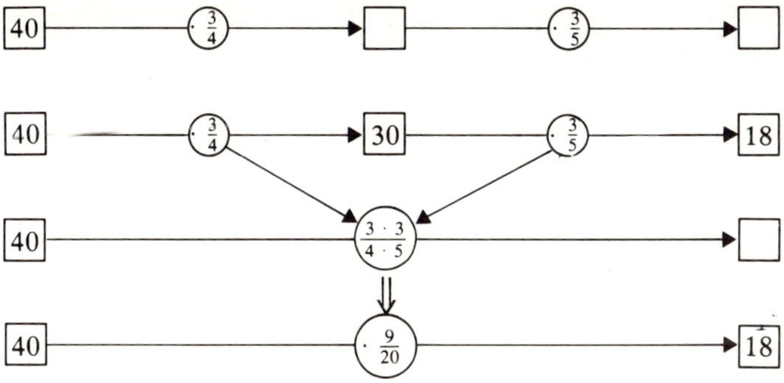

Da nach 3.4.3 (S. 200ff.) Bruchoperatorzahl und Bruch als gleich gelten, muß sich auch durch die zeichnerische Darstellung (siehe 4.2.1.3) nachweisen lassen, daß für die Multiplikation von Brüchen diese Regel ebenfalls gilt.

4.2.1.2 Das Kürzen vor dem Ausmultiplizieren

Um die Ausrechnung zu vereinfachen, ist der Ersatzoperator zu kürzen.

- Zähler und Nenner werden nicht sofort ausmultipliziert, da beim Produkt Kürzungsmöglichkeiten oft besser ersichtlich sind.
- Im Zähler und Nenner treten gleiche Zahlen auf:

Abb. 416:

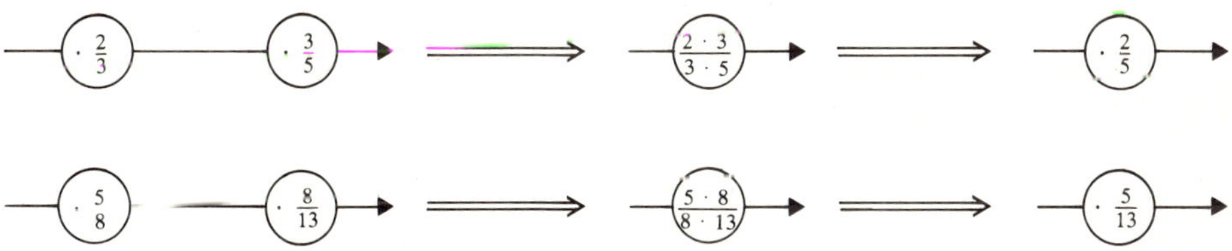

Wie unter 3.2.2.3 (S. 172) dargelegt, heben sich inverse Operatoren in der Wirkung auf und können daher weggestrichen werden.

- Die Faktoren des Zählers und des Nenners enthalten gemeinsame Teiler.

Abb. 417:

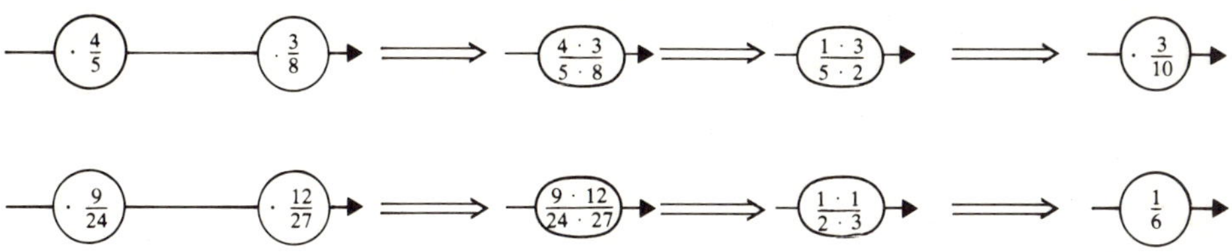

Weitere Hinweise zum Verkürzen von Operatorketten sind unter 3.5.2.3 (S. 213) nachzulesen.

4.2.1.3 Zeichnerische Darstellungen

Durch die zeichnerische Darstellung wird den Schülern augenscheinlich, daß die Multiplikation zweier echter Brüche eine zweimalige Verkleinerung nach sich zieht.

– Darstellung mit kontinuierlichem Material:

Abb. 418:

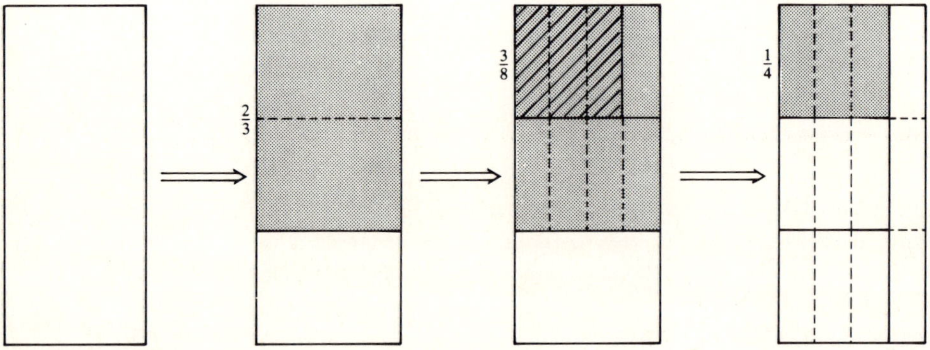

Lösung der Aufgabe in Operatorschreibweise:

Abb. 419:

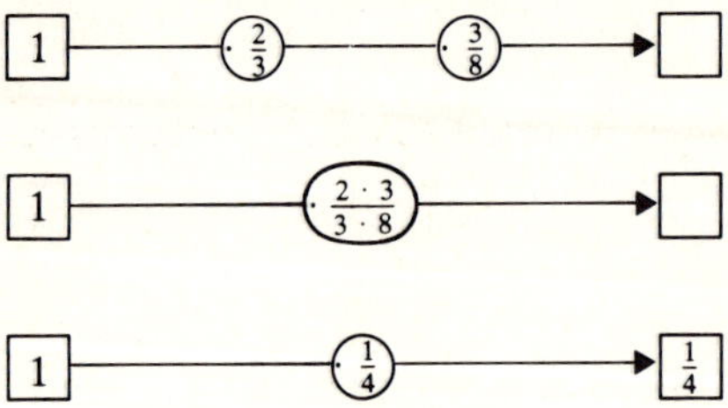

– Darstellung mit diskontinuierlichem Material:

Abb. 420:

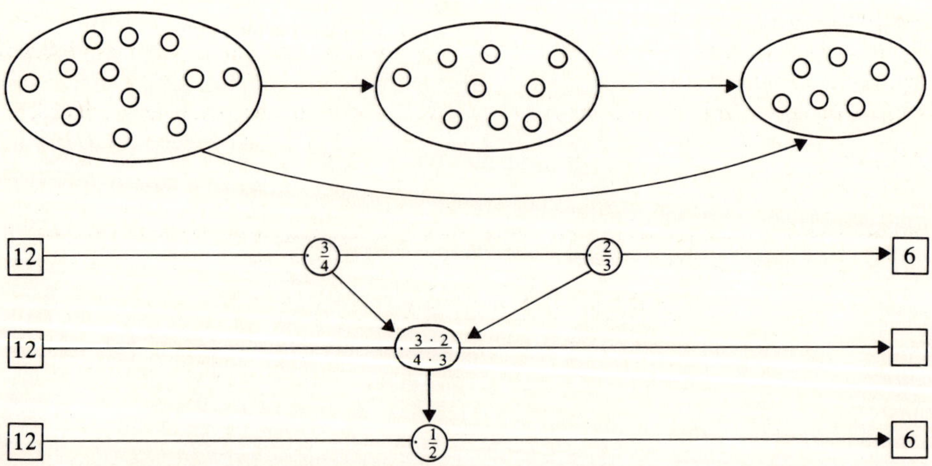

– Darstellung mit Längen:

Abb. 421:

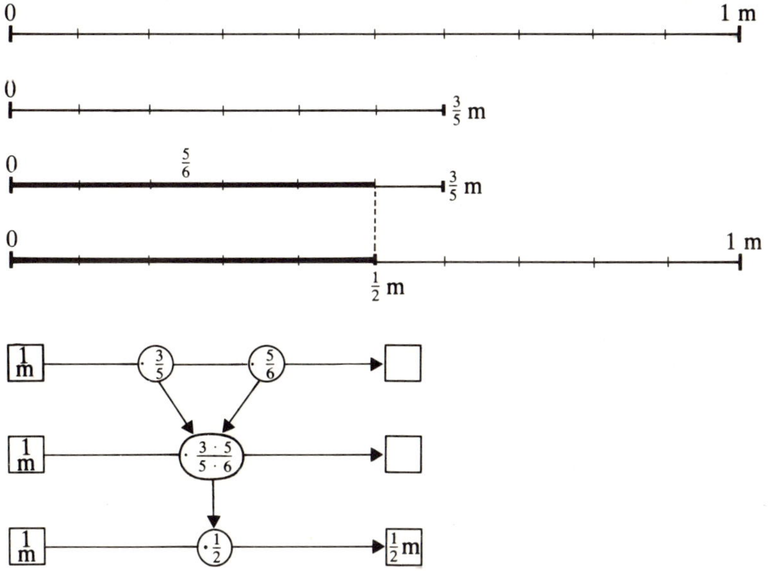

4.2.1.4 Multiplikation mit natürlichen Zahlen

Werden die natürlichen Zahlen als Scheinbrüche notiert, so ändert sich das Vorgehen nicht.

Abb. 422:

$$\boxed{\tfrac{8}{9}} \cdot 7 = \boxed{\tfrac{8}{9}} \cdot \textcircled{\tfrac{7}{1}} = \frac{8 \cdot 7}{9 \cdot 1} = \frac{56}{9} = 6\tfrac{2}{9}$$

$$\boxed{\tfrac{3}{4}} \cdot 8 = \boxed{\tfrac{3}{4}} \cdot \textcircled{\tfrac{8}{1}} = \frac{3 \cdot 8}{4 \cdot 1} = \frac{3 \cdot 2}{1} = 6$$

Da Multiplikationen mit 1 sich auf den Produktwert nicht auswirken, werden die Schüler von selbst die Regel finden:
Beim Vervielfachen einer Bruchzahl mit einer ganzen Zahl wird nur der Zähler mit dieser ganzen Zahl multipliziert.
Diese Erkenntnis läßt sich auch über die mehrfache Addition einer Bruchzahl ableiten.

Abb. 423:

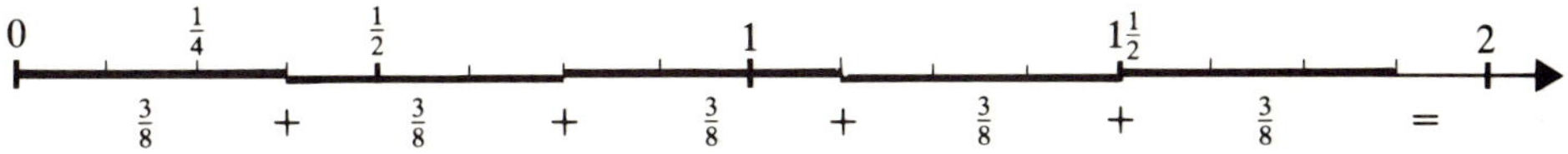

$$= \frac{3 + 3 + 3 + 3 + 3}{8} = \frac{5 \cdot 3}{8} = \frac{15}{8} = 1\tfrac{7}{8}$$

4.2.2 *Einführung der Division durch eine Bruchzahl als Umkehrung der Multiplikation*

4.2.2.1 Umkehrzahl

Eine Sachaufgabe, bei der Endzustand und Operator gegeben sind, stellt das Problem.

Aufgabe: Am Ende der 6. Klasse traten 62 Schüler der Hauptschule A-dorf an die Realschule über. Das entspricht $\frac{2}{5}$ aller Sechstkläßler.

Abb. 424:

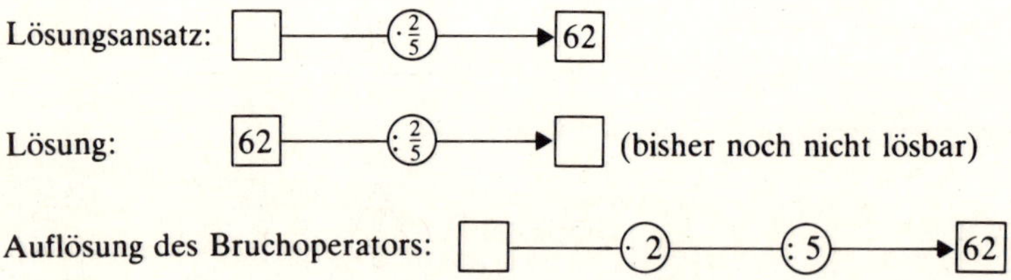

Lösung entsprechend 3.2.2.3 durch den inversen Operator:
Umkehroperator zum Divisionsoperator:

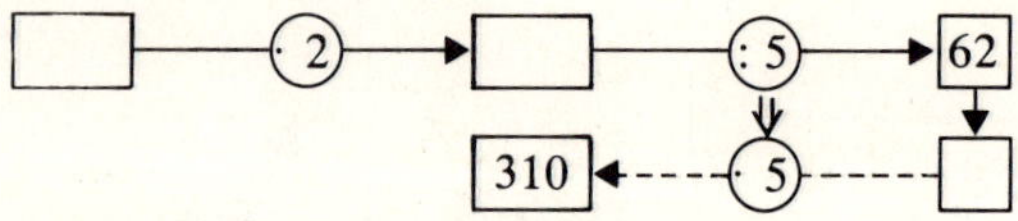

Umkehroperator zum Multiplikationsoperator:

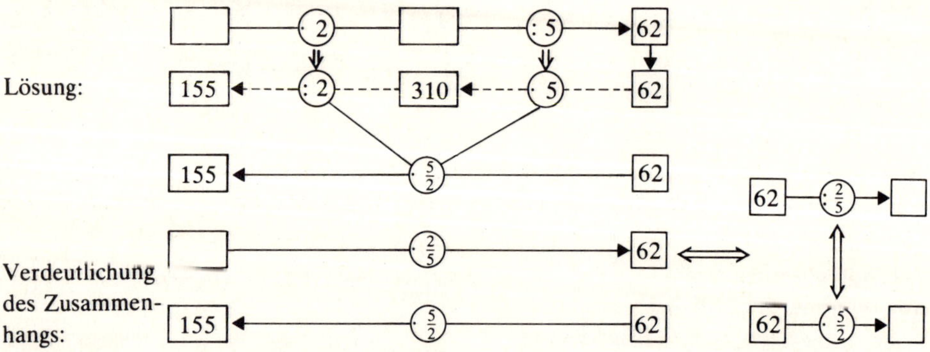

Durch Vergleich der beiden Brüche (Bruchoperatorzahlen) erkennt man, daß beim „Bruchumkehroperator" Zähler und Nenner des Bruchoperators vertauscht werden. Dieser Bruchumkehroperator wird als *Umkehrzahl* oder *Kehrwert* (in älteren Schulbüchern) bezeichnet.

Abb. 425:

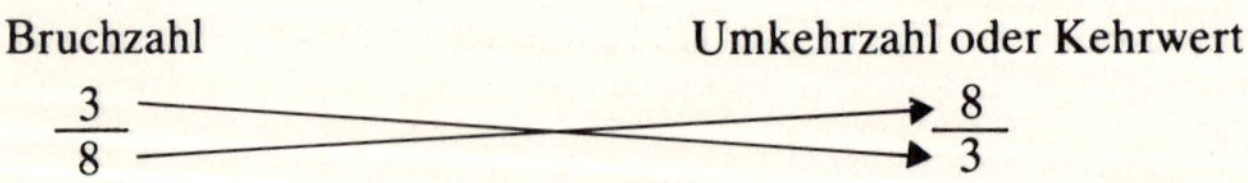

4.2.2.2 Herleitung der Regel

Wie unter 3.2.2.3 (S. 172) ausgeführt, können Endzustand-Operator-Aufgaben nur mit Hilfe des Umkehroperators gelöst werden. Durch entsprechende Vergleiche läßt sich die Parallelität des Vorgehens bei der Division mit Bruchzahlen belegen.

Abb. 426: (aus Zahl und Form 6, S. 29).

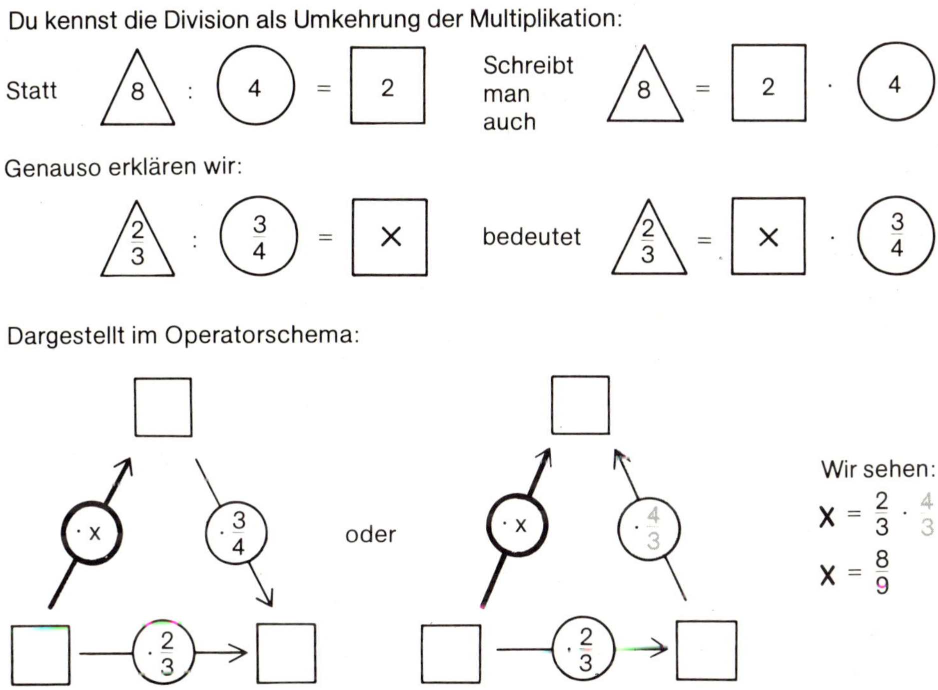

Bei der Regel für die Division von Bruchzahlen ist der operative Zusammenhang mit der Multiplikation zu betonen. Die Division durch eine Bruchzahl entspricht der Multiplikation mit der Umkehrzahl.

Abb. 427:

$$\frac{3}{8} : \frac{4}{5} = \frac{3}{8} \cdot \frac{5}{4} = \frac{15}{32}$$

4.2.2.3 Übungen zur Bildung der Umkehrzahl

Da dem Bilden der Umkehrzahl bei der Division durch Bruchzahlen ausschlaggebende Bedeutung zukommt, können anfangs besondere Übungen angesetzt werden.

- Rechen-T
- Zuordnungspyramide

- Pfeildiagramm:

Realtionsvorschrift: „. . . ist Umkehrzahl von . . .“

Abb. 428:

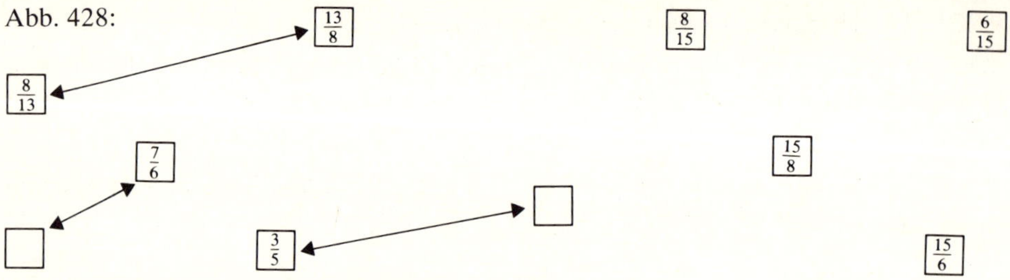

Die Pfeile müssen beidseitig eingezeichnet werden.

– Multiplikation einer Bruchzahl mit ihrer Umkehrzahl

Aufgabe: Bilde zu jeder der folgenden Bruchzahlen die Umkehrzahl und multipliziere die beiden Brüche! Begründe das Ergebnis!

Abb. 429:

$\frac{4}{5} \rightarrow \frac{4}{5} \cdot \frac{5}{4} = 1$

$\frac{8}{7} \rightarrow \frac{8}{7} \cdot \frac{7}{8} = 1$

$\frac{13}{6} \rightarrow \frac{13}{6} \cdot \frac{6}{13} = 1$

4.2.2.4 Zeichnerische Darstellung der Division zweier Bruchzahlen

Die Division eines Bruches durch einen weiteren Bruch läßt sich direkt zeichnerisch nicht verdeutlichen. Es kann lediglich veranschaulicht werden, daß eine zweimalige Umkehrung nötig ist, um eine dementsprechende Aufgabe lösen zu können.

Abb. 430:

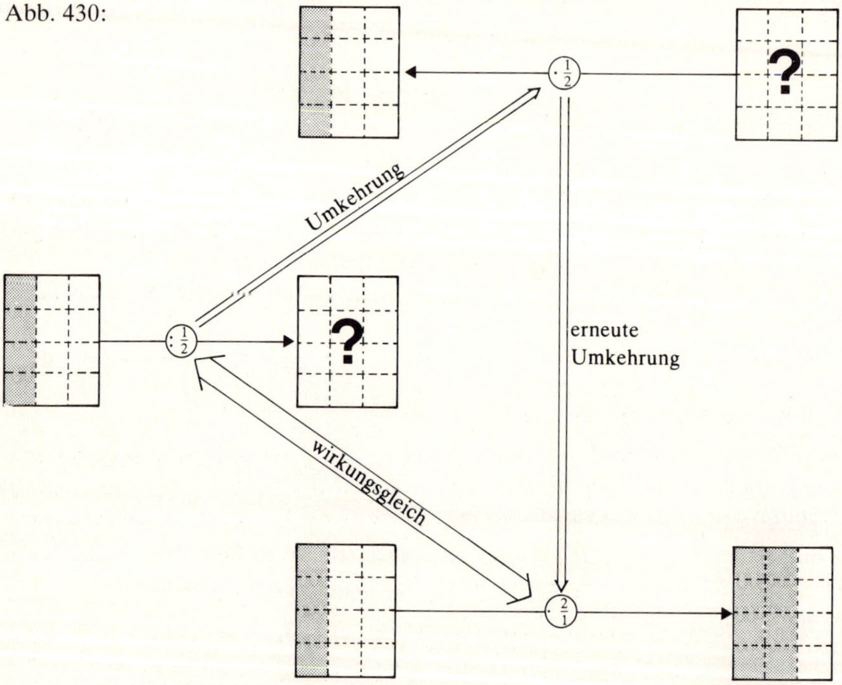

Wir erkennen: Bei der Division durch einen Bruch wird der Anfangszustand mit der Umkehrzahl der Bruchoperatorzahl vervielfacht.

4.2.2.5 Division einer Bruchzahl durch eine ganze Zahl

Das Dividieren einer Bruchzahl durch eine natürliche Zahl läßt sich sowohl mit dem Bruchoperator als auch mit der Bruchteilauffassung erarbeiten.

Aufgabe: $\frac{3}{4} : 5 =$

Wird $(:5)$ als Bruchoperator $(:\frac{5}{1})$ aufgefaßt, so ist sofort ersichtlich, daß bei der Multiplikation mit der Umkehrzahl nur der Nenner der Bruchzahl mit der natürlichen Zahl vervielfacht wird.

Abb. 431:

$\frac{8}{9} : 5 = \frac{8}{9} : \frac{5}{1} = \frac{8}{9} \cdot \frac{1}{5} = \frac{8}{9 \cdot 5} = \frac{8}{45}$

Bei der Bruchteilauffassung wird zeichnerisch die Verkleinerung des Bruchteils augenscheinlich.

Abb. 432:

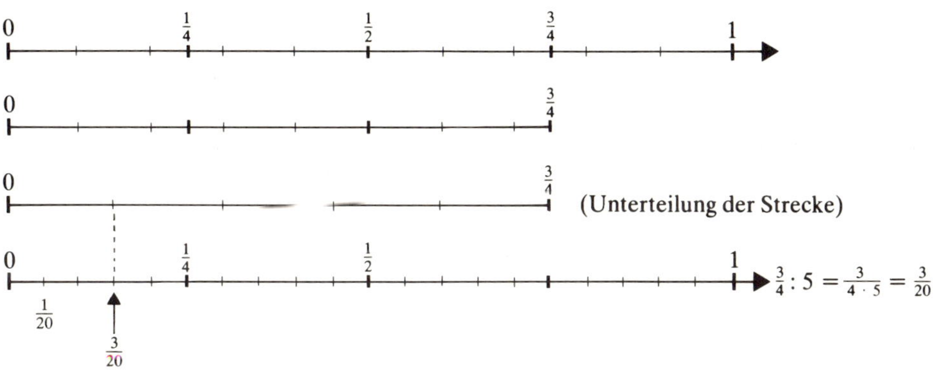

4.2.2.6 Gültigkeit der multiplikativen Rechengesetze beim Rechnen mit Bruchzahlen

Die Anwendbarkeit des Kommutativgesetzes (siehe 2.1.3.1, S. 67 f.) und des Assoziativgesetzes (siehe 2.1.3.2) der Multiplikation für multiplikative Operationen mit Bruchzahlen ist den Schülern schon geläufig, weil dies die Voraussetzung für die Erarbeitung der Bruchoperatoren und aller damit zusammenhängender Rechenoperationen war.
Distributiv- und Ausgleichsgesetze haben auf Operationen mit Bruchzahlen keinen Einfluß und werden deshalb nicht behandelt.
Für die Auflösung mehrgliedriger Terme gelten die unter 2.1.5 (S. 74 ff.) genannten Regeln.

4.2.2.7 Auswirkungen einer Division durch einen Bruch

Den Schülern ist bewußt zu machen, daß die Division durch einen echten Bruch nicht eine Verkleinerung, sondern eine Vergrößerung des Dividenden bewirkt.
Außer der zeichnerischen Veranschaulichung (siehe Abb. 430) verdeutlicht dies auch eine Tabelle.

Abb. 433:

↗ (:)	1	$\frac{1}{2}$	$\frac{1}{3}$	$\frac{1}{4}$	$\frac{1}{5}$	$\frac{1}{6}$
1	1	2	3	4	5	6
$\frac{1}{2}$	$\frac{1}{2}$	1	$\frac{3}{2}$	2	$\frac{5}{2}$	3
$\frac{1}{3}$	$\frac{1}{3}$	$\frac{2}{3}$	1	$\frac{4}{3}$	$\frac{5}{3}$	2
$\frac{1}{4}$	$\frac{1}{4}$	$\frac{1}{2}$	$\frac{3}{4}$	1	$\frac{5}{4}$	$\frac{3}{2}$

4.2.3 Grundaufgaben bei multiplikativen Operationen mit Bruchzahlen

Je nach Art der Vorgabe unterscheiden wir:

4.2.3.1 Endzustand gesucht

Gegeben sind ein oder mehrere Bruchoperatoren und der Anfangszustand, der ebenfalls eine Bruchzahl sein kann.

Abb. 434:

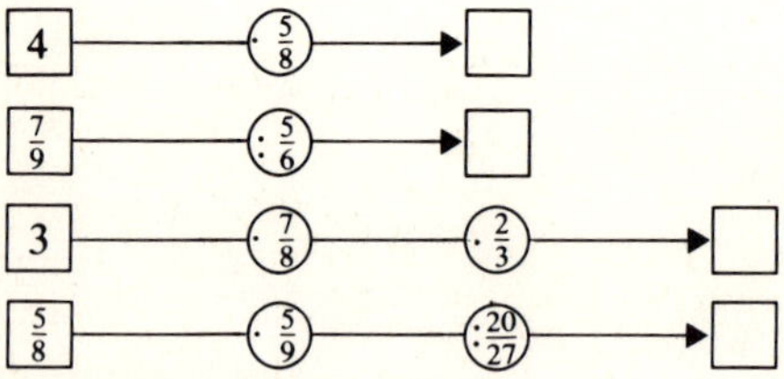

4.2.3.2 Anfangszustand gesucht

Die Lösung der Umkehrung der ersten Grundaufgabe erfolgt mit Hilfe des inversen Bruchoperators und bei dadurch notwendigen Divisionen durch Multiplikation mit der Umkehrzahl dieses Bruchoperators (siehe 4.2.2, S. 246 ff.).

Abb. 435:

Aufgabe: **Lösung:**

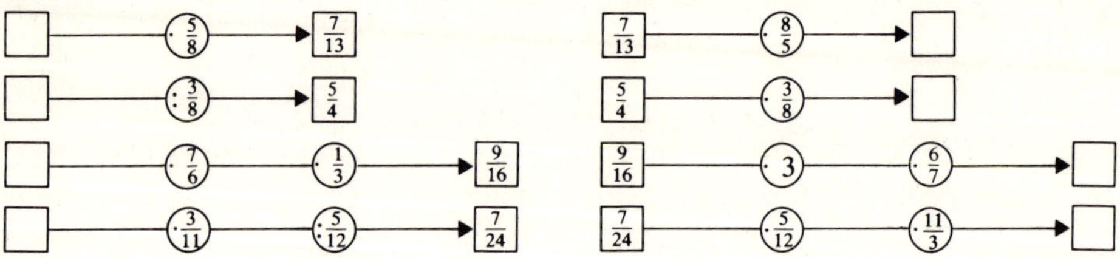

4.2.3.3 Bruchoperator gesucht

Bei gegebenem Anfangs- und Endzustand ist der Bruchoperator gesucht. Die Aufgabenstellung kann durch die zusätzliche Vorgabe eines von zwei Bruchoperatoren erweitert werden.

Abb. 436:

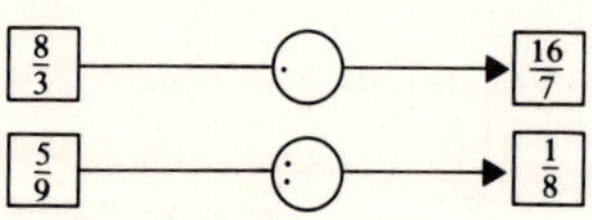

Die Lösung dieser Aufgabenart erfolgt durch die Division des Endzustandes durch den Anfangszustand. Liegt ursprünglich eine Division vor, so wird diese zunächst durch Umkehrung in eine Multiplikation verwandelt.

Abb. 437:

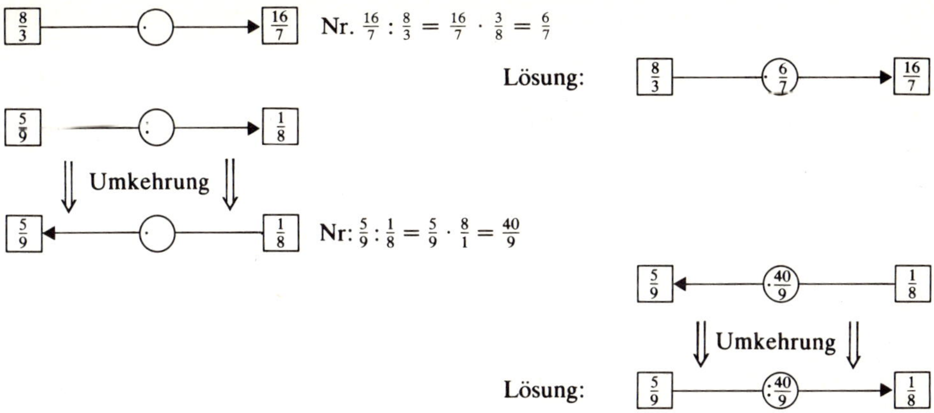

Ist einer von mehreren Bruchoperatoren gesucht, so wird die Aufgabe durch Bestimmen von Zwischenzuständen verkürzt.

Abb. 438:

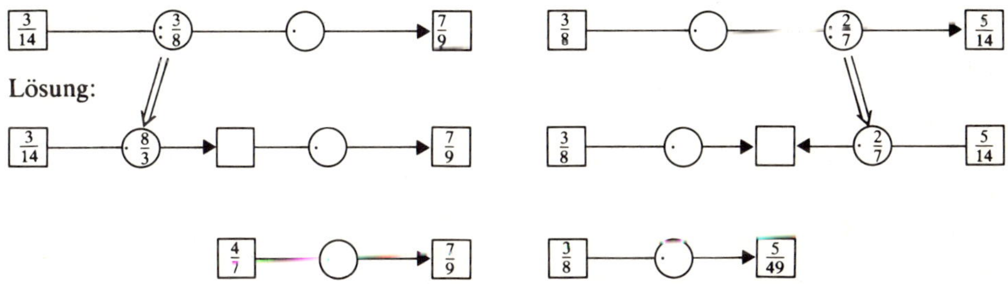

4.2.4 Operative Übungen zur Multiplikation/Division von Brüchen

4.2.4.1 Multiplikative Zerlegung von Bruchzahlen

Aufgabe: Stelle $\frac{5}{8}$ als Produkt zweier Bruchzahlen dar, wobei jeweils ein Faktor ein Stammbruch sein muß!

Abb. 439:

$\frac{5}{8} = \frac{1}{2} \cdot \frac{5}{4}$
$= \frac{1}{3} \cdot \frac{15}{8}$
$= \frac{1}{4} \cdot \frac{5}{2}$
$= \frac{1}{5} \cdot \frac{25}{8}$

$\frac{5}{8} = \frac{1}{6} \cdot \frac{15}{4}$
$= \frac{1}{7} \cdot \frac{35}{8}$
$= \frac{1}{8} \cdot 5$
$= \frac{1}{9} \cdot \frac{45}{8}$

Variationen der Darstellung:

- Stern (siehe Abb. 5, S. 37)
- Kreuz
- Propeller

Abb. 440:

Kreuz:

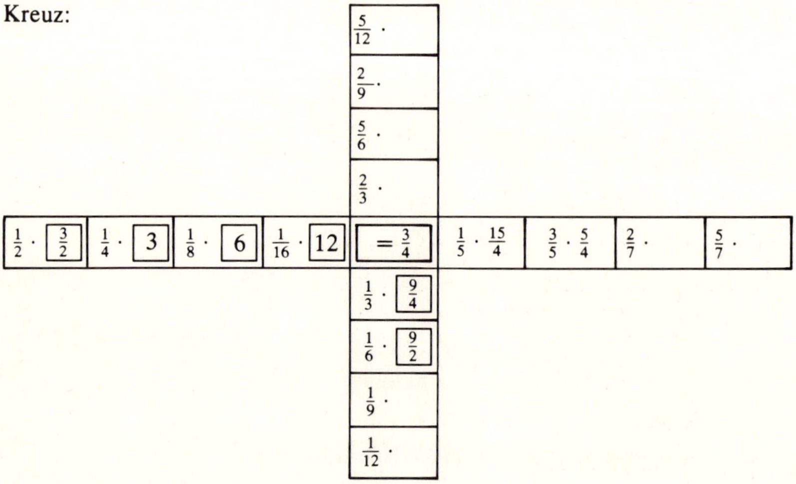

Propeller:

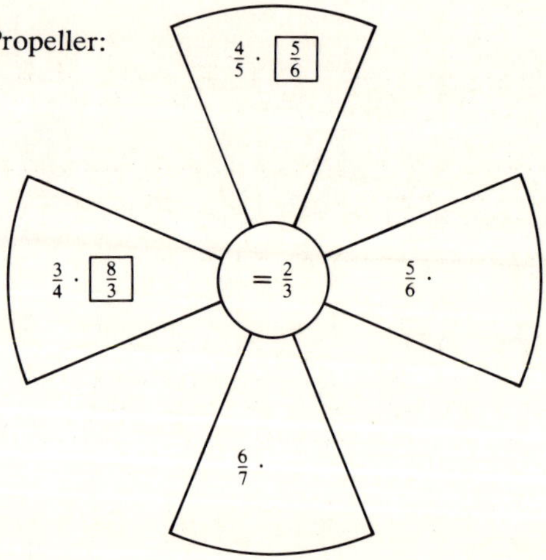

4.2.4.2 Erstellen gleichwertiger Terme

Unter 4.1.4.2 (S. 233) wurden entsprechende Übungen für die additiven Operationen vorgestellt.

- Darstellung in Gleichungsform (siehe Abb. 391, S. 233)
- Strichverbindungen (siehe Abb. 392, S. 233)
- Rechen-T (siehe Abb. 393, S. 233)
- Zuordnungspyramide

Abb. 441:

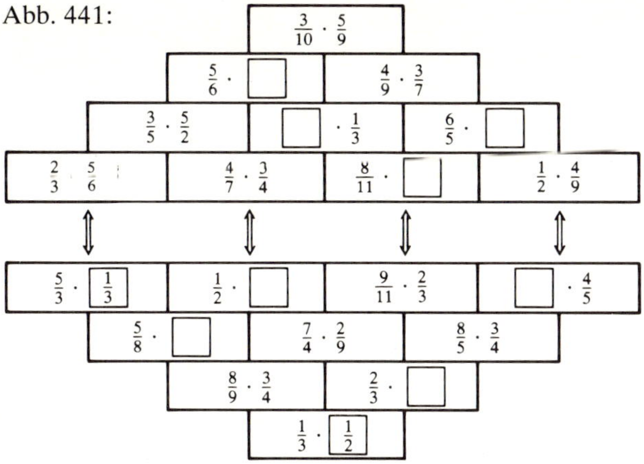

– Multiplikation von Brüchen der gleichen Bruchzahlen

Abb. 442: (aus Zahl und Form 6, S. 32)

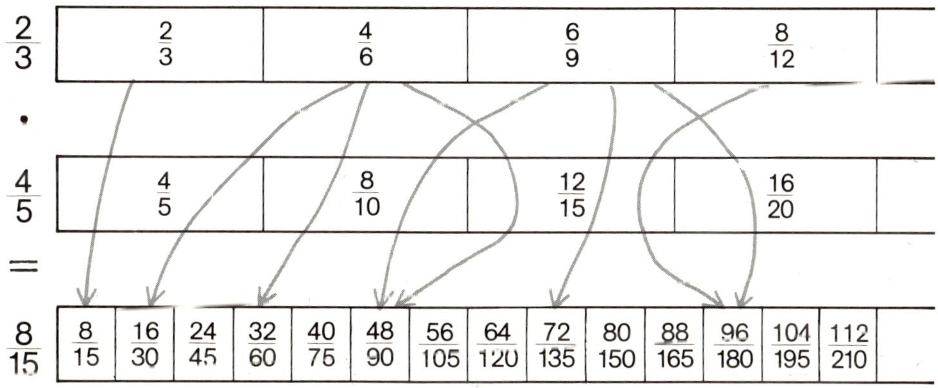

4.2.4.3 Die Terme sind selbst zu bilden

– Rechenhaus (siehe 4.1.4.3, S. 234)

– Operationszeichendreieck:

Mit Hilfe von vorgeschriebenen Arbeitszahlen ist die in der Mitte notierte Zielzahl zu erreichen. Die Reihenfolge der Operationen ist festgelegt. Begonnen wird mit dem Rechenzeichen an der Spitze des Dreiecks.

Abb. 443:

Arbeitszahlen:

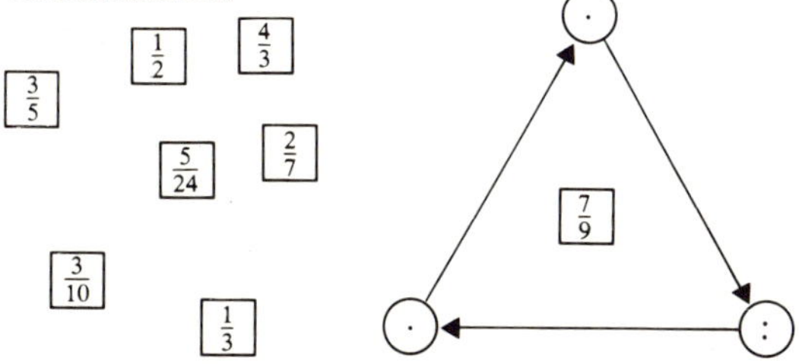

$\frac{3}{5} \cdot \frac{5}{24} = \frac{1}{8}$; $\quad \frac{1}{3} \cdot \frac{4}{3} = \frac{4}{9}$

$\frac{1}{8} : \frac{1}{2} = \frac{1}{4}$; $\quad \frac{4}{9} : \frac{2}{7} = \frac{28}{18} = \frac{14}{9}$;

$\frac{1}{4} \cdot \frac{4}{3} = \frac{1}{3}$ $\quad \frac{14}{9} \cdot \frac{1}{2} = \frac{14}{18} = \frac{7}{9}$;

– Rechenring:

Jeweils zwei der 10 Arbeitszahlen sind so zu verknüpfen, daß das Ergebnis stets wieder eine dieser Arbeitszahlen ist. Das erste Glied einer jeden Rechnung muß immer das Resultat der vorherigen sein.

Abb. 444:

Arbeitszahlen: $\frac{1}{2}$; $\frac{1}{3}$; $\frac{2}{3}$; $\frac{1}{4}$; $\frac{3}{4}$; $\frac{1}{6}$; $\frac{1}{8}$; $\frac{3}{8}$; $\frac{1}{12}$; $\frac{1}{24}$.

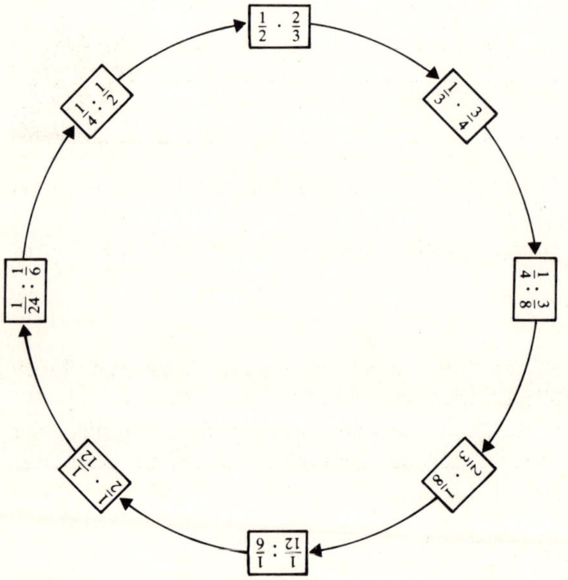

Die Arbeitszahlen sind so zu wählen, daß sie einen überschaubaren und leicht kürzbaren Hauptnenner ($\frac{}{18}$; $\frac{}{24}$; $\frac{}{36}$; $\frac{}{72}$) besitzen.

Tauschaufgaben und Wiederholungen sind nicht erlaubt.

– Zahlenkreis:

Die bei Abb. 408 (S. 239) beschriebene Aufgabenstellung wird erweitert. Die beiden aufeinanderfolgenden Zahlen werden additiv und multiplikativ miteinander verknüpft.

– Zielrechnen:

Analog Abb. 224 (S. 146) gilt es, mit möglichst wenig Rechenschritten, die in der Ringmitte stehende Zielzahl zu erreichen.
– Rechengitter (siehe Abb. 400, S. 237).
– Operatorschema

Abb. 445: Aus Zahl und Form 6, S. 28)

Zeichne das Operatorschema ab und trage die fehlenden Bruchoperatoren ein! Gib selbst eigene Ein- bzw. Ausgaben vor und ergänze die Operatoren (Partnerarbeit)!

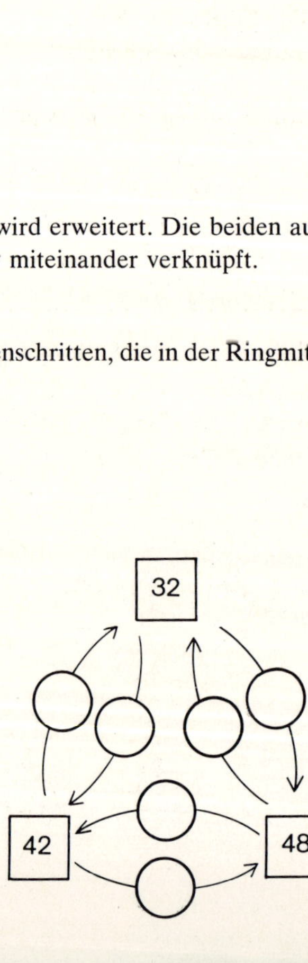

4.2.4.4 Das Multiplikationsspiel

Abb. 446: (aus Zahl und Form 6, S. 33)

Das Multiplikationsspiel geht so: Schneidet in jeder Gruppe 32 quadratische Kästchen aus. Sie werden so beschriftet:

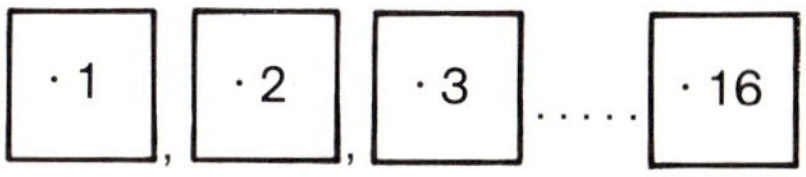

Je zwei Kärtchen tragen gleiche Aufschrift. Die Kärtchen werden gleichmäßig an die (4) Mitspieler verteilt.
Spielplan ist ein leeres Papier, das durch einen (Bruch-)Strich in zwei Hälften zerlegt ist (s. Abb.).

Spielregeln:

1. Reihum wird eine Karte über und eine Karte unter dem Bruchstrich angelegt. Sprich dazu! (in der Abb. 446 sagt der Spieler: „mal acht Siebtel")
2. Kann ein Spieler Kärtchen, die sich schon auf dem Spielplan befinden, entfernen oder durch eigene Kärtchen ersetzen, ohne daß sich der Wert des Bruches ändert, so muß er nicht anlegen. Er erhält die entfernten Kärtchen.
3. Das Spiel ist zu Ende, wenn
   entweder ein Spieler alle seine Kärtchen gelegt hat
   oder die vereinbarte Spielzeit (ca. 10 Min.) verstrichen ist.
4. Sieger ist, wer bei Spielende die meisten Kärtchen besitzt.

4.2.4.5 Rechenbäume mit detaillierter Arbeitsanweisung

Abb. 447: (nach Westermann Mathematik 6, S. 31)

Aufgabe:

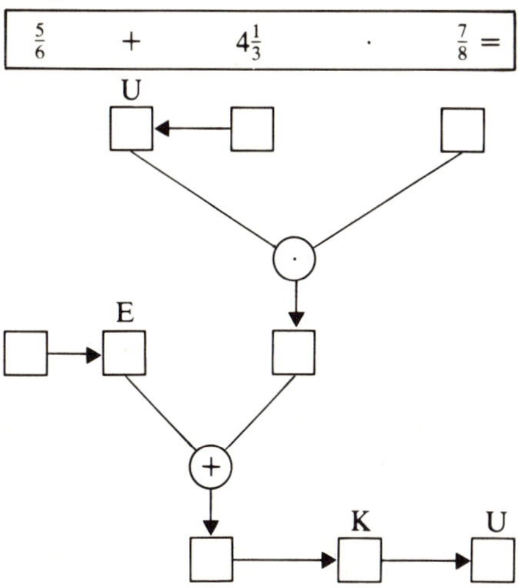

Lösung:

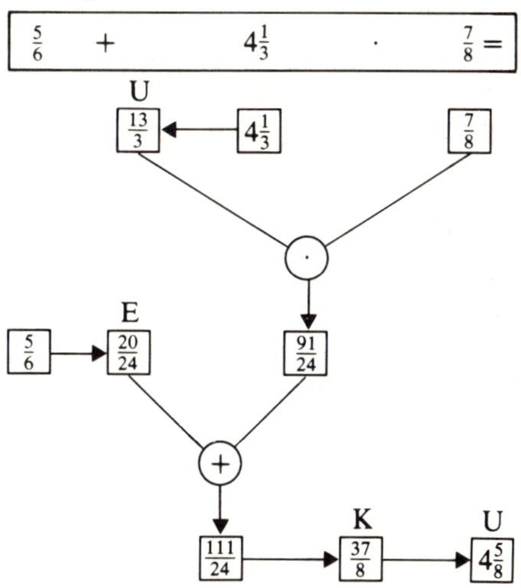

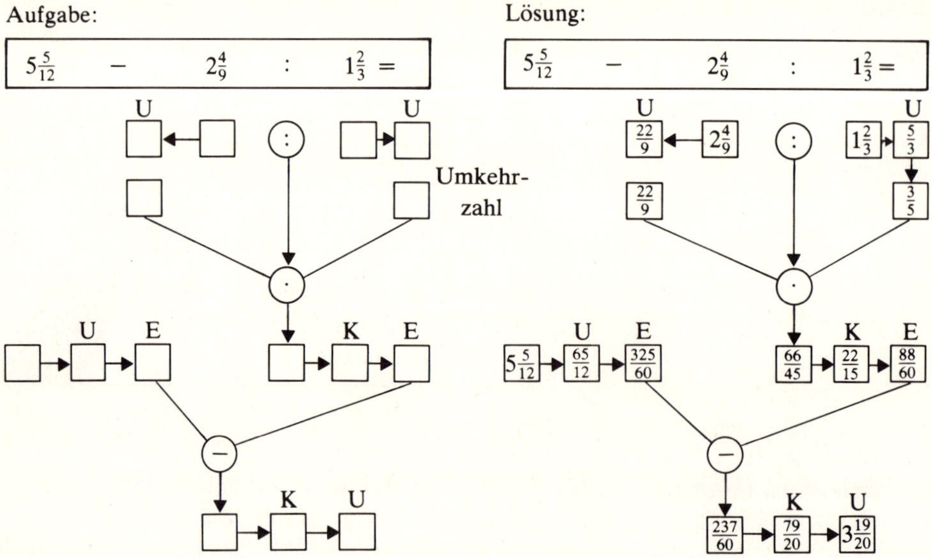

4.2.5 Automatisierende Übungen zur Multiplikation/Division von Bruchzahlen

4.2.5.1 Die einzelnen Operationen sind vorgegeben

- Operatortabelle (siehe Abb. 402, S. 237)
- Spalten-/Zeilendarstellung (siehe Abb. 403, S. 238)
- Rechentafeln (siehe Abb. 404, S. 237)
- Verknüpfungstabelle

Abb. 448:

a	b	c	c : a	a · b	(c · a) : b	b : a	a · b · c
$\frac{2}{3}$	$\frac{1}{2}$	$\frac{5}{8}$	$\frac{15}{16}$	$\frac{1}{3}$	$\frac{5}{6}$	$\frac{3}{4}$	$\frac{5}{24}$
$\frac{3}{8}$	$\frac{1}{4}$	$\frac{9}{8}$	3				
$\frac{5}{6}$	$\frac{1}{8}$	$\frac{4}{3}$					
$\frac{3}{4}$	$\frac{5}{12}$	$\frac{7}{8}$					
$\frac{7}{12}$	$\frac{9}{24}$	$\frac{5}{4}$					

– Rechenrad:

Abb. 449:

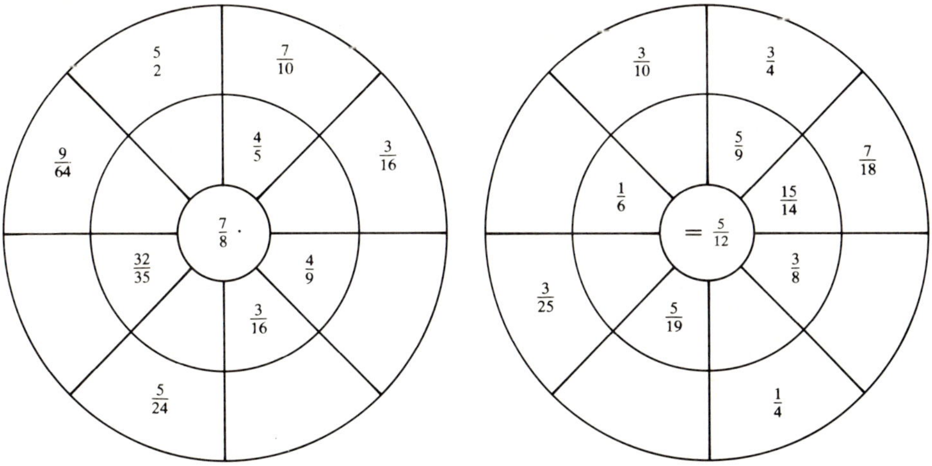

$\frac{7}{8} \cdot \frac{4}{5} = \frac{7}{10}$

$\frac{7}{8} \cdot \square = \frac{3}{16}$

$\frac{7}{8} \cdot \frac{4}{9} =$

$\frac{7}{8} \cdot \frac{3}{16} =$

$\frac{3}{4} \cdot \frac{5}{9} = \frac{5}{12}$

$\frac{7}{18} \cdot \frac{15}{14} = \frac{5}{12}$

– Zahlentafeln:

Die in einer Zahlentafel genannten Bruchzahlen werden multiplikativ verknüpft. Die Aufgabenstellung erfolgt analog zu der bei Abb. 406, S. 239.

4.2.5.2 Kettenrechnungen

– Zielscheibe:

Im markierten Balken werden die Ausgangszahlen vermerkt. Von Balken zu Balken wird außerhalb der jeweilige Operationsschritt vorgeschrieben. Die Bruchzahlen sind so zu wählen, daß Kürzungsmöglichkeiten bestehen, da sonst die Zwischenresultate schnell unüberschaubar werden.

Abb. 450:

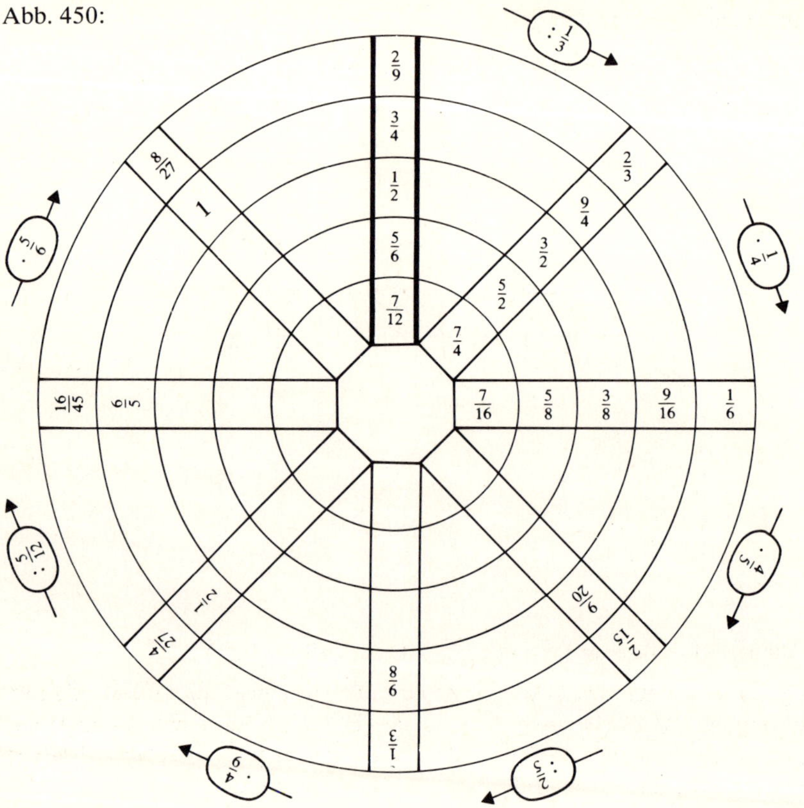

– Grenzzahl unterschreiten:

Die im Zahlenkreis genannten Bruchzahlen werden in der vorgeschriebenen Reihenfolge so lange multipliziert, bis die Grenzzahl unterschritten ist (bei echten Brüchen).
Soll die Division geübt werden, so muß bei echten Brüchen eine Obergrenze genannt werden.

Abb. 451:

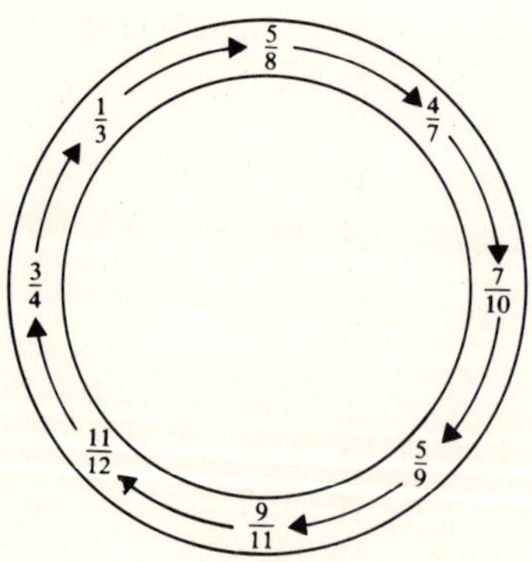

Ausgangszahl: 72

Grenzzahl: $\frac{1}{2}$

$72 \cdot \frac{5}{8} = 45;$

$45 \cdot \frac{4}{7} = 25\frac{5}{7};$

$25\frac{5}{7} \cdot \frac{7}{10} = 18;$

$18 \cdot \frac{5}{9} = 10;$

$10 \cdot \frac{9}{11} = 8\frac{2}{11};$

$8\frac{2}{11} \cdot \frac{11}{12} = 7\frac{1}{2};$

$7\frac{1}{2} \cdot \frac{3}{4} = 5\frac{5}{8};$

$5\frac{5}{8} \cdot \frac{1}{3} = 1\frac{7}{8};$

$1\frac{7}{8} \cdot \frac{5}{8} = 1\frac{11}{64};$

$1\frac{11}{64} \cdot \frac{4}{7} = \frac{75}{112};$

$\frac{75}{112} \cdot \frac{7}{10} = \frac{15}{32}.$

$\boxed{\frac{15}{32} < \frac{1}{2}}$

4.2.6 *Zeichnerische Aufgabenstellung*

4.2.6.1 Bestimmen von Zuständen und des Bruchoperators

Aus einer Skizze müssen die Schüler fehlende Zustände und Operatoren erkennen.

Abb. 452:

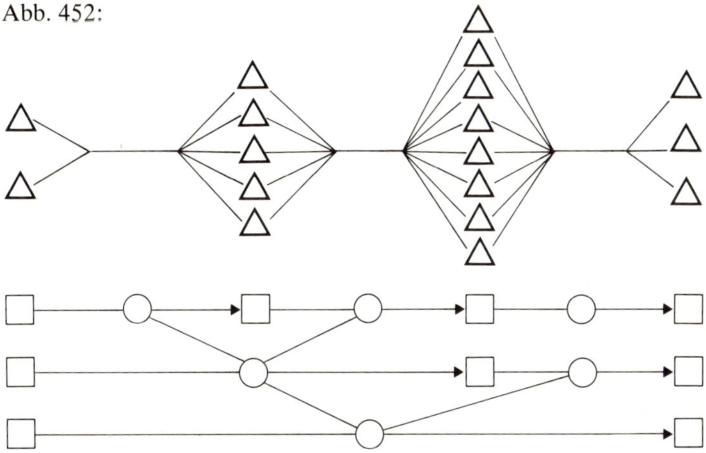

4.2.6.2 Darstellung der Multiplikation zweier Bruchzahlen als Funktion

Die Erklärung der mathematischen Zusammenhänge bei den zwei folgenden grafischen Lösungen dürfte in der Hauptschule zu schwierig sein. Deshalb können die Verfahren nur rein mechanisch angewandt werden. Der Schwerpunkt verlagert sich daher bei diesen Aufgaben mehr auf die genaue, sorgfältige Ausführung der Zeichnung.
Da zwischen Bruchzahl und deren Vielfache eine eindeutige Zuordnung linearer Art besteht, lassen sich Multiplikationen zweier Brüche auch als Funktion darstellen.
Der Bruchzahlstrahl wird durch die Berechnung eines Wertepaares (1 auf der Rechtsachse, $\frac{2}{3}$ auf der Hochachse) festgelegt, da der Nullpunkt für jeden beliebigen Bruchzahlstrahl einen Koordinatenpunkt darstellt.

Abb. 453:

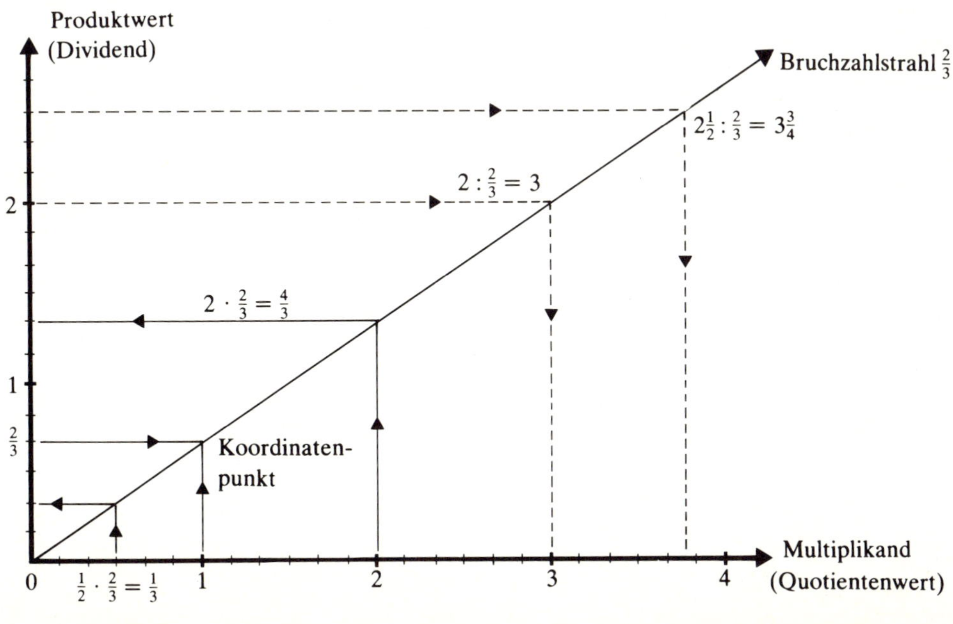

Bei der Multiplikation sucht man auf der Rechtsachse den Multiplikanden, zeichnet die senkrechte Koordinate bis zum Schnittpunkt mit dem Bruchzahlstrahl und kann dann durch Einzeichnen der waagrechten Koordinate auf der Hochachse den Produktwert ablesen (durchgezogene Linien). Bei der Division sucht man den Dividenden auf der Hochachse, geht den umgekehrten Weg und liest auf der Rechtsachse den Quotientenwert ab (gestrichelte Linien).

Variation der Darstellung:

Bei dieser Form der Darstellung werden die Werte durch Parallelverschiebung ermittelt. Soll z. B. mit $\frac{3}{4}$ multipliziert oder dividiert werden, so wird der Wert $\frac{3}{4}$ auf der Hochachse mit dem Wert 1 auf der Rechtsachse verbunden (durchgezogene Linie).
Will man multiplizieren, so wird eine Parallele durch den dem Multiplikator entsprechenden Wert auf der Rechtsachse gezogen, der Produktwert ist auf der Hochachse abzulesen (gestrichelte Linie: $4\frac{1}{2} \cdot \frac{3}{4} = 3\frac{3}{8}$). Will man dividieren, wird durch den dem Dividenden entsprechenden Wert auf der Hochachse eine Parallele gezogen. Auf der Rechtsachse ist dann der Quotientenwert abzulesen (gepunktete Linie für $\frac{5}{2} : \frac{3}{4} = \frac{10}{3}$).

Abb. 454:

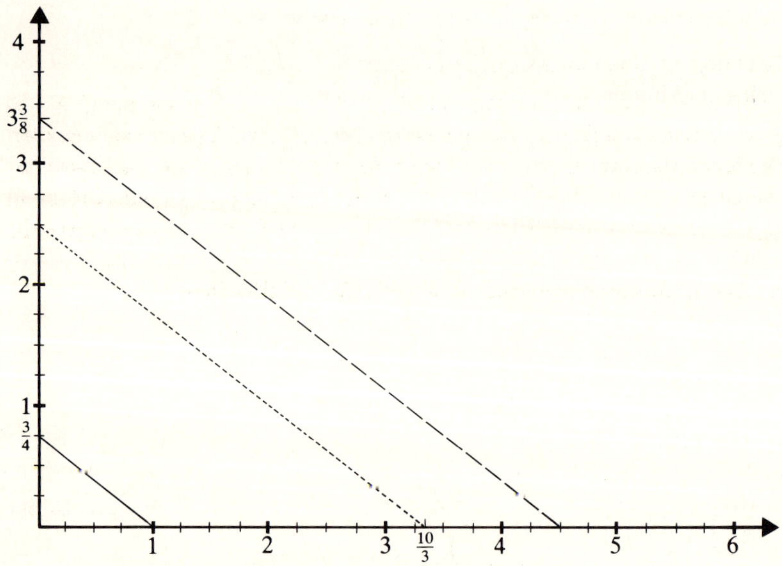

5. Dezimalbrüche

Aus dem Alltag und seit der 4. Klasse der Grundschule ist den Schülern die Dezimalschreibweise von Größen bekannt. Das Komma trennt dabei die größere von der kleineren Einheit. Da wir Größen als für die Bruchzahldarstellung besonders geeignete Anschauungsmodelle (siehe 3.4.2.5, S. 194) kennengelernt haben, liegt es nahe, durch entsprechende Gegenüberstellungen herauszukristallisieren, daß Dezimalzahlen nur eine andere Schreibweise für Bruchzahlen sind. Um diesen Zusammenhang stets zu betonen, sollte man im Unterricht auch nur die Bezeichnung *Dezimalbrüche* verwenden.

5.1 Einführung der Dezimalbrüche über den Zehnerbruch

Brüche mit den Nennern 10, 100, 1000, . . . werden als Zehnerbrüche bezeichnet. Sie stellen das Bindeglied zwischen gemeinem Bruch und Dezimalbruch dar.
Da bei allen Maßen – eine Ausnahme sind die auch in sich unregelmäßigen Zeitmaße – die kleinere Maßeinheit stets als der zehnte, hundertste, tausendste Teil der jeweils größeren Maßeinheit definiert ist, lassen sich jene vortrefflich als Zehnerbrüche darstellen.

5.1.1 Übertragung von Zehnerbrüchen in Dezimalschreibweise

5.1.1.1 Wiederholung der Kommaschreibweise bei Größen

Von den unter 2.7.3 (S. 154 f.) vorgeschlagenen Übungen zur Kommaschreibweise von Größen sind einige aufzugreifen, wobei besonders der Bereich der Längen vertieft werden soll. Die verschiedenen Längenmaße lassen nämlich Zehntel-, Hundertstel- und Tausendstelbrüche zu, sind den Schülern weitgehend geläufig und lassen sich sowohl konkret in Originalgröße als auch zeichnerisch im Maßstab 1 : 10 optimal selbst von schwächeren Schülern darstellen.
Darstellung des operativen Zusammenhangs zwischen den Maßeinheiten:

Abb. 455:

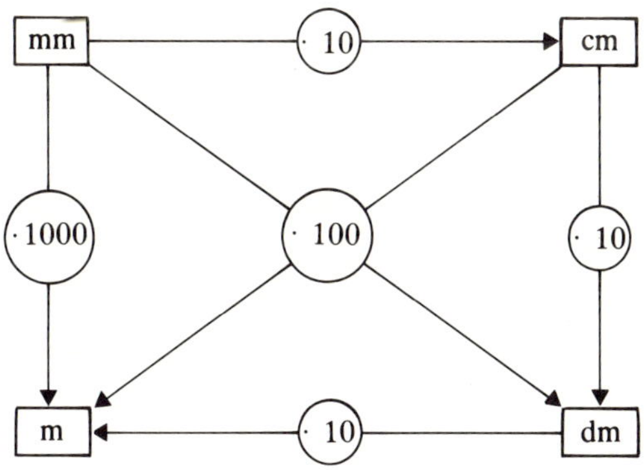

5.1.1.2 Größen in Kommaschreibweise als Zehnerbrüche notieren

Die Schüler erhalten den Auftrag, die Längen 0,9 m; 0,1 m; 0,7 m und 0,3 m im Maßstab 1 : 10 zu zeichnen und die erhaltenen Strecken als Bruch aufzuschreiben. Für schwächere Schüler empfiehlt sich der Hinweis, daß 1 m jeweils als Bezugseinheit zu nehmen ist.

Abb. 456:

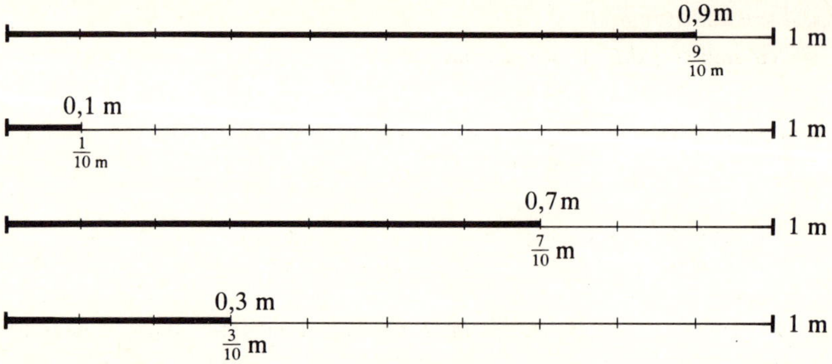

Dezimalbruch und Zehnerbruch werden einander gegenübergestellt.

Abb. 457:

0,1 m = $\frac{1}{10}$ m	0,7 m = $\frac{7}{10}$ m
0,9 m = $\frac{9}{10}$ m	0,3 m = $\frac{3}{10}$ m

Sollten die Schüler von sich aus noch nicht erkennen, daß die Ziffer hinter dem Komma und der Zähler gleich sind, so wird beides farbig nachgeschrieben.
Die Erkenntnis, daß Brüche in „Kommaschreibweise" notiert werden können, ist durch analoge Übungen mit anderen Bezugsgrößen (dm–cm; cm–mm) zu vertiefen.

5.1.1.3 Nur Zehnerbrüche sind in Kommaschreibweise zu notieren

Wird als äquivalenter Bruch zu 0,5 dm neben $\frac{5}{10}$ dm auch $\frac{1}{2}$ dm genannt, so ist dies sofort aufzugreifen. Bei der Gegenüberstellung 0,5 dm = $\frac{1}{2}$ dm merken die Schüler, daß bei dieser Form der Darstellung die Ziffer hinter dem Komma nicht mit dem Zähler übereinstimmt. Werden aber mehrere Brüche der Bruchzahl $\frac{1}{2}$ mit in Betracht gezogen, so erkennen die Schüler schnell, daß vor der Umformung zunächst der betreffende Zehnerbruch zu bilden ist.

Abb. 458:

0,5 dm = $\frac{1}{2}$ dm	0,5 dm = $\frac{5}{10}$ dm
= $\frac{2}{4}$ dm	= $\frac{6}{12}$ dm
= $\frac{3}{6}$ dm	= $\frac{7}{14}$ dm
= $\frac{4}{8}$ dm	= $\frac{8}{16}$ dm

Zur Vertiefung dieser Erkenntnis werden nun Brüche, die sich auf den Nenner 10 erweitern oder kürzen lassen, in Dezimalbrüche verwandelt. Schwächere Schüler dürfen noch auf die zeichnerische Darstellung der Bruchteile mit anschließendem Nachmessen der Länge zur Kontrolle zurückgreifen.

Abb. 459:

$\frac{2}{5}$ m = 0,4 m	$\frac{1}{2}$ cm = 0, cm
$\frac{14}{20}$ dm = 0, dm	$\frac{3}{5}$ dm = 0, dm

5.1.1.4 Die Notation von Brüchen mit dem Nenner 100 in Dezimalschreibweise

$\frac{7}{20}$ dm in Dezimalschreibweise zu schreiben, wirft das Problem auf, was zu tun ist, wenn der Nenner nicht auf 10 zu erweitern oder zu kürzen ist.

Abb. 460:

– Wir stellen $\frac{7}{20}$ dm als Strecke dar.

– Wir messen die Länge: $\frac{7}{20}$ dm = 35 mm = 0,35 dm
– Wir erweitern $\frac{7}{20}$ dm so, daß 35 im Zähler erscheint.
$\frac{7}{20}$ dm = $\frac{35}{100}$ dm
– Wir erkennen: Auch beim Zähler 100 sind Zähler und die Ziffern hinter dem Komma gleich.
$\frac{35}{100}$ dm = 0,35 dm.

Bei den sich anschließenden Erweiterungs- und Umwandlungsübungen (siehe 3.5.3, S. 214 ff. und 5.1.1.8, S. 264 f.) ist zu beachten, daß der Zähler zunächst zweistellig sein soll, um Anschriebfehler von vornherein zu vermeiden. Eine Ausweitung auf andere hundertteilige Maße (l – hl; kg – dz; dm^2 – m^2; . . .) ist jetzt unerläßlich.

5.1.1.5 Die Null auf der ersten Stelle hinter dem Komma

Die Bedeutung der Null auf der ersten Dezimale wird den Schülern schnell bewußt, wenn sie $\frac{3}{50}$ m und $\frac{3}{5}$ m in dezimaler Schreibweise notieren müssen.
Nach den bisher erlernten Regeln ergäbe sich:

Abb. 461:

$\frac{3}{50}$ m = $\frac{6}{100}$ m = 0,6 m
$\frac{3}{5}$ m = $\frac{3}{10}$ m = 0,6 m

$\frac{3}{50}$ m = $\frac{3}{5}$ m

Selbst ohne Zuhilfenahme vergleichender Zeichnungen werden auch schwächste Schüler erkennen, daß dies nicht stimmen kann.
Wir erweitern deshalb beide Brüche auf $\frac{}{100}$, notieren die Länge in Zentimeter und anschließend erst als Meter.

Abb. 462:

$\frac{3}{50}$ m = $\frac{6}{100}$ m = 6 cm = 0,06 m	→	$\frac{6}{100}$ m = 0,06 m
$\frac{3}{5}$ m = $\frac{60}{100}$ m = 60 cm = 0,60 m	→	$\frac{60}{100}$ m = 0,60 m

Wir erkennen: Werden Hundertstelbrüche in dezimaler Schreibweise notiert, so müssen stets zwei Stellen hinter dem Komma besetzt sein. Ist der Zähler einstellig, so wird auf der ersten Dezimale eine Null eingefügt.

5.1.1.6 Wir schreiben Tausendstelbrüche als Dezimalbrüche

Die Ausweitung auf die 1000teiligen Maße dürfte keine großen Schwierigkeiten mit sich bringen.
Man läßt mehrere Schüler mit dem Fahrrad ihren Schulweg abmessen und notiert die einzelnen Entfernungen in einem Stellenwertordner, als Tausendstelbruch und als Dezimalbruch.

Abb. 463:

	km	100 m	10 m	m	
2345 m =	2	3	4	5	$= \frac{2345}{1000}$ m = 2,345 km
1210 m =	1	2	1	0	$= \frac{1210}{1000}$ m = 1,210 km
850 m =	0	8	5	0	$= \frac{850}{1000}$ m = 0,850 km

Analog zu 5.1.1.5 ist zu erarbeiten, daß bei Tausendstelbrüchen stets drei Dezimalen zu besetzen sind und daß Leerstellen mit Nullen abgedeckt werden.

5.1.1.7 Das Lesen von Dezimalbrüchen

Auf die korrekte Leseweise von Dezimalbrüchen ist von Anfang an zu achten: Die Dezimalen, also die Ziffern rechts vom Komma, werden einzeln gelesen.

Abb. 464:

3,53 m = drei – Komma – fünf – drei Meter
7,875 km = sieben – Komma – acht – sieben – fünf Kilometer
19,603 m^3 = neunzehn – Komma – sechs – Null – drei Kubikmeter
218,08 ha = zweihundertachtzehn – Komma – Null – acht Hektar.

5.1.1.8 Übungen zum Umwandeln

Alle hier genannten Übungsformen eignen sich sowohl zum Umwandeln von Brüchen bzw. gemischten Zahlen in Dezimalbrüche als auch für den inversen Vorgang.

– Tabelle:

Abb. 465:

Bruch	$\frac{3}{4}$	$\frac{7}{8}$	$\frac{3}{5}$			$\frac{7}{20}$	
Zehnerbruch	$\frac{75}{100}$	$\frac{875}{1000}$		$\frac{84}{100}$			
Dezimalbruch	0,75	0,875			0,036		0,568

– Rechen-T:

Abb. 466:

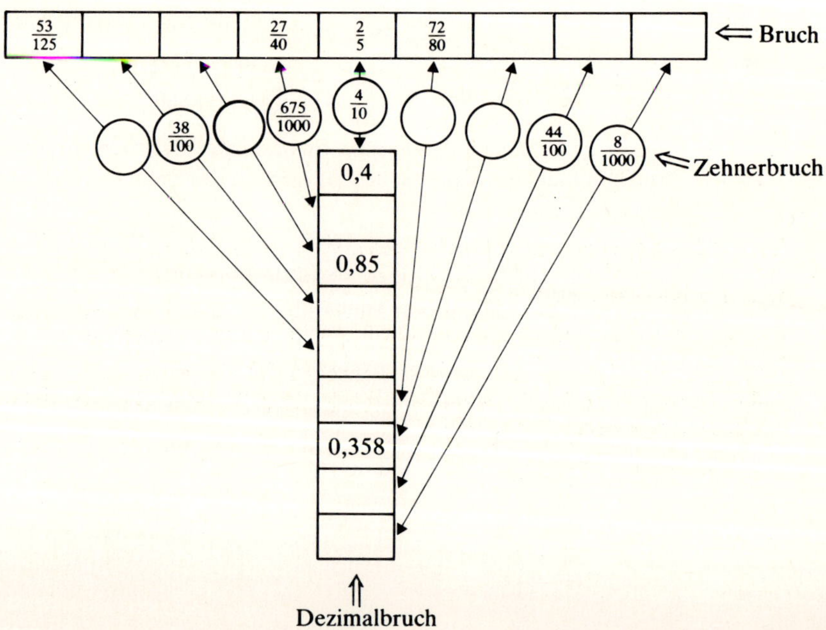

– Zuordnungspyramide:

Abb. 467:

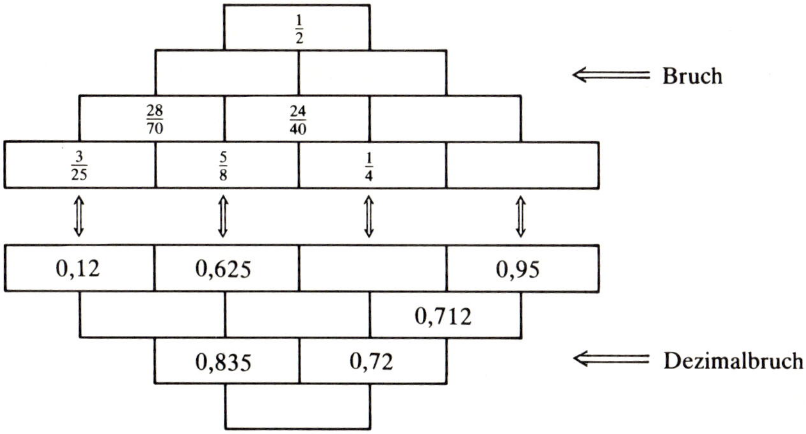

– Propeller:

In jedem Flügel wird der in der Mitte genannte Dezimalbruch anders notiert.
Abb. 468:

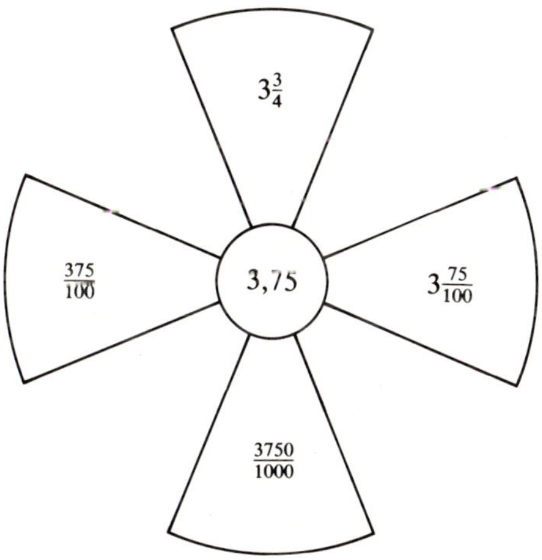

5.1.2 Stellung von Dezimalbrüchen innerhalb unseres Zahlensystems

5.1.2.1 Eintrag in die erweiterte Stellenwerttafel

Die Stellenwerttafel läßt sich über die Einer hinaus nach rechts durch das Anfügen von Zehntel-, Hundertstel-, Tausendstel- . . . spalten erweitern.
Anfangs werden noch die der Einheit 1 m entsprechenden kleineren Längeneinheiten bei der betreffenden Spalte angegeben.

Abb. 469:

m	dm	cm	mm	
	$\frac{1}{10}$ m	$\frac{1}{100}$ m	$\frac{1}{1000}$ m	
3	4	2	7	= 3,427 m
8	9	8	3	= 8,983 m
5	6	1	8	= m
				= 3,742 m

Durch das Weglassen der Einheiten erreicht man die nächste Abstraktionsstufe.

5.1.2.2 Übungen mit der Stellenwerttafel

Die einzutragenden Zahlen werden zunächst mit, später auch ohne Maßeinheit verschieden vorgegeben.

a) in dezimaler Schreibweise: 4,279 km; 8,053 m;
b) als Summe von Zehnerbrüchen: $5\text{ m} + \frac{3}{10}\text{ m} + \frac{7}{100}\text{ m} + \frac{9}{1000}\text{ m}$;
$13\text{ kg} + \frac{35}{100}\text{ kg} + \frac{9}{1000}\text{ kg}$;
c) mit verschiedenen Maßeinheiten: 7 m; 3 cm; 8 mm; 5 dm;
25 hl; 46 l;
d) in Worten: fünf – Komma sieben – acht – sechs;
dreiundvierzig – Komma – Null – eins – sieben;
e) mit Stellenwertbezeichnungen: 8 Einer; 7 Zehntel; 5 Hundertstel;
47 Einer; 9 Hundertstel; 3 Tausendstel.

Abb. 470:

	Z	E	z	h	t	
a)		4	2	7	9	km
b)		5	3	7	9	m
	1	3	3	5	9	kg
c)		7	5	3	8	m
	2	5	4	6		hl
d)		5	7	8	6	
	4	3	0	1	7	
e)		8	7	5		
	4	7	0	9	3	

Selbstverständlich darf die inverse Aufgabenstellung nicht fehlen, bei der die im Stellenwertschema notierten Zahlen in die genannten Darstellungsweisen zu übertragen sind.

5.1.2.3 Darstellung von Dezimalbrüchen auf dem Zahlenstrahl

Zahlen mit mehr Dezimalen lassen sich auf dem Bruchzahlenstrahl nicht mehr eindeutig einzeichnen. Hier hilft nur die Vergrößerung kleiner und kleinster Teilbereiche.

Abb. 471: (aus Zahl und Form 6, S. 47)

Jede Maßeinheit kann nochmals unterteilt werden

Dies zeigen uns Vergrößerungen am Zahlenstrahl

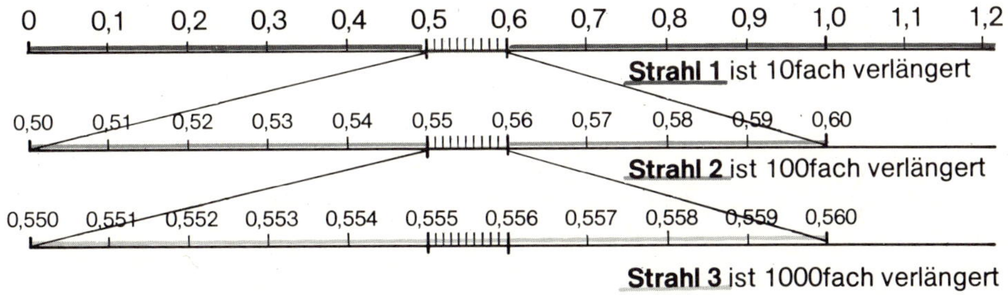

Durch diese Vergrößerung können wir den Wert 0,5558 genau ablesen.

5.2 Errechnen des Dezimalbruches durch Ausdividieren des Bruches

Brüche, deren Nenner nicht Vielfache von 2 und/oder 5 sind, können nicht auf Zehnerbrüche erweitert werden. Da jeder Bruch auch einen Quotienten darstellt, kann er ausdividiert werden.

5.2.1 *Einführung des Verfahrens*

5.2.1.1 Konkretisierung

Ein zwei Meter langes Brett (Stoffband, Blechstreifen, Faden) soll in drei gleich lange Stücke zerschnitten werden.

- Wir notieren die Länge eines Stückes als Bruch: $\frac{2}{3}$ m
- Wir stellen fest: Dieser Bruch kann nicht als Dezimalbruch geschrieben werden, da er nicht zu einem Zehnerbruch erweitert werden kann.
- Wir verwandeln die Meter in die kleinere Einheit: 2 m = 200 cm
- Wir dividieren: 200 cm : 3 = 66 + 2:3 cm
- Wir verwandeln die Zentimeter in Meter ohne Berücksichtigung des Restes: 66 cm = 0,66 m
- Wir stellen gegenüber: $\frac{2}{3}$ m ≈ 0,66 m.
- Erkenntnis: Ein Dezimalbruch kann auch durch eine Division ermittelt werden.

5.2.1.2 Division im Stellenwertschema

Diese Erkenntnis gilt es zu abstrahieren. Das Verfahren (Zähler dividiert durch Nenner) ist bei der Division mit zwei Stellenwerttafeln zu erarbeiten.

Aufgabe: 3 m : 4 =

Abb. 472:

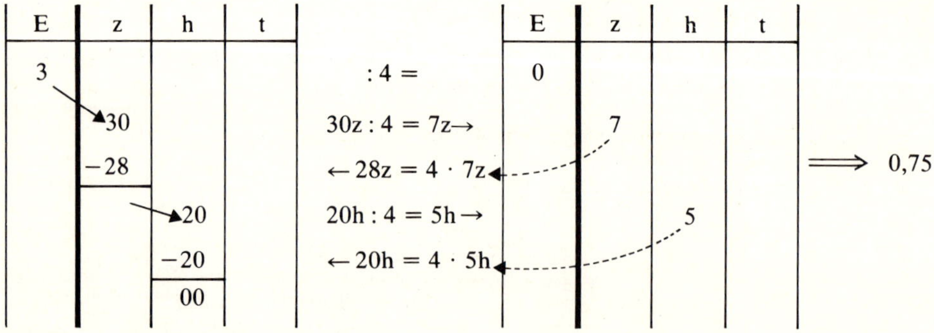

Probe: $\frac{75}{100} \cdot 4 = 3$

Parallel zur Division im Stellenwertschema wird sie in Form eines Ablaufplanes ohne Angabe der Stellenwerte notiert.

Abb. 473:

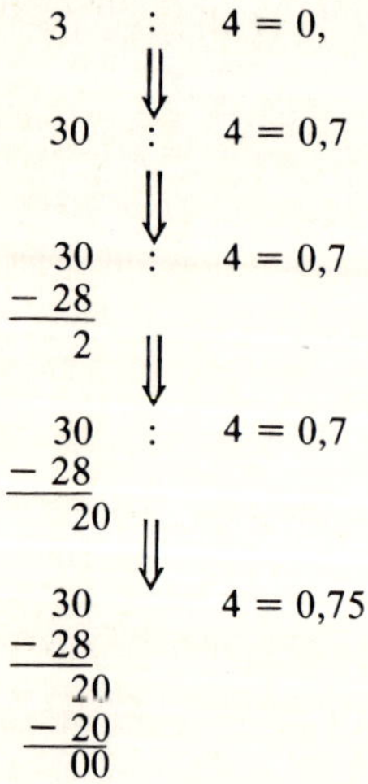

Probe: $\frac{75}{100} \cdot 4 =$

Bei der ausführlichen Darstellung ist darauf zu achten, daß die Nenner stets Vielfache von 2 und/oder 5 sind, damit ein abbrechender Dezimalbruch entsteht, die Division also nicht beliebig fortgesetzt werden kann.
Durch die Darstellung im Stellenwertschema und als Ablaufplan erkennen die Schüler, daß das Verfahren genau dem der schriftlichen Division entspricht. Die Dezimalen werden hier wie eine Maßeinheit behandelt und mitgeführt.
Auf die Sonderfälle, daß bei den Dezimalstellen Nullen auftreten, ist gesondert einzugehen. Bei Problemen hilft ein Zurückgreifen auf die Division im Stellenwertschema.

5.2.2 *Arten von Dezimalbrüchen*

5.2.2.1 Abbrechende oder endliche Dezimalbrüche

Nur solche Brüche, deren Nenner 2 und/oder 5 als Primfaktoren enthalten, lassen sich zu einem abbrechenden oder endlichen Dezimalbruch entwickeln.

Das folgende Diagramm stammt von E. Hollmann:

Abb. 474: (entnommen Griesel 1973, S. 154)

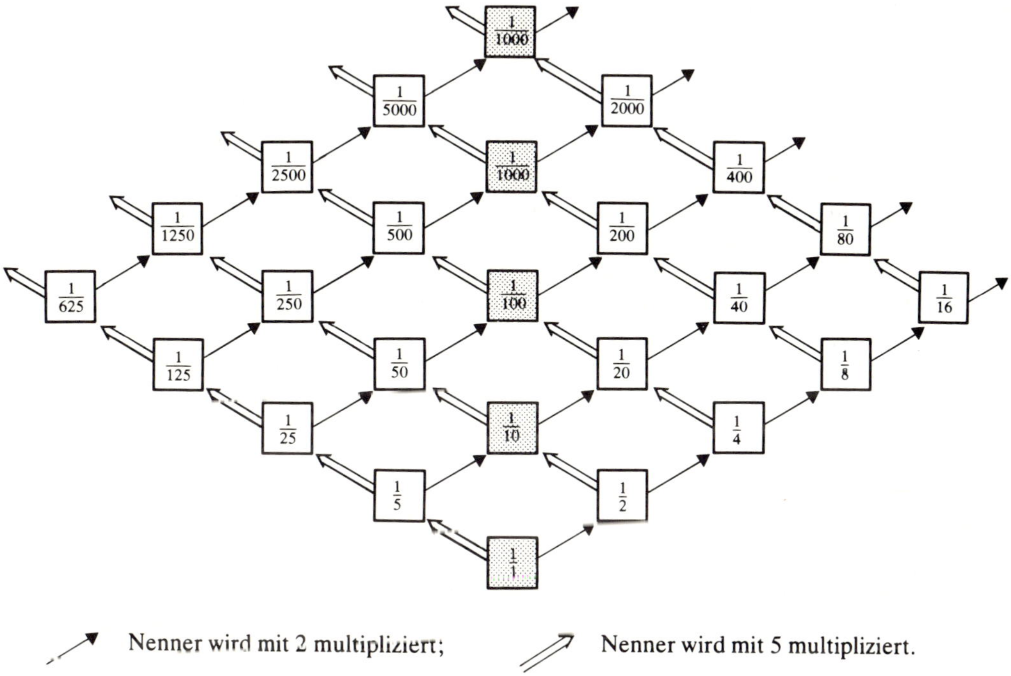

Beispiel: $\frac{3}{40}$ ist gegeben. Dem Diagramm ist zu entnehmen, daß Erweitern mit $5 \cdot 5$, also 25 ausreicht: $\frac{3}{40} = \frac{75}{1000} = 0{,}075$.

5.2.2.2 Nicht abbrechende Dezimalbrüche

Beim Ausdividieren von Brüchen, deren Nenner andere Primfaktoren als 2 und 5 enthalten, stellt man fest, daß die Division beliebig lange fortzusetzen wäre, sich aber die Ziffernfolge stets wiederholt, also periodisch auftritt.

- Beim reinperiodischen Bruch enthält der Nenner als Primfaktoren weder 2 noch 5. Die Periode beginnt sofort bei der ersten Dezimale.

  Abb. 475:

  $\frac{1}{3} = 0{,}33333\ldots$

  $\frac{1}{7} = 0{,}142857142\ldots$

  $\frac{1}{11} = 0{,}090909\ldots$

- Beim gemischtperiodischen Bruch enthält der Nenner neben den Primfaktoren 2 oder 5 noch andere. Die Periode beginnt nicht sofort.

Abb. 476:

$\frac{1}{6} = 0{,}16666666\ldots$
$\frac{4}{15} = 0{,}2666666\ldots$
$\frac{7}{24} = 0{,}29166666\ldots$

Diese diffizile Unterscheidung kann von einem durchschnittlichen Hauptschüler nicht erwartet werden. Ihm ist aber trotzdem ein Verfahren an die Hand zu geben, wie er mit den so erhaltenen periodischen Brüchen weiterzurechnen hat. Da man selten mit mehr als drei Dezimalen rechnet, soll der Schüler die Division bis auf die Zehntausendstelstelle ausführen und dann auf drei Dezimalen runden. Mit diesem ziemlich genauen Näherungswert wird dann weitergerechnet.

5.2.3 Das Runden von Dezimalbrüchen

5.2.3.1 Rundungsregeln

Nicht nur beim Abkürzen periodischer Dezimalbrüche wird gerundet, sondern auch stets dann, wenn mehr Dezimalen als notwendig angegeben sind oder die Zahl durch viele Dezimalen unübersichtlich wird.
Die unter 1.1.5.2 (S. 46f.) genannten Rundungsregeln gelten ebenso bei Dezimalbrüchen. Dem sinnvollen Runden, also dem rein praktisch-zweckgerichteten Runden (siehe 1.1.5.4, S. 49f.) ist besondere Beachtung zu schenken.

5.2.3.2 Überschlagsrechnen mit Dezimalbrüchen

Bei Operationen mit Dezimalbrüchen sind Stellenwertfehler besonders häufig zu registrieren. Durch eine vorweggenommene Überschlagsrechnung mit gerundeten Zahlen kann der Ergebnisbereich festgelegt werden. Für die Überschlagsrechnung wird stets auf ganze Zahlen gerundet. Sind diese so groß, daß sie ebenfalls gerundet werden müssen, so gelten die Rundungsregeln für natürliche Zahlen, und die Dezimalen bleiben unberücksichtigt.

Abb. 477:

Aufgabe: $0{,}827 + 3{,}41 + 9{,}73 + 25{,}008 =$
Wir runden: $1 + 3 + 10 + 25 = 39$;
Aufgabe: $47{,}256 + 98{,}006 - 31{,}874 + 19{,}993 =$
Wir runden: $50 + 100 - 30 + 20 = 140$;

5.3 Vergleich und Ordnen von Dezimalbrüchen

5.3.1 Vergleich durch Erweitern oder Kürzen

Die bei den Brüchen erkannte Regel, daß gleiche Zähler oder gleiche Nenner Voraussetzung für einen Vergleich sind, gilt analog auch für die Dezimalbrüche. Nur solche mit gleicher Anzahl von Dezimalen (gleiche Nenner) können verglichen werden.
Die Möglichkeit, bei Dezimalbrüchen beliebig viele Nullen hinter dem Komma anzuhängen, wird den Schülern durch den Umweg über die Erweiterung des Zehnerbruches verständlich.

Abb. 478:

$\frac{37}{10} = 3{,}7$
$\frac{37}{10} = \frac{370}{100} = 3{,}70$ $\qquad$ $3{,}7 = 3{,}70 = 3{,}700$
$\frac{37}{10} = \frac{3700}{1000} = 3{,}700$

Ist ein Dezimalbruch mit einem gemeinen Bruch zu vergleichen, so kann entweder der Bruch auf einen Zehnerbruch erweitert werden oder es wird der umgekehrte Weg gewählt, daß die als Zehnerbruch notierte Zahl möglichst weit gekürzt wird.
Vergleich zweier Brüche: siehe 3.6.1.3, S. 219.

Abb. 479:

$$12{,}32 = 12\tfrac{32}{100} = \tfrac{1232}{100} = \tfrac{308}{25}$$
$$8{,}55 = 8\tfrac{55}{100} = \tfrac{855}{100} = \tfrac{177}{20}$$

Bei all diesen Übungen kommt es darauf an, daß die Schüler auf Anhieb den dem Dezimalbruch entsprechenden Nenner erkennen.
Bei einem Partnerspiel sagt deshalb einer einen Dezimalbruch an, sein Nachbar muß sofort den Nenner bestimmen.

Abb. 480:

4,783	Nenner: 1000
7,2	Nenner: 10
623,54	Nenner: 100
19,3782	Nenner: 10000

5.3.2 Übungsvarianten

Alle unter 1.2.1 (S. 54) vorgeschlagenen Übungen lassen sich analog hier durchführen:
- Einsetzen von Relationszeichen (siehe Abb. 36)
- Pfeildiagramm
- Richtig-Falsch-Spiel (siehe 1.2.1.3)
- Rechen-T (siehe Abb. 8, S. 39)
- Zielscheibe (siehe Abb. 6, S. 38).

5.3.3 Erschwerungsmöglichkeiten

- Verwenden von Zahlen mit gleicher Ziffernfolge, aber anderer Kommasetzung: 3,073 m; 30,73 m; 3073 m; 0,3073 m
- Verwenden verschiedener Maßeinheiten:
  Relationsvorschrift: „. . . ist größer als . . .“

Abb. 481:

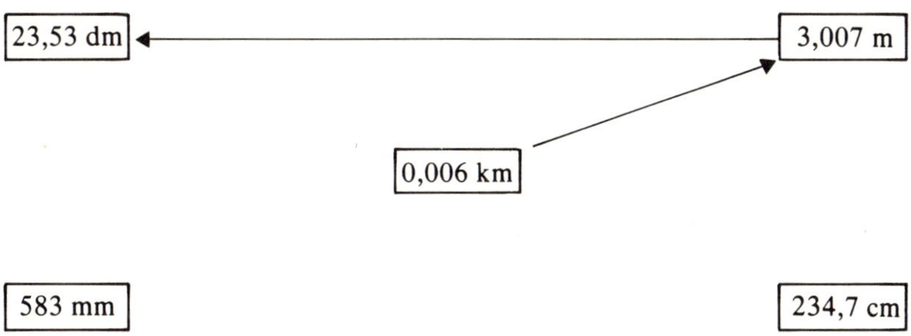

– Bruchzahlen suchen, die zwischen 2 Dezimalbrüchen stehen

Aufgabe: Schreibe jeweils 2 Bruchzahlen auf, die zwischen den beiden Dezimalbrüchen stehen!

Abb. 482:

2,5	$2\frac{3}{5}$	$2\frac{13}{20}$	2,7
8,14	...	...	8,15
7,564	...	...	7,6

5.3.4 Ordnen von Dezimalbrüchen

Gerade beim Ordnen eröffnen die zuletzt genannten Erschwerungen vielfältige Differenzierungsmöglichkeiten.

Als Einzelübungen kommen in Betracht:

- Zahlenreihe (Abb. 37, S. 55)
- Zahlen auffädeln (Abb. 38, S. 55)
- Rechentreppe (Abb. 11, S. 40)
- Zielscheibe (Abb. 366, S. 222)
- Einordnen auf Zahlenstrahl:

Aufgabe: Zeichne fünf Bruchzahlenstrahlen von jeweils 10 cm Länge und markiere im Zentimeterabstand! Trage auf jeweils einem Strahl die folgenden Zahlen oder Größen eines Bereiches ein!

Abb. 483:

a) 0 hl; $\frac{5}{10}$ hl; $\frac{3}{5}$ hl; 0,38 hl; 0,97 hl

b) 0,7 km; 0,85 km; $\frac{13}{20}$ km; $\frac{2}{5}$ km; $\frac{63}{125}$ km;

c) $\frac{1}{10}$ kg; 1 kg; 0,9 kg; $\frac{8}{25}$ kg; 0,6 kg

d) $\frac{7}{25}$ m^2; 0,8 m^2; $\frac{9}{20}$ m^2; $\frac{27}{50}$ m^2; 0,25 m^2

e) 1 dm^3; 0,86 dm^3; $\frac{17}{25}$ dm^2; $\frac{49}{50}$ dm^3; $\frac{3}{5}$ dm^3.

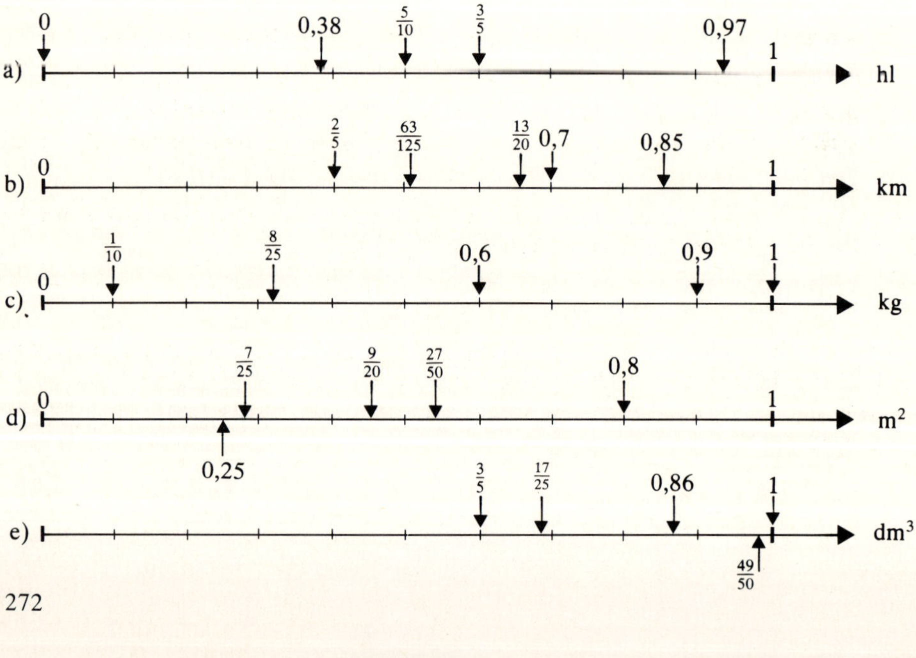

5.4 Rechenoperationen mit Dezimalbrüchen

Die Rechenverfahren mit Dezimalbrüchen entsprechen in der Technik den Operationen mit natürlichen Zahlen.

5.4.1 Einführung der Addition/Subtraktion von Dezimalbrüchen

5.4.1.1 Die Addition/Subtraktion in der Stellenwerttafel

Die bei der Addition/Subtraktion von Dezimalbrüchen zu beachtende Regel „Komma unter Komma" wird den Schülern schnell verständlich, wenn die ersten Additionen/Subtraktionen im Stellenwertschema erfolgen.

Abb. 484:

H	Z	E	z	h	t	zt
	3	4	2	5	3	6
+	4_1	9	3_1	6_1	8	3
	8	3	6	2	1	9

H	Z	E	z	h	t	zt
	5	7	4	9	2	8
–	1	6	2	1_1	8	3
	4	1	2	7	4	5

Die bei der Addition/Subtraktion natürlicher Zahlen gewonnene Regel Einer unter Einer, Zehner unter Zehner, . . . wird so zu Zehntel unter Zehntel, Hundertstel unter Hundertstel, Tausendstel unter . . . erweitert.
Parallel zur Notation in der Stellenwerttafel erfolgt die Addition/Subtraktion auf kariertem Papier.

Abb. 485:

	H	Z	E	z	h	t
	4	8	3	5	0	7
–	3	5_1	6_1	8_1	3	4
	1	2	6	6	7	3

	4	8	3	,	5	0	7
–	3	5_1	6_1	,	8_1	3	4
	1	2	6	,	6	7	3

Wir erkennen: Stehen die Kommata genau untereinander, dann kann man Dezimalbrüche wie natürliche Zahlen addieren bzw. subtrahieren.

5.4.1.2 Addition der Zehnerbrüche

Um den Schülern die praktische Bedeutung dieses Verfahrens darzulegen, können noch andere Möglichkeiten der Erklärung aufgezeigt werden, bei denen die stellenwertbezogene Addition der einzelnen Ziffern durch die Addition der entsprechenden Zehnerbrüche ersetzt wird.

Abb. 486:

$$0{,}571 \quad + \quad 0{,}365 \quad =$$

$$= \frac{5}{10} + \frac{7}{100} + \frac{1}{1000} \quad + \quad \frac{3}{10} + \frac{6}{100} + \frac{5}{1000}$$

$$= \frac{8}{10} \quad + \quad \frac{13}{100} \quad + \quad \frac{6}{1000} \quad = \quad \frac{800}{1000} + \frac{130}{1000} + \frac{6}{1000} = \frac{936}{1000} = \underline{\underline{0{,}936}}$$

Werden alle Zehnerbrüche sofort mit gleichem Hauptnenner notiert, so kann noch eine weitere Art der Darstellung in Betracht gezogen werden.

Abb. 487:

$$3{,}217 + 5{,}749 + 8{,}568 =$$

$$\frac{3217}{1000} + \frac{5749}{1000} + \frac{8568}{1000} = \frac{17534}{1000} = \underline{\underline{17{,}534}}$$

NR:

```
  3217
  5749
+ 8568
------
 17534
```

5.4.1.3 Vergleich der Verfahren

Um den Vorteil der ersten Methode (Addition/Subtraktion der untereinandergeschriebenen Dezimalbrüche) zu verdeutlichen, wird der Wert einer Summe mit mehreren Summanden im arbeitsteiligen Verfahren von drei etwa leistungsgleichen Gruppen errechnet. Sowohl die durchschnittliche Arbeitszeit als auch die Zahl der geschriebenen Ziffern wird für jedes der drei Verfahren ermittelt. Wird noch die zusätzliche Fehlerquelle durch das zweimalige Umformen und der Vertrautheitsgrad des ersten Verfahrens berücksichtigt, so fällt die Wahl für den zu bevorzugenden Weg eindeutig aus.

5.4.1.4 Fehlende Dezimalen durch Nullen ergänzen

Bei den bisherigen Aufgaben wiesen alle Summanden (Minuend und Subtrahend) gleich viele Dezimalen auf, so daß beim Anschrieb keine Schwierigkeiten entstanden.

Beim Sachbereich Addition mehrerer Streckenabschnitte (Etappen einer Wanderung, Radrundfahrt ...) ergibt sich folgende Rechnung:

23,4 km + 38,75 km + 29,9 km + 35,82 km =

Ohne weitere Hilfestellung sollen die Schüler die Gesamtlänge errechnen. Werden zweierlei Ergebnisse genannt, so werden beide Lösungen ohne Wertung angeschrieben. Durch Überschlag versuchen wir, das richtige Resultat herauszufinden.
Überschlag: 25 km + 40 km + 30 km + 35 km = 130 km
Die Kinder erkennen dadurch, welch grundsätzliche Bedeutung dem überschlagenden Rechnen (siehe 1.1.6, S. 50 f.) gerade beim Rechnen mit Dezimalbrüchen zukommt.
Durch Vergleich wird erarbeitet, daß bei der richtig erkannten Lösung die Kommata genau untereinander stehen.
Finden die Schüler nicht auf Anhieb einen Weg, solche Anschriebfehler zu vermeiden, so

werden alle Dezimalbrüche zu Zehnerbrüchen mit gleichen Nennern ($\frac{}{100}$) umgeformt und diese anschließend sofort wieder als Dezimalbrüche geschrieben. Beim erneuten Vergleich finden wir, daß fehlende Dezimalen durch Nullen ergänzt werden.

Abb. 488:

23,4		$\frac{2340}{100}$		23,40
38,75	=>	$\frac{3875}{100}$	=>	38,75
29,9		$\frac{2990}{100}$		29,90
+ 35,82		$\frac{3582}{100}$		+ 35,82
				127,87

5.4.2 Vorübungen zur Multiplikation/Division von Dezimalbrüchen

Vorübungen, die sich schwerpunktmäßig mit dem dezimalen Aufbau unseres Zahlensystems befassen, tragen wesentlich zur Verinnerlichung der angestrebten automatisierten Form der multiplikativen Operationen mit Dezimalbrüchen bei.

5.4.2.1 Multiplikation/Division mit Zehnerpotenzen in der Stellenwerttafel

Die Erkenntnis, daß eine Multiplikation eines Dezimalbruches mit 10 (100, 1000, . . .) eine Verschiebung des Kommas um 1 (2, 3, . . .) Stellen nach rechts zur Folge hat, dagegen eine Division die entsprechende Verschiebung nach links, läßt sich am einsichtigsten mit Hilfe zweier Stellenwerttafeln erarbeiten.

Abb. 489:

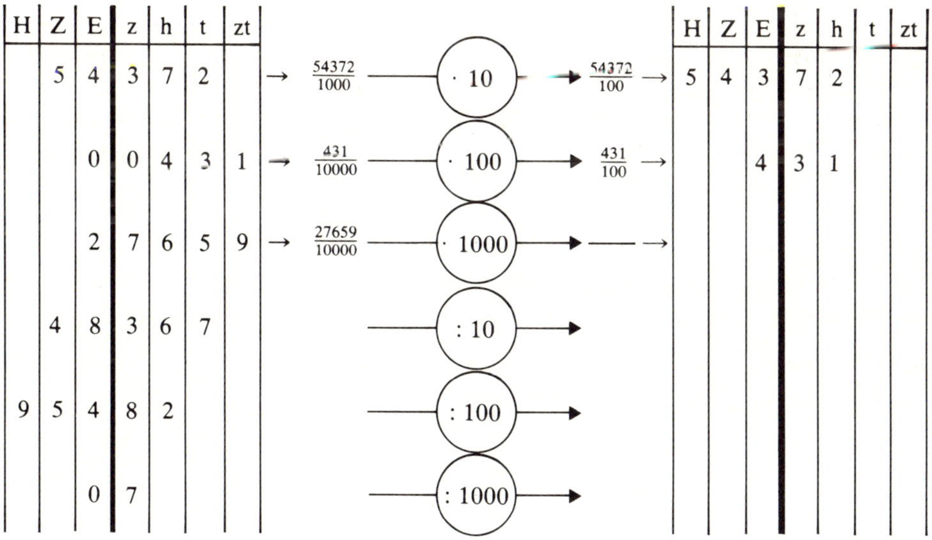

Variante der Darstellung:

Abb. 490: (aus Zahl und Form 6, S. 64)

Multiplikation und Division mit Zehnerpotenzen

Z	E	z	h	t	zt
	1	2	4		

1. Lege in deinem Heft die gleiche Tabelle an! Schneide den oberen Streifen gesondert aus und verschiebe den Streifen! Was bedeutet es für jede einzelne Ziffer, wenn der Streifen um 1, 2, 3 Stellen nach links (rechts) verschoben wird?

   Lies jedesmal die Zahl in der Tabelle!

5.4.2.2 Pfeildarstellung

Abb. 491:

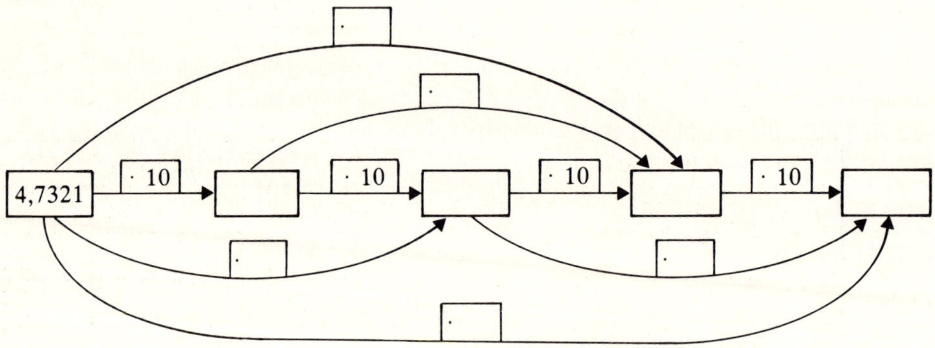

Variante mit Umkehrung:

Abb. 492:

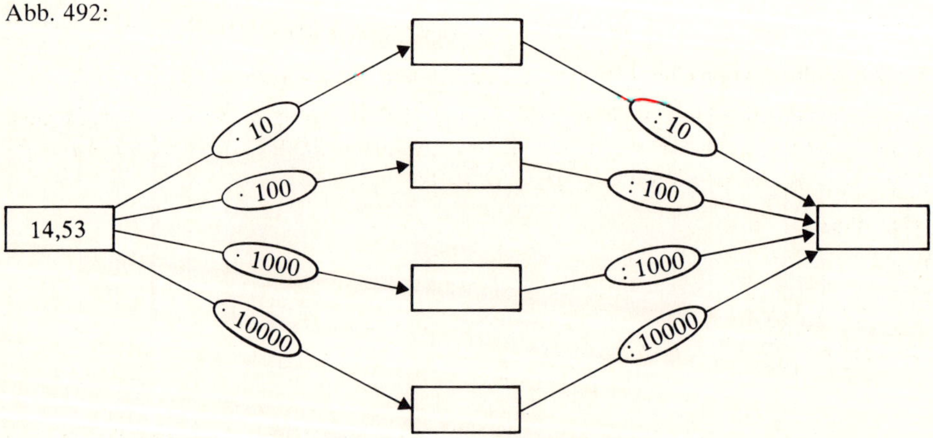

5.4.2.3 Propeller

Abb. 493:

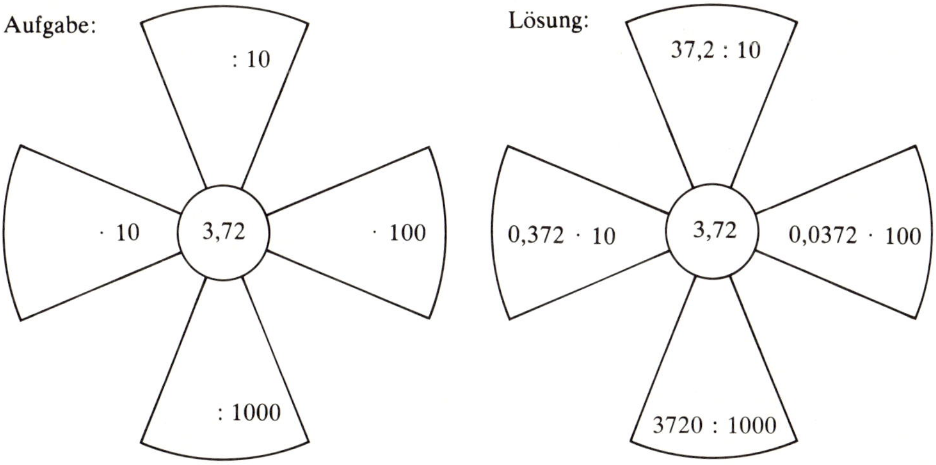

5.4.2.4 Operatortabelle

Abb. 494:

	· 10	· 100	· 1000
0,075	0,75	7,5	75
3,53	35,3		
4,0038			
14,2			
0,51			

	: 10	: 100	: 1000
18,2	1,82	0,182	0,0182
374	37,4		
45,93			
281,7			
43152			

5.4.3 Multiplikation eines Dezimalbruches mit einer natürlichen Zahl

5.4.3.1 Multiplikation einer natürlichen Zahl mit dem Zehnerbruch

Zur Einführung der Multiplikation von Dezimalbrüchen greifen wir wieder auf das Bruchrechnen zurück, d. h. der Dezimalbruch wird zu einem Zehnerbruch umgeformt. Nach erfolgter Operation muß erneut umgeformt werden.

Abb. 495:

$0{,}3\,l \cdot 18 =$

$\Downarrow$

$\frac{3}{10}\,l \cdot 18 = \frac{3 \cdot 18}{10}\,l = \frac{54}{10}\,l = 5\frac{4}{10}\,l = 5{,}4\,l$

$0{,}08\text{ m} \cdot 12 =$

$\Downarrow$

$\frac{8}{100}\text{m} \cdot 12 = \frac{8 \cdot 12}{100}\text{ m} = \frac{96}{100}\text{ m} = 0{,}96\text{ m}$

Wird der Dezimalbruch als eine Summe von Zehnerbrüchen notiert, so kann nach dem Distributivgesetz auch jeder einzelne dieser Brüche für sich vervielfacht werden.

Abb. 496:

Aufgabe: Stundenlohn: 9,78 DM Tageslohn bei 8 Stunden Arbeitszeit?

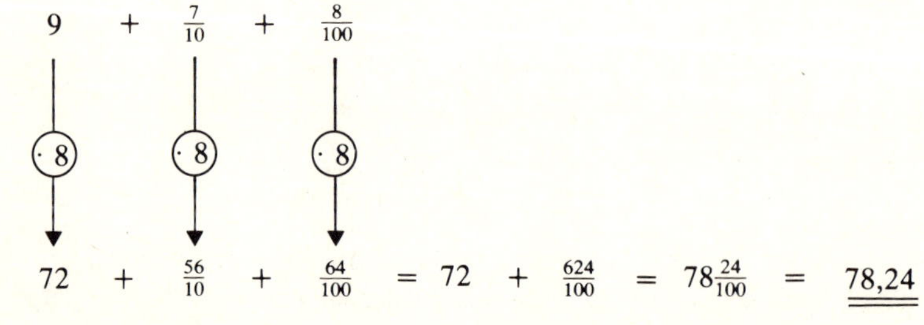

Kurzfassung:

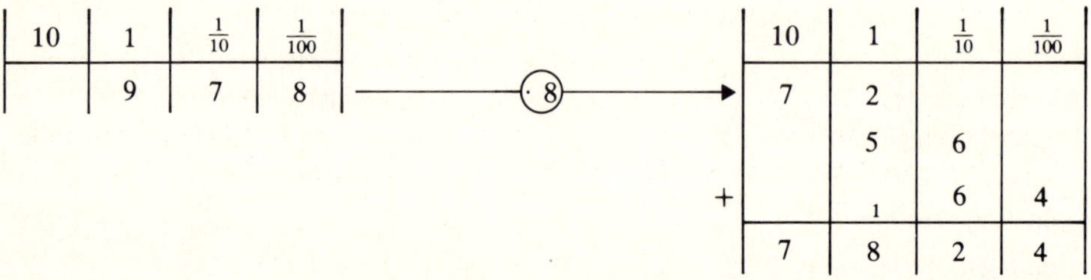

5.4.3.2 Multiplikation in der Stellenwerttafel

Bei der Einführung der Multiplikation eines Dezimalbruches mit einer natürlichen Zahl über das Vervielfachen des betreffenden Zehnerbruches wurde die Stellung des Kommas erst bei der letzten Umformung festgesetzt.
Erfolgt nun das Multiplizieren innerhalb eines Stellenwertschemas, so erkennen die Schüler, daß die Operation nach den bekannten Regeln für das Vervielfachen natürlicher Zahlen abläuft. Zur Kontrolle wird stets der Überschlag berechnet.

Abb. 497:

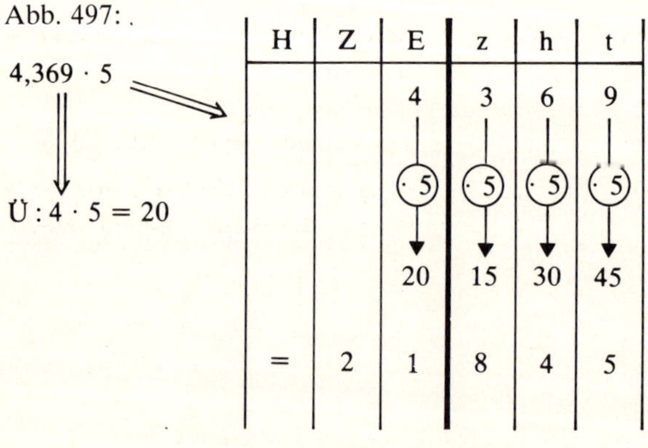

5.4.3.3 Multiplikation von Dezimalbrüchen mit einstelligen natürlichen Zahlen nach dem Normalverfahren

Ist die Gültigkeit des schon lange bekannten Verfahrens erkannt, so wird die Multiplikation unter Mitsprechen der Stellenwertnamen in der Kurzform ausgeführt. Zur besseren Verdeutlichung des Zusammenhangs wird der Produktwert stellenwertentsprechend unter dem Multiplikanden angeschrieben.

Abb. 498:

Wir schreiben	Wir sprechen:
E z h t	7 · 5 t = 35 t; 5 t an, 3 h gemerkt;
8,7 9 5 · 7	7 · 9 h = 63 h; + 3 h = 66 h; 6 h an, 6 z gemerkt;
61,5 6 5	7 · 7 z = 49 z; + 6 z = 55 z; 5 z an; 5 E gemerkt;
Ü : 7 · 9 = 63	Komma setzen, da wir nun ganze Zahlen multiplizieren!
	7 · 8 E = 56 E; + 5 E = 61 E; 1 E an, 6 Z an.

Diese ausführliche Sprechweise ist nötig, damit bewußt wird, daß das Komma zu setzen ist, wenn beim Ausmultiplizieren die Kommaschwelle überschritten wird.
Werden nun die Stellenwertnamen weggelassen, hat man die angestrebte Endform erreicht.

5.4.3.4 Multiplikation von Dezimalbrüchen mit Zehnerzahlen

Im Rahmen des Vorkurses (siehe 5.4.2, S. 275 ff.) wurde erarbeitet, daß sich bei einer Multiplikation mit einer Zehnerpotenz das Komma nach rechts verschiebt.
Die Zehnerzahl wird deshalb multiplikativ in 10 und den entsprechenden einstelligen Multiplikator zerlegt. Das Vervielfachen erfolgt in zwei Schritten.

Abb. 499:

8,794 · 30 (·3)

26,382 (·10)

263,82

Ü : 30 · 9 = 270

Wir erkennen: Beim Multiplizieren mit einer Zehnerzahl verringert sich die Anzahl der Dezimalen um eine Stelle. Wir können also beim Anschreiben des Produktwertes bei der vorletzten Dezimale beginnen.
Zur Verallgemeinerung dieser Erkenntnis sollten nach demselben Verfahren auch Multiplikationen mit Vielfachen von 100 und 1000 ausgeführt werden.

5.4.3.5 Multiplikation eines Dezimalbruches mit einer mehrstelligen natürlichen Zahl

Zur Einführung wird die mehrstellige Zahl additiv zerlegt und die Multiplikation unter Anwendung des Distributivgesetzes (siehe 2.1.3.3, S. 70 f.) in der Stellenwerttafel ausgeführt.

Abb. 500:

4,832 · 43

193,28 (·40)

+ 14,496 (·3)

207,776

Ü : 40 · 5 = 200

Wird bei einigen Aufgaben die Zahl der Dezimalen bei Multiplikand und Produktwert verglichen, so läßt sich schnell die Regel erarbeiten: Bei der Multiplikation von Dezimalbrüchen mit natürlichen Zahlen bleibt die Zahl der Dezimalen erhalten.

5.4.4 Multiplikation von zwei Dezimalbrüchen

5.4.4.1 Multiplikation zweier Zehnerbrüche

Es erfolgt wiederum zuerst die Multiplikation der beiden betreffenden Zehnerbrüche.

Abb. 501: 8,4 · 3,66 = 30,744 Ü : 8 · 4 = 32

$$\frac{84}{10} \cdot \frac{366}{100} = \frac{30744}{1000} = 30\frac{744}{1000}$$

5.4.4.2 Multiplikation zweier Dezimalbrüche unter Zuhilfenahme der multiplikativen Ausgleichsgesetze

Wir wenden bei jedem Dezimalbruch die multiplikativen Ausgleichsgesetze (siehe 2.1.4, S. 72 f.) so an, daß natürliche Zahlen entstehen.

Abb. 502:

$$\begin{aligned} 8{,}4 \cdot 3{,}66 &= (\underbrace{8{,}4 \cdot 10}: 10) \cdot (\underbrace{3{,}66 \cdot 100}: 100) = \\ &= 84 : 10 \cdot 366 : 100 = \\ &= 84 \cdot 366 : \underbrace{10 : 100} = \\ &= 30\,744 : 1000 = 30{,}744 \end{aligned}$$

Bereits bei dieser Darstellung wird ersichtlich, daß der Produktwert nach dem Komma so viele Stellen haben muß, wie beide Faktoren zusammen Dezimalen haben, da (:10) gleichbedeutend einer Dezimale und (:100) gleichbedeutend mit 2 Dezimalen ist.

5.4.4.3 Tabellarische Erfassung der Dezimalenzahl

Dieser Zusammenhang wird den Schülern noch klarer bei einer Erfassung der Zahl der Dezimalen in einer Tabelle. Zur Kontrolle erfolgt die analoge Aufstellung auch mit Zehnerbrüchen.

Abb. 503:

⊙	$\frac{1}{10}$	$\frac{1}{100}$	$\frac{1}{1000}$
$\frac{1}{10}$	$\frac{1}{100}$	$\frac{1}{1000}$	$\frac{1}{10000}$
$\frac{1}{100}$	$\frac{1}{1000}$		
$\frac{1}{1000}$			

⇓

⊙	0,1	0,01	0,001
0,1	0,01	0,001	0,0001
0,01	0,001		
0,001			

⟹

Zahl der Stellen nach dem Komma	1	2	3
1	2	3	4
2	3		
3	4		

5.4.5 Division eines Dezimalbruches durch eine natürliche Zahl

5.4.5.1 Umwandeln des Dividenden in eine kleinere Einheit

Werden bei der Einführung der Division von Dezimalbrüchen durch ganze Zahlen Größen verwendet, so bietet sich eine von allen Schülern leicht nachvollziehbare Kontrolle an: Der Dividend wird in eine kleinere Einheit umgewandelt, so daß zwei natürliche Zahlen zu dividieren sind.

Abb. 504:

38,80 DM : 8 =

⇓

3880 Pf : 8 = 485 Pf = 4,85 DM

5.4.5.2 Division eines Dezimalbruches in der Stellenwerttafel ohne Erweitern

Die enge Verwandtschaft zwischen der Division zweier natürlicher Zahlen und der eines Dezimalbruches durch eine ganze Zahl wird beim Ausführen der Operation in der Stellenwerttafel sichtbar.

Abb. 505:

Z	E	z	h	t		Z	E	z	h	t
1	3	2	4	8	: 8 =		1			
–	8									
	5	52			: 8 =			6		
	–	48								
		4	44		: 8 =				5	
		–	40							
			4	48	: 8 =					6
			–	48						
				00						

Probe: 1,656 · 8 =

⇓

Verkürzung:

Z	E	z	h	t		Z	E	z	h	t
1	3	2	4	8	: 8 =		1	6	5	6
–	8									
	5	2								
–	4	8								
		4	4							
	–	4	0							
			4	8						
		–	4	8						
			0	0						

Probe: 1,656 · 8 =

Wir erkennen:

- Wir dividieren so, als sei kein Komma vorhanden.
- Das Komma wird gesetzt, wenn der Rest beim Dividieren die Kommaschwelle überschreitet.

5.4.5.3 Wiederholende Übungen zum Erweitern von Dezimalbrüchen

Unter 5.3.1 (S. 270 f.) wurde das Erweitern von Dezimalbrüchen besprochen. Folgende Übungsmöglichkeiten bieten sich an:

- Rechen-T (siehe Abb. 466, S. 264)
- Zuordnungspyramide (Abb. 467, S. 265)
- Tabelle (Abb. 465, S. 264)
- Propeller (Abb. 468, S. 265).

5.4.5.4 Die Division als Umkehrung der Multiplikation

Um den Schülern das Verständnis für die Notwendigkeit des Erweiterns zu vermitteln, werden die Dezimalen beim Multiplikanden so gewählt, daß der Produktwert gekürzt werden kann. Vor und nach der Multiplikation erfolgt die Umformung des Multiplikanden und des Produktwertes. Wird die entsprechende Division als Umkehroperation ausgeführt, dann fällt von selbst die Erkenntnis an, daß der Bruch erweitert werden muß, damit der Quotientenwert ein Zehnerbruch bleibt, der anschließend zu einem Dezimalbruch umgeformt werden kann.

Abb. 506:

4,475 kg · 8 =

⇓

$\frac{4475}{1000}$ **kg · 8 =** $\frac{35800}{1000}$ **kg =** $\frac{358}{10}$ ⟹ **35,8 kg**

Umkehrung:

35,8 kg : 8 =

⇓

$\frac{358}{10}$ **kg : 8 =** $\frac{358}{80}$ **kg** — **(nicht erwünschte Lösung, da keine direkte Umformung möglich)**

⇓

$\frac{358}{10}$ **kg : 8 =** — **NR: 358 : 8 = 44 + (6 : 8)**
(keine Bruchdarstellung möglich)

⇓

$\frac{3580}{100}$ **kg : 8 =** — **NR: 3580 : 8 = 447 + 4 : 8**
(keine Bruchdarstellung möglich!)

⇓

$\frac{3580}{100}$ **kg : 8 =** $\frac{3580}{800}$ **kg** — **(keine Umformung möglich)**

⇓

$\frac{35800}{1000}$ **kg : 8 =** $\frac{4475}{1000}$ **kg** — **NR: 35800 : 8 = 4475**

⇓

4,475 kg

5.4.5.5 Division eines Dezimalbruches im Stellenwertordner mit Erweitern

Haben die Schüler das Erweitern des Dividenden als manchmal notwendige Voraussetzung für das Teilen erkannt, so wird ihnen auch im Stellenwertschema dieser Vorgang keine Schwierigkeiten mehr bereiten.

Abb. 507:

Ü : 53 : 4 ≈ 13

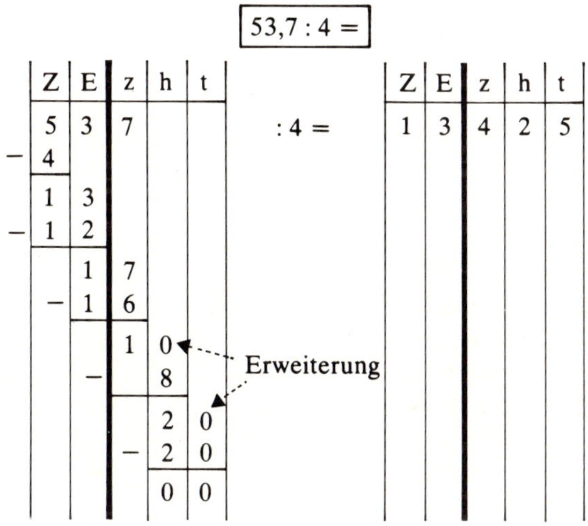

Probe: 13,425 · 4 =

5.4.5.6 Division eines Dezimalbruches nach dem Normalverfahren

Die Division wird dann auf kariertem Papier unter Angabe der Stellenwertnamen notiert. Werden diese auch weggelassen, so ist die Endform erreicht.

Abb. 508:

```
ZE  zht           ZE  zht
32 , 2    : 25 =   1 , 288     Ü: 30 : 25 ≈ 1
-25
  7 2
-50                            Probe: 1,288 · 25
  2 20
 -2 00
    200
   -200
    --
```

5.4.6 Division eines Dezimalbruches durch einen Dezimalbruch

Das Grundprinzip der Division durch einen Dezimalbruch liegt in der Kommaverschiebung beim Quotienten, durch die man eine natürliche Zahl als Divisor erhält.

5.4.6.1 Division einer natürlichen Zahl durch einen Dezimalbruch

Als eine Vorstufe wird zunächst eine natürliche Zahl durch einen Dezimalbruch geteilt, da bei der Division der betreffenden Zehnerbrüche die Kommaverschiebung nach rechts (hier noch Anhängen von Nullen) beim Dividenden von allein anfällt.

Abb. 509:

$$873 : 0{,}3 = 873 : \tfrac{3}{10} = 873 \cdot \tfrac{10}{3} = 8730 : 3$$

$$873 : 0{,}3 = 8730 : 3$$

$$56 : 0{,}14 = 56 : \tfrac{14}{100} = 56 \cdot \tfrac{100}{14} = 5600 : 14$$

$$56 : 0{,}14 = 5600 : 14$$

$$1024 : 0{,}128 = 1024 : \tfrac{128}{1000} = 1024 \cdot \tfrac{1000}{128} = 1024000 : 128$$

$$1024 : 0{,}128 = 1\,024\,000 : 128$$

Wir erkennen: Auch bei der Division durch einen Dezimalbruch gelten die multiplikativen Ausgleichsgesetze. Werden Dividend und Divisor gleichlaufend multiplikativ verändert, so bleibt der Wert des Quotienten gleich.

5.4.6.2 Das Erstellen gleichwertiger Quotienten

Ist der Dividend ebenfalls ein Dezimalbruch, so erfolgt die Lösung unter Zuhilfenahme des eben (wieder) erkannten Ausgleichsgesetzes. Als Vorübung bilden wir eine Kette gleichwertiger Quotienten, wobei solche natürlicher Zahlen vorangestellt werden.

Abb. 510:

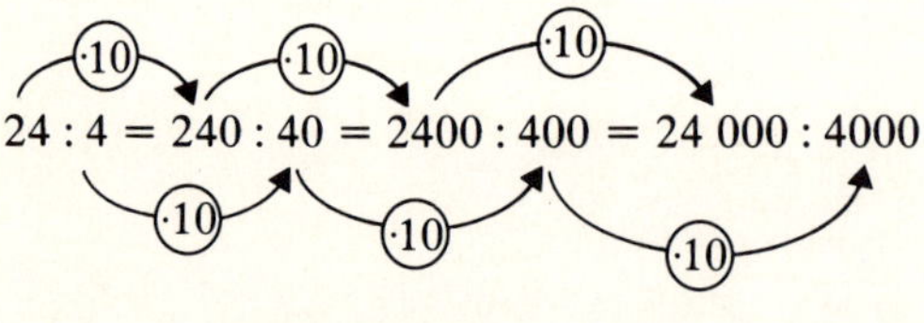

48 : 12 = 480 : 120 = 4800 : 1200 = 48000 : 12000
2,4 : 0,4 = 24 : 4 = 240 : 40 = 2400 : 400
4,8 : 0,12 = 48 : 1,2 = 480 : 12 = 4800 : 120
0,24 : 0,4 = 2,4 : 4 = 24 : 40 = 240 : 400
0,0048 : 0,012 = 0,048 : 0,12 = 0,48 : 1,2 = 4,8 : 12 = 48 : 120

5.4.6.3 Darstellung des Quotienten in der Endform

Aufgrund der Vorübung wird den Schülern das Notieren des erweiterten Quotienten nicht mehr schwerfallen.

Manche werden anfangs das Komma so weit nach rechts verschieben, daß Dividend und Divisor natürliche Zahlen sind. Dieser Lösungsweg ist richtig und sollte auch akzeptiert werden.
Da die Schüler mit kleineren Zahlen lieber rechnen, nehmen sie aber meist die Regel dankbar an: Das Komma wird bei Dividend und Divisor so weit nach rechts verschoben, daß der Divisor eine ganze Zahl ist.

Abb. 511:

24,288 : 2,3 = 242,88 : 23 = 10,56
11,139 : 4,7 = 111,39 : 47 = 2,37
638,1454 : 23,18 = 63814,54 : 2318 = 27,53
0,197635 : 0,841 = 197,635 : 841 = 0,235

5.4.6.4 Darstellung der Division mit Zehnerbrüchen

Die Erklärung der Kommaverschiebung durch Umformung in Zehnerbrüche beweist die Richtigkeit des gelernten Verfahrens und schlägt auch die Brücke zum Bruchrechnen.

Abb. 512:

4,556 : 0,34 = 455,6 : 34

$$\frac{4556}{1000} : \frac{34}{100} = \frac{4556}{1000} \cdot \frac{100}{34} \overset{\text{Kür-}}{\underset{\text{zen}}{=\!=}} \frac{4556}{10} \cdot \frac{1}{34}$$

5.4.6.5 Tabellarische Erfassung der Dezimalenzahlen

Für Divisionen ohne Rest läßt sich durch eine Tabelle erfassen, wie die Zahl der Dezimalen beim Quotientenwert von der Zahl der Dezimalen bei Dividend und Divisor abhängt. Zur Kontrolle erfolgt zuvor die analoge Aufstellung mit Zehnerbrüchen.

Abb. 513:

(:)	$\frac{1}{10}$	$\frac{1}{100}$	$\frac{1}{1000}$
$\frac{1}{10}$	1	10	100
$\frac{1}{100}$	$\frac{1}{10}$		
$\frac{1}{1000}$			

	(:)	z 0,1	h 0,01	t 0,001
z	0,1	1	10	10
h	0,01	0,1		
t	0,001			

Bei einer Division von Zahlen ergeben sich

durch / mit	z	h	t
z	E	Z	H
h	z	E	
t	h		

5.4.7 *Übungen zur Sicherung der additiven und multiplikativen Rechenoperationen mit Dezimalbrüchen*

Da viele der hier zu nennenden Übungen bereits an früherer Stelle (natürliche Zahlen, Bruchzahlen) aufgeführt und beschrieben wurden, erfolgt hier oft nur ein Hinweis auf die entsprechende Abbildung. An Stelle der Bruchzahlen oder der dort genannten natürlichen Zahlen sind nach denselben Regeln gebildete Dezimalbrüche einzusetzen.

5.4.7.1 Operative Übungen

– Zahlenfolgen (siehe 2.6.3, S. 146 f.)

Die Aufgabenstellung erfolgt entsprechend 2.6.3.2. Die Folge wird notiert als:

- einfache Reihe: Schreibe die nächsten fünf Glieder der Folge auf!
- Schlange (siehe Abb. 43, S. 57)
- Tabelle (siehe Abb. 44, S. 58)
- Zielscheibe (siehe Abb. 6, S. 37)
- Rechentreppe

Bei einer arithmetischen Folge genügt die Angabe von zwei aufeinanderfolgenden Gliedern.

Abb. 514:

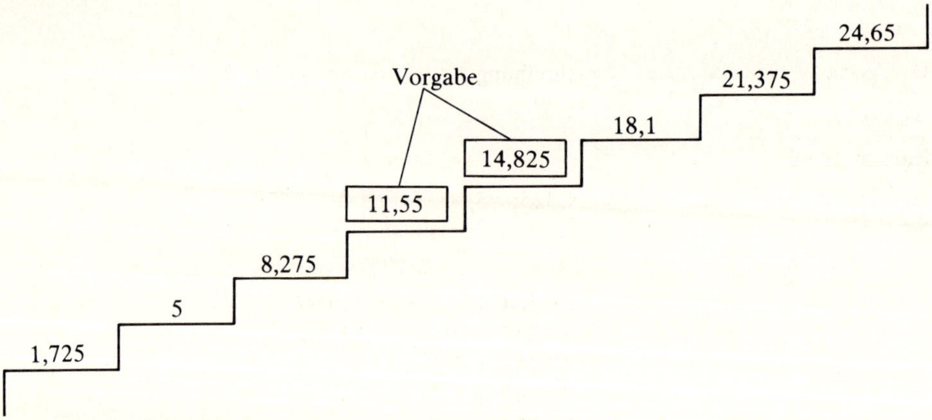

– Vergleich von Termen:

Vorgegebene Terme, deren Werte erst errechnet werden müssen, sind durch Einsetzen der Relationszeichen (siehe Abb. 198, S. 135) zu vergleichen. Will man sie ordnen, bieten sich als Darstellungsvarianten die Zielscheibe (siehe Abb. 6, S. 38) und das Pfeildiagramm (siehe Abb. 10, S. 40) an.

– Erstellen gleichwertiger Terme:

- Darstellung in Gleichungsform:

Abb. 515:

$32{,}475 + 41{,}03 = 76{,}368 - \square$
$84{,}35 - \square = 96{,}837 - 77{,}573$
$18{,}4 \cdot 7{,}09 = 978{,}42 : \square$
$\square : 83{,}65 = 760{,}683 : 61{,}05$

● Variante der Darstellung:
Strichverbindungen (siehe Abb. 392, S. 233)
Rechen-T (siehe Abb. 393, S. 233)
Zuordnungspyramide (siehe Abb. 441, S. 253).

– Einzelverknüpfungen sind gesucht:

● Fehlende Ziffern ergänzen (siehe auch Abb. 214, S. 142)

Abb. 516:

```
  . . . , 4 3 .          8 7 , . 4         12,8 .  ·  . 6, . 6
+ 3 7 9 , 2 . 7        − 3 . , 0 7         ___________________
_______________        ___________          . 8 . 5
  5 0 6 , . 4 2          . 9 , 8 .            7 7 1 0
                                                8 9 . 5
                                                  7 . 1 .
                                           ___________________
                                            4 . 2, . 6 . 0
```

● Rechenpyramide (siehe Abb. 203–207, S. 137 f.).

– Kettenrechnungen:

● Operationszeichendreieck (Beschreibung siehe bei Abb. 443, S. 253)

Abb. 517:

Zielzahl: 22,2

Arbeitszahlen: 3,875; 8,073; 4,325; 5,327; 9,564; 7,436

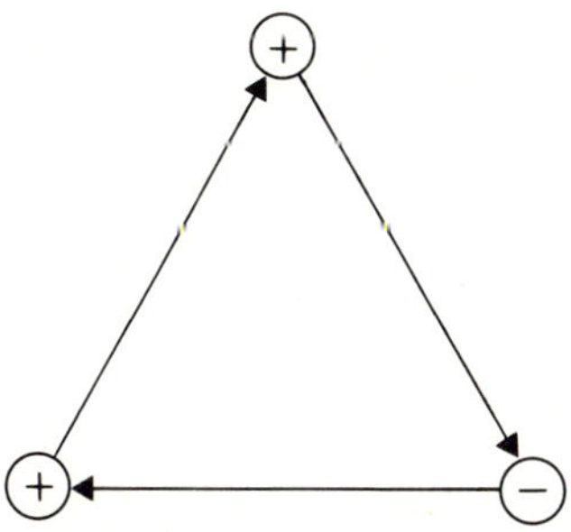

9,564 + 8,073 = 17,637
17,637 − 3,875 = 13,762
13,762 + 7,436 = 21,198
21,198 + 5,327 = 26,525
26,525 − 4,325 = 22,2

● Fehlende Zahlen ergänzen (siehe 2.6.1.2, S. 135 f.)
● Zielrechnen

Die Zielzahl ist mit möglichst wenig Rechenoperationen zu erreichen. Die Arbeitszahlen dürfen beliebig verknüpft werden.

Abb. 518:

Zielzahl: 88,13

Arbeitszahlen: (9,87); (4,2); (3,5); (8); (3,39); (2,3); (5,5);

9,87 · 8 = 78,96		8 · 3,5 = 28		7,94 + 3,5 = 11,44	
78,96 + 3,5 = 82,46	oder:	28 · 3,5 = 98	oder:	11,44 · 8 = 91,52	
82,46 − 4,2 = 78,26		98 − 9,87 = 88,13		91,52 − 3,39 = 88,13	
78,26 + 9,87 = 88,13					

Variante: In einem Ring sind die Arbeitszahlen in einer bestimmten Reihenfolge genannt. Die Zielzahl steht in der Mitte des Ringes. (siehe Abb. 224, S. 146).

– Rechenbaum

Abb. 519:

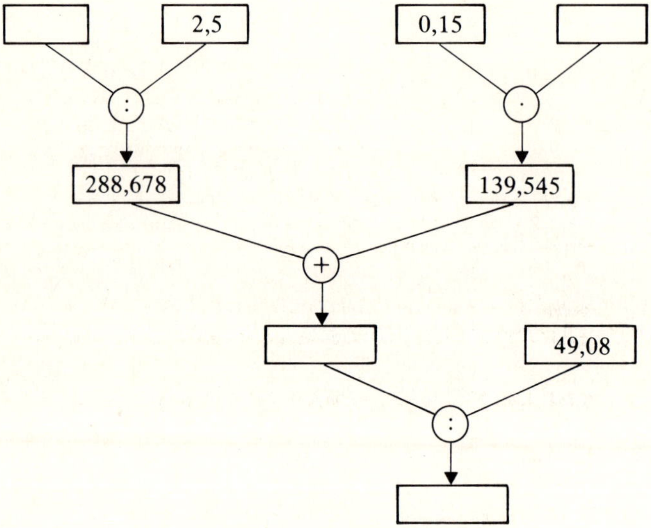

5.4.7.2 Automatisierende Übungen

– Operatordarstellung (siehe Abb. 402, S. 237)
– Spalten-/Zeilendarstellung (siehe Abb. 403, S. 237)
– Rechentafeln (siehe Abb. 404, S. 238)

– Tabelle:

Abb. 520:

	+ 0,1	+ 0,01	− 0,001	+ 0,04	− 0,09	+ 0,9
0,3	0,4	0,31	0,299			
0,45	0,55					
0,651						
3,093						
4,999						
8,007						

– Rechenrad: (siehe Abb. 405, S. 238)
– Zahlentafeln (siehe Abb. 406, S. 239)
– Zahlenkreis

Die zwei aufeinanderfolgenden Dezimalbrüche werden möglichst vielfältig miteinander verknüpft. Divisionen sind so zu notieren, daß der Quotientenwert auf 3 Dezimalen gerundet wird.

Abb. 521:

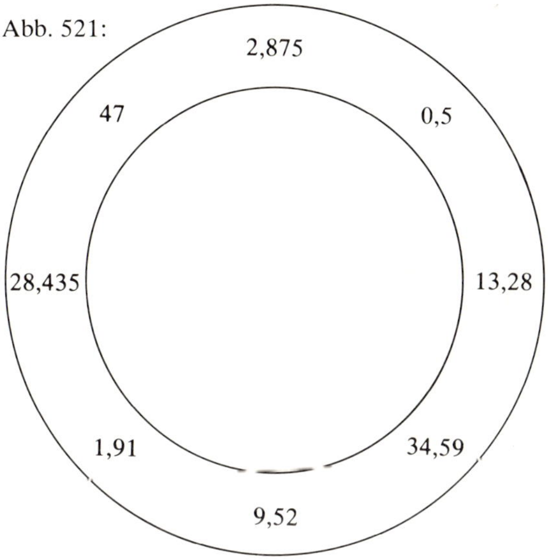

2,875 + 0,5 = 3,375	0,5 + 13,28 = 13,78	13,28 + 34,59 = 47,87
2,875 − 0,5 = 2,375	0,5 · 13,28 = 6,64	13,28 · 34,59 =
2,875 · 0,5 = 1,4375	0,5 : 13,28 = 0,038	13,28 : 34,59 =
2,875 : 0,5 = 5,75		

– Additionstreppe:

Den Schülern wird die Anzahl der Additionen und die Ausgangsaufgabe genannt. Addiert werden jeweils der zweite Summand und der Summenwert der vorherigen Rechnung.

Abb. 522:

18,346 + 9,864 = 28,21
9,864 + 28,21 = 38,074
28,21 + 38,074 = 66,284
38,074 + 66,284 = 104,358
66,284 + 104,358 = ...

– Rechenzapfen (siehe Abb. 193 und Abb. 194, S. 132)
– Ewige Kette (siehe Abb. 195, S. 133)
– Rundenrennen

Ausgehend von der Zahl in der Mitte sind die vorgeschriebenen Operationen in der genannten Reihenfolge mehrmals (im Beispiel 4mal) zu durchlaufen. Das Endresultat wird im freien Feld in der Mitte vermerkt. Um zu gewährleisten, daß die Dezimalenzahl überschaubar bleibt und daß alle Divisionen aufgehen, sind die Operatorzahlen so zu wählen, daß sie durch die Operatorzahl des Divisionsoperators zu teilen sind.

Abb. 523:

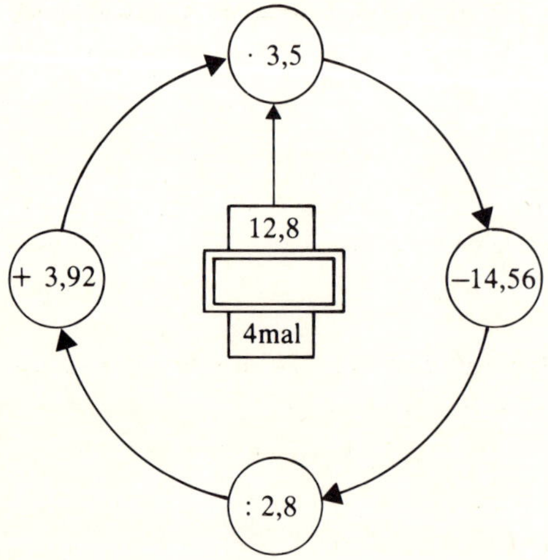

12,8 · 3,5 = 44,8
44,8 − 14,56 = 30,24
30,24 : 2,8 = 10,8
10,8 + 3,92 = 14,72
14,72 · 3,5 = . . .

- Grenzzahl über-/unterschreiten (siehe Abb. 411, S. 241)
- Dezimalbrüche nebeneinander addieren oder subtrahieren

Abb. 524:

13,75 + 256,81 + 45,72 + 0,03 =
13,701 + 2456,1 + 65,89 + 457,3001 =
879,54 − 347,83 =
82,03 − 54,976 =

- Subtraktion mehrerer Dezimalbrüche in einem Arbeitsgang

Abb. 525:

467,4680	4 + ⑥ = 10; ⟹ 6 an, 1 gemerkt
− 53,9400	1 − 8 − 14; + ④ = 18 ⟹ 4 an, 1 gemerkt
− 27,0160	1 − 4 − 5 − 9; + ⑦ = 16 ⟹ 7an, 1 gemerkt
− 89,2374	1 − 3 − 12; + ② = 14 ⟹ 2 an, 1 gemerkt ⟹ Komma
101	1 − 2 − 11 − 18 − 21; + ⑥ = 27 ⟹ 6 an, 2 gemerkt
19,2746	2 − 10 − 12 − 17; + ⑨ = 26 ⟹ 9 an, 2 gemerkt
	2 − 3; + ① = 4 ⟹ 1 an.

5.4.8 Einsatz des Taschenrechners beim Rechnen mit Dezimalbrüchen

Durch den Einsatz des Taschenrechners beim Rechnen mit Dezimalbrüchen (siehe auch 2.5, S. 128 ff.) lassen sich zwar etliche Fehlerquellen (falsches Untereinanderschreiben beim Addieren/Subtrahieren oder falsche Kommasetzung bei den multiplikativen Operationen) ausschalten, aber die Gefahr von Eingabefehlern (keine Strukturierung mehrziffriger Zahlen im Anzeigefeld) darf nicht übersehen werden. Diese lassen sich leichter vermeiden, wenn einige zielgerichtete Übungen vorangestellt werden.

5.4.8.1 Eingabetraining

Verschiedene Dezimalbrüche mit vertauschter Ziffernfolge bzw. anderer Kommasetzung werden nach Diktat eingetippt (643,578; 6435,87; 56,4873). Die Kontrolle erfolgt jeweils durch den Partner.

5.4.8.2 Ablesetraining

Den Schülern werden Dezimalbrüche ziffernweise (vier-sechs-acht-Punkt-Null-drei-neun) diktiert. Sie müssen diese Zahl zusammenhängend ablesen.

5.4.8.3 Gewöhnen an die Fließkommaautomatik

Bei den elektronischen Taschenrechnern werden nach dem Komma nur die notwendigen Dezimalen angezeigt. Dies bedeutet, daß das Komma hüpfen kann.

Geeignete Übungen:

- Rechentreppe (siehe Abb. 514, S. 286)
- Operationszeichendreieck (siehe Abb. 517, S. 287)
- Zielrechnen (siehe Abb. 518, S. 287)
- Rechenbaum (siehe Abb. 519, S. 288 f.)
- Zahlenkreis (siehe Abb. 521, S. 289)
- Rundenrennen (siehe Abb. 523, S. 290).

5.4.8.4 Runden periodischer Dezimalbrüche

Schüler vertrauen dem Taschenrechner blindlings. Dabei berücksichtigen sie nicht, daß periodische Dezimalbrüche (siehe 5.2.2.2, S. 269) nur einen – wenn auch ziemlich genauen – Näherungswert darstellen können. Um dies bewußt zu machen, werden z. B. Kettenrechnungen mit Bruchzahlen parallel dazu unter Verwendung der Klammerautomatik [+ $\frac{3}{8}$ = + (3 : 8)] mit Dezimalbrüchen gelöst. Beim Vergleich der Endresultate könnten diese minimalen Unterschiede Aufhänger einer Diskussion über Ursachen dieser Abweichung und die damit zusammenhängenden Grenzen des Taschenrechners sein.

Geeignete Übungen:

- Zielscheibe (siehe Abb. 409, S. 240 und 450, S. 258)
- Grenzzahl über- bzw. unterschreiten (siehe Abb. 411, S. 241 und 451, S. 258).

Die Schüler erfahren durch solche Übungen, daß z. B. durch die Angabe von mehr Dezimalen das Ergebnis nicht genauer wird, daß solche vom Taschenrechner angezeigten Resultate sinnvoll zu runden sind (siehe 5.2.3, S. 270).

5.4.8.5 Training des Überschlags

Da sich gerade beim Rechnen mit Dezimalbrüchen leicht Stellenwertfehler einschleichen, ist das Runden solcher Zahlen und das schnelle Überschlagen der Aufgabe stets zu üben, da der Vergleich mit der Überschlagsrechnung häufig die einzige Möglichkeit einer Ergebniskontrolle darstellt.

6. Prozentrechnen

6.1 Stoffliche und methodische Grundlegung

Lange Zeit wurde das Prozentrechnen als eigenständiger Bereich isoliert behandelt. Heute hat es sich durchgesetzt, daß das Prozentrechnen als angewandtes Bruchrechnen betrachtet wird. Der Prozentbegriff wird aber trotzdem unterschiedlich gewertet.

6.1.1 Sichtweisen des Prozentbegriffs

6.1.1.1 Der Prozentsatz als Operator

– Kennzeichnung:

Nach Griesel ist beim Prozentrechnen gegenüber dem Bruchrechnen nur die Wahl des Nenners 100 und die Schreibweise % neu. „Der Nenner 100 ist deswegen gewählt, damit man die Prozentoperatoren besser und schneller vergleichen kann. Man hätte auch andere Nenner wählen können. Allerdings hat sich in der historischen Entwicklung der Nenner 100 als besonders praktisch erwiesen. Das hängt sicher mit der dezimalen Unterteilung der meisten Größeneinheiten zusammen. Außerdem garantiert der Nenner 100 die Möglichkeit einer hinreichend feinen Unterteilung“ (Griesel 1973, S. 197).

– Bei der Operatormethode wird der Zusammenhang zwischen den einzelnen Grundaufgaben klarer als beim herkömmlichen Verfahren der Dreisatzmethode.
– Die rechnerische Lösung ist einfacher und die Fehlerquellen sind geringer.

6.1.1.2 Die Prozentrechnung als eine Form der Schlußrechnung

Der Prozentsatz kann auch als eine lineare Funktion angesehen werden. Ist eine der drei Variablen konstant, so kann zwischen den beiden anderen Variablen eine eindeutige Zuordnung (siehe 7.1.3, S. 333 ff.) vorgenommen werden.

– Bei konstantem Grundwert kann man einem bestimmten Prozentsatz eindeutig einen bestimmten Prozentwert zuordnen. Umgekehrt kann man von diesem Prozentwert ebenso eindeutig auf den Prozentsatz schließen.
– Erhöht sich der Prozentsatz, so hat dies eine Vergrößerung des Prozentwertes zur Folge.

Diese Abhängigkeit der einzelnen Variablen voneinander, dieser innere Zusammenhang, dieses mathematische Beziehungsgeflecht gilt es zu verdeutlichen. Dadurch werden grundlegende mathematische Einsichten gewonnen und Rechenvorteile erkannt.

6.1.1.3 Die Prozentrechnung als multiplikativer Vergleich

Die Prozentangabe kann analog zur Bruchzahl auch als Verhältnisangabe, die etwas über das Größenverhältnis des Bruchteils (Prozentwert) zum Ganzen (Grundwert) aussagt, aufgefaßt werden.

6.1.1.4 Prozentsatz als Abbildungsvorschrift

Betrachtet man die Wirkung des Prozentoperators auf den Anfangszustand, so kann er auch als Abbildungsvorschrift angesehen werden, denn „der Prozentoperator $\frac{p}{100}$ ordnet jeder Größe g eines Größenbereiches die Größe $\frac{p}{100} \cdot g$ zu. Der Größenbereich wird also durch den Prozentoperator auf sich selbst abgebildet“ (Griesel 1973, S. 195).

6.1.2 Methodische Folgerungen

Diesen unterschiedlichen Sichtweisen ist im Unterricht gerecht zu werden. Eine einseitige Bevorzugung der Operatormethode wird zwar rechnerisch zufriedenstellende Ergebnisse garantieren, aber sie wird nicht ausreichen, ein umfassendes Verständnis des Prozentbegriffes den Schülern zu vermitteln.
Der Prozeß der Verinnerlichung dieses Begriffes baut – wie jeder mathematische Lernprozeß – auf der konkreten und zeichnerischen Anschauung auf. Der Operatormethode kommt dabei die Rolle eines „Normalverfahrens" zu.
Die Lehrpläne berücksichtigen diese unterschiedlichen Sichtweisen insofern, daß sie zwei alternative Auffassungen zum Prozentrechnen zur Wahl stellen.
Wird der Prozentbegriff als „von Hundert" verstanden, ergibt sich die Schwierigkeit, daß von einem gegebenen Grundwert immer auf einen fiktiven Grundwert 100 geschlossen werden muß.
Bei der Auffassung Prozente sind „Hundertstel" kann auf den bekannten Bruchoperator zurückgegriffen werden, wodurch das Prozentrechnen für die Schüler durch die „größere Begriffsnähe" (Oehl) leichter verständlich ist. Deshalb ist diese Auffassung im Hauptschulunterricht zu bevorzugen.
Wird Prozentrechnen also überwiegend als angewandtes Bruchrechnen gesehen, so ist es dennoch erforderlich, für jede der drei Grundaufgaben (Prozentwert, Grundwert, Prozentsatz gesucht) isoliert den inneren Zusammenhang zum Bruchrechnen aufzuzeigen.
Auf den Stufen der operativen Durchdringung und Übung gilt es dann, die unter 6.1.1 genannten Sichtweisen zu verdeutlichen und die Allgemeingültigkeit der Lösungsformeln nachzuweisen.
Um die Beziehungen innerhalb der drei Grundaufgaben herauskristallisieren zu können, wird möglichst früh auf eine bewußte Trennung der drei Grundaufgaben im Sinne des Isolierens der Schwierigkeiten verzichtet.

6.2 Einführung der Prozentrechnungen

Entgegen der früher geübten Praxis, die Berechnung des Prozentsatzes als letzte der drei Grundaufgaben einzuführen, wird heute allgemein damit begonnen.

6.2.1 Berechnung des Prozentsatzes

Da die Prozentsatzberechnung über den relativen Vergleich eingeführt wird, empfehlen sich vorbereitende Übungen.

6.2.1.1 Vorbereitende Wiederholungen

– Bruchteildarstellung:

Unter 3.4.2 (S. 189ff.) erfolgten detaillierte Hinweise zur Darstellung von Bruchteilen. Einige der dort aufgeführten Übungen sind zu wiederholen.

- Einzeichnen von Bruchteilen bei kontinuierlichen Einheiten (siehe 3.4.2.3, S. 190f.)
- Bruchteile bei Größen (siehe 3.4.2.6, S. 194)

– Umformung von Brüchen zu Dezimalbrüchen:

Einige der unter 5.1.1.8 (S. 264f.) genannten Übungen sind ebenfalls zu wiederholen.

- Tabelle (Abb. 465)
- Rechen-T (Abb. 466)

- Zuordnungspyramide (Abb. 467)
- Propeller (Abb. 468).

6.2.1.2 Beispiele für Einführungsaufgaben

Als Einstieg zum Prozentrechnen überhaupt eignet sich der relative Vergleich, der im Unterrichtsgespräch zum absoluten Vergleich abzugrenzen ist.

Beispiel: Bei den letztjährigen Bundesjugendspielen erhielten 15 Schüler der Klasse 6a und 18 Schüler der Klasse 6b eine Urkunde. Welche Klasse ist sportlicher, wenn die 6a 20 Schüler und die 6b 25 Schüler besuchen?

Analoge Aufgaben lassen sich auch zu anderen Sachfällen konstruieren, wobei die Schüler das Zahlenmaterial manchmal selbst beschaffen können. Diese motivationsträchtige Einbeziehung der Schüler beinhaltet das Risiko, daß die Divisionen nicht aufgehen, die dabei entstehenden Brüche nicht auf Hundertstel gekürzt oder erweitert werden können.

Weitere Beispiele:

- Zahl der Fahrschüler (Schwimmer, Mitglieder im Sportverein ...) im Vergleich zur Gesamtschülerzahl in zwei Klassen.
- Wer von zwei Autobesitzern erzielt beim Verkauf seines gebrauchten Wagens den besseren Preis im Vergleich zum jeweiligen Neuwagenpreis?
- Bei welchem der beiden örtlichen Sportvereine hat die Fußball- (Handball- ...)-Abteilung mehr Mitglieder bei Berücksichtigung aller Mitglieder?
- Sind die Einnahmen beim Schwimmbad oder beim Eisstadion im Vergleich zu den jeweils anfallenden Kosten größer?
- Vergleich der jährlichen Zinserträge bei unterschiedlichen Spareinlagen bei zwei Banken.
- Die Einsparung bei Skiauslaufmodellen bei verschiedenen Händlern wird verglichen, wenn Originalpreis und ermäßigter Preis bekannt sind.
- Welche von zwei Familien legte am ersten Tag ihrer zweitägigen Urlaubsanreise die längere Strecke im Vergleich zur Gesamtstrecke zurück?

6.2.1.3 Zeichnerische Darstellung des Sachverhaltes

Die Lösung solcher Aufgaben wird am Beispiel mit der Frage nach dem Anteil der Urkundengewinner aufgezeigt.
Da die Konkretisierung durch die Schüler selbst keine Hinweise auf mögliche Lösungswege birgt, wird sofort die zeichnerische Veranschaulichung gewählt.

Abb. 526:

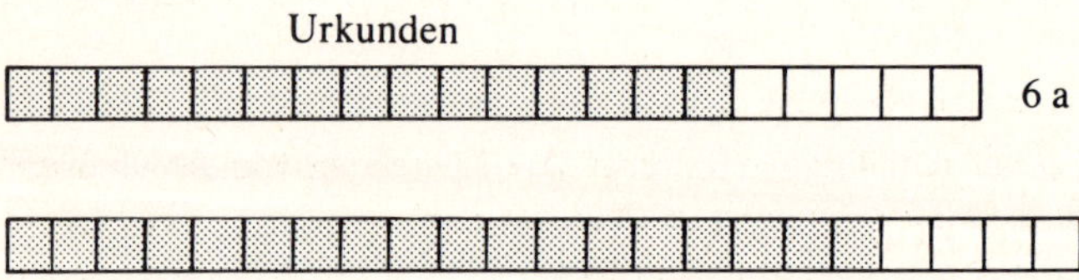

Anhand dieser Darstellung ist spätestens der Unterschied zwischen relativem und absolutem Vergleich zu erarbeiten.

6.2.1.4 Vergleich durch Bruchdarstellung

Der gezeichnete Sachverhalt wird in Operatorform notiert.

Abb. 527:

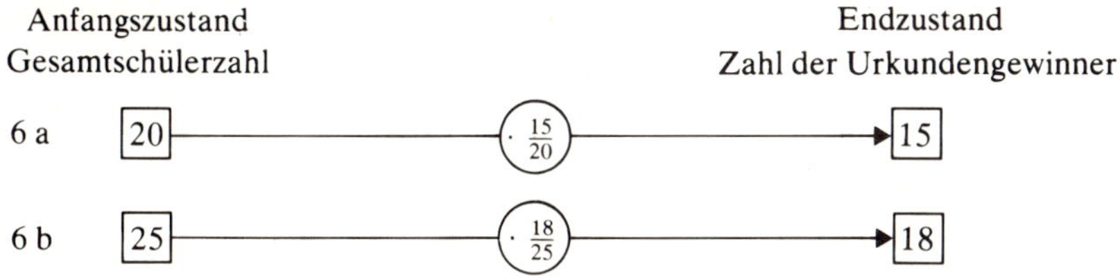

6.2.1.5 Wir erweitern auf den gleichen Nenner

Um Aussagen über die Größe der beiden Brüche im Vergleich zueinander treffen zu können, müssen sie auf einen gemeinsamen Nenner erweitert werden.

Abb. 528:

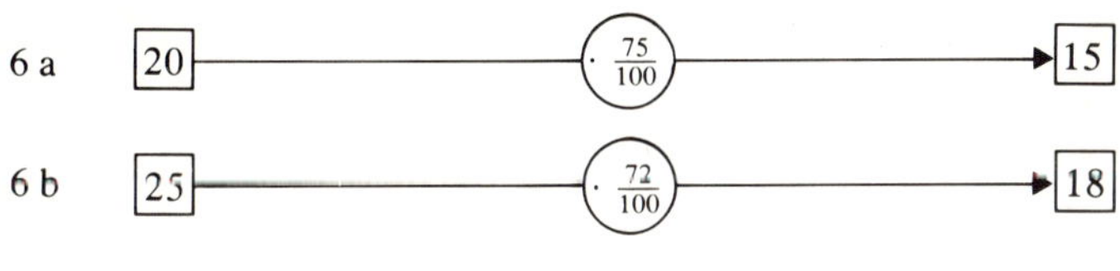

Wir erkennen: In der Klasse 6a ist der Anteil der Urkundengewinner um $\frac{3}{100}$ oder 3 Prozent (= 3%) größer.
Für den Nenner Hundertstel wird die Bezeichnung Prozent eingeführt.

6.2.1.6 Erklärung und geschichtlicher Rückblick

Den Schülern wird es anfangs nicht einleuchten, weshalb plötzlich Hundertstel durch Prozent ersetzt werden soll. Deshalb soll hier die Lehrkraft erzählen, daß

- dieser Begriff aus der italienischen Sprache stammt
- von pro cento oder per cento (von Hundert, je Hundert, Hundertstel) abgeleitet ist
- centum die lateinische Bezeichnung für 100 ist
- das Zeichen % als Symbol für Prozent gewählt wurde und ursprünglich die Abkürzung P/c war
- dieser Ausdruck Prozent früher nur im kaufmännischen Bereich verwandt wurde.

6.2.1.7 Bedeutung des Prozentrechnens im Alltag

Auf dieser Stufe, auf der der Begriff Prozent erstmals als rechnerische Einheit auftaucht, lassen sich die Schüler intrinsisch motivieren, wenn man sie erzählen läßt, wo ihnen dieser Begriff im Alltag schon überall begegnete, so bei Zinsen, Preisnachlässen, Steueranteilen, Preisaufschlag bei Ratenzahlungen, Wahlergebnissen . . .

6.2.1.8 Einführung der korrekten Bezeichnungen

Ausgehend von der letzten Darstellung der Einführungsaufgabe werden die korrekten Bezeichnungen eingeführt. Ein gemeinsam erarbeitetes Schaubild macht den Schülern auch den inneren Zusammenhang zum Bruchrechnen deutlich.

Abb. 529:

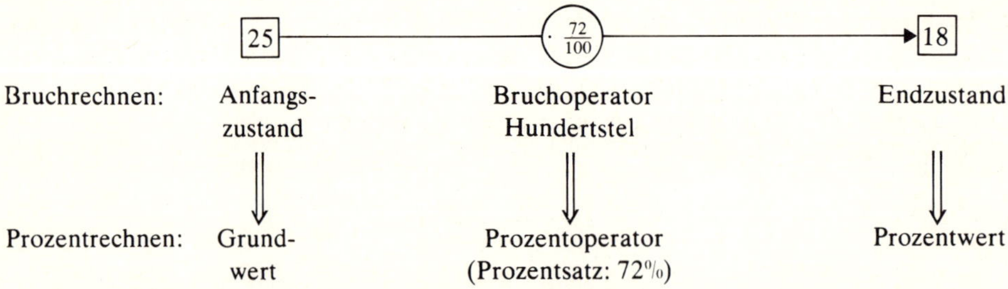

Auf den Unterschied zwischen Prozentoperator und Prozentsatz (Zähler des Prozentoperators) ist einzugehen.

6.2.1.9 Bestimmen der Variablen in Sachaufgaben

Um die Schüler mit den neuen Begriffen vertraut zu machen, müssen sie diese bei Sachaufgaben Zahlgrößen zuordnen.

- Alle drei Variablen werden im Text genannt.

  ● Der Kandidat A erhielt bei der letzten Wahl 42% der abgegebenen Stimmen, der Kandidat B dagegen 58%. Von den insgesamt 30 000 Wählern gaben 17 400 dem Kandidaten B ihre Stimme.
  Bestimme!

Abb. 530:	Kandidat A	Kandidat B
Grundwert:	30 000	30 000
Prozentsatz: (Prozentoperator)	42%	
Prozentwert:		

- Die zwei in der Aufgabe genannten Angaben müssen die Schüler benennen und die zu berechnende Variable bestimmen.

● Im Jahre 1978 entstand durch zündelnde Kinder in Bayern ein Gesamtschaden von 15,3 Millionen Mark.
  a) Bei landwirtschaftlichen Gebäuden belief sich der Brandschaden auf 9,1 Millionen Mark.
  b) 20% der Schadenssumme mußte für Brände bei Wohngebäuden bezahlt werden.
  Bestimme!

Abb. 531:

Gegeben:	15,3 Millionen Mark	: Grundwert
	9,1 Millionen Mark	:
	20%	:
Gesucht:	a) Prozentsatz	
	b) Prozentwert	

6.2.1.10 Berechnung des Prozentsatzes über den Dezimalbruch

Fallen bei der Einführungsaufgabe oder – was sinnvoller ist – erst später Brüche an, die sich nicht auf 100 erweitern lassen, so wird der Prozentsatz über den Dezimalbruch ermittelt, der durch die Division Zähler geteilt durch Nenner (siehe 5.2.1.2, S. 268) ermittelt wird. Geht die Division nicht auf, so wird auf zwei Dezimalen gerundet.

Abb. 532:

$\frac{20}{45} = \frac{4}{9} = 0{,}4444 \quad \Rightarrow \quad 0{,}44 = \frac{44}{100} = 44\%$

$\frac{33}{58} = 33 : 58 = 0{,}5689 \quad \Rightarrow \quad 0{,}57 = \frac{57}{100} = 57\%$

6.2.1.11 Brüche als Prozentsätze ausdrücken

Um den engen Zusammenhang zwischen Bruch- und Prozentrechnen noch mehr zu betonen, sind z. B. im Rahmen des Zehnminutenrechnens immer wieder Umwandlungen von Prozentangaben zu Brüchen und umgekehrt zu üben.

Abb. 533:

$\frac{1}{2} = 50\%$	$80\% = \frac{4}{5}$
$\frac{3}{4} = 75\%$	$30\% =$
$\frac{3}{5} =$	$25\% =$
$\frac{7}{10} =$	$40\% =$
$\frac{9}{20} =$	$90\% =$

Analog zu dieser Übung kann die Aufgabenstellung auch zeichnerisch erfolgen.

Abb. 534: (aus Zahl und Form 6, S. 132)

Bestimme aus Grundwert und Prozentwert den Prozentsatz!

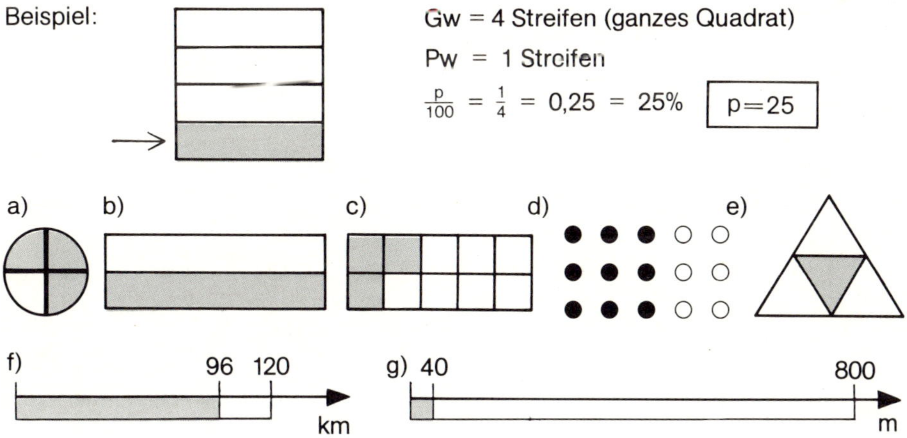

6.2.2 Zeichnerische Darstellungen beim Prozentrechnen

Bereits vor Einführung der Lösungswege für Grund- und Prozentwertberechnung sollen die zeichnerischen Darstellungsmöglichkeiten beim Prozentrechnen eingeführt sein.

6.2.2.1 Prozentstreifen

Der Prozentstreifen ist 1 cm breit und 10 cm lang. 1 mm entspricht 1%. Diese Art der Darstellung ist auch von schwächeren Schülern leicht zu vollziehen.

Abb. 535:

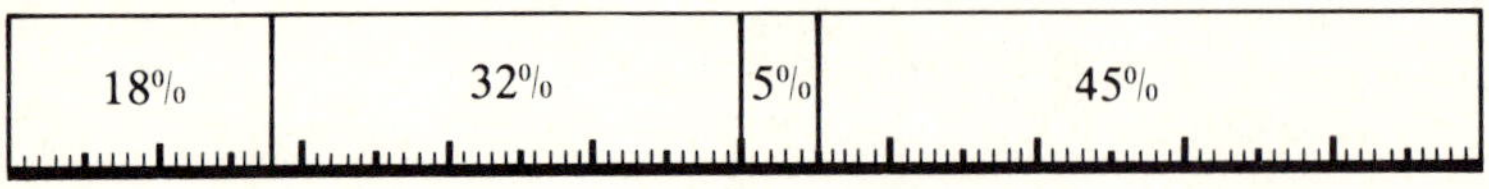

6.2.2.2 Prozentblatt

Dieses quadratische Hunderterfeld mit einer Seitenlänge von anfangs 10 cm, später 5 cm sollte auf kariertes Papier gezeichnet werden. 1 Karo entspricht bei der kleineren Darstellung einem Prozent.

Dieses Prozentquadrat kann verschieden eingesetzt werden:

a) Zur Darstellung von prozentualen Verteilungen. Jedes Feld wird für sich betrachtet.
b) Zur Darstellung voneinander unabhängiger Prozentsätze (verschiedene Grundwerte).

Dazu ist zu vereinbaren, daß jedes Feld stets von oben her als Ganzes unabhängig von sonstigen Eintragungen betrachtet wird.

Abb. 536:

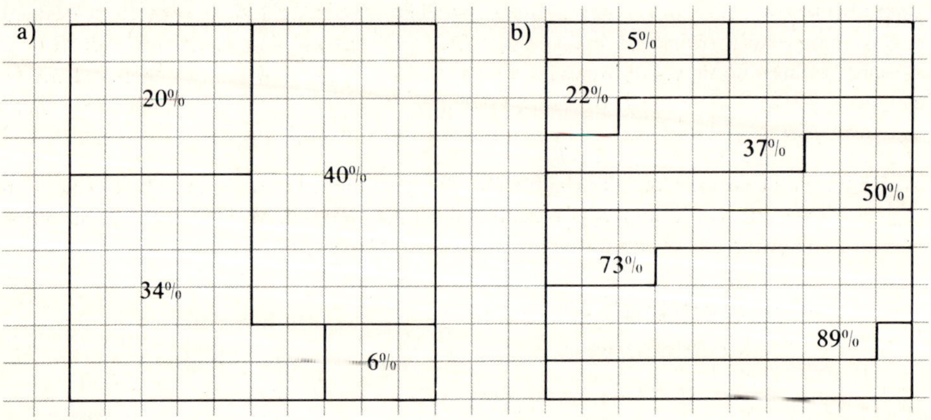

6.2.2.3 Prozentkreis

Dieses Darstellungsmittel, bei dem 3,6° einem Prozent entsprechen, bereitet schwächeren Schülern oft Schwierigkeiten, da sie sowohl mit Winkelmesser und Geodreieck kaum umgehen als auch die Prozentangaben nicht in Winkelgrade umrechnen können.
Da anfangs aber das Einzeichnen der Prozente als Ziel zu sehen ist, kann man sich dadurch behelfen, daß man den Schülern einen Abzug mit angedeuteten Prozentlinien gibt. Wird dieser in eine Sichthülle gesteckt, können darauf mit wasserlöslichen Folienstiften beliebig oft Eintragungen vorgenommen werden, die anschließend wieder gelöscht bzw. zu Hause übertragen werden.

Abb. 537:

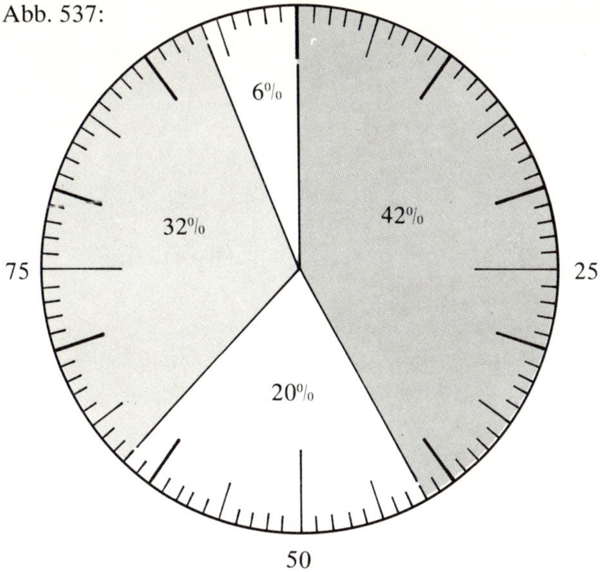

6.2.3 Berechnung des Prozentwertes

Die Berechnung des Prozentwertes eignet sich vorzüglich, die Schüler parallel zur Bruchoperatormethode anschaulich mit der herkömmlichen Dreisatzmethode vertraut zu machen. Die Lösung erfolgt zunächst vollständig mit dem Bruchoperator, dann in einem eigenen Ansatz als Dreisatz. Da bei jedem der beiden Verfahren die Stufen in gleicher Reihenfolge ablaufen, erfolgt die Darstellung beider Wege an der Tafel oder auf einem Arbeitsblatt nebeneinander, um anschließend besser vergleichen zu können.

Aufgabe: Peter wurden im Skiurlaub seine Ski gestohlen. Da diese bereits drei Jahre alt waren, wurde ihm vom Neupreis nur 60% erstattet. Wieviel bezahlte die Versicherung aus, wenn die Ski damals 400 DM kosteten?

6.2.3.1 Lösung mit dem Bruchoperator

– Notieren der Operatorgleichung:

Abb. 538:

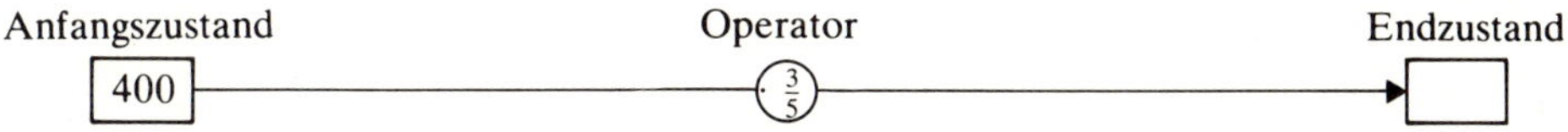

– Zeichnerische Darstellung:

Abb. 539:

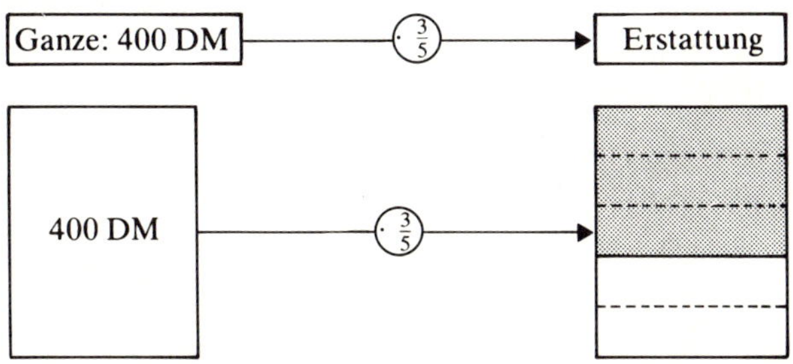

– Notation der gezeichneten Lösung:

Abb. 540: Das Ganze:

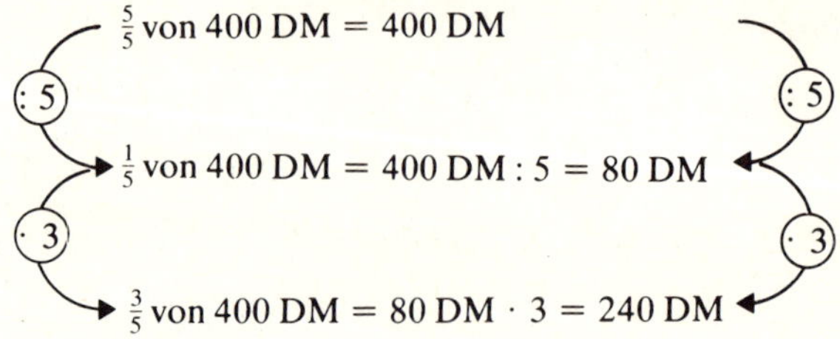

– Analoge Notation in Operatorschreibweise:

Abb. 541:

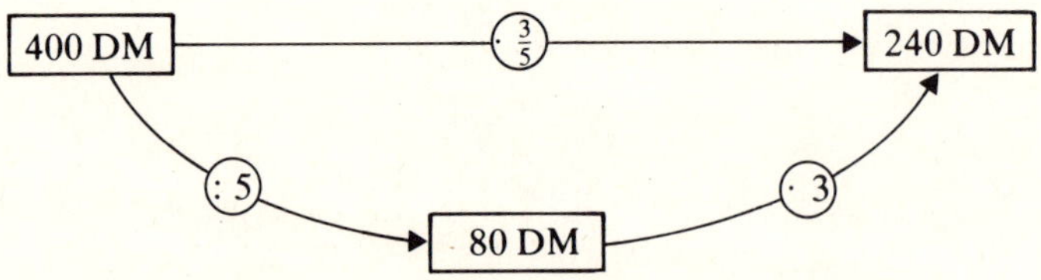

– Notation der Rechnung auf einem Bruchstrich:

Abb. 542:

$$\square = \frac{400\text{ DM} \cdot 3}{5} = 240\text{ DM}$$

6.2.3.2 Lösung durch Schluß auf ein Prozent

Die einzelnen Schritte der Lösung entsprechen denen von 6.2.3.1.

– Notieren der Ausgangsaufgabe:

Abb. 543:

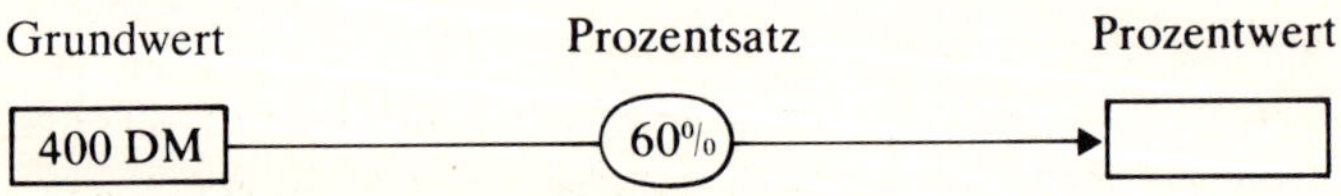

– Zeichnerische Lösung mit dem Prozentblatt:

Abb. 544:

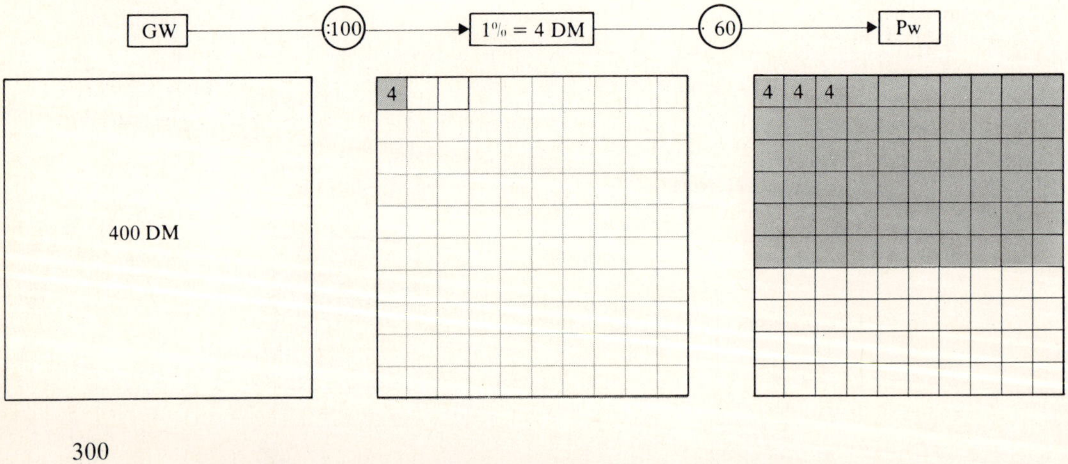

– Notation der gezeichneten Lösung:

Abb. 545:

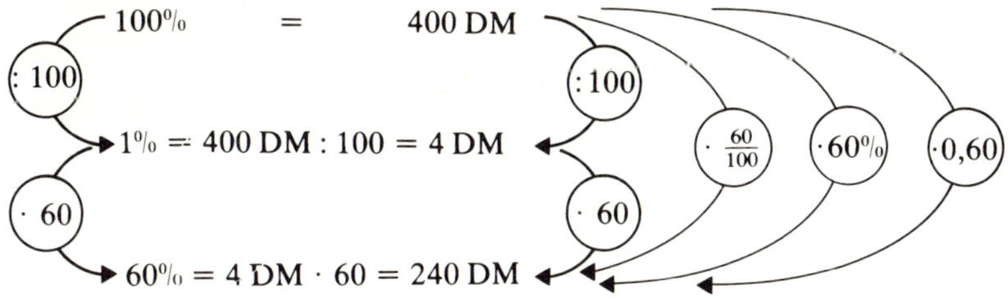

– Analoge Notation in Operatorschreibweise:

Abb. 546:

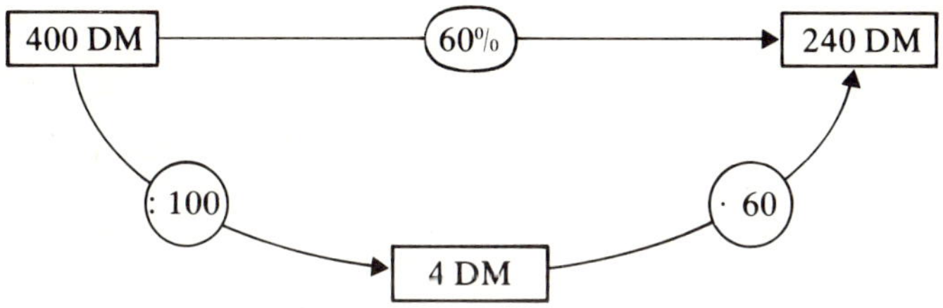

– Notation der Rechnung auf einem Bruchstrich:

Abb. 547:

$$\square = \frac{400\ \text{DM} \cdot 60}{100} = 240\ \text{DM}$$

6.2.3.3 Vergleich der beiden Verfahren

Durch die parallele Anordnung lassen sich die einzelnen Stufen direkt zuordnen. Die Schüler erkennen, daß der Prozentoperator gleich dem Bruchoperator wirkt. Sie erfahren auch, daß der Bezugswert ($\frac{1}{5}$ von 400 DM oder 1% von 400 DM) keinen Einfluß auf das Endresultat hat und daß bei einfachen Zahlenverhältnissen die Lösung über den Bruchoperator leichter sein kann.

6.2.4 Berechnung des Grundwertes

Aufgabe: Herr Weiß kann im Großhandel einkaufen. Er bezahlt nur 75% des Ladenpreises. Heute kauft er sich eine Hi-Fi-Anlage für 1800 DM. Wieviel hätte er im Einzelhandelsgeschäft bezahlen müssen?

6.2.4.1 Zeichnerische Lösung mit dem Prozentblatt

Abb. 548:

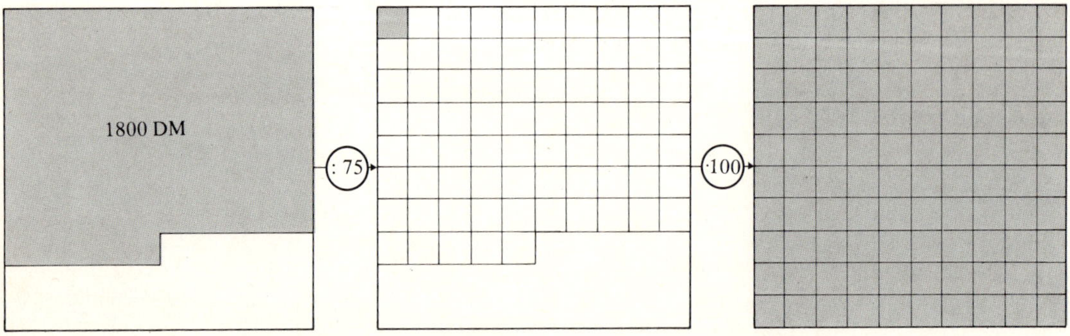

6.2.4.2 Notation der gezeichneten Lösung

Abb. 549:

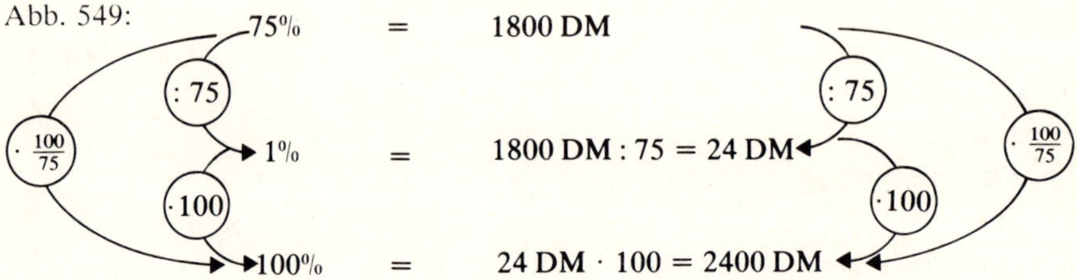

6.2.4.3 Lösung mit dem Umkehroperator (siehe 3.2.2.3, S. 172)

Abb. 550:

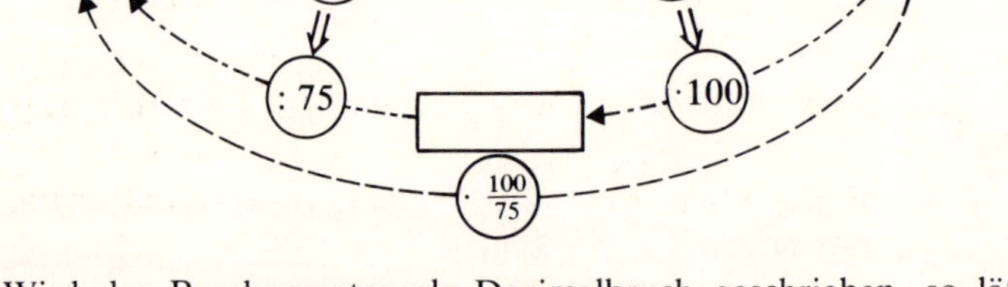

Wird der Bruchoperator als Dezimalbruch geschrieben, so läßt sich die Regel schnell ableiten.

Abb. 551:

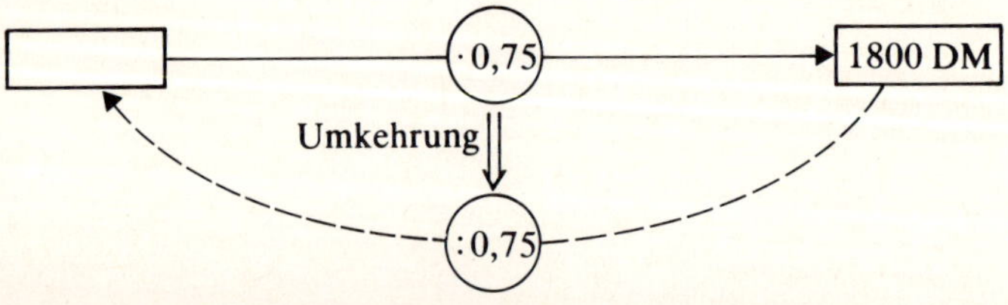

6.2.5 Merkhilfen

Eine der drei Größen Grundwert, Prozentsatz (Prozentoperator) oder Prozentwert ist stets in eindeutiger Weise von den beiden anderen abhängig. Durch Merkhilfen wird das Verständnis für diese Zusammenhänge erleichtert.

Abb. 552:

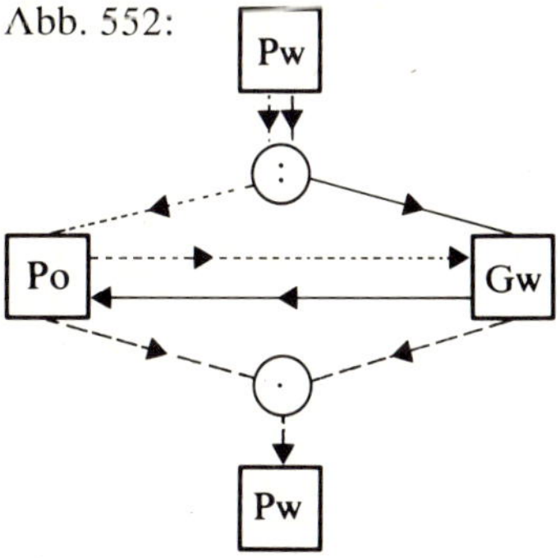

Die dreierlei Pfeile symbolisieren die Art der Verknüpfung und die dazu erforderliche Reihenfolge der Größen.

Prozentwert gesucht:	Symbol: ·····················→	Po · Gw
Prozentoperator gesucht:	Symbol: ———————————→	Pw : Gw
Grundwert gesucht:	Symbol: – – – – – – – – – – – – – –→	Pw : Po

Das Schema läßt sich später vereinfachen.

Abb. 553:

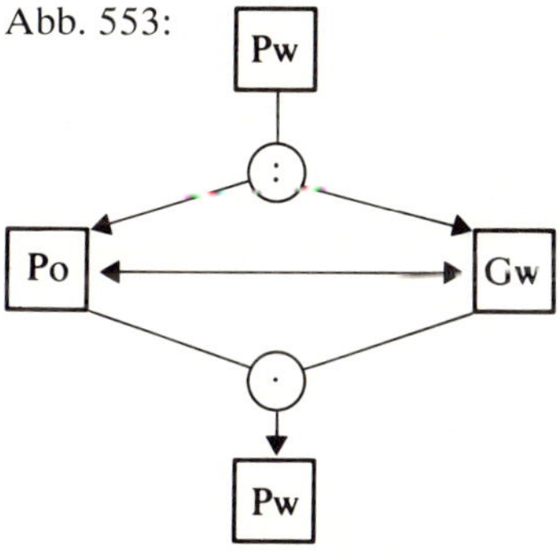

Die symmetrische Anordnung und der Pfeilverlauf von oben nach unten tragen zur Einprägsamkeit bei.
Leistungsstärkeren Schülern, die zum Transfer und Umsetzen von Formeln fähig sind, genügt meist auch schon diese Anordnung.

Abb. 554:

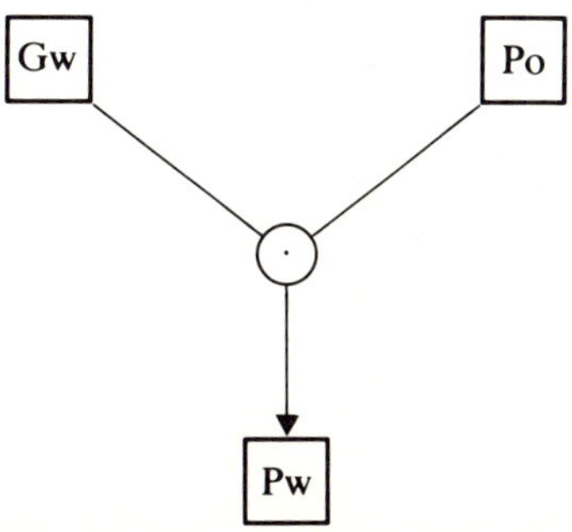

6.3 Übungen zum Prozentrechnen

6.3.1 Zeichnerische Aufgabenstellung

Prozentblatt (Abb. 536), Prozentstreifen (Abb. 535) und Prozentkreis (Abb. 537) eignen sich gleichermaßen für jede der nachfolgend genannten Übungen. Für die Arbeit mit dem Prozentkreis muß das Umrechnen von Prozentangaben in Grad und umgekehrt von den Schülern beherrscht werden. In schwächeren Klassen ermöglicht die unter 6.2.2.3 (S. 298 f.) vorgeschlagene Hilfe (Anmerken der Prozenteinteilung) ebenfalls den Einsatz dieses Anschauungsmodells.

6.3.1.1 Prozentangaben eintragen

Diese Form der Darstellung ist den Schülern von Statistiken, Wahlergebnissen u. ä. her geläufig. Sowohl beim Lesen als auch beim Eintragen ist aber darauf zu achten, daß jeder Kreissektor, jedes Teilfeld oder jeder Teilstreifen für sich betrachtet wird.
Ausführliche Hinweise erfolgten unter 6.2.2, S. 297 f.

6.3.1.2 Prozentwerte aus der Zeichnung errechnen

Die Schüler entnehmen ihre Prozentsätze aus einer zeichnerischen Darstellung. Zusätzlich ist entweder der Grundwert oder einer der Prozentwerte gegeben.

Abb. 555:

Verteilung der Bodenfläche der Gemeinde G.:

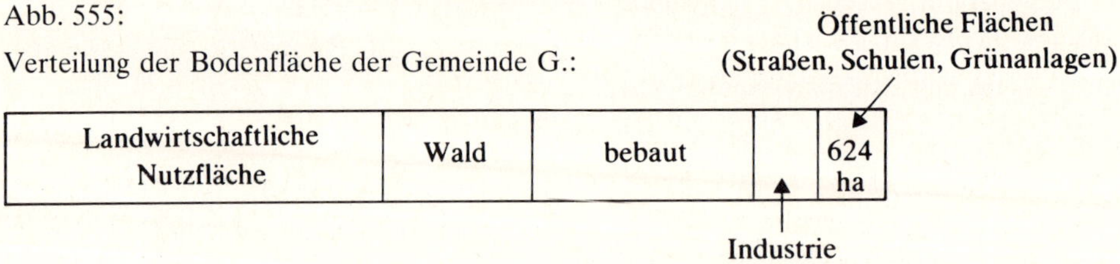

6.3.1.3 Grundwerte ermitteln

In Abweichung von der unter 6.2.2.2 aufgezeigten Form des Prozentblattes wird mit den Schülern vereinbart, daß z. B. die Angabe 169 im 13. Feld bedeutet, daß 13% dem Wert 169 entsprechen. Die Zahl 748 im 36. Feld hätte demnach die Bedeutung: 36% = 748.
So werden in einem Prozentblatt mehrere Prozentwerte in die ihnen entsprechenden Prozentfelder eingetragen, und die Schüler haben die dazu passenden Grundwerte zu ermitteln.

Abb. 556:

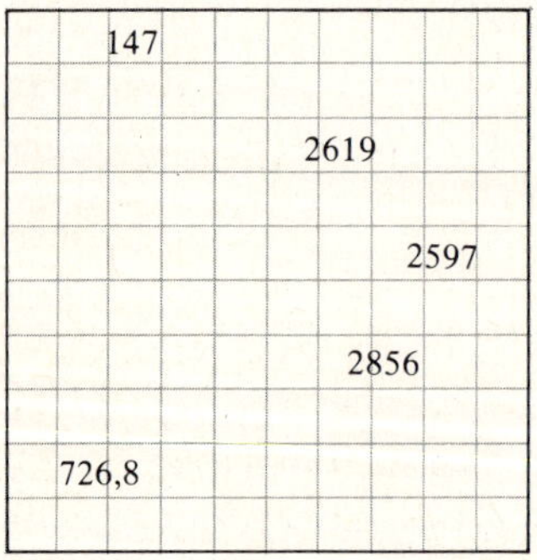

3% = 147;	100% = 4900
27% = 2619;	100% = 9700
49% = 2597;	100% = 5300
68% = 2856;	100% = 4200
92% = 726,7;	100% = 790

6.3.2 Prozentstrahl

Der Prozentstrahl bietet die Möglichkeit, Aufgabengruppen mit gleichem Prozentsatz zeichnerisch zu lösen, da über den einmal gezeichneten Strahl zu jedem auf der Rechtsachse ablesbaren Grundwert der entsprechende Prozentwert auf der Hochachse abgelesen werden kann. Selbstverständlich kann auch der umgekehrte Weg eingeschlagen werden.

6.3.2.1 Das Anlegen des Prozentstrahls

Der Schnittpunkt der Horizontal- und Vertikalachse bildet den Nullpunkt. Auf der 15 cm langen Rechtsachse werden die Grundwerte eingetragen. Anfangs empfiehlt sich, ebenso wie bei der Hochachse für die Prozentwerte, daß 1 mm dem Wert 1 entspricht.
Zur Erarbeitung der Kennzeichen sind einfache Zahlenverhältnisse zu wählen.
Es wird zunächst eine Wertetabelle für den gewünschten Prozentsatz (im Beispiel 60%) angelegt, wobei von verschiedenen Grundwerten ausgegangen wird.

Abb. 557:

60%

Gw	Pw
10	6
45	27
50	30
70	42
85	51
100	60
150	90

Auf der Rechtsachse werden die Grundwerte markiert und die zutreffenden Prozentwerte durch 6 mm, 27 mm, 30 mm, ... hohe Strecken gekennzeichnet. Die Endpunkte werden verbunden, der Prozentstrahl 60% ist gefunden.

Abb. 558:

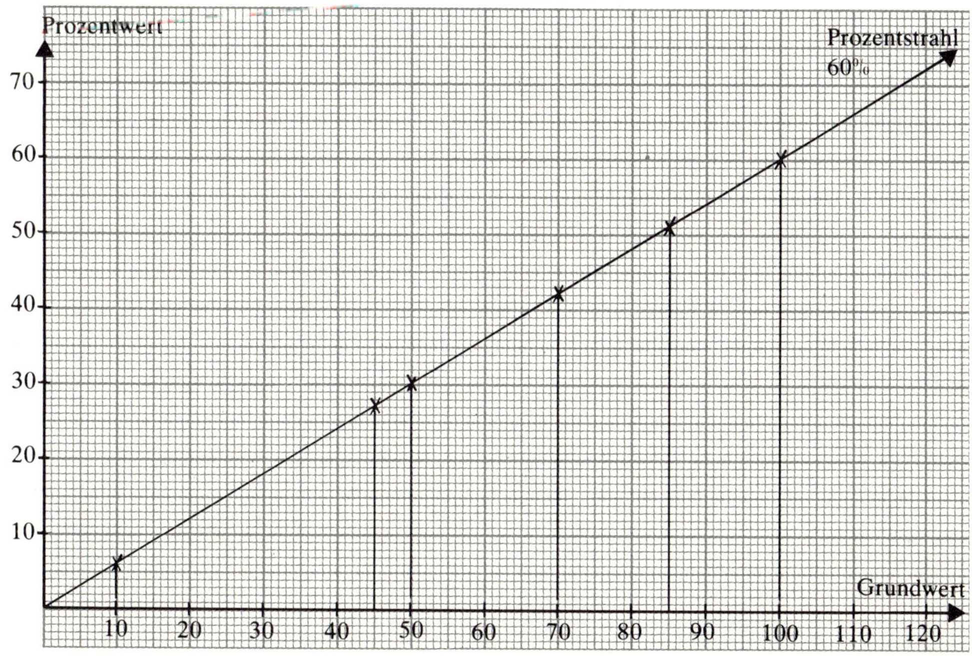

6.3.2.2 Ableseübungen am Prozentstrahl

Ist der Prozentstrahl gezeichnet, so lassen sich zwei Grundaufgaben vollziehen, das Ablesen des Prozentwertes bei gegebenem Grundwert und das Ablesen des Grundwertes bei gegebenem Prozentwert.
Im ersten Falle wird vom Grundwert senkrecht bis zum Prozentstrahl hochgegangen und mit Hilfe einer Parallele zur Rechtsachse durch den Schnittpunkt der Prozentwert ermittelt.
Ist der Grundwert gesucht, wird der entgegengesetzte Weg (Parallele zur Hochachse) gegangen.
In der Abbildung 559 sind durchgezogen mehrere Lösungen für die Ermittlung des Prozentwertes und gestrichelt solche für die des Grundwertes eingezeichnet. Der Prozentstrahl entspricht 80%.

Abb. 559:

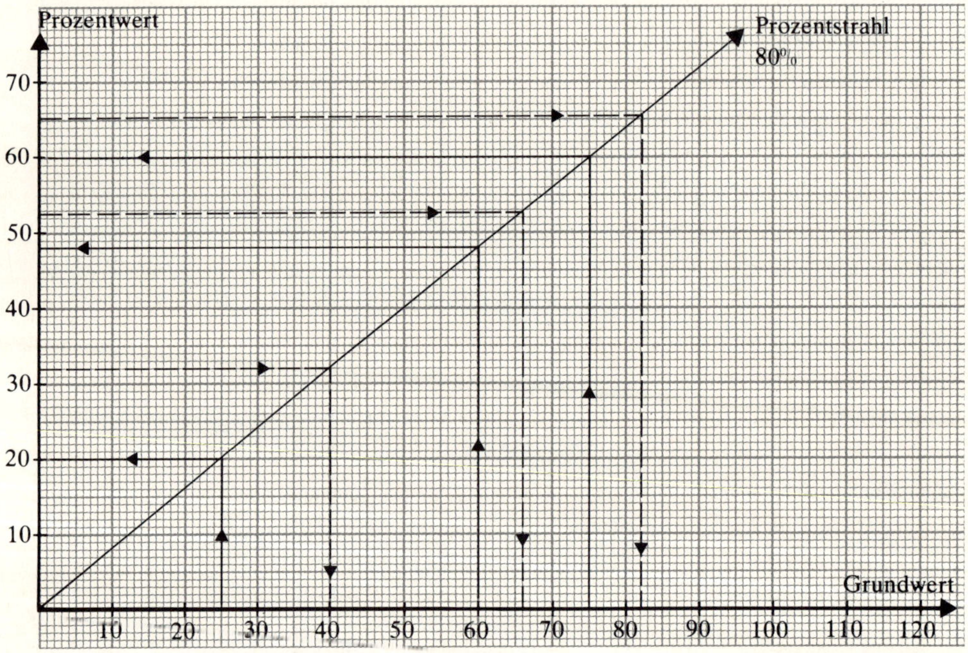

6.3.2.3 Lage verschiedener Prozentstrahlen zueinander

Müssen die Schüler mehrmals Prozentstrahlen selbst finden und zeichnen, so bemerken sie bald, daß *ein Wertepaar* zu dessen Erstellung ausreicht, da der betreffende Koordinatenpunkt nur mit dem Nullpunkt zu verbinden ist.
Läßt man mehrere Prozentstrahlen in ein Koordinatenfeld einzeichnen, so erkennen sie rasch: Je höher der Prozentsatz, desto steiler verläuft der Prozentstrahl.
Diese Erkenntnis ist ausführlich zu verbalisieren: Der Prozentstrahl für 80% verläuft oberhalb von 60%, aber unterhalb von 90%. Der Prozentstrahl von 120% steigt steiler an als der von 100%.

Abb. 560:

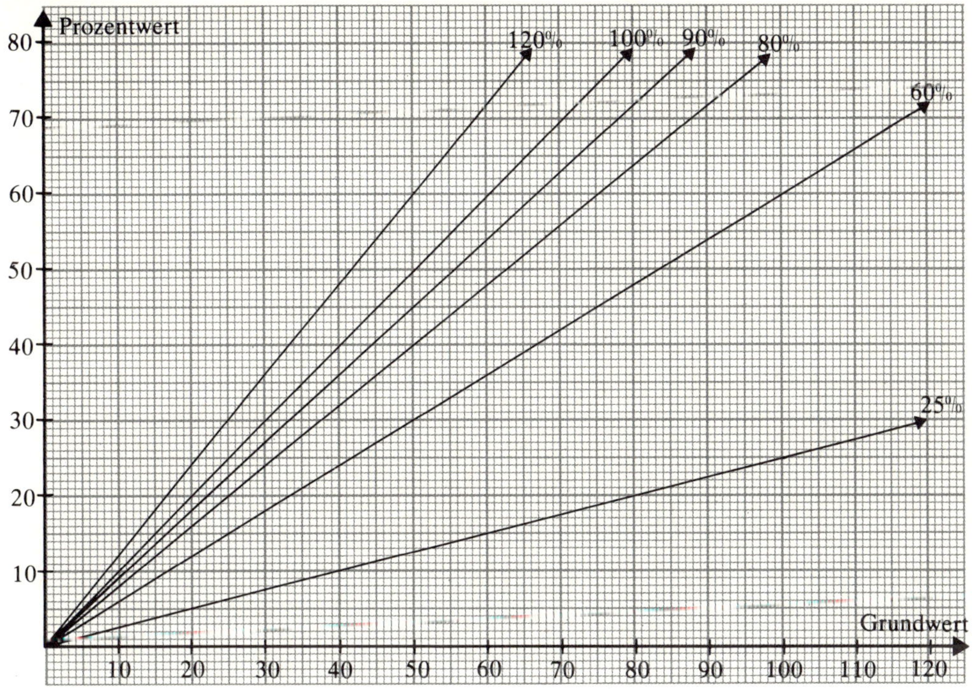

6.3.2.4 Das Ablesen des Prozentsatzes

Nicht nur Grundwert und Prozentwert, sondern auch der Prozentsatz läßt sich aus der Zeichnung bestimmen.

Gegeben:	Prozent-wert	Grund-wert	(Art der Kennzeichnung in Abb. 561–563)
a)	35	50	durchgezogene Linie
b)	12	60	gestrichelte Linie
c)	24	40	gepunktete Linie
d)	32	80	Punkt-Strich-Linie

Vorgehen: Im Koordinatenfeld werden die betreffenden Punkte (35 mm hoch/50 mm rechts; 12 mm hoch/60 mm rechts; . . .) gekennzeichnet und mit dem Nullpunkt verbunden. Der betreffende Prozentstrahl ist damit gefunden.

Abb. 561:

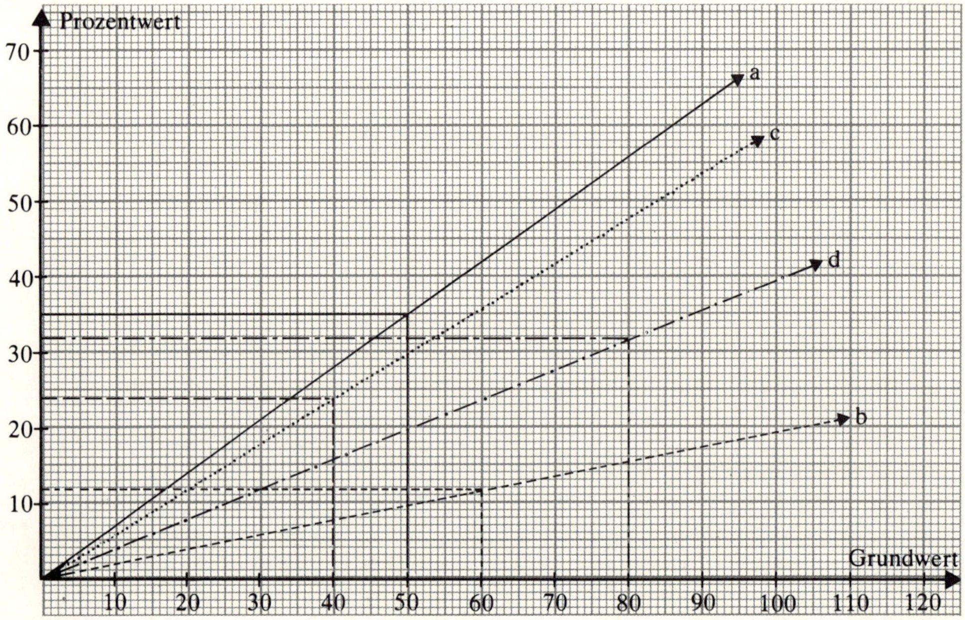

Rechnerisch werden dann die betreffenden Prozentsätze ermittelt.
a) 70% b) 20% c) 60% d) 40%

Bei jedem einzelnen Strahl werden nun durch die analoge Markierung die Punkte gekennzeichnet, bei denen auf einer der beiden Achsen der Wert 70 bzw. 20, 60 oder 40 erscheint.

Abb. 562:

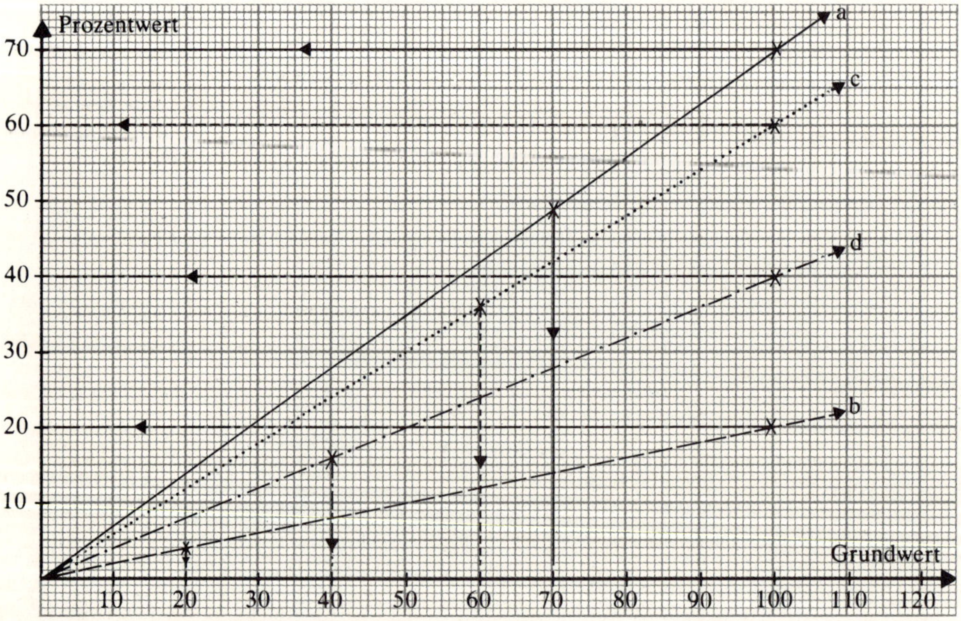

Durch Vergleich erkennen die Schüler, daß beim Grundwert 100 auf der Prozentwertachse (Hochachse) der Prozentsatz direkt abzulesen ist. Zur Verdeutlichung dieser Erkenntnis wird durch den 100-Punkt der Grundwertachse eine Parallele zur Prozentwertachse gezogen.

Abb. 563:

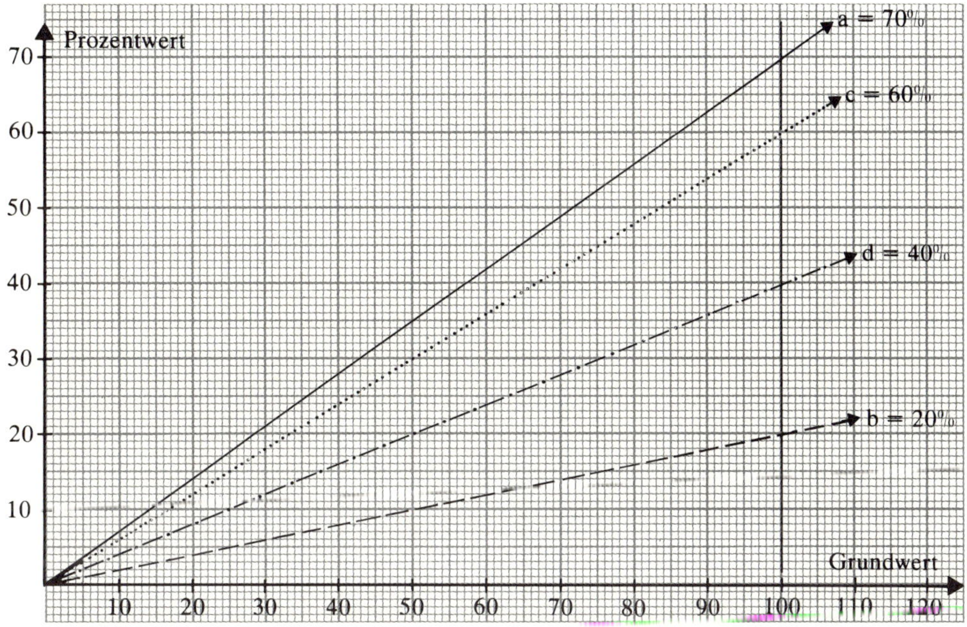

6.3.2.5 Verallgemeinerung

Die zeichnerische Lösung war bisher auf Grundwerte bis maximal 200 beschränkt. Durch größere Koordinatenfelder bzw. durch Maßstabsänderungen auf beiden Achsen lassen sich die erarbeiteten Erkenntnisse auch bei höheren Zahlen anwenden. Auf die Gefahr einer größeren Ungenauigkeit durch nicht mehr eindeutig zu bestimmende Werte ist hinzuweisen. Ist der Prozentsatz kleiner als 50%, so kann auf der Prozentwertachse der Maßstab doppelt so groß gewählt werden.

Abb. 564:

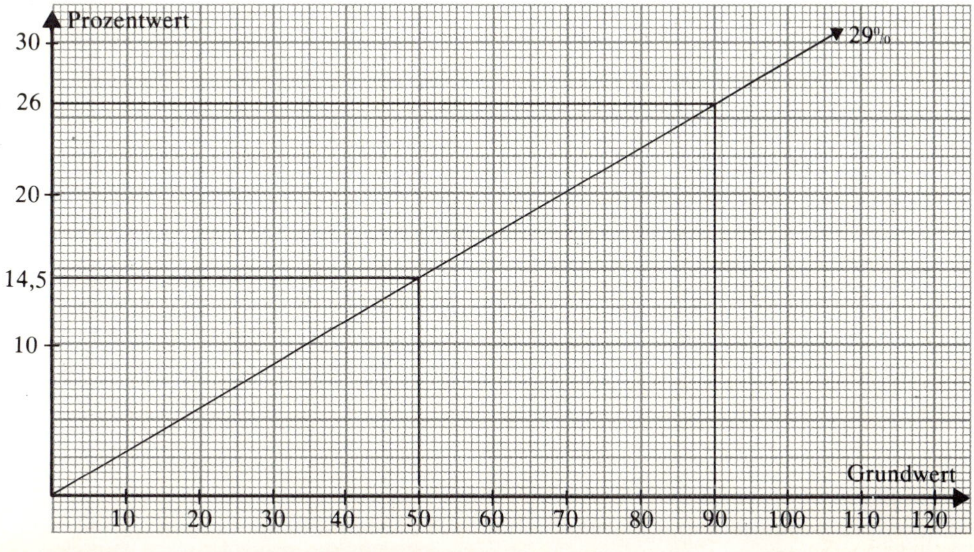

Will man auch Lösungen mit Dezimalen einbeziehen, so ist das Koordinatenfeld zu vergrößern, wozu sich z. B. Computerpapier von der Größe her eignet. Die Skalierung wird so vorgenommen, daß auf beiden Achsen bei 40 cm jeweils der Wert 100 eingetragen wird. Die Ableseungenauigkeit läßt sich dadurch auf ± 0,25% verringern.

6.3.3 Herausstellen mathematischer Zusammenhänge beim Prozentrechnen

6.3.3.1 Der Prozentwert als lineare Funktion des Grundwertes bei gleichbleibendem Prozentsatz

Die lineare Abhängigkeit des Prozentwertes vom Grundwert läßt sich vielfältig veranschaulichen.

– Tabelle:

Abb. 565:

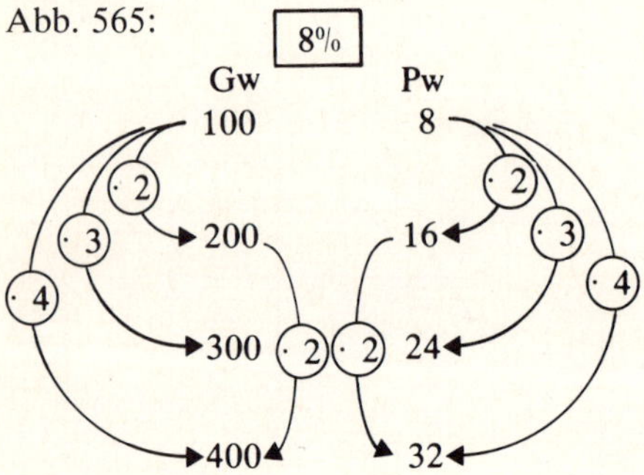

– Doppelleiter:

Abb. 566:

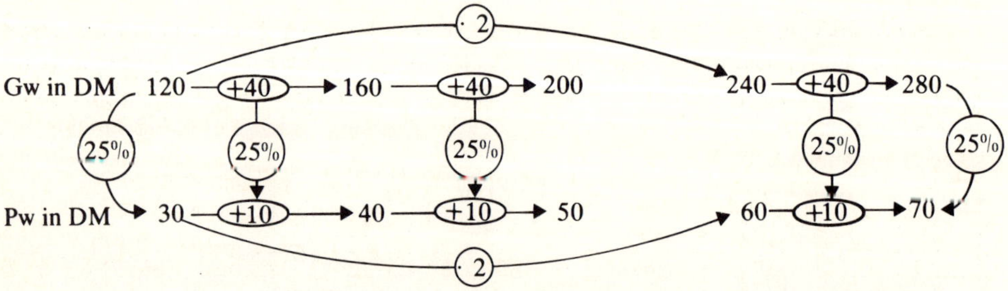

– Netzdarstellung mit Veränderungsoperator (⬡)

Abb. 567:

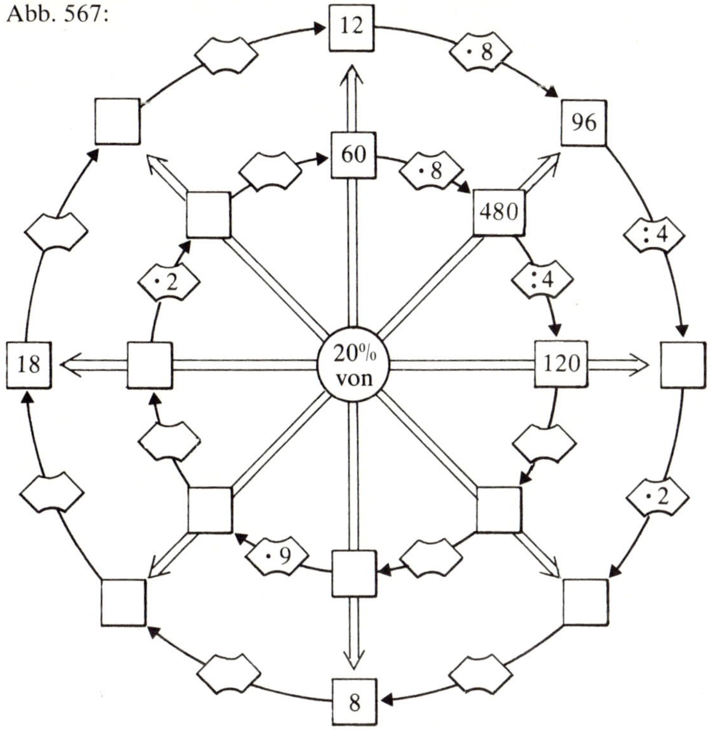

– Prozentstrahl (siehe Abb. 559, S. 306)

– Zeichnerische Darstellung:

In einem Rechteck oder Quadrat wird ein Prozentwert markiert. Das Rechteck (Quadrat) wird verdoppelt, verdreifacht, halbiert . . . und jeweils die Auswirkung auf den Prozentwert untersucht. Karopapier eignet sich hierzu vorzüglich, da die Karos ausgezählt werden können.

Abb. 568:

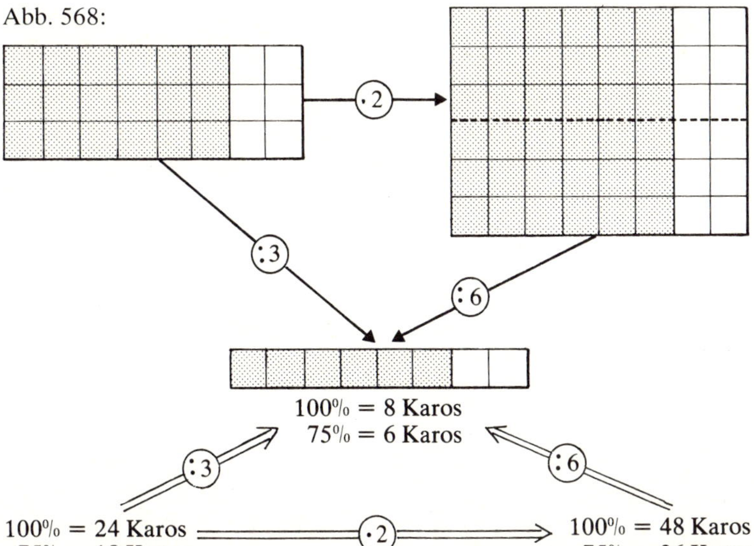

6.3.3.2 Der Prozentwert als lineare Funktion des Prozentsatzes bei gleichbleibendem Grundwert

Wird bei gleichbleibendem Grundwert der Prozentsatz verdoppelt, verdreifacht . . ., so erhöht sich analog auch der Prozentwert.

– Tabelle:

Abb. 569:

Gw = 800 DM

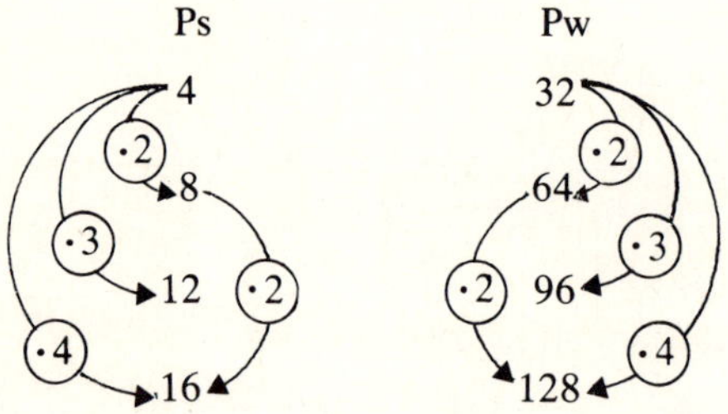

– Doppelleiter:

Abb. 570:

Gw = 1000 DM

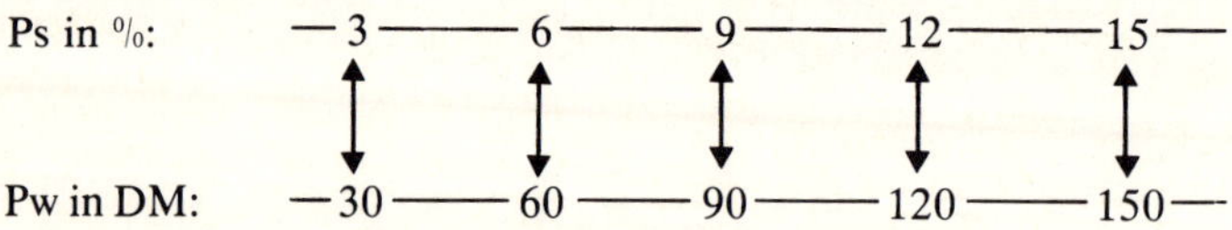

– Strahlendarstellung mit Veränderungsoperator ( )

Abb. 571:

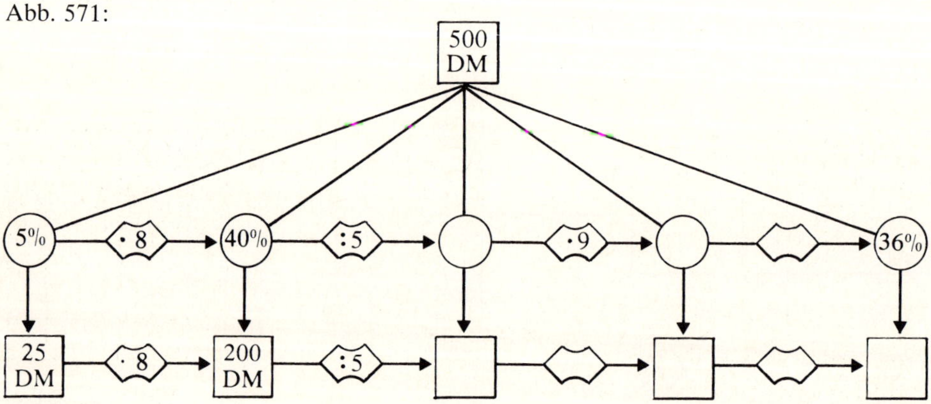

– Netz mit Berücksichtigung des Veränderungsoperators:

Abb. 572:

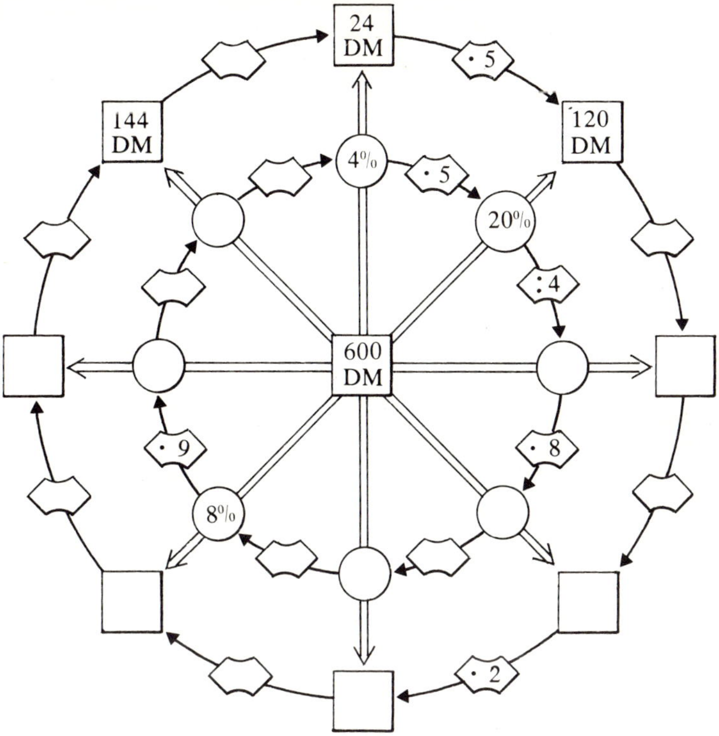

– Zeichnerische Darstellung:

In einer stets gleichbleibenden Grundfläche (Grundwert) werden die Prozentwerte eingetragen. Durch Vergleich der Prozentsätze und der Karozahl (Verwendung von Karopapier) wird die Gesetzmäßigkeit erkannt.

Abb. 573:

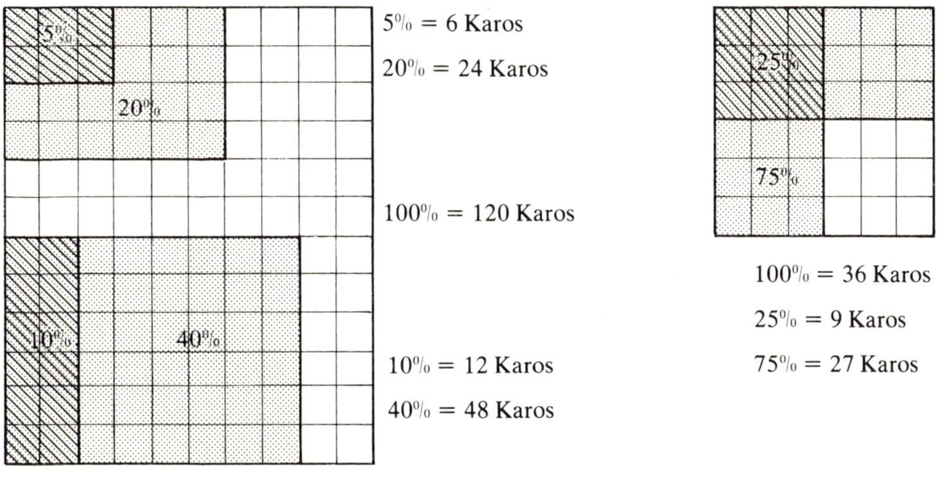

– Prozentstrahl:

Abb. 574:

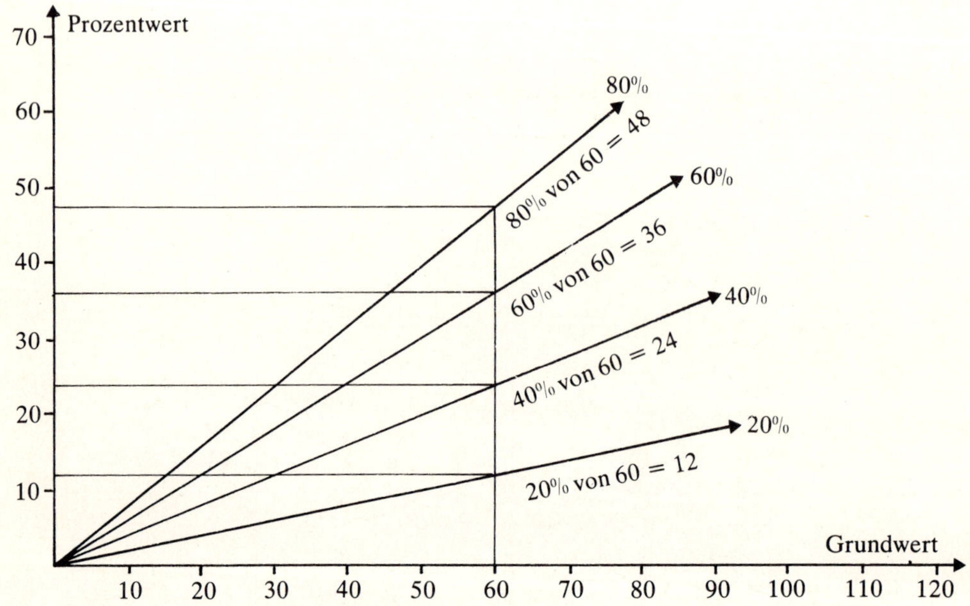

6.3.3.3 Die proportionale Abhängigkeit des Prozentsatzes vom Prozentwert bei gleichbleibendem Grundwert

Im Sinne der operativen Durchdringung wird dieses Lernziel in unmittelbarem Zusammenhang mit dem zuletzt genannten verwirklicht, da es sich um die Umkehrung der unter 6.3.3.2 genannten Gesetzmäßigkeit handelt. Bei der Aufgabe zur Netzdarstellung (Abb. 572) wurde z. B. dieser mathematische Zusammenhang bereits berücksichtigt.

6.3.3.4 Die indirekt proportionale Abhängigkeit des Prozentsatzes vom Grundwert bei gleichbleibendem Prozentwert

– Zeichnerische Darstellung:

Das Verhältnis einer gleichbleibenden Teilfläche zu unterschiedlich großen Gesamtflächen wird in Prozenten ausgedrückt. Die Schüler erkennen, daß eine Vergrößerung der Gesamtfläche eine Verkleinerung des Prozentsatzes zur Folge hat.

Abb. 575:

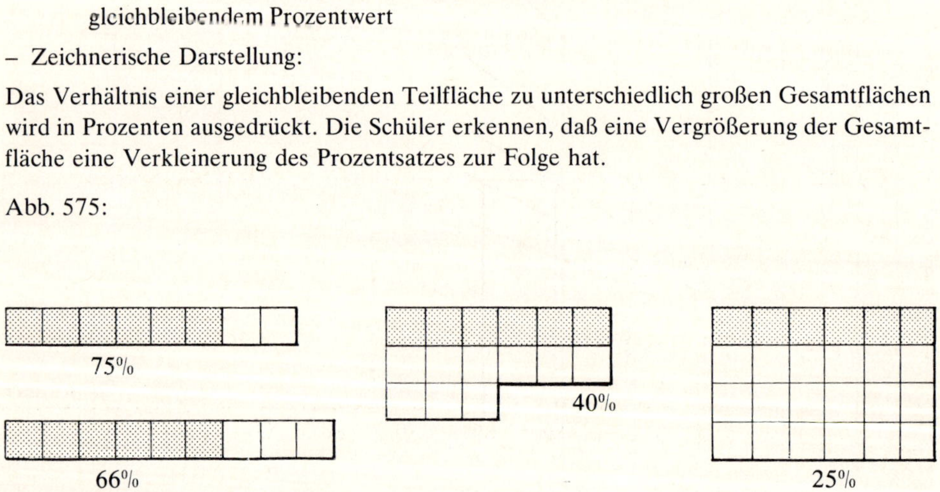

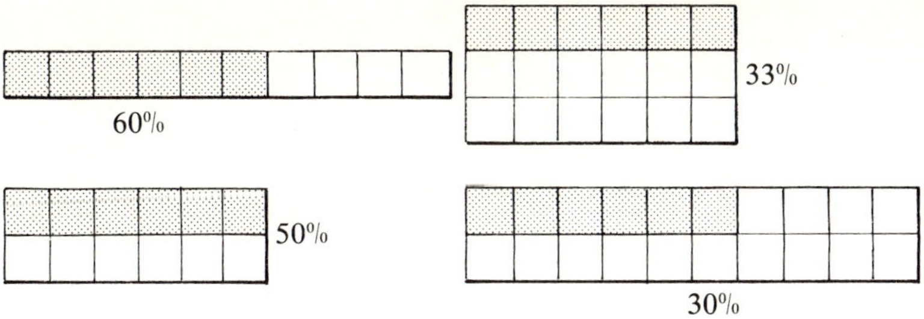

– Tabelle: Gw in DM Ps

Abb. 576:

Pw = 60 DM

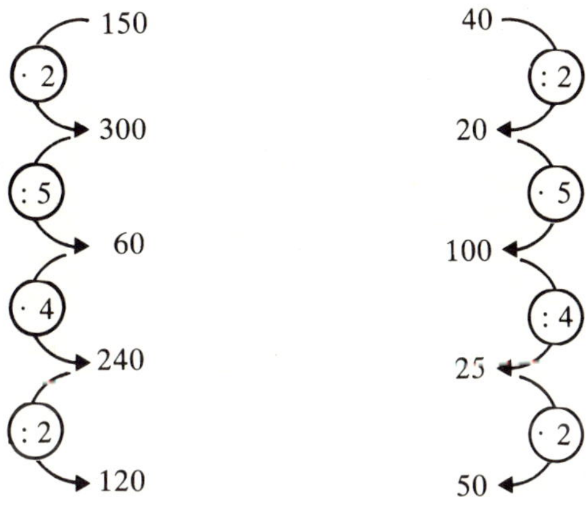

– Prozentstrahl:

Der flachere Verlauf des Prozentstrahls bei größerem Grundwert verdeutlicht die Verkleinerung des Prozentsatzes.

Abb. 577:

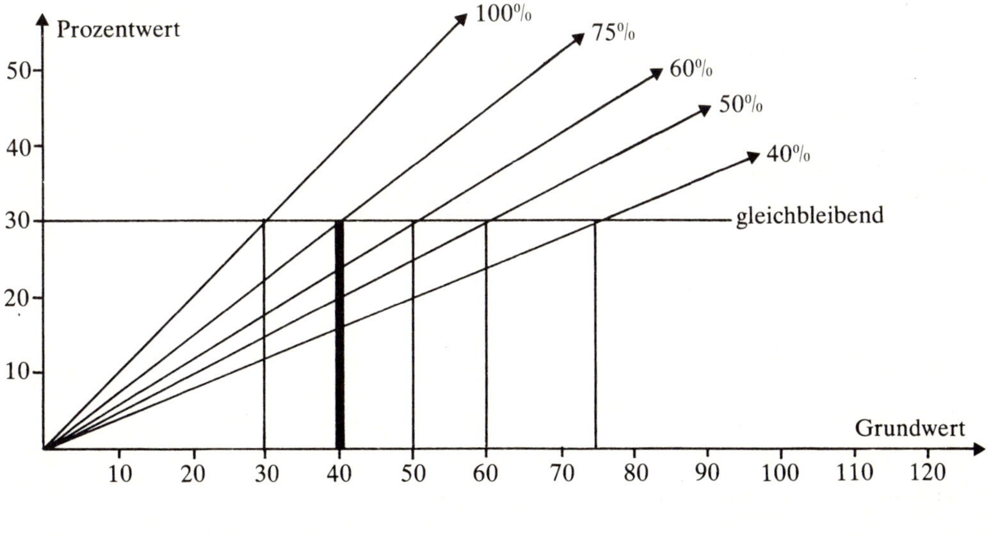

– Strahlendarstellung mit Veränderungsoperator ( )

Abb. 578:

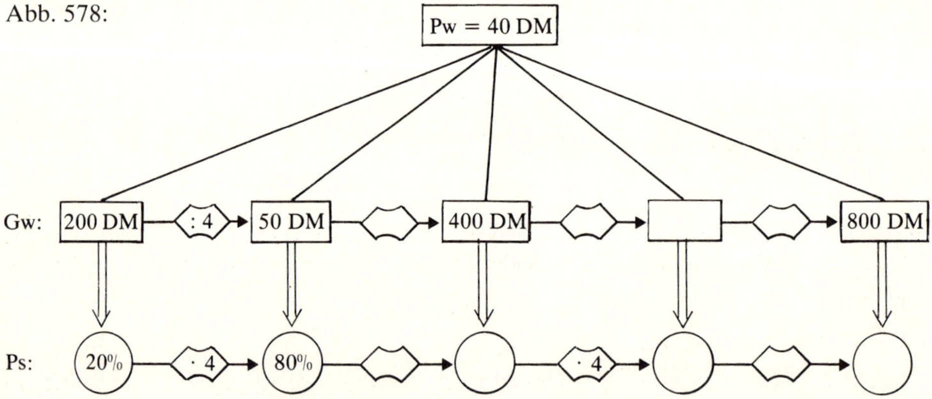

– Netz mit Berücksichtigung des Veränderungsoperators ( )

Abb. 579:

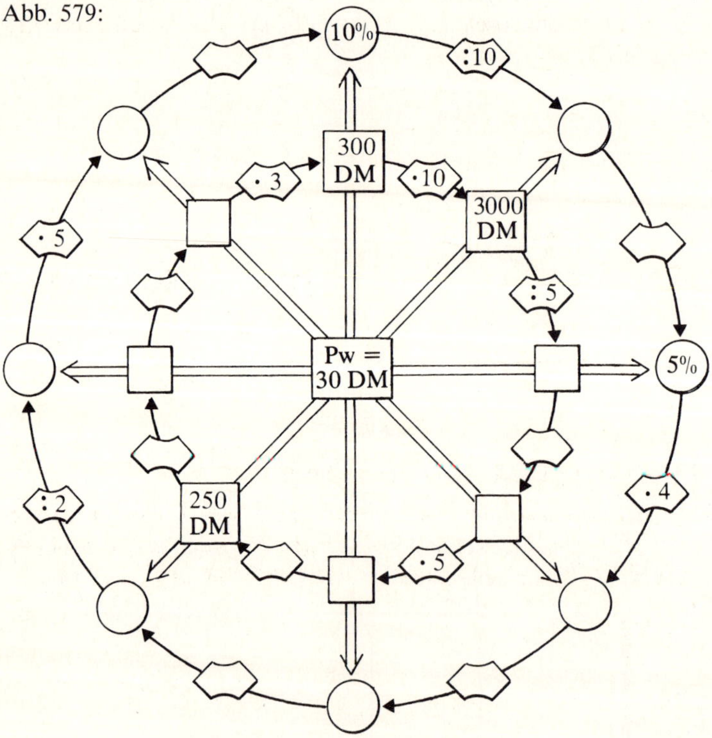

6.3.3.5 Steigungsaufgaben (siehe auch 8.4.3.2, S. 384)

Die direkte Proportionalität zwischen Prozentsatz und Prozentwert läßt sich auch bei Steigungsaufgaben verdeutlichen, da für die prozentuale Angabe als Grundwert stets 100 m angesetzt werden. Je größer der Höhenunterschied, desto größer ist auch die Steigung.

Abb. 580:

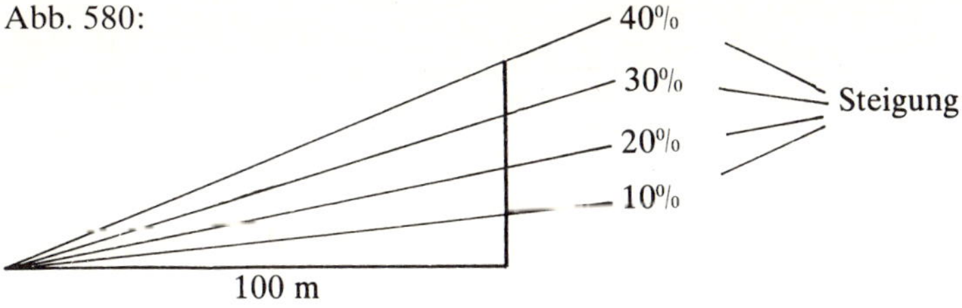

Bei Steigungsaufgaben ist zu beachten, daß sich die Längenangabe (250 m; 1 km; . . .) nicht auf die zu fahrende Strecke bezieht, sondern auf den waagrechten Schenkel des gedachten Steigungswinkels.

Mögliche Aufgabenstellungen:

- Höhenunterschied zwischen Beginn und Ende der Steigung berechnen, wenn die Länge und die Steigung gegeben sind
- Steigung berechnen bei bekannter Grundlänge und gegebenem Höhenunterschied
- Steigungsdreieck zeichnen lassen, Messen des Steigungswinkels
- Zeichnerisch Steigung ermitteln bei vorgegebenem Steigungswinkel
- Prozentuale Steigung berechnen bei längenmäßig bekannter Grundlinie und geradliniger Steigung. Die Lösung erfolgt zeichnerisch über die Konstruktion eines rechtwinkligen Dreiecks.

Abb. 581:

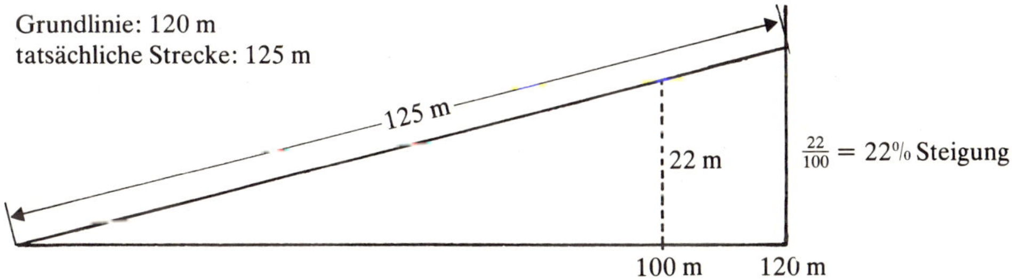

6.3.3.6 Gültigkeit des Distributivgesetzes beim Prozentrechnen

Durch die Gleichstellung des Prozentsatzes mit einem Bruchoperator kann dieser nach dem Distributivgesetz auch zerlegt werden. Dieser additive Zusammenhang, der vor allem für das Kopf- und Überschlagsrechnen von Bedeutung ist, darf nicht unbeachtet bleiben.

Zwei Aspekte sind zu berücksichtigen:

- Ausklammern:

Abb. 582:

13% von 600 kg =	19% von 800 DM =
10% von 600 kg = 60 kg	20% von 800 DM = 160 DM
(+) 3% von 600 kg = 18 kg (+)	(−) 1% von 800 DM = 8 DM (−)
13% von 600 kg = 78 kg	19% von 800 DM = 152 DM

– Ausmultiplizieren:

Abb. 583:

13% von 1200 DM = 156 DM
7% von 1200 DM = 84 DM
20% von 1200 DM = 240 DM

Treppenförmig aufgebaute Übungssequenzen verdeutlichen den Schülern die durch Anwendung dieser Gesetzmäßigkeit zu erzielenden Rechenvorteile.

Abb. 584:

8% von 900 DM = 72 DM
5% von 900 DM = 45 DM
13% = 117 DM
18% = 162 DM
31% = 279 DM
49% = 441 DM
80% = 720 DM

6.3.4 Prozentuale Zuschläge und Abzüge

Vor allem im kaufmännischen Bereich (Gewinn, Verlust, Preisaufschlag, Preisnachlaß) wird mit prozentualen Zuschlägen oder Abzügen gerechnet. Zwei Lösungsmöglichkeiten bieten sich an:

6.3.4.1 Gesonderte Berechnung des Zuschlags/Abzugs

Der prozentuale Zuschlag/Abzug wird gesondert berechnet und zum Grundwert addiert bzw. davon abgezogen.

Aufgabe: Berechne den Endpreis eines Radiorecorders, der netto 350 DM kostet. Die Mehrwertsteuer beträgt derzeit 13%.

Abb. 585:

Lösung:

Nettopreis:		350 DM
Mehrwertsteuer: 13% v. 350 DM	=	49,50 DM
Endpreis:		395,50 DM

Aufgabe: Im Zuge eines Räumungsverkaufes werden Jeans um 30% billiger abgegeben. Renate sucht sich eine aus, die ursprünglich 64 DM kostete.

Abb. 586:

Lösung:

ursprünglicher Preis:	64 DM
Abzug: 30% von 64 DM =	– 19,20 DM
jetziger Preis:	44,80 DM

6.3.4.2 Berechnung des erhöhten/verminderten Grundwertes

Der Endpreis kann auch direkt errechnet werden, wenn der prozentuale Zuschlag oder Abzug zu den 100% des Grundwertes addiert bzw. davon abgezogen wird.

Zeichnerische Lösung der obigen Aufgaben:

Abb. 587:

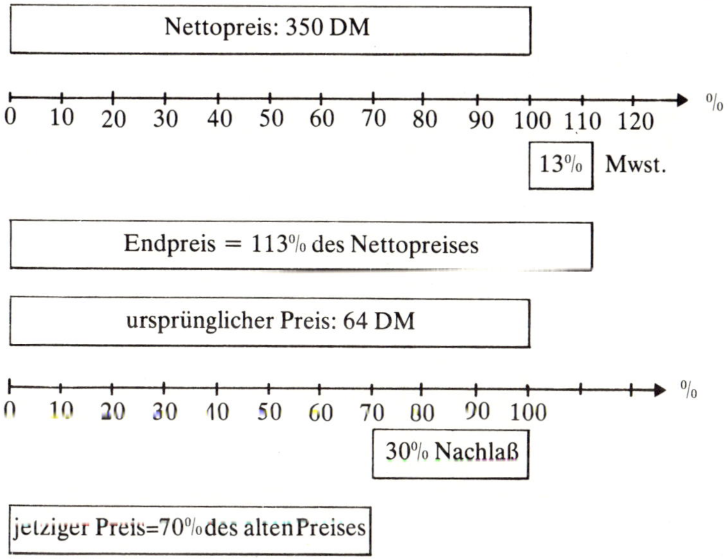

6.3.4.3 Vergleich der beiden Lösungswege durch Gegenüberstellung

Abb. 588:

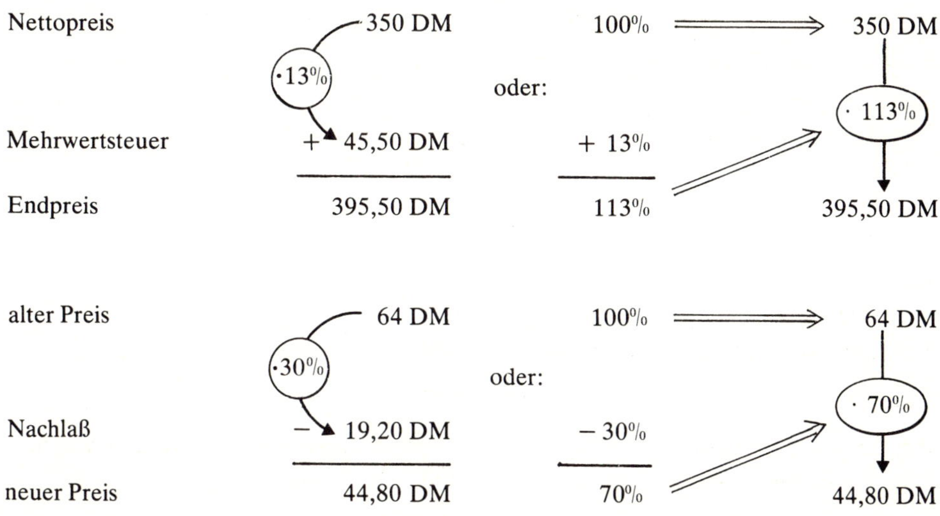

6.3.5 Rechnen mit Promille

In manchen Bereichen (Versicherungen, Bausparkassen . . .) wird eine feinere Unterteilung als Prozent benötigt. Hier rechnet man mit *Promille.*

1 Promille $= \frac{1}{1000} = 1‰ = \frac{1}{10}\%$

Die Grundaufgaben gleichen denen des Prozentrechnens (siehe 6.2, S. 293 ff.). Anstelle des Prozentoperators wird ein Promilleoperator verwandt.

Abb. 589:

Enzustand gesucht:

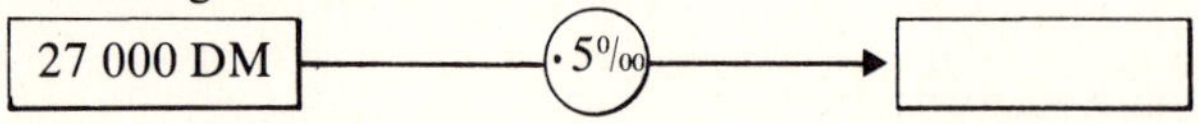

Anfangszustand gesucht:

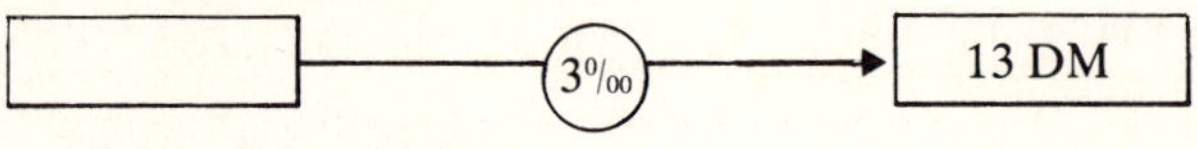

Promilleoperator gesucht:

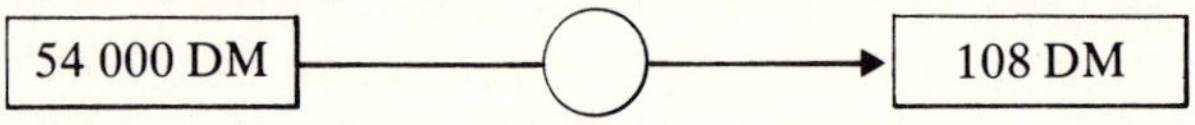

6.4 Zinsrechnen

6.4.1 Zinsrechnen als angewandtes Prozentrechnen

6.4.1.1 Begriffsklärungen

Der Begriff Zinsen gehört heute zwar zum allgemeinen Wortschatz, doch sollte man auf eine ausführliche Klärung der Zusammenhänge nicht verzichten. Viele grundlegende Begriffe und Erkenntnisse lassen sich meist schon aufgrund der Schüleräußerungen erarbeiten.

Abb. 590:

Beispiele möglicher Schüleräußerungen	anfallende Erklärungen
– Für mein Geld auf dem Sparbuch bekomme ich Zinsen.	Zinsen sind Leihgebühren
– Wenn ich mir Geld von der Bank borge, muß ich Zinsen bezahlen.	Zinsen sind Leihgebühren
– Je mehr Geld ich auf dem Sparbuch habe (ich mir leihe), desto mehr Zinsen fallen an.	Begriff Kapital Abhängigkeit Kapital – Zinsen
– Die Höhe der Zinsen werden von der Bank festgelegt.	Begriff: Zinssatz Zinssatz wird in % angegeben
– Je höher der Zinssatz, desto mehr Zinsen erhalte ich.	Abhängigkeit Zinssatz-Zinsen
– Es gibt verschieden hohe Zinssätze.	Langfristig angelegtes Geld bringt höhere Zinsen
– Die Zinsen werden mehr, wenn das Geld länger bei der Bank bleibt.	Abhängigkeit Zinsen – Zeit; Zinseszins

6.4.1.2 Gegenüberstellung Zinsrechnen – Prozentrechnen

Anhand einer einfachen Grundaufgabe (jährliche Zinsen gesucht) werden die Parallelen zwischen Zinsrechnung und Prozentrechnung erarbeitet.
Aufgabe: Fritz spart für ein Moped. Er bringt 180 DM zur Bank und erhält 4% Zinsen.

Abb. 591:

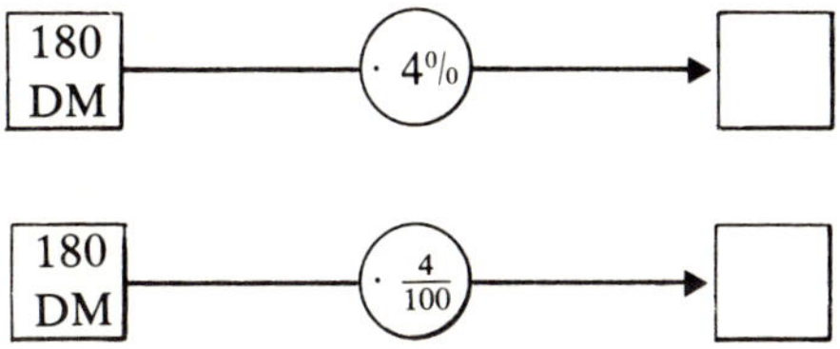

In dieser Form der Darstellung erkennen die Schüler meist sofort eine Grundaufgabe des Prozentrechnens, so daß ihnen die Gegenüberstellung keine Schwierigkeiten bereitet.

Abb. 592:

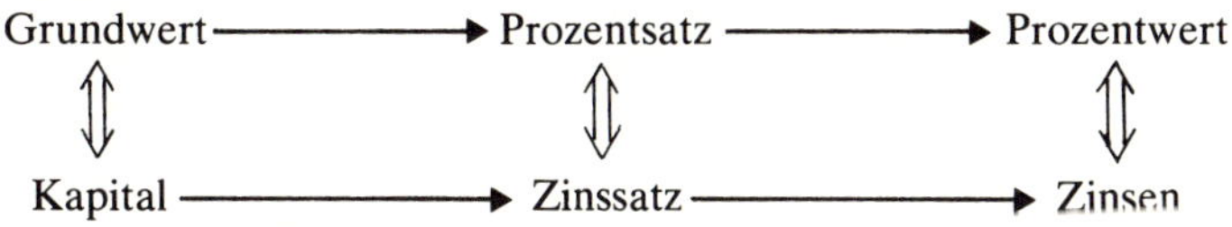

6.4.1.3 Die direkte Berechnung des vermehrten Kapitals

Das vermehrte Kapital kann auch direkt ohne vorherige Ermittlung der Jahreszinsen berechnet werden. Wird der Zinssatz als prozentualer Zuschlag (siehe 6.3.4, s. 318f.) zum Kapital betrachtet, so eröffnet sich folgender Lösungsweg:

Abb. 593:

	a)	b)	c)
Kapital:	3200 DM	4300 DM	6850 DM
Zinssatz:	3,5%	5%	6%

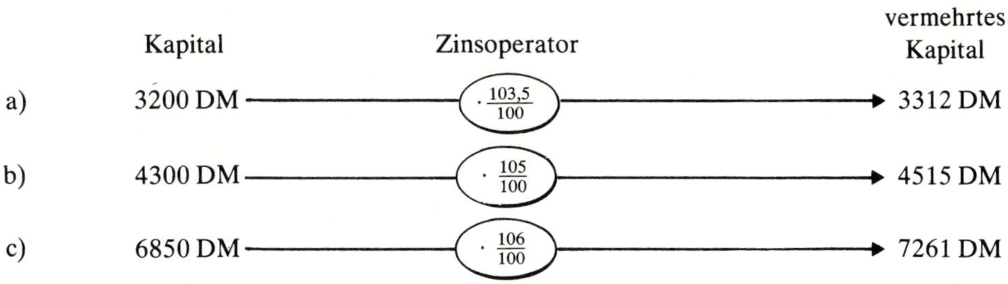

6.4.1.4 Das Anfangskapital ist gesucht

Sind die Zinsen und der Zinssatz gegeben, so läßt sich die Aufgabe wie die analoge Grundaufgabe beim Prozentrechnen lösen (siehe 6.2.4.3, S. 302).

Abb. 594:

	a)	b)	c)
Zinsen in DM	28	217,5	25,60
Zinssatz	5%	2,5%	8%

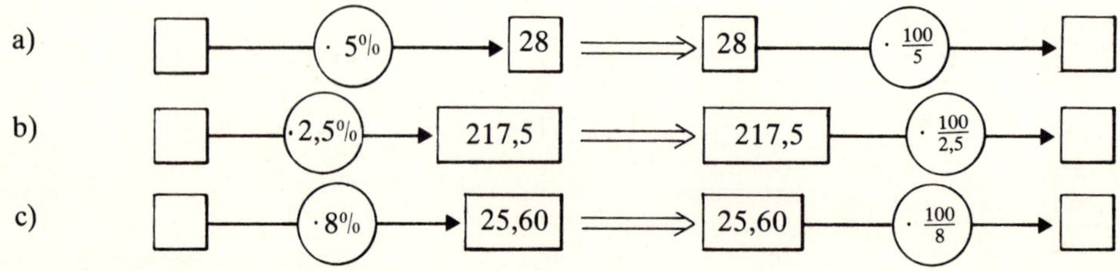

Sind vermehrtes Endkapital und Zinssatz gegeben, ist die Umkehrung zu dem unter 6.4.1.3 genannten Lösungsweg zu wählen.

Abb. 595:

	a)	b)	c)
vermehrtes Kapital in DM	535,60	8307	5668
Zinssatz	3%	6,5%	9%

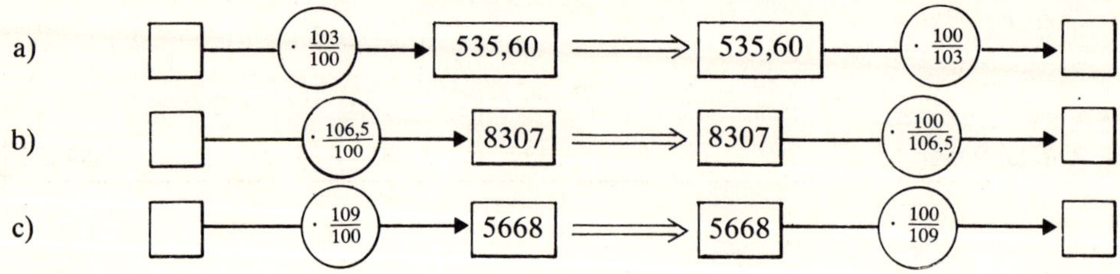

6.4.1.5 Zinssatz gesucht

Analog zu 6.2.1.10 (S. 297) läßt sich der Zinssatz berechnen, wenn Kapital und Zinsen gegeben sind.

Abb. 596:

	a)	b)	c)
Kapital in DM:	4500	3870	920
Zinsen in DM:	135	174,15	46

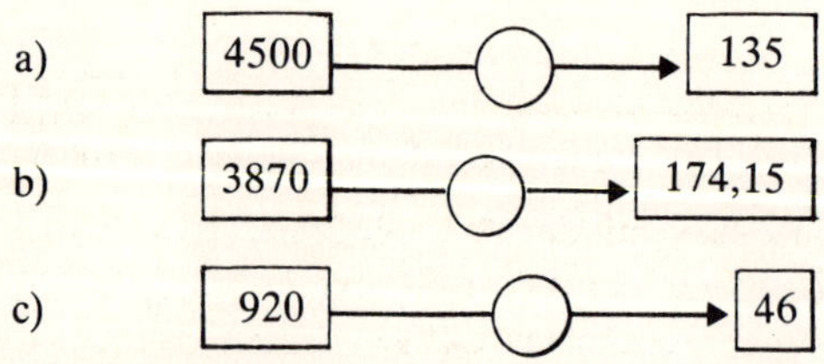

Nr: $\frac{135}{4500} = 0{,}03 \Longrightarrow 3\%$

$\frac{174{,}15}{3870} = 0{,}045 \Longrightarrow 4{,}5\%$

$\frac{46}{920} = 0{,}05 \Longrightarrow 5\%$

Aus End- und Anfangskapital läßt sich der Zinssatz analog zu 6.4.1.3 ermitteln.

Abb. 597:	a)	b)	c)
vermehrtes Kapital in DM:	4347	397,80	63 220
Anfangskapital in DM:	4200	390	58 000

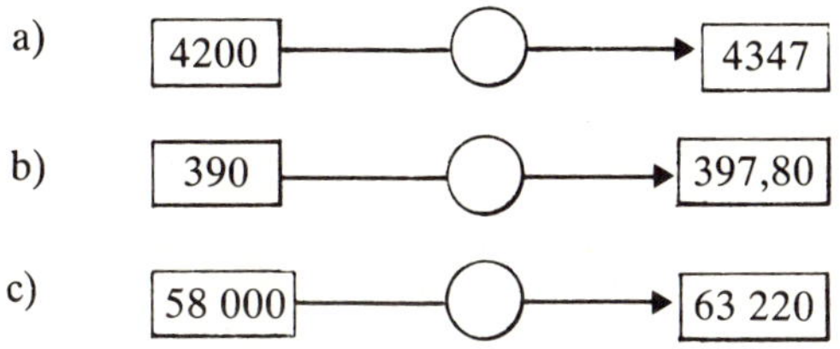

NR: $\frac{4347}{4200} = 1{,}035 = \frac{103{,}5}{100} \Longrightarrow 3{,}5\%$

$\frac{397{,}80}{390} = 1{,}02 = \frac{102}{100} \Longrightarrow 2\%$

$\frac{63220}{5800} = 1{,}09 = \frac{109}{100} \Longrightarrow 9\%$

Die aufgezeigten Lösungswege brauchen nicht isoliert für sich erarbeitet zu werden, da dem Schüler vom Prozentrechnen her das Prinzip der Umkehraufgabe geläufig sein müßte. Tabellen, die die Berechnung verschiedener Größen erfordern, fördern das operative Denken und beugen einem Lösen nach festgelegten Schablonen vor.

Abb. 598 (aus Zahl und Form 8, S. 31):

Übertrage die Tabelle in dein Heft und berechne die fehlenden Größen!

Kapital (DM)	1150	768		1430				980
Zinssatz in %	5		6		4		3	
Zinsen (DM)		30,72	35,40			247,50	732	
Vermehrtes Kapital (DM)				1487,20	5200	4747,50		1004,50

6.4.2 Die Zeit als vierte Variable

6.4.2.1 Zinsberechnung bei mehrjährigen Laufzeiten ohne Berücksichtigung der Zinseszinsen

Aufgabe: Herr Gruber vereinbart mit seiner Bank, daß er seine 8500 DM vier Jahre lang nicht abhebt. Ihm wird deshalb ein Zinssatz von 8,5% gewährt. Um wieviel erhöht sich Herrn Grubers Kapital in 4 Jahren?

Abb. 599:

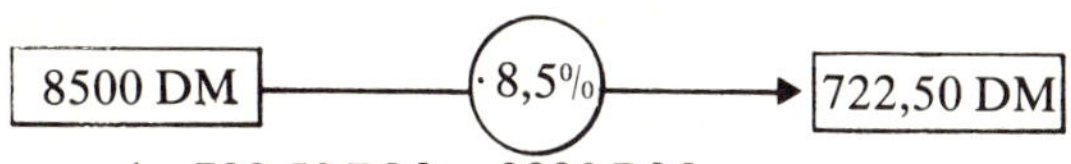

4 · 722,50 DM = 2890 DM

oder:

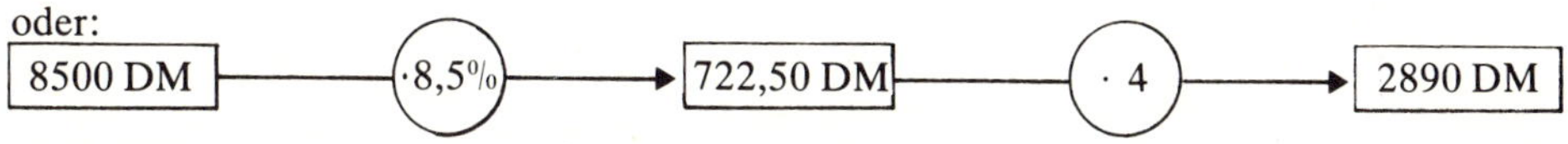

Die Schüler werden von sich aus die jährlichen Zinsen mit der Zahl der Jahre vervielfachen und so erfahren, daß die Zeitangabe multiplikativ mit den Jahreszinsen zu verknüpfen ist, daß die Zahl der Jahre als Multiplikationsoperator auf die Jahreszinsen wirkt.

6.4.2.2 Monate als Zinszeit

Zunächst werden monatliche Zinszeiten gewählt, die sich als überschaubare Brüche des Jahres darstellen lassen, so daß sich an der gewonnenen Erkenntnis „Jahreszinsen mal Zahl der Jahre“ nichts ändert.

Abb. 600:

6 Monate = $\frac{1}{2}$ Jahr
3 Monate = $\frac{1}{4}$ Jahr
9 Monate = $\frac{3}{4}$ Jahr
4 Monate = $\frac{1}{3}$ Jahr
1 Monat = $\frac{1}{12}$ Jahr

Aufgabe: Herr Monda hebt nach einem halben Jahr seine 3400 DM ab. Wieviel Zinsen erhält er bei einem Zinssatz von 4,5%?

Abb. 601:

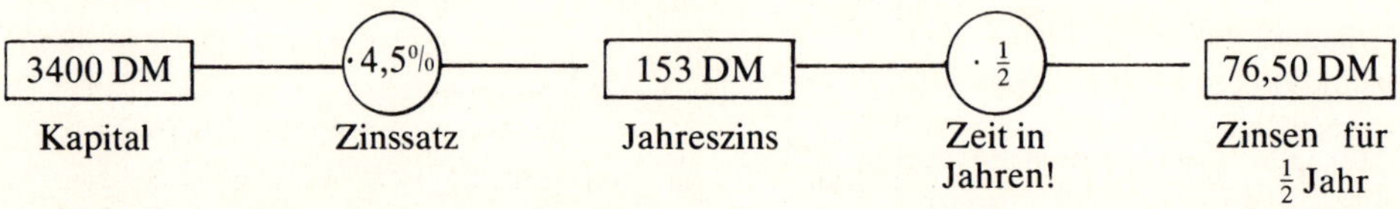

6.4.2.3 Tage als Zinszeit

Haben die Schüler erkannt, daß Zinszeiten stets auf das Jahr zu beziehen sind, wird ihnen auch die Notation von Zinstagen in bezug auf das Zinsjahr gelingen.
Sie sind darauf hinzuweisen, daß das Zinsjahr mit 360 Tagen (12 Monate mit jeweils 30 Zinstagen) anzusetzen ist.

Abb. 602:

157 Tage = $\frac{157}{360}$ Jahr
263 Tage = $\frac{263}{360}$ Jahr
458 Tage = $\frac{458}{360}$ Jahr

Diese Darstellung der Zeit ermöglicht es, auch bei Tagen als Zinszeit die Operatorschreibweise anzuwenden.

Abb. 603:

	a)	b)	c)
Kapital in DM:	4300	8700	1250
Zinssatz	3%	6%	4%
Zinszeit in Tagen:	158	259	27

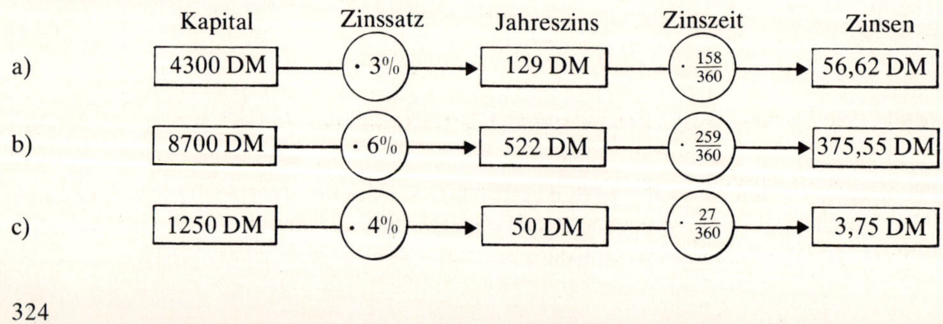

6.4.2.4 Berechnung der Zinstage

Bei der Berechnung der Zinstage unterscheiden Banken zwischen Soll- und Habenzinsen. Bei Kreditzinsen wird der Auszahlungs- und der Rückzahlungstag mitgerechnet, bei Sparkonten dagegen der Einzahlungstag nicht berücksichtigt. Jeder volle Monat wird mit 30 Tagen angesetzt.
Auf diese Unterscheidung muß sinnvollerweise seit der Lehrplanreform nicht mehr eingegangen werden. Der erste Tag wird grundsätzlich nicht mehr mitgerechnet.

Abb. 604:

	a)	b)	c)
Einzahlungstag:	13. März	3. April	27. Februar
Auszahlungstag:	27. November	9. Juli	3. Dezember

a) März: 17 Tage
April – Oktober: 210 Tage (7 Monate)
November + 27 Tage
= 254 Tage

b) April: 27 Tage
Mai–Juni: 60 Tage
Juli: + 9 Tage
= 96 Tage

c) Februar: 3 Tage
März–November: 270 Tage
Dezember: + 3 Tage
= 276 Tage

Diese Aufschlüsselung läßt sich vermeiden, wenn die Monate und die Tage des Einzahlungsdatums jeweils für sich von denen des Auszahlungsdatums subtrahiert werden. Ist bei den Tagen eine Subtraktion nicht möglich, wird beim Auszahlungstag ein Monat in 30 Tage verwandelt.

Abb. 605:

	a) Monate	a) Tage	b) Monate	b) Tage
Auszahlungstag:	11	27	7	9
Einzahlungstag:	3	13	4	3
Zinszeit:	8	14	3	6
	= 254 Tage		= 96 Tage	

c)	Monate	Tage		Monate	Tage
Auszahlungstag:	12	3	=>	11	33
Einzahlungstag:	2	27		2	27
				9	6
				= 276 Tage	

6.4.3 Grundaufgaben des Zinsrechnens bei Berücksichtigung der Zeit

6.4.3.1 Darstellung des Gesamtzusammenhangs

Das Beziehungsgeflecht zwischen Kapital, Zinssatz, Zeit und Zinsen läßt sich in Form eines Baumdiagramms übersichtlich darstellen.

Abb. 606:

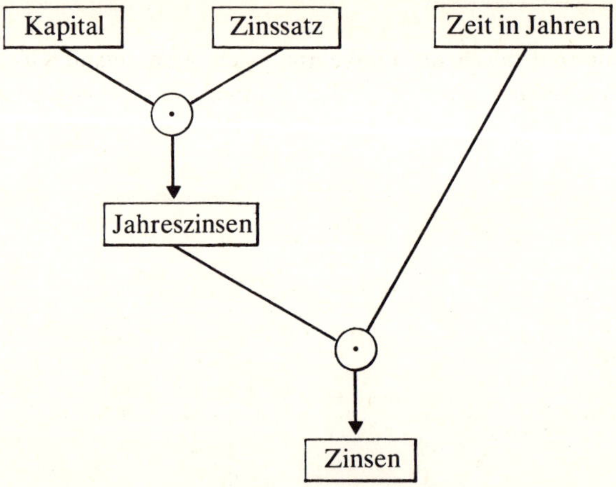

Die zentrale Stellung der Jahreszinsen verdeutlicht die folgende Darstellung.

Abb. 607: (aus Wolf-Lehrplan Mathematik 8, S. 9)

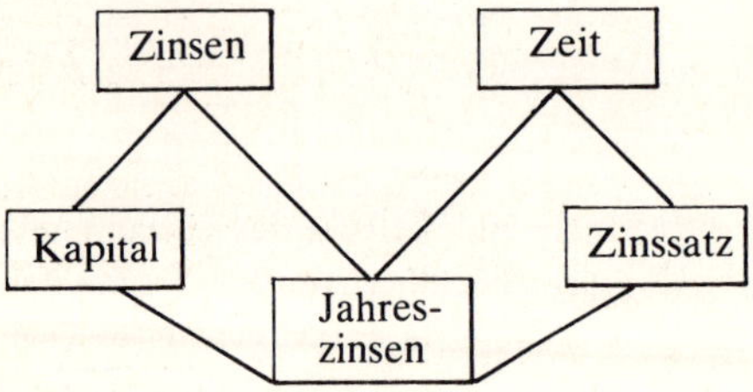

Allen Berechnungen legt man zweckmäßigerweise die Operatordarstellung zugrunde. Davon ausgehend läßt sich mit Hilfe von Umkehroperatoren bei gegebenen Zinsen jeder Wert ermitteln.

Abb. 608:

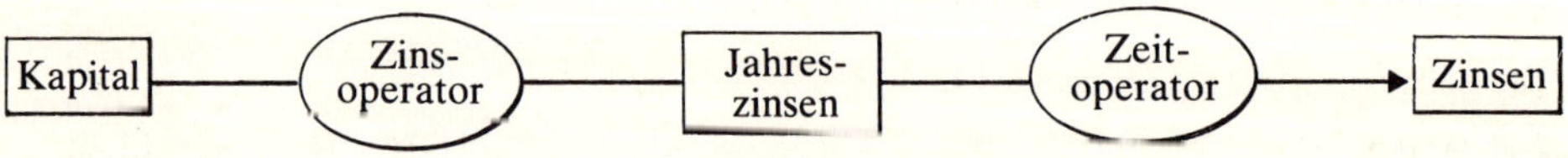

6.4.3.2 Zinsen gesucht

Da Zinssatz und Zeit als Operatoren aufgefaßt werden, besteht auch die Möglichkeit der Verknüpfung dieser beiden Angaben.

Abb. 609:

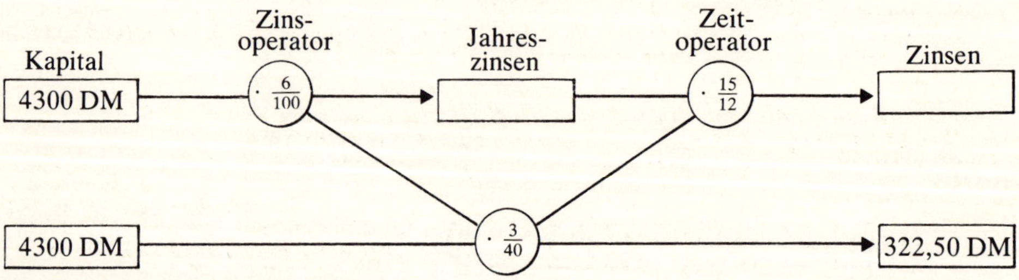

6.4.3.3 Kapital gesucht

Das Anfangskapital läßt sich durch die Umkehrung des oben genannten Lösungsweges errechnen. Von den Zahlen hängt es ab, ob die Verkürzung der Operatorkette sinnvoll ist.

Abb. 610:	a)	b)
Zinsen in DM:	564	904,05
Zinssatz:	4%	7,5%
Zeit:	18 Mon.	574 Tage

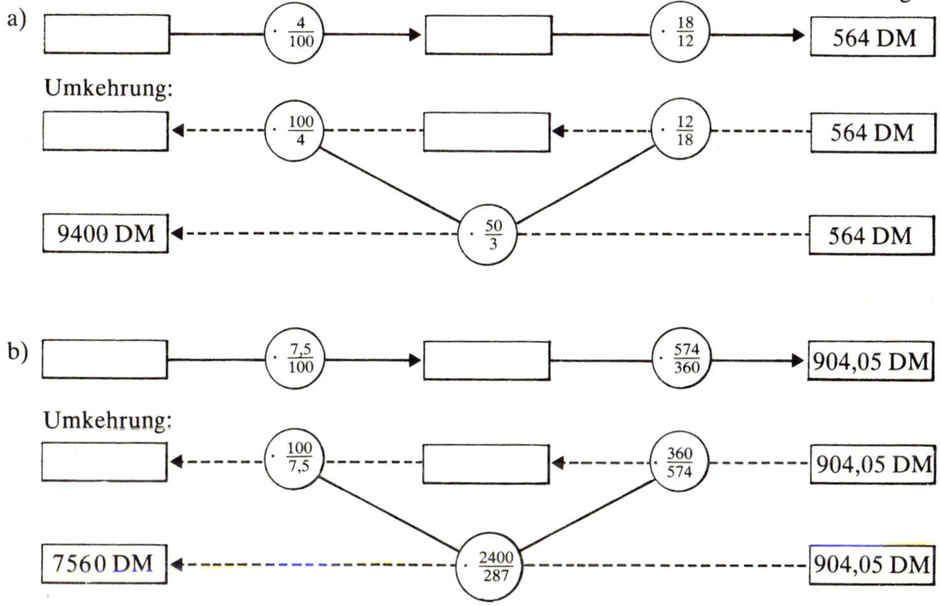

6.4.3.4 Zinssatz gesucht

Man berechnet zunächst mit dem Zeitumkehroperator die Jahreszinsen, um dann entsprechend 6.4.1.5 (S. 322 f.) den Zinssatz zu ermitteln.

Abb. 611:	a)	b)
Kapital in DM:	840	7200
Zinsen in DM:	78,40	307,20
Zeit:	28 Monate	256 Tage

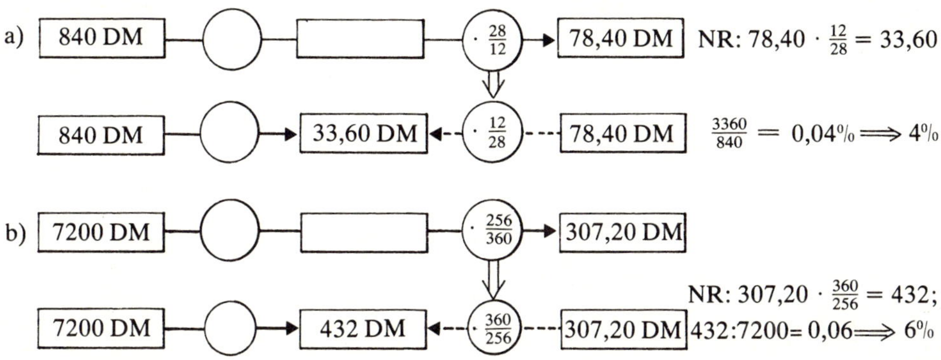

6.4.3.5 Zeit gesucht

Zunächst sind die Jahreszinsen zu berechnen. Aus dem Verhältnis „Tatsächliche Zinsen : Jahreszinsen“ läßt sich die Zeit als Bruchteil eines Jahres ermitteln. Es ist sinnvoll, nur mit Monaten zu rechnen, so daß der Bruch auf $\frac{}{12}$ erweitert oder gekürzt werden kann.

Abb. 612:

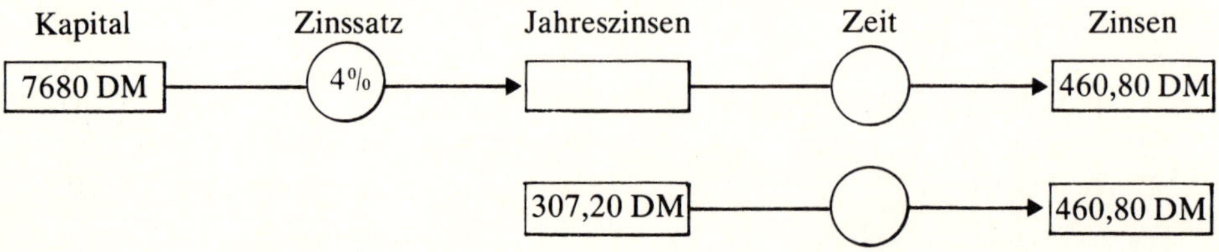

NR: $\frac{460,80}{307,20} = 1,5 = \frac{1,5}{1} \cdot \frac{12}{12} = \frac{18}{12}$;

$\frac{18}{12}$ Jahre = 18 Monate

6.4.4 Rechnen mit Zinstabellen

Das Rechnen mit Zinstabellen ist in den amtlichen Lehrplänen nicht mehr vorgesehen. Da aber z. B. die Zinseszinstafel bei Banken und Sparkassen immer noch Verwendung findet, ist es zu rechtfertigen, daß die Schüler die Arbeitsweise mit dieser Tabelle kennenlernen.

6.4.4.1 Zinseszinstafel

Beim einführenden Gespräch über den Begriff Zinsen taucht mit größter Wahrscheinlichkeit auch der Begriff „Zinseszins“ auf. Viele Schüler haben davon nur eine vage Vorstellung, so daß eine ausführliche Besprechung dieses Ausdruckes sinnvoll erscheint, da dabei auch elementare Zusammenhänge unseres Bankwesens zur Sprache gebracht werden können.
An einigen Beispielen soll dann durch Gegenüberstellung die Bedeutung des Zinseszins für Sparer bewußt gemacht werden.

Aufgabe: 25 000 DM sind zu 9% für 5 Jahre angelegt. Berechne die Zinsen mit und ohne Berücksichtigung der Zinseszinsen!

Abb. 613:

Kapital nach 5 Jahren ohne Zinseszins:

25 000 DM · 0,09 = 2250 DM
2250 DM · 5 = 11 250 DM
25 000 DM + 11 250 DM = 36 250 DM

Kapital nach 5 Jahren mit Zinseszins:

nach 1 Jahr:	25 000	· 1,09	=	27 250	DM
nach 2 Jahren:	27 250	· 1,09	=	29 702,50	DM
nach 3 Jahren:	29 702,50	· 1,09	=	32 375,73	DM
nach 4 Jahren:	32 375,73	· 1,09	=	35 289,55	DM
nach 5 Jahren:	35 289,55	· 1,09	=	38 465,61	DM

Differenz:
38 465,61 DM
− 36 250,00 DM
2215,61 DM

Haben die Schüler das Prinzip der Berechnung der Zinseszinsen verstanden, kann man sie mit einer Zinseszinstafel arbeiten lassen.

Abb. 614:

Nach	erhält man für 100 DM Kapital bei einem Zinssatz von						
Jahren	3%	$3\frac{1}{2}$%	4%	5%	6%	7%	8%
1	103,00	103,50	104,00	105,00	106,00	107,00	108,00
2	106,09	107,12	108,16	110,25	112,36	114,49	116,64
3	109,27	110,87	112,49	115,76	119,10	122,50	125,97
4	112,55	114,75	116,99	121,55	126,25	131,08	136,05
5	115,93	118,77	121,67	127,43	133,82	140,26	146,93
6	119,41	122,93	126,53	134,01	141,85	150,07	158,69
7	122,99	127,23	131,59	140,71	150,36	160,58	171,38
8	126,67	131,68	136,86	147,75	159,38	171,82	185,09
9	130,48	136,29	142,33	155,13	168,95	183,85	199,90
10	134,39	141,06	148,02	162,89	179,08	196,72	215,89

Sie zeigt an, wie ein Kapital von 100 DM bei verschiedenen Zinssätzen im Laufe der Jahre wächst.

Abb. 615:

Beispiel: Kapital: 1200 DM
Zinssatz: 6%
Zeit: 7 Jahre

Der Multiplikator ist laut Tabelle 150,36 pro 100 DM.
Kapital nach 7 Jahren: $\frac{1200}{100}$ DM · 150,36 = 1804,32 DM

6.4.4.2 Zinsdivisorentabelle

Zur Ermittlung der Tageszinsen bediente man sich vor Einführung der Datenverarbeitung einer Zinsdivisorentabelle. Man errechnet damit die Zinsen, indem man das Kapital mit der Zahl der Zinstage multipliziert und den Produktwert durch den dem Zinssatz entsprechenden Divisor teilt.

Abb. 616:

Zinssatz	Divisor	Zinssatz	Divisor
$\frac{1}{2}$%	72 000	6%	6000
1%	36 000	7%	5143
$1\frac{1}{2}$%	24 000	8%	4500
2%	18 000	9%	4000
3%	12 000	10%	3600
4%	9000	12%	3000
5%	7200	15%	2400

Beispiel:

Kapital: 20 000 DM
Zeit: 80 Tage
Zinssatz: 5%
Zinsdivisor von 5% : 7200

Zinsen nach 80 Tagen: $\frac{20\,000\text{ DM} \cdot 80}{7200} = 222{,}22\text{ DM}$

7. Funktionale Abhängigkeiten

7.1 Arten der Zuordnung

Die in der wissenschaftlichen Mathematik schon lange zentralen Begriffe Zuordnung und Funktion haben erst seit der Reform der Hauptschulmathematik Eingang in die Volksschule gefunden. Viele Lehrkräfte denken mit Schrecken an Funktionsdarstellungen im Gymnasium, ohne zu beachten, daß ein Großteil aller in der Volksschule geforderten mathematischen Operationen funktionale Zusammenhänge und Abhängigkeiten ausdrücken.

7.1.1 Begriffsbestimmungen

7.1.1.1 Zuordnung

Jede Zusammenstellung von Werten zweier Größenbereiche zu Wertepaaren stellt eine Zuordnung dar, da jedem Wert des einen Bereiches ein Wert des zweiten Bereiches entspricht. Die Zuordnung kann willkürlich oder nach einer bestimmten Vorschrift erfolgen.

7.1.1.2 Abbildung (Funktion)

„Der Abbildungs- bzw. Funktionsbegriff könnte zu einem exemplarischen Begriff werden, zu einer Leitidee, welche weite Teile des Mathematikunterrichts in der Hauptschule durchzieht. ... Unter einer Abbildung versteht man eine Vorschrift, die jedem Element einer Menge A (Definitionsbereich) genau ein Element einer Menge B (Wertebereich) zuordnet. Wenn die Elemente des Wertebereichs Zahlen sind, so spricht man insbesondere von einer Funktion" (Bauer/Maier in Barsig, W. u. a., 1979, S. 19).

7.1.2 Empirische Zuordnungen

7.1.2.1 Kennzeichen

Nicht gesetzmäßige Abhängigkeiten begegnen uns im Alltag häufig als empirisch ermittelte oder beliebig festgesetzte Werte, die einem anderen Wert zugeordnet werden.

7.1.2.2 Beispiele, auch aus dem nichtzahligen Bereich

Abb. 617:

Sachbereich	Definitionsbereich	Wertebereich
Fiebermessen	Uhrzeit	Temperatur
Wetterbeobachtung	Uhrzeit/Datum	Temperatur Luftdruck Luftfeuchtigkeit
Notengebung	Punkte/Fehler	Note
Briefbeförderung	Gewicht	Gebühr
Paketbeförderung	Gewicht/Entfernung	Gebühr
Bahnfahrt	Entfernung	Fahrpreis
Wettrennen	Namen der Starter	Reihenfolge des Einlaufs
Sitzplatzverlosung in der Klasse	Nummer des Sitzplatzes	Name des Kindes
Zugreservierung	Sitzplatznummer	Name des Fahrgastes
Gruppeneinteilung	Gruppe	Kinder

7.1.2.3 Darstellungsformen

Zuordnungen lassen sich verschieden darstellen. Die mathematische Bedeutung und die Möglichkeiten unterrichtlicher Auswertung solcher grafischer Darstellungen werden ausführlich unter 7.2.5 (S. 347) erläutert.

– Tabelle:

Die einfachste Art der Notation stellt die Tabelle dar, in der die zusammengehörigen Werte neben- oder untereinander notiert werden.

Abb. 618:

Zulässige Höchstgeschwindigkeit überschritten um		Bußgeld	Punkte
bis zu	15 km/h	40 DM	
	20 km/h	60 DM	1
	25 km/h	100 DM	3
	30 km/h	150 DM	3
	40 km/h	200 DM	3 (4 innerhalb geschlossener Ortschaften)
	50 km/h	300 DM	4
	60 km/h	400 DM	4

– Kurvendiagramm:

Fieberwerte, Wetterbeobachtungswerte, Geschäftsverlauf u. ä. werden häufig in Form eines Kurvendiagramms aufgezeichnet. Zur genaueren Kennzeichnung empfiehlt sich bei dieser und auch bei einigen der folgenden Formen die Verwendung von Millimeterpapier.

Abb. 619:

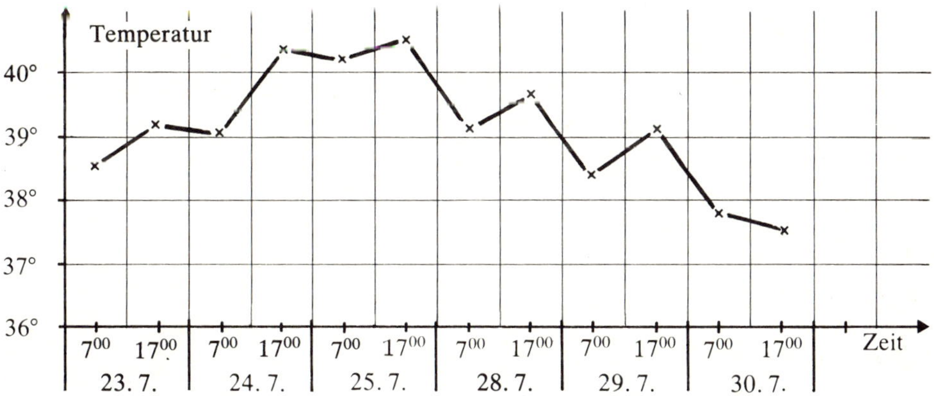

– Strichzuordnungen:

Bei dieser Art der Darstellung sind die Elemente des Definitions- und des Wertebereichs bereits geordnet vorgegeben. Die Wertepaare werden durch Strichverbindungen hervorgehoben.

Abb. 620:

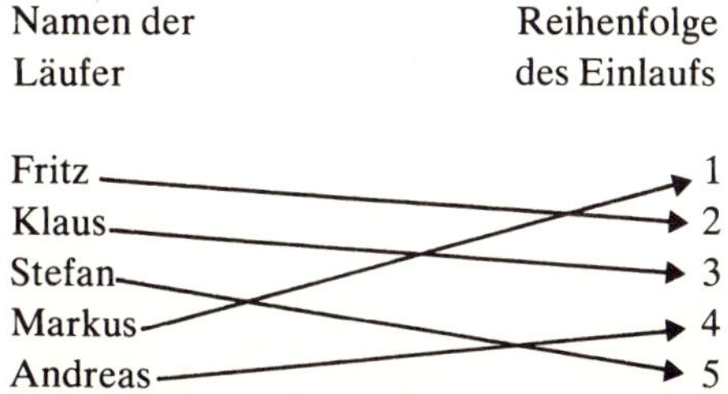

– Pfeilbild:

Bei Tarifen und Gebühren wird jeweils ein Wert einem größeren Gewichts- oder Entfernungsbereich zugeordnet.

Abb. 621:

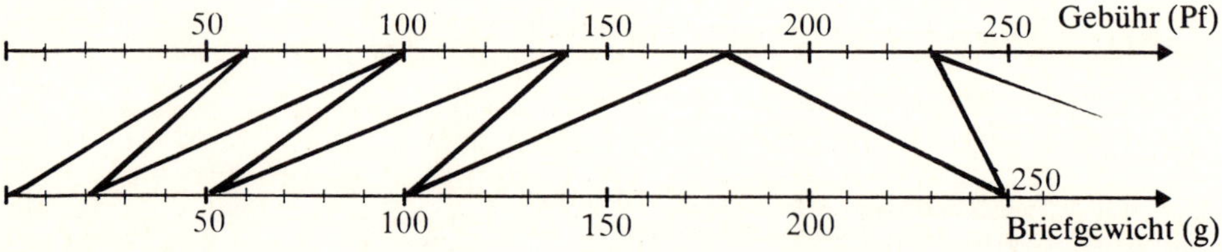

Das Pfeilbild läßt sich vereinfachen, wenn jeweils nur für die Höchstwerte die Zuordnungen vorgenommen werden.

Abb. 622:

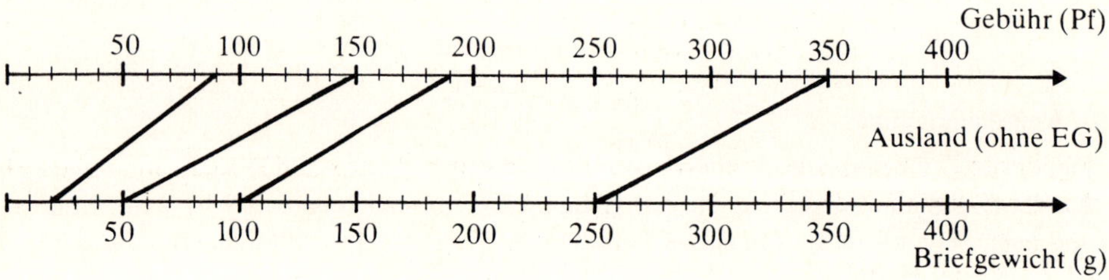

– Gitternetz:

Bei dieser Variante des Pfeilbildes werden die beiden Geraden mit den einander zuzuordnenden Werten nicht parallel, sondern senkrecht zueinander angeordnet.

Abb. 623:

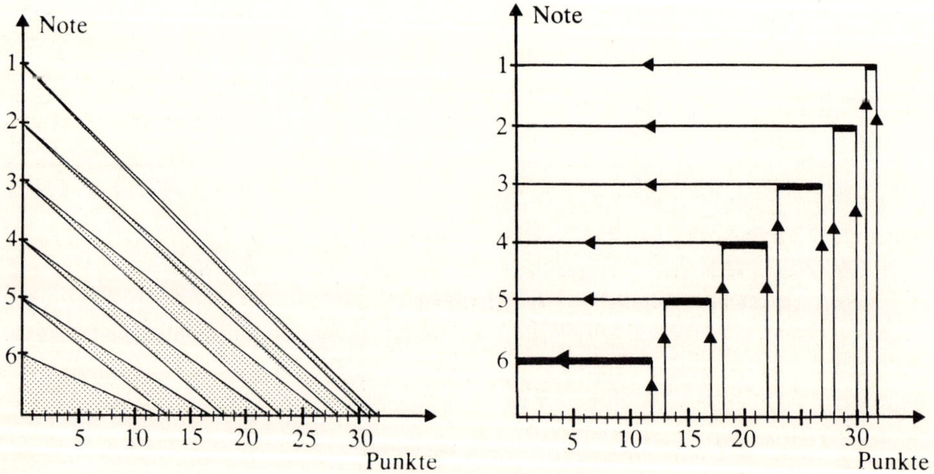

7.1.3 Proportionale Zuordnungen

7.1.3.1 Kennzeichen

Bei einer proportionalen Zuordnung bleibt der Quotient der Werte stets gleich. Wird die unabhängige Variable z. B. verfünffacht (halbiert, . . .) so verändert sich auch der Wert der abhängigen Variablen auf das Fünffache (die Hälfte . . .).

7.1.3.2 Darstellung des Zusammenhangs mit Operatoren

Abb. 624:

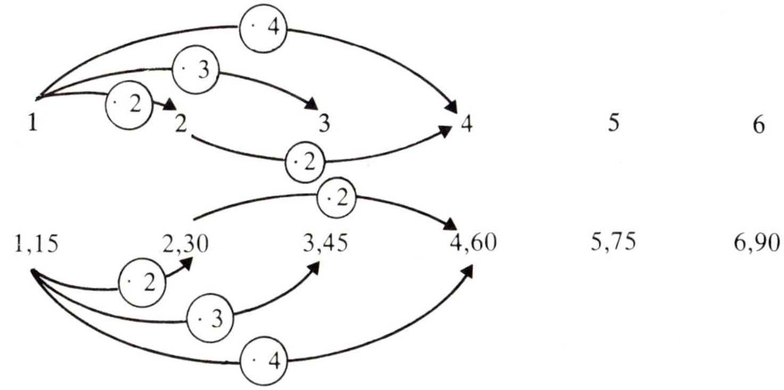

Aus dieser Darstellung wird ersichtlich, daß jede Multiplikation und Division nur aufgrund der Proportionalität der Zuordnung möglich ist.

7.1.3.3 Leiterdarstellung

Werden die Werte der zwei Größenbereiche auf zwei parallelen Geraden angeordnet, so entsteht aufgrund der Linearität proportionaler Funktionen bei entsprechendem Maßstab eine Leiter.

Abb. 625:

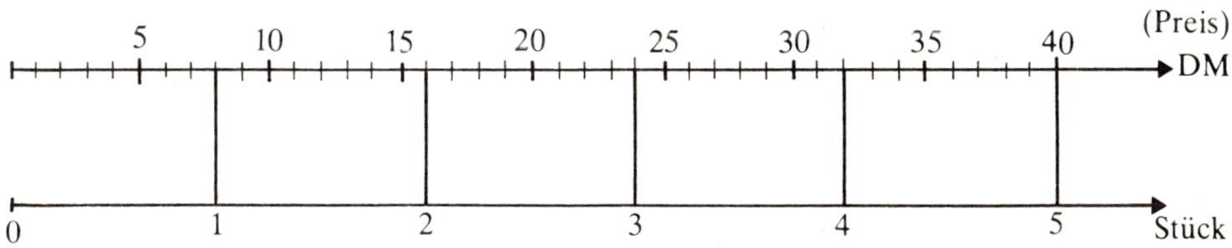

7.1.3.4 Wertermittlung durch Operatoren

Fehlende Werte kann man durch Operatoren ermitteln.

Abb. 626:

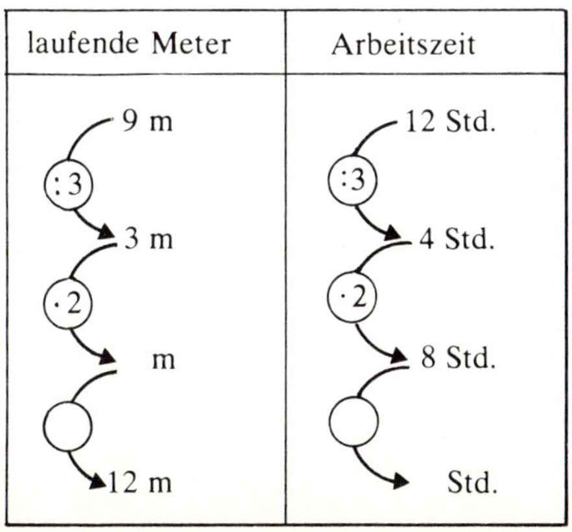

7.1.3.5 Gitternetz

Bei der grafischen Darstellung proportionaler Zuordnungen im Gitternetz entstehen stets Geraden (lineare Funktion). Die unabhängige Variable wird auf der waagrechten Koordinate, die abhängige Variable auf der senkrechten Koordinate eingetragen.

Aufgabe: Herr Korn verdient in 3 Stunden 54 DM. Zeichne ein Schaubild! Trage die Zuordnungen für $\frac{1}{2}$ Stunde und für 5 Stunden ein!

Abb. 627:

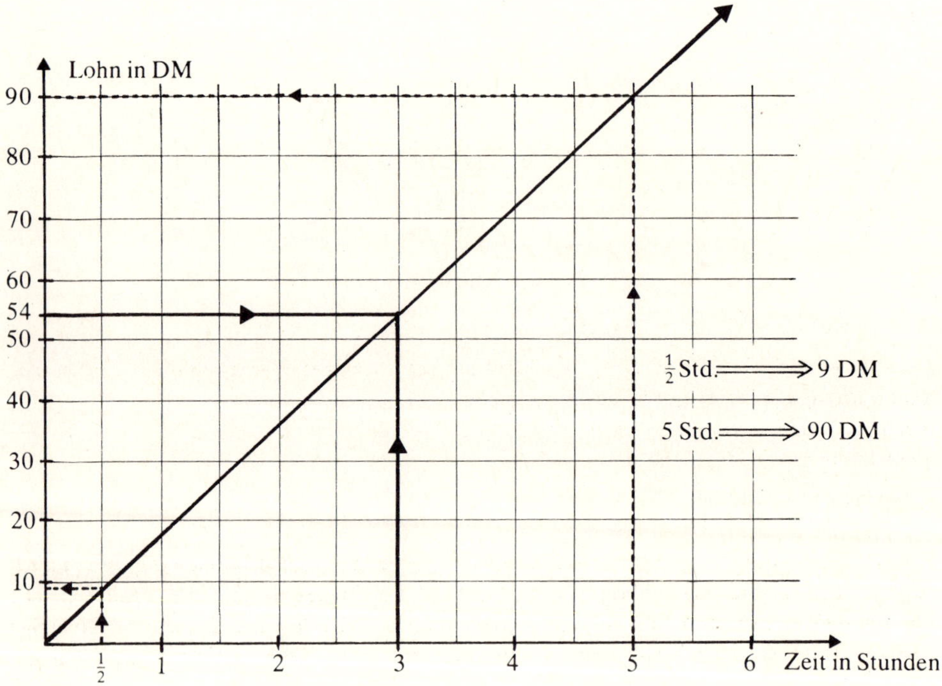

Mögliche Aufgabenstellung bei Gitternetzen:

– Bei gegebenem Schaubild:

- Zuordnungsvorschrift erkennen
- Zuordnungen/Wertepaare eintragen
- Übertragung der Wertepaare in Tabelle, Leiter

– Bei gegebener Zuordnung:

- Schaubild anlegen
- Zuordnungen (Wertepaare) entnehmen.

7.1.3.6 Tabelle

Die Tabelle weist die größte Genauigkeit auf, besitzt aber nur eine geringe Anschaulichkeit. Ist die Schlußrechnung (siehe 8.4.1, S.374 ff.) als rechnerische Anwendung der Zuordnung noch nicht behandelt, so wird das Zahlenmaterial so gewählt, daß durch Kombination die fehlenden Werte ermittelt werden können.

Abb. 628:

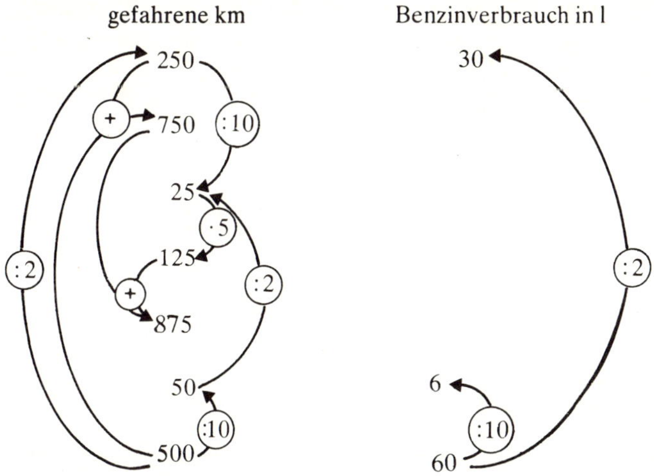

7.1.3.7 Rechen-T, Zuordnungspyramide

Diese beiden Schemata sind von der Struktur her Zuordnungsschemata und eignen sich daher vorzüglich für entsprechende Aufgaben.
Rechen-T: siehe Abb. 8, S. 39
Zuordnungspyramide: siehe Abb. 9, S. 39.

7.1.3.8 Sterndarstellung

Das Charakteristikum proportionaler Zuordnungen kann man den Schülern verständlich machen mit der Sterndarstellung. In der Sternmitte steht der für alle Wertepaare gleiche Quotientenwert, an den Sternspitzen notiert man die Wertepaare. Da die unabhängige Variable (hier Stückzahl) zum Divisor wird, muß sie auf der rechten Verzweigung angegeben werden.

Abb. 629:

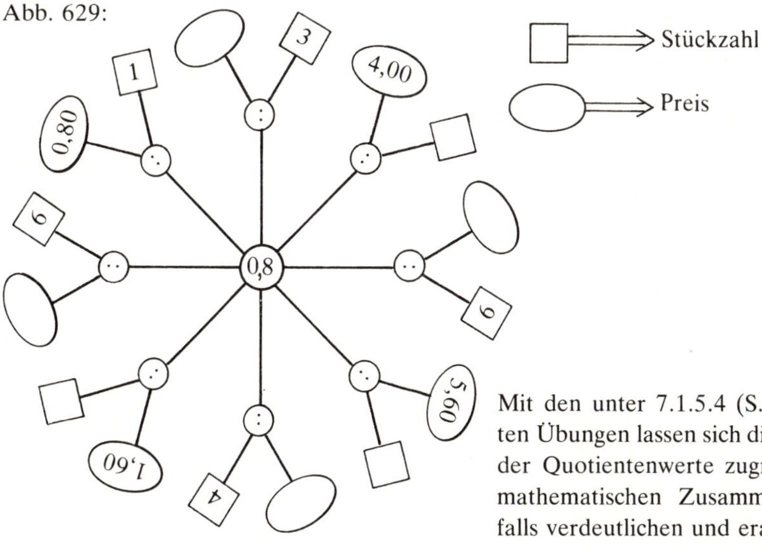

Mit den unter 7.1.5.4 (S. 340 f.) genannten Übungen lassen sich die der Gleichheit der Quotientenwerte zugrunde liegenden mathematischen Zusammenhänge ebenfalls verdeutlichen und erarbeiten.

7.1.4 Umgekehrt proportionale Zuordnungen

7.1.4.1 Kennzeichen

Bei den indirekt proportionalen Zuordnungen wird dem 2 (3, 4, 5, ...) fachen einer Größe der 2. (3., 4., 5., ...) Teil der zugehörigen Größe des Wertebereiches zugeordnet. Es herrscht die Beziehung je mehr – desto weniger bzw. je weniger – desto mehr vor. Bei diesen antiproportionalen Zuordnungen bleibt das Produkt aller Wertepaare stets gleich.

7.1.4.2 Beispiele für antiproportionale Zuordnungen

- Ein Futtervorrat reicht für 12 Tiere 16 Tage. Wie lange reicht er für 8 Tiere?
- Fünf Arbeiter benötigen zum Verlegen einer Leitung 15 Tage. Wie lange wären drei Arbeiter beschäftigt?
- Bei einer Einlaufmenge von 32 l/sec ist ein Schwimmbad in 14 Stunden gefüllt. Auf wieviel Stunden verkürzt sich die Einlaufzeit, wenn gleichzeitig ein zweiter Zulauf mit 16 l/sec zugeschaltet wird?
- Für eine Pendelstaffel werden die Kinder einer Klasse in 4 Riegen mit je 6 Kindern eingeteilt. Wieviel Kinder sind in einer Riege, wenn für ein klasseninternes Handballturnier 3 Mannschaften gebraucht werden?
- Der Ölverbrauch pro Monat betrug in einem Mehrfamilienhaus 620 l. Durch energieeinsparende Maßnahmen reicht die bisher in einem Jahr benötigte Menge für $1\frac{1}{4}$ Jahre. Wieviel wird jetzt durchschnittlich im Monat verbraucht?

7.1.4.3 Bilden wertgleicher Produkte

Die indirekt proportionalen Zuordnungen bereiten Schülern oft Schwierigkeiten. Das Verständnis, daß bei multiplikativer Vergrößerung des einen Faktors der andere entsprechend zu verringern ist, wird wesentlich durch das Bilden wertgleicher Produkte erleichtert.

- Stern:

Abb. 630:

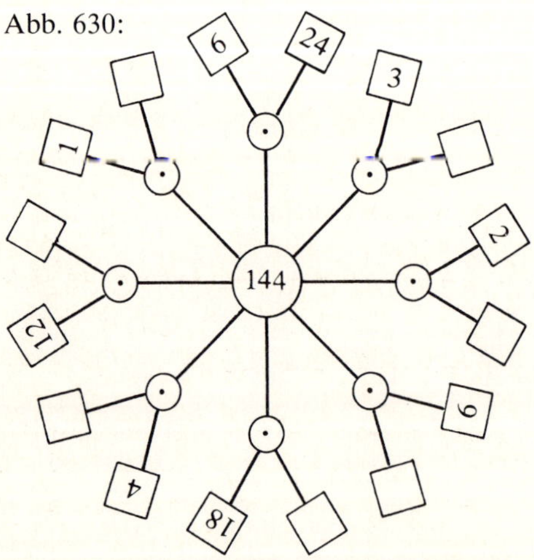

Unter 7.1.5.4 (S. 340 f.) werden weitere geeignete Übungen beschrieben.

Durch diese Vorübungen lernen die Schüler den Beziehungszusammenhang je mehr – desto weniger bzw. je weniger – desto mehr.

Sie müssen sich bei jeder Aufgabe zuerst bewußt werden, ob eine je mehr – desto mehr – oder eine je mehr – desto weniger – Beziehung vorliegt.

7.1.4.4 Darstellung in der Tabelle

Durch Kombination sind die Schüler in der Lage, schon bald Tabellen auszufüllen. Das Einzeichnen des Veränderungsoperators verdeutlicht zusätzlich die Zusammenhänge.

Aufgabe: Fritz will sich seinen Super-8-Urlaubsfilm anschauen. Bei normaler Laufgeschwindigkeit (18 Bilder pro sec) braucht er für eine Spule 30 Minuten. Bei seinem Filmprojektor kann er aber auch andere Laufgeschwindigkeiten einstellen.

Zeitlupe: 6 Bilder pro sec
Super-Zeitlupe: 2 Bilder pro sec
Zeitraffer: 24 Bilder pro sec
Wie lange dauert jeweils die Vorführung einer Spule?

Abb. 631:

Aufgabe:

Bilder pro sec	18	6	2	24
Laufzeit in Minuten	30			

Lösung:

	18 → 6	6 → 2	2 → 24
Operator Bilder	:3	:3	·12
Operator Laufzeit	·3	·3	:12

Bilder pro sec	18	6	2	24
Laufzeit in Minuten	30	90	270	22,5

7.1.4.5 Operatordarstellung

Abb. 632:

Aufgabe:

10 Personen —— Vorrat reicht ——→ 36 Tage
12 Personen ——→ ☐ Tage

Lösung:

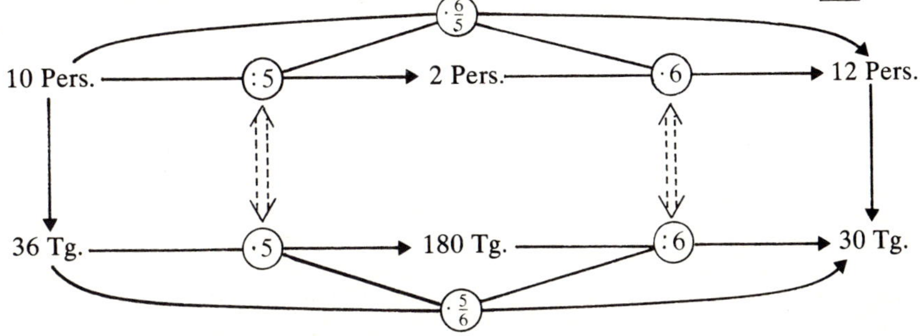

oder:

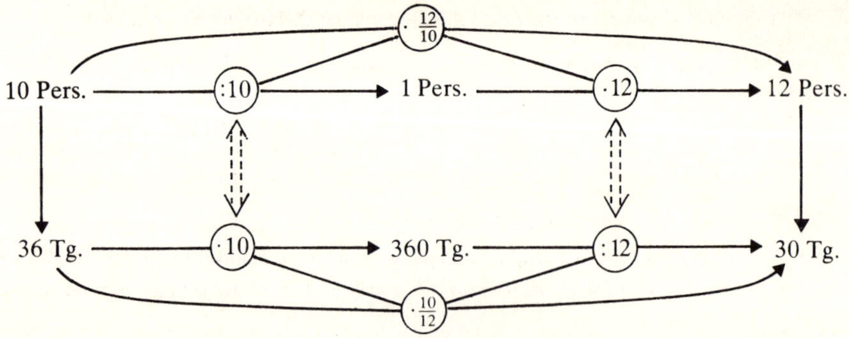

Wir erkennen: Bei antiproportionalen Zuordnungen stellen wir beim bekannten Wertepaar das Verhältnis vom Endzustand zum Anfangszustand fest. Der Endzustand wird zum Zähler, der Anfangszustand zum Nenner des Bruchoperators. Zur Ermittlung des fehlenden Wertes bilden wir die Umkehrzahl (Kehrwert) und lassen diese auf den zweiten Anfangszustand wirken.

7.1.4.6 Darstellung im Gitternetz

Der charakteristische Graph einer antiproportionalen Zuordnung ist die Hyperbel. Durch die zeichnerisch bedingte Ungenauigkeit läßt sich dieser Graph im Unterricht nicht so effektiv einsetzen wie der proportionaler Zuordnungen, zumal ohne Wertetabelle der Kurvenverlauf nicht festgelegt werden kann.

Aufgabe: Frau Fröhlich braucht in der Regel nur 10 Minuten in ihr Büro, da sie auf ihrer Fahrstrecke 60 km/h fahren darf. Im Winter benötigt sie oft 30 Minuten, bei Stauungen ist sie bis zu einer Stunde unterwegs. Zeichne ein Geschwindigkeit-Zeit-Diagramm!

Abb. 633:

Wertetabelle:

Geschwindigkeit in km/h	Fahrtzeit in Minuten
60	10
30	20
15	40
10	60

Graph:

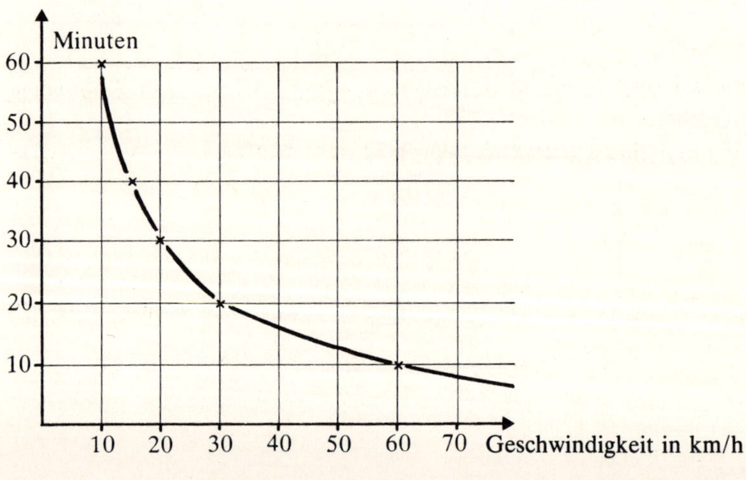

7.1.5 Verdeutlichung der mathematischen Zusammenhänge bei Zuordnungen

Die Gleichheit der Quotienten- bzw. der Produktwerte gilt als wichtigstes Merkmal proportionaler bzw. umgekehrt proportionaler Zuordnungen.
Die dabei bestehenden Beziehungen, die auf die multiplikativen Ausgleichsgesetze (siehe 2.1.4, S. 72 f.) gründen, gilt es herauszustellen.

7.1.5.1 Erstellen gleichwertiger Produkte durch Zahlzerlegungen

Zu einem Produktwert sind möglichst viele gleichwertige Produkte zu suchen. Vielfache von 18 und 24 eignen sich für diese Übung vorzüglich. Tauschaufgaben sind zugelassen.

Abb. 634:

36 =	1 · 36	45 =	1 · 45
	2 · 18		3 · 15
	3 · 12		5 · 9
	4 · 9		9 · 5
	6 · 6		15 · 3
	9 · 4		45 · 1
	12 · 3		
	18 · 2		
	36 · 1		

7.1.5.2 Erstellen gleichwertiger Quotienten

Die Aufgabenstellung entspricht 7.1.5.1, wobei aber der Quotientenwert vorgegeben wird. Um eine Ausuferung zu vermeiden, ist eine Grundmenge für die Zahlen des Quotienten vorzugeben.

Abb. 635:

G = 1 – 50

8 =	16 : 2	11 =	22 : 2
	24 : 3		33 : 3
	32 : 4		44 : 4
	...		

Diese sehr einfache Aufgabe kann erschwert werden, wenn die Zahlen so zu wählen sind, daß ein Veränderungsoperator (siehe 7.1.5.4) eingezeichnet werden kann.

7.1.5.3 Darstellungsvarianten

– Kreuz

Im Mittelfeld wird die zu zerlegende Zahl bzw. der allen Quotienten gemeinsame Wert vermerkt.
Beispiel: Suchen gleichwertiger Produkte

Abb. 636:

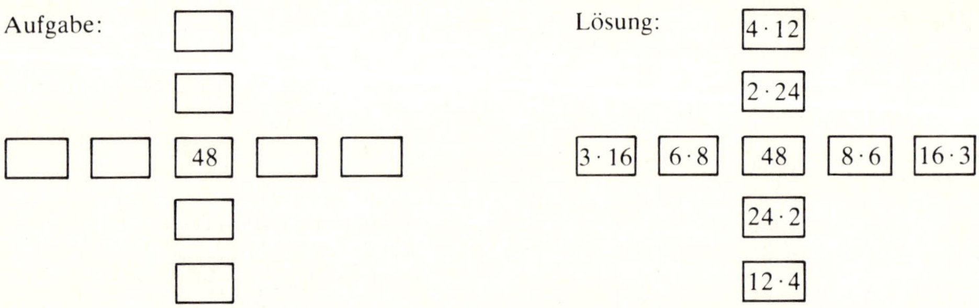

– Stern:

Bei dieser Variante werden die wertgleichen Produkte bzw. Quotienten am Ende der Strahlen vermerkt.

Eine abgewandelte Form stellen die Abbildungen 629 und 630 dar.

– Strichverbindungen: siehe Abb. 392, S. 233.

7.1.5.4 Berücksichtigung des Veränderungsoperators

Die mathematischen Zusammenhänge werden einsichtiger, wenn Darstellungen bevorzugt werden, bei denen die multiplikative Vergrößerung bzw. Verkleinerung der einzelnen Zahlen durch Einzeichnen eines „Veränderungsoperators" ( ) deutlich wird. Vor allem bei Divisionsoperatoren ist zu beachten, daß sich der Veränderungsoperator *nur auf die Operatorzahlen* bezieht.

a) Erstellen gleichwertiger Produkte (antiproportionale Zuordnung)

b) Erstellen gleichwertiger Quotienten (proportionale Zuordnung)

Gleichungsform:

Abb. 637:

a)

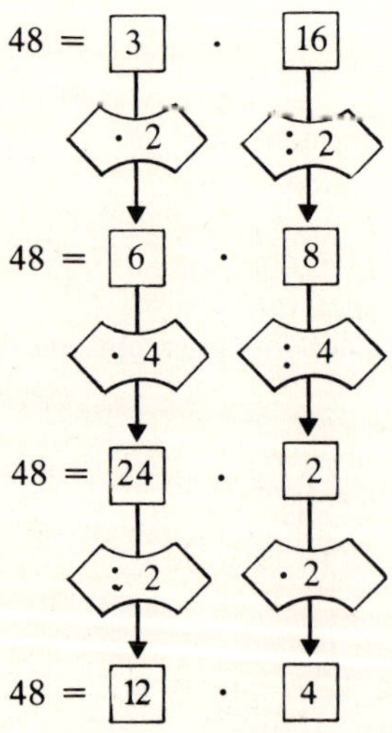

b)

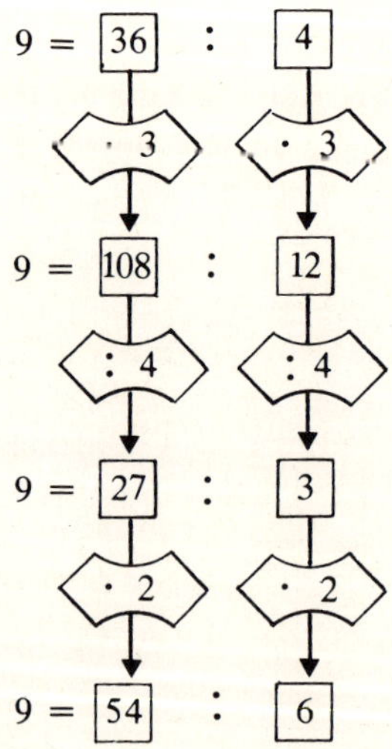

– Baumdiagramm:

Abb. 638:

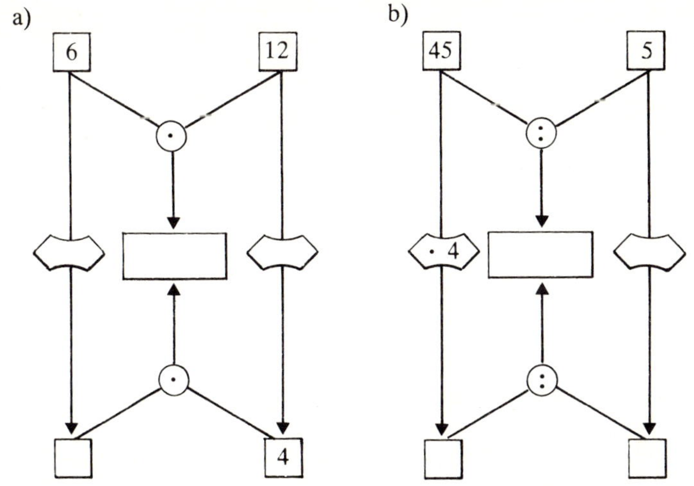

– Operatordarstellung:

Abb. 639:

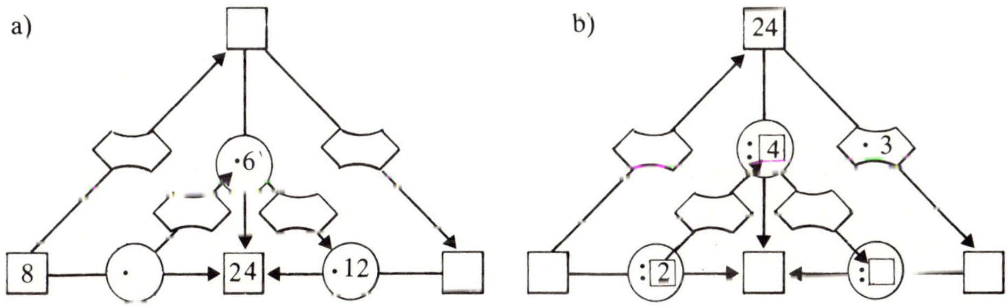

– Spinnennetz:

Abb. 640:

Aufgabe:

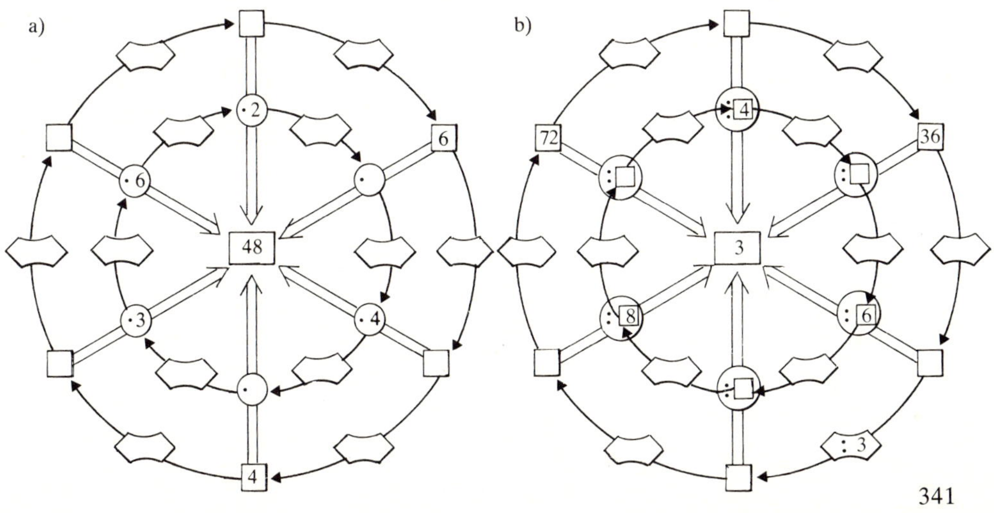

Lösung:

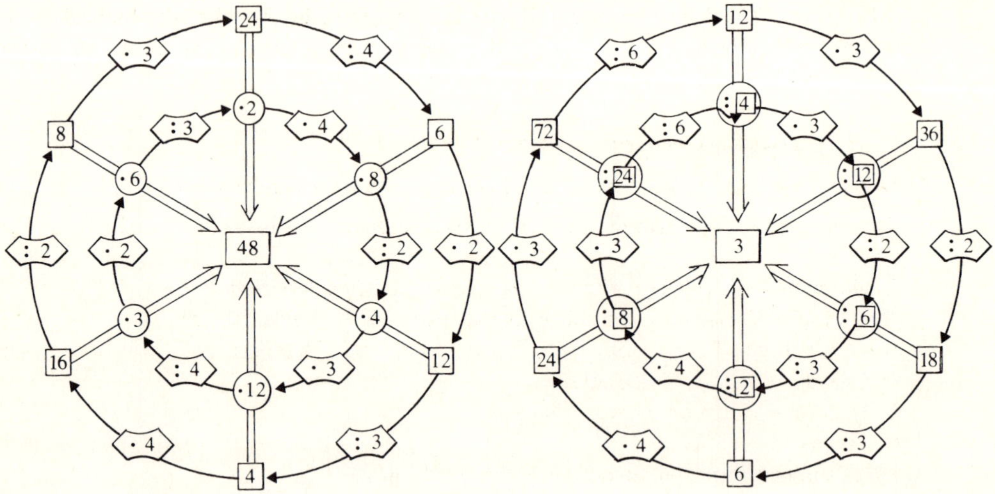

7.1.5.5 Vergleich der Veränderungsoperatoren

Ausgehend von einem identischen Produkt- bzw. Quotientenwert werden mehrere Multiplikatoren bzw. Divisoren gleich gewählt, so daß jeweils die Veränderungsoperatoren übereinstimmen.

Die betreffenden Multiplikanden bzw. Dividenden werden errechnet, ebenso die hierzu passenden Veränderungsoperatoren.

Durch Vergleich der *Operatorzahlen* läßt sich das mathematische Beziehungsgeflecht herauskristallisieren.

Abb. 641:

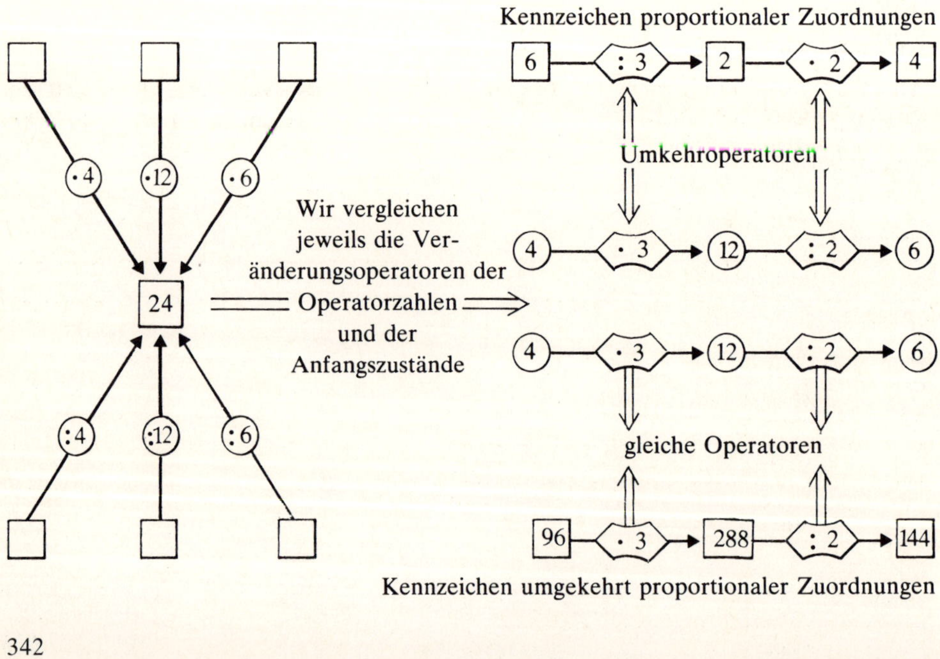

7.2 Grafische Darstellungen

Das Lesen und Verstehen grafischer Darstellungen gehört im Zeitalter der Statistiken zu den Selbstverständlichkeiten. Es obliegt dem Mathematikunterricht, die Schüler an diese Aufgabe heranzuführen.

7.2.1 Einsatzmöglichkeiten von Diagrammen

Die Bedeutung und Aussagekraft eines Diagramms hängt weitgehend von dessen Art ab.

- Diagramme veranschaulichen die Größe von Zahlen, z. B. durch die Verwendung von Symbolen.
- Diagramme verdeutlichen additive und multiplikative Zahlbeziehungen.
- Quantitative Veränderungen und Entwicklungen zeigen Verlaufsdiagramme an.
- Der Verlauf von Funktionen gibt Auskunft über deren Charakter.
  - Gerade: Proportionale Funktion
  - Hyperbel: Antiproportionale Funktion
  - Parabel: Quadratfunktion
- Pfeildiagramme drücken Relationseigenschaften aus.
- Graphen können auch zur Ergebnisfindung (siehe 7.1.3.5, S. 334) herangezogen werden.

7.2.2 Diagrammarten zur Darstellung von Zahlgrößen

Die folgende Übersicht enthält keine Sonderformen der Darstellung, wie z. B. perspektivische Draufsicht, da deren Erstellung durch Schüler unmöglich ist.
Zahlen oder Größen anschaulich darzustellen und eine Basis für additive Vergleiche zu schaffen, ist Sinn dieser Diagramme.

7.2.2.1 Säulendiagramm

Zahlen werden auf Längen abgebildet und diese in Form von liegenden oder stehenden Säulen dargestellt. Geeignete Umrechnungszahlen stellen die Zehnerpotenzen dar.

Abb. 642.

Flußlängen im Vergleich:

Altmühl:	220 km	Fulda:	218 km	Elbe:	1444 km	Isar:	295 km
Donau:	2850 km	Mosel:	547 km	Inn:	510 km	Rhein	1320 km

1 cm ≙ 200 km

Abb. 643:

Kfz-Neu-Zulassungen im Juni 1980

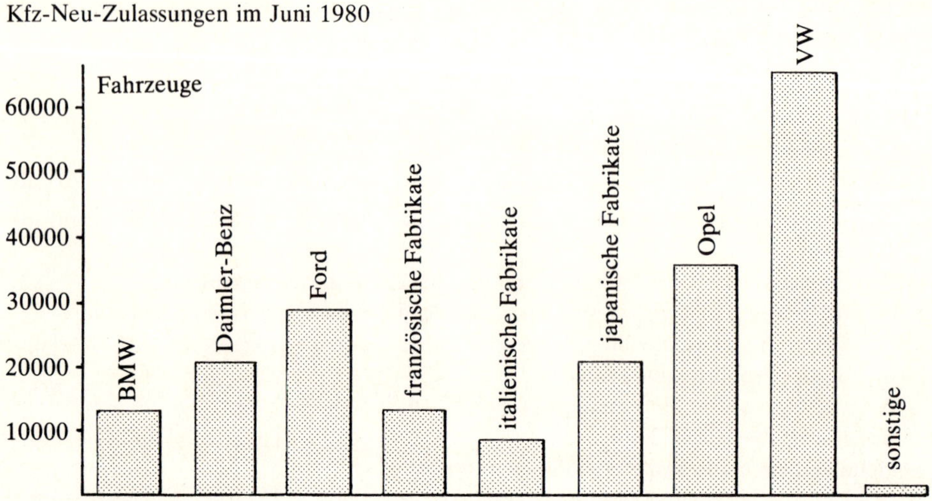

7.2.2.2 Flächendiagramm

Zahlen werden auch auf Flächen wie Quadrate, Rechtecke oder Kreise abgebildet. Kreisdiagramme werden auch als Sektogramme bezeichnet. Das Anlegen dieser Diagramme bereitet den Schülern durch die teilweise komplizierte Umrechnung oft Schwierigkeiten.

Abb. 644:

Inseln im Vergleich:

Großbritannien:	219 805 km²
Sizilien:	25 462 km²
Korsika:	8 720 km²
Sylt:	93,6 km²

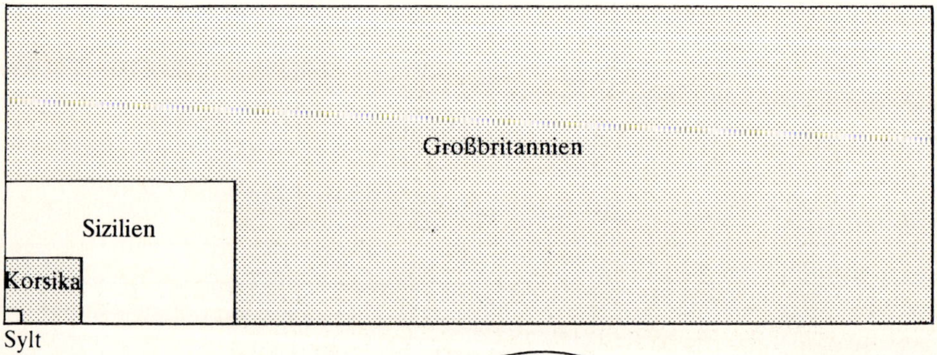

Seen im Vergleich:

Bodensee:	538,5 km²
Chiemsee:	80,1 km²
Starnberger See:	57,2 km²
Ammersee:	47,6 km²

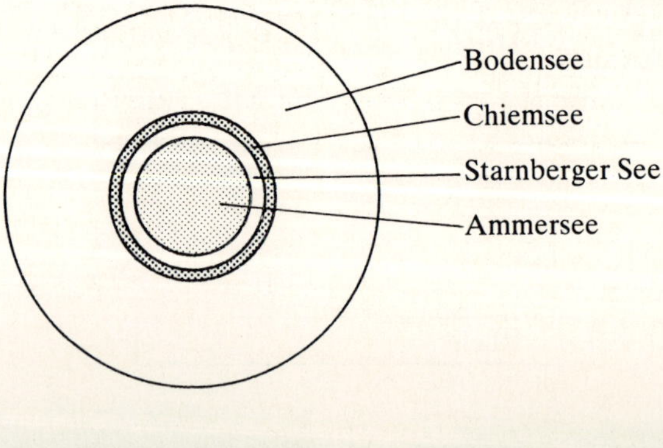

7.2.2.3 Zeichendiagramm

Zeichendiagramme stellen Varianten zu den Säulen- bzw. Flächendiagrammen dar, bei denen die Flächen gegenständliche Formen annehmen.

Vergleich:	Darstellungsweise:
Personenzahl/Bevölkerungsdichte	Größe der Personen
Geldentwicklung, Außenhandel u. ä.	Säulen aus Geldstücken
Ernteerträge	Säcke als Flächen
Autoproduktion	Größe der Autos (Marke) als Fläche.

Abb. 645:

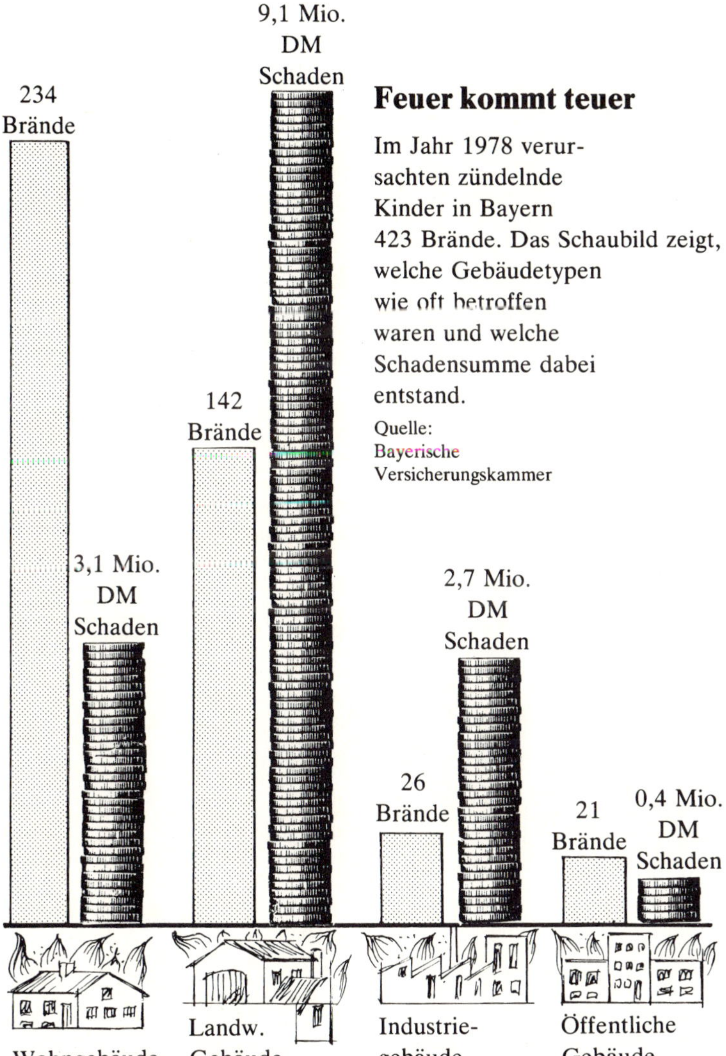

– Variante:

Bei dieser Form des Zeichendiagramms entspricht jedes Symbol (Strichmännchen, Autos, usw.) einem bestimmten Wert. Verteilungen (Bevölkerungsdichte, Verkehrsdichte) lassen sich hiermit besonders gut veranschaulichen.

Abb. 646:

Verkehrszählung in der Bahnhofsstraße:

7.2.2.4 Zahlenstrahl

Die einfachste Form der Darstellung stellt die Markierung der Zahlgrößen auf dem Zahlenstrahl dar.

Abb. 647:

Flächengröße der Erdteile:

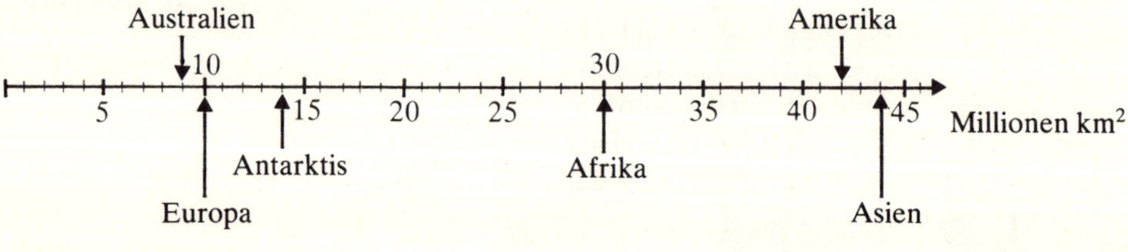

7.2.3 Diagrammarten zur Darstellung multiplikativer Zahlbeziehungen

Alle Veranschaulichungsmodelle von prozentualen Verteilungen (siehe 6.2.2, S. 298 f.) stellen Abbildungen multiplikativer Zahlbeziehungen dar.

- Prozentkreis (siehe Abb. 537)
- Prozentstreifen (siehe Abb. 535)
- Prozentblatt (siehe Abb. 536).

7.2.4 Kurvendiagramm

Kurvendiagramme bestehen aus geraden, teilweise geraden oder gekrümmten Linien, deren Punkte durch Wertepaare festgelegt sind. Auf der waagrechten Koordinate werden die unabhängigen Variablen, auf der senkrechten Achse die davon abhängigen Variablen eingetragen. Neben den Funktionsgraphen kommt den Verlaufsdiagrammen erhöhte Bedeutung

zu. Sie zeigen Entwicklungen und Veränderungen auf. Die Werte sind hierbei empirisch festzustellen.
Der genaue Verlauf der Kurve läßt sich nur durch eine große Zahl von Meßergebnissen bestimmen. Meist wird jedoch zwischen den einzelnen Meßwerten ein kontinuierlicher Verlauf angenommen, so daß geradlinige Verbindungen eingezeichnet werden.

Abb. 648: (entnommen ADAC motorwelt, Heft 8, 1980, S. 16)

Produktionskurve (Pkw und Kombi) der deutschen Automobilindustrie.

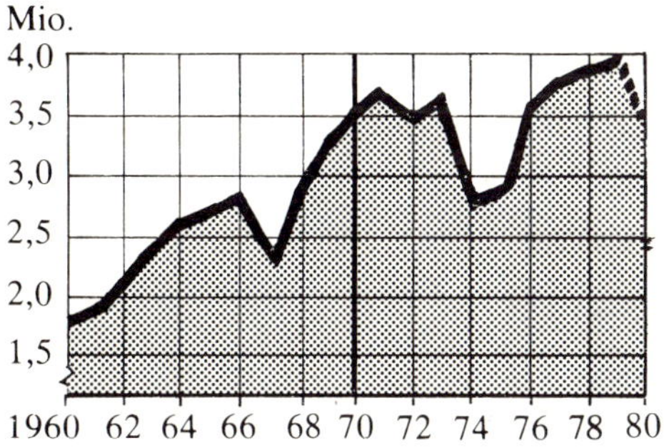

7.2.5 Schüleraktivitäten bei Diagrammaufgaben

Die folgende Übersicht soll in operationalisierter Form Anregungen und Anhaltspunkte geben, welche Lernziele bei Diagrammaufgaben verwirklicht werden können. Sie erhebt keinen Anspruch auf Vollständigkeit.

7.2.5.1 Interpretation des Diagramms

- Erkennen, um welche Art von Schaubild es sich handelt
- Erfassen, was im Schaubild dargestellt ist
- Bestimmen, welche Variable den Koordinaten zuzuordnen ist
- Bestimmen der abhängigen und der unabhängigen Variablen
- Erkennen, welche Art der Zuordnung dem Schaubild zugrundeliegt
- Ablesen markierter Werte
- Interpretieren von Werten
- Feststellen eines zugeordneten Wertes durch Einzeichnen der Koordinaten
- Herausschreiben von Wertepaaren
- Übertragen des Diagramms in eine andere Darstellungsform, z. B. in eine Tabelle
- Fähigkeit, mit den im Diagramm gegebenen Werten eine Textaufgabe zu bilden.

7.2.5.2 Vergleiche innerhalb eines Diagramms

- Fähigkeit, den einzelnen Säulen, Flächen, Sektoren . . . innerhalb eines Diagramms die richtige Bedeutung zuzuordnen
- Vergleichen der im Diagramm genannten Angaben
- Fähigkeit, multiplikative Vergleiche vorzunehmen durch Umrechnen der Zahlangaben in Prozentangaben
- Fertigkeit, nach Vorgabe eines Bezugswertes prozentuale Angaben in Zahlenwerte umzurechnen
- Erkennen der Skaleneinteilung und Bestimmen des Maßstabes.

7.2.5.3 Diagramme erstellen

Beim Selbsterstellen von Diagrammen ist das Vorgehen zu systematisieren und einzuüben:

- Art feststellen (Was will ich ausdrücken?)
- Koordinaten bestimmen (Unabhängige Variable, abhängige Variable)
- Maßstab festlegen (Skalierung hängt vom zur Verfügung stehenden Platz ab; größten und kleinsten Wert beachten)
- Skalierung vornehmen
- Werte umrechnen in Längen, Winkelgrade . . .
- Koordinatenpunkte festlegen
- Diagramm (Funktion) sauber und übersichtlich zeichnen.

8. Sachrechnen

Es liegt in der Intention dieses Buches, möglichst konkrete Anregungen für den Unterrichtsalltag zu geben. Beim Bereich Sachrechnen muß man sich – bedingt durch die Fülle der möglichen Rechenfälle – auf allgemeinere Aussagen beschränken.

8.1 Didaktische Grundlegung

8.1.1 Charakterisierung von Sachaufgaben

Unter Sachrechnen wird „die Behandlung von Aufgaben verstanden, die eine konkrete oder fiktive Situation aus Sachbereichen (des täglichen Lebens, des Wirtschaftslebens oder andere Lebensbereiche) zum Inhalt haben und bei denen mit Größen gerechnet wird. Diese Situationen können in vielfältiger Weise gegeben sein, etwa in sprachlicher Form (als Textaufgabe), in Tabellen, in Schaubildern, in Bildergeschichten oder gar als Spiel" (Lauter 1979, S. 221).
Wird eine Aufgabe z. B. in Form einer Arbeitsanweisung (Halbiere die Summe des Produktes und der Differenz der Zahlen 72 und 74 und vervielfache diesen Wert mit 37!) vorgegeben, so gilt das ebenfalls als Textaufgabe.

Zwischen Sachaufgabe und Textaufgabe besteht demnach folgender Zusammenhang (nach Lauter 1979, S. 221):

Abb. 649:

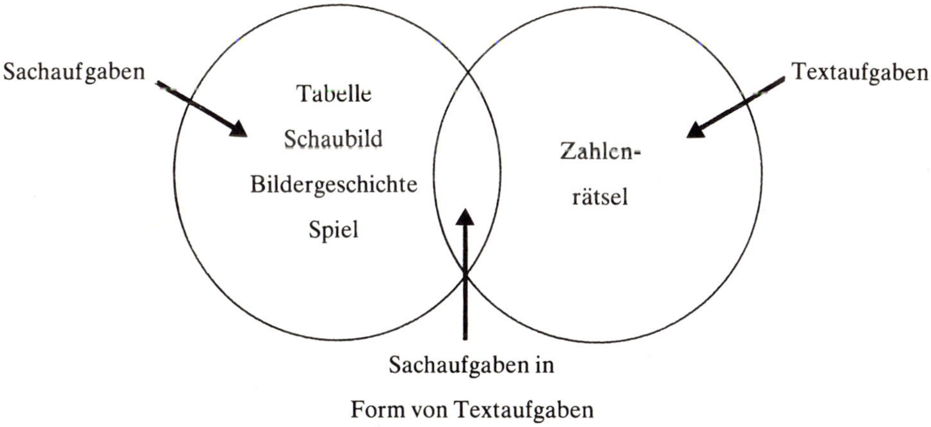

8.1.2 Fehleranalyse

Viele Untersuchungen (z. B. Schlaak 1974) befassen sich mit den Ursachen des Leistungsversagens beim Sachrechnen. Die folgende Übersicht möge dazu beitragen, die symptomatischen Fehler der Klasse bzw. des einzelnen Schülers zu erkennen. Die Beschreibung spezieller Gegenmaßnahmen erfolgt unter 8.2, S. 351 f.

8.1.2.1 Gestörte Sinnentnahme

Viele Schüler befällt beim Anblick von Sachaufgaben ein Unbehagen, obwohl sie rein formale Aufgaben sicher beherrschen. Hier liegt häufig eine gestörte Sinnentnahme vor.

Ursachen:

- Sachverhalt des Textes
  - kein interessanter Sachbereich
  - Vorherrschen einer Fachsprache
  - zu schwieriger Sachverhalt
  - zu abstrakte Darstellung
- Textausgestaltung
  - lange Sätze, Schachtelsätze
  - unbekannte Wörter
  - geringe Konkretisierung, sprachlich knapp gehaltene Formulierungen
- mangelnde Lesefertigkeit (z. B. bei Legasthenikern)
- oberflächliches Lesen.

8.1.2.2 Mangelhafte Übersetzungsfähigkeit

Die Transformation der bei Sachaufgaben angewandten „natürlichen Sprache“ in die formale, mathematische Sprache stellt eine Abstraktion dar, zu der manche Schüler nicht fähig sind.
„Abstraktion ist dann der Vorgang, mit dem es gelingt, die nichtmathematische Information zu reduzieren und andererseits die mathematisch relevante Information so herauszukristallisieren, daß sie für die rechnerische Behandlung geeignet habhaft ist“ (Lauter 1978, S. 655). Gerade diese Mathematisierung einer verbal beschriebenen Situation, diese Übersetzung der sprachlich repräsentierten Aussage in die mathematische Fach- und Symbolsprache kann als Angelpunkt beim Lösen von Sachaufgaben bezeichnet werden.

Beispiel: Ein und demselben Wort können verschiedene Rechenoperationen zugeordnet werden.

Abb. 650:

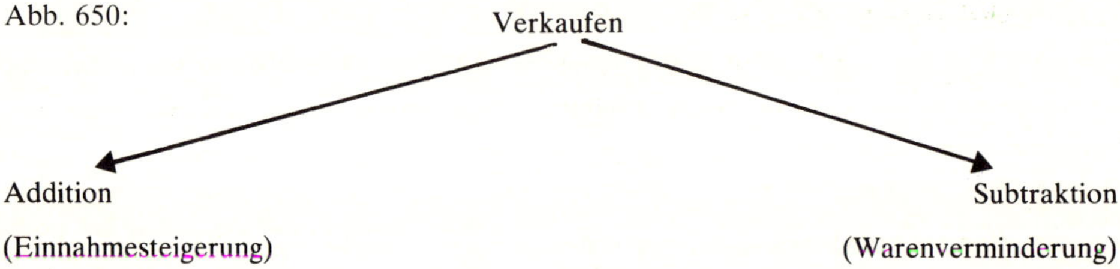

Ursachen:

- Die Ansammlung vieler Zahlen verwirrt
- Die Zuordnung Zahl – Sache (48 DM ist der Preis der Rollschuhe) wird nicht erkannt
- Die zwischen den Größen vorzunehmenden Verknüpfungen (Einzelpreis + Einzelpreis = Gesamtpreis) werden nicht gesehen
- Ein „Fragekatalog“ ist nicht abrufbar.

8.1.2.3 Geringe Zielorientierung

Vielfach treten Schwierigkeiten bei der Formulierung der Rechenfrage auf. Selbst bei vorgegebener Frage können manche keine Verbindung zur Sachaufgabe herstellen. Das Problem wird nicht erfaßt, die Schüler rechnen ohne Ziel. Diese Folgewirkung einer gestörten Sinnentnahme und verminderter Übersetzungsfähigkeit wird bei unbesprochenen Aufgaben besonders augenscheinlich.

8.1.2.4 Strukturierungsprobleme

Sind die sprachlichen Probleme einer Sachaufgabe bewältigt, treten neue, nun überwiegend mathematische Konflikte auf. Die mathematisch kodierten, sachlichen Inhalte müssen mit Blick auf die Gesamtstruktur der Aufgabe in entsprechende Operationen bzw. Operationsfolgen transformiert werden, müssen so in Simplexe zerlegt werden, daß jeweils nur eine Unbekannte auftritt. einfach

Ursachen für das Nichterkennen der mathematischen Struktur, der Abfolge der Einzelrechnungen können sein:

- Verminderte Übersetzungsfähigkeit
- Operationsstrukturen der Grundrechenarten sind nicht geläufig (Auswirkungen einer Addition, Subtraktion, Multiplikation, Division)
- Logische Struktur des Sachfalls kann keiner Operationsstruktur zugeordnet werden
- Das Fixieren des Lösungsweges wird weitgehend dem Zufall überlassen. Abrufbare Strukturmodelle stehen nicht zur Verfügung
- Der Schüler verfügt über kein Repertoire einsetzbarer Lösungshilfen wie Zeichnungen, Skizzen, Schemata u. ä.

8.1.2.5 Fehler beim Rechenvollzug

Auch bei der rein mechanischen Ausrechnung schleichen sich immer wieder Fehler ein.

Ursachen:

- Mangelnde Rechenfertigkeit
- Oberflächlichkeit
- „Vergessen" einzelner Rechenschritte durch mangelnden Überblick
- Der Überschlag wird nicht mit der Lösung verglichen.

8.1.2.6 Verlust des Sachbezugs

„Vergessene" oder falsche Antworten deuten darauf hin, daß der Schüler im Verlauf der Lösung den Blick für den sachlichen Zusammenhang verloren hat. Er weiß nicht mehr, was er eigentlich ausgerechnet hat.

Ursachen:

- Die einzelnen Operationen des Lösungsweges werden isoliert für sich betrachtet
- Zielsetzung war von Anfang an nicht klar
- Der rote Faden im Lösungsweg wurde nur konturenhaft sichtbar.

8.2 Operative Übungen bei Textaufgaben

Das breite Spektrum möglicher Fehlerursachen beim Sachrechnen erfordert vielfältige Maßnahmen zu deren Behebung. Dabei ist das Herausgreifen eines Übungsschwerpunktes innerhalb einer Stunde effektiver als ein Konglomerat vieler Lösungshilfen bei nur einer Aufgabe.

Die konkreten Beispiele beziehen sich auf folgende Aufgabe:

„Die Grundschule ... wird dreizügig geführt. In jeder der drei ersten Klassen sitzen 29 Kinder, in den zweiten Klassen um jeweils drei mehr. In jeder dritten Klasse werden 28 Schüler unterrichtet und in den vierten Klassen sitzen jeweils 18 Knaben und 16 Mädchen. Bei Schulbeginn werden durchschnittlich pro Kind 13,70 DM für neue Bücher benötigt. Die Gemeinde hat 12 000 DM bereitgestellt."

8.2.1 Hilfen zum Textverständnis

8.2.1.1 Verständnis der sachlichen Zusammenhänge

- Mehrmaliges Lesen und lautes Vorlesen durch gute Leser verhindert das Überlesen von Fakten.
- Wiedergabe des Sachproblems ohne Zahlen mit eigenen Worten: Die Grundaussagen werden dabei anders verbalisiert. Der Schüler verwendet seine Sprache und muß sich über die Zusammenhänge (Rolle der Gemeinde, dreizügig, Kosten pro Kind) klar werden.
- Klärung unbekannter Begriffe (dreizügig, durchschnittlich), selbst wenn sie mathematisch keine Rolle spielen: Die Schüler erklären mit ihren eigenen Worten die Begriffe, da sich diffuse Vorstellungen so schnell offenbaren.
- Text verkürzen durch Weglassen unwichtiger Aussagen (Grundschule, Gemeinde).
- Text erweitern durch Ausschmückung (Unterbringung der 3. Klassen im Nebengebäude, Bewilligung der Mittel nach längerer Diskussion, 6 Zugänge in den vierten Klassen . . .).

8.2.1.2 Förderung der Übersetzungsfähigkeit

In diesem Kapitel werden nur Übungen erfaßt, die bei der einzelnen Sachaufgabe eingesetzt werden. Allgemeine Hinweise zur Verbesserung der Übersetzungsfähigkeit erfolgen unter 8.2.2, S. 353 ff.

- Zahlen beschreiben lassen: 18 = Zahl der Knaben; 29 = Kinder einer 1. Klasse; 12 000 DM stehen zur Verfügung, . . .
- Synonyme Ausdrücke einsetzen: Kosten in Höhe von 13,70 DM pro Kind fallen an; Bücher müssen gekauft werden; für jedes Kind sind 13,70 DM erforderlich; . . . hat 12 000 DM dafür vorgesehen, geplant, einkalkuliert, zur Verfügung gestellt, . . .
- Kennzeichnen der mathematisch relevanten Aussagen: Beim Verkürzen von Texten reduziert sich der Text auf die mathematisch wichtigen Aussagen. Diese werden nun in der Vorlage z. B. farbig unterstrichen oder eingekreist. Gleiche Farben bzw. gleiche Symbole werden für Zusammengehöriges gewählt.

8.2.1.3 Formulieren der Rechenfrage

Diese Übungen mit dem Ziel, Rechenfragen zu erkennen und zu formulieren sind weitgehend mündlich zu absolvieren.

- Bei mehrgliedrigen Aufgaben läßt sich ein Fragenkatalog erarbeiten.

Aufgabe: Finde möglichst viele Fragen, die du mit Hilfe der Zahlen unserer Sachaufgabe beantworten kannst!

- Wieviel Schüler sind in der 1. (2., 3., 4.) Jahrgangsstufe?
- Wieviel Kinder gehen in eine zweite (vierte) Klasse?
- Welche Jahrgangsstufe besuchen die meisten Kinder?
- Wieviel kosten die Bücher einer 1. (2., 3., 4.) Klasse?
- Wieviel kosten die Bücher einer Jahrgangsstufe?
- Wieviel kosten die Bücher aller Schüler?
- Wieviel Klassen sind es insgesamt?
- Wieviel bleibt von den 12 000 DM übrig?
- Reicht das Geld?
- Für wieviel Kinder könnten noch Bücher gekauft werden?

– Für die Fragen möglichst mehrere Formulierungen suchen.
– Stehen ausrangierte Textaufgabensammlungen (auch früherer Klassen) zur Verfügung, so wird mit diesen rechnerisch einfachen Aufgaben nur das Finden der Frage geprobt. Vor allem leistungsschwache Schüler sind dabei anfangs für ein- oder zweigliedrige Aufgaben dankbar.

8.2.2 *Das Denken in mathematischen Zusammenhängen*

8.2.2.1 Simplexbegriff

Den sachlichen Zusammenhang von drei Zahlengrößen bezeichnet Breidenbach als Simplex. Bei Simplexen läßt sich jede der drei Zahlgrößen durch die beiden anderen eindeutig bestimmen.
Diese Simplexe stellen also mathematische Zusammenhänge additiver und multiplikativer Art dar.
Zu jedem Simplex gibt es zwei Umkehrungen.

Abb. 651:

Simplex: Einzelpreis · Stückzahl = Gesamtpreis

⇓

Umkehrung

Gesamtpreis : Einzelpreis = Stückzahl

Gesamtpreis : Stückzahl = Einzelpreis

Alle Aufgaben lassen sich nun in solche Simplexe zergliedern. In diesem Kapitel soll aber nicht diese Durchstrukturierung im Mittelpunkt stehen, sondern der Erwerb und die Verinnerlichung solcher Simplexe mit dem Ziel der allgemeinen Verbesserung der Übersetzungsfähigkeit, der Förderung der Fähigkeit zum Mathematisieren.

8.2.2.2 Erarbeiten von Simplexen

Zur Einführung neuer Themenbereiche sind Zahlen so einzukleiden, daß der mathematische Zusammenhang klar ersichtlich wird.

Abb. 652:

Nettogewicht + Taragewicht = Bruttogewicht
Arbeitsleistung pro Std. od. Tag · Zahl der Stunden od. Tage = Gesamtleistung
Wassermenge pro Zeiteinheit · Anzahl der Zeiteinheiten = Gesamtwassermenge
frühere Einwohnerzahl + Zunahme (− Abnahme) = jetzige Einwohnerzahl

Diese Beziehungen sind immer wieder hervorzuheben. Ein längeres Verweilen trägt zur Verinnerlichung der Begriffe und deren Verknüpfungsmöglichkeiten bei.

8.2.2.3 Analyse der Simplexe

Meist erfolgt im Rahmen der Erarbeitung dieser mathematischen Verflechtungen bereits deren operative Durchdringung durch Umkehrung der Fragestellung. So sind „Brutto − Netto = Tara“ und „Brutto − Tara = Netto“ nicht als neue, sondern als abgeleitete Verknüpfungen zu „Netto + Tara = Brutto“ zu betrachten.

8.2.2.4 Simplexe festgelegter Art selbst bilden

Das Selbstbilden von Aufgaben mit bestimmter Struktur trägt wesentlich zu deren Verständnis bei.

Stufung des Schwierigkeitsgrades:

- Variation der Zahlen
- Variation des Aufgabentextes bei Beibehaltung des Themenbereiches
- Erweiterung der Struktur, z. B. Verkauf mehrerer Gegenstände
- Wechsel des Sachverhaltes bei Beibehaltung des Textes bzw. Änderung der Maßeinheiten (statt Obst werden Getränke verkauft)
- Wechsel des Sachverhaltes mit Änderung des Textes
- freies Formulieren einer Aufgabe mit gegebenem Zahlenmaterial mit und ohne Angabe des Sachgebietes.

Abb. 653: (aus Zahl und Form 6, S. 129)

Bilde zu den angegebenen Größenpaaren Textaufgaben und löse sie mit Operatoren!

a) 12 Arbeiter → 20 Tage
[ ] Arbeiter → 15 Tage

b) 45 km → 2,5 Std.
[ ] km → 2,0 Std.

c) 60 km/h → 5,5 Std.
50 km/h → [ ] Std.

d) [ ] Platten → 9 cm^2
120 Platten → 22,5 cm^2

e) 6 Maschinen → [ ] Wochen
5 Maschinen → 30 Wochen

f) 26 Umdr. → 25 cm
[ ] Umdr. → 40 cm

- Übungen nach Abschluß der Rechnung: siehe 8.2.2.8, S. 355.

8.2.2.5 Offene Aufgabenstellung

Die Aufgabenstellung „Bilde selbst Aufgaben!" läßt sich noch ausweiten. Die Schüler formulieren Texte zu:

- Diagrammen:

Abb. 654: (aus Zahl und Form 6, S. 61)

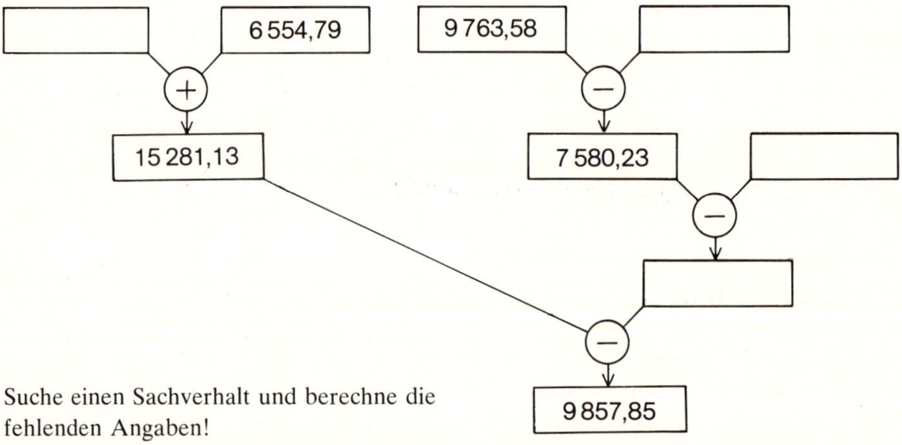

Suche einen Sachverhalt und berechne die fehlenden Angaben!

- Bildern (siehe 8.2.3.4, S. 358)
- Situationsskizzen (siehe 8.2.3.5, S. 359)
- Schemabildern (siehe 8.2.3.6, S. 361)
- Einzelwerten bei Tabellen.

8.2.2.6 Signalwörter erkennen

Beim Lösen von Textaufgaben kristallisieren sich immer wieder bestimmte Signalwörter heraus, die auf bestimmte Rechenoperationen hindeuten. (ansteigen → Addition; verringern → Subtraktion; verdoppeln → Multiplikation; halbieren → Division). Da jeder Sachverhalt aber auch reversibel dargestellt werden kann (das Doppelte meiner Zahl ist 168!), muß von Anfang an eine starre Fixierung eines solchen Signalwortes auf eine Operation vermieden werden, was möglich ist, wenn eine Klassifizierung in „Ausdrücke für additive Operationen" und in „Ausdrücke für multiplikative Operationen" vorgenommen wird. Dieser Beziehungszusammenhang „reversibler Sachverhalt – reversibles Operationszeichen" ist durch entsprechende Aufgaben stets bewußt zu machen.

8.2.2.7 Analyse von Beziehungszusammenhängen

Manche dieser „Signalwörter" sind auch je nach Sachverhalt verschiedenen Operationen zuzuordnen. Sie sind zu analysieren, damit den Schülern das Beziehungsgefüge klar wird.

Abb. 655:

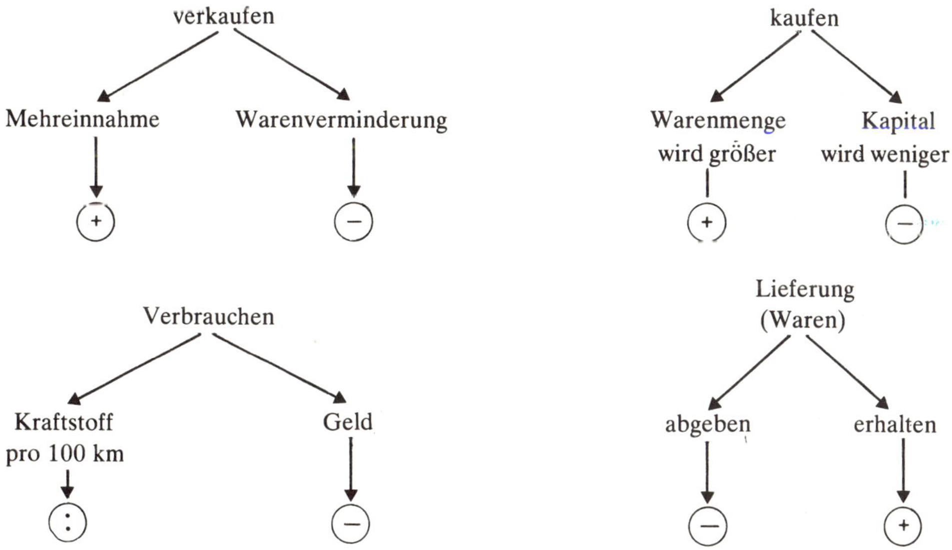

8.2.2.8 Übungen nach abgeschlossener Ausrechnung

Nach „Abschluß" der Textaufgabe (Ausrechnung, Antwortformulierung) eröffnen sich noch weitere Möglichkeiten zur Förderung des mathematischen Denkens.

- Umkehrung der Fragestellung: Eine Aufgabe und die dazu passende Frage sind zu formulieren, wobei eine bisher genannte Größe gesucht und die errechnete Größe als bekannt vorausgesetzt wird.
- Gedankenexperimente: Die Auswirkungen einer additiven oder multiplikativen Veränderung einer oder mehrerer Ausgangsgrößen werden untersucht:

- Wie teuer hätte das Vorzelt sein dürfen, wenn Peter das um 75 DM teurere Schlauchboot genommen hätte?
- Wieviel hätte jeder geerbt, wenn noch zwei weitere Geschwister Ansprüche gehabt hätten?

– Erweitern der Aufgabenstellung bzw. Abänderung der Fragestellung durch Einfügen weiterer Werte (Erweitern der Struktur) oder vollständiger Simplexe.
„Um wieviel verteuert sich das Anlegen des Gartens, wenn an der 34 m langen Straßenfront eine Buchenhecke gepflanzt wird. Ein Baum kostet 17,40 DM, pro Meter werden drei Pflanzen benötigt."

8.2.3 Konkrete und grafische Lösungshilfen

Lösungshilfen sollen Sachverhalte transparenter und Lösungswege durchschaubarer machen.

8.2.3.1 Rollenspiel

Rollenspiele im eigentlichen Sinne haben dort ihre Berechtigung, wo Sachverhalte, Zusammenhänge zu verdeutlichen sind. Ihr didaktischer Ort ist zu Beginn einer Sacheinheit.

Abb. 656:

Sachverhalt	Spielvorschlag
Verteuerung durch Ratenzahlung Ermäßigung bei Barzahlung	Verkäufer (und Barzahler) erklären verärgertem Kunden (Ratenzahler), weshalb er für denselben Gegenstand mehr als der Barzahler bezahlen muß.
Brutto- und Nettoverdienst	Vater schimpft beim Lesen der Gehaltsabrechnung
Kaufmännischer Bereich	Kunde macht Kaufmann Vorwürfe, daß er im Vergleich zum Großhandel zu teuer verkauft.

8.2.3.2 Konkretisierung der Rechenoperation

Die konkrete Darstellung eines Sachverhaltes mit dem Ziel der Veranschaulichung des Lösungsweges ist vom Rollenspiel mit der größeren Möglichkeit zur Kreativitätsentfaltung abzugrenzen.
Hier wird die konkrete Aufgabe (z. T. mit vereinfachten Zahlgrößen) spielerisch dargeboten bzw. konkret ausgeführt.

Abb. 657:

Sachverhalt		Gestaltungsvorschlag
Brutto – Netto – Tara		2 Schüler verpacken „in geheimer Mission" zu Hause 1 Tafel Schokolade möglichst umfangreich. Im Unterricht: Vergleich der großen Schachtel mit einer normal eingepackten Tafel. Wer kommt besser weg?
	oder:	Konkretes Wiegen der verpackten und der unverpackten Ware.
Verteilungsrechnen		Konkretes Verteilen nach der Vorschrift
Schlußrechnen		Preis-Vergleich Großpackung im Großhandel und Einzelpackung im Einzelhandel (Schluß von Einheit auf Mehrheit bzw. umgekehrt). Vergleich zweier verschiedener Großpackungen (Mehrheit – Einheit – Mehrheit)

Umgekehrt proportionaler Schluß	Wettlauf: Wer läuft 50 m schneller? Wer durchquert schneller unser Klassenzimmer, wenn man nur auf einem Bein hüpfen darf?

8.2.3.3 Symbolische Konkretisierung durch Modellsituationen

Selbst wenn Aufgaben sich nicht konkret darstellen lassen, braucht auf eine Veranschaulichung nicht verzichtet zu werden.

Abb. 658:

Sachverhalt	Modellvorschlag
Mischungsaufgaben	Klares und gefärbtes Wasser symbolisieren die zu mischenden Materialien und werden im angegebenen Verhältnis gemischt. (1 Becher klares Wasser – 3 Becher gefärbtes Wasser); Umfüllen der Gesamtmenge in Becher.
Einlaufaufgaben	1 Becher entspricht Flüssigkeitsmenge pro Zeiteinheit
● Gesamtmenge gesucht	entsprechende Becherzahl einfüllen
● Zeit gesucht	Wanne becherweise ausleeren; Zahl der Becher ≙ Zahl der Zeiteinheiten
● Einlaufmenge pro Zeiteinheit gesucht	Zahl der Zeiteinheiten ≙ Zahl der Becher; Becher gleichmäßig füllen ≙ Aufteilen der Menge
● zwei Zulaufröhren unterschiedlicher Leistung	zwei verschieden große Becher ≙ jeweils der eingelaufenen Menge pro Zeiteinheit einer Röhre: Menge beider Becher ≙ Gesamtmenge pro Zeiteinheit; Gesamtmenge- und Zeiteinheitenberechnung s. o.
● zweite Röhre wird nach bestimmter Zeit zugeschaltet	Zahl der Zeiteinheiten bis Zuschaltung ≙ Zahl der eingefüllten Becher; Menge feststellen; gemeinsamer Zulauf: s. o. Analog lassen sich auch alle anderen Aufgabenstellungen im Modell nachgestalten.
Mittelwertberechnung	Mehrere gleich große Gefäße verschieden füllen; alles zusammenschütten; Gesamtmenge gleichmäßig verteilen
Bewegungsaufgaben	1, 2, 3 . . . Fußlängen ≙ Geschwindigkeit; Vorsprung ≙ 15 Fußlängen; Gesamtentfernung ≙ 40 Fußlängen; Einholen: 13 Fußlängen Vorsprung nach 1 Zeiteinheit; 11 Fußlängen nach 2 Zeiteinheiten, usw.
Umgekehrter Schluß:	Steckwürfel, Murmel, Plättchen ≙ Werksteile; gleichzeitiges Wegnehmen einer bestimmten Zahl ≙ Arbeitsleistung einer Maschine pro Zeiteinheit; Wir vergleichen: Wie viele Zeiteinheiten sind bei 1, 2, 3 . . . Maschinen nötig?

8.2.3.4 Bilder und themengebundene Skizzen

Bilder und themengebundene Skizzen sind nicht nur als unterhaltsame Beigaben zu betrachten, sondern als wesentliche Elemente effektiver Sachrechenstunden durch

- ihren starken Motivationscharakter
- die Möglichkeit zur Förderung der Verbalisierungsfähigkeit (siehe 8.2.2.5)
- die damit verbundene Veranschaulichung und Konkretisierung
- ihre Verwendung zur Aufgabenstellung.

Bilder und Skizzen fördern den Verständnisprozeß, vor allem bei Schülern mit Textverständnisschwierigkeiten.

Aufgabe: Für ein Bootshaus müssen neue Pfähle eingetrieben werden, die 30 cm über dem Wasserspiegel enden sollen. Wie lange müssen die Pfähle sein, wenn $\frac{1}{3}$ davon im Erdreich stecken soll und die Wasserhöhe 60 cm beträgt?

Abb. 659:

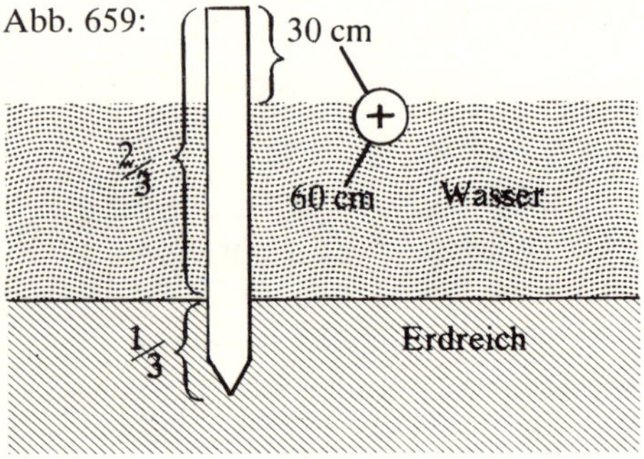

Modellskizzen tragen auch zum Erkennen von Strukturen bei.

Abb. 660:

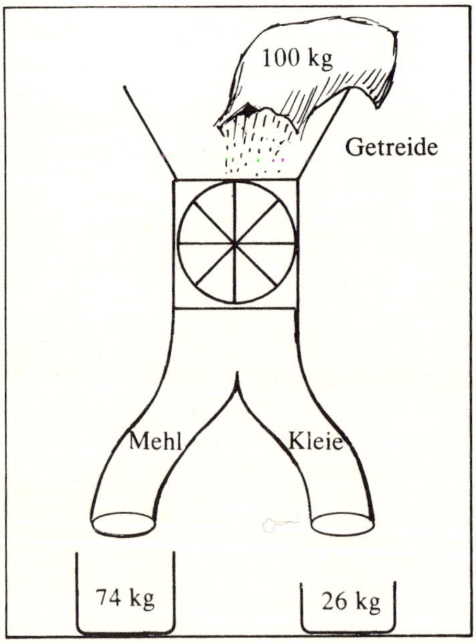

Diese Skizze verdeutlicht die Anteile von Mehl und Kleie bei 100 kg Getreide. Skizzen können zur Aufgabenstellung herangezogen werden.

Abb. 661: (aus Zahl und Form 6, S. 114)

Der Giebel des Hotels Hirsch wird erneuert. Er erhält den in der Abb. dargestellten Abschluß mit Zinnen. Wieviel Mauerwerk ist dazu nötig?

8.2.3.5 Situationsskizzen

Eine abstraktere Form stellen Situationsskizzen dar, bei denen alle Zahlgrößen auf Längen oder Flächen projiziert werden. Sie eignen sich daher vor allem zur Darstellung der Mächtigkeit der einzelnen Größen und zum Erkennen der damit verbundenen Beziehungszusammenhänge.

1. Beispiel:

Aufgabe: Herr Huber verbraucht in den Wintermonaten (November–April) durchschnittlich 780 l Öl, in den Sommermonaten 210 l. Wieviel Liter befanden sich am 1. Januar in seinem 11 000 l fassenden Tank, wenn am 1. September 7640 l nachgefüllt werden mußten?

Darstellung als Modellskizze:

Abb. 662:

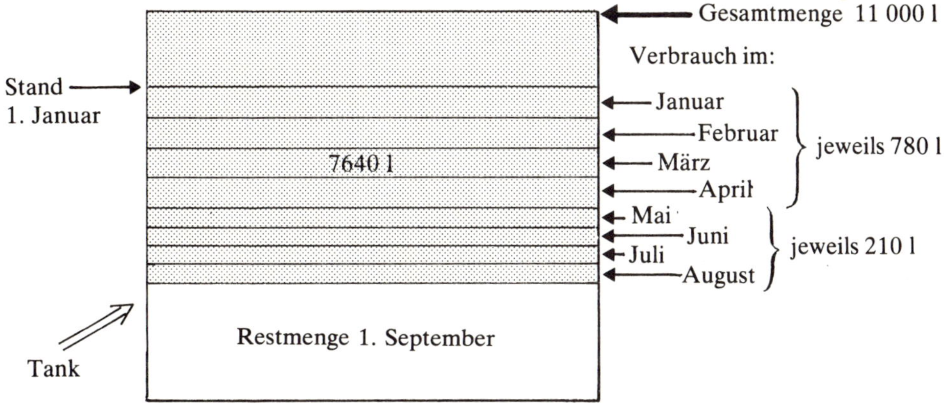

Längendarstellung als Situationsskizze:

Abb. 663:

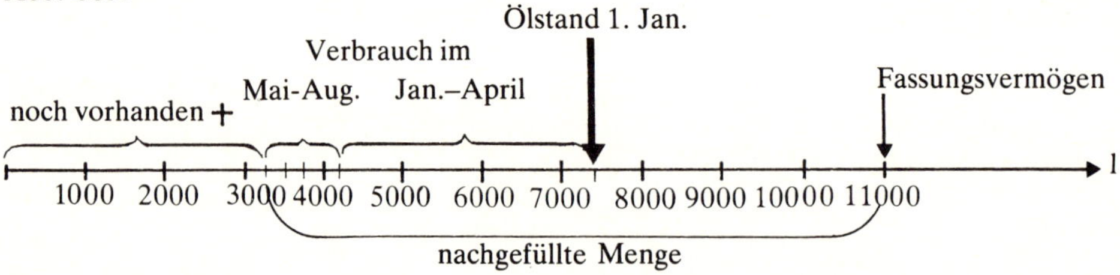

2. Beispiel:

Aufgabe: Fritz hat beim Klassenausflug die Hälfte von Evas Geld dabei, die 4,80 DM mehr besitzt als Helga. Helga bringt noch 5,30 DM nach Hause, obwohl sie 2,50 DM ausgegeben hat.

Längendarstellung als Situationsskizze:

Abb. 664:

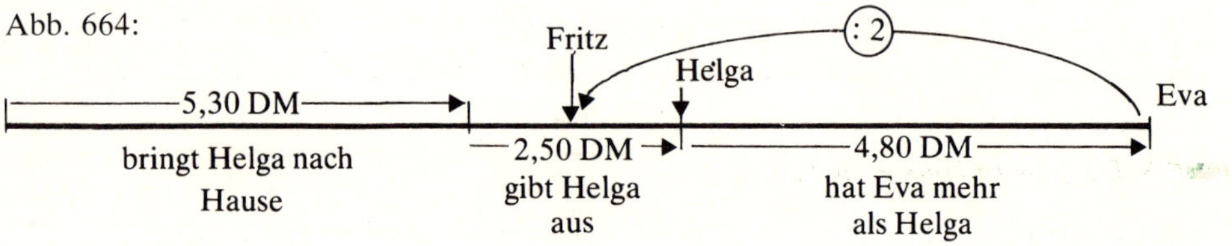

3. Beispiel:

Herr Hofer hinterläßt bei seinem Tode 96 000 DM. $\frac{1}{3}$ davon bekommt seine Ehefrau, 26 000 DM vermacht er einem Waisenhaus und den Rest verteilt er auf seine 4 Enkel. Wieviel erhält jeder?

Längendarstellung:

Abb. 665:

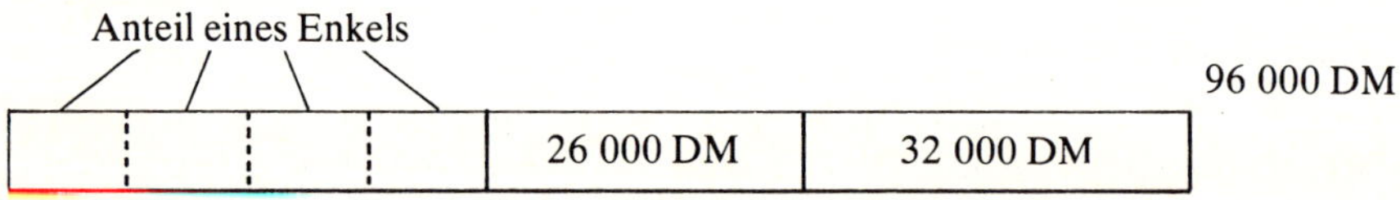

4. Beispiel:

Bilde den Unterschied der Zahlen 8350 und 8050 und vervielfache ihn mit neun! Vermehre dieses Ergebnis um das Dreifache der Summe der Zahlen 126, 59 und 215! Wieviel fehlt dann noch auf 10 000?

Flächendarstellung:

Abb. 666:

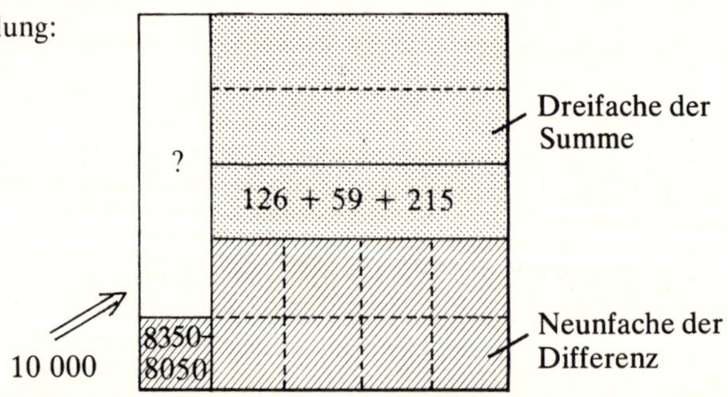

Alle unter 7.2 (S. 343 ff.) genannten Graphen und Darstellungen (Säulendiagramm, Prozentkreis, . . .) können ebenfalls als Situationsskizzen (Veranschaulichung einer Verteilung durch Zuordnung einer bestimmten Teilfläche) betrachtet werden.

8.2.3.6 Schemabilder

Abstrahierte Darstellungen von Sachzusammenhängen werden als Schemabilder bezeichnet. Sie stellen Strukturen, aber keine Lösungszusammenhänge dar.

Abb. 667:

Brutto	
Netto	Tara

Verkaufspreis		
Einkaufspreis	Unkosten	Gewinn

8.2.4 *Lösungsstrukturschemata*

Auf die in der Literatur sich niederschlagende Auseinandersetzung um das optimale Strukturschema bei Sachaufgaben (Baumstruktur nach Ziegler – Simplexdarstellung nach Breidenbach) soll an dieser Stelle nicht eingegangen werden. Der Intention des Buches entsprechend, dem Benützer möglichst praxisorientiert einen Überblick der Übungsformen zu verschaffen, werden u. a. beide Verfahren und die sich in der Unterrichtspraxis bewährten Einsatzmöglichkeiten erläutert. Grundsätzlich sollen die Schüler mit mehreren Lösungsschemata vertraut gemacht werden, damit sie sich selbst für eine der aufgezeigten Formen entscheiden können. Doch unabhängig von der Wahl eines Schemas ist auf eine saubere, übersichtliche Fixierung der Lösung zu bestehen.

Alle Strukturschemata beziehen sich auf folgende Aufgabe:

„Fritz bekommt zur Firmung von seiner Tante aus Amerika 40 Dollar geschickt (1 Dollar = 2,10 DM), die er aber mit seinem Zwillingsbruder Klaus teilen muß. Onkel Theo schenkt ihm noch 30 DM und sein Opa 40 DM. Wieviel bleiben ihm noch, wenn er sich Roller-Skates für 69 DM kauft?“

8.2.4.1 Gleichungsform

Schon immer wurden Textaufgaben in Form aufeinanderfolgender Gleichungen notiert. Hierbei ergeben sich mehrere Möglichkeiten:

– Zwischenfragen:

Abb. 668:

Wieviel DM sind 40 Dollars?
40 · 2,10 DM = 84 DM

Wieviel erhält Fritz davon?
84 DM : 2 = 42 DM

Wieviel bekommt er insgesamt geschenkt?
42 DM + 30 DM + 40 DM = 112 DM

Wieviel bleibt ihm?
112 DM − 69 DM = 43 DM

– Kurzbezeichnungen:

Abb. 669:

DM: $40 \cdot 2{,}10 = 84$
Anteil Fritz: $84 : 2 = 42$
Geschenke: $42 + 30 + 40 = 112$
Rest: $112 - 69 = 43$;

– Beschreibung der Zwischenresultate:

Abb. 670:

$40 \cdot 2{,}10 = 84$ (DM)
$84 : 2 = 42$ (DM Anteil)
$42 + 30 + 40 = 112$ (DM hat Fritz)
$112 - 69 = 43$ (DM bleiben ihm)

– Notation in Gleichungsform mit Buchstaben

Abb. 671:

$40 \cdot 2{,}10 = a$
$a : 2 = b$
$b + 30 + 40 = c$
$c - 69 = \_\_\_\_\_$

– Notation in Leerfelderschreibweise

Abb. 672:

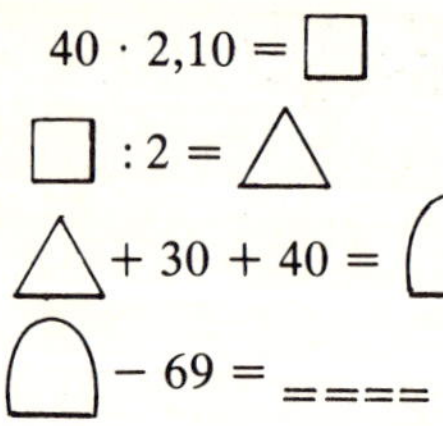

Der Vorteil der Leerfelderschreibweise liegt darin, daß die Schüler die Zwischenresultate in die Felder reinschreiben können und ihnen die Übertragung errechneter Werte durch die Verwendung gleicher Symbole nicht schwer fällt.

8.2.4.2 Simplexdarstellung

Nach Breidenbach lassen sich alle Aufgaben so strukturieren, daß sie als Folge mehrerer Simplexe (siehe 8.2.2.1, S. 353) notiert werden können. Die Simplexdarstellung stellt erhöhte Anforderungen an die Verbalisierungsfähigkeit.

Abb. 673:

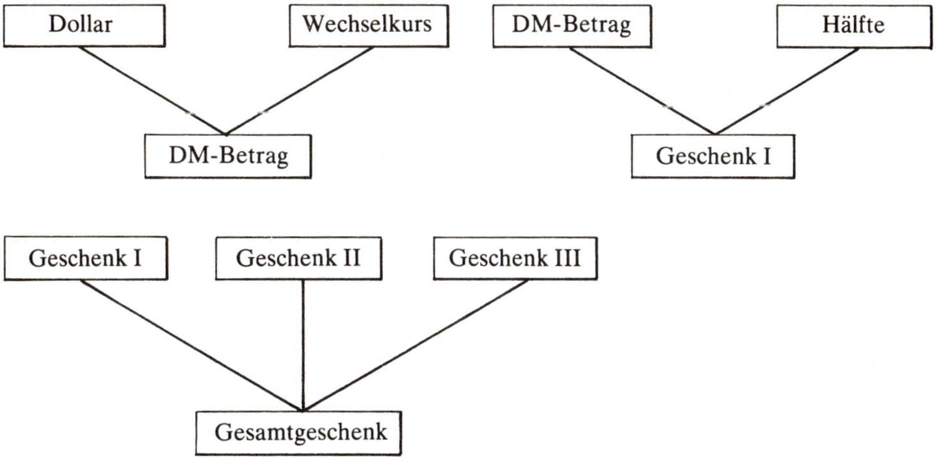

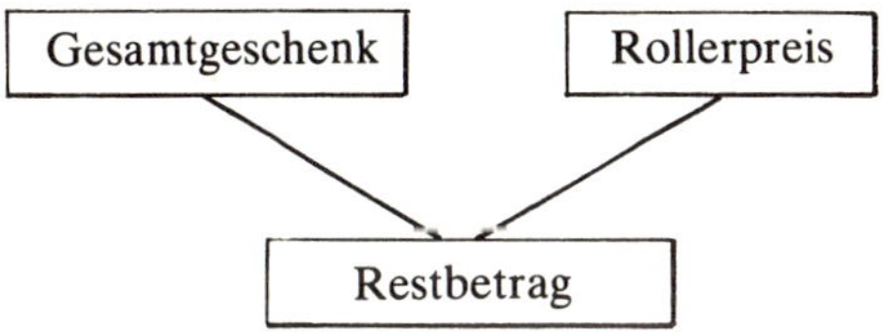

Bevor Schüler solche Komplexe (Aufgaben aus mehreren Simplexen) lösen können, müssen sie mit Simplexen an sich (eingliedrigen Aufgaben) vertraut sein, und muß auch die Begriffsbildung systematisch betrieben worden sein.

8.2.4.3 Baumstruktur

Mit dem Rechenbaum kann ein Lösungsweg in besonders strukturierter Weise dargestellt werden.

Abb. 674:

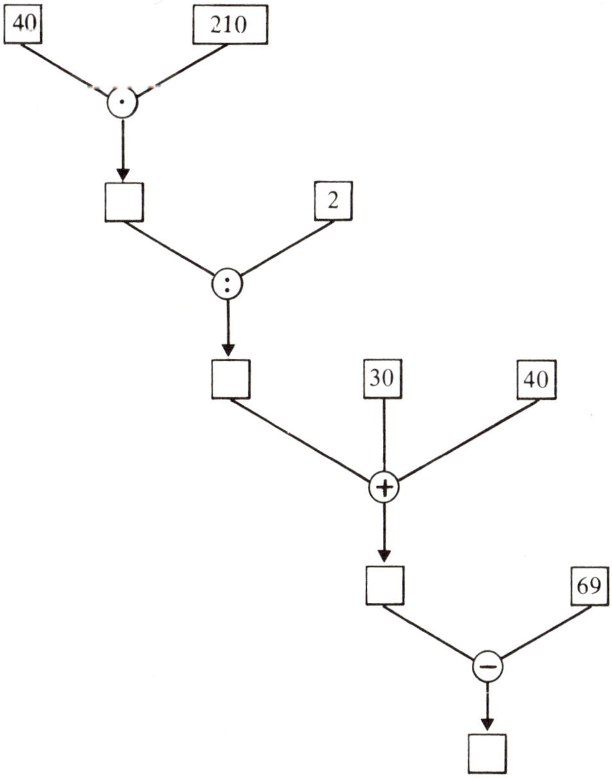

Die richtige Anordnung der bekannten Größen setzt voraus, daß der Schüler vorher in Gedanken schon den Lösungsweg erstellt. Ein schrittweises Erarbeiten ist kaum möglich. Trotzdem darf die Bedeutung dieser Strukturierungshilfe nicht unterschätzt werden. Wird nur das Schema ohne Operationszeichen und Größenangaben vorgegeben, so erhält der schwächere Schüler deutliche Hinweise auf den einzuschlagenden Rechenweg, ohne daß ihm die selbständige gedankliche Auseinandersetzung mit der Aufgabe abgenommen wird. Leistungsstärkere Schüler sind anzuhalten, im Rahmen der inneren Differenzierung den in Gleichungsform oder Simplexdarstellung notierten Lösungsweg als Rechenbaum aufzuzeichnen.

Eine Einbeziehung der Simplexdarstellung in die Baumstruktur hilft, wechselseitige Beziehungen (siehe 8.2.2.8, S. 355) zu verdeutlichen.

Abb. 675:

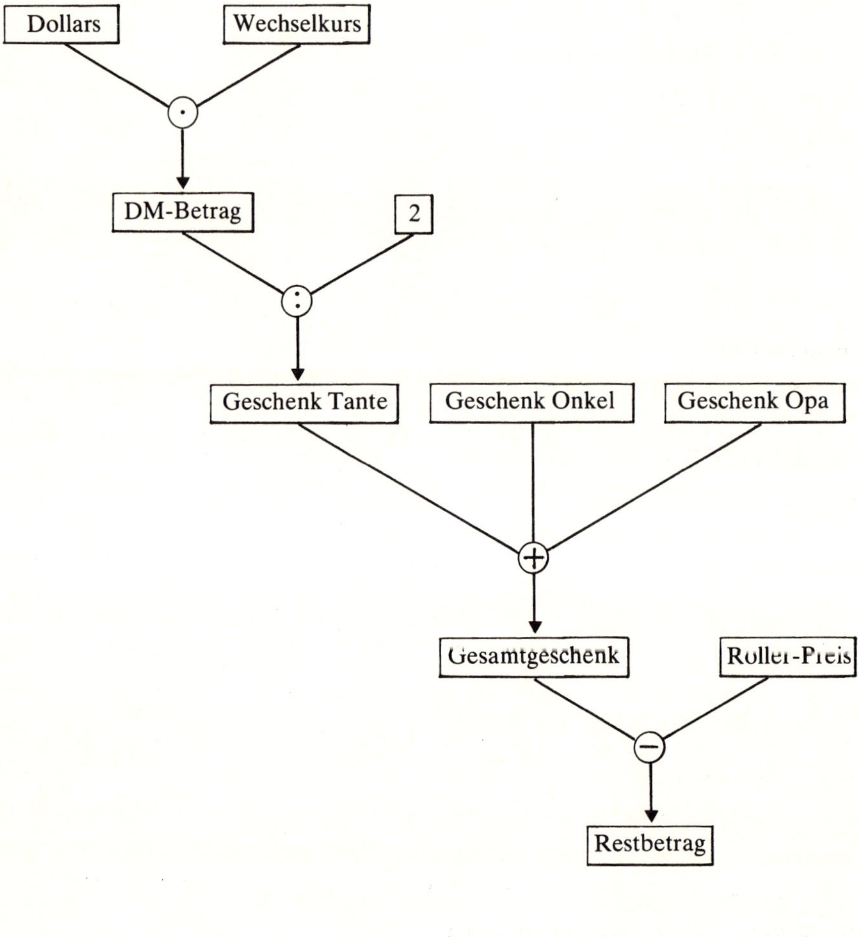

8.2.4.4 Operatorkette

Die Strukturierung von Aufgaben mit Operatorketten eignet sich besonders zur Lösung von verbalisierten Rechenausdrücken (Multipliziere die Differenz der Zahlen 713 und 558 mit deren Summe!), doch lassen sich auch Textaufgaben damit lösen.

Abb. 676:

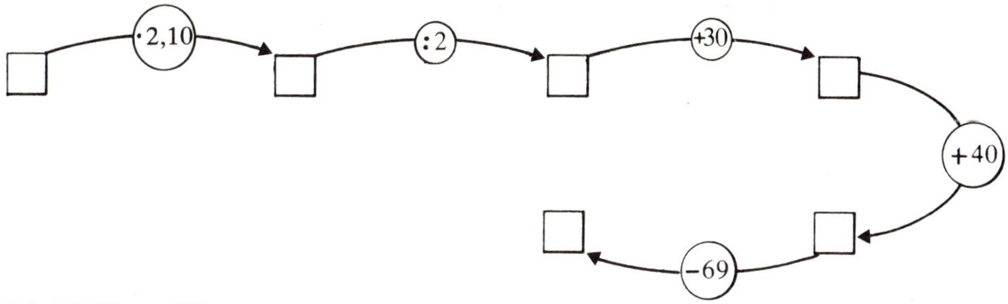

8.2.4.5 Diagramm

Die Darstellung von Textaufgaben in Diagrammform wird mit zunehmender Zahl der Simplexe und deren Verknüpfungen immer schwieriger. Trotzdem soll diese Form, die sich bei H. Maier (Maier 1972, S. 167 f.) findet, erwähnt werden.

Abb. 677:

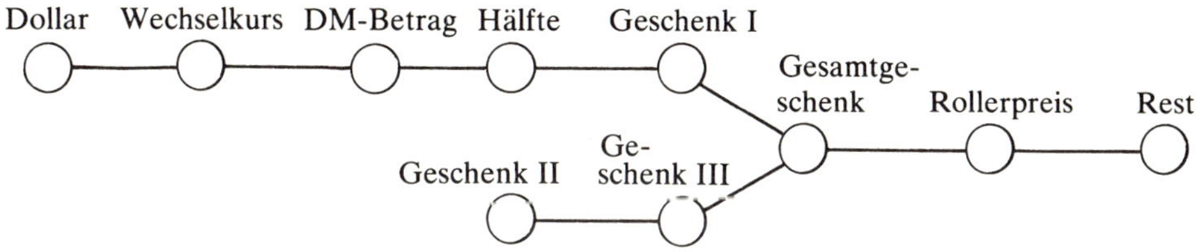

8.2.4.6 Pfeildarstellung

Die Pfeildarstellung entspricht weitgehend dem Diagramm. Durch Pfeile läßt sich zusätzlich die Art der Verknüpfung andeuten (nach unten: Ausgangszahl wird kleiner; nach oben: Ausgangszahl wird größer).

Abb. 678:

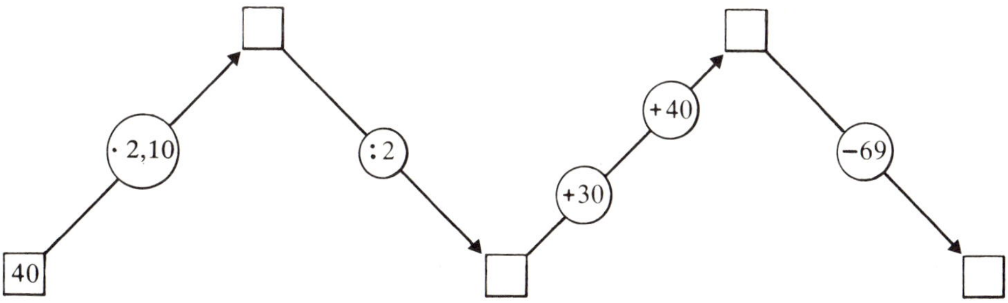

8.3 Durchführung effektiver Sachrechenstunden

Alle im Teil A unter 2.1–2.3 genannten Kriterien einer erfolgversprechenden Unterrichtsstunde gelten im besonderen Maße für das Sachrechnen, da Hauptschüler gerade in diesem Bereich häufig Mißerfolg erlebten und dementsprechend frustriert sind.
Der Wahl des Sachbereiches und der Präsentation des Problems kommen dabei erhöhte Bedeutung zu.

8.3.1 Sammeln von Zahlenmaterial für Sachrechnungen

Die früher vorherrschenden, die Schüler kaum interessierenden Aufgaben aus dem kaufmännischen Bereich verlieren an Bedeutung. Neuere Bücher beziehen zwar aktuelle Themen wie z. B. Energieverbrauch, Energieeinsparung u. ä. in ihr Aufgabenangebot mit ein, doch stehen Hauptschüler auch diesen Sachverhalten meist ablehnend gegenüber.
Doch wie ist für die Schüler interessantes Material zu beschaffen?

8.3.1.1 Wunschzettel schreiben

Fordern Sie Ihre Schüler auf, fünf gewünschte Gegenstände mit Preisangabe aufzuschreiben. Man erhält dadurch konkrete Hinweise auf Interessensgebiete der Schüler (Sport, Freizeit, Kleidung, ...) und auch über die damit verbundenen Kosten.

8.3.1.2 Zahlenecke

Lassen Sie die Schüler Zeitungs- und Zeitschriftenartikel aus ihren Interessensgebieten mitbringen, die Zahlen enthalten. Diese werden in einer „Zahlenecke" an der Korktafel zur allgemeinen Einsichtnahme aufgehängt und vom Lehrer später abgenommen.
Beispiele: siehe 8.3.2.3, S. 368 f.

8.3.1.3 Zahlen erkunden lassen

Durch zielgerichtete Aufträge werden Vergleichszahlen erkundet:

- Wie groß ist eure Wohnung?
- Wieviel Öl habt ihr in der letzten Heizperiode verbraucht?
- Wieviel Benzin verbraucht euer Auto durchschnittlich auf 100 km? (Mittelwerte für die verschiedenen Automarken ermitteln und mit den Werksangaben vergleichen)
- Wie weit ist deine Wohnung von der Schule entfernt?
- Erkundige dich beim Auto-/Motorrad-/Mopedhändler nach den Preisen für ein .....! Um wieviel verteuert sich das Fahrzeug bei Ratenzahlung?
- Erkundigen von Preisen in Kaufhäusern usw.
- Anfragen bei Gemeinden und Bezirksverwaltungen
- Kinder von Handwerkern, Geschäftsleuten, Bauherren usw. können oft eine Fülle von Zahlenmaterial beschaffen.
- Wechselkurse, Post- und Bahntarife.

Bei dieser Art der Zahlenbeschaffung muß mit Fingerspitzengefühl vorgegangen werden, damit Eltern oder Geschäftsleute nicht das Gefühl des „Ausgefragtwerdens" bekommen und dies als ein Eindringen in ihren Privatbereich betrachten. Fragen nach Einkommen, Umsatz, Gewinn u. ä. sind daher völlig unangebracht. Auch ist sicherzustellen, daß nicht an einem Nachmittag mehrere Fragesteller bei derselben Person aufkreuzen.

8.3.1.4 Schule als Zahlenlieferant

Schulleiter klagen über die Flut von Statistiken, die für Schulamt, Regierung oder Statistisches Landesamt erstellt werden müssen. Eine Durchschrift oder Fotokopie solcher Erhebungen beinhaltet Material für viele Stunden.

8.3.1.5 Zahlen aus der Gemeinde

Dank der modernen Datenverarbeitung ist es heute für Gemeinden keine Schwierigkeit, Material unter Wahrung des Datenschutzes zur Verfügung zu stellen.

8.3.1.6 Zeitungen und Zeitschriften

Das Bestreben unserer Zeit, jede Einzelheit statistisch zu erfassen, schlägt sich auch in Zeitungen und Zeitschriften nieder. Erhebungen und Artikel, die für die Schüler interessant sind, werden entnommen und gesammelt.

8.3.1.7 Broschüren und sonstiges Informationsmaterial

Bei Ministerien, staatlichen und kommunalen Instituten erscheinen regelmäßig statistische Berichte, die teilweise automatisch den Schulen zukommen bzw. kostenlos angefordert werden können.

8.3.1.8 Bücher

Feststehende Daten (Entfernungen, Flußlängen, Größen von Ländern . . .) entnimmt man aus Lexika, Almanach u. ä. Nachschlagewerken.
Jährlich erscheinen viele Bücher mit den neuesten Daten aus aller Welt, von denen für die Lehrerbücherei eines angeschafft werden sollte.

8.3.1.9 Betriebsnachrichten

Bei Betriebsbesichtigungen wird meist mit Zahlen nicht gespart. Die Lehrkraft des betreffenden Faches ist sicher bereit, das erhaltene Material auch für den Mathematikunterricht zur Verfügung zu stellen.

8.3.1.10 Kataloge

Die Kataloge der Versandhäuser enthalten eine unbeschränkte Fülle von Preisangaben.

8.3.2 Datenarchiv

8.3.2.1 Notwendigkeit eines Archivs

- Angesichts der Fülle des Materials verliert man in kürzester Zeit den Überblick.
- Thematisch gebundene Tabellen (Diagramme, Statistiken) können als Einheit aufgefaßt und behandelt werden.
- Der Einsatz kann individuell festgelegt werden, denn äußere Ereignisse motivieren.

Abb. 679:

Vorfall	einzusetzende Statistik
● Unfall eines Mitschülers	Schulwegunfälle allgemeine Unfallstatistik
● Brand	Schaden durch von Kindern verursachte Brände
● Steuererhöhung -änderung	Einnahmen, Ausgaben des Bundes Aufteilung der Einnahmen nach Steuerart
● Ölpreiserhöhung	Verteilung der Ölvorräte Ölverbrauch einzelner Länder Wer verbraucht wieviel vom Gesamtölverbrauch Deutschlands? Vergleich des Ölpreises bei Abnahme verschiedener Mengen.

8.3.2.2 Das Anlegen des Archivs

Da Hauptschulen meist mehrzügig geführt werden, ist die Kooperation der Mathematiklehrkräfte einer Jahrgangsstufe sinnvoll, wobei eine Lehrkraft das Datenarchiv verantwortlich verwaltet.

- Die Tabellen, Diagramme, Zeichnungen, Skizzen, Bilder, Statistiken, Zeitungsartikel, Schlagzeilen . . . werden thematisch geordnet.
- Jede Darstellung wird auf ein eigenes Blatt geklebt, Größe DIN A 4.
- Wenn möglich, wird davon auch jeweils eine Folie für den Tageslichtschreiber angefertigt.
- Jedes Blatt wird mit
  - der Abkürzung des Themenbereiches
  - laufender Nummer innerhalb des Themenbereiches
  - Kurzbeschreibung der Darstellung (Titel) versehen.

Beispiele:	Sch 3	– Schülerzahlen	(Bereich Schule,Blatt 3)
	V 8	– Zulassungen Mai 80	(Bereich Verkehr, Blatt 8)
	G 1	– Einwohnerzahlen	(Bereich Gemeinde, Blatt 1)
- Die Themenbereiche werden alphabetisch geordnet.
- Können Daten zwei Bereichen, z. B. Deutschland und Erdkunde, zugeordnet werden, so sind sie entweder zu fotokopieren oder es erfolgt ein entsprechender Vermerk auf dem Deckblatt des zweiten Bereiches.

8.3.2.3 Beispiele

Die nachfolgende Übersicht erhebt keinen Anspruch auf Vollständigkeit. Sie kann nur exemplarisch aufzeigen, welche Daten erfaßt werden können, wobei bewußt weitgehend auf die in Schulbüchern üblichen Themenbereiche verzichtet wurde.

Abb. 680:

a) Biologie – Gesundheit:

- Zusammensetzung wichtiger Nahrungsmittel (Eiweiß, Fett, . . .)
- Verteilung von Wasser, Fett, Knochen . . . im menschlichen Körper
- Kalorien-/Joule-Tabelle
- Leistung des Herzens
- Zahl der Blutkörperchen
- Anteil der Schadstoffe bei Alkohol und Nikotin
- Schlagzeilen, Berichte, Bilder von Rauschgiftsüchtigen
- . . .

b) Berufswelt

Geordnet nach besichtigten, bzw. ortsansässigen Betrieben:
- Beschäftigtenzahl
- Umsatz
- Produktionszahlen
- Lohntabellen
- Verteilung der Beschäftigten auf die einzelnen Betriebssparten, . . .
- . . .

c) Deutschland

- Fläche, Einwohnerzahl, Bevölkerungsdichte der Bundesländer
- Wahlergebnisse (prozentual und absolut), Sitzverteilung
- Einfuhr, Ausfuhr, Bruttosozialprodukt, Haushalt . . .
- Steuertabellen, -einnahmen, aufgegliedert nach Steuerarten
- allgemeine erdkundliche Daten
- . . .

d) Energie

- Ölpreistabelle (meist freitags in den Tageszeitungen)
- Ölvorkommen (Verteilung)
- Verbrauch verschiedener Staaten
- Verbrauch der Bundesrepublik Deutschland, aufgeschlüsselt nach Haushalt, Industrie, Verkehr.
- Prozentuale Einsparmöglichkeiten
- . . .

e) Freizeit

- Zahl der Skifahrer, Tennisspieler, aktiven Fußballer, Windsurfer . . .
- Preise für Surfbrett, Disco-Roller, Zelt, Campingzubehör
- Eintrittspreise für Popkonzerte, Bundesligaspiele u. ä.
- . . .

g) Gemeinde (bei Verbandsschulen für jede der Verbandsgemeinden)

- Fläche, Bewohner (männlich, weiblich, Ausländer)
- Wahlergebnisse der Kommunalwahlen
- Zahl der Betriebe, Steueraufkommen
- Länge der Gemeindestraßen
- Schulbuskosten
- Kosten, die durch die Schule allgemein anfallen
- . . .

f) Geld

- Zinssätze der Sparkassen und Banken
- Muster von Sparkassenbriefen, Bundesschatzbriefen u. ä.
- Umsätze von Betrieben, Sparkassen, . . .
- Zinseszinstabelle und Zinsdivisorentabelle
- Daten von Versicherungen (Prämien, Schadensfälle, . . .)
- . . .

h) Land

- Fläche, Einwohnerzahl des Bundeslandes, der Regierungsbezirke, von Großstädten, Landkreis und benachbarten Landkreisen
- Wahlergebnisse
- erdkundliche Daten
- . . .

i) Popmusik

- Stimmenzahl einzelner Gruppen oder Sänger bei der z. B. jährlich stattfindenden „Otto-Wahl“ der Jugendzeitschrift „Bravo“

- Zahl der Konzertbesucher bei Tourneen, Eintrittspreise
- Gagen
- ...

j) Preise
Die Preise für Freizeit- oder Sportartikel, Bekleidung, Mopeds und Fahrräder, ... können bei den betreffenden Themenbereichen miterfaßt werden.
Praktischer in der Handhabung ist aber das nach Themenbereichen geordnete Notieren.

k) Schule
- Zahl der Schüler pro Klasse, Jahrgangsstufe, Gesamtschülerzahl
- Zahl der Knaben und Mädchen, der Ausländerkinder
- Verteilung der Kinder nach Verbandsgemeinden bzw. Stadtbezirken
- Zahl der Sieger- und Ehrenurkunden bei den Bundesjugendspielen
- Schulbuskosten
- Haushalt der Schule
- Preise einiger Geräte, Bänke, ...
- Unfälle auf dem Schulweg, beim Turnen, im Schulgebäude
- ...

l) Sport
- Zahl der Aktiven verschiedener Sportarten
- Zahl der Aktiven in den örtlichen Sportvereinen
- Zuschauerzahlen in der Bundesliga (Langzeitaufgabe für Fußballer!)
- Eintrittspreise bei Sportveranstaltungen
- Ergebnislisten von Weltmeisterschaften, Olympischen Spielen
- Preise für Sportgeräte
- Siegprämien
- ...

m) Verkehr
- Zulassungen (im Jahr, pro Monat, aufgeschlüsselt nach Marken)
- Unfallstatistik (allgemein, nach Stadt, Autobahn, ... bzw. nach Alter der Beteiligten aufgeschlüsselt)
- Pannenstatistik der Automobilclubs (Schadenshäufigkeit bei den verschiedenen Autotypen)
- Liste der Wiederverkaufspreise für Autos
- Neupreise der gängigen Autotypen
- Schlagzeilen über Preiserhöhungen, Zulassungsspitzen, -rückgängen, ...
- durchschnittlicher Benzinverbrauch verschiedener Marken
- Steuer- und Versicherungsprämien bei Auto, Motorrad, Moped, ...
- Bußgeldkatalog
- Anteil des Kfz-Exports am Gesamtexport der Bundesrepublik Deutschland
- Anteil der Autoproduktion der Bundesrepublik Deutschland an der Gesamtweltproduktion
- ...

n) Weitere Themenbereiche
- Urlaub (Einbeziehen von Daten aus den Heimatländern der Gastarbeiterkinder)
- Bundesbahn (Tarife, Länge des Schienennetzes, ...)
- Bundespost (Tarife, Kfz-Bestand, Beschäftigtenzahl, ...).

8.3.2.4 Einsatz der Daten

Im Teil A unter 1.5 (S. 20 f.) wurden die vielfältigen Einsatzmöglichkeiten solcher Daten exemplarisch aufgezeigt, wobei „offene Sachaufgaben“ das mathematische Denken in besonderer Weise fördern. Zu beachten bleibt, daß aus der Mathematikstunde kein Sachunterricht wird. Die Daten und die ermittelten Werte bedürfen der Interpretation, doch sollte der mathematische Aspekt vorherrschen. Das schließt nicht aus, daß in begründeten Einzelfällen (z. B. Drogen) auch einmal die Mathematikstunde zur sachlichen Durchleuchtung verwendet wird, wobei dann das Zahlenmaterial nur zur Unterstützung herangezogen wird.

8.3.3 Artikulation einer Sachrechenstunde

Die unter A-2.2.1 (S. 23 f.) genannten Stufen einer Mathematikstunde gelten grundsätzlich auch für die Sachrechenstunde.

8.3.3.1 Fertigkeitsübungen am Stundenbeginn

Die Wahl einer geeigneten Übungsform (siehe A-2.4.3, S. 34) hängt weitgehend von der nachfolgenden Sachaufgabe ab. Wird z. B. mit Längen gerechnet, so stimmen Umwandlungen u. ä. die Schüler auf das Thema ein.

8.3.3.2 Problemstellung

Die bei der Problemstellung zu beachtenden Grundsätze (siehe A-2.3.1, S. 28) lassen sich praxisnah umsetzen, wenn bei der Präsentation der Sachaufgabe variiert wird.

- Textform
- Tabelle, Diagramm, Statistik
- Aufgabenstellung durch Zeichnung oder Bilder (siehe 8.2.3.4 u. 8.2.3.5, S. 358 f.)
- Einstimmung auf das Sachthema
  - Bilder (Seilbahn → Kalkulation eines Liftunternehmers)
  - Dias (Patient nach Herzinfarkt → Leistung des Herzens)
  - Filmausschnitt (Bundesbahn → Transportkosten im Vergleich)
  - vorbereitetes Rollenspiel (Streit Vater – Sohn wegen Notwendigkeit eines Mopeds → Preisvergleich, Kalkulation)
  - Platte, Tonband (Spitzenreiter der Hitliste → Schallplattenumsatz. Wer bekommt wieviel von einer Platte?)
  - Aufgreifen aktueller Anlässe (Benzinpreiserhöhung: Wer bekommt wieviel Geld bei einem verkauften Liter Benzin? Prozentrechnung)
  - Schülerberichte (Benzinverbrauch → Mittelwertberechnung für verschiedene Typen; Vergleich mit Werksangaben)
  - Konkrete Präsentation eines sachrelevanten Gegenstandes (Sparkassenbuch; Gehaltszettel; Steuerbescheid)
  - Lehrererzählung: (Diskrepanz zwischen Baukostenplanung und tatsächlichen Kosten → Preisvergleich; Kalkulation).

Bei der meist notwendigen Textanalyse werden die sachlichen Zusammenhänge geklärt. Die Aufgabe wird still, anschließend von einem guten Leser laut vorgelesen. Bei Bildaufgaben erfolgt deren Verbalisierung (siehe 8.2.3.4, S. 358).

- Analyse der mathematischen Zusammenhänge: siehe 8.2.1.2, S. 352 und 8.2.2.7, S. 355
- Präzisierung des Rechenproblems: siehe 8.2.1.3, S. 352.

8.3.3.3 Problemlösung

Das Problem wird konkretisiert durch

- Modellsituationen (siehe 8.2.3.3, S. 357)
- themengebundene Skizzen (siehe 8.2.3.4, S. 358)
- Situationsskizzen (siehe 8.2.3.5, S. 359 f.)
- Schemabilder (siehe 8.2.3.6, S. 361)

Der Lösungsplan wird erstellt als

- Numerieren der notierten Fragen in der Reihenfolge der Lösung
- Folge mehrerer Gleichungen (siehe 8.2.4.1, S. 361 f.)
- Simplexdarstellung (siehe 8.2.4.2, S. 362 f.)
- Baumdiagramm bei einfachen Aufgaben (siehe 8.2.4.3, S. 363)
- Operatorkette (siehe 8.2.4.4, S. 365)
- Diagramm bei einfachen Aufgaben (siehe 8.2.4.5, S. 365)
- Pfeildarstellung bei einfachen Aufgaben (siehe 8.2.4.6, S. 365).

Das Fixieren der Rechenoperationen erfolgt meist schon parallel zur Erstellung des Lösungsweges.
Vor der Ausrechnung ist der Überschlag vorzunehmen. Die Bedeutung des überschlagenden Rechnens (siehe 1.1.6, S. 50 f.) wird häufig unterschätzt, doch offenbart oft der Vergleich des Überschlags mit dem errechneten Wert ausgelassene Rechenschritte. Beim Arbeiten mit dem Rechenstab werden durch den Überschlag auch Stellenwertfehler vermieden.
Die Schüler sind zum großzügigen Runden anzuhalten, damit der Überschlag wirklich schnell und problemlos errechnet und notiert werden kann. Nur so ist sicherzustellen, daß die Schüler das Überschlagen auch vollziehen. Eine möglichst genaue Annäherung an das Endergebnis soll deshalb auch letztrangig sein.
Beim rechnerischen Vollzug ist auf eine saubere, übersichtliche Darstellung zu achten. Nebenrechnungen sind als solche zu kennzeichnen und von der eigentlichen Rechnung abzusetzen. Dies läßt sich praktisch verwirklichen, wenn $\frac{1}{3}$ des Blattes durch Längsfaltung abgetrennt wird, und in der so entstandenen Spalte die Nebenrechnungen auf gleicher Höhe mit der eigentlichen Operation notiert werden.
Sinnvolle Differenzierung (siehe A-2.3.3, S. 30 f.) und Möglichkeiten der Zwischenkontrolle (siehe A – 2.3.4.3, S. 32 f.) sind einzuplanen.

8.3.3.4 Lösungssicherung

- Sachausprägung: Die Resultate werden in einen Antwortsatz gekleidet, der den Sachzusammenhang wiederherstellt. Zwischenantworten können auch mündlich formuliert werden.
- Vergleich Endergebnis – Überschlag: Abweichungen begründen lassen.
- Überprüfen, ob Ausgangsfragen beantwortet wurden.
- Rückblick auf den Lösungsweg durch Verbalisieren der einzelnen Schritte oder durch Darstellung in einem anderen Lösungsschema. Erfolgte die Lösung in Gleichungsform, so werden bei einer nachträglichen Darstellung im Lösungsbaum die Zusammenhänge verdeutlicht.
- Operative Abschlußübungen: siehe 8.2.2.8., S. 355.
- Lösen ähnlich strukturierter Aufgaben.

8.3.4 Erstellen einer Lösungsstrategie

Für das selbständige Lösen von Sachaufgaben ist den Schülern eine Strategie zu vermitteln, nach der sie vorgehen können. Die systematische Einübung der einzelnen Schritte ist aber unbedingte Voraussetzung, damit sie nachher die Strategie als solche auch anwenden können.

Der folgende Plan wurde bewußt ausführlich gestaltet. Durch Zusammenfassung von Punkten kann er je nach Leistungsstand der Klasse verkürzt werden.

Abb. 681:

Lies den Text mehrmals!
(Laut, leise, mit und ohne Zahlen)

⇓

Gib den Sachverhalt ohne Zahlen wieder!

⇓

Überlege die Bedeutung der Zahlen!

⇓

Formuliere Rechenfragen!

⇓

Bestimme die Hauptfrage!

⇓

Fertige eine Skizze an!

⇓

Erstelle den Lösungsplan!

⇓

Überschlage!

⇓

Rechne gründlich!

⇓

Formuliere eine Antwort!

⇓

Vergleiche die Antwort mit der Frage!

⇓

Vergleiche mit dem Überschlag!

8.4 Exemplarische Strukturierung sachrechnerischer Aufgabenbereiche

Werden die in den Schulbüchern aufgenommenen Sachaufgaben analysiert, so kann in gewissem Umfang eine Typisierung vorgenommen werden.

Es finden sich:

- Schlußrechnungen
- Verhältnisaufgaben
- Bewegungsaufgaben
- Mischungsaufgaben
- Aufgaben aus dem kaufmännischen Bereich
- Rechenrätsel
- zusammengesetzte Aufgaben
- offene Sachaufgaben.

Ohne Berücksichtigung der beiden zuletzt genannten Sachaufgabentypen werden in diesem Kapitel zu allen anderen speziell dafür geeignete Lösungshilfen vorgestellt.

8.4.1 Schlußrechnungen

8.4.1.1 Kennzeichnung

Die Fähigkeit des Schlußfolgerns wird bei allen Formen des Sachrechnens, des Bruch- und Prozentrechnens, einschließlich des Zins- und Verhältnisrechnens vorausgesetzt.
Von Schlußrechnungen im eigentlichen Sinne spricht man, wenn von zwei Wertepaaren eines vollständig und vom anderen ein Wert gegeben ist. „Das wesentliche Kennzeichen bei der Lösung der Aufgaben zur sogenannten Schlußrechnung ist nämlich nicht in einem logischen Schließen zu sehen, sondern darin, daß eine Abbildung eines Größenbereiches in einen anderen vorgenommen wird. Während in der sogenannten Schlußrechnung im allgemeinen zwei Größenbereiche vorliegen (z. B. Geldwerte und Gewichte), von denen der eine auf den anderen abgebildet wird, liegt in der Prozent- und Zinsrechnung jeweils genau ein Größenbereich vor, der durch den Prozentoperator bzw. Zinsoperator auf sich abgebildet wird. Die sogenannte Schlußrechnung kann daher nicht mehr wie die Prozent- und Zinsrechnung als Teil der Bruchrechnung betrachtet werden“ (Griesel 1973, S. 203).

Je nach der Art der Zuordnung unterscheiden wir:

a) Schlußrechnungen mit geradem Verhältnis: Zwischen den Zahlenpaaren besteht eine direkte Proportionalität (siehe 7.1.3, S. 333). Zwischen den Paaren besteht die Beziehung je mehr – desto mehr bzw. je weniger – desto weniger.
b) Schlußrechnungen mit umgekehrtem Verhältnis: Es liegt eine antiproportionale Zuordnung (siehe 7.1.4, S. 336) vor, die durch die Beziehung je mehr – desto weniger bzw. je weniger – desto mehr gekennzeichnet ist.
   Da etliche der Übungen von der Art der Zuordnung unabhängig sind, werden beide Aufgabentypen gemeinsam besprochen und nur bei den Beispielen die Unterschiede betont.

8.4.1.2 Strukturierung der gegebenen Werte

Grundsätzlich sind die Wertepaare als solche hervorzuheben. Die Zahlgrößen eines Bereiches stehen jeweils untereinander.

Aufgaben:

a) 24 m Bodenleisten kosten 72 DM. Wieviel kosten 32 m?

b) Zwei Röhren mit gleicher Leistung füllen ein Schwimmbecken in 15 Stunden. In wieviel Stunden wäre es mit 3 Röhren geschafft?

Abb. 682:

– Satzanordnung:
 a) 24 m kosten 72 DM
 32 m kosten □ DM
 b) 2 Röhren brauchen 15 Stunden
 3 Röhren brauchen □ Stunden

– Pfeilzuordnung:
 a) 24 m → 72 DM
 32 m → □ DM
 b) 2 Röhren → 15 Std.
 3 Röhren → □ Std.

– Kurztabelle:

a)

m	DM
24	72
32	□

b)

Röhren	Std.
2	15
3	□

Je kürzer und formelmäßiger das Notieren der Werte vorgenommen wird, desto stärker muß der Zusammenhang verbalisiert und charakterisiert werden.

8.4.1.3 Feststellen des Funktionsverlaufs durch grafische Hilfen

Diese Stufe ist von zentraler Bedeutung, da die Art der Zuordnung bestimmt wird. Themengebundene Skizzen (siehe 8.2.3.4, S. 358) und Situationsskizzen (siehe 8.2.3.5, S. 359 f.) dienen der Veranschaulichung. Grundsätzlich empfiehlt es sich, jeden Wertebereich für sich abzubilden, wobei das gegebene Wertepaar mit gleicher Länge bzw. Fläche gezeichnet wird. Die Art der Veränderung wird dann durch die Vergrößerung bzw. Verkleinerung des zu errechnenden Wertes bei der zeichnerischen Zuordnung sichtbar.

Abb. 683:

a)

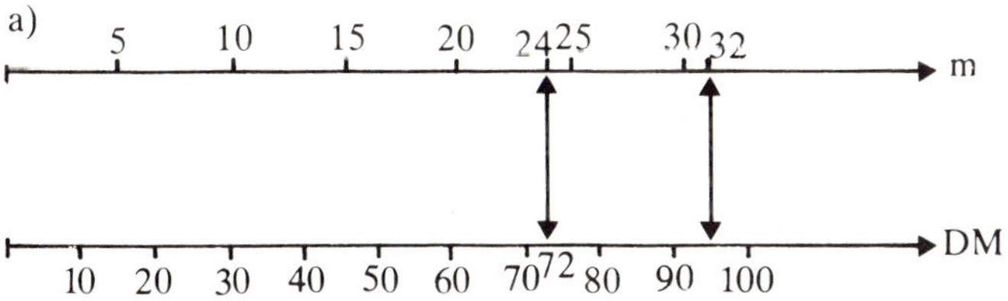

b)

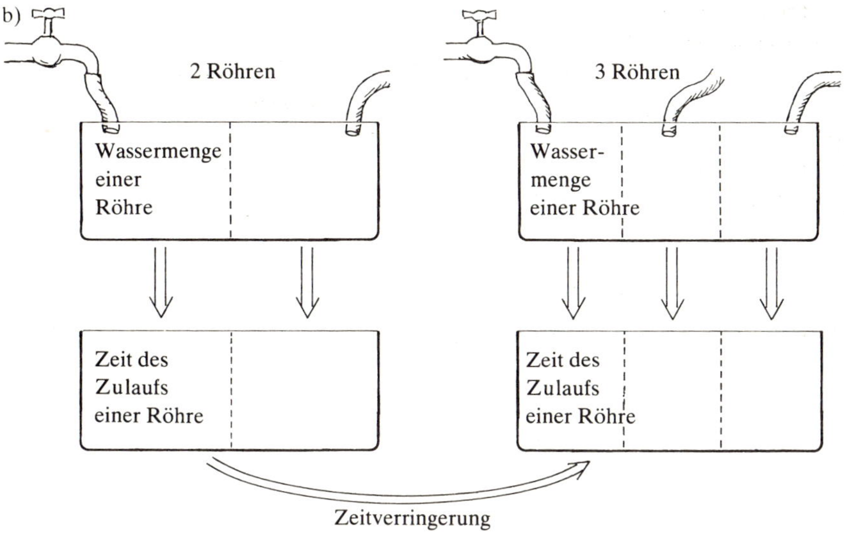

Damit die funktionalen Zusammenhänge stets bewußt werden, ist die permanente Verbalisierung zu den Zeichnungen zu fordern.
Der erkannte Funktionsverlauf wird durch Pfeile bei den Zuordnungen markiert. Als vorteilhaft erweist sich die Vereinbarung, daß die Pfeilspitze stets in Richtung des größeren Wertes zeigt.

Abb. 684:

a)

m ↓	DM ↓
24	72
32	□

je mehr → desto mehr

b)

Röhren ↓	Std. ↑
2	15
3	□

je mehr → desto weniger

Wird den Schülern z. B. nur ein derart strukturierter Anschrieb vorgegeben, so müssen sie in der Lage sein, anhand der Pfeile eine entsprechende Aufgabe zu bilden (siehe 8.2.2.4, S. 354).

8.4.1.4 Lösung durch Schluß auf die Einheit

Diese Lösungsform ist identisch mit dem klassischen Dreisatzschema der Schlußrechnung.

Abb. 685:

a) 24 m kosten 72 DM
1 m kostet 3 DM
32 m kosten 96 DM

b) 2 Röhren brauchen 15 Stunden
1 Röhre braucht 30 Stunden
3 Röhren brauchen 10 Stunden

Dieses Dreisatzschema läßt sich auch zeichnerisch konkretisieren.

Abb. 686:

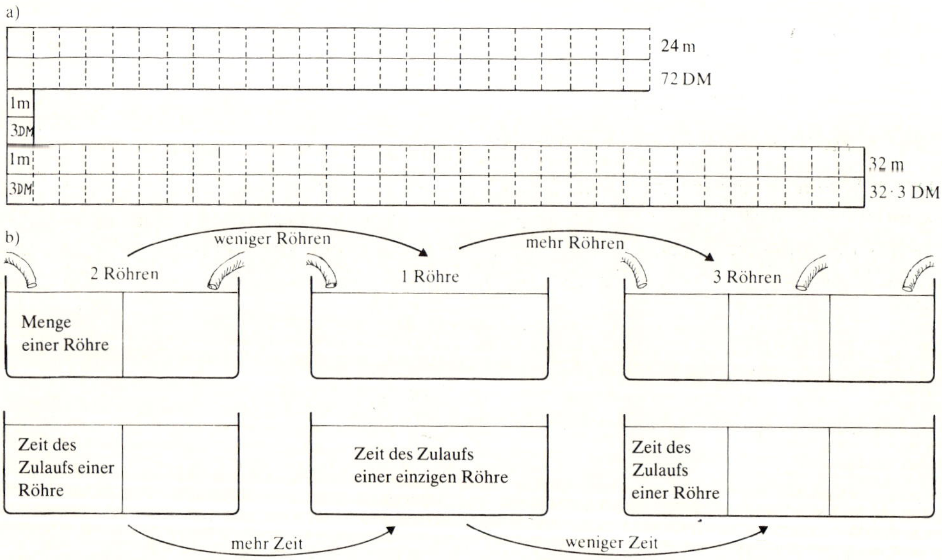

8.4.1.5 Lösung durch Wertetabelle

Das Erstellen einer Wertetabelle in Verbindung mit der Zeichnung stellt eine mehr empirische Form der Lösung dar. Unter Ausnützung additiver und multiplikativer Zusammenhänge wird das zweite Wertepaar ermittelt.

Abb. 687:

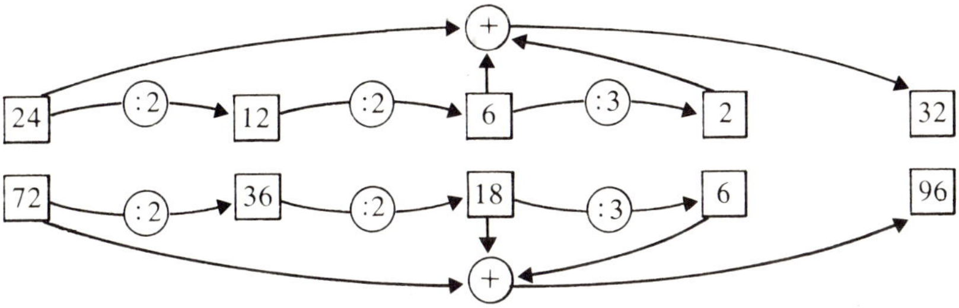

8.4.1.6 Lösung durch Schluß auf ein weiteres Wertepaar

Die tabellarische Anordnung öffnet den Blick für weitere Lösungsmöglichkeiten, die zur Schulung der mathematischen Beweglichkeit auch eingeschlagen werden sollten. Bei der zeichnerischen Darstellung wäre analog zu Abb. 686 zu verfahren.

Abb. 688:

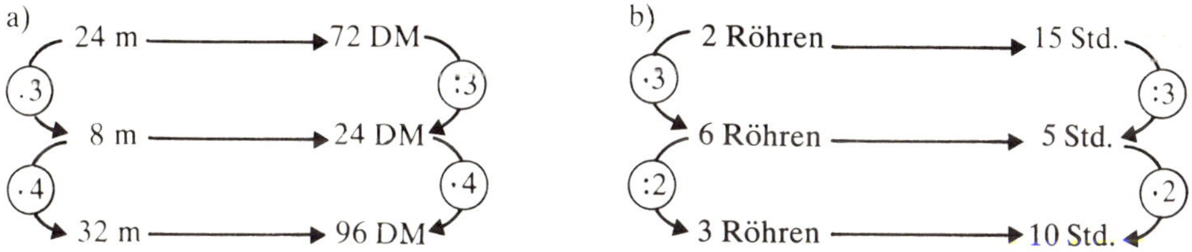

oder:

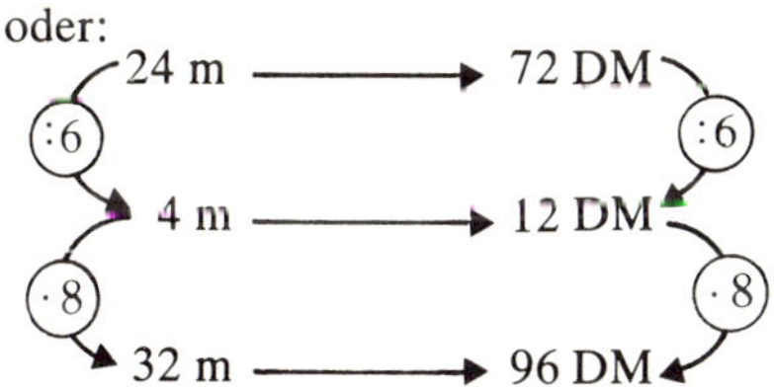

8.4.1.7 Lösung durch Ermittlung des Quotienten-/Produktwertes

Durch Übungssequenzen mit leicht überschaubaren Zahlenpaaren, die tabellarisch erfaßt werden, ist die Erkenntnis herauszuarbeiten, daß bei Schlußrechnungen mit geradem Verhältnis der Quotientenwert bzw. bei Schlußrechnungen mit umgekehrten Verhältnis der Produktwert aller Wertepaare gleich ist (siehe 7.1.3.8, S. 335, 7.1.4.3, S. 336 f. und 7.1.5, S. 339 ff.).

Abb. 689:

a)

1 m	3 DM
2 m	6 DM
3 m	9 DM
4 m	12 DM
10 m	30 DM
24 m	72 DM

Quotientenwert: 3

b)

1 Röhre	30 Std.
2 Röhren	15 Std.
3 R.	10 Std.
4 R.	7,5 Std.
5 R.	6 Std.
6 R.	5 Std.

Produktwert: 30

Über den Quotienten- bzw. Produktwert läßt sich der fehlende Wert schnell errechnen.

Abb. 690:

a) $72 : 24 = 3$
$\square : 32 = 3$
$\Downarrow$
$3 \cdot 32 = \boxed{96}$

b) $2 \cdot 15 = 30$
$3 \cdot \square = 30$
$\Downarrow$
$30 : 3 = \boxed{10}$

8.4.1.8 Lösung durch Bruchvergleich (Zweisatzmethode) nicht i. d. 5. Klasse ohne Bruchvergleich in 5.

Unter 8.4.1.4 (S. 376) wurden die Beziehungszusammenhänge durch jeweils zwei Operatoren verdeutlicht, die sich zu einem Bruchoperator verkürzen lassen.

Abb. 691:

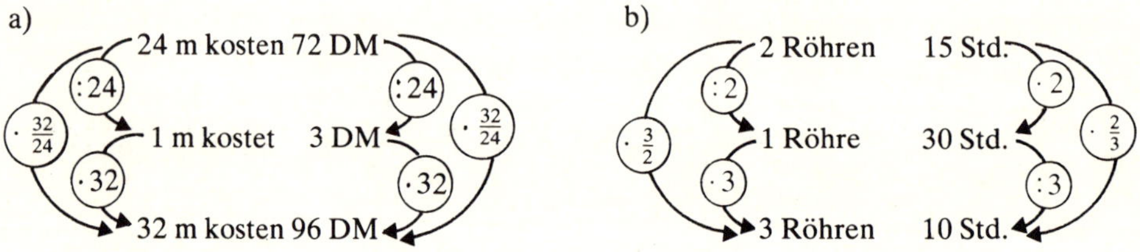

Durch Vergleich erkennen die Schüler, wie der Bruchoperator gebildet wird:

- Wir stellen fest, bei welchem Größenbereich Angaben für beide Wertepaare vorliegen.
- Die betreffende Maßzahl des gegebenen Wertepaares stellt den Nenner, die des gesuchten Paares den Zähler des Bruchoperators.
- Bei geradem Verhältnis wirkt dieser Bruchoperator auf den genannten Wert des zweiten Größenbereiches.
- Bei umgekehrtem Verhältnis wird der fehlende Wert mit Hilfe der Umkehrzahl (Kehrwert) dieses Bruchoperators ermittelt.

Abb. 692:

a)

Menge	Zeit
15 l	48 Min.
40 l	□
□	32 Min.

b)

eingesetzte Lkw	Fahrten
3	□
4	27
□	12

Lösung:

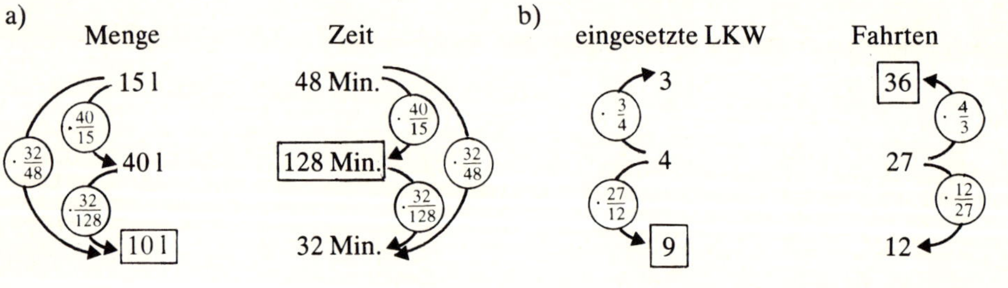

8.4.1.9 Lösung mit dem Graph

Bei Schlußrechnungen mit umgekehrtem Verhältnis lassen sich aus dem von den Schülern selbstgezeichneten Graph nur ungenaue Werte entnehmen, da die Hyperbel (siehe 7.1.4.6, S. 338) ohne Verwendung von Schablonen schwer zu zeichnen ist.
Liegen proportionale Zuordnungen vor, so ist ein Graph durchaus als vollwertige Lösungshilfe anzusehen, da als Funktionsabbildung eine Gerade entsteht, deren Verlauf durch den Koordinatenpunkt des genannten Wertepaares und den Nullpunkt bestimmt ist.

Abb. 693:

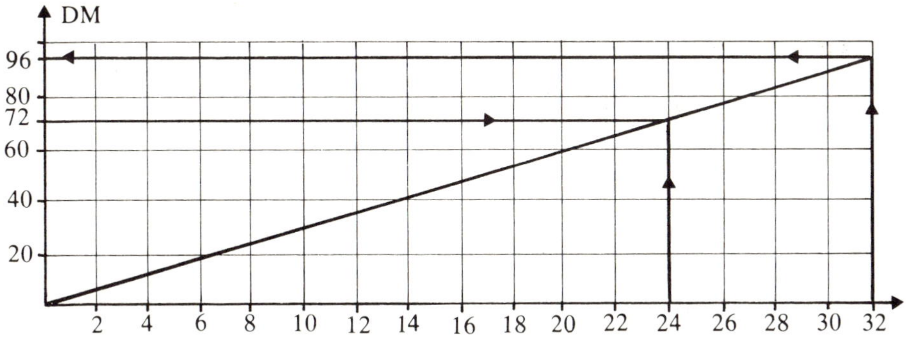

Auch Zuordnungen der Art a ± b · x = c lassen sich im Koordinatensystem darstellen.

1. Beispiel: Ein Pkw darf mit 440 kg beladen werden. Wieviel Kisten mit je 24 kg dürfen noch zugeladen werden, wenn Fahrer und bisherige Ladung 180 kg wiegen?

Abb. 694:

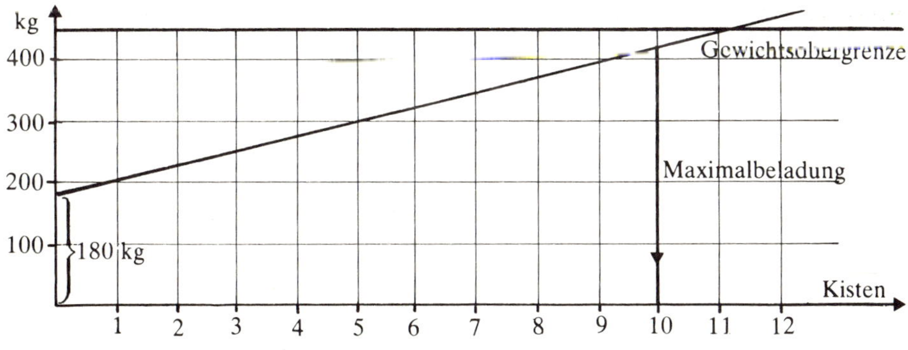

Maximal dürfen 10 Kisten zugeladen werden.

2. Beispiel: Herr Krause fährt mit einer Durchschnittsgeschwindigkeit von 80 $\frac{km}{h}$. Wie weit kommt er in 8 Stunden, wenn er unterwegs für $2\frac{1}{2}$ Stunden seine Fahrt unterbrechen muß?

Abb. 695:

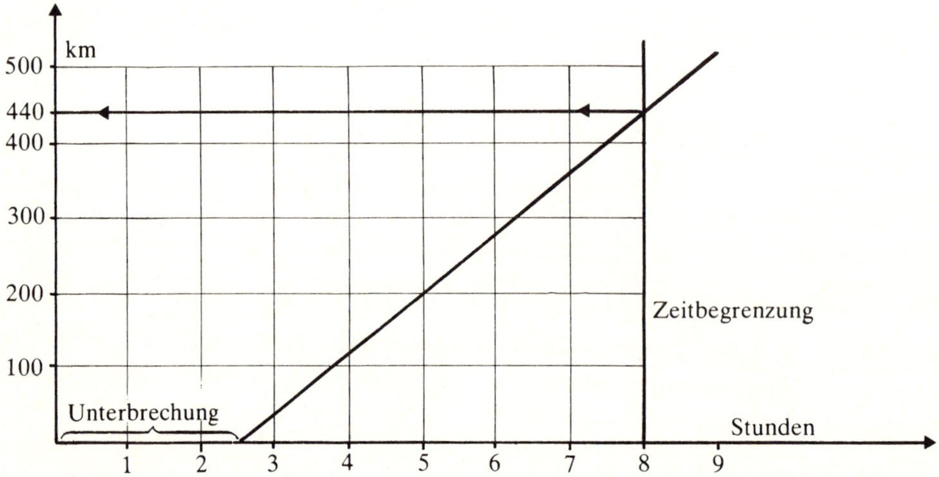

Er fährt 440 km.

8.4.1.10 Themenbereiche für Schlußaufgaben mit geradem Verhältnis

Abb. 696:

Erster Größenbereich	Zweiter Größenbereich
– Anzahl, Länge, Fläche, Entfernung, Gewicht, Menge oder Arbeitszeit	Preis
– Entfernung, Arbeitsaufwand	Zeit
– Zeit	eingelaufene Flüssigkeitsmenge
– Bundzahl (z. B. Blumenstrauß)	Zahl der Blumen
– Fläche	Ernteertrag
– Anzahl	Gewicht, Länge, Menge
– DM	andere Währungen
– Zahl der Stufen (Stockwerke)	Treppen- (Haus-)höhe
– Geschwindigkeit, Fahrdauer	zurückgelegte Entfernung
– Zuschauer	Einnahmen
– zurückgelegte Entfernung	Benzinverbrauch
– Länge in Wirklichkeit	Länge in der Zeichnung
– Grundwert	Prozentwert

Beispiel für mögliche Verknüpfungen:

Vorgabe: Eine Röhre liefert in 7 Minuten 91 l Wasser.

a) Welche Menge steht nach 12 Minuten zur Verfügung?
b) Berechne die Leistung pro Minute!
c) Wie lange dauert es, bis 156 l eingelaufen sind?

8.4.1.11 Themenbereiche für Schlußaufgaben mit umgekehrtem Verhältnis

Abb. 697:

Der konstante Produktwert entspricht:	Variable
– Essensvorrat	Personenzahl – Zeit
– Arbeitsleistung	Zahl der Arbeiter/Maschinen – Zeit
– abzutransportierende Menge	Zahl der Fahrzeuge – Zahl der Fahrten
	Ladevermögen des Fahrzeugs – Zahl der Fahrten
– zurückzulegende Entfernung	Geschwindigkeit – Zeit
– Fläche (Rechteck)	Länge – Breite;
– Zinsertrag	Kapital – Zinssatz
– zu verpackende Warenmenge	Inhalt eines Päckchens – Zahl
– Futtervorrat	Zahl der Tiere – Zeit
– Kraftstoffvorrat	Zahl der Fahrzeuge – Zeit
– Benzinfüllung	Durchschnittsverbrauch – Entfernung
– Ölvorrat	tägliche Brenndauer – Zeit
– Urlaubskasse	tägliche Ausgabe – Dauer des Aufenthalts
– Pauschalpreis (Omnibus)	Zahl der Mitfahrer – Preis
– Länge einer Rundfahrt	Tagesstrecke – Zahl der Etappen
– abzufüllende Flüssigkeitsmenge	Inhalt der Flaschen – Zahl der Flaschen
– benötigte Wassermenge	Zahl der Pumpen – Zeitdauer
– zu fliesende Fläche	Größe der Fliesen – Anzahl der Fliesen
– einzufüllende Wassermenge	Grundfläche – Höhe
– zu tapezierende Wandfläche	Breite der Tapetenrolle – Zahl der Rollen.

Beispiel für die Veränderung der Variablen:

Vorgabe:

Wenn 12 Personen einen Omnibus mieten, muß jede 30 DM bezahlen.

a) Wie verteuert (verbilligt) sich der Fahrpreis für den einzelnen, wenn 8 (10, 15, 18, 20) Personen mitfahren?

b) Wieviel Personen müßten mitfahren, damit jede nur noch 20 DM (10 DM, 8 DM) bezahlen müßte?

8.4.2 Mittelwert- und Durchschnittsberechnung

8.4.2.1 Begriffsklärung

Die Begriffe Mittelwert und Durchschnitt werden in der Hauptschule synonym verwendet. Der Ausdruck Durchschnitt ist den Schülern in Verbindung mit Geschwindigkeit, Benzinverbrauch u. ä. schon geläufig.

Abb. 698:

Bei dieser Form der Berechnung wird durch eine Schlußrechnung für eine festgelegte Größe ein Vergleichswert ermittelt.
Eine Erweiterung dieser Aufgabenstellung bedeutet es, wenn mehrere Werte eines Größenbereiches vorliegen, die zunächst addiert werden und deren Summe durch die Zahl der Werte dividiert wird (siehe 8.4.2.3 und 8.4.2.4).

8.4.2.2 Konkreter Vollzug

- Der unterschiedliche Inhalt mehrerer gleich großer Gefäße wird zusammengeschüttet. Die Gesamtmenge wird gleichmäßig auf alle Gefäße verteilt.
- Auf einem Streifen werden vier unterschiedlich lange Teilstrecken markiert. Der Streifen wird zweimal gefaltet. Ein dabei entstandenes Teilstück entspricht dem Mittelwert.
- Einzelbeträge (Telefonrechnungen mehrerer Monate) werden zusammengefaßt. Gesamtbetrag wird entsprechend der Anzahl der Monate verteilt.

8.4.2.3 Situationsskizzen

Die Schüler sind auch hier anzuhalten, den Sachverhalt zu skizzieren.

Abb. 699:

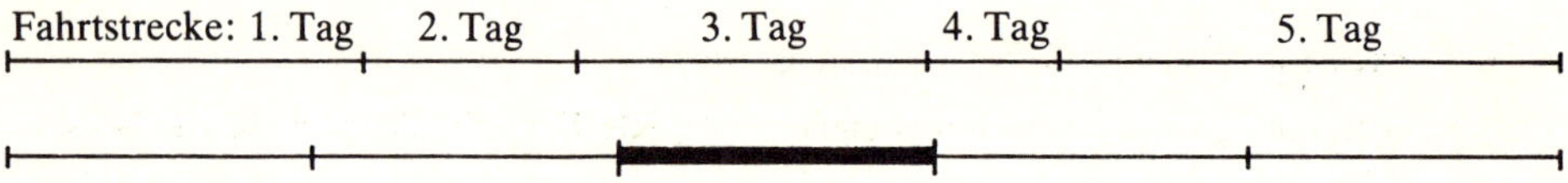

Einzeletappen gegeben: mittlere Fahrtstrecke pro Tag
Gesamtstrecke gegeben: durchschnittliche Fahrtstrecke pro Tag

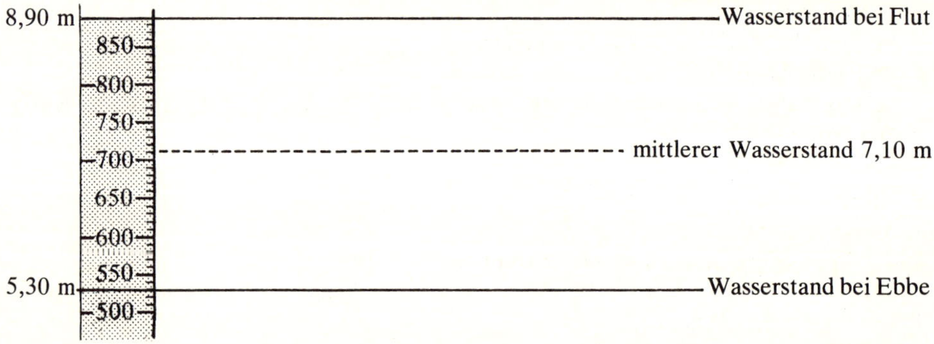

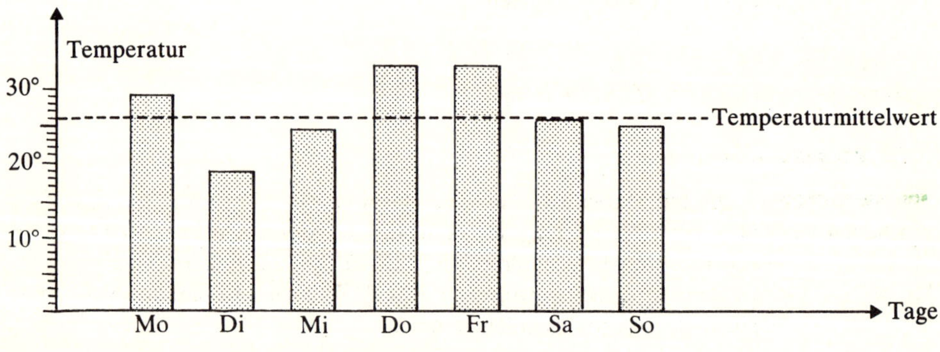

8.4.2.4 Schemabilder

Abb. 700:

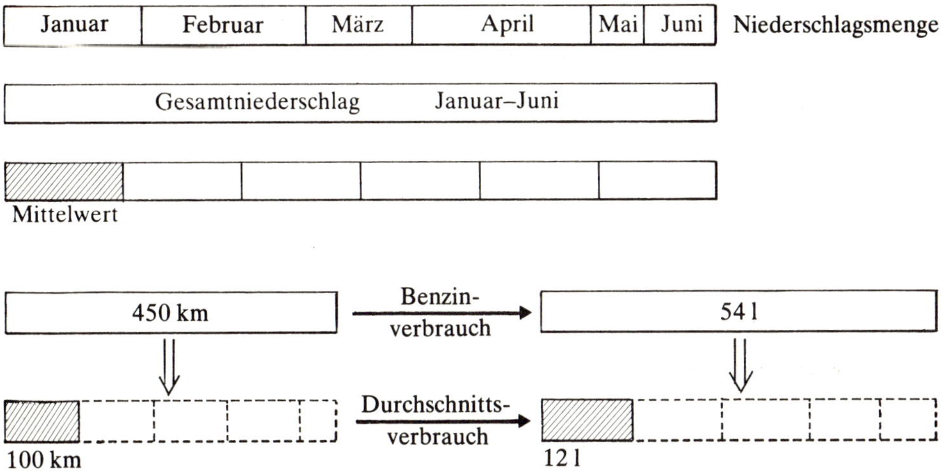

8.4.2.5 Themenbereiche für Mittelwertberechnungen

Für die Berechnung des Durchschnitts eignen sich viele Bereiche des täglichen Lebens.

Beispiele:

Abb. 701:

- Wegstrecken
- Niederschlag, Luftdruck, Luftfeuchtigkeit
- Verkaufszahlen
- Besucherzahlen (regelmäßige Sportveranstaltungen, Tournee, Schwimmbad- oder Eisstadionbesucher, . . .)
- Fahrgäste (Schiffsrundfahrt, Pendelverkehr, . . .)
- Mieteinnahmen
- Schülerzahlen
- Gebühren (Telefon, Wasser, Gas, Strom . . .)
- Noten
- Einkommen bestimmter Berufe
- Geschwindigkeit
- Einlauf-(Auslauf-)menge pro Zeiteinheit
- Ernteertrag
- Benzinverbrauch
- Fahrpreis pro Person bei Pauschalreisen.

8.4.3 Verhältnisrechnen

Die Bestrebungen, Grundelemente für mehrere Gebiete des Mathematikunterrichts zu erarbeiten, führten zu einer Aufwertung des Verhältnisbegriffes, der z. B. bei Mitschka zur Grundlage für das Bruchrechnen, Schlußrechnen, Prozent- und Zinsrechnen wurde.
Diese Querverbindungen, die den Transfer einmal gewonnener Erkenntnisse auf neue Bereiche ermöglichen, gilt es, unterrichtlich zu nutzen.

8.4.3.1 Transfermöglichkeiten

Jede Bruchzahl beschreibt auch ein Verhältnis (siehe 3.1.1.3, S. 165), das zwischen dem Ganzen und einem Teil dieses Ganzen besteht (Die Hälfte des Grundstückes . . ., ein Drittel seines Einkommens, . . .). Dieser Verhältnisaspekt einer Bruchzahl läßt sich auch zeichnerisch erarbeiten, wie unter 3.4.2.9, S. 197 ausgeführt wurde.

8.4.3.2 Verhältnisangaben im Alltag

– Maßstabsangaben sagen uns, in welchem Verhältnis die Wirklichkeit verkleinert bzw. vergrößert wurde. Die vordere Zahl bezieht sich stets auf die Zeichnung, die hintere Zahl auf die Wirklichkeit.

Abb. 702:

Landkarte	Mikrobereich
1 : 10 000	8 : 1
gelesen: 1 zu 10 000	8 zu 1
Bedeutung:	
1 cm der Zeichnung entspricht 10 000 cm in der Wirklichkeit	8 cm der Zeichnung entsprechen 1 cm in der Wirklichkeit

– Der Punktestand wird im Sport ebenfalls als Verhältnis notiert.

Abb. 703:

		Punkte	
1. FC Bayern München	50	:	18
2. Hamburg	48	:	20
3. Kaiserslautern	41	:	27
	gewonnene Punkte		verlorene Punkte

(pro Spiel werden 2 Punkte vergeben)

– Steigungen (siehe auch 6.3.3.5, S. 316 f.): Die Angabe 23% bei einer Steigung drückt eigentlich das Längenverhältnis der zu überwindenden Höhe zur Grundlinie innerhalb eines Steigungsdreiecks aus.

Abb. 704:

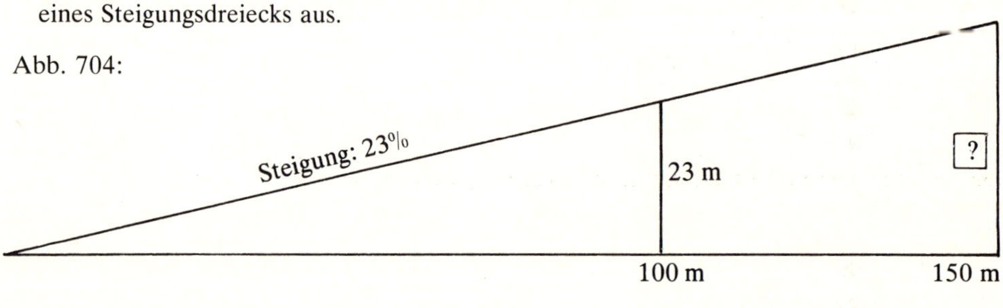

Ist die Länge einer Steigung mit 150 m angegeben, so ist die tatsächliche Höhe durch eine Verhältnisgleichung zu ermitteln, da sich die Längenangabe grundsätzlich auf die Grundlinie des Steigungsdreieckes bezieht.

$23 : 100 = \square : 150$

Jede der drei Variablen bei Steigungsaufgaben (Steigungsangabe, Höhe, Länge der Grundlinie) läßt sich errechnen, wobei Angaben in Form einer Zeichnung (Verkehrsschild) oft motivierend wirken.

– Radübersetzung: Radübersetzungen drücken das Verhältnis „Anzahl der Zähne am Kettenblatt : Anzahl der Zähne am Zahlenkranz“ aus.

Abb. 705:

Kettenblatt: 52 bzw. 44 Zähne
Zahlenkranz: 14, 16, 20, 24, 26 Zähne

Je größer der Gang, desto größer ist auch das Übersetzungsverhältnis.

1. Gang: 44 : 26 = 1,69 : 1
2. Gang: 44 : 24 = 1,83 : 1
3. Gang: 52 : 26 = 2,0 : 1
4. Gang: 52 : 24 = 2,17 : 1
5. Gang: 44 : 20 = 2,2 : 1
6. Gang: 52 : 20 = 2,6 : 1
7. Gang: 44 : 16 = 2,75 : 1
8. Gang: 44 : 14 = 3,14 : 1
9. Gang: 52 : 16 = 3,25 : 1
10. Gang: 52 : 14 = 3,71 : 1

8.4.4 Verteilungen und Mischungen als Anwendungen des Verhältnisrechnens

Überall dort, wo mehrere Personen oder Gruppen bei einer Verteilung (Lottogewinn, Erbschaft, Firmengewinn, . . .) zu berücksichtigen sind, erfolgt die Berechnung der einzelnen Anteile durch eine Verhältnisrechnung.

8.4.4.1 Das Verhältnis und ein Anteil sind bekannt

Aufgabe: Klaus, Fritz und Gerda tippen gemeinsam und gewinnen. Fritz erhält vom Gewinn 1135 DM. Wieviel erhalten Klaus und Gerda, wenn Klaus 3 DM, Fritz 2 DM und Gerda nur 1 DM zum Kauf des Loses beigesteuert haben?

– Zeichnerische Darstellung:

Jede Anteilseinheit wird 1 cm lang gezeichnet. Der Gesamtgewinn wird zugeordnet.

Abb. 706:

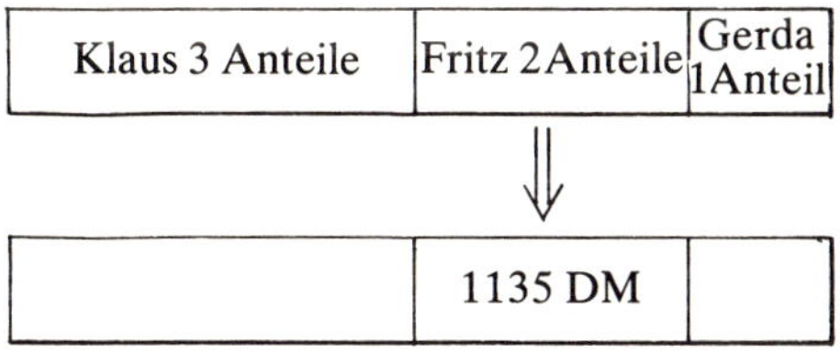

Die rechnerische Lösung erfolgt durch zwei Schlußrechnungen:

Abb. 707:

K.	:	F.		K.	:	F.
3	:	2	=	x	:	1135
F.	:	G.		F.	:	G.
2	:	1	=	1135	:	y

Lösung:

2 Anteile: 1135 DM
1 Anteil: 1135 DM : 2 = 567,20 DM
3 Anteile: 567,20 DM · 3 = 1702,50 DM.

8.4.4.2 Das Verhältnis und die zu verteilende Größe sind bekannt

Aufgabe: Frau M., Frau Z. und Frau A. führen gemeinsam eine Drogerie. Sie haben eine Gewinnverteilung von 5 : 3 : 2 vereinbart. Verteile, wenn die Drogerie einen Jahresgewinn von 48 960 DM abwarf!

– Zeichnerische Lösung:

Der Gesamtgewinn wird den Gesamtanteilen zugeordnet. Aussagen über die Größe der Einzelgewinne sind möglich.

Abb. 708:

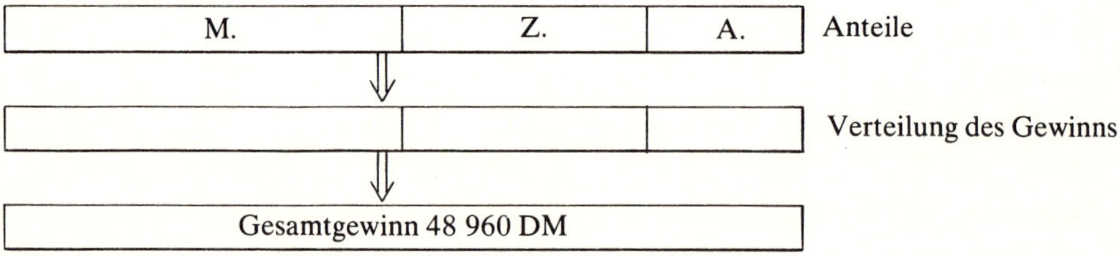

– Rechnerische Lösung:

Abb. 709:

- Die Zahl der Gesamtanteile wird durch deren Addition ermittelt.
  5 + 3 + 2 = 10
- Wert eines Anteils durch Division ermitteln:
  48 960 DM : 10 = 4896 DM
- Wert der einzelnen Anteile errechnen:
  2 Anteile: 2 · 4896 DM = 9 792 DM
  3 Anteile: 3 · 4896 DM = 14 688 DM
  5 Anteile: 5 · 4896 DM = 24 480 DM
- Ergebniskontrolle durch Addition der Einzelanteile:
  9792 DM + 14 688 DM + 24 480 DM = 48 960 DM.

8.4.4.3 Das Verhältnis ist erst zu kürzen

Aufgabe: Die zwei erwachsenen Kinder benutzen das Auto des Vaters mit. Man führt ein Streckenbuch und teilt sich die Benzinkosten anteilig auf. Im letzten Monat fuhr Vater 852 km, Peter 456 km und Erika 714 km. Die Benzinkosten betrugen 236,80 DM. Wieviel hat jeder zu zahlen?

Lösung:

Abb. 710:

- Die Werte des einen Größenbereiches werden als Verhältnis notiert:
  852 : 456 : 714
- Kürzen:
  852 : 456 : 714
  ⇓
  142 : 76 : 119
- Zahl der Gesamtanteile errechnen
- Weiterer Lösungsweg: s. o.

8.4.4.4 Das Verhältnis ist in Prozenten angegeben

Aufgabe: Herr M. erhält vom Gewinn einer Firma 30%, Frau S. und Herr L. jeweils 25% und den Rest erhält Frau K. Wieviel erhält jeder bei einem Gewinn von 147 930 DM?

Zeichnerisch eignet sich zur Darstellung solcher prozentualer Verteilungen der Prozentstreifen, da ihm der zu verteilende Betrag direkt zugeordnet werden kann.

Abb. 711:

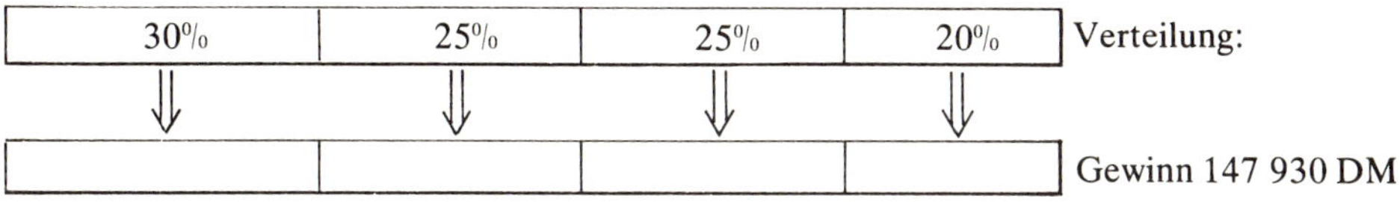

Rechnerisch werden die Prozentangaben wie Firmenanteile behandelt, wobei aber zu beachten ist, daß die Summe der Anteile 100 ergibt.
Das weitere Vorgehen erfolgt wie unter 8.4.4.3 und 8.4.4.2 beschrieben.

Abb. 712:

Herr M. : Frau S. : Herr L. : Frau K.
30 : 25 : 25 : 20 = 6 : 5: 5 : 4

Gesamtanteile: 6 + 5 + 5 + 4 = 20

1 Anteil: 147 930 DM : 20 = 7 396,50 DM
Herr M.: 6 · 7396,50 DM = 44 379 DM
Frau S.: 5 · 7396,50 DM = 36 982,50 DM
Herr L.: 5 · 7396,50 DM = 36 982,50 DM
Frau K.: 4 · 7396,50 DM = 29 586 DM.

Kontrolle durch Addition der Einzelanteile.

8.4.4.5 Das Verhältnis ist als Bruchteil angegeben

Aufgabe: Eine Erbschaft von 84 600 DM soll aufgeteilt werden. Die Ehefrau erhält die Hälfte, die beiden Kinder jeweils $\frac{1}{6}$, eine Nichte $\frac{1}{12}$ und der Rest soll einem SOS-Kinderdorf zur Verfügung gestellt werden.

– Zeichnerische Lösung:

Abb. 713:

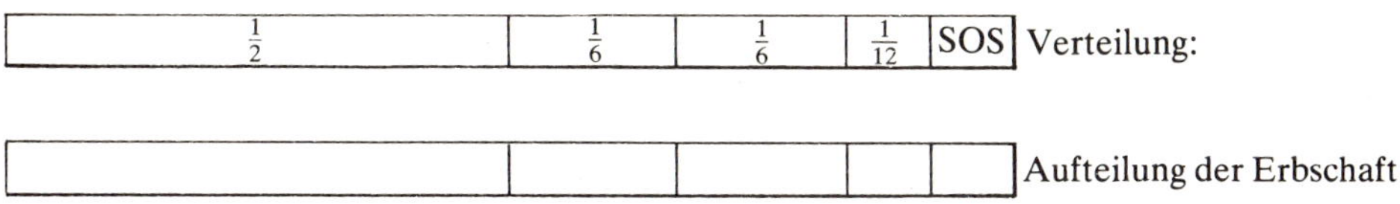

– Rechnerische Lösung:

Aufgaben dieser Art lassen sich einfacher mit Hilfe eines Strukturschemas (siehe 8.2.4, S. 361 ff.) lösen. Doch sei hier auch der Weg über den Verhältnisansatz aufgezeigt.

- Die Bruchangaben werden als Verhältnis notiert.
- Der Hauptnenner wird bestimmt.
- Der fehlende Bruchteil wird durch Ergänzen auf 1 bestimmt.

● Der Hauptnenner gibt die Zahl der Gesamtanteile an, der jeweilige Zähler die individuellen Anteile.

Abb. 714:

$\frac{1}{2} : \frac{1}{6} : \frac{1}{6} : \frac{1}{12} : \square$

$\frac{6}{12} : \frac{2}{12} : \frac{2}{12} : \frac{1}{12} : \square \Rightarrow \square = \frac{1}{12}$

Gesamtanteile: 12

1 Anteil: 84 600 DM : 12 = 7 050 DM
6 Anteile: 6 · 7050 DM = 42 300 DM
2 Anteile: 2 · 7050 DM = 14 100 DM.

8.4.4.6 Das Verhältnis ist erst zu errechnen

Aufgabe: Vater, Klaus und Margit verdienen zusammen 6660 DM im Monat. Klaus verdient die Hälfte von Margit und der Vater das Dreifache von Klaus. Wieviel verdient jeder?

Der Schwerpunkt diese Aufgabe liegt weniger auf dem Verhältnisrechnen als auf der Auflösung der im Text getroffenen Aussagen. Diese Art von Rätselaufgaben werden unter 8.4.7.1 (S. 398 f.) noch näher erläutert. Trotzdem sei hier der Lösungsweg kurz angedeutet. Der geringste Verdienst (Klaus) wird Bezugspunkt und einem Anteil gleichgesetzt. Der weitere Lösungsweg entspricht dem von 8.4.4.2.

Abb. 715:

Margit		Klaus		Vater
2 · □		□		3 · □
2	:	[1]	:	3

Gesamtanteile: 6

1 Anteil: 6660 DM : 6 = 1110 DM (Klaus)
2 Anteile: 2 · 1110 DM = 2220 DM (Margit)
3 Anteile: 3 · 1110 DM = 3330 DM (Vater)

Summe: 6660 DM.

8.4.4.7 Mischungen

Mischungen stellen ebenso wie Verteilungen Anwendungen des Verhältnisrechnens dar. Bei vielen Mischungsaufgaben gleicht der Lösungsweg dem bei Verteilungen.

- Mischungsverhältnis und ein Anteil bekannt: siehe 8.4.4.1, S. 385
- Mischungsverhältnis und Gesamtmenge bekannt: siehe 8.4.4.2, S. 386
- Einzelmengen bekannt, Mischungsverhältnis gesucht:
  Verhältnis der Einzelmengen notieren, kürzen: siehe 8.4.4.3, S. 386.

Mischungsaufgaben, bei denen zugleich noch die Preise der verschiedenen Einzelmengen zu berücksichtigen sind, stellen hohe Anforderungen an die Schüler.

Beispiele:

a) Ein Moped fährt mit einem Bezin-Öl-Gemisch, das im Verhältnis 20 : 1 zu tanken ist. Berechne den Preis für 15 l, wenn 1 l Benzin 1,26 DM und 1 Liter Öl 6,30 DM kostet!

b) Rasenmäher müssen mit einem Benzin-Öl-Gemisch von 7 : 2 betankt werden. Klaus zahlt 28,56 DM. Wieviel Liter hat er gekauft? (Öl- und Benzinpreis s. o.).

c) 1 kg einer Teemischung kostet 27,00 DM. Wieviel kostet ein Kilo der Teesorte A, wenn der Kilopreis der Teesorte B 22,50 DM beträgt und die beiden Sorten im Verhältnis 3 : 2 gemischt werden?

a) Endpreis gesucht:

Situationsskizze:

Abb. 716:

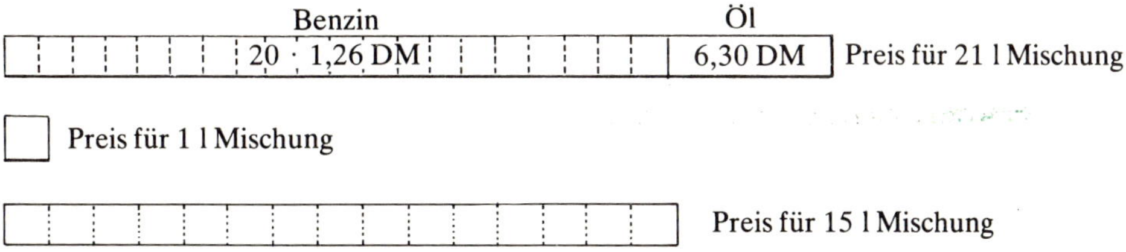

Rechnerische Lösung:

Preis für 21 l der Mischung: 20 · 1,26 DM + 1 · 6,30 DM = 31,30 DM
Preis für 1 l der Mischung: 31,50 DM : 21 = 1,50 DM
Preis für 15 l der Mischung: 15 · 1,50 DM = 22,50 DM

b) Menge gesucht:

Situationsskizze:

Abb. 717:

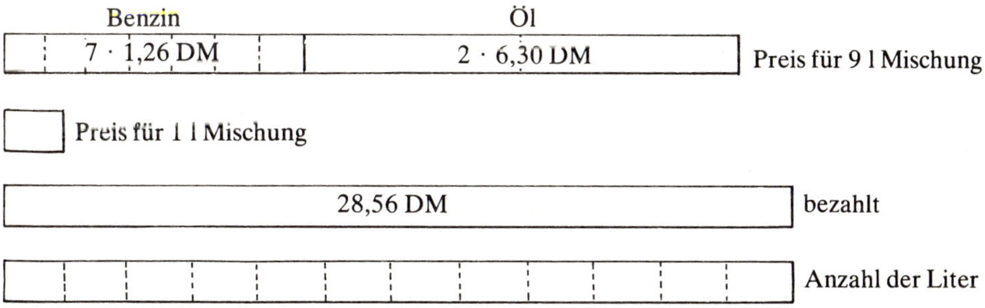

Rechnerische Lösung:

Preis der Mischung (7 l Benzin und 2 l Öl):
7 · 1,26 DM + 2 · 6,30 DM = 21,42 DM
Preis für 1 l der Mischung: 21,42 DM : 9 = 2,38 DM
Gekaufte Menge: 28,56 DM : 2,38 DM = 12;

c) Einzelpreis gesucht:

Situationsskizze:

Abb. 718:

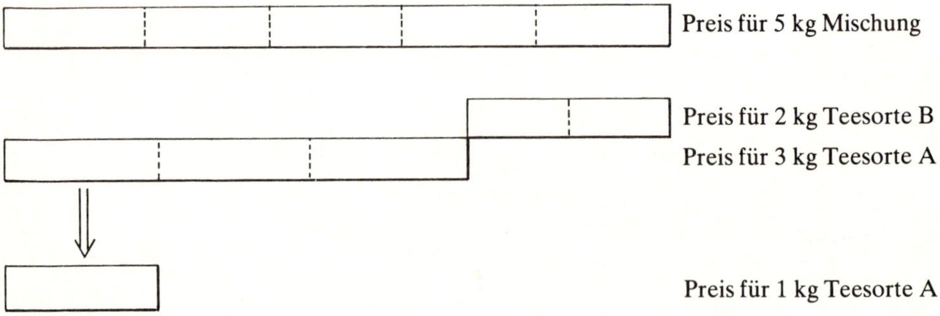

Rechnerische Lösung:

5 kg Teemischung kosten: 5 · 27 DM	=	135 DM
2 kg der Teesorte B kosten: 2 · 22,50 DM	=	45 DM
3 kg der Teesorte A kosten: 135 DM − 45 DM	=	90 DM
1 kg der Teesorte A kostet: 90 DM : 3	=	30 DM.

8.4.5 *Aufgaben aus dem kaufmännischen Bereich*

Aufgaben aus dem kaufmännischen Bereich dominierten über Jahre hinweg in den Mathematikbüchern, während sie heute nur noch eines von vielen Sachthemen sind.
In diesem Kapitel soll versucht werden, in komprimierter Form die Zusammenhänge aufzuzeigen.

8.4.5.1 Rollenspiel zum Verständnis der Zusammenhänge

Drei (redegewandte) Schüler stellen in einem vorbereiteten Rollenspiel drei Geschäftspartner dar, die gemeinsam ein Radio-Fernsehgeschäft eröffnen wollen. Ihnen liegen die Einkaufspreise verschiedener Geräte (Fernseher, Radio, Tonband, ...) vor, und sie müssen jeweils den Endpreis festsetzen.

Durch vorherige Absprache können z. B. folgende Diskussionspunkte ins Feld geführt werden:

- Wir verkaufen jedes Gerät um 30 DM teurer, damit jeder von uns 10 DM bekommt.
- Wir gehen in andere Geschäfte, schreiben uns die Preise auf und verkaufen unsere Geräte entsprechend.
- Wir müssen Ladenmiete und Löhne bezahlen.
- Wir müssen die Kunden durch Preisnachlässe locken.
- Wir müssen unsere Kosten berücksichtigen.
- Die Kosten müssen auf die Waren umgelegt werden, bei teureren Waren mehr, bei billigen Geräten weniger (prozentuale Aufteilung!).
- Wir müssen die Mehrwertsteuer berücksichtigen.

8.4.5.2 Situationsskizze des Gesamtzusammenhangs

Abb. 719:

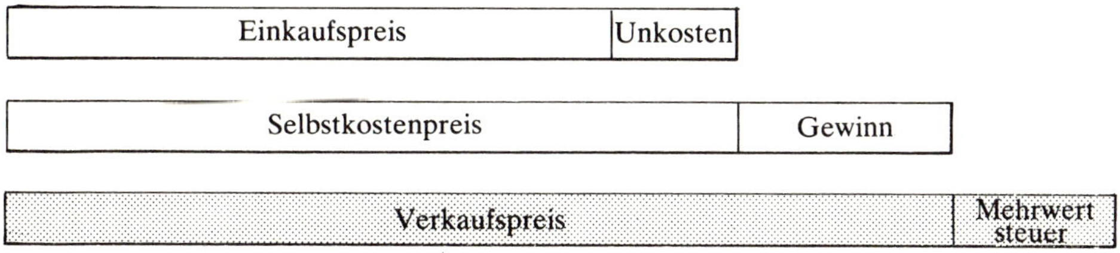

8.4.5.3 Schemabild

Abb. 720:

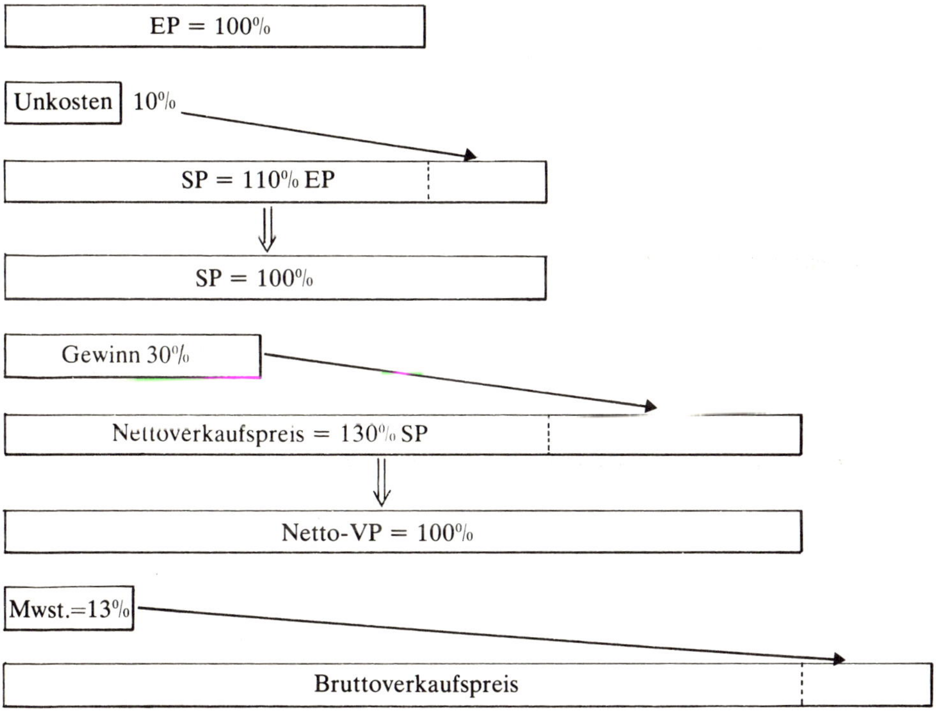

8.4.5.4 Rabatt- und Skontoberechnung

Rabatt und Skonto werden stets von 100% (Verkaufspreis) gerechnet. Wird beides gewährt, so wird der um den Rabatt verminderte Zwischenbetrag für die Skontoberechnung wieder mit 100% angesetzt.

Abb. 721:

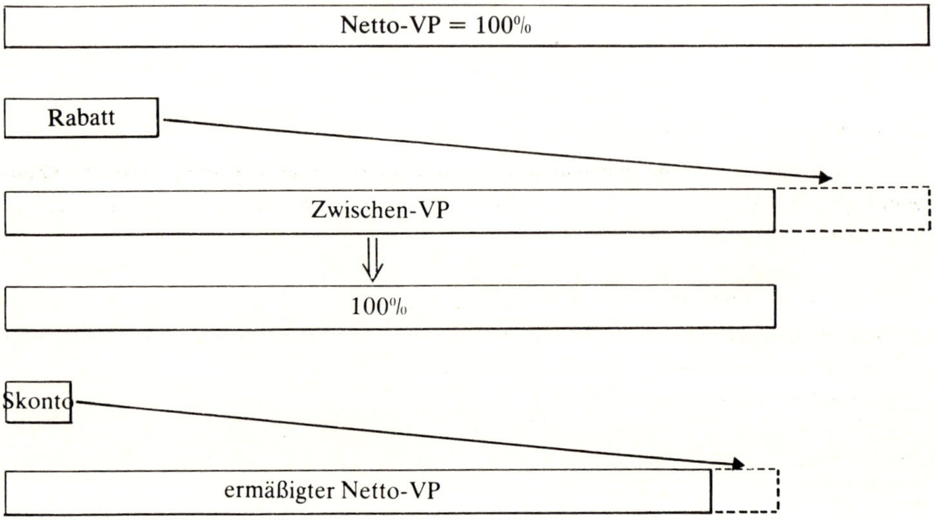

8.4.5.5 Gesamtzusammenschau

Abb. 722:

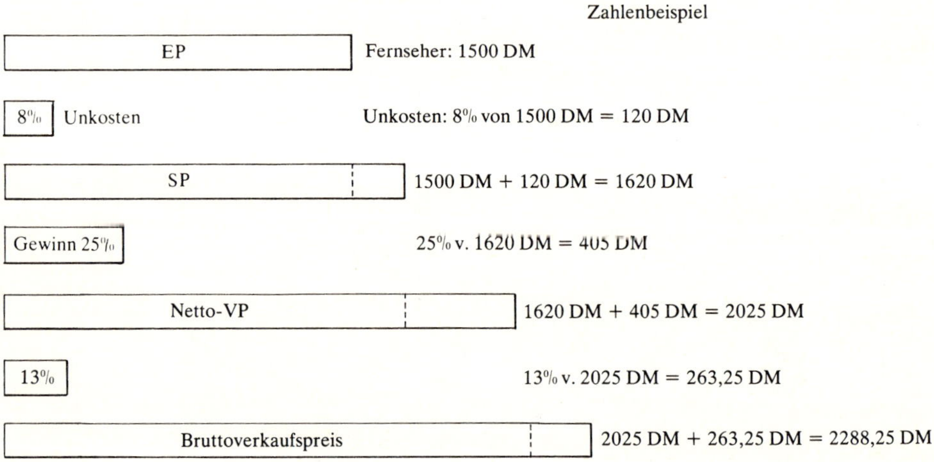

Es ist offensichtlich, daß der Vollzug dieser Gesamtoperation die meisten Schüler total überfordern würde. Bei der Erarbeitung sind deshalb die einzelnen Teilbereiche herauszugreifen und für sich durchzuarbeiten.
Grundsätzlich ist zu merken: Vor jedem weiteren Rechenschritt wird der bisher errechnete Preis wieder mit 100% angesetzt.

Dem Vorgehen in der Praxis entsprechend wird der Kalkulationszuschlag errechnet, durch den vom Einkaufspreis aus sofort der Bruttoverkaufspreis ermittelt werden kann.

Kalkulationszuschlag: $\frac{\text{Endpreis}}{\text{Einkaufspreis}}$ im Beispiel: $\frac{2288{,}25}{1500} = 52{,}55\%$

Im Beispiel erhöht sich der Einkaufspreis bis zum Verkaufspreis um 52,55%. Wird Rabatt oder Skonto gewährt, so ist dieser vor dem Mehrwertsteuerzuschlag abzuziehen.
Ist z. B. der Bruttoverkaufspreis gegeben, so wird dieser wie ein um den Prozentwert erhöhter Grundwert behandelt (siehe 6.3.4, S. 318 f.).

8.4.6 Bewegungsaufgaben

Bei Bewegungsaufgaben unterscheiden wir Einholaufgaben von Begegnungsaufgaben. Zeitpunkt der Abfahrt, Fahrzeit, Geschwindigkeit und Entfernung sind je nach Aufgabenstellung als Variable zu berücksichtigen.

8.4.6.1 Grundvoraussetzungen für Bewegungsaufgaben

- Die zurückgelegte Strecke hängt proportional von der Geschwindigkeit ab. Diese lineare Abhängigkeit kann verdeutlicht werden durch
  - Leiterdarstellung (siehe Abb. 625, S. 333)
  - Tabelle (siehe Abb. 628, S. 335)
  - Graph:

Abb. 723:

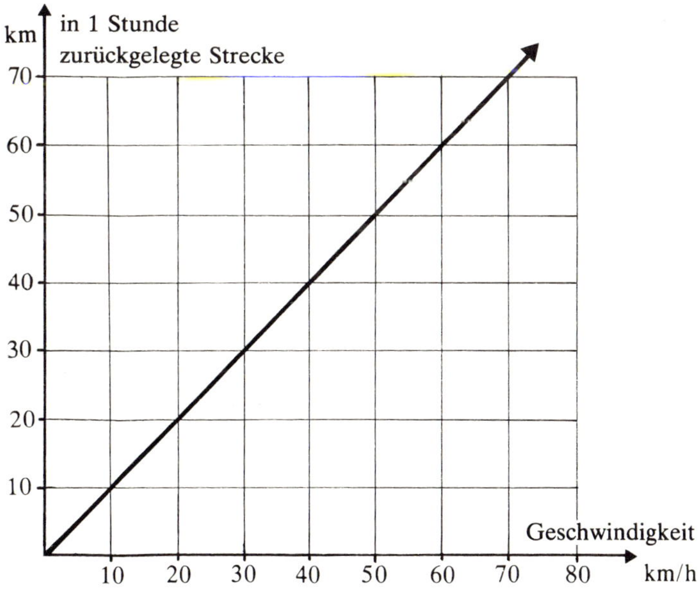

- Die Fahrzeit für eine bestimmte Strecke hängt antiproportional von der Geschwindigkeit ab.
  Die Veranschaulichung dieses Zusammenhanges erfolgt durch Tabelle und Graph (siehe Abb. 633, S. 338).

- Die zurückgelegte Strecke ermittelt man durch Multiplikation der Geschwindigkeit pro Zeiteinheit mit der Anzahl der Zeiteinheiten.
- Die Zeit für eine Strecke errechnet man durch die Division der Strecke durch die Geschwindigkeit.

Abb. 724:

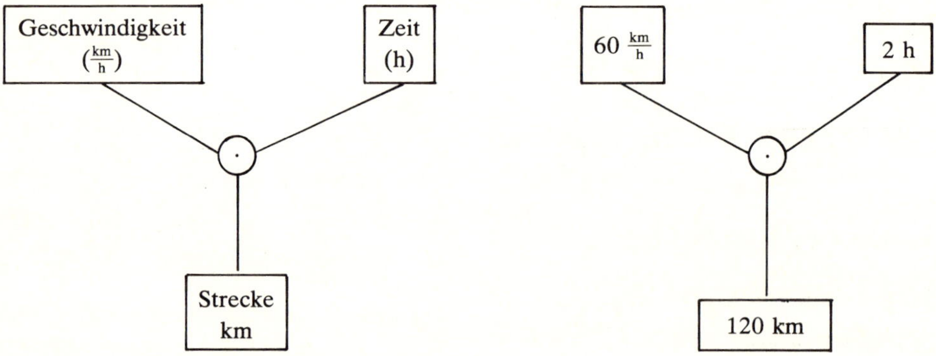

8.4.6.2 Begegnungsaufgaben bei gleicher Abfahrtszeit

Aufgabe: Herr Kroll und Herr Schneider wohnen 325 km voneinander entfernt. Sie wollen sich treffen und fahren beide um 8.45 Uhr ab. Herr Kroll kann durchschnittlich $55\frac{km}{h}$ fahren und Herr Schneider $70\frac{km}{h}$.

Mögliche Fragen:

- Nach welcher Zeit treffen sie sich?
- Wo treffen sie sich? (Wieviel km hat jeder zurückgelegt?)
- Wann treffen sie sich?

- Situationsskizze:

Abb. 725:

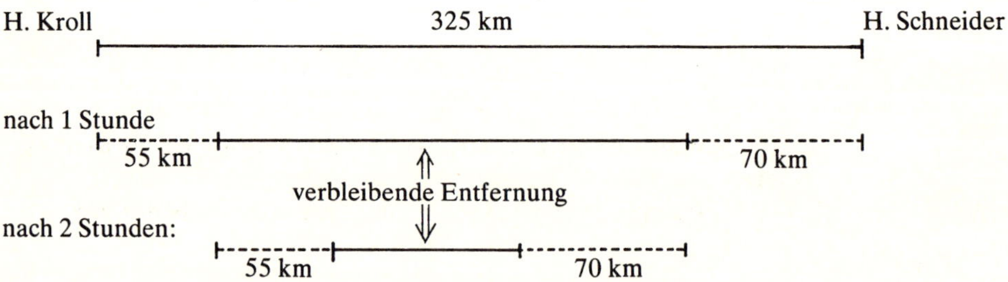

Wir erkennen: Der Abstand verringert sich pro Stunde um die Summe der in dieser Zeit von beiden zurückgelegten Entfernungen.

- Tabellarische Erfassung::
  - Abstand bei Abfahrt: 325 km
  - Abstand nach 1 Stunde: 325 km − (70 km + 55 km) = 200 km
  - Abstand nach 2 Stunden: 200 km − 125 km = 75 km
  - Treffen findet nach etwas mehr als $2\frac{1}{2}$ Stunden statt.

– Darstellung im Graph:

Herr Schneider ist bei der Abfahrt (Zeitachse: Nullpunkt) 325 km entfernt. Sein Abstand zur Wohnung von Herrn Kroll verringert sich mit zunehmender Zeit, während sich Herr Kroll immer mehr entfernt.

Abb. 726:

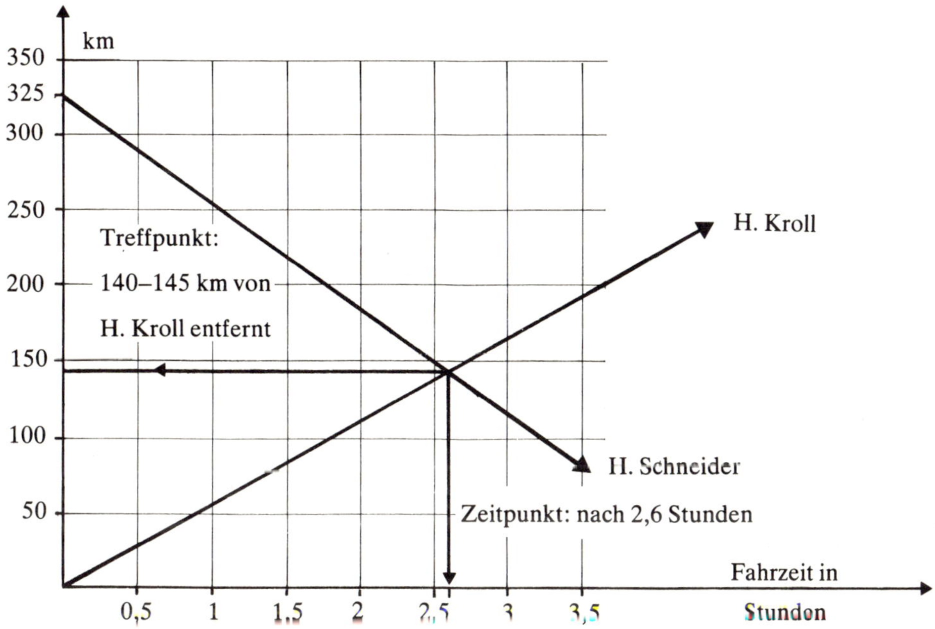

Der Schnittpunkt der beiden Geraden nennt auf der Zeitachse den Zeitpunkt des Treffens, auf der Wegkoordinate die Entfernung vom Nullpunkt, von der Wohnung des Herrn Kroll.

– Rechnerische Lösung:

- Wir berechnen die stündliche Annäherung.
- Wir ermitteln die Fahrzeit: $\frac{\text{ursprüngliche Entfernung}}{\text{stündliche Annäherung}}$
- Wir berechnen die zurückgelegte Entfernung durch Multiplikation der Fahrzeit mit der Geschwindigkeit.
- Wir ermitteln den Treffzeitpunkt durch Addition der Fahrzeit zur Abfahrtszeit.

Abb. 727:

Stündliche Annäherung: 70 km + 55 km = 125 km

Fahrzeit: $\frac{325\text{ km}}{125\text{ km}} = 2{,}6$; 2,6 h = 2 Stunden 36 Minuten

Zurückgelegte Entfernung H. Schneider: $70\ \frac{\text{km}}{\text{h}} \cdot 2{,}6\text{ h} = 182\text{ km}$

H. Kroll: $55\ \frac{\text{km}}{\text{h}} \cdot 2{,}6\text{ h} = 143\text{ km}$

Zeitpunkt: 8.45 Uhr + 2 Stunden 36 Minuten = 11.21 Uhr.

8.4.6.3 Begegnungsaufgaben bei ungleicher Abfahrtszeit

In einer Vorausberechnung wird ermittelt, welche Strecke der zuerst Abgefahrene bis zur Abfahrtszeit des zweiten Fahrzeuges zurücklegt. Diese wird von der ursprünglichen Entfernung subtrahiert und der weitere Lösungsweg analog zu 8.4.6.2 vollzogen.
Aufgabe: Herr Schneider fuhr bereits um 8.15 Uhr ab.

– Situationsskizze:

Abb. 728:

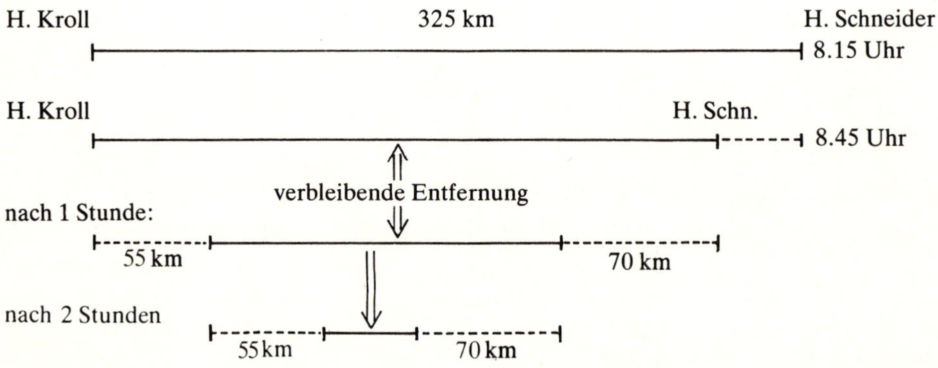

– Graph:

Auf der Zeitachse wird beim ersten Abfahrtszeitpunkt begonnen. Der zweite Strahl beginnt bei der zweiten Abfahrtszeit auf der Zeitachse (entspricht 0 km auf der Wegachse).

Abb. 729:

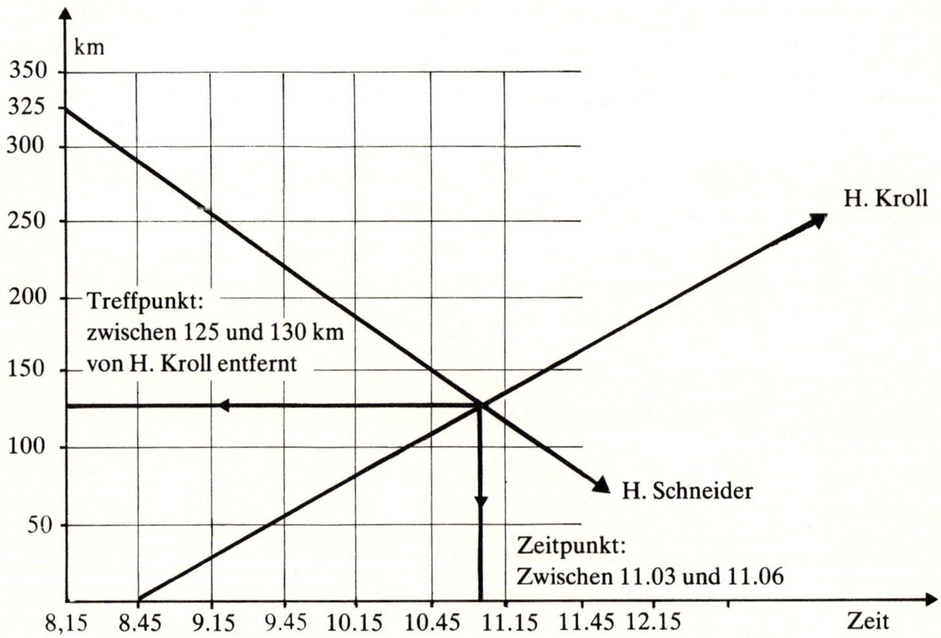

– Rechnerische Lösung:

Abb. 730:

- Zeitdifferenz: 8.15 Uhr bis 8.45 Uhr = 30 min = $\frac{1}{2}$ h
- Vorsprung in der halben Stunde: 70 $\frac{\text{km}}{\text{h}} \cdot \frac{1}{2}$ h = 35 km
- Verbleibende Entfernung bei zweiter Abfahrt: 325 km − 35 km = 290 km
- Stündliche Annäherung: 70 km + 55 km = 125 km
- Fahrzeit: $\frac{290 \text{ km}}{125 \text{ km}}$ = 2,32; 2,32 h = 2 Stunden 19 Minuten
- Zurückgelegte Strecke: H. Schneider: 70 $\frac{\text{km}}{\text{h}}$ · 2,32 h + 35 km = 197,4 km
  H. Kroll: 55 $\frac{\text{km}}{\text{h}}$ · 2,32 h = 127,6 km
- Treffzeitpunkt: 8.45 Uhr + 2 Stunden 19 Minuten = 11.04 Uhr.

8.4.6.4 Einholaufgaben

Aufgabe: Karl und Fritz fahren mit ihren Mopeds gemeinsam in Urlaub. Karl fährt um 8 Uhr ab und kommt durchschnittlich mit 45 $\frac{\text{km}}{\text{h}}$ vorwärts. Fritz kann 70 $\frac{\text{km}}{\text{h}}$ fahren, bricht aber erst um 8.45 Uhr auf.

Mögliche Fragen:
- Wann holt Fritz Karl ein?
- Nach welcher Entfernung holt er ihn ein?

– Situationsskizze.

Abb. 731:

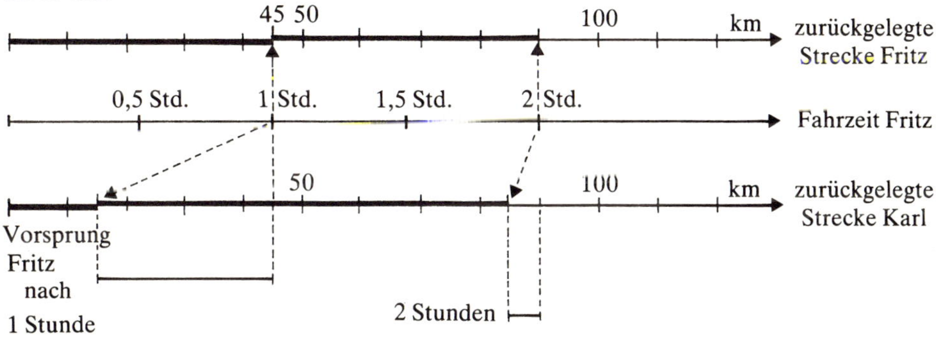

– Graph für Zeitvorsprung:

Abb. 732:

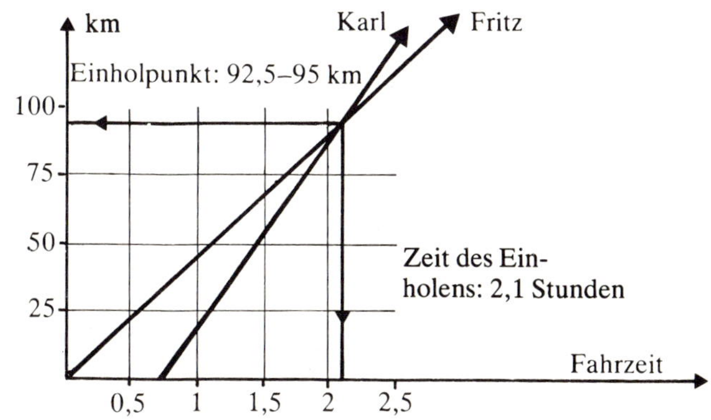

– Graph für Wegvorsprung:

Abb. 733:

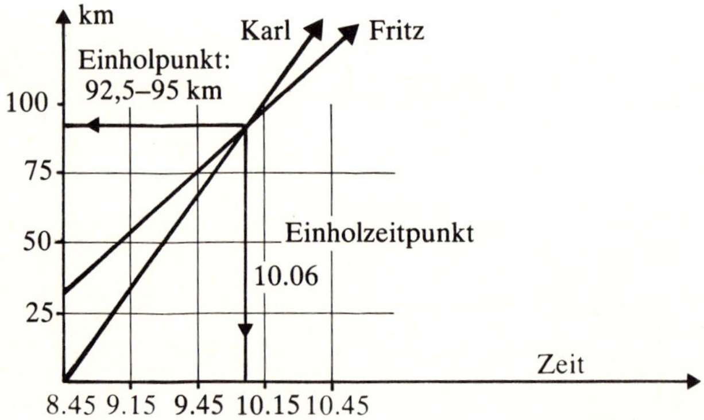

Die höhere Geschwindigkeit kommt durch den steileren Strahl zum Ausdruck.

– Rechnerische Lösung:

Abb. 734:

- zeitlicher Vorsprung: 45 min = 0,75 h
- Wegvorsprung: 0,75 h · 45 $\frac{km}{h}$ = 33,75 km
- Annäherung pro Stunde: 70 km − 45 km = 25 km

$$\text{Einholzeit} = \frac{\text{Vorsprung}}{\text{stündliche Annäherung}} = \frac{33{,}75 \text{ km}}{25 \text{ km}} = 1{,}35$$

1,35 h = 1 Stunde 21 Minuten

- Einholzeitpunkt: 8.45 Uhr + 1 Stunde 21 Minuten = 10.06 Uhr.
- Einholpunkt: 1,35 h · 70$\frac{km}{h}$ = 94,5 km

  oder: 1,35 h · 45 $\frac{km}{h}$ + 33,75 km = 94,5 km.

8.4.7 Rechenrätsel

In vielen Mathematikbüchern finden sich Rechenrätsel, Knobelaufgaben, Ecken für gescheite Köpfe, Tüftelecken u. ä., die Aufgaben enthalten, die erhöhte Anforderungen an das logische und kombinierende Denken stellen. Häufig sind sie auch nur mit einem „Trick“ zu lösen.

8.4.7.1 Verhältnisaufgaben mit verschlüsselten Angaben

Aufgabe: Der Vater wiegt das Vierfache von Klaus, der die Hälfte seines Bruders Fritz auf die Waage bringt. Das Gewicht aller drei Personen ist dreimal so groß wie das der Mutter, die 24 kg mehr wiegt als Klaus.

Die Schwierigkeit solcher Aufgaben liegt in der verschlüsselten Verhältnisangabe und im Beispiel speziell noch darin, daß nur ein Gewichtsunterschied bekannt ist.

– Situationsskizze:

Abb. 735:

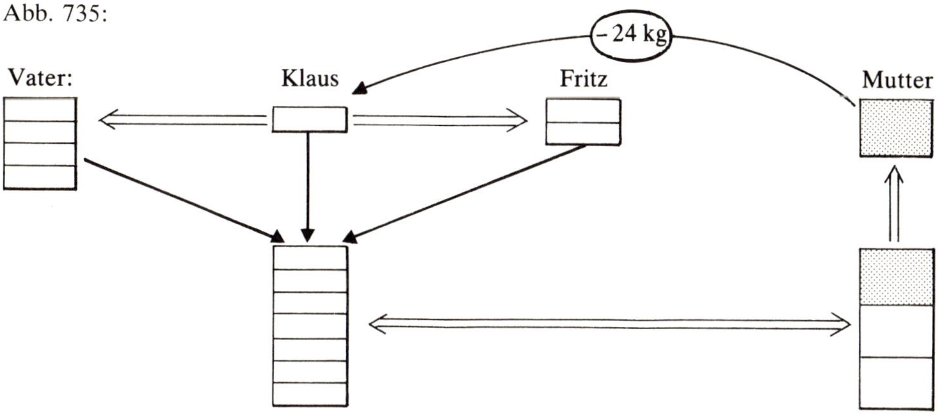

– Rechnerische Lösung:

Abb. 736:

– Bestimmen der Gewichtsverhältnisse:

Vater	:	Klaus	:	Fritz
4	:	1	:	2

– Gesamtanteile: 4 + 1 + 2 = 7

Ist das Gesamtgewicht oder das Gewicht einer Person gegeben, so erfolgt die Lösung nach 8.4.4.1 oder 8.4.4.2 (S. 385 f.).

– Erweitern des Verhältnisses:

Die Erweiterung ist notwendig, damit das Gewicht der Mutter ebenfalls im Verhältnis zu den anderen erfaßt werden kann.
Es muß so erweitert werden, daß die Gesamtanteile durch 3 teilbar sind:

Vater	:	Klaus	:	Fritz	:	Mutter	
4	:	1	:	2			$\Longrightarrow$ (21 Anteile)
$\Downarrow$		$\Downarrow$		$\Downarrow$			
12	:	3	:	6	:	7	(Mutter: 3. Teil davon)

– Berechnung eines Anteils:

Differenz der Gewichtsanteile der Mutter und der des Klaus wird mit dem tatsächlichen Gewichtsunterschied gleichgesetzt.
4 Anteile: 24 kg
1 Anteil: 6 kg

– Berechnung der Einzelgewichte:

Vater:	12 · 6 kg = 72 kg
Klaus:	3 · 6 kg = 18 kg
Fritz:	6 · 6 kg = 36 kg
Mutter:	7 · 6 kg = 42 kg

– Kontrolle durch Einsetzen der gegebenen Verhältnisse:

72 kg = 4 · 18 kg
36 kg = 2 · 18 kg
72 kg + 36 kg + 18 kg = 126 kg
126 kg : 3 = 42 kg
42 kg − 24 kg = 18 kg.

8.4.7.2 Denksportaufgaben

Aufgabe: Auf einem Bauernhof tummeln sich Enten und Kälber. Zusammen besitzen sie 216 Beine und 81 Köpfe. Wie viele Enten und Kälber befinden sich am Hof?

Diese Aufgabe läßt sich auf den ersten Blick nur durch Gleichungen mit zwei Unbekannten lösen:

Enten: x $\qquad x + y = 81$
Kälber: y $\qquad 2x + 4y = 216$

Ein Trick, eine hypothetische Annahme ermöglicht es jedoch, auch ohne diese Lösungsform auszukommen.

Lösung:

Abb. 737:

– Wir gehen davon aus, daß nur eine Tierart am Hof ist und berechnen die Anzahl der Beine entsprechend der Kopfzahl.
Ansatzpunkt: Enten
81 · 2 = 162 (Beine)

Kälber
81 · 4 = 324 (Beine)

– Wir ermitteln, wieviel Beine zur genannten Zahl noch fehlen bzw. wieviel Beine durch unsere Annahme zu viel errechnet wurden.

216 − 162 = 54 (zuwenig)

324 − 216 = 108 (zuviel)

– Wir wissen

Alle 81 Tiere wurden zweibeinig (Ente) angenommen. Rechnet man an Stelle einer Ente ein Kalb, so bedeutet dies jeweils 2 Beine mehr bei gleicher Kopfzahl.

Tiere	Beine	noch fehlende Beine
81 E.	162	54
80 E. 1 K.	164	52
79 E. 2 K.	166	50
78 E. 2 K.	168	48

Die Schüler werden bald erkennen, daß
bei 5 Kälbern 10 Beine,
bei 10 Kälbern 20 Beine
und bei 27 Kälbern 54 Beine
mehr am Hof sind.

Alle 81 Tiere wurden vierbeinig (Kalb) angenommen. Rechnet man an Stelle eines Kalbes eine Ente, so bedeutet dies jeweils 2 Beine weniger bei gleicher Kopfzahl.

Tiere	Beine	noch überzählige Beine
81 K.	324	108
80 K. 1 E.	322	106
79 K. 2 E.	320	104
78 K. 3 E.	318	102

bei 5 Enten 10 Beine,
bei 10 Enten 20 Beine,
bei 50 Enten 100 Beine
und bei 54 Enten 108 Beine
weniger am Hof sind.

– Damit steht die Anzahl der einen Tierart fest:

27 Kälber 54 Enten

– Durch Subtraktion wird die zweite Anzahl ermittelt.

81 – 27 – 54 ⇒ 54 Enten 81 – 54 – 27 ⇒ 27 Kälber

– Wir kontrollieren:

Köpfe: 27 + 54 = 81
Beine: Kälber: 27 · 4 = 108
Enten: 54 · 2 = 108

Summe: 216

8.4.7.3 Zahlenrätsel

Diese Form von Textaufgaben, die meist sehr abstrakt und bewußt knapp formuliert sind, schreiben oft viele Einzelaufgaben vor und verwirren die Schüler durch die Anhäufung von Zahlen und Fachtermini.

Aufgabe: Wenn ich den 56. Teil des Produktes der Zahlen 28 und 256 mit deren Differenz multipliziere, dann erhalte ich die Summe der größten vierstelligen Zahl und dem 15fachen meiner gedachten Zahl.

Lösung:

Abb. 738:

– Herausschreiben oder Kennzeichnen weiterführender Ausdrücke durch verschiedenfarbiges Unterstreichen oder Einrahmen.

Produkt: 28 · 256 = □
56. Teil: □ : 56 = △
Differenz: 256 – 28 = ○
Multipliziere!: △ · ○ =
größte vierstellige Zahl: 9999
15fache meiner gedachten Zahl: 15 · ⬡ = ⬭
Summe: 9999 + ⬭ =

Beispiel für Kennzeichnung:

Abb. 739:

Wenn ich den 56. Teil des Produktes der Zahlen 28 und 256 mit deren Differenz multipliziere, dann erhalte ich die Summe der (größten vierstelligen Zahl) und dem 15fachen meiner gedachten Zahl.

– Situationsskizze mit Zahlen:

Die voneinander abhängigen Rechenausdrücke werden jeweils eingerahmt.

Abb. 740:

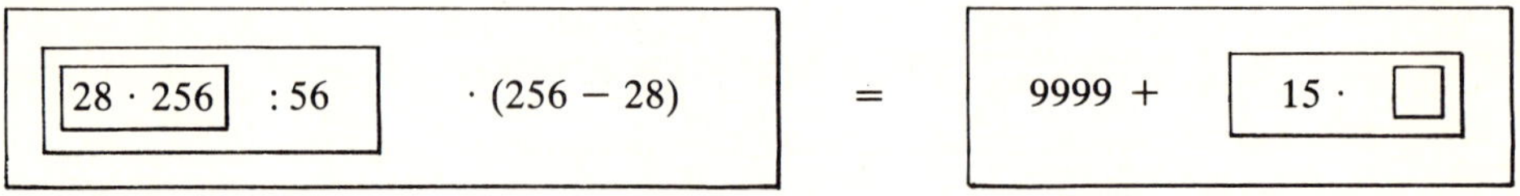

– Darstellung mit Lösungsstrukturschema:

Grundsätzlich ist ein Strukturschema zu wählen, das den Überblick des Gesamtzusammenhangs ermöglicht.

● Bei dieser Art von Aufgaben empfiehlt sich die Operatorkette, da man hier zwei getrennte Rechenausdrücke mit gleichem Wert durch unterschiedliche Pfeilrichtungen in einer Darstellung verknüpfen kann. Die Notwendigkeit, eine inverse Operation auszuführen, wird bei dieser Form der Darstellung leicht einsichtig, ohne daß man auf algebraische Regeln zurückgreifen muß.

Abb. 741:

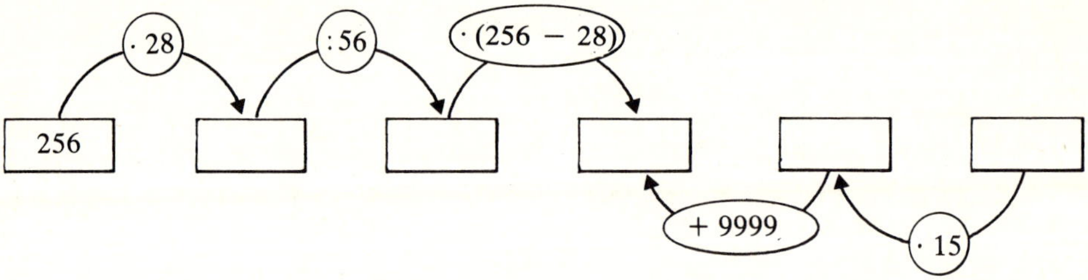

● Baumdiagramm: Sind die Schüler an das Arbeiten mit Baumdiagrammen gewöhnt, eignet sich auch diese Form der Strukturierung.

Abb. 742:

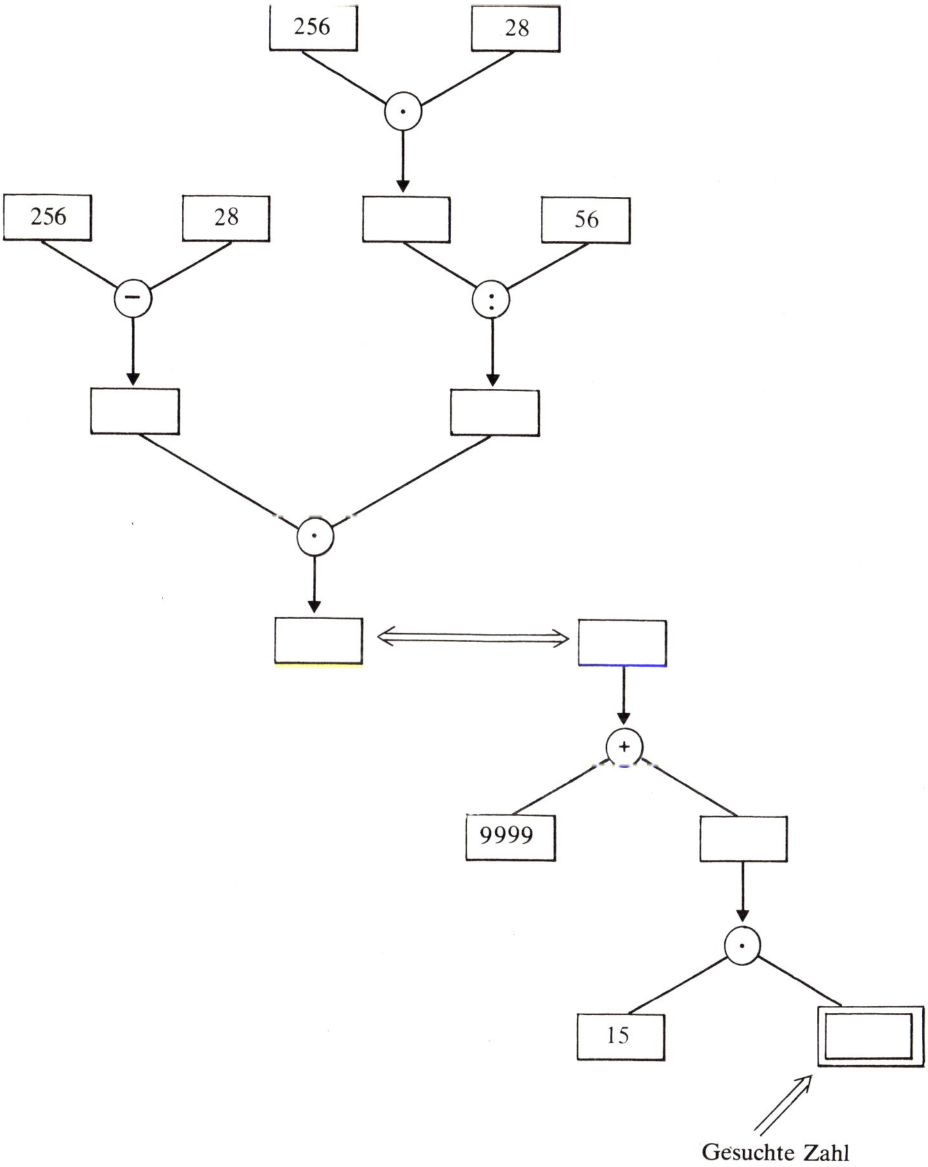

Registerteil

Verzeichnis der Grundschemata

Viele der Übungen erfordern den Einsatz bestimmter Schemata. Sollte ein solches Schema öfters eingesetzt werden, so empfiehlt sich zur Arbeitserleichterung für die Lehrkraft:

a) Ein möglichst groß gezeichnetes Grundschema ohne jegliche Eintragung wird von den Schülern in eine Sichtfolie gesteckt, auf der mit wasserlöslichen Folienstiften die Eintragungen vorgenommen werden. Mit einem feuchten Lappen läßt sich eine solche Folie schnell wieder reinigen. Das Grundschema ist so stets präsent und kann beliebig oft eingesetzt werden.

b) Zur Aufgabenstellung bzw. zur Kontrolle fertigt sich die Lehrkraft von diesem Grundschema eine Folie an. Durch Eintragungen mit wasserlöslichen Folienstiften bzw. durch Auflegefolien mit unterschiedlichen Eintragungen lassen sich auch differenzierende Maßnahmen bei ein und demselben Schema einplanen und schnell verwirklichen.
Die nachfolgende Übersicht enthält alle Grundschemata. In Klammern erfolgt der Hinweis, welche Abbildung (ohne Eintragungen) dieses Schema widerspiegelt.

1. Baumdiagramm mit 3 Feldern (53)
2. Baumdiagramm mit 4 Feldern (75)
3. Baumdiagramm mit 5 Feldern (276)
4. Bruchteildarstellung: Körper und Flächen mit angedeuteten Unterteilungen (299; 302)
5. dreiteiliger Bruchzahlenstrahl (322)
6. Ewige Kette (195)
7. Fußballfeld (247)
8. Graph: Folie mit Millimeterrasterung (558)
9. Hunderterquadrat (186)
10. Kreuz (71)
11. Netz (567)
12. Operatordarstellung mit Umkehroperator (262; 268)
13. mehrteiliger Operator mit Verkürzung (269)
14. Operatortabelle (402)
15. Pfeildarstellung (491)
16. Pfeildiagramm mit 5 Feldern (10)
17. Pfeildiagramm mit 10 Feldern (73)
18. Propeller (7)
19. Prozentblatt (536)
20. Prozentkreis (537)
21. Prozentstreifen (535)
22. Rechenpyramide (203)
23. Rechenring (444)
24. Rechen-T (8)
25. Rechentreppe mit 10 Stufen (11)
26. Rundenrennen (523)
27. Schießbude (219)
28. Spalten-/Zeilendarstellung (403)
29. Stellenwerttafel (4; 484)

30. zwei nebeneinanderliegende Stellenwerttafeln (159; 489)
31. Stern mit Variante (5; 629)
32. Strahlendarstellung (18)
33. Tabelle (3)
34. Vcnndiagrammc für Schnittmcngc (88)
35. Zahlenkreis (408)
36. Zahlennetz mit 12 Feldern (196)
37. Zahlenrad (405)
38. Zahlenstrahl mit unterschiedlichen Einteilungen (24)
39. Zauberquadrate (228)
49. Zielscheibe (6)
41. Zuordnungspyramide (9)

Literaturverzeichnis

ABJ Mittelfranken/BLLV: Arbeitshilfen für die Unterrichtsgestaltung 1970

Aebli, H.: Grundformen des Lehrens. Stuttgart 1966

Altmann, W./Gaßner, F.-J./Gruber, S.: Seminar und Schule, Band 1. München 1976

Athen, H./Griesel, H.: Mathematik heute 6. Hannover 1971

Barsig/Bergmüller/Sauter: Mathematik in der Hauptschule. Donauwörth 1979

Bönsch, M.: Einprägen, Üben, Anwenden im Unterricht. München 1966

Breidenbach, W.: Methodik des Mathematikunterrichts. Hannover 1971

Bruner, J. S.: Entwurf einer Unterrichtstheorie. Berlin 1974

Brunner, M.: Unterrichtsvorbereitung und Differenzierung. In: Pädagogische Welt, Heft 7. Donauwörth 1976

Brunnhuber, P.: Prinzipien effektiver Unterrichtsgestaltung. Donauwörth 1971

Buckel, F. W.: Rechnen mit Stab und Taschenrechner, München 1975

Correll, W.: Lernpsychologie. Donauwörth 1964

Dienes, Z. P.: Aufbau der Mathematik. Freiburg 1965

Dienes, Z. P.: Bruchrechnen. Freiburg 1978

Dienes, Z. P.: Die sechs Stufen des mathematischen Lernprozesses. Freiburg 1971

Dienes, Z. P./Golding, E. W.: Methodik der modernen Mathematik. Freiburg 1974

Dienes, Z. P.: Über Zahlen. In: Pädagogische Welt, Heft 9. Donauwörth 1978

Dietl, H.: Funktionen und ihre grafische Darstellungen. In: Pädagogische Welt, Heft 12. Donauwörth 1972

Engelmayer, O.: Psychologie für den schulischen Alltag. München 1960

Fettweis, E./Schlechtweg, H.: Didaktik und Methodik des Rechenunterrichts. Paderborn 1965

Fiegl, H. u. a., Arbeitsgruppe: Operationen im Mathematikunterricht der Grund- und Hauptschule. In: Pädagogische Welt, Heft 9. Donauwörth 1978

Geisreiter u. a.: Schulbuch: Westermann-Mathematik, Band 5–8. Braunschweig 1976–79

Goothoff/Stallmann: Pädagogisches Lexikon. Stuttgart 1965

Griesel, H.: Die Neue Mathematik für Lehrer und Studenten, Band 1 und 2. Hannover 1971 und 1973

Gruber/Stieren/Volk: Erziehung und Unterricht in Frage und Antwort. München 1972

Hayen/Vollrath/Weidig: Schulbuch: Gamma, Band 5–8. Stuttgart 1978

Heckhausen, H.: Förderung der Lernmotivation und der intellektuellen Tüchtigkeiten. In: Begabung und Lernen, Gutachten und Studien der Bildungskommission Band 4. Stuttgart 1970

Kirsch, A.: Elementare Zahlen- und Größenbereiche. Göttingen 1970

Kopp, F.: Didaktik in Leitgedanken. Donauwörth 1966

Kreuz, A.: Textaufgaben, aber wie. In: Pädagogische Welt, Heft 2. Donauwörth 1976

Krippner, D.: Allgemeine Lernziele für den Mathematikunterricht in der Hauptschule. In: Blätter für Lehrerfortbildung, Heft 11. München 1975

Krippner, D.: Realitätsbezogenheit im Mathematikunterricht der Hauptschule. In: Blätter für Lehrerfortbildung, Heft 9. München 1978

Krippner, D.: Formulierung von Aufgaben aufgrund operativer Prinzipien. In: Blätter für Lehrerfortbildung, Heft 10. München 1978

Lauter, J.: Erfolgssicherung im Mathematikunterricht. In: Pädagogische Welt, Heft 10. Donauwörth 1975

Lauter, J.: Der Mathematikunterricht in der Grundschule. Donauwörth 1976

Lauter, J.: Zehn Jahre danach. Zur Situation des Mathematikunterrichts an Grund- und Hauptschulen heute. In: Pädagogische Welt, Heft 9. Donauwörth 1978

Lauter, J.: Methodik der Grundschulmathematik. Donauwörth 1979

Lauter, J.: Schulbuch: Zahl und Form, Band 4. Donauwörth 1977

Lauter, J./Baireuther, P.: Schulbuch: Zahl und Form, Band 5–8. Donauwörth 1977–79

Lauter, J./Baireuther, P.: Lehrerhandbuch zum Schulbuch: Zahl und Form, Band 5 und 6. Donauwörth 1978

Lehrpläne verschiedener Bundesländer für den Mathematikunterricht der Hauptschule.

Leutenbauer, H.: Das praktische Übungsbuch für den Mathematikunterricht in der Grundschule. Donauwörth 1980

Leutenbauer. H.: Magische Quadrate. In: Mathematische Unterrichtspraxis, 1. Jahrgang, Heft 3. Donauwörth 1980

Maier, H.: Didaktik der Mathematik 1–9. Donauwörth 1972
Maier, H.: Aufbau des Bruchzahlbegriffes. In: Pädagogische Welt, Heft 1. Donauwörth 1973
Maier, H.: Methodik des Mathematikunterrichts. Donauwörth 1974
Maier, H./Reischl, H./Vogel, G.–H.: Planungshilfen für den Mathematikunterricht der Grundschule. Donauwörth 1976
Meschkowski, M.: Mathematik-Duden für Lehrer. Mannheim/Zürich 1965
Mitschka, A.: Das Rechnen mit Verhältnissen – Ein Weg zur Mathematisierung des Rechenunterrichts in der Hauptschule. Wuppertal 1971
Müller, K. P.: Beispiele für einen effektiven Einsatz von Taschenrechnern. In: Mathematische Unterrichtspraxis, 2. Jahrgang, Heft 1. Donauwörth 1981
Odenbach, K.: Die Übung im Unterricht. Braunschweig 1967
Oehl, W.: Der Rechenunterricht in der Grundschule. Hannover 1962
Oehl, W.: Der Rechenunterricht in der Hauptschule. Hannover 1966
Oehl, W./Palzkill, L.: Schulbuch: Die Welt der Zahl – Neu, Band 5–8. München-Hannover 1978
Oerter, R.: Moderne Entwicklungspsychologie. Donauwörth 1967
Piaget, J./Szeminska: Die Entwicklung des Zahlbegriffs beim Kinde. Stuttgart 1969
Polya, G.: Vom Lösen mathematischer Aufgaben – Einsicht und Entdeckung – Lernen und Lehren. Basel 1966/67
Pruss, F.: Würfelspiele. Wiesbaden 1975
Regelein, S.: Lernspiele für die Grundschule. Ansbach 1977
Reischl, H.: Automatisierende Rechenübung im Dienste der Erfolgssicherung. In: Blätter für Lehrerfortbildung, Heft 1. München 1976
Reischl, H.: Zur Praxis erfolgssichernder Sachaufgabenbehandlung. In: Blätter für Lehrerfortbildung, Heft 7. München 1976
Roth, H.: Pädagogische Psychologie des Lehrens und Lernens. Hannover 1966
Schlaak, G.: Fehler im Rechenunterricht. Darmstadt 1974
Schmidt, R.: Relationen und Rechenübung. In: Blätter für Lehrerfortbildung, Heft 1. München 1976
Schöberle, F.: Anregungen zur mathematischen Behandlung von Textaufgaben. In: Pädagogische Welt, Heft 5. Donauwörth 1974
Telekolleg I – Mathematik Algebra. Band 1. München 1978
Vogel, G.-H.: Bruchzahlen. In: Blätter für Lehrerfortbildung, Heft 11. München 1972
Vogel, G. H.: Die unterrichtspraktische Arbeit zum Bruchbegriff. In: Pädagogische Welt, Heft 2. Donauwörth 1973
Vortmann, H./Schmid, H.: Die Übung im Mathematikunterricht der Grund- und Hauptschule in Unterrichtsbeispielen. Kastellaun 1975
Vortmann, H.: Funktionen und Formen der Übung im mathematischen Lernprozeß. In Blätter für Lehrerfortbildung, Heft 10, München 1978
Weingärtner, H.: Prozentrechnen in der 6. Jahrgangsstufe. In: Pädagogische Welt, Heft 10. Donauwörth 1978
Weingärtner, H.: Einführung in den konkreten Bruchbegriff. In: Pädagogische Welt, Heft 10 und 11. Donauwörth 1978
Weiser, G.: Der Mathematikunterricht in der Hauptschule. Donauwörth 1975
Weiser, G.: Der Aufbau didaktischer Strukturen im Schlußrechnen. In: Pädagogische Welt, Heft 3. Donauwörth 1976
Winter, H.: Vorstellungen zur Entwicklung von Curricula für den Mathematikunterricht in der Gesamtschule. In: Beiträge zum Lernzielproblem. Ratingen 1972
Wittmann, E.: Grundfragen des Mathematikunterrichts. Braunschweig 1974
Wolf-Klassenlehrplan Mathematik 5–9. Regensburg.
Zech, F.: Der Aufbau von mathematischen Begriffen und Denkoperationen durch die operative Methode. In: Blätter für Lehrerfortbildung, Heft 9. München 1978.

Sachregister